发电厂热工故障分析处理与预控措施

（第四辑）

中国自动化学会发电自动化专业委员会 / 组编　苏烨 / 主编　孙长生 / 主审

内 容 提 要

在各发电集团、电力科学研究院和电厂热控专业人员的支持下，中国自动化学会发电自动化专业委员会组织收集了2019年全国发电企业因热控原因引起或与热控相关的机组故障案例206起，从中筛选了涉及系统设计配置、安装、检修维护及运行操作等方面的155起典型案例，进行了统计分析和整理、汇编。

发电厂热控专业和专业人员，可通过这些典型案例的分析、提炼和总结，积累故障分析查找工作经验，探讨优化完善控制逻辑、规范制度和加强技术管理，制定提高热控系统可靠性、消除热控系统存在的潜在隐患的预控措施，以进一步改善热控系统的安全健康状况，遏制机组跳闸事件的发生，提高电网运行的可靠性。

图书在版编目（CIP）数据

发电厂热工故障分析处理与预控措施．第四辑 / 苏烨主编；中国自动化学会发电自动化专业委员会组编．—北京：中国电力出版社，2021.7（2021.11 重印）

ISBN 978-7-5198-5859-9

Ⅰ．①发…　Ⅱ．①苏…　②中…　Ⅲ．①发电厂－热控设备－故障诊断②发电厂－热控设备－故障修复　Ⅳ．① TM621.4

中国版本图书馆 CIP 数据核字（2021）第 153088 号

出版发行：中国电力出版社
地　　址：北京市东城区北京站西街 19 号（邮政编码 100005）
网　　址：http://www.cepp.sgcc.com.cn
责任编辑：娄雪芳（010-63412375）
责任校对：黄　蓓　朱丽芳
装帧设计：王红柳
责任印制：吴　迪

印　　刷：三河市万龙印装有限公司
版　　次：2021 年 7 月第一版
印　　次：2021 年 11 月北京第二次印刷
开　　本：787 毫米 ×1092 毫米　16 开本
印　　张：22
字　　数：530 千字
印　　数：1501—2500 册
定　　价：88.00 元

编 审 单 位

组编单位：中国自动化学会发电自动化专业委员会

主编单位：国网浙江省电力有限公司电力科学研究院

参编与编审单位：润电能源科学技术有限公司、杭州意能电力技术有限公司、国家电投集团内蒙古白音华煤电有限公司坑口发电分公司、国家电力投资集团河南公司技术中心、浙江浙能兰溪发电有限责任公司、中电永新运营有限公司、陕西延长石油富县发电有限公司、华润电力控股有限公司、国家电力投资集团公司、中国华能集团有限公司、中国大唐集团有限公司、国家电力投资集团河南分公司、西安热工研究院有限公司、国家电投白音华坑口电厂、陕西延长石油富县电厂、大唐阳城发电有限责任公司、浙江浙能兰溪发电有限责任公司、国家能源集团国华电力公司、中国大唐集团科学技术研究院有限公司华东电力试验研究院、浙江浙能技术研究院有限公司、浙江浙能嘉华发电有限公司、华电浙江龙游热电有限公司、浙江浙能温州发电有限公司、国家电投集团朝阳燕山湖发电有限公司、华电电力科学技术研究院有限公司、华能（浙江）能源开发有限公司长兴分公司、浙江浙能镇海发电有限责任公司、中电华创电力技术研究有限公司、宁夏枣泉发电有限责任公司、国家能源集团双辽发电有限公司、国家电投贵州金元集团鸭溪发电有限公司、国家能源福泉发电有限公司、徐州华润电力有限公司、国家能源集团安徽安庆皖江发电有限责任公司、山西漳泽电力股份有限公司侯马热电分公司、大唐七台河发电有限责任公司、国能浙江宁海发电有限公司、广东粤电靖海发电有限公司、济南中能电力工程有限公司、贵州黔东电力有限公司、国家电投集团贵州金元股份有限公司纳雍发电总厂、江苏华美热电有限公司

参 编 人 员

主　编：苏　烨

副主编：朱　峰　冯悦鸣　何志瞧　王　刚　鞠久东　檀　炜

参　编：马　强　张政委　曲广浩　王　鹏　刘孝国　陈海文　胡伯勇

余　程

韩　峰　陈立夫　鞠久东　马　强　刘林虎　赵　军　丁俊宏

蔡钧宇　孙　岩　华志刚　李　辉　李国胜　周传杰　董利斌

郝宏山　王　林　董勇卫　任　凯　高金龙　袁岑颉　丁永君

王志超　高文松　夏正璞　韩云勇　张　兴　马耀辉　刘　峰

张　宇　郑怡慧　张海卫　孙洁慧　何华靖　孙飞龙　李振恺

廖富强　徐龙魏　陶小宇　龙文明　葛　朋　苏伟凯

主　审：孙长生

前　言

火电机组防非停管控是一项复杂的管理工作，涉及多个专业及大量的设备，其中热控系统的可靠性在机组的安全经济运行中起着关键作用。热控专业除了必须重点关注直接引起锅炉 MFT 或汽轮机跳闸的信号可靠外，逻辑不完善、运行人员事故处理不恰当、辅助设备故障时的联锁和可靠性等，造成机组的非停也时有发生。由于缺少交流平台，相同的故障案例在不同电厂多次发生。

为此，中国自动化学会发电自动化专业委员会发电厂热工故障分析处理与预控措施秘书处，继 2017～2019 年相继出版了《发电厂热工故障分析处理与预控措施》（第Ⅰ辑）（第Ⅱ辑）（第Ⅲ辑）后，在各发电集团、电力科学研究院和电厂专业人员的支持下，进行了 2019 年发电厂热控或与热控相关原因引起的机组跳闸案例的收集，从 206 起案例中筛选了 155 起，组织浙江省电力有限公司电力科学研究院、浙江浙能技术研究院有限公司、浙江能源集团公司、西安热工研究院有限公司等单位专业人员，进行了提炼、整理、专题研讨、汇总成本书稿，供专业人员工作中参考并采取相应的措施，以提高热控系统的可靠性。

本书第一章对火力发电设备与控制系统可靠性进行了统计分析；第二章至第六章分别归总了电源系统故障、控制系统硬件与软件故障、系统干扰故障、就地设备异常故障，以及运行、检修、维护不当引发的机组跳闸故障，每例故障按故障过程、故障原因分析查找、故障处理与预防措施三部分进行编写，第七章在总结前述故障分析处理经验和教训，吸取提炼各案例采取的预控措施基础上，提出提高热控系统可靠性的重点建议，给电力行业同行作为参考和借鉴。

在编写整理中，除对一些案例进行实际核对发现错误而进行修改外，尽量对故障分析查找的过程描述保持原汁原味，尽可能多地保留故障处理过程的原始信息，以供读者更好地还原与借鉴。

本书编写得到了各参编单位领导的大力支持，参考了全国电力同行们大量的技术资料、学术论文、研究成果、规程规范和网上素材，与此同时，各发电集团，一些电厂、研究院和专业人员提供的大量素材中，有相当部分未能提供人员的详细信息，因此书中也未列出素材来源。在此对那些关注热控专业发展、提供素材的幕后专业人员一并表示衷心感谢。

最后，感谢参与本书策划和幕后工作人员！存有不足之处，恳请广大读者不吝赐教。

编者

2020 年 12 月 30 日

目　录

第一章

2019 年热控系统故障原因统计分析与预控

中国自动化学会发电自动化专业委员会在平时收集控制系统故障案例的基础上，于2020 年 2 月份启动了进一步收集 2019 年热控系统故障原因分析及处理案例工作。在各发电集团、电力科学研究院和相关电厂的支持下，共收集了全国发电企业因热控原因引起或与热控相关的机组故障案例 206 起，从中筛选了涉及系统设计配置、安装、检修维护及运行操作等方面的 155 起典型案例，进行了统计分析和整理、汇编，并从中总结提出了提高发电厂热控系统可靠性预控措施（详见第七章内容），以供专业人员通过这些典型案例的分析、提炼和总结，去积累故障分析查找工作经验，拓展案例分析处理技术和进行优化完善控制逻辑预控措施制定时参考。

第一节　2019 年热控系统故障原因统计分析

通过收集的 155 起涉及国内各主要发电集团的热控相关故障典型案例统计分析，2019 年全国火电机组由于热控设备（系统）原因导致机组非计划停运（根据典型案例统计）的主要原因与次数占比分布如图 1-1 所示。

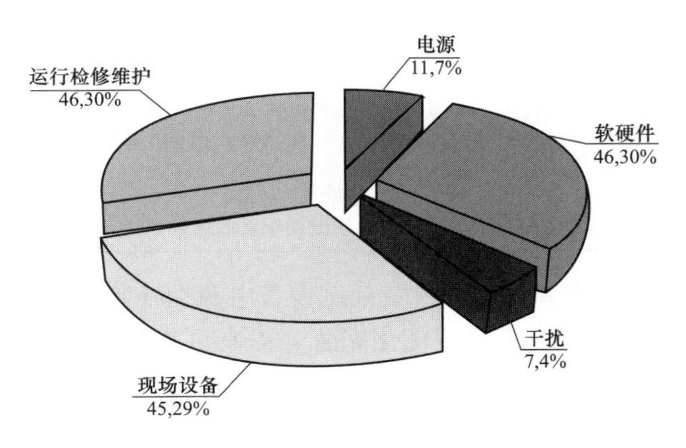

图 1-1　热控系统故障分类

本章节对各类故障原因进行分类统计，并通过对这些典型案例的统计，对故障趋势特点进行了分析，提出应引起关注的相关建议和应重点关注的问题，如设备的劣化分析和更新升级、重视自动系统品质维护、制度的规范和执行、加强技术管理和培训等相关措施和建议，以进一步消除热控系统的故障隐患，提高热控系统的可靠性。

一、控制系统电源故障

控制系统电源是保证控制系统安全稳定运行的基础，收集到2019年电源故障11起，具体分类统计如下。

（1）4起电源设计不合理原因，统计分类见表1-1。

表1-1　电源装置硬件故障原因统计分类

故障原因	次数	备注
ETS系统电源设计不合理	1	单电磁阀短路使整个ETS系统电源失去，机组跳闸
AST电磁阀供电电源设计不合理	1	AST电磁阀两路电源均取自同一段220V直流母线，直流事故油泵定期启动试验启动过程中220V直流母线电压降低至0V，AST电磁阀失电，汽轮机跳闸
给煤机控制电源配置不合理	1	双电源切换装置切换过程中短时失电造成五台运行给煤机运行信号消失，锅炉失去全部燃料
微油控制电源设计不合理	1	微油控制柜电源取至380V杂用MCC7A段，电气380V汽轮机7A母线失电试验导致微油模式自动撤出，锅炉MFT

（2）2起UPS电源装置硬件故障原因，统计分类见表1-2。

表1-2　电源装置硬件故障原因统计分类

故障原因	次数	备注
UPS电源故障	1	UPS电池故障导致输煤系统操作员站全部失电
	1	UPS电源故障导致脱硝CEMS系统上位机失电

（3）5起设备电源故障原因统计分类见表1-3。

表1-3　设备电源故障原因统计分类

故障原因	次数	备注
设备电源切换装置	3	DEH电源切换装置故障导致机组跳闸； 热控仪表电源柜切换装置损坏导致机组跳闸； 热控控制盘内电源装置切换异常导致送风机DCS操作失灵
电源模件	2	DCS继电器柜24V电源模块故障； DCS系统电源模块电压波动触发锅炉MFT

在5起设备电源装置硬件故障案例中，3例设备电源切换装置故障，2例与设备电源模件可靠性有关。需要在电源配置上进行优化完善，提高可靠性，运行维护中开展定期测试和日常检查，消除电源系统存在的隐患。

二、控制系统硬件软件故障统计分析

收集统计的DCS硬件软件故障中，选择典型的46起，分类统计见表1-4。

由表1-4可见，软件/逻辑组态问题占首位，控制器、模件通道和DEH/MEH控制系统也发生多起故障事件。

表 1-4　　控制系统硬件软件故障统计分类

故障原因	次数	备注
控制系统设计	3	引风机振动保护逻辑设计不合理导致误动跳闸； DEH 逻辑不完善引起机组甩负荷工况下导致推力瓦磨损； 逻辑设计存在缺陷导致机组跳闸
模件通道	6	AI 模件通道故障导致给水泵全停机组打闸停机； 静电冲击导致模件误发开关跳闸指令引起脱硫系统停运； 四级抽汽电动门关信号误发导致机组非停； 凝汽器水位通道故障导致机组跳闸； 输出继电器触点故障导致机组跳闸； 燃机危险气体卡件故障导致主保护动作跳机
控制器	7	控制器切换后停止运行致使机组停运； 化水系统 PLC 控制器切换异常； 给水控制器切换异常； DCS 系统主、副控制器切换异常； 控制器故障导致机组非停； 变频器 PLC 故障导致一次风机跳闸； DPU 故障导致机组停运
网络通信	4	总线通信异常触发超速停机； DCS 通信错误造成磨煤机跳闸； 通信组件故障导致锅炉 MFT； 与工程师站通信故障导致控制器下线
DCS 软件和逻辑	18	坏质量判断组态错误导致给水流量低保护动作； 转速量程上限设置错误导致给水流量低保护动作； 积分饱和引起给水泵汽轮机跳闸而导致机组停机； 量程设置不当导致定冷水断水保护动作； 总风量偏置设置不合理导致锅炉 MFT； RB 保护动作异常引起锅炉 MFT； 锅炉“延时点火”保护逻辑设置不合理锅炉 MFT； 燃机主润滑油泵联锁逻辑设计不合理导致机组非停； 引风机给水泵汽轮机真空泵逻辑不合理导致机组非停； 高压调门流量特性参数设置错误导致机组非停； M/A 站算法块失灵导致燃机冷却水流量低跳闸； 高压加热器水位变送器量程设置错误导致高加压加热器解列； 供热汽轮机电机故障导致汽轮机超速； 火检冷却风机状态反馈异常导致锅炉 MFT； 密封风机联锁启动条件逻辑有误导致锅炉 MFT； 逻辑设置不合理导致输煤皮带远方无法停运； 测点超量程时归零造成凝结水泵跳闸； 逻辑不完善导致 EH 油压异常
DEH/MEH 控制系统	8	西门子 T3000 控制系统 FDO 卡件故障导致机组跳闸； 高压调阀高选卡故障导致机组负荷波动； 新华控制系统 DI 卡件故障导致两台给水泵汽轮机跳闸； EH 控制器故障机组停运； 高压主汽门伺服阀故障导致机组停运； 接线松动导致高调阀异常波动； 给水泵汽轮机低压调节阀 LVDT 接杆断裂导致机组跳闸； DEH 负荷、压力控制器小选输出逻辑存在缺陷导致机组停运

2019 年度涉及 DCS 硬件、软件故障事件，比 2018 年案例有所增加，其 DCS 软件和逻辑存在疏漏造成故障占比较多，DEH/MEH 控制系统老化故障仍然较多，应引起重视。今

后针对软件组态的逻辑问题的优化改进需要继续研究完善，做好系统部件老化趋势的分析判断，避免造成部件故障升高造成的控制异常增多情况。

三、干扰

7 起干扰因素引起的设备或系统运行异常、故障统计分类见表 1-5。

表 1-5　　干扰故障统计分类

故障原因	次数	备注
地电位变化	4	信号电缆屏蔽接地不良导致发电机故障主保护动作； 大电流冲击导致制氢站卡件及测量元件损坏； 给煤机控制电源接地导致机组 UPS 故障； DEH 系统功率信号跳变导致机组跳闸
线路干扰	3	温度信号干扰导致循环水泵跳闸； 电缆屏蔽线断裂导致浆液循环泵跳闸； 干扰引起给水泵汽轮机轴瓦温度高停机

上述 7 起干扰案例中，包括了电源干扰、地电位干扰、电磁干扰，部分与电缆屏蔽接地和端子排安装位置不当相关。因此应对 TSI 系统电涡流测量信号等易受静电干扰的部位，采用金属外壳接线盒，日常维护中避免带静电物品靠近。

四、现场设备故障

现场设备的灵敏度、准确性以及可靠性直接决定了机组运行的质量和安全。2019 年收集的现场设备故障案例中选取了 45 起，其中执行设备故障引起的 10 起，测量仪表与部件故障引起的 11 起，管路异常引起的 3 起，线缆异常引起的 8 起，独立装置异常引起的 13 起，与 2018 年相比有所下降，具体分类统计如下。

10 起执行设备故障统计分类见表 1-6。

表 1-6　　执行机构故障统计分类

故障原因	次数	备注
控制板卡	3	电动执行装置内阀位传感器故障造成机组跳闸； 净烟气挡板电动执行器控制板烧损导致机组停运； LV 控制器故障导致机组停运
阀门、行程开关卡涩	1	阀门参数设置不当导致风机动叶自动频繁切除
电磁阀故障	3	AST 阀泄漏导致 AST 定期试验时异常停机； 电磁阀异常导致燃机跳闸； 循环水泵蝶阀泄油电磁阀故障导致凝汽器真空低保护动作
变频器	2	循环水泵变频器故障导致凝汽器真空低保护动作； 给煤机变频器电源电压过高导致给煤机跳闸
阀门附件	1	给水泵气动再循环调节门误开导致给水流量低低保护动作

11 起测量仪表与部件故障统计分类见表 1-7。

表 1-7　　测量仪表与部件故障统计分类

故障原因	次数	备注
温度测量	3	燃机排气温度元件因高频振动裂纹断裂导致燃机保护停机； 温度元件故障导致脱硫旁路挡板异常打开； 单点温度信号故障导致余炉高旁调节阀快关
压力、液位及系统部件	7	压力开关缺陷导致辅机联锁误动； 主油箱油位低保护误动导致机组跳闸； 传感器故障导致燃机跳闸； 高排压力定值漂移导致保护动作停机； 炉膛压力开关异常导致锅炉 MFT； 二次表故障导致 ERV 阀误开； 炉膛压力开关定值发生严重偏移导致锅炉 MFT
继电器	1	继电器故障导致空气预热器跳闸

3 起管路异常引起机组故障统计分类见表 1-8。

表 1-8　　管路故障统计分类

故障原因	次数	备注
取样管泄漏	2	磨取样管路未独立造成低真空保护误动给水泵汽轮机； 仪表管路裂纹导致低真空信号误发停机
取样管堵塞	1	EH 油内油泥堵塞保护取样管路导致机组跳闸

8 起因线缆异常引起机组故障统计分类见表 1-9。

表 1-9　　线缆异常故障统计分类

故障原因	次数	备注
电缆破损	5	线缆绝缘破损引发接地短路导致“主蒸汽温度低”保护动作； 跳闸电磁阀信号电缆磨损导致中压调门异常关闭； 中压主汽门快关电磁阀电缆断线导致主汽门关闭； 调门 LVDT 电缆断线导致调门关闭； 超速保护电磁阀电源接线破损导致机组跳闸
电缆短路	1	轴向位移信号电缆短路导致轴向位移保护动作
高温烫坏	2	四段抽汽总管电动门信号电缆烫坏短路导致锅炉 MFT； 高温透平烟气泄漏导致转速信号失效机组跳闸

13 起因独立装置异常引起机组故障统计分类见表 1-10。

表 1-10　　独立装置异常故障统计分类

故障原因	次数	备注
ETS 装置	2	ETS 系统输入模件故障导致机组跳闸； ETS 系统 PLC 故障导致机组跳闸
火检系统	2	煤火检瞬间丧失导致机组 RB； 火检信号丢失致使燃料 RB
TSI 装置	9	胀差探头数据输出线破导致机组跳闸； 前置器接头接触不良导致振动信号波动； 采集卡件故障导致汽泵轴向位移异常； 振动探头与延长线转接头处松动导致汽轮机跳闸； 振动报警后报警输出锁定导致机组振动大跳闸； 胀差卡件故障导致汽轮机跳闸； 大轴磁化导致转速探头测值失真触发主要保护动作； TSI 系统机柜继电器输出卡件故障导致机组振动大跳闸； 振动探头老化失效导致机组跳闸

上述统计的46起就地设备事故案例中，有相当部分是由于现场设备或接线等异常发生后，维护或运行人员处理不当而造成异常扩大、测点或保护配置不合理等因素，最终造成机组跳闸或降负荷。部分故障存在重复性发生的情况，应引起专业人员的重视。

五、检修维护运行故障

收集46故障案例中，涉及检修维护引起的26起，运行操作不当引起的11起，检修试验引起的9起，具体分类统计如下。

26起检修维护引起的异常故障统计分类见表1-11。

表1-11　检修维护故障统计分类

故障原因	次数	备注
操作不当	4	消缺过程中保护解除不彻底导致汽轮机主油箱油位低保护动作； 高压加热器液位变送器投运不规范导致机组跳闸； 消缺过程中拆错线导致真空低低保护动作； 消缺过程中安全措施不全面导致锅炉MFT
接线错误	4	DO卡件通道接线方式不合理触发给水泵跳闸； 空气预热器就地控制柜电源接线有误导致机组MFT； 基建调试期已退出的保护被重新接入导致机组跳闸； 缸温元件接反引起汽轮机跳闸
安装维护不到位	18	电缆槽盒安装不规范内部积粉长期未清理导致电缆阴燃； A、B空气预热器反馈信号接线错误导致机组跳闸； 轴振前置器因高温引起故障而导致机组跳闸； 给水泵汽轮机主汽门活动试验造成非停事件； 行程开关密封性能差导致循环泵跳闸； 给水泵汽轮机调门LVDT模块固定螺栓脱落导致锅炉MFT； 传感器安装支架掉落导致空气预热器跳闸； 检修工艺不规范导致除灰空压机排气温度异常； 火检冷却风机就地控制柜内部锈蚀积水导致火检冷却风丧失保护动作； 温度元件故障时引起相邻温度信号跳变； 燃机CO_2消防装置就地控制柜密封不严进水受潮导致燃机跳闸； 接线松脱导致汽包水位高高保护动作； 保温拆除后未及时封闭导致汽包水位低保护动作； 电动头内部进水导致循环水泵跳闸； O型圈损坏导致某机组左侧中压主汽门异常关闭； 金属碎屑堵塞快关电磁阀OPC进油节流孔导致高压调门突关； 电磁阀阀芯卡涩等原因引起集箱爆泄导致锅炉MFT； 引风机失速导致机组MFT

11起运行操作不当引起的故障统计分类见表1-12。

表1-12　运行操作不当故障统计分类

故障原因	次数	备注
操作不当	6	一次风机失速处理不当引起机组主汽温度低MFT； 运行人员干预热工保护动作过程导致锅炉MFT； 运行人员未能及时调整导致汽包水位升高高MFT； 汽动引风机小机并汽操作不当导致锅炉MFT； 减负荷及过程中出现汽泵无出力导致给水流量低低保护动作； PID整定不合理导致机组MFT

续表

故障原因	次数	备注
监视不到位	3	锅炉燃烧不稳导致炉膛负压保护动作； 机组保养液沉积导致汽泵跳闸； 供热抽汽压力低导致机组停运
误操作	2	集控室真空破坏门按钮误发导致机组非停； 热工直流电源失电导致机组跳闸

9 起检修试验引起的异常故障统计分类见表 1-13。

表 1-13　　检修试验故障统计分类

故障原因	次数	备注
安全措施不到位	3	电源切换试验导致脱硫仪表显示异常； 性能试验测点安装过程中安全风险未辨识到位导致机组异常停运； 再热主汽门阀门活动试验操作不规范导致机组轴向位移大跳闸
维护不良	5	ETS 通道配置错误造成汽轮机跳闸； 逻辑不完善造成引风机 RB 试验失败； 逻辑修改有误导致机组跳闸； 强制点未及时恢复导致给水泵汽轮机跳闸； 信号强制不当导致机组跳闸
走错间隔	1	试验过程中错入间隔导致机组 MFT

上述统计的 46 案例中，排首位的是人员在维护消缺过程中安装维护不到位引起的故障，其次是运行操作不当引起的故障。案例与人员操作水平、检修操作的规范性和保护投撤的规范性相关。维护过程中问题主要集中在组态修改、调试和试验规范性等方面；运行过程中的问题主要集中在人员误操作，其中大多数案例是可以通过平时的故障演练、严格执行操作制度、规范检修维护内容来避免，通过对案例的分析、探讨、总结和提炼，可以提高运行、检修和维护操作的规范性和预控能力。

第二节　2019 年热控系统故障趋势特点与典型案例思考

通过对 2019 年因热控因素导致机组故障案例原因的统计分析、总结与思考，可以从选编的事件总结报告中发现一些有代表性案例，这些案例电厂给出的结论，有一些问题尚未取得最终的结论，有些尚在初步诊断过程。我们可以针对这些问题展开探讨，研究工作中应注意的事项，结合本厂的情况制定相应的措施并落实，有效提高热控系统可靠性。

一、故障因素

（一）管理方面

1. 热工可靠性提升执行不到位

机组发生强迫停运后没有严格按照“四不放过”的原则开展原因分析，没有采取有针对性的防范措施，导致强迫停运重复发生。例如某厂 1 号机 12 月 31 日再次发生类似 2017 年 12 月 2 号机组轴振大停机事件，未对其存在的各轴承振动测量点单点保护采取相应的改造措施，以达到重要保护必须采用三取二（或三取中）硬保护措施。

2. 设备保温、伴热防护不到位

《火力发电厂热工自动化系统检修运行维护规程》（DL/T 774—2015）6.1.3.1.3 寒冷地区，现场气动执行机构及汽、水测量管路的保温、伴热设备及防冻措施检修后应完好无损，经试验启、停控制正常，加热效果符合防冻要求，定期检查汽、水测量管路的伴热效果应满足防冻要求。2019 年仍然存在执行不到位的情况。如 11 月 17 日某厂 6 号机组，汽包水位取样管（在 6 号炉 26m 处西墙）超净排放改造新增管路穿墙处墙体保温拆除后未及时封闭，且汽包水位变速器离穿墙孔洞距离较近，当冬季气温骤降，冷风吹到取样管导致汽包水位取样管受冻，引起汽包水位 2、3 异常，汽包水位低 MFT 动作。

3. 动力电缆与信号电缆未分层布置引入干扰源

动力电缆与信号电缆未分层布置是导致信号波动的干扰源，严重的可导致机组跳闸。如：

8 月 8 日某厂 6 号机组，FGD 出口电动门的动力电缆和控制电缆为同一穿线孔，电缆穿线孔处绝缘胶皮破损，引起强电窜入，烧毁通道，误发关指令，导致 FGD 出口门关闭，最终引起烟气流通不畅，炉膛压力高保护动作，锅炉 MFT。

11 月 23 日某厂 3 号机组，汽轮机转速探头采用转速探头为霍尔传感器，安装在汽轮机 2 号瓦位置，机组运行中转速探头处温度过高（150℃左右），该转速探头允许长期运行的温度为 40～125℃，无法长期耐受高温，导致转速信号发生瞬间跳变，又因 ETS 超速保护 1、2 逻辑配置不合理（保护信号源取自综合报警信号），布朗卡误发超速保护，导致机组跳闸。

4. 人为原因

4 月 22 日某厂 6 号机组，热工技术人员在进行单点保护逻辑优化时，一次风机均停判断逻辑有误，B 一次风机停止判断中三取二信号（B 一次风机停止信号、A 一次风机运行信号取非、A 一次风机电流小于 5A）有两个信号用的 A 一次风机测点，使得运行正常停止 A 一次风机时，导致一次风机均停保护误发，导致锅炉 MFT 动作。

（二）设备方面

控制系统可靠性问题仍属持续关注，特别是投产时间不长的机组，调试期间问题未充分暴露，运行一段时间后局部元件故障导致问题扩大化。某集团所属发电厂，发生因控制系统故障造成强迫停运 4 台次：

（1）1 月 8 日某厂 1 号机组，因 DCS 控制系统 DPU 冗余切换存在缺陷，当主 DPU 故障时，辅 DPU 未能切换到运行状态，导致 6 号 DPU 失去控制，燃烧恶化导致机组跳闸。

（2）8 月 5 日某厂 2 号机组，ETS 机柜主 DPU 负责通信的部分元器件损坏，导致通信总线内通信卡死，切至辅 DPU 依然无法通信，主 DPU 与 I/O 卡件通信故障，导致大量测点出现坏点，轴瓦温度保护误动作（4 号瓦右前下三个温度坏点最先触发，导致 ETS 首出记录为轴瓦温度保护）。

（3）9 月 2 日某厂 3 号机组，ETS 集成卡件 XLP-811-21 逻辑保护模件可靠性不强，在线进行定期真空在线试验时（试验时原则上是屏蔽保护出口），低真空试验投入后，进行通道 1 低真空在线试验，主汽门突然关闭，机组跳闸。

（4）11 月 4 日某厂 6 号机组，因逻辑运算错误，导致 AST 电磁阀 5YV～8YV 指令异常翻转，ETS 未触发的情况下失去高压保安油，汽轮机阀门关闭，大负荷工况下汽轮机阀

门全关且汽轮机旁路门未打开，“再热器保护”动作，MFT 联跳汽轮机，发电机逆功率保护动作，发电机解列。

因现场设备故障、检修维护与防护措施不到位等原因，造成强迫停运 4 台次，暴露出现场设备可靠性与管理问题：

（1）1 月 18 日某厂 2 号机组因伺服阀故障，导致机组跳闸。

（2）7 月 3 日某厂 4 号机组因伺服阀故障，导致机组跳闸。

（3）8 月 13 日某厂 2 号机组，因电磁阀密封垫破损引起抗燃油泄漏，导致 EH 油压低保护动作停机。

（4）11 月 28 日某厂 2 号机组，火检预制电缆因烧损而发生短路、接地情况，火检消失导致磨煤机灭火保护误动，导致主蒸汽温度下降剧烈手动 MFT。

二、故障趋势与应对策略

2018 年电力行业火力发电机组热控系统故障分析与处理中，分析的故障趋势与应对策略，对于 2019 年仍然适用，故引用如下。

（一）控制系统的辅助设备老化趋势与应对策略

统计的 I/O 模件/通道、信号隔离器、通信模块、网络交换机、火检柜电源、TSI 探头等故障的设备，相当部分运行超过十年，有老化迹象。因此设备与部件和寿命需引起关注。

（1）认真统计分析热控保护动作原因，举一反三，消除多发性和重复性故障。对重要设备元件按规程要求进行周期性测试，完善相关台账。通过溯源比较，了解设备的变化趋势处理。

（2）建立控制系统运行日常巡检制度，以便及时发现控制系统异常状况。运行期间应加强对执行机构控制电缆绝缘易磨损部位和控制部分与阀杆连接处的外观检查，检修期间做好执行机构等设备的预先分析、状态评估及定检工作。

（3）加强老化测量元件（尤其是压力变送器、压力开关、液位开关等）日常维护，对于采用差压开关、压力开关、液位开关等作为保护联锁判据的保护信号，可以用变送器模拟量信号取代。

（4）从运行数据中挖掘出有实用价值的信息来指导 DCS 的维护、检修工作。当一套 DCS 整体运行接近 2 个检修周期年后，应与厂家一起讨论后续的升级或改造方案。

（二）热控信号与控制电缆故障增多趋势与应对策略

电缆外皮破损、电缆敷设不当、绝缘退化、漏汽损坏电缆、槽盒进水、非高温电缆、电缆型号错。接线错误、松动、毛头、接触不良，虚接、中间连接不规范。过度：接线盒位置不当，现场接线柱受潮、端子生锈、连接头（包括航空插座松）动、接触点氧化。

（1）加强对电缆类型选择、绝缘易磨损部位的外观、电缆桥架和槽盒的转角防护、保护管朝向、防水封堵、防火封堵、冗余电缆分设、接地可靠性、环境变化情况等巡检和定期检查。发现问题及时处理。

（2）做好接线紧固，尽可能避免同一端子上接入三个及以上信号线，多线并接应采用线鼻子（独根与多股线鼻子）压接方式；公用线间环路闭合；屏蔽层全线路电气连续。电缆和接线头标志应齐全、正确。

（3）将检查接插件、电缆接线、通信电缆接头、接线规范性（松动、毛刺、信号线拆除后未及时恢复等现象）、列入检修后验收，用手松拉接线确认紧固，红外设备进行接线排查，定期评估电缆损耗程度。

（4）将电源和重要测量、保护联锁和控制电缆，处在机炉高温、潮湿等恶劣环境下的热控设备电缆的绝缘测试列入机组常规检修项目，建立台账进行溯源对比，如有明显变化立即查明原因与处理。

（三）人为因素导致的事故频繁发生与应对策略

人为因素往往与人员素质（责任性、技术能力、工作状态等多方面）有关，控制人的不安全行为是防止人为事故最根本的保证。长期以来为，人为因素导致的事故频繁发生，如：

（1）误登录：进行 2 号机组“FGD 请求锅炉 MFT”信号传动试验，误登录 1 号机组 DPU 引起 1 号机组“FGD 请求锅炉 MFT”跳闸。

（2）错挂牌：主给水流量 C 变送器三通阀泄漏，牌错挂 A 测点一次阀。消缺人员隔离 A 变送器后，导致给水流量低三取二触发 MFT。

（3）强制错误：空气预热器出口一次风量跳变，准备管路吹扫，强制总风量低低 MFT 条件时误强制“炉膛总风量低低”信号导致 MFT。

（4）下装不当：供热改造调试，进行控制组态修改下装时，汽轮机中压调门控制指令突变，引起中压调门关闭，机组被迫停运。

（5）逻辑修改：逻辑修改时未及时更新点目录，运行操作设备时信号误发机组跳闸、燃机 CDM 升级后逻辑错误启机自停。

（6）参数设置：压力变送器水修未设机组供热跳闸、一次调频参数设置及维护操作错误引起轴振大停机。

……

此外，同样案例处理结果因人而异，有的导致机组跳闸，有的则避免了事件的发生，如：某厂 DEH 系统双路 24V 直流电源模块故障导致 ETS 动作汽轮机跳闸（双路电源模块同时故障的概率较小，因此可判断热控人员巡检或维护不到位，当一块电源模块故障时没有及时发现，待两块电源模块都故障时，不可避免地导致了机组跳闸事件发生）。另一电厂同样双路电源模块故障由于检修人员巡检仔细（根据继电器柜内继电器指示灯闪烁熄灭时有微亮这点，判断电源模块故障），及时发现电源模块故障处理后避免了一次可能的跳机事件。

（四）典型故障继续重复发生与应对策略

一些故障，2016～2019 年以高度相似重复发生，如：

（1）电动执行器进水、仪用压缩空气系统末端带水、LVDT 连杆断裂；

（2）螺丝旋得不紧或过紧、插销未分开（如执行机构连接开口销未开口导致运行中连接脱落、螺丝固定未放弹簧片引起接线连接处松动）；

（3）串并联压力开关标识在盒盖上，试验后盒盖恢复错误（应在开关上）；

（4）TSI 传感器延伸电缆连接头未加热缩管，引起接头松动、碰地，接触点污染（阻抗变化）；火检信号因传感器头部积灰影响测量灵敏度；

（5）单点保护信号误发，信号变化速率与三选二单点动作后，未及时复归。

……

这其中既有检修维护人员对设备不熟悉，粗心大意，也有任务紧迫，放松监督验收不

到位的原因，引起设备留存缺陷或隐患，反映出习惯性隐患的顽固性，不断跟踪故障强化反事故措施是一项持久性工作。

三、需引起关注的相关建议

通过对2019年热控因素导致机组故障案例原因统计分析的总结与思考，回顾2018年《发电厂热工故障分析处理与预控措施》中提出的“需引起关注的相关建议”仍然适用，引用如下供电厂热控专业人员参考。

（一）提高电源可靠性建议

（1）电源模块内电容的失效，有时候还不容易从电源技术特性中发现，但是会造成运行时抗扰动能力下降影响系统的稳定工作，因此应记录电源的使用年限，进行电源模件劣化统计与分析工作，宜在5～8年左右进行更换。

（2）重要的控制系统和就地冗余的跳闸电磁阀电源，保证来自独立二路且非同一段电源（防止因共用的保安段电源故障，UPS装置切换故障或二路电源间的切换开关故障）。就地远程柜电源直接来自DCS总电源柜二路电源。

（3）机组C级检修时应进行UPS电源降压切换试验，机组A级检修时应进行全部电源系统切换降压试验，并通过录波器记录，确认工作电源及备用电源的切换时间和直流维持时间满足要求。测试两路电源静电电压小于70V。

（二）逻辑优化可靠性建议

（1）温度防保护错误措施有温度速率判断和坏点切除：其中速率判断设置为5℃/s，经不同DCS控制器处理后，其速率判断结果不同，如OVATION系统控制器的扫描周期若为100ms，速率判断可能为每周期0.5℃，要经实际试验确认可靠性。加延时，信号回归时保护及时恢复，报警人工恢复。

（2）所有重要的主、辅机保护信号应尽可能采用“三取二”逻辑判断方式：遵循从取样点到输入模件全程相对独立的原则，确无法做到，应有防保护误动措施（给水泵汽轮机轴向位移大保护、给水泵汽轮机真空低保护、润滑油压力低保护、安全油压力低保护），保护信号可逐步用模拟量信号代替开关量信号。

（3）就地设备故障：不一定会直接影响机组安全运行，但是容易与逻辑或工艺系统设计不当等因素共同作用造成机组非停，独立装置故障率升高应引起高度重视，在系统升级时，应尽可能采用可靠性高的一体化方案。

（4）报警信号可靠性优化：为减少单点保护信号误动，有的改为三选二，有的增加证实信号改为二选二，有的增加速率切除保护。但系统或装置内部软件设置不当和维护不及时，同样会导致保护误动。建议将保护信号或装置内部的信号复归改为自动方式，信号报警改为手动复归，同时将次一级的报警信号在大屏上设立综合报警信号牌，点入可查找具体报警信号。

（5）报警信号信息合理分级：报警信息量大，管理功能弱。机组正常运行时出现报警信息不够重视，机组异常工况时，关键信息常淹没在大量报警信息中，运行人员识别困难；存在报警数据该用时难找，不需要时又不断出现的缺陷。建议：至少分三级设置：一级报警：通过独立信号牌、大屏幕显示块直接显示并声光提示；二级报警：通过共用信号牌、大屏显示块或特定窗口显示并声光提示，并提供进一步了解具体信号的手段。三级报警：

CRT 显示。

（6）信号速率设置：

1）保护信号逻辑优化。双侧取样采用 2/3 信号时，当单侧异常时（掉焦、局部燃烧恶化），易造成锅炉 MFT 动作。建议：采用 2/4 判断逻辑可靠性高于 2/3。推广到二测量管路取样信号做保护时，应为 2/4。

2）汽轮机保护信号逻辑优化。根据 GB/T 6075.2—2012 规定，至少两独立传感器确认超过延迟时间后触发停机，典型延迟时间 1～3s，为慎重，可以在报警值一停机值之间插入第二次报警值，以警示操作人员正在接近停机值。建议与逻辑：①任一保护信号；②除保护信号自身以外的任何一个正常显示信号的增量转换的报警信号相与。延迟时间设置以 1s 为宜。

（三）管理可靠性建议

（1）降低控制电缆故障导致机组非停：需要对控制电缆定期进行检查，电缆损耗程度评估、绝缘检查列入定期工作当中。机组运行期间加强对控制电缆绝缘易磨损部位的外观检查；在检修期间对重要设备控制回路电缆绝缘情况开展进线测试，检查电缆桥架和槽盒的转角防护、防水封堵、防火封堵情况，提高设备控制回路电缆的可靠性。

（2）新建机组的控制性能试验应规范开展：避免因急于投产而削减热态试验项目，在运机组应重视自动系统的品质维护与定期试验，确保机组在复杂工况下依旧能平稳运行。

（3）降低因热控设备故障导致机组非停：设备寿命同样需引起关注，及时更换备品备件。当一套 DCS 整体运行接近 2 个检修周期年后，应与厂家一起讨论后续的升级改造方案，应鼓励用户单位开展 DCS 模件和设备劣化统计与分析工作。

（4）2016 年 1 月 22～25 日，南方极寒天气造成部分发电机组原有保温伴热系统失效，连续发生 8 起仪表管道受冻、测量信号异常误动跳机事件。2018 年北方地区也发生了多起表管道结冻导致机组异常事件。

防冻保温：做好防冻保温工作，注意弯角、阀门、叉路、排污管、盘向弯。

防冻管理：给水、蒸汽、风烟、化水等系统中就地仪表防护措施建立完善的技术台账和伴热投退制度及巡检措施。

实时监控：伴热管线上加装测温元件，DCS 实时监测仪表管实际温度投自动控制，有效应对极寒天气的影响。

伴热维护：日常维修中，及时消除伴热带开路、短路、绝缘下降、蒸汽伴热管锈蚀、阀门泄漏等，保证伴热系统完好性。

（四）误操作防范

（1）专业配合：热控保护系统误动作次数，与相关部门配合、人员对事故处理能力密切相关，类似故障不同结果。一些异常工况出现或辅机保护动作，若操作得当，可以避免影响扩大。

（2）深入隐患排查：深入开展热控逻辑梳理及隐患排查治理工作，加强热控检修及技术改造过程监督管理。

（3）收集案例：收集电力同行们大量技术资料、研究成果与案例素材，通过学习和分析，让大脑中存储大量的故障现象与分析查找方法，可提高快速判断故障的能力，并从中制定适合本单位的事故预防措施，落实后以避免发生重复性故障。

（4）编写现场故障处置方案：按故障现象、故障原因、故障后果、故障处理、列出所有与故障相关的关联点格式，编写现场故障处置方案，用于指导运行与维修人员进行故障判断与处理。

（5）人的因素：热控保护系统误动作的次数，往往与有关部门的配合，专业人员的技术能力、工作状态、思想意识等多方面密切相关。类似的故障有的转危为安，有的导致机组停机。一些异常工况出现或辅机保护动作，若操作得当，可以避免 MFT 动作。从统计的本年度案例中，由于人员保护强制、逻辑修改、逻辑检查验收等人为因素导致的事件占的比例较高。因此，人是生产现场最不可控的因素，控制人的不安全行为是避免人为事故的关键。需要我们在工作中持之以恒的加强管理和培训，提高人员技能水平和责任意识，培养良好习惯，积极分享、用心体会典型故障案例。

防止人员误操作有严格规程执行、制度、奖惩等多种方法和手段，需要结合实际综合使用。工作中往往工作最积极的人员，出错的风险和概率会超过平均水平，领导和管理层除应着眼于制定规范的工作程序、加强事前预想和处理过程监督外，还应制定有利于积极工作的专业人员发展的奖励机制，以鼓励他们积极工作，同时感觉到有奔头。

热工自动化专业工作质量对保证火电机组安全稳定经济运行至关重要，特别是机组深度调峰、机组灵活性提升、超低排放以及节能改造等关键技术直接影响机组的经济效益。在当前发电运营模式与形势下，增强机组调峰能力（但也应综合机组的安全、经济性）、缩短机组启停时间、提升机组爬坡速度，增强燃料灵活性、实现热电解耦运行及解决新能源消纳难题、减少不合理弃风弃光弃水等方面，仍是热控专业需要探讨与研究的重要课题，许多关键技术亟待突破，特别是在如何提高热控设备与系统可靠性方面，还有许多工作要做，因为这是直接关系到能否有效拓展火电机组运行经营绩效的基础保证问题。

第二章

电源系统故障分析处理与防范

热控电源系统是保持机组控制系统长期、稳定工作的基础，在整个机组生产周期过程，不但需要夜以继日不停地连续运行，还要经受复杂环境条件变化的考验（如供电、负载、雷电浪涌冲击等）。一旦控制系统发生失电故障，机组运行就将被中断，引发电网波动或主、辅设备损坏的严重事故。这一切都使得电源系统的可靠性、电源故障的处理和预防变得十分重要。

热控电源系统按供电性质，可划分为供电电源、动力电源、控制电源、检修电源。其中，控制电源包括分散控制系统、DEH、火焰检测装置、TSI、ETS 等电源。供电电源通常有 UPS 电源、保安电源、厂用段电源等。热控系统供电，要求有独立的二路电源，目前在线运行的供电方式有以下几种组合：①一路 UPS 电源，一路厂用保安电源；②两台机组各一路 UPS 电源，两台机组的 UPS 电源互为备用；③两路 UPS 电源。

近年来，火电机组由于控制系统电源故障引起机组运行异常的案例虽有所减少，但仍屡有发生。本章收集了 2019 年发生的部分控制电源典型故障案例（供电电源故障案例 7 例，控制设备电源故障案例 5 例），通过对这些案例的统计分析，可以得出两条基本的结论，即火电机组控制系统电源在设计、安装、维护和检修中都还存在或多或少的安全隐患，因此在机组设计和安装阶段，应足够重视电源装置的可靠性；同时在运行维护中，应定期进行电源设备（系统）可靠性的评估、检修与试验。希望借助 2016～2019 年这四年电源故障案例的统计、分析、探讨、总结和提炼，得出完善、优化电源系统的有效策略和相应的预控措施，提高电源系统运行可靠性，为控制系统及机组的安全运行保驾护航。

第一节　供电电源故障分析处理与防范

本节收集了供电电源故障案例 7 起，分别为：ETS 系统电源回路设计不合理导致机组跳闸、AST 电磁阀供电电源设计不合理导致机组跳闸、UPS 故障致机组跳闸、UPS 电源装置故障导致输煤系统操作员站全部失电、给煤机控制电源配置不合理导致锅炉 MFT、脱硝 CEMS 系统上位机 UPS 电源故障导致上位机失电、微油控制电源异常导致锅炉 MFT。

一、ETS 系统电源回路设计不合理导致机组跳闸

某厂 1 号汽轮机是哈尔滨汽轮机厂生产的引进改进型 350MW 反动式、亚临界抽凝式汽轮机，控制系统为国电智深 EDPT-NT＋系统。ETS 为汽轮机厂配套装置，ETS 系统由

UPS、保安段两路电源经切换装置后供电，AST 电磁阀电源取自 ETS 控制柜电源切换装置之后。

（一）事件过程

2019 年 9 月 15 日 20 时 56 分，1 号机组运行，负荷 240MW，主蒸汽温度 569℃，再热蒸汽温度 565℃，主蒸汽压力 17.5MPa，再热蒸汽压力 2.43MPa，给水流量 710t/h，机组处于协调运行方式。20 时 56 分，1 号汽轮机组跳闸，锅炉 MFT 动作，6kV 厂用电联动正常。

（二）事件原因查找与分析

1. 事件原因检查

检查发现 ETS 系统控制柜两路电源开关均处于分闸位置，主机跳闸 AST-2 电磁阀线圈外观有鼓包变形，测量电阻阻值为零，其他三个电磁阀阻值正常，判断为 AST-2 电磁阀线圈短路烧损，导致主机 ETS 控制柜两路电源均跳闸，ETS 系统失电，汽轮机跳闸。

2. 原因分析

（1）主机 AST-2 电磁阀过热烧损是导致机组停运的直接原因。

（2）AST 电磁阀电源设计存在重大隐患，取自 ETS 控制柜电源切换装置后，不符合《火力发电厂热工自动化系统可靠性评估技术导则》中 6.4.2.1 电源配置要求第 4）款“采用双通道设计时，每个通道的 AST 电磁阀应各由一路进线电源供电”的规定，在 AST-2 电磁阀烧损后导致主机 ETS 控制柜失电，是导致机组停运的间接原因。

3. 暴露问题

（1）热工保护装置及元件质量存在隐患。

（2）设备隐患排查不到位，对 ETS 系统原设计电源未进行深入的研究，留下事故隐患。

（三）事件处理与防范

（1）将 4 个 AST 电磁阀电源分为两路，将 ETS 控制柜电源与电磁阀电源分开。

（2）机组运行期间对 AST 电磁阀定期进行温度监测。

（3）扎实地开展好隐患排查治理工作，对照标准和规程、对照实际，全方位、无死角地进行排查，坚决杜绝类似事件再次发生。

二、AST 电磁阀供电电源设计不合理导致机组跳闸

某厂 1 号机组为 670MW 超临界机组，锅炉为哈锅厂制造的超临界参数燃用褐煤的塔式锅炉；汽轮机为哈汽厂生产的超临界、一次中间再热、单轴、三缸、四排汽凝汽式汽轮机；发电机为哈电机厂制造的 QFSN-670-2 型三相交流隐极式同步发电机，采用水-氢-氢的冷却方式；控制系统为西门子公司 DCS 产品。2019 年发生一起由于汽轮机 AST 电磁阀（紧急停机保护电磁阀）失电导致机组停机的事件。

（一）事件过程

2019 年 12 月 3 日 10 时 30 分，一号机组正常带负荷运行，汽轮机直流事故油泵进行定期启动试验（每月一次）。10 时 30 分 26 秒油泵在启动过程中，220V 直流母线电压降低至 0V。10 时 30 分 27 秒 AST 电磁阀失电，导致主汽门及调节汽门关闭，汽轮机跳闸，发变组逆功率保护动作，造成机组解列。

（二）事件原因查找与分析

1. 事件原因检查

热工人员现场检查后发现，无触发机组跳闸的保护条件，AST电磁阀失电导致了机组跳闸。同时检查发现AST电磁阀两路电源均取自同一段220V直流母线，双路电源未能起到互为备用的作用，不满足《电力工程直流电源系统设计技术规程》（DL/T 5044—2014）中第3.6.5.2条“对于要求双电源供电的负荷应设置两段母线，两段母线宜分别由不同蓄电池组供电，每段母线宜由来自同一蓄电池组的2回直流电源供电，母线之间不宜设联络电器”的规定。

通过查阅DCS曲线还发现，当事故油泵启动时，直流母线电压由231V降至0V。全厂220V直流系统原理图如图2-1所示，机组正常运行时1号充电装置和1号蓄电池组并列运行，1号、2号母联断路器因与蓄电池组断路器联动而分列运行。

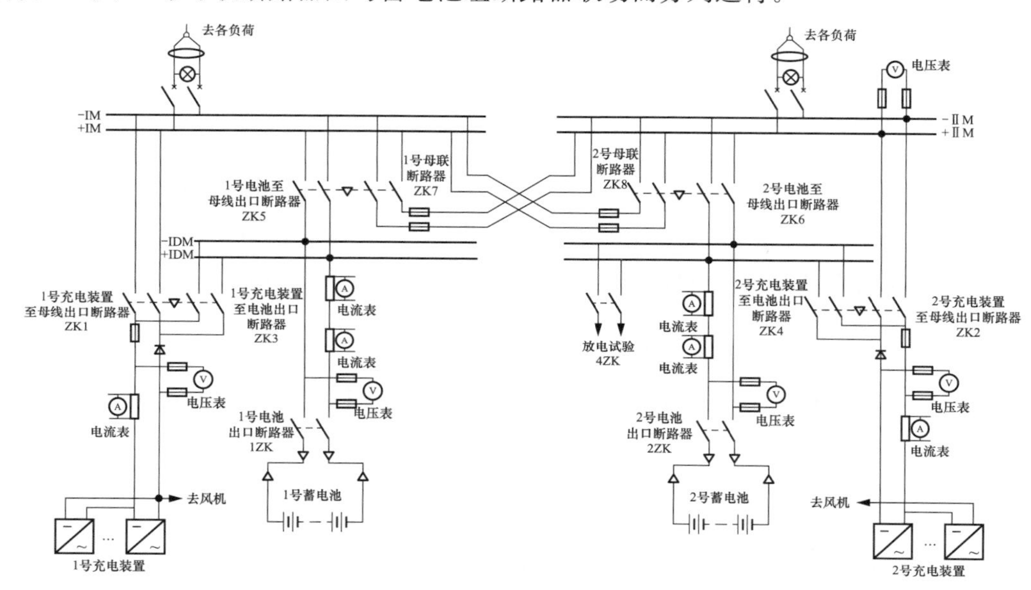

图2-1 全厂220V直流系统原理图

2. 原因分析

查阅说明书并咨询设备厂家得知，直流事故油泵额定电流为284A，启动电流为1420A，直流充电机最大输出电流为200A。当启动大功率直流电机时，直流母线电压的稳定性主要由蓄电池组来保证，一旦蓄电池组发生故障，直流母线电压将会大幅度降低。

当日10时30分26秒汽轮机直流油泵在启动过程中，第29号蓄电池故障，220V直流母线电压降低至0V，由于AST电磁阀两路电源均取自同一段母线，10时30分27秒AST电磁阀失电，汽轮机主汽门及调节门关闭，汽轮机跳闸。

3. 暴露问题

（1）AST电磁阀的直流220V电源设计存在缺陷，均取自同一段220V直流母线，双路电源未能起到互为备用的作用，在一路电源是故障时就会导致机组跳闸。

（2）现场热工人员责任心不强，隐含排查不深入，机组投产多年未发现此类问题。

（三）事件处理与防范

（1）对AST电磁阀的直流220V电源回路进行改造，一路取自原有220V直流母线，

另一路取自另一段直流 220V，或取自 UPS 或者保安段，经过可靠的整流装置提供直流 220V 电源。

（2）加强培训，进一步提高热工人员技术水平，加大隐患排查力度，对采取双路电源供电的热工重要仪表或设备进行检查，发现类似问题及时处理。

三、UPS 电源装置故障导致输煤系统操作员站全部失电

某厂输煤控制系统为施耐德 PLC 系统，2006 年投产，网络为双路单网，共 4 台操作员站（其中两台兼作工程师站）。

（一）事件过程

2019 年 11 月 27 日输煤系统 A 路和 B 路正在卸煤，运行的皮带分别为 0A、1A、2A、3A、4A、5C 向六煤场卸煤，C 斗轮机处于分流状态；皮带 0B、1B、2B、3B、4B、5B 向三煤场卸煤；上煤路径皮带运行情况：输煤系统 A 斗轮机取煤状态，5A、8B、9B、10B 皮带运行，正在上煤。

13 时 28 分，4 台操作员站同时失电黑屏，无法监视输煤系统。运行人员紧急操作急停按钮，急停就地设备。

13 时 30 分，热控人员接输煤运行人员电话通知 4 台操作员站失电、黑屏，无法监视输煤系统状态。

13 时 40 分，热控人员到达输煤集控室，发现 4 台操作员站处于关机状态。经运行人员同意，查看操作员站电源供电正常，PLC 系统卡件和交换机工作正常，输煤 PLC 系统电源柜工作正常。

13 时 48 分，经运行人员同意将操作员站重新开机，启动监视画面和相关软件。

13 时 50 分，运行人员开始恢复上煤系统和卸煤系统皮带运行。

14 时 00 分，进一步检查电源系统，发现 UPS 电源报警指示灯亮，报警信息为提醒更换电池，电量指示灯由满格变为二格，表示正在充电。

14 时 10 分，查看输煤系统 SIS 曲线，发现在 11 月 27 日 13 时 28 分，输煤系统 SIS 数据中断，可以判定网络交换机此时已经失电。

（二）事件原因查找与分析

1. 事件原因检查与分析

（1）开工作票检查操作员站电源由输煤 PLC 程控电源柜供电，电路图如图 2-2 所示，输煤 PLC 程控电源由双路供电，分别取自输煤 MCC A 段和输煤 MCC B 段。两路电源通过电源切换装置后接入 UPS 电源。4 台操作员站、IO 程控柜、柜内照明、网络交换机的电源均取自 UPS 电源。由图 2-2 电路图可知：当 UPS 电源故障时会导致 4 台操作员站失电和网络交换机失电。

（2）输煤系统 UPS 电源故障原因。2019 年 11 月 27 日上午巡检查看 UPS 电源工作正常，无报警信息。通过图 2-2 可知指示灯报警信息可知，UPS 电源正在充电，可以判定 UPS 电池曾参与过负载供电，当电池电量耗尽以后造成失电。咨询厂家获知，UPS 电源正常工作期间电池不参与供电，只有当主路供电故障后才切换至备用电池供电方式。当电池电量耗尽时会对电池产生影响，导致电池故障。

通过以上原因分析，UPS 电源故障是导致此次异常的直接原因。

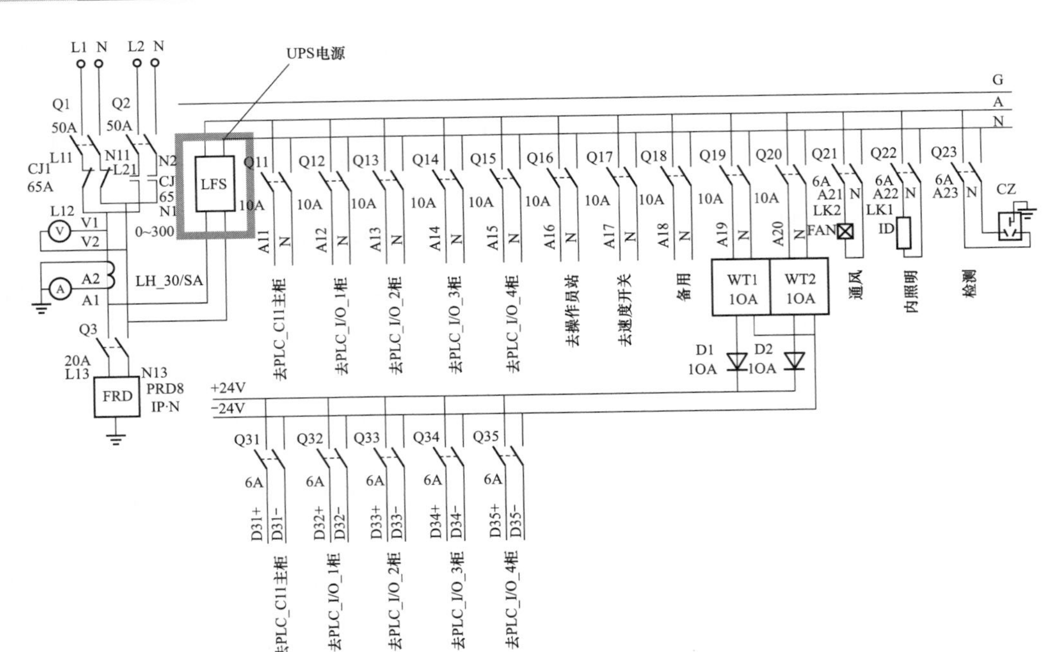

图 2-2　输煤系统 PLC 程控电源

2. 暴露问题

（1）对防非停措施落实不力，未将控非停工作延伸至输煤特许经营单位。

（2）隐患排查工作不到位，未做到全覆盖，还存在盲区和死点。隐患排查工作开展不够全面，忽视了特许经营单位和外围热控设备的安全事故隐患排查治理。

（3）特许经营单位设备检修维护不到位。输煤特许经营单位对管辖范围设备检修维护不到位，设备隐患治理投入不足。

（4）对输煤特许经营单位监管不力。未严格执行集团公司外包管理“五统一”“四个一样”的相关要求，对脱硫特许经营单位设备管理、隐患排查及“两票”管理监管不力，存在安全管理漏洞。

（三）事件处理与防范

（1）输煤集控室程控系统电源全部经过 UPS 电源。UPS 电源供电方式不可靠，一旦 UPS 电源出现故障，将导致负载全部失电。结合辅控网 PLC 升级改造对 PLC 电源供电方式进行升级优化，增加第二路供电电源。

（2）UPS 电源电池上次更换时间为 2015 年 10 月，按照说明书电池更换周期为 5 年，结合现场实际情况缩短更换电池周期为 3 年。

四、给煤机控制电源配置不合理导致锅炉 MFT

公司现有两台 660MW 超超临界机组，每台机组配置 6 台 CS2024 型电子称重式给煤机，由上海发电设备成套设计研究院提供，每台给煤机同步配置低电压穿越装置。

2019 年 12 月 11 日，2 号机组负荷 515MW，磨煤机 A、B、C、D、E 运行，总燃料量 258t/h。机组运行中，因 UPS A 段馈线柜内“2 号机热控 UPS 电源柜电源一”空气开关 ZK5 脱扣，电源丢失，引起 2 号机热控 UPS 电源柜供电电源切换，切换过程中所有给煤机

控制回路瞬时失电，给煤机运行信号消失，锅炉失去全部燃料保护跳闸。

（一）事件过程

12月11日05时40分，2号机组负荷515MW，磨煤机A、B、C、D、E运行，总燃料量258t/h，主蒸汽压力22.7MPa，再热蒸汽压力4MPa，机组给水流量1350t/h，炉膛负压−108Pa，送、引、一次风机均双列运行。

05时44分17秒，2号机组DCS系统发出“2A UPS馈线回路报警”，2A UPS电流由47A降低至43A，2B UPS电流由29.9A上升至31.7A。

05时44时18秒，2A、2B、2C、2D、2E给煤机运行信号同时消失，锅炉MFT，首出为“失去全部燃料”，汽轮机跳闸，机组跳闸曲线如图2-3所示。

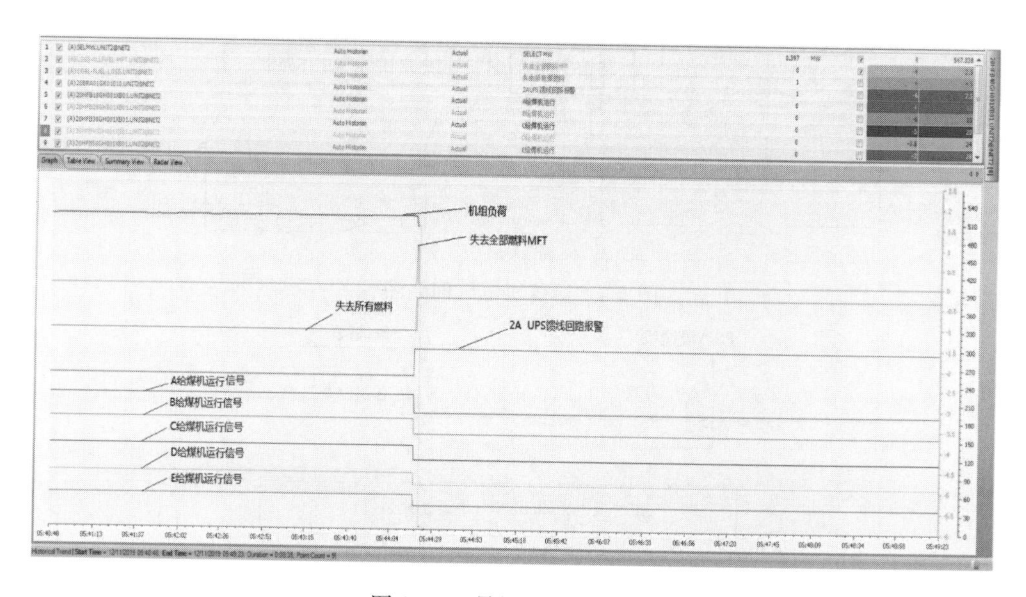

图2-3　2号机组MFT曲线

（二）事件原因查找与分析

1. 事件原因检查与分析

STOCK给煤机电气回路如图2-4所示，给煤机变频器动力电源由MCC段送来的一路三相380VAC电源，给煤机控制回路电源取自热控UPS电源柜。六台给煤机控制回路电源均取自热控UPS电源柜，热控UPS电源柜两路进线总电源分别取自UPS A段馈线柜和UPS B段馈线柜，经双电源切换装置（GE Entell-Switch250）后为六台给煤机控制回路供电，如图2-5所示。

（1）直接原因。2号机UPS A段馈线柜断路器ZK5故障脱扣，导致2号机组热控UPS电源柜双电源切换装置启动，切换过程中给煤机控制回路电源瞬时失电，五台运行给煤机运行信号消失，锅炉失去全部燃料，是本次事件的直接原因。

失去全部燃料MFT逻辑判断为：任一油层投运或者磨煤机运行记忆、锅炉失去所有油燃料及锅炉失去所有煤燃料条件同时满足。失去所有煤燃料条件为六套制粉系统磨煤机停运或给煤机运行信号消失，逻辑图如图2-6、图2-7所示。

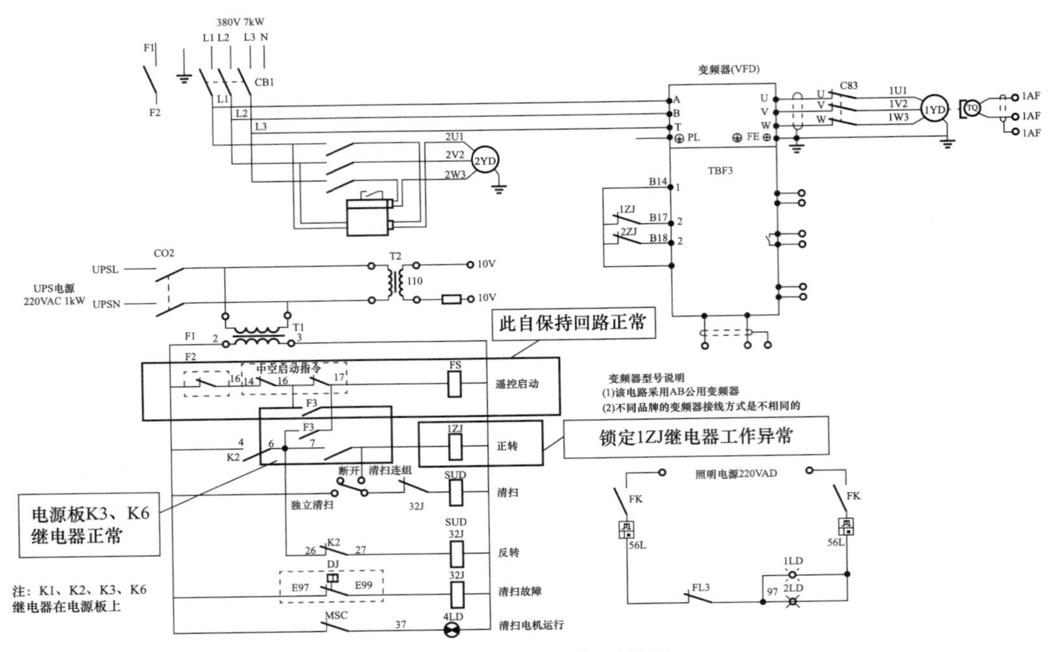

图 2-4　给煤机电气回路图

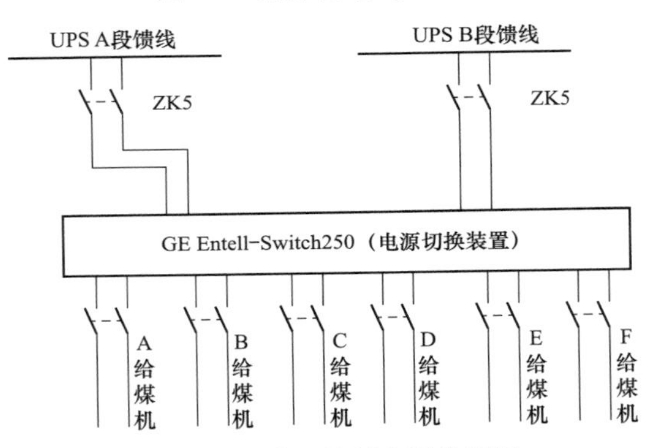

图 2-5　给煤机控制电源分配图

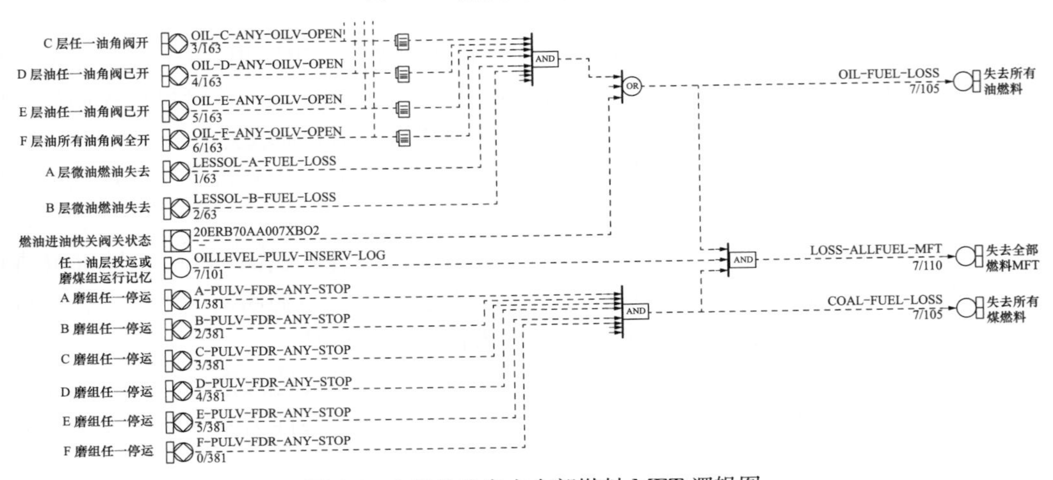

图 2-6　2 号机组失去全部燃料 MFT 逻辑图

图 2-7　2 号机组 A 磨煤机组停运逻辑图

(2) 间接原因一。给煤机控制电源配置可靠性不高，六台给煤机控制回路电源均取自热控 UPS 电源柜，双电源切换装置电源切换导致给煤机远程启动继电器 FS 触点断开 (图 2-8)，所有给煤机运行信号消失，是本次事件的间接原因之一。

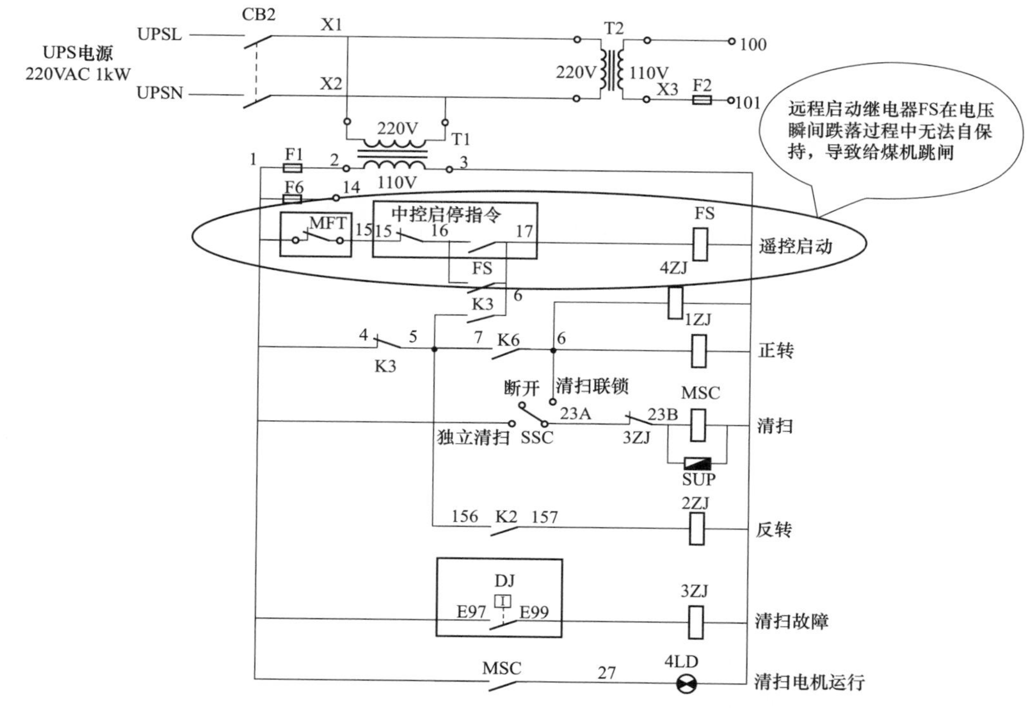

图 2-8　给煤机控制回路原理图

注：K1、K2、K3、K6 继电器在电源板上

2 号机组热控 UPS 电源柜两路进线总电源分别取自 2 号机 UPS A 段馈线柜和 2 号机 UPS B 段馈线柜，经双电源切换装置（GE Entell-Switch250）后为 2 号机六台给煤机控制回路供电，如图 2-9 所示。

经测试，热控 UPS 电源柜双电源切换装置 GE Entell-Switch250 故障切换时间约 70ms，切换过程中电压最低跌落至 1.2V，如图 2-10 所示。

(3) 间接原因二。2 号机 UPS A 段馈线柜断路器 ZK5 故障脱扣，是本次事件的间接原因之二。

ZK5 断路器型号为施耐德 C120H C125，将故障断路器拆除后对此断路器进行分合试验，无法再次合上，判断断路器内部损坏，存在质量问题，已返回厂家进行测试分析。

2. 暴露问题

(1) 设备管理部隐患排查不到位，给煤机控制回路电源配置不合理、双电源切换装置切换过程中短时失电可能造成机组跳闸等隐患未及时发现。

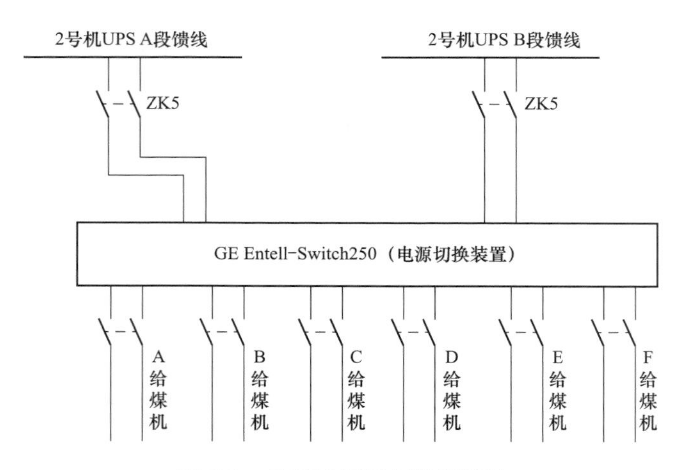

图 2-9　给煤机控制电源分配图

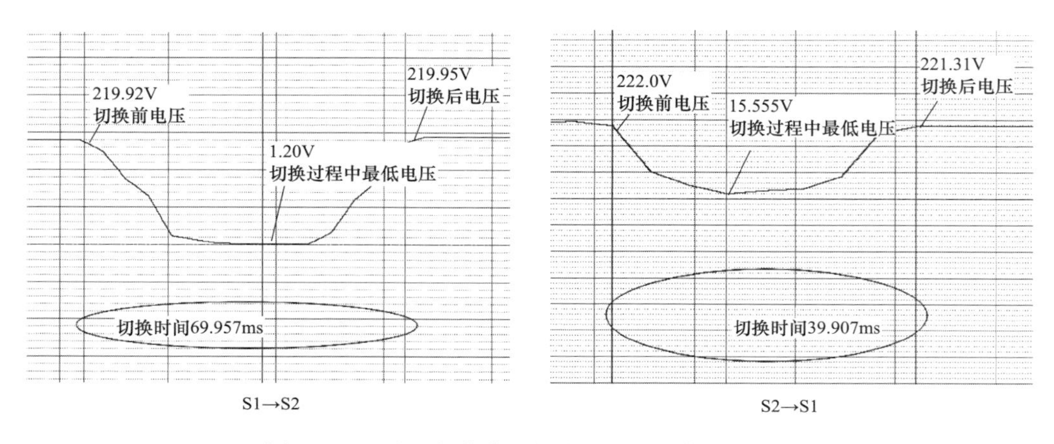

图 2-10　双电源切换装置切换时间及压降测试结果

（2）设备管理部门对双电源切换装置管理、维护不到位，切换试验未记录切换时间及压降等，也未进行带负荷实际切换试验。

（三）事件处理与防范

为提高给煤机运行可靠性，从给煤机控制回路电源及 DCS 逻辑两方面入手，现分述如下：

1. 合理配置给煤机控制电源

六台给煤机控制回路电源均取自热控 UPS 电源柜，对六台给煤机控制回路电源重新引接合理配置，将六台给煤机控制回路电源由热控 UPS 电源柜改至 A/B UPS 馈线柜，A、C、F 给煤机控制回路电源取自 UPS A 段馈线屏，B、D、E 给煤机控制回路电源取自 UPS B 段馈线屏。

2. 给煤机控制回路中加装延时断开继电器

通过在给煤机控制回路中增加延时继电器，增加给煤机控制回路延时断开功能，防止电压瞬间跌落或控制信号抖动引起给煤机误跳闸。在给煤机启动回路中加入延时继电器，设置延时断开时间大于电源切换装置的切换时间差，设置为 2s，控制回路接线改造如图 2-11 所示，即将 BC 继电器（新加装的）与原有的 FS 进行并联，将 FS 继电器动合触

点接入端子 6（正端）与 BC 继电器 A1 端之间，将 BC 继电器的延时断开节点 15 和 18 接入给煤机端子 6 与端子 16 之间。

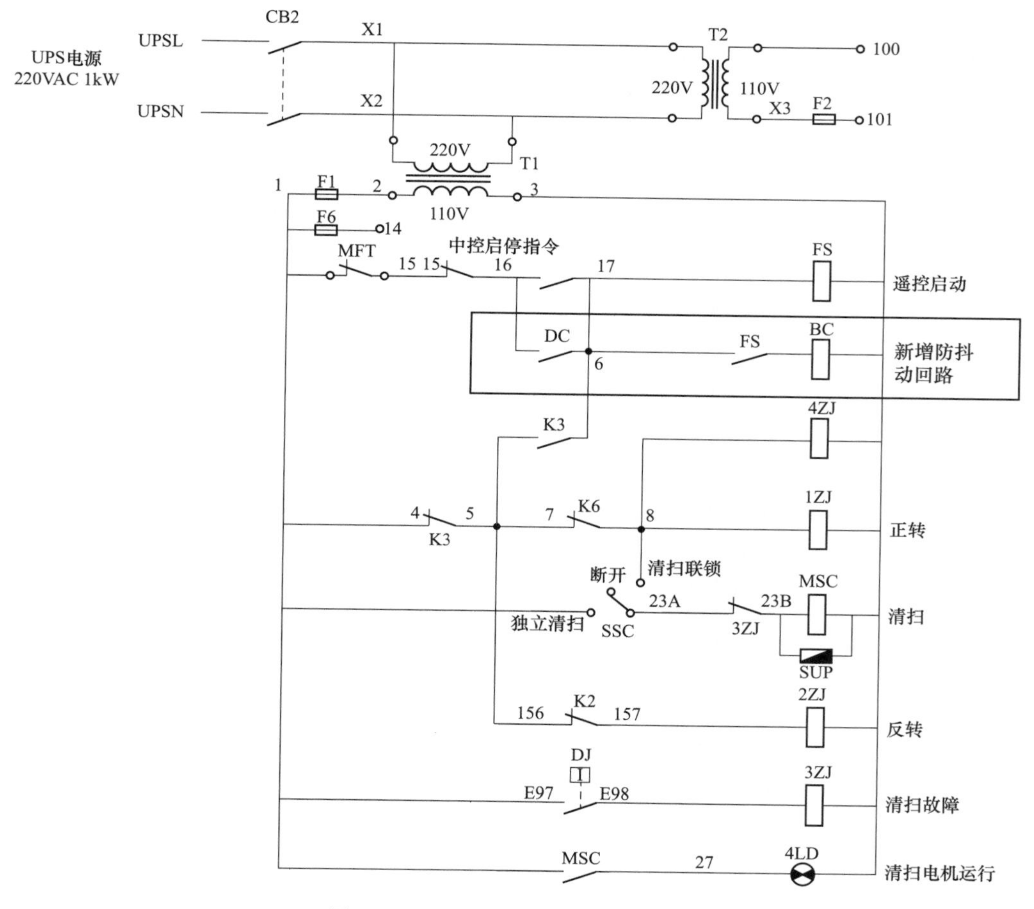

图 2-11　改造后给煤机控制回路图

注：K1、K2、K3、K6 继电器

3. 给煤机控制回路中加装小 UPS 电源

在给煤机给煤机控制回路中加装小 UPS 电源，可有效解决给煤机控制电源受外界电源波动或失去的影响，提高给煤机控制回路的可靠性。但会出现另外的问题，给煤机控制电源使用 UPS 供电时，当给煤机动力电源电压低到变频器不能工作时给煤机也将停止运行，由于此时控制电源正常，“变频器电压低”停运给煤机这一事件将被给煤机控制装置认为是由于变频器故障而停运的给煤机，给煤机控制装置将记忆并保持这一故障状况，不能及时远方启动给煤机。

4. 给煤机运行信号延时断开功能

失去全部燃料 MFT 逻辑判断为：任一油层投运或者磨煤机运行记忆、锅炉失去所有油燃料及锅炉失去所有煤燃料条件同时满足。失去所有煤燃料条件为六套制粉系统磨煤机停运或给煤机运行信号消失，通过对给煤机“运行”信号加延时断开逻辑功能块，当控制回路电源瞬间失去，给煤机不会出现跳闸。逻辑图如图 2-12 所示。

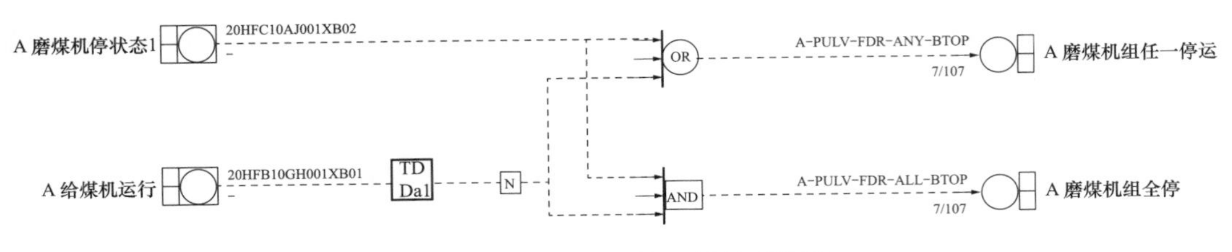

图 2-12　磨煤机组停运判断逻辑图

5. 自动控制回路中防误动措施

由于给煤机运行状态和给煤量参与模拟量调节系统的运算逻辑，中速磨煤机内储煤量在瞬间磨煤机输出的煤粉变化不大，如果给煤机控制电源瞬间失去或波动使给煤机运行状态和给煤量发生突变，将造成锅炉主控指令的大幅度变化，影响锅炉安全运行。为此，应对自动调节回路的相关逻辑进行修改。

实际DCS逻辑组态中，将参与煤量主控回路中的实际给煤量累积回路中，增加给煤机“运行”信号延时3s断开的逻辑功能块。有效避免给煤机运行信号瞬时消失导致的自动控制功能异常。

对两台机组UPS A段、B段馈线柜断路器进行全面检查、试验。全面排查、梳理设备供电回路隐患，逐一制订整改计划，利用机组调停及检修机会处理或改造。完善全厂双电源切换装置台账，制定修后电源切换试验方案并实施。

五、脱硝CEMS系统上位机UPS电源故障导致上位机失电

某厂总装机容量为8×300MW火电机组，其中一厂装机容量4×300MW，一厂1号机组脱硝CEMS系统，该系统采用两路电源（一路保安段、另一路厂用UPS）供电，通过电源切换装置后接入上位机UPS，当一路电源故障时立即切换另一路电源，上位机在短时间内不停电。2019年10月29日10时上位机UPS电源故障导致上位机失电，因发现、处理及时，未造成小时报表丢失。

（一）事件过程

2019年10月29日10时11分，热控巡检人员对一厂1号机组脱硝CEMS系统巡检工作，发现脱硝CEMS系统上位机显示屏黑屏，巡检人员通过电笔测量CEMS系统两路电源均带电，切换开关输出也带电，最后发现上位机UPS电源指示灯不亮，检查发现上位机UPS电压有输入无输出，巡检人员电话通知技术人员2019年10月29日10时25分到现场。

（二）事件原因查找与分析

1. 事件原因检查与分析

经技术人员讨论，上位机电压直接接切换开关输出，不经过上位机专业UPS，确认两路电源工作正常后，将上位机电源接至切换开关输出，因整个过程按预期进行，设备正常运行。同时将上位机只启动功能开启，在保安段、厂用UPS切换过程中上位机能立即启动，保证环保报表不丢失。

2. 暴露问题

（1）脱硝CEMS系统在超低排放过程中未考虑到上位机专用电源故障期间，如发现不及时可能导致更多报表丢失。

（2）未定期检查专用UPS设备。

（三）事件处理与防范

（1）利用机组停运机会逐步对一厂 2、3、4 号机组脱硝、脱硫上位机专业 UPS 拆除，将上位机电源直接接入保安段、厂用 UPS 切换电源，提高设备可靠性。

（2）将所有脱硝、脱硫上位机在电源切换后只启动，保证报表完整性。

（3）巡检人员加强日常巡检表内容，将保安段、厂用 UPS 切换电源状态纳入日常巡检内容。

六、微油控制电源异常导致锅炉 MFT

（一）事件过程

2019 年 7 月 16 日，某厂 7 号机组启动阶段，微油模式已投入，制粉系统 A 运行，21 点 40 分进行电气 380V 汽轮机 7A 母线失电试验，21 点 40 分 15 秒微油模式自动撤出，21 点 40 分 24 秒锅炉 MFT，首出信号为全炉膛灭火。

（二）事件原因查找与分析

通过历史曲线和逻辑分析，导致锅炉 MFT 的主要原因是由于 A1/A2/A3/A4 微油油阀在 21 点 40 分 05 秒同时关闭触发微油模式退出，油阀关闭导致 3、4 号角 A 层煤粉失去助燃，3、4 号角 A 层煤火检丢失，从而触发煤层 A 失火检信号，进而导致全炉膛灭火。

经确认，期间运行人员正在进行电气 380V 汽轮机 7A 母线失电试验，21 点 40 分左右，7 号机组 380V 汽轮机 7A 段母线失电，导致 7A 杂用变电源开关失电，从而导致 7 号炉 380V 杂用 MCC7A 段母线上的 7 号炉 1、2、3、4 号角微油点火控制柜电源开关失电。7 号炉 1、2、3、4 号角微油点火控制柜电源失去后导致 1、2、3、4 号角微油油阀自动关闭，后续触发锅炉 MFT。

（三）事件处理与防范

更改 7 号炉微油控制柜电源配置，由 380 杂用 MCC7A 段更改为锅炉热控电源柜，该电源柜进线电源由 380 杂用 MCC7A 段和 380 杂用 MCC7B 段同时提供，防止 7 号炉微油点火控制柜再次出现异常失电的情况。

第二节 控制设备电源故障分析处理与防范

本节收集了控制设备电源故障案例 5 起，分别为：DEH 电源切换装置故障导致机组跳闸、热控控制盘内电源装置异常导致送风机 DCS 操作失灵、DCS 系统电源模块电压波动触发锅炉 MFT、DCS 继电器柜 24V 电源模块故障、热控仪表电源柜切换装置损坏导致机组跳闸。

一、DEH 电源切换装置故障导致机组跳闸

（一）事件过程

8 月 08 日，16 时 00 分某厂机组负荷 190MW，主蒸汽压力 12.7MPa，主蒸汽温度 541℃，再热蒸汽汽温 540℃，协调在投，机组运行正常。

16 时 01 分机组负荷 190MW，首出“DEH 停机”，机组跳闸，锅炉 MFT，机组与系

统解列。

16时45分停止锅炉送、引风机运行，锅炉闷炉。

16时56分机组转速到0，投入盘车运行。

18时30分机组点火恢复。

19时19分机组与系统并网。

20时07分机组负荷150MW，恢复正常运行方式。

（二）事件原因查找与分析

1. 事件原因检查与分析

（1）经检查，机组DEH系统两台直流电源切换装置故障，DEH系统AST电磁阀直流220V电压失去，AST电磁阀动作，主汽门及调门关闭，机组跳闸。DEH系统两台直流电源切换装置故障是导致本次停机事件的直接原因。

（2）根据厂家对装置的检测，装置A为输出回路的防反二极管击穿，装置B为输出回路的整流桥功率器件烧毁。

（3）直流电源切换装置原理图及故障原因分析：两台直流电源切换装置输出端并联运行，检查电气回路电流并没有超过装置限流保护动作值（17A），A套装置的防反二极管由于自身故障导致被击穿，且造成装置输出回路整流桥功率器件烧毁，无输出电压。因A套装置此时输出回路已经短路，防反二极管被击穿后也失去了隔离功能，B套装置直流输出回路的电压值被拉低，造成B装置输出回路基本没有电压，则整个电压输出回路失电。

2. 暴露问题

（1）直流电源切换装置防反二极管故障。

（2）直流电源切换装置在DCS画面上无任何报警提示。

（3）DEH系统直流回路只有正端有断路器，负端未设计断路器保护。

（三）事件处理与防范

（1）直流电源切换装置返厂维修，更换损坏的元器件，提高设备的可靠性。

（2）要求直流电源切换装置厂家提供故障报警输出接口，在DCS画面上增加故障报警。

（3）联系DEH厂家对DEH直流回路进行改造，直流电磁阀负端增加断路器保护。

二、热控控制盘内电源装置异常导致送风机DCS操作失灵

某热电公司10号机组为燃煤火力发电机组，10号发电机组锅炉是哈尔滨锅炉厂生产的HG-410/9.8-YM12型高压参数、汽包自然循环、四角切圆燃烧、中间仓储式制粉系统、单炉膛Ⅱ型全钢架结构、固态排渣煤粉炉。装机容量为100MW，DCS控制系统为新华XDPS-400e，1992年投产。

（一）事件过程

2月16日16时26分发电机功率80MW，主蒸汽压力9MPa，主蒸汽温度536℃，汽轮机转速3000r/min，炉膛负压－46.63Pa，汽包水位－21.4mm，汽包压力9.98MPa，2号送风机入口挡板开度55.44%。

16时26分10号炉立盘1、2号给水，1、2号送风手操器由自动状态切至手动状态，2号送风机入口挡板由54%自动关至0%，DCS内操作失灵。负荷由80MW减至58MW。16

时29分将1、2号送风机和1号给水泵手操器自动投入后，DCS内操作正常。16时49分负荷恢复正常，影响水位最低－67mm；炉膛负压最低到－559Pa，影响发电量1万kWh。

（二）事件原因查找与分析

1. 事件原因检查与分析

10号炉热控控制盘内甲电源装置切换至乙电源过程中，造成后备手操器24V电源电压波动，四台手操器由自动状态切至手动状态，DCS系统内操作失灵。期间2号送风机手操器存在故障，造成入口挡板关回。

2. 暴露问题

（1）专业管理人员对涉及机组重要设备的工作重视程度不够，对可能影响机组安全运行工作的危险性认识不足、贯彻不到位，没有布置得当的安全措施，确保工作万无一失。

（2）检修人员在系统特性方面掌握不全面，预估工作危险性能力差，在工作中安全意识薄弱。

（3）热工专业管理人员进行现场设备检查不细致，没有及时发现设备隐患。

（三）事件处理与防范

（1）取消原后备手操器自带“手/自动”切换开关，增加外回路“手/自动”切换旋钮开关见图2-13（a），当切置自动时，DCS操作执行器开关，后备手操器闭锁不动作，当切置手动时，DCS操作不动，手动操作执行器开关。

（2）取消原手操器手/自动按钮切换功能，增加外回路旋钮开关切换手/自动，如图2-13（b）所示。

(a)

(b)

图2-13　后备手操器改造前后比较图

（a）后备手操器改造前；（b）后备手操器改造后

三、DCS系统电源模块电压波动触发锅炉MFT

某厂4号机组于2006年5月31日投产，DCS系统采用GE新华XDPS-400＋系统，软件为XDPS-6.0，属于GE新华早期产品。2016年4号机组B修时，对4号机组DCS系统网络设备、控制器列项进行整治。用eBC-NET替换DPU17/18/19/61/62机柜内的1、

2 号 I/O 站两对 BC-NET、DPU5 1 号 I/O 站一对 BC-NET、DPU6 1 号 I/O 站一对 BC-NET，更换所有控制器机柜内 HUB，用规格型号 945B 的控制器替换 DPU17/18/19/11/12 规格型号 6772 的控制器，机柜内所有控制器 CF 卡升级更换。更换采用的控制器，eBC-NET 为 GE 新华推荐的替代产品，软件未升级，所更换设备作为 3、4 号机组公用备品。

（一）事件过程

2019 年 12 月 20 日 17 时 37 分 17 秒 4 号机组负荷 200MW，AGC 投入，4A/4B/4D/4E 号磨煤机运行。17 时 37 分 19 秒，4 号锅炉 MFT，首出“丧失燃料”。遥控跳 4 号汽轮机（ETS 首出遥控跳闸 1、遥控跳闸 2）、4 号发变组 220kV 断路器，4 号机组跳闸。

在对可能导致此次事件的硬跳闸回路、DCS 系统 I/O 瞬间翻转及通信出错可能性进行防范后，4 号锅炉点火，21 日 4 时 56 分时 4 号机组重新并网运行。

（二）事件原因查找与分析

1. 事件原因检查

机组跳闸后，仪控专业值班人员及专业点检立即对 MFT 跳闸有关系统、回路和信号进行了排查分析处理。

（1）在线确认 FSSS 系统 DPU17/37 控制器内 MFT 软件跳闸逻辑首出条件为“丧失燃料”；DPU17 为主 DPU，DPU17/37 未发生主副切换，DPU17 机架电源测试（I/O 站机架 5V 电源模块电压测试值 5.1V）、DPU17 机柜双路电源切换正常。

（2）由电气专业排除发电机保护跳或发电机程序跳触发 ETS 遥控跳闸 1、遥控跳闸 2。

（3）FSSS 05 柜（DPU17/37）、机侧 DCS 电源总盘、炉侧 DCS 电源总盘、集控操作台手动 MFT 的信号盘间电缆和盘内线绝缘检查，未发现异常。

（4）FSSS 05 柜（DPU17/37）、机侧 DCS 电源总盘、炉侧 DCS 电源总盘内与硬跳闸回路触发动作有关的失电信号模拟试验确认，未发现异常；暂撤除 FSSS 05 柜（DPU17/37）UPS 及保安电源失电触发硬跳闸回路的保护信号。

（5）进行 MFT 硬跳闸回路 MFT 动作交流自保持继电器 R26 性能测试：

R26 继电器最低动作值 AC 142V；继电器由额定 AC 220V 返回试验时，在 AC 150V 左右发生跳动，触点短时断开后又闭合（跳动测试重复 3 次，后续测试未再发生跳动），继电器返回电压为 AC 96V；辅助触点 23/24 的通态电阻值为 38Ω，阻值偏大；辅助触点 33/34 的通态电阻值为 30Ω，阻值偏大；其余辅助触点通态电阻正常。更换 R26 继电器，将交流自保持回路在原 R26 一副动断触点的基础上串接取自 R25 继电器的一副动断触点。同时更换 R36 继电器，将直流自保持回路在原 R36 一副动断触点的基础上串接取自 R35 继电器的一副动断触点。

（6）因考虑存在 DPU17 出错的可能性，“丧失燃料”逻辑中的给煤机停运信号增加了 1s 延时，DPU17 中 MFT 主逻辑动作或门输出信号和硬跳闸板动作信号至其他 DPU 的下网点信号延时由 0.1s 增加到 0.6s。

2. 原因分析

（1）4 号锅炉 MFT 事件前后各类报警信息排查。

1）MFT 主逻辑控制器 DUP17 包含的报警信息分析。

17 时 37 分 17 秒时刻，MFT 硬跳闸板继电器动作至 DPU17 的表征硬跳闸板动作的

MFT 硬跳闸板至 MFT 软逻辑 3（MFTFSSS03）、MFT 硬跳闸板至 MFT 软逻辑 2（MFTFSSS02）、MFT 失电跳闸（MFTFSSS01）这 3 个 DI 信号同时翻转/复归 1 次。

17 时 37 分 17 秒时刻，汽轮机跳闸至 MFT-2（TURBINETP2）、后墙 1 排［C］1 号油枪燃油压力低（PS43605）、后墙 1 排［C］2 号油枪燃油压力低（PS43606）等 5 块卡件的 DI 信号同步翻转/复归。DPU17 所属的唯一一块 SOE 卡（FSSS 05 柜 1 号站 11 卡）上 16 个 SOE 点也同步翻转/复归。

17 时 37 分 17 秒至 17 时 37 分 18 秒时刻，DPU15、DPU16、DPU18、DPU19、DPU61、DPU62 中来自 DPU17 的表征 MFT 硬跳闸板动作的 3 路网间点（MFTFSSS03、MFTFSSS02、MFTFSSS01）也同步翻转/复归，触发运行的给煤机、磨煤机、一次风机全部跳闸及 MCS 控制超驰。如图 2-14 所示，17 时 37 分 19 秒，给煤机全停 FEEDOFF、燃料丧失 FUELFL 报警，“丧失燃料”逻辑满足触发软件 MFT 动作。

日期	时间	节点	性质	测点名	描述	品质	报警值
2019-12-20	17:37:19	17	Dx：报警	MFT3	MFT动作至硬跳闸板	好点	1 (1)
2019-12-20	17:37:19	17	Dx：报警	4FSSS07FGD	MFT动作	好点	1 (1)
2019-12-20	17:37:19	17	Dx：报警	4FSSS01ESP	跳闸除尘器	好点	1 (1)
2019-12-20	17:37:19	17	Dx：报警	MFT2	MFT动作2硬跳闸板	好点	1 (1)
2019-12-20	17:37:19	17	Dx：报警	MFTSCS05-1	MFT主逻辑跳汽机2	好点	1 (TRUE)
2019-12-20	17:37:19	17	Dx：报警	MFT1	MFT动作1硬跳闸板	好点	1 (1)
2019-12-20	17:37:19	17	Dx：报警	MFTSCS07-1	MFT主逻辑跳汽机1	好点	1 (TRUE)
2019-12-20	17:37:19	17	Dx：报警	MFTTOSCR	MFT信号至脱硝	好点	1 (TRUE)
2019-12-20	17:37:19	17	Dx：报警	COALE	E层投煤允许	好点	0 (FALSE)
2019-12-20	17:37:19	17	Dx：报警	LTSELECT	选中泄漏试验	好点	1 (-)
2019-12-20	17:37:19	17	Dx：正常	LTBYPASS	旁路泄漏试验	好点	0 (FALSE)
2019-12-20	17:37:19	17	Dx：报警	LTSUCCESS	泄漏试验完成	好点	0 (FALSE)
2019-12-20	17:37:19	17	Dx：报警	PURGEEND	吹扫完成	好点	0 (FALSE)
2019-12-20	17:37:19	17	Dx：报警	PS43606	后墙1排(C)#2油枪燃油压力低	好点	1 (1)
2019-12-20	17:37:19	17	Dx：报警	PS43605	后墙1排(C)#1油枪燃油压力低	好点	1 (1)
2019-12-20	17:37:19	17	Dx：报警	PS43604	前墙1排(C)#2油枪燃油压力低	好点	1 (1)
2019-12-20	17:37:19	17	Dx：报警	PS43603	前墙1排(C)#1油枪燃油压力低	好点	1 (1)
2019-12-20	17:37:19	17	Dx：报警	MFTMFT3	MFT跳闸信号3	好点	1 (跳闸)
2019-12-20	17:37:19	17	Dx：报警	MFTMFT2	MFT跳闸信号2	好点	1 (跳闸)
2019-12-20	17:37:19	17	Dx：报警	NOMFT	无MFT跳闸条件	好点	0 (FALSE)
2019-12-20	17:37:19	17	Dx：报警	MFT	MFT跳闸信号	好点	1 (跳闸)
2019-12-20	17:37:19	17	Dx：报警	FUELFL	燃料丧失	好点	1 (跳闸)
2019-12-20	17:37:19	17	Dx：报警	FEEDON	任意给煤机运行	好点	0 (FALSE)
2019-12-20	17:37:19	17	Dx：报警	FEEDOFF	给煤机全停	好点	1 (-)

图 2-14　17 时 37 分 19 秒给煤机全停触发 MFT

2）4A、4B 磨煤机控制器 DPU15 包含的报警信息（图 2-15）分析。

17 时 37 分 17 秒时刻，在 DPU15 内，由 DPU17 来的表征硬跳闸板动作的 MFT 硬跳闸板至 MFT 软逻辑 3（MFTFSSS03）、MFT 硬跳闸板至 MFT 软逻辑 2（MFTFSSS02）、MFT 失电跳闸（MFTFSSS01）3 个下网点同时翻转/复归 1 次，引起燃油 A 层正在停运（AOSTOPRUN）、燃油 B 层正在停运（BOSTOPRUN）动作，致使给煤机 A 跳闸（FEEDATP）、给煤机 B 跳闸（FEEDBTP）保护动作，并发出 DCS 停止给煤机 A（414M01S）、停止给煤机 B（415M01S）指令、发出 DCS 停止磨煤机 A（414M02S）、停止磨煤机 B（415M02S），上述设备的跳闸首出均为 MFT 动作。

磨煤机、给煤机跳闸指令触发后，17 时 37 分 17 秒至 17 时 37 分 18 秒收到停运反馈，相应挡板 DCS 关闭指令均发出，17 时 37 分 18 秒收到 A 磨煤机失去火焰信号。

3）4D、4E 磨煤机控制器 DPU16 包含的报警信息（图 2-16）分析。

DPU16 动作情况与 DPU15 动作情况相同。

日期	时间	节点	性质	测点名	描述	特征	品质	报警值	单位
2019-12-20	17:37:18	15	Dx：正常	4FLSETCA2	磨煤机A出口2煤燃烧器火焰建立	FSS	好点	0 (0)	0/1
2019-12-20	17:37:18	15	Dx：正常	4FLSETCA1	磨煤机A出口1煤燃烧器火焰建立	FSS	好点	0 (0)	0/1
2019-12-20	17:37:18	15	Dx：报警	PULVBSG	磨煤机B事故跳闸	032	好点	1 (-)	FALSE/-
2019-12-20	17:37:18	15	Dx：报警	FEEDBSPMIN	给煤机B转速设定值在最小	-	好点	1 (-)	FALSE/-
2019-12-20	17:37:18	15	Dx：正常	PULVAOVOP	磨煤机A出口门全开	-	好点	0 (FALSE)	FALSE/-
2019-12-20	17:37:18	15	Dx：报警	FEEDASG	给煤机A事故跳闸	021	好点	1 (-)	FALSE/-
2019-12-20	17:37:18	15	Dx：报警	FEEDASPMIN	给煤机A转速设定值在最小	-	好点	1 (-)	FALSE/-
2019-12-20	17:37:18	15	Dx：报警	COALAPROV	煤层A投运		好点	0 (FALSE)	FALSE/-
2019-12-20	17:37:18	15	Dx：正常	COALA4FLMON	煤层A4角有火	146	好点	0 (FALSE)	FALSE/-
2019-12-20	17:37:18	15	Dx：正常	COALA3FLMON	煤层A3角有火	146	好点	0 (FALSE)	FALSE/-
2019-12-20	17:37:18	15	Dx：正常	COALA2FLMON	煤层A2角有火	146	好点	0 (FALSE)	FALSE/-
2019-12-20	17:37:18	15	Dx：正常	COALA1FLMON	煤层A1角有火	146	好点	0 (FALSE)	FALSE/-
2019-12-20	17:37:18	15	Dx：正常	4FSSS01DLZ	MFT跳闸	FSS	好点	0 (FALSE)	FALSE/TRUE
2019-12-20	17:37:18	15	Dx：报警	415M02ZS	磨煤机B停止	FSS	好点	1 (1)	0/1
2019-12-20	17:37:18	15	Dx：正常	415M02ZO	磨煤机B启动	FSS	好点	0 (0)	0/1
2019-12-20	17:37:18	15	Dx：报警	4FDAK6S	给煤机A停止	FSS	好点	1 (1)	0/1
2019-12-20	17:37:18	15	Dx：正常	4FDAK6O	给煤机A运行	FSS	好点	0 (0)	0/1
2019-12-20	17:37:18	15	Dx：正常	414ZS050	磨煤机A#3出口挡板开	FSS	好点	0 (0)	0/1
2019-12-20	17:37:18	15	Dx：正常	414ZS020	给煤机A出口阀门开	FSS	好点	0 (0)	0/1
2019-12-20	17:37:18	15	Dx：正常	407ZS040	磨煤机A冷风挡板2开	FSS	好点	0 (0)	0/1
2019-12-20	17:37:17	15	Dx：正常	414M02S	停止磨煤机A	FSS	好点	0 (0)	0/1
2019-12-20	17:37:17	15	Dx：报警	414GV03C	关磨煤机A#1出口挡板	FSS	好点	1 (1)	0/1
2019-12-20	17:37:17	15	Dx：报警	407GV06C	关磨煤机A热风挡板2	FSS	好点	1 (1)	0/1
2019-12-20	17:37:17	15	Dx：报警	PULVASG	磨煤机A事故跳闸	031	好点	1 (-)	FALSE/-
2019-12-20	17:37:17	15	Dx：报警	4FSSS01DLZ	MFT跳闸	FSS	好点	1 (TRUE)	FALSE/TRUE
2019-12-20	17:37:17	15	Dx：正常	415M01S	停止给煤机B	FSS	好点	0 (0)	0/1
2019-12-20	17:37:17	15	Dx：报警	415M02S	停止磨煤机B	FSS	好点	1 (1)	0/1
2019-12-20	17:37:17	15	Dx：报警	415GV06C	关磨煤机B#4出口挡板	FSS	好点	1 (1)	0/1
2019-12-20	17:37:17	15	Dx：报警	415GV05C	关磨煤机B#3出口挡板	FSS	好点	1 (1)	0/1
2019-12-20	17:37:17	15	Dx：报警	415GV04C	关磨煤机B#2出口挡板	FSS	好点	1 (1)	0/1
2019-12-20	17:37:17	15	Dx：报警	415MV02C	关给煤机B出口阀门	FSS	好点	1 (1)	0/1
2019-12-20	17:37:17	15	Dx：报警	415MV01C	关给煤机B进口阀门	FSS	好点	1 (1)	0/1
2019-12-20	17:37:17	15	Dx：报警	408GV06C	关磨煤机B热风挡板2	FSS	好点	1 (1)	0/1
2019-12-20	17:37:17	15	Dx：报警	408GV04C	关磨煤机B冷风挡板2	FSS	好点	1 (1)	0/1
2019-12-20	17:37:17	15	Dx：报警	414M02ZS	磨煤机A停止	FSS	好点	1 (1)	0/1
2019-12-20	17:37:17	15	Dx：正常	414M02ZO	磨煤机A启动	FSS	好点	0 (0)	0/1
2019-12-20	17:37:17	15	Dx：正常	414M01S	停止给煤机A	FSS	好点	0 (0)	0/1
2019-12-20	17:37:17	15	Dx：报警	414M02S	停止磨煤机A	FSS	好点	1 (1)	0/1
2019-12-20	17:37:17	15	Dx：报警	414GV04C	关磨煤机A#2出口挡板	FSS	好点	1 (1)	0/1
2019-12-20	17:37:17	15	Dx：报警	414GV06C	关磨煤机A#4出口挡板	FSS	好点	1 (1)	0/1
2019-12-20	17:37:17	15	Dx：报警	414GV05C	关磨煤机A#3出口挡板	FSS	好点	1 (1)	0/1
2019-12-20	17:37:17	15	Dx：报警	414MV02C	关给煤机A出口阀门	FSS	好点	1 (1)	0/1
2019-12-20	17:37:17	15	Dx：报警	414MV01C	关给煤机A进口阀门	FSS	好点	1 (1)	0/1
2019-12-20	17:37:17	15	Dx：报警	407GV04C	关磨煤机A冷风挡板2	FSS	好点	1 (1)	0/1
2019-12-20	17:37:17	15	Dx：报警	FEEDBTP	给煤机B跳闸	-	好点	1 (-)	FALSE/-
2019-12-20	17:37:17	15	Dx：报警	FEEDATP	给煤机A跳闸	-	好点	1 (-)	FALSE/-
2019-12-20	17:37:17	15	Dx：报警	B0STOPRUN	B层正在停运	-	好点	1 (停止)	FALSE/停止
2019-12-20	17:37:17	15	Dx：报警	A0STOPRUN	A层正在停运	-	好点	1 (停止)	FALSE/停止
2019-12-20	17:37:16	15	Dx：报警	B0SCANNOF	B层火检无火	-	好点	1 (-)	FALSE/-

图 2-15　4 号锅炉 MFT 时 DPU15（A/B 磨煤机控制器）报警历史记录

日期	时间	节点	性质	测点名	描述	特征	品质	报警值	单位
2019-12-20	17:37:18	16	Dx：正常	PULVDOVOP	磨煤机D出口门全开	-	好点	0 (FALSE)	FALSE/-
2019-12-20	17:37:18	16	Dx：报警	FEEDDSG	给煤机D事故跳闸	024	好点	1 (-)	FALSE/-
2019-12-20	17:37:18	16	Dx：报警	COALDPROV	煤层D投运	-	好点	0 (FALSE)	FALSE/-
2019-12-20	17:37:18	16	Dx：正常	COALD4FLMON	煤层D4角有火	146	好点	0 (FALSE)	FALSE/-
2019-12-20	17:37:18	16	Dx：正常	COALD3FLMON	煤层D3角有火	146	好点	0 (FALSE)	FALSE/-
2019-12-20	17:37:18	16	Dx：正常	COALD2FLMON	煤层D2角有火	146	好点	0 (FALSE)	FALSE/-
2019-12-20	17:37:18	16	Dx：正常	COALD1FLMON	煤层D1角有火	146	好点	0 (FALSE)	FALSE/-
2019-12-20	17:37:18	16	Dx：报警	4FDEK6S	给煤机E停止	FSS	好点	1 (1)	0/1
2019-12-20	17:37:18	16	Dx：正常	4FDEK6O	给煤机E运行	FSS	好点	0 (0)	0/1
2019-12-20	17:37:18	16	Dx：正常	411ZS040	磨煤机E冷风挡板2开	FSS	好点	0 (0)	0/1
2019-12-20	17:37:18	16	Dx：报警	4FDDK6S	给煤机D停止	FSS	好点	1 (1)	0/1
2019-12-20	17:37:18	16	Dx：正常	4FDDK6O	给煤机D运行	FSS	好点	0 (0)	0/1
2019-12-20	17:37:18	16	Dx：正常	417ZS030	磨煤机D#1出口挡板开	FSS	好点	0 (0)	0/1
2019-12-20	17:37:18	16	Dx：正常	410ZS040	磨煤机D冷风挡板2开	FSS	好点	0 (0)	0/1
2019-12-20	17:37:18	16	Dx：正常	418M02S	停止磨煤机E	FSS	好点	0 (0)	0/1
2019-12-20	17:37:18	16	Dx：报警	418GV06C	关磨煤机E#4出口挡板	FSS	好点	1 (1)	0/1
2019-12-20	17:37:18	16	Dx：报警	418GV05C	关磨煤机E#3出口挡板	FSS	好点	1 (1)	0/1
2019-12-20	17:37:18	16	Dx：报警	418GV04C	关磨煤机E#2出口挡板	FSS	好点	1 (1)	0/1
2019-12-20	17:37:18	16	Dx：报警	418GV03C	关磨煤机E#1出口挡板	FSS	好点	1 (1)	0/1
2019-12-20	17:37:18	16	Dx：正常	417M02S	停止磨煤机D	FSS	好点	0 (0)	0/1
2019-12-20	17:37:18	16	Dx：报警	PULVESG	磨煤机E事故跳闸	035	好点	1 (-)	FALSE/-
2019-12-20	17:37:18	16	Dx：报警	FEEDESPMIN	给煤机E转速设定值在最小	-	好点	1 (-)	FALSE/-
2019-12-20	17:37:18	16	Dx：报警	PULVDSG	磨煤机D事故跳闸	034	好点	1 (-)	FALSE/-
2019-12-20	17:37:18	16	Dx：报警	FEEDDSPMIN	给煤机D转速设定值在最小	-	好点	1 (-)	FALSE/-
2019-12-20	17:37:18	16	Dx：报警	418M02ZS	磨煤机E停止	FSS	好点	1 (1)	0/1
2019-12-20	17:37:18	16	Dx：正常	418M02ZO	磨煤机E启动	FSS	好点	0 (0)	0/1
2019-12-20	17:37:18	16	Dx：报警	417M02ZS	磨煤机D停止	FSS	好点	1 (1)	0/1
2019-12-20	17:37:18	16	Dx：正常	417M02ZO	磨煤机D启动	FSS	好点	0 (0)	0/1
2019-12-20	17:37:17	16	Dx：正常	418M01S	停止给煤机E	FSS	好点	0 (0)	0/1
2019-12-20	17:37:17	16	Dx：报警	418M02S	停止磨煤机E	FSS	好点	1 (1)	0/1
2019-12-20	17:37:17	16	Dx：报警	418MV02C	关给煤机E出口阀门	FSS	好点	1 (1)	0/1
2019-12-20	17:37:17	16	Dx：报警	418MV01C	关给煤机E进口阀门	FSS	好点	1 (1)	0/1
2019-12-20	17:37:17	16	Dx：报警	411GV06C	关磨煤机E热风挡板2	FSS	好点	1 (1)	0/1
2019-12-20	17:37:17	16	Dx：报警	411GV04C	关磨煤机E冷风挡板2	FSS	好点	1 (1)	0/1
2019-12-20	17:37:17	16	Dx：正常	417M01S	停止给煤机D	FSS	好点	0 (0)	0/1
2019-12-20	17:37:17	16	Dx：报警	417M02S	停止磨煤机D	FSS	好点	1 (1)	0/1
2019-12-20	17:37:17	16	Dx：报警	417GV06C	关磨煤机D#4出口挡板	FSS	好点	1 (1)	0/1
2019-12-20	17:37:17	16	Dx：报警	417GV05C	关磨煤机D#3出口挡板	FSS	好点	1 (1)	0/1
2019-12-20	17:37:17	16	Dx：报警	417GV04C	关磨煤机D#2出口挡板	FSS	好点	1 (1)	0/1
2019-12-20	17:37:17	16	Dx：报警	417GV03C	关磨煤机D#1出口挡板	FSS	好点	1 (1)	0/1
2019-12-20	17:37:17	16	Dx：报警	417MV02C	关给煤机D出口阀门	FSS	好点	1 (1)	0/1
2019-12-20	17:37:17	16	Dx：报警	417MV01C	关给煤机D进口阀门	FSS	好点	1 (1)	0/1
2019-12-20	17:37:17	16	Dx：报警	410GV06C	关磨煤机D热风挡板2	FSS	好点	1 (1)	0/1
2019-12-20	17:37:17	16	Dx：报警	410GV04C	关磨煤机D冷风挡板2	FSS	好点	1 (1)	0/1
2019-12-20	17:37:17	16	Dx：报警	FEEDETP	给煤机E跳闸	-	好点	1 (-)	FALSE/-
2019-12-20	17:37:17	16	Dx：报警	FEEDDTP	给煤机D跳闸	-	好点	1 (-)	FALSE/-
2019-12-20	17:37:17	16	Dx：报警	D0STOPRUN	D层正在停运	-	好点	1 (停止)	FALSE/停止

图 2-16　4 号锅炉 MFT 时 DPU16（D/E 磨煤机控制器）报警历史记录

（2）DPU15、16 内 MFT 逻辑原理。

DPU15 内 MFT 联跳制粉系统 A/B 的 MFT 逻辑组态原理如图 2-17 所示。MFT、MFTMFT2、MFTMFT3 为 DPU17 内软件 MFT 主逻辑触发的或门输出信号；MFTFSSS01、MFTFSSS02、MFTFSSS03 为 DPU17 来的表征硬跳闸板动作的 DI 下网点信号。上述二组信号各自三取二后相或，输出信号联跳制粉系统。

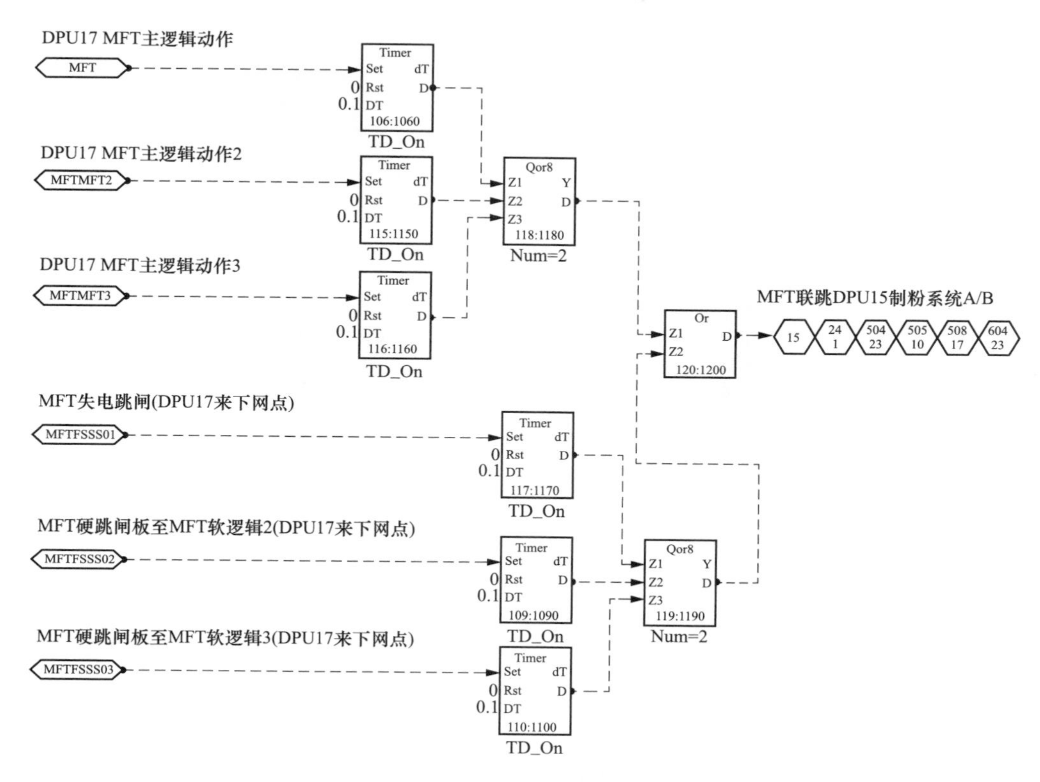

图 2-17　DPU15 内 MFT 联跳制粉系统 A/B 的 MFT 逻辑图

DPU15、16 内 MFT 组态原理完全相同。

（3）综合分析。表征硬跳闸板动作的 MFT 硬跳闸板至 MFT 软逻辑 3（MFTFSSS03）来自 FSSS 05 柜 DPU17 号 1 号 I/O 站 7 号卡；MFT 硬跳闸板至 MFT 软逻辑 2（MFTFSSS02）来自 FSSS 05 柜 DPU17 号 1 号 I/O 站 8 号卡；MFT 失电跳闸（MFTFSSS01）来自 FSSS 05 柜 DPU17 号 1 号 I/O 站 9 号卡；这 3 个 DI 信号分属不同 DI 卡及端子板；汽轮机跳闸至 MFT-2（TURBINETP2）来自 FSSS 05 柜 DPU17 号 1 号 I/O 站 2 号卡；后墙 1 排［C］1 号油枪燃油压力低（PS43605）来自 FSSS 05 柜 DPU17 号 1 号 I/O 站 3 号卡、后墙 1 排［C］2 号油枪燃油压力低（PS43606）来自 FSSS 05 柜 DPU17 号 1 号 I/O 站 3 号卡等 5 块卡件的 DI 信号同步翻转/复归。DPU17 所属的唯一一块 SOE 卡（FSSS 05 柜 1 号 I/O 站 11 号卡）上 16 个 SOE 点也同步翻转/复归。

FSSS 05 柜 DPU17 号 1 号 I/O 站共布置 12 块 I/O 卡，其中 6 块 DI 卡（含 SOE）出现同一时刻信号翻转，单块卡件、单个通道出现故障概率较常见，但批量卡件信号出现翻转应有共性问题引起，不会单属卡件故障原因，其共同点为所属卡件都分布在 FSSS 05 柜 DPU17 号 1 号 I/O 站。GE 新华研发人员解释，eBC-NET 能传送 DI 信号翻转情况及 SOE

点动作情况，说明 eBC-NET 通信卡工作处于正常状态，GE 新华对此类情况分析研判，5V 电源模块电压瞬时波动到低限时的情况与实验室结果类似，与其设计吻合。因此判定引起硬跳闸板动作 3 个 DI 信号翻转/复归的原因是：2019 年 12 月 20 日 17 时 37 分 17 秒时刻，FSSS 05 柜（DPU17/37）5V 电源模块电压瞬时波动引起 eBC-NET 卡传送的 DPU17 1 号 I/O 站 6 块卡件的部分信号瞬时翻转/复归。5V 电源模块及 eBC-NET 卡如图 2-18 所示。

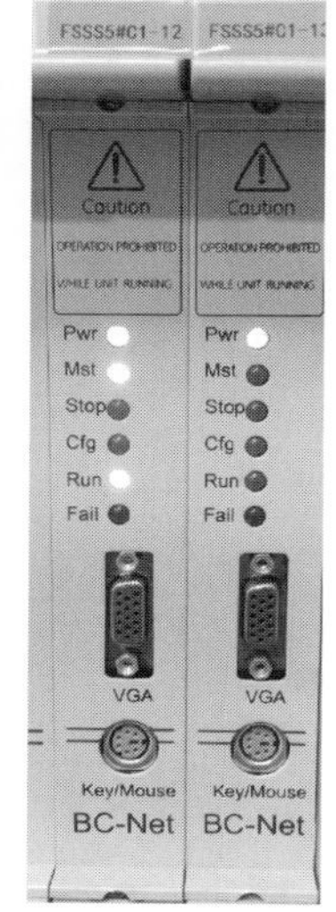

图 2-18　FSSS05 柜 5V 电源模块及 eBC-NET 卡

（4）SOE 历史记录。4 号机组跳闸时磨煤机、给煤机、一次风机停运 SOE 时间记录比遥控汽轮机遮断 1、遥控汽轮机遮断 2 的 SOE 时间记录晚达 11min，如图 2-19 所示。本次源节点 17（MFT 主逻辑所在控制器 DPU17）所属 SOE 卡件（FSSS 05 柜 1 号 I/O 站 11 号卡）事故追忆时序误差太大，对事故原因分析造成很大干扰。

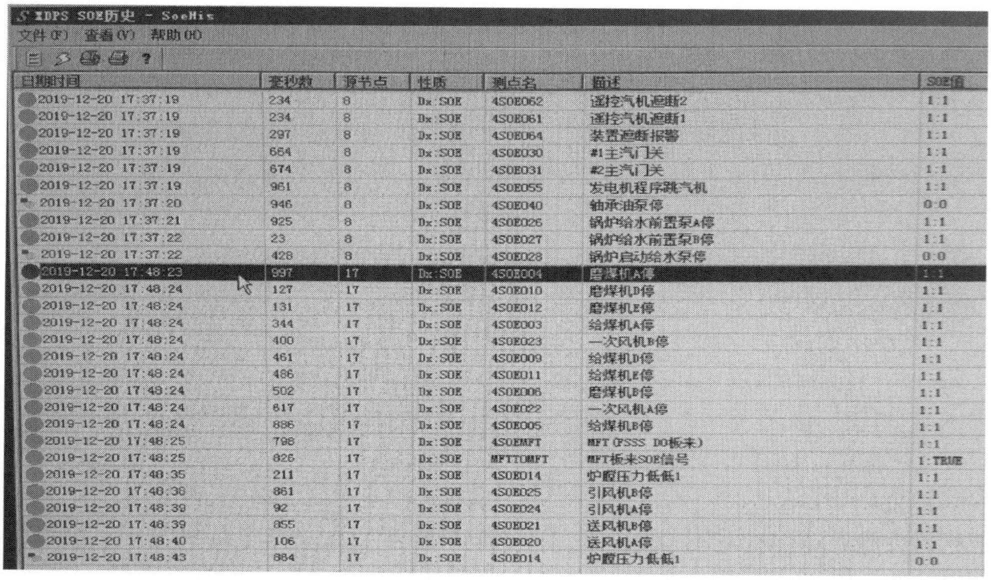

XDPS SOE历史 - SoeHis

文件(F)　查看(V)　帮助(H)

日期时间	毫秒数	源节点	性质	测点名	描述	SOE值
2019-12-20 17:37:19	234	8	Dx:SOE	4SOE062	遥控汽机遮断2	1:1
2019-12-20 17:37:19	234	8	Dx:SOE	4SOE061	遥控汽机遮断1	1:1
2019-12-20 17:37:19	297	8	Dx:SOE	4SOE064	装置遮断报警	1:1
2019-12-20 17:37:19	664	8	Dx:SOE	4SOE030	#1主汽门关	1:1
2019-12-20 17:37:19	674	8	Dx:SOE	4SOE031	#2主汽门关	1:1
2019-12-20 17:37:19	961	8	Dx:SOE	4SOE055	发电机程序跳汽机	1:1
2019-12-20 17:37:20	946	8	Dx:SOE	4SOE040	轴承油泵停	0:0
2019-12-20 17:37:21	925	8	Dx:SOE	4SOE026	锅炉给水前置泵A停	1:1
2019-12-20 17:37:22	23	8	Dx:SOE	4SOE027	锅炉给水前置泵B停	1:1
2019-12-20 17:37:22	428	8	Dx:SOE	4SOE028	锅炉启动给水泵停	0:0
2019-12-20 17:48:23	997	17	Dx:SOE	4SOE004	磨煤机A停	1:1
2019-12-20 17:48:24	127	17	Dx:SOE	4SOE010	磨煤机D停	1:1
2019-12-20 17:48:24	131	17	Dx:SOE	4SOE012	磨煤机E停	1:1
2019-12-20 17:48:24	344	17	Dx:SOE	4SOE003	给煤机A停	1:1
2019-12-20 17:48:24	400	17	Dx:SOE	4SOE023	一次风机B停	1:1
2019-12-20 17:48:24	461	17	Dx:SOE	4SOE009	给煤机D停	1:1
2019-12-20 17:48:24	486	17	Dx:SOE	4SOE011	给煤机E停	1:1
2019-12-20 17:48:24	502	17	Dx:SOE	4SOE006	磨煤机B停	1:1
2019-12-20 17:48:24	617	17	Dx:SOE	4SOE022	一次风机A停	1:1
2019-12-20 17:48:24	886	17	Dx:SOE	4SOE005	给煤机B停	1:1
2019-12-20 17:48:25	798	17	Dx:SOE	4SOEMFT	MFT(FSSS DO板来)	1:1
2019-12-20 17:48:25	826	17	Dx:SOE	MFTTOMFT	MFT板来SOE信号	1:TRUE
2019-12-20 17:48:35	211	17	Dx:SOE	4SOE014	炉膛压力低低1	1:1
2019-12-20 17:48:38	861	17	Dx:SOE	4SOE025	引风机B停	1:1
2019-12-20 17:48:39	92	17	Dx:SOE	4SOE024	引风机A停	1:1
2019-12-20 17:48:39	855	17	Dx:SOE	4SOE021	送风机B停	1:1
2019-12-20 17:48:40	106	17	Dx:SOE	4SOE020	送风机A停	1:1
2019-12-20 17:48:43	884	17	Dx:SOE	4SOE014	炉膛压力低低1	0:0

图 2-19　4 号机组跳闸时 SOE 记录

综上所述，分析认为本次 MFT 事件的原因是 FSSS 05 柜（DPU17/37）5V 电源模块电压波动引 1 号 I/O 站机架部分测点瞬时翻转，导致硬跳闸板至 DPU17 的 3 个 DI 信号在 17 时 37 分 17 秒时刻翻转/复归 1 次，通过网间点将运行的给煤机、磨煤机、一次风机全部跳闸，17 时 37 分 19 秒给煤机全停触发 DPU17 内软件 MFT 主逻辑，首出“燃料丧失”，随后 MFT 联跳汽轮机、发电机。

3. 暴露问题

（1）机组 FSSS 05 柜（DPU17/37）电源及 I/O 站设备老化，eBC-NET 通信卡功耗较大，受电源干扰时容易造成 5V 电压瞬时波动，导致 DCS 机架抗电源干扰能力降低引起 I/O 站部分卡件及卡件内的部分测点瞬时翻转。

（2）机组 DPU17（MFT 主逻辑控制器）至其他 DPU 的硬跳闸板信号网间点虽有滤波及三取二逻辑，但仍未躲过本次信号突变。

（3）SOE 系统对时信号不稳定。

（三）事件处理与防范

（1）因存在 DPU17 出错和信号翻转的可能性，临时将“丧失燃料”逻辑中的给煤机停运信号增加 1s 延时，将软件 MFT 主逻辑触发的或门输出信号 MFT、MFTMFT2、MFTMFT3 和表征硬跳闸板动作的 DI 信号 MFTMFTFSSS01、MFTFSSS02、MFTF-SSS03 共 6 个网间点信号延时增加到 0.6s。

（2）DPU17 中 I/O 的卡件扫描周期从 500ms 更改为 200ms；硬跳闸板至 DPU17 输入信号增加 2 个周期滤波，硬跳闸板下网点过滤周期是上网周期的 3 倍。

（3）更换高功率 5VDC 电源模块，更换低功耗 BC-NET 卡件。

（4）XDPS-400＋系统属于较早期产品，SOE 采用时钟卡串口并行对时方式、只接收对时信号无纠错功能，要求对时信号源稳定，检查对时输出卡及端口。

四、DCS 继电器柜 24V 电源模块故障

某厂总装机容量为 8×300MW 火电机组，其中一厂装机容量 4×300MW，一厂 1 号机组 DCS 系统为上海福克斯波罗（Foxboro I/A 7）DCS 系统，该系统开关量输出继电器柜继电器线圈采用两路 220V AC 转 24V DC 开关电源并联供电。

（一）事件过程

2019 年 09 月某日 20 时 15 分，热控检修人员对 1 号机组进行消缺工作，消除的缺陷需核对 DCS 通道与就地接线，检修人员在进行 DCS 2 号继电器柜通道检查过程中，发现该继电器柜 B 面各个继电器指示灯不断闪烁，当继电器指示灯熄灭状态时指示灯处于略微点亮状态，未完全熄灭。检修人员初步判断 24V 电源模块存在故障，立即通知运行人员和电热部门管理人员到场，经查看继电器柜顶两个 24V 电源模块运行状况，两个电源模块输入 220V AC 电源均正常，指示灯均正常点亮，输出 24V 电压存在 17～24V DC 间波动情况，两个模块无明显烧坏痕迹，无法准确判断是由哪一路电源模块故障引起，经查看 DCS，发现该继电器柜所辖设备为汽轮机侧抽汽、疏水系统阀门开、关控制，如继电器均反转，阀门误动，存在停机风险，甚至危及汽轮机安全。

经技术人员讨论，鉴于多个直流电源并联时电压不变的特性，决定在周边吹灰系统电源柜取一路 220V AC 电源，通过输入一个新的电源模块，将输出的 24V DC 电源并联至现

有继电器柜24V DC电源母排上，再逐一拆除两个并联运行的电源模块，经过检修人员的处理，逐一将原来的两个电源模块拆除，发现原并联的两个电源模块一个无输出，另一个电源输出电源存在电压波动，即原两个电源模块均故障。用临时电源供电时，继电器柜内所有继电器指示灯均恢复正常，检修人员随即将原两个电源模块更换，并将两路电源重新连接至24V DC电源母排，确认两路电源工作正常后，将临时电源拆除，因整个过程按预期进行，未造成继电器柜电源中断，设备均正常运行。

（二）事件原因查找与分析

1. 事件原因检查与分析

本次事件的故障现象较为明显，为检修人员工作时发现继电器柜内所有继电器指示灯异常闪烁，判断为电源层故障，但因电源为直流、并联，且两个电源模块均故障，故障处理时存在误区，如将完全故障的一台电源模块作为保留电源而更换另一台电源模块，会造成设备误动，引发严重后果，但经过现场检修人员仔细判断，并利用直流电并联时电压不变的特性，增加临时电源并入，逐一对原两个电源模块进行拆除判断故障，未造成不良后果。

2. 暴露问题

（1）该厂Foxboro I/A 7 DCS机组的24V DC电源模块经长周期使用后，存在不同程度的老化现象。

（2）24V DC电源模块故障后，无任何报警信号发出，实际故障发生时间也无法追溯，DCS系统涉及存在漏洞。

（3）检修人员巡检范围未包含DCS 24V电源模块及继电器柜状态检查。

（三）事件处理与防范

（1）利用机组停运机会逐步对一厂1、2号机组Foxboro I/A 7 DCS系统老化的24V DC电源模块进行更换，并购买电源模块备件增设每个机柜第三路备用电源模块，并入原两路电源中，通过增设空开方式，作为应急备用电源，降低在运行中更换电源模块的过程风险，提高设备可靠性。

（2）调研DCS开关量输入通道是否能够满足将继电器柜24V DC电源模块故障输出信号引入DCS系统，当电源模块故障时，通过DCS发出报警信号，及时提醒、处理故障，如满足则将该类信号通过硬接线引入DCS系统，如无多余通道，则利用技改等机会增加开关量输入通道，再将电源模块故障信号引入报警用。

（3）检修部门重新拟定日常巡检表内容，将DCS各路、各机柜电源状态纳入日常巡检内容。

五、热控仪表电源柜切换装置损坏导致机组跳闸

（一）事件过程

6月28日15时46分28秒，某厂运行人员发现1号炉A、B、C、D、E五台磨煤机出口插板全开状态全部消失，15时46分29秒，锅炉MFT保护动作，首出为“炉膛灭火保护”动作，1号机组跳闸。

（二）事件原因查找与分析

经检查1号炉热工仪表电源切换装置晶闸管击穿，锅炉热工仪表电源柜出口失电，使

得1号炉磨煤机出口挡板全开反馈消失，导致炉膛有火证实条件不满足，全炉膛无火条件成立，触发锅炉MFT保护动作，造成1号机组跳闸、发电机解列。

1号炉仪表电源柜电源有两路，一路取自保安段，一路取自UPS，两路电源接入电源切换装置，如果一路电源跳闸，另一路电源自动投入，确保负荷不间断供电。查故障历史回放，事故发生时UPS装置输出电流瞬间达到297A，正常运行时是36A，带保安段的1号汽机房一次电流无明显变化。

经检查分析，A路前级控制断路器出现自动复位断开现象、第三个模块有明显炸裂痕迹，故障原因判断为，由于晶闸管内部击穿，而该交流切换器切换时间小于15ms，在A路出现故障后交流切换器自动切换到B路，同样造成了B路控制模块的损毁，最终造成无输出的现象。

（三）事件处理与防范

（1）更换1号炉热工仪表电源切换装置。

（2）取消磨煤机分离器出口门控制柜内出口到位继电器，将磨煤机分离器出口门到位信号直接接入DCS。

（3）加强定期工作管理，对电源仪表柜进行定期切换试验。

（4）加强设备维护分析以及长周期运行的设备运行工况评估。

控制系统故障分析处理与防范

发电厂DCS控制系统已经扩展到传统DCS控制、DEH、脱硫、脱硝、水处理、电气以及煤场控制。DCS的可靠性程度直接影响了机组运行稳定性以及发电效率，因此控制系统的软硬件设置，需全面考虑各种可能发生的工况，特别是完善软件组态，保证各种故障情况下，专业人员干预更容易。2019年度涉及控制系统硬件、软件故障事件46例，与2018年相比呈上升趋势，应引起重视。希望本书统计的案例分析处理报告，可为专业人员提供教训与借鉴经验。

机组的控制系统，按照软件系统可划分为软件系统设置、组态逻辑设置和控制参数设置等；按照硬件系统可划分为控制器组件、I/O模件和网络通信设备等；按照功能设置可划分为DCS控制系统、DEH控制系统和外围辅助控制系统等。总体来说，控制系统的配置、组态合理性和控制参数整定的品质是影响可靠性的主要因素。

近年来由于控制系统故障和设置不合理造成的机组故障停机事件屡有发生，本章节从控制系统软件本身设置故障、模件控制器及通信设备故障、逻辑组态不合理、控制参数整定不完全等方面就发生的系统异常案例进行介绍，并专门就快速控制的DEH控制系统相关案例进行分析。希望借助本章节案例的分析、探讨、总结和提炼，供专业人员在提高机组控制系统设计、组态、运行和维护过程中的安全控制能力参考。

第一节　控制系统设计配置故障分析处理与防范

本节收集了因控制系统设计配置不当引起机组故障3起，其中因引风机振动保护逻辑设计不合理导致误动跳闸事件1起，DEH逻辑不完善导致机组甩负荷工况下推力瓦磨损事件1起，逻辑设计存在缺陷导致机组跳闸事件1起。三案例反映了DCS控制系统软件参数配置、控制逻辑还不够完善，进一步说明了在控制系统的设计、调试和检修过程中，规范的设置控制参数、完整的考虑控制逻辑是提高控制系统可靠性的基本保证。

一、引风机振动保护逻辑设计不合理导致误动跳闸

某厂3号机组（300MW）所配置锅炉为哈尔滨锅炉厂生产的六角切圆燃烧方式亚临界锅炉，燃用褐煤，风扇式磨煤机直吹式制粉系统；汽轮机是哈尔滨汽轮机厂生产的引进改进型300MW汽轮机，为反动式、亚临界、一次中间再热、双缸双排汽、凝汽式汽轮机。原型号N300-16.7/537/537。控制系统为国电智深EDPT-NT+系统。

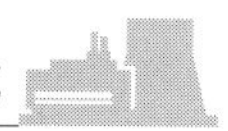

（一）事件过程

2019年9月27日11时46分，热工人员接到运行人员电话，3A送、引风机跳闸，热工人员立即赶到现场，检查发现3A引风机跳闸记忆为：振动大跳闸；3A送风机跳闸记忆为：3A引风机连跳3A送风机。查阅历史曲线，发现在11时33分，3A引风机Y方向振动达到报警、跳闸值（原逻辑为引风机轴承Y向振动大跳闸且Y向振动大报警跳闸引风机），造成引风机跳闸。热工到就地检查，未查明跳闸原因。13时20分，启动3A引风机，振动正常。

（二）事件原因查找与分析

1. 事件原因检查

热工人员查阅DCS历史曲线，Y向振动变大的同时，X向振动基本没有变化，初步怀疑Y向振动大信号为误来，热工人员就地检查，振动表指示正常，测量振动表输出至DCS的模拟量和开关量的信号电缆绝缘和电阻，信号电缆屏蔽有一段接地且接地电阻满足要求未发现异常，测量振子及其与振动表连接回路电阻和绝缘正常，就地无人员施工或使用电焊。

2. 原因分析

因振子及部分电缆安装在风机机壳内部，无法检查。外部能够检查部分无接线松动情况，为再次查明原因，将振动保护逻辑修改后启动3A引风机，启动后风机各参数正常，截至目前，再也未发生Y向振动大信号误来情况。真实的原因未查到，初步判断为信号存在干扰，由于引风机室至DCS计算机房电缆较长，长度将近400m，且穿过锅炉0m、空压机室、灰渣泵房等，沿程大的干扰源较多，可能会对信号电缆造成干扰，造成静电荷积聚，达到一定强度后，对仪表Y相通道产生影响，致使模拟量信号跳变，开关量信号发出。人员检查处理过程中也对静电荷的释放，因此后面有一段时间也出现类似情况。

3. 暴露问题

（1）逻辑不严谨。原逻辑为引风机轴承Y向振动大跳闸且Y向振动大报警跳闸引风机，当单向振动达到跳闸值时将导致引风机跳闸，造成不必要的损失。

（2）回路干扰能力较差。在3A引风机跳闸前，3A引风机轴承Y向振动频繁波动，直至引风机跳闸。

（三）事件处理与防范

（1）对保护逻辑进行修改。引风机轴承X向振动大跳闸且Y向振动大报警跳闸引风机；引风机轴承Y向振动大跳闸且X向振动大报警跳闸引风机。

（2）电缆的绝缘和屏蔽进行检查，未见异常，进一步进行观察，如再发生类似情况，利用机组检修重新敷设信号电缆。

二、DEH逻辑不完善导致机组甩负荷工况下推力瓦磨损

某厂三号机组（340MW亚临界机组）、四号机组（340MW亚临界机组）、五号机组（660MW超临界机组）送出线路为500kV系统，因夏季雷雨天气，送出线路遭雷击跳闸，三台机组全部甩负荷，三号机组推力瓦磨损，四号机组推力瓦温度异常升高。

（一）事件过程

事故前全厂500kV线路送出有功负荷969MW，电流1060A。三号机组负荷255MW，

CCS 系统投入，4 台制粉系统运行，3A、3B 送、引风机运行，3A、3B 给水泵运行，3C 电泵备用。汽轮机润滑油压 0.144MPa，润滑油温 42℃，轴向位移 0.22mm，推力轴承非工作面 P1/P2/P3/P4 温度分别为 61℃/48℃/42℃/50℃，推力轴承工作面 G1/G2/G3/G4 温度分别为 68℃/50℃/50℃/45℃，推力轴承回油温度 47.9℃。四号机组负荷 265MW，CCS 系统投入，5 台制粉系统运行，4A、4B 送、引风机运行，4A、4B 给水泵运行，4C 电泵备用。汽轮机润滑油压 0.116MPa，润滑油温 42℃，轴向位移－0.07mm，推力轴承非工作面 P1/P2/P3/P4 温度分别为 44℃/48℃/44℃/47℃，推力轴承工作面 G1/G2/G3/G4 温度分别为 57℃/50℃/50℃/58℃，推力轴承回油温度 48.6℃。五号机组负荷 525MW，CCS 系统投入，6 台制粉系统运行，5A、5B 送风机、引风机、一次风机运行，5A、5B 给水泵运行。汽轮机润滑油压 0.13MPa，润滑油温 42℃，轴向位移 0.65mm，推力轴承非工作面 P1/P2 温度分别为 50℃/49℃，推力轴承工作面 G1/G2 温度分别为 50℃/54℃。

各台机组其他辅机均标准方式正常运行。

2019 年 07 月 24 日 20 时 08 分 51 秒，网控事故音响发出，500kV 第一串 5012、5013 开关跳闸，500kV 乙线线路有功负荷 0MW，电流 0A，500kV 乙线跳闸。

20 时 08 分 52 秒，三号机组负荷由 255MW 突降至 5MW，汽轮机转速突升，OPC 保护动作，高中压调速汽门关闭，转速最高升至 3180r/min 后开始下降。CCS 未退出，转速降至 3012r/min 后高中压调门开启，转速升至 3090r/min，OPC 保护再次动作，85s 时间内，OPC 动作 11 次。负荷在 9～112MW 之间波动，汽轮机轴向位移随负荷波动正向逐渐增大。20 时 10 分 20 秒，由 0.33mm 突增至正向最大量程 2.0mm（保护定值正向：1.01mm，负向：1.02mm），轴向位移保护动作机组跳闸，主调门关闭汽轮机转速下降，两台给水泵汽轮机联跳，电泵联启，高压加热器跳闸，启动主机交流润滑泵，主机润滑油压力 0.159MPa，润滑油温度 42℃，机组跳闸前推力轴承工作面金属温度 G1/G2/G3/G4 分别为 68℃/50℃/50℃/45℃，推力轴承回油温度 47.9℃。机组跳闸时推力轴承工作面金属温度涨至 104℃/55℃/106℃/53℃，推力轴承回油温度 50.6℃。此后温度继续上涨，最高温度涨至 162℃/132℃/188℃/190℃，推力轴承回油温度 54.2℃。胀差由 7.2mm，最高升至 11.2mm，推力轴承非工作面温度及各轴承振动、金属温度无明显变化。

汽轮机跳闸联锁锅炉 MFT 动作，磨煤机全停，汽包水位快速下降至－300mm。主蒸汽压力快速升高至 19.09MPa，过热安全门动作。

20 时 10 分 26 秒，三号机发变组保护来“程序逆功率”保护动作，发变组出口 5011 开关跳闸，6kV 备用电源切换正常。

20 时 08 分 52 秒，四号机组负荷由 255MW 突降至 20MW，汽轮机转速突升，OPC 保护动作，高中压调速汽门关闭，转速最高升至 3180r/min 后开始下降。CCS 未退出，转速降至 3011r/min 后高调门开启，转速升至 3090r/min，OPC 保护再次动作，100s 时间内，OPC 动作 12 次，负荷在－17～112MW 之间波动。

20 时 10 分 38 秒，EH 油压低汽轮机跳闸，主调门关闭汽轮机转速下降，两台给水泵汽轮机联跳，高压加热器跳闸，电泵联启，启动主机交流润滑油泵，主机润滑油压力 0.148MPa，润滑油温度 43℃，机组跳闸前推力轴承工作面金属温度 G1/G2/G3/G4 分别为 57℃/50℃/50℃/58℃，推力轴承回油温度 47.9℃。机组跳闸时推力轴承工作面金属温度涨至 100℃/54℃/54℃/103℃，推力轴承回油温度 50.6℃。此后温度继续上涨，最高温

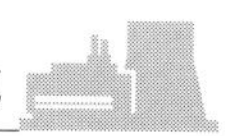

度涨至101℃/54℃/54℃/107℃，推力轴承回油温度48.6℃，轴向位移由－0.07mm最高升至0.11mm，推力轴承非工作面及各轴承振动、金属温度、胀差无明显变化。

汽轮机跳闸联锁锅炉MFT动作，磨煤机全停，汽包水位快速下降至－300mm，主蒸汽压力快速升高20.8MPa，过热安全门动作。

20时11分31秒，四号发电机“反时限过励磁”保护动作，发变组出口5022、5023开关跳闸，6kV厂用电源自动切至备用电源运行。“6kV 4A段保护装置报警”“6kV 4B段保护装置报警”；保安段来“工作电源无电压”“备用电源无电压”报警，保安段自动切换至保安后备变运行。

20时08分52秒，五号机组负荷由525MW突降至28MW，汽轮机转速突升，OPC保护动作，高中压调速汽门关闭，转速最高升至3180r/min后开始下降。CCS自动退出，转速在3009～3090r/min之间周期性波动6次，负荷在－116～35MW之间波动。

20时09分50秒锅炉手动MFT，联跳汽轮机，发电机“程序逆功率”保护动作其出口5031、5032开关跳闸，两台给水泵汽轮机联跳。启动主机交流润滑油泵，推力轴承金属温度、各轴承振动及金属温度、胀差、轴向位移无明显变化。主蒸汽压力急剧上升至30.6MPa，安全门动作。

（二）事件原因查找与分析

1. 事件原因检查

经检查，20时08分51秒，500kV线路故障跳闸。

20时09分50秒，五号机组锅炉运行人员手动MFT，汽轮机跳闸。

20时10分20秒，三号机组跳闸，首出记忆为“轴向位移大”保护动作汽轮机跳闸。

20时10分38秒，四号机组跳闸首出记忆为“EH油压低”保护动作汽轮机跳闸。

500kV线路跳闸，无保护切除发电机出口开关，三、四、五号发电机出口开关未跳闸，三、四、五号机组孤岛运行时，三、四号机组吸收功率，五号机组发出功率如图3-1所示。三、四号机OPC保护各动作6次，五号机OPC动作1次；五号机跳闸后，三、四号机孤岛运行时，三、四号机OPC保护各动作5次；三号机跳闸后，四号孤岛运行时，四号机OPC保护动作1次。

（1）三号机组跳闸原因。三号机甩负荷，汽轮机转速达3090r/min，导致OPC动作。由于发电机出口开关未跳闸，转速降至3060r/min后，OPC信号复位，CCS仍然接受负荷指令，控制汽轮机调门开启维持原负荷，汽轮机转速上升，OPC频繁动作，造成轴向位移正向增大，轴向位移大保护动作汽轮机跳闸，机跳炉保护动作，锅炉MFT，发电机“程序逆功率”保护动作，5011开关跳闸。

（2）四号机组跳闸原因。四号机甩负荷，汽轮机转速达3090r/min导致OPC动作。由于发电机出口开关未跳闸，转速降至3060r/min后，OPC信号复位，CCS仍然接受负荷指令，控制汽轮机调门开启维持原负荷，汽轮机转速上升，OPC频繁动作。由于OPC电磁阀卡涩，导致EH油压力低，EH油压力低保护动作汽轮机跳闸，机跳炉保护动作，锅炉MFT，发电机“反时限过励磁”保护动作，5022、5023开关跳闸。

（3）五号机组跳闸原因。由于汽轮机OPC保护动作后，高中压调门关闭，主蒸汽压力上涨过快，达到安全门动作值（29.9MPa），功率出现负值，锅炉手动MFT，汽轮机联跳，发电机“程序逆功率”保护动作，5031、5032开关跳闸。

2. 事件原因分析

DEH系统有两个主要功能，即汽轮机的转速控制功能和负荷控制功能。而DEH系统是依据并网信号来判断机组实在转速控制回路还是负荷控制回路，因为此次机组甩负荷原因为线路故障，发电机并网开关仍合闸，所以DEH仍在负荷控制回路，但实际机组甩掉负荷已经孤网运行，并网运行且无FCB功能的机组，其DEH系统一般均为设计此工况下的控制逻辑。

三、四号机OPC信号定值3090r/min，死区30r/min，转速低于3060时，OPC信号消失，直接开中调，反向延时2s开高调。五号机转速高于3090r/min时，OPC信号触发，转速低于3015r/min，延时1s复位OPC信号，OPC信号复位后开中调，反向延时2s，开高调，五号机组因第二次OPC信号触发和第三次OPC信号触发的时间间隔为1s，小于DEH逻辑中OPC动作后延时2s释放调节门指令的间隔时间。所以五号机组OPC动作后，高调门、中调门一直未开启。而在相同转速下三号机组动作11次，四号机组动作12次。

20时08分52秒，三号机组转速3036r/min，四号机组转速3061r/min，五号机组转速3043r/min；20时08分53秒，三号机组转速3091r/min，四号机组转速3100r/min，五号机组转速3099r/min，三台机组OPC动作，记录的最大转速分别为三号机组3181r/min，四号机组3178r/min，五号机组3180r/min。直至20时10分32秒，四号机组OPC动作12次，三号机组OPC动作11次，五号机组OPC动作三次。图3-1中可以看出三台机组转速情况基本同步。

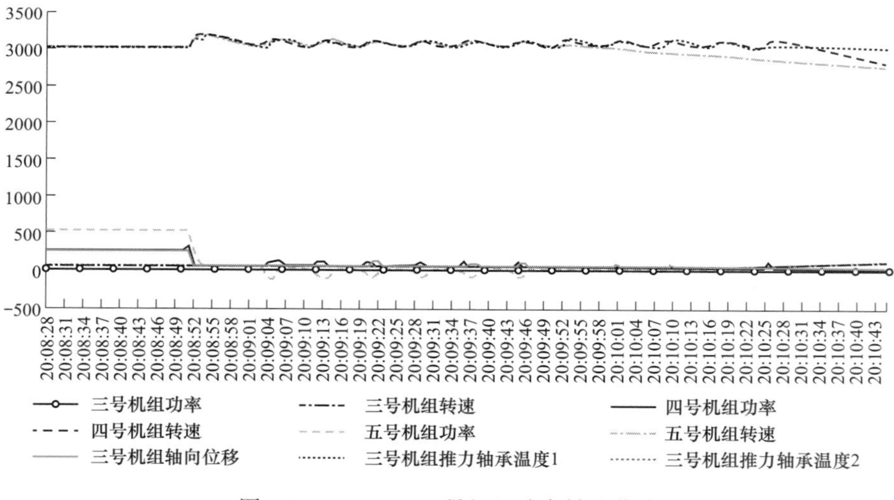

图3-1 三、四、五号机组功率转速曲线

在此期间，五号机组因第二次OPC动作和第三次OPC动作的时间间隔为1s，小于DEH逻辑中OPC动作后延时2s释放调节门指令的间隔时间。所以五号机组OPC动作后，高调门、中调门一直未开启。

由于五号机组在第一次OPC动作直至机组跳闸期间，高、中压调门未开启，如图3-3所示，所以无蒸汽做功，其转速波动为三、四号机组拖拽所致，此时五号机组在小网中属于吸收功率，将三台机组功率曲线放大如图3-4所示。

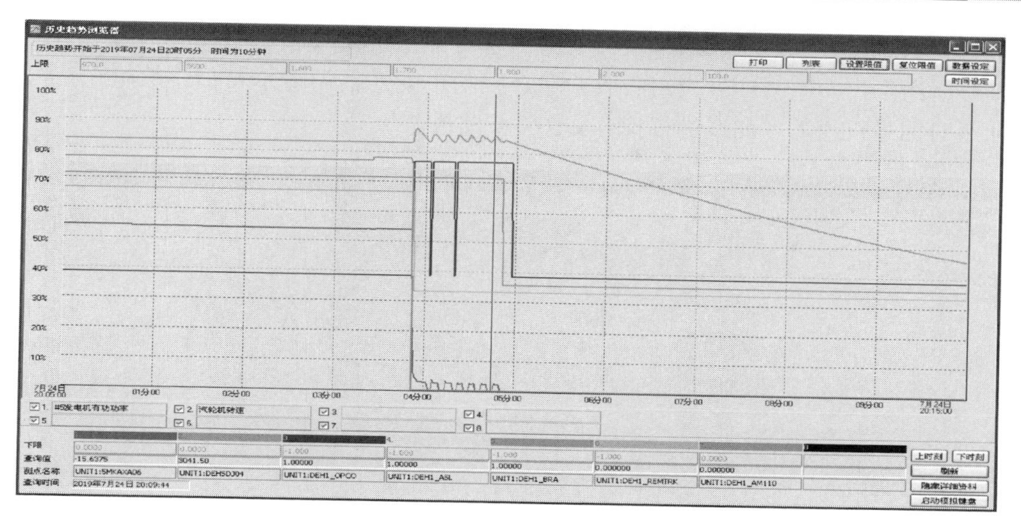

图 3-2　五号机组 OPC 信号动作曲线

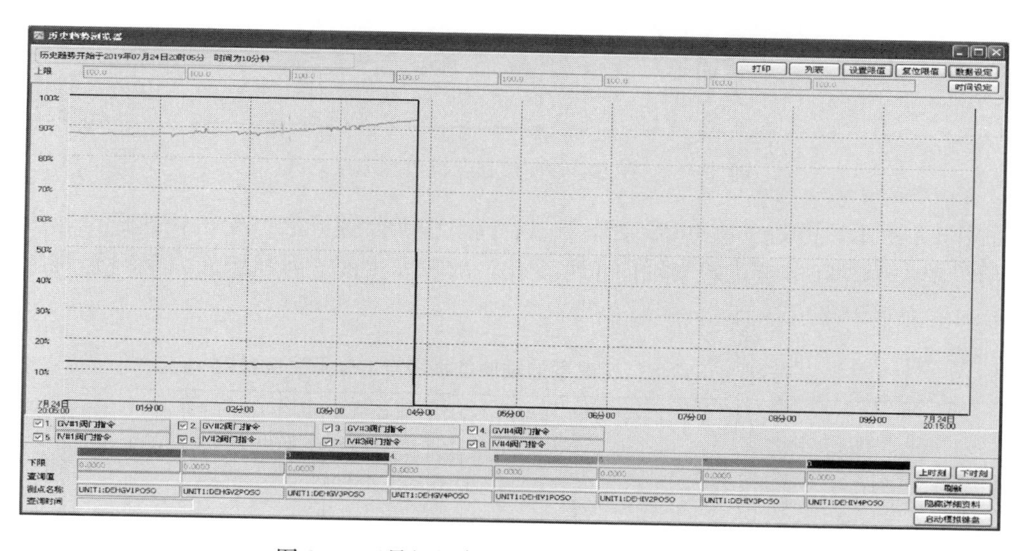

图 3-3　五号机组高压、中压调节门指令曲线

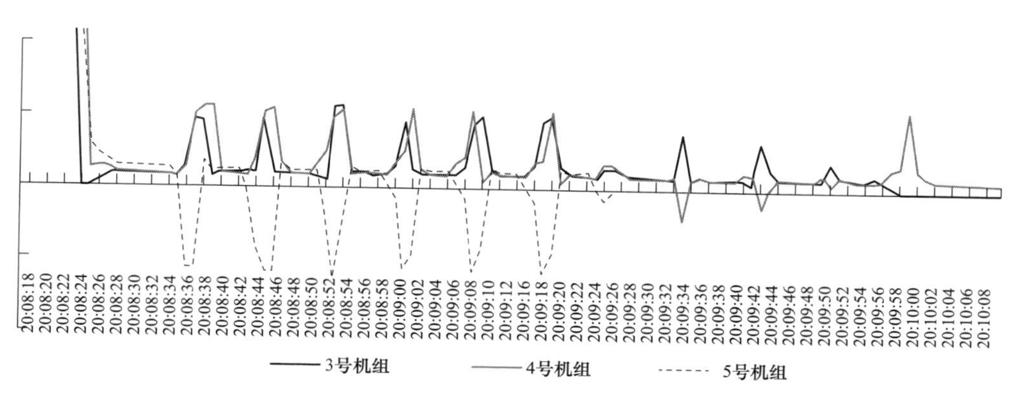

图 3-4　三、四、五号机组负荷曲线

五号机组跳闸之前，三、四号机组发出功率与五号机组吸收功率相等；五号机组跳闸后，三号机组发出功率，四号机组吸收功率，因功率变送器不显示负值，故根据三号机组功率曲线对四号机组功率曲线进行拟合如图 3-5 曲线。

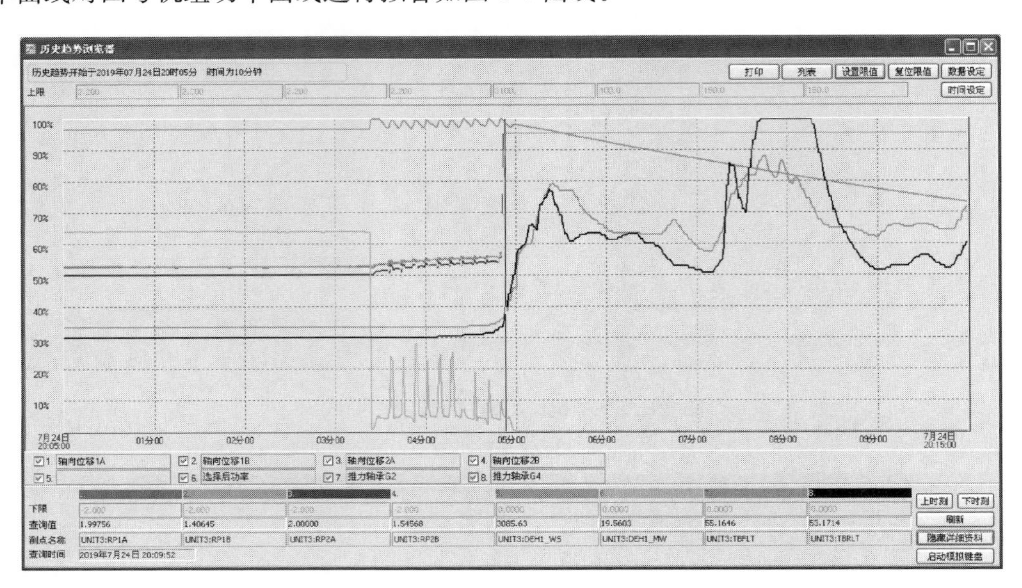

图 3-5　三号机组轴向位移及推力瓦温度曲线

如图 3-5 所示，因每一次 OPC 动作复归后高、中调迅速开启汽轮机快速进汽，所以取 OPC 信号消失为时间节点，观察轴向位移变化，故障发生前三号机组正常运行至跳闸的轴向位移和推力轴承见表 3-1。

表 3-1　　三号机组正常运行至跳闸的轴向位移和推力轴承温度参数

时间	1 号高调开度（%）	轴向位移 1A（mm）	轴向位移 2A（mm）	推力工作面温度 G1（℃）	推力工作面温度 G3（℃）
故障前正常运行	98	0.212018	0.106986	68.06	50.84
第一次 OPC 消失	98	0.309722	0.243772	68.85	52.72
第二次 OPC 消失	98	0.319492	0.253542	70.54	55.45
第三次 OPC 消失	98	0.299951	0.231559	73.18	58.32
第四次 OPC 消失	72	0.331705	0.27064	75.17	61.05
第五次 OPC 消失	95	0.343918	0.282853	77.30	64.66
第六次 OPC 消失	98	0.348803	0.290181	79.43	69.44
第七次 OPC 消失	74	0.353688	0.221788	82.22	73.77
第八次 OPC 消失	26	0.307279	0.229116	86.34	78.90
第九次 OPC 消失	30	0.363459	0.307279	91.12	87.07
第十次 OPC 消失	30	0.319492	0.253542	100.78	101.51
第十一次 OPC 动作后机组跳闸	1	1.997558	2	104.32	106.02

由表 3-1 可见，在线路故障之后，每一次 OPC 动作复位高、中调开启之后，轴向位移均有波动且整体有增大趋势。

20 时 10 分 20 秒，汽轮机跳闸，ETS 首出“轴向位移大”，此时轴向位移为 2mm 达量程上限，机组转速 3085r/min，推力轴承工作面 1 温度 55.16℃，推力轴承工作面 2 温度 53.17℃。机组惰走过程中，推力轴承工作面 1 温度最大 131.79℃，推力轴承工作面 2 温度最大 190.30℃。

故障发生前，四号机组正常运行至跳闸的轴向位移和推力瓦温度曲线如图 3-6 所示，轴向位移和推力轴承温度参数见表 3-2。

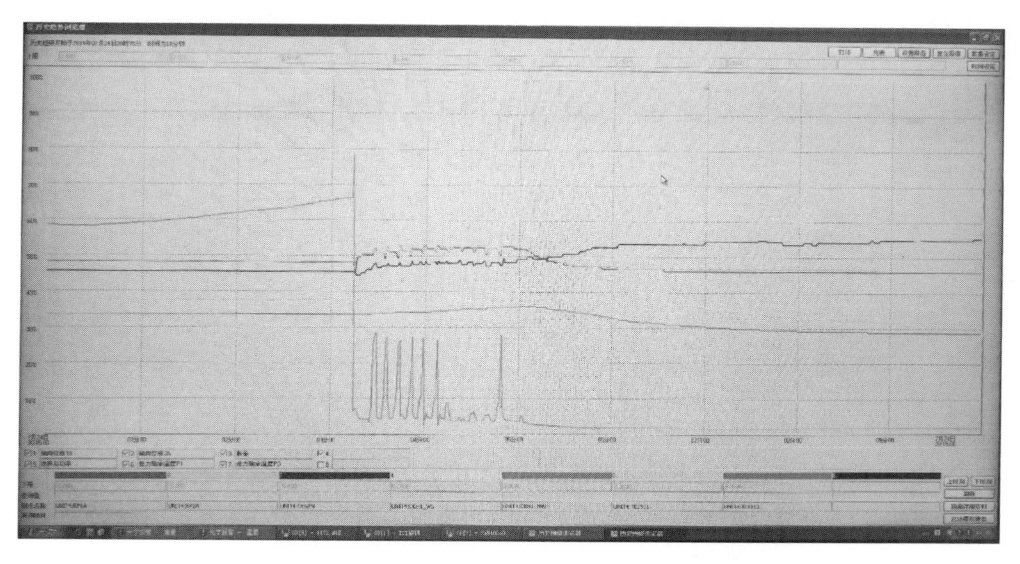

图 3-6　四号机组轴向位移及推力瓦温度曲线

表 3-2　　四号机组正常运行至跳闸的轴向位移和推力轴承温度参数

时间	1 号高调开度（%）	轴向位移 1A（mm）	轴向位移 2A（mm）	推力工作面温度 G1（℃）	推力工作面温度 G3（℃）
故障前正常运行	100				
第一次 OPC 消失	76	0.080117	0.89888	50.09	50.84
第二次 OPC 消失	82	0.094773	0.102101	62.04	50.83
第三次 OPC 消失	77	0.104543	0.114314	64.32	51.35
第四次 OPC 消失	86	0.114314	0.124084	67.04	51.35
第五次 OPC 消失	57	0.116756	0.128969	69.98	51.35
第六次 OPC 消失	20	0.116756	0.131412	73.88	51.86
第七次 OPC 消失	22	0.045921	0.055691	77.41	52.38
第八次 OPC 消失	28	0.055691	0.065462	83.94	52.97
第九次 OPC 消失	23	0.048364	0.058134	90.27	52.97
第十次 OPC 消失	23	0.094773	0.09233	94.79	53.51
第十一次 OPC 消失	51	0.150953	0.158281	95.82	53.51
第十二次 OPC 动作后机组跳闸	1	0.111871	0.114314	95.82	53.51

四号汽轮机如果“EH 低保护”不动作，运行人员不进行手动停机的前提下，OPC 再动作几次后也可能造成推力瓦磨损。

三、四号机组协调系统仅有一路功率变送器，未设置功率信号品质判断切除协调控制的功能，因此在此次甩负荷过程中无法切除协调系统。五号机组甩负荷时，因五号机组有三个功率变送器，在负荷快速下降时，三个功率变送器瞬间偏差超过10MW，选择模块发出“功率信号故障”信号，锅炉主控、汽轮机主控由自动状态切为手动，协调控制系统由CCS方式切为基本方式。若CCS控制方式解除，机组OPC动作后高调门复位开启跟踪系统阀位指令，若CCS控制方式未解除，机组OPC动作后高调门复位开启跟踪CCS系统负荷指令，所以CCS是否解除对机组OPC动作后高调门开度并无较大影响。

OPC保护三号机组动作11次，四号机组动作12次，在这期间，三号机组OPC信号每次复归后消失后高调开度从曲线上分析大于四号机组开度，如图3-7、图3-8所示。

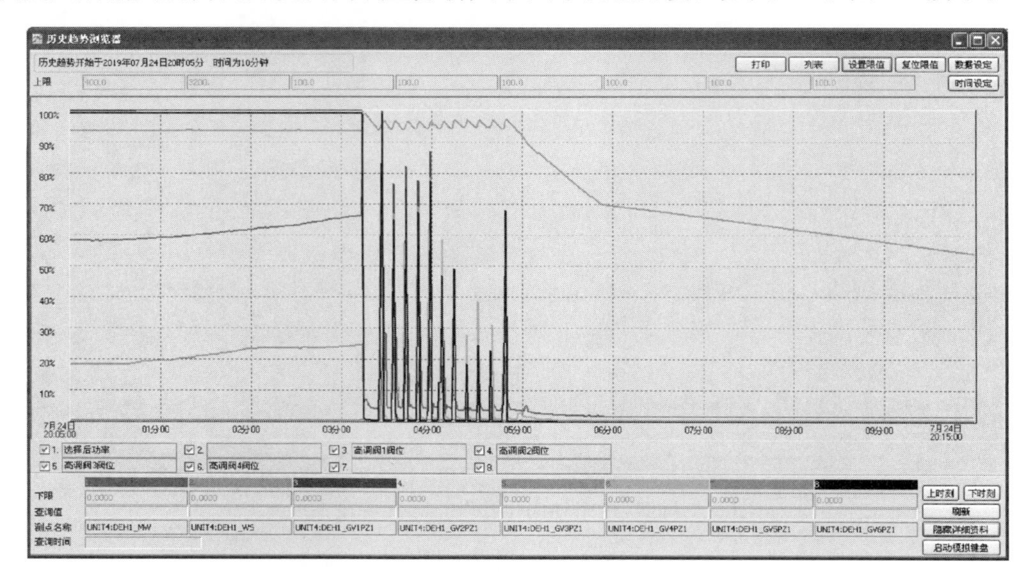

图 3-7　四号机组 OPC 动作过程 GV1 开度

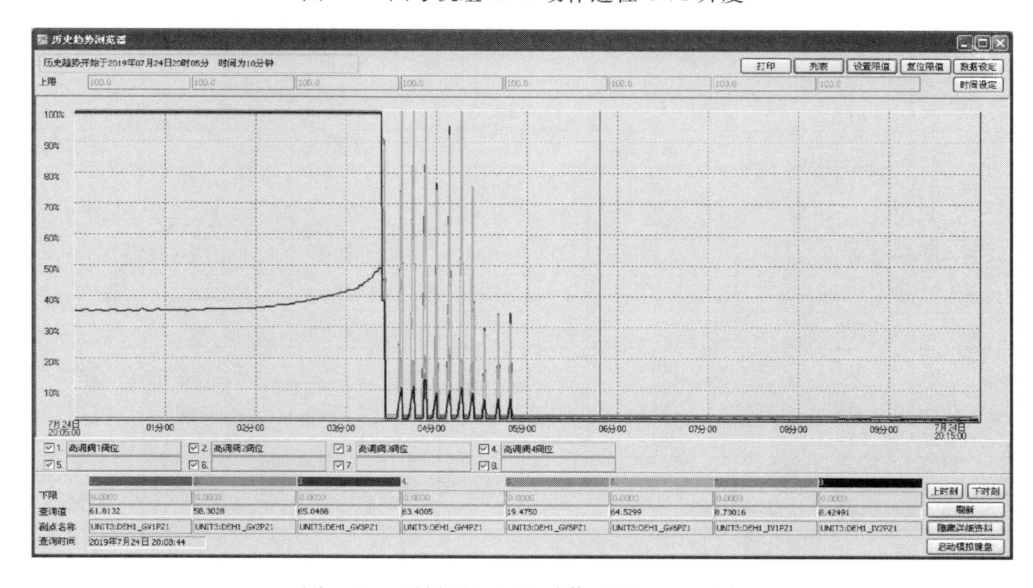

图 3-8　四号机组 OPC 动作过程 GV1 开度

经事后检查分析，四号机组OPC电磁阀反复动作后，油流将细微杂质（肉眼不可见）带入OPC电磁阀，造成OPC电磁阀卡涩，致使OPC电磁阀关闭不严，OPC油压达不到额定压力。因 OPC 油压过低，无法将各调节门的快速溢流阀关闭。当 DEH 发出开门指令后，高压油经过各调节阀的快速溢流阀溢流至回油，造成 EH 油压快速下降，机组发 EH 油压低跳机指令，机组跳闸。

3. 暴露问题

（1）500kV 线路出线为单线路，三台机组同时运行，安全可靠性低。500kV 线路发生永久性故障导致线路跳闸后，机组无法实现瞬时切机。

（2）500kV 线跳闸信号接引在网控室内，当线路跳闸，机组单控运行人员不能第一时间判断故障原因。

（3）DEH 逻辑不完善，无 FCB 功能的机组发电机解列后没有联跳汽轮机功能。

（三）事件处理与防范

（1）与电网公司研究建设双线路，完善现有线路防雷设施，提高防雷能力。

（2）加装线路跳闸联切机装置，当发生线路跳闸时，由联切机装置发出切机命令，快速切除并网机组，保障一次设备安全。

（3）依据根据 DL/T 5428—2009《火力发电厂热工保护系统设计规定》8.2.2 条要求：单元机组未设置 FCB 功能时，无论何种原因引起的发电机解列，应实现紧急停机保护。增加 3、4、5 号机组保护，即在机组并网信号消失或并网运行且 OPC 动作时联锁跳闸汽轮机。

三、逻辑设计存在缺陷导致机组跳闸

某厂 3 号机组为 600MW 亚临界燃煤机组，控制系统采用 OVATION DCS 系统，投产时间是 2008 年 12 月；2019 年 10 月 14 号，3 号机组负荷 576MW，运行中 A 循环水泵变频器重故障跳闸，导致真空低，最终导致机组跳闸。

（一）事件过程

2019 年 10 月 14 号，3 号机组负荷 576MW，主蒸汽压力 16.4MPa，真空高压侧 5.5kPa、低压侧 4.1kPa，A 循环水泵变频运行，B 循环水泵工频备用，机组运行稳定无重大缺陷。18 时 05 分 45 秒光字牌显示自动丢失，凝汽器补水调门自动丢失，真空泵入口差压高等七个报警。运行人员同时发现机组高低压侧真空快速下降，检查凝汽器液位上涨至 1400mm。18 时 06 分 10 秒运行人员发现 A 循环水泵变频器重故障报警已经显示在 DCS 画面中，立即检查 B 循环水泵状态，B 循环水泵已经联锁启动，B 泵出口门在 DCS 上是自动状态。18 时 06 分 22 秒，机组真空持续快速下降。运行人员立即检查 DCS 系统真空画面，A 真空泵启动正常，检查真空破坏门关闭正常。18 时 06 分 42 秒检查发现 B 循环水泵出口门未联锁开启，立即将出口门由自动解手动开启，此时真空值上涨至跳闸值，机组跳闸。发电机、锅炉联锁跳闸，立即进行机炉电停机检查，检查轴封系统，手动开启轴封旁路电动门，检查各加热器、除氧器、凝汽器水位，厂用电切换正常。18 时 09 分 00 秒手动开启锅炉 PCV，进行降压。18 时 09 分 05 秒确定 B 循环水泵出口门未自动开启的原因为 DCS 无联锁逻辑。18 时 31 分 40 秒锅炉吹扫。18 时 38 分 00 秒启动一次风机，密封风机，火检冷却风机。18 时 44 分 27 秒锅炉点火。19 时 20 分 27 秒主蒸汽压力降至 10MPa，高压旁路电动门开启正常，投入旁路系统。19 时 20 分 54 秒投入 AB 层三支大油枪，启动 B 磨煤机运行。19 时 55 分 54 秒 A、B 给水泵汽轮机冲转至 3000 转备用。20 时 20 分 54 秒机组并网。

（二）事件原因查找与分析

1. 事件原因检查

（1）A 循环水泵变频器重故障情况检查。变频器重故障跳闸后，就地控制屏显示“重故障报警，A1、A2、A3、A4、A5 功率模块过压，B5 功率模块驱动旁路故障”。

（2）B 循环水泵出口门未联开情况检查。就地检查 B 循环水泵出口门控制柜，柜内 PLC 工作，柜内控制元件状态均正常。检查 DCS 逻辑发现循环水泵启动后无联锁开门逻辑。

检查出口门 DCS 联锁逻辑，出口门无自动联开逻辑，出口门在正常及事故情况下均为手动开启。

2. 原因分析

（1）A 循环水泵变频器重故障跳闸原因。变频器功率单元 B5 驱动旁路故障的原因是驱动板故障，驱动板故障后 B5 自动切换到旁路运行（自动隔离），旁路运行只能带额定负荷的 80%，故障时运行频率 49.50Hz，接近 100%额定负荷。旁路后变频负荷从 100%自动向 80%降低，在降低过程中由于模块电压分配不均出现 A 相过电压，A 相模块全部过压，导致变频重故障跳闸。

（2）B 循环水泵出口门未及时开启原因。运行人员在发现机组真空快速下降时，循环水泵操作画面显示 B 循环水泵出口门联锁投入，实际上此联锁为 B 泵停止后自动关出口门的联锁，运行人员误认为此联锁为泵启动后开出口门联锁，没有手动去开启出口门，出口门没有在第一时间开启，导致事故处理不当，最终导致事故扩大，机组停机。

经检查，B 循环水泵出口门就地电气回路无开门联锁，远方 DCS 也无开出口门联锁逻辑，即出口门在正常及事故情况下均为手动开启。

经确认，2008 年机组基建试运时，DCS 有循环水泵启动后联开出口门逻辑，但基建期的 B 循环水泵的阀门，阀门开启速度较慢，不满足自动联启条件，所以取消了自动开出门逻辑。2009 年将阀门进行更换，开启速度满足要求，B 泵循环水泵出口门已具备联开条件。但在改造过程中，工作延续性不强，仍未增加自动开出口门逻辑，B 泵的出口门仍然为手动开启。

3. 暴露问题

（1）设备巡视不到位。未在机组在大负荷时对变频器做有针对性的巡视检查，未能提前发现变频器是否有异常。

（2）设备状态掌握不清楚。未能对变频器做出正确的状态评估，未能预想到变频器在大功率运行时会出现跳闸，无相关预警措施及应对措施。

（3）隐患排查存在死角。在开展逻辑排查时，只重视主机、重要辅机的排查，未对相关联的低压系统及设备进行彻底的排查，没能发现循环水泵出口门无自动开启逻辑。

（4）联锁试验未做完整。机组停机时，只进行了变频器重故障跳本开关的试验，未进行变频器泵故障后联启工频备用循环水泵开出口门的试验。

（5）运行人员异常处理经验不足。运行人员在发现真空下降时，未能根据系统运行情况做出综合判定，B 循环水泵出口门没有在第一时间开启，导致真空持续下降。

（6）管理工作没有延续性。基建试运时因阀门开启速度不满足而取消了自动开逻辑，而在经过改造后满足开启速度后，没有对此项逻辑进行恢复。

（三）事件处理与防范

(1) 制定大负荷下的变频器的巡视项目。在变频器接近满负荷运行时，应增加巡视次数，重点检查变频器的电气参数、散热情况，确保变频器在带大负荷时能够持续稳定运行。

(2) 对变频器进行状态分析，确定变频器的实际出力情况。针对变频器做好状态评估，特别是运行 8 年及以上的变频器应制定在大负荷运行时的防跳闸措施。

(3) 加循环水泵启动后自动开启出口门逻辑。根据循环水泵启动时间、出口门开启时间等实际运行工况，制定出口门开启逻辑，并写入规程。

(4) 开展主辅机低压联锁逻辑专项隐患排查。成立由热工专业牵头的专项隐患排查小组，对全厂主辅机低压联锁逻辑、电气联锁回路进行排查。

(5) 加强运行人员异常处理的水平。运行人员应清楚循环水系统的异常运行工况，做好预想及仿真模拟操作，熟练掌握各种异常情况下的操作处理。

(6) 对于逻辑更改应有文件传输表，并对逻辑变更情况进行说明，特别是临时性修改的逻辑，要注明恢复时间。

第二节　模件故障分析处理与防范

本节收集了因模件通道故障引发的机组故障 6 起，分别为：AI 模件通道故障导致给水泵全停机组打闸停机、静电冲击导致模件误发开关跳闸指令引起脱硫系统停运、四级抽汽电动门关信号误发导致机组非停、凝汽器水位通道故障导致机组跳闸、输出继电器接点故障导致机组跳闸、燃机危险气体卡件故障导致主保护动作跳机。这些案例，有些是控制系统模件自身硬件故障、有些则是外部原因导致的控制系统模件损坏，还有些是维护过程中对控制系统模件的安措不足。控制系统模件故障，尤其是关键系统的模件故障极易引发机组跳闸事故，应给予足够的重视。

一、AI 模件通道故障导致给水泵全停机组打闸停机

（一）事件过程

06 月 05 日 11 时 10 分某厂机组负荷 105MW，A、B 引风机、送风机、一次风机，A、B 磨煤机运行，机蒸发量 400t/h，主蒸汽压力 10.6MPa，主蒸汽温度 535℃，A 机汽动给水泵运行，B 电动给水泵备用，其他各运行参数均正常。

11 时 10 分当班值长接到二级公司技术中心电话询问：远程监控发现机组给水泵汽轮机振动大，多长时间了，有没有人处理；回复暂无人处理，我们尽快核实并处理。调阅历史曲线发现机组 A 汽动给水泵机前轴振在 47～90μm 摆动，立即安排人员就地实测振动值为 20μm。

11 时 15 分进一步检查发现 B 电动给水泵在备用状态下启动条件不允许，传动端轴承温度和自由端轴承温度显示 164℃，安排人员就地实测温度 34℃。

11 时 45 分根据实测参数判断以上测点显示不准，通知热工班长尽快安排人员到场处理。

11 时 46 分热工班长通知值班人员尽快到场处理。

11 时 54 分热工值班人员到场，运行告知 A 汽动给水泵机前轴振摆动大，要求其尽快

将B电动给水泵传动端轴承温度及自由端轴承温度进行强制恢复电泵备用，然后对A汽动给水泵机前轴振测点进行检查。

11时56分热工值班人员强制B电动给水泵自由端轴承温度完成，然后准备去强制B电动给水泵传动端轴承温度。

11时56分A汽动给水泵跳闸，B电动给水泵联启后跳闸。

11时58分锅炉汽包水位－135mm，运行人员立即手动MFT。因两台给水泵均故障，机组打闸停机，发变组解列，厂用电切换正常。

（二）事件原因查找与分析

1. 事件原因检查与分析

（1）A汽动给水泵机前轴振通道故障显示异常跳变，造成A汽动给水泵保护误动跳闸。

（2）B电动给水泵传动端轴承温度及自由端轴承温度通道故障显示到最大值，造成B电动给水泵不能可靠备用，在联动后跳闸。

2. 暴露问题

（1）A汽动给水泵机前轴振通道故障显示异常跳变，造成A汽动给水泵保护误动跳闸。

（2）B电动给水泵传动端轴承温度及自由端轴承温度通道故障显示到最大值，造成B电动给水泵不能可靠备用，在联动后跳闸。

（三）事件处理与防范

（1）及时更换两块故障卡件，并将B电动给水泵两个轴承温度测点改至临近卡件备用通道。同时全面梳理机组DCS卡件测点有无类似异常，发现故障及时进行处理。

（2）要求DCS厂家安排专人到场，对卡件通道故障原因进行全面分析，找出原因并择机进行处理。

（3）运行人员提高设备参数敏感性，重点加强带保护测点的监视，每小时对DCS画面重要参数检查至少两次，发现测点显示异常要立即确认并联系维护排查处理，同时做好相关预控措施避免设备异常扩大。

（4）维护热工人员要做好值班和培训管理，在接到测点异常的通知后，要及时到场并迅速采取防止保护误动措施，保持设备可靠稳定运行。

二、静电冲击导致模件误发开关跳闸指令引起脱硫系统停运

某厂5号机为300MW燃煤发电机组，设计煤种为山西神木煤，锅炉由德国巴高克（BABCOCK）公司制造，锅炉型号BLK-1025，10、30磨煤机对应1号燃烧室；20、40磨煤机对应2号燃烧室。与C307/250-16.7/0.4/538/538汽轮机（上海汽轮厂与美国西屋公司联合制造）配套使用。锅炉型式为：亚临界、一次中间再热、直吹式制粉系统、双燃烧室（W火焰）、100％飞灰复燃、液态排渣、塔式直流炉。脱硫DCS控制系统为国电智深EDPF-NT系统，2006年投入运行。

（一）事件过程

2019年12月05日停运前机组负荷260MW，脱硫1、2、3号循环泵运行，脱硫入口烟温120℃，机组10、20、30、40号磨煤机运行。

19时02分脱硫监盘发现5号脱硫二氧化硫超标，5号塔1、2、3号循环泵、增压风机跳闸。19时04分脱硫运行依次启动1、2、3号循环泵，均启动不成功。

机组因脱硫增压风机跳闸RB动作，10、30号磨煤机跳闸，机组负荷由260MW降至150MW。本机迅速调整热网抽汽量，并投入两支油枪稳定燃烧，观察机组负荷逐渐下降至130MW稳定后，19时14分停油枪，19时22分机组负荷140MW，热网负荷接近10MW，运行状况基本稳定。检查主机汽泵和风机运行正常，增压风机旁路挡板切换正常，监视炉膛负荷基本稳定。

就地检查5号脱硫6kV母线进线开关6A5T及所有负荷开关跳闸，5号脱硫380V进线电源断路器15T，5号塔三期1号返回泵，5号塔2号氧化风机，5号塔1号石灰石浆液泵，5号塔1、3、4号搅拌器，三期石灰石浆液箱搅拌器，三期溢流缓冲箱搅拌器，3号冲洗水泵，5号塔1号石膏排出泵，5号增压风机油站跳闸，立即通知检修查找原因。5号脱硫事故喷淋阀因除雾器冲洗水泵跳闸未联锁动作。19时14分脱硫人员将380V母联断路器56T合入，恢复5号脱硫380V设备供电，并联系脱硫主控启动跳闸的380V设备运行。继电保护检查6A5T断路器无报警，负荷开关报失压，后主机电气人员赶到协同主机电气人员测5号塔脱硫6kV母线绝缘良好。

19时24分锅炉因“FGD跳闸”（即浆液循环泵全停）且“吸收塔入口烟温大于85℃”延时20分钟MFT动作。

19时25分5号机变组程跳逆功率保护动作，机组解列。

19时38分脱硫6A5T断路器合入，母线充电良好，检修将远方分闸指令线解除。20时18分将5号脱硫变压器高压侧断路器615T合入，5号脱硫380V PC段倒回正常方式运行，5号塔1号循环泵启动。

21时20分5号塔1号浆液循环泵，615T断路器，5号塔1号石灰石浆液泵，三期1号返回泵，5号塔1、3、4号搅拌器，5号增压风机油站再次跳闸。

检修人员检查615T断路器跳闸原因为接收到DCS侧远方分闸指令，运行将615T断路器合闸后，检修将远方分闸指令线解除。

2019年12月6日2时57分，5号机组恢复并网。

（二）事件原因查找与分析

1. 事件原因检查与分析

5号炉脱硫6kVA母线进线电源断路器本体现场检查未发现异常；断路器跳闸时6kVA母线电压、电流无明显波动；检查分析DCS系统曲线及检查5号炉脱硫6kVA母线进线断路器测控装置，DCS系统未发远方分闸指令信号，进线断路器测控装置无分闸指令显示（后确定进线断路器未配置保护，测控装置无记录DCS分合闸指令功能），查看5号炉脱硫6kVA母线电压、电流曲线无异常波动。

检查5号脱硫变保护测控装置，遥信首出记录为“18时23分05秒332DCS跳闸”（测控装置时间较GPS时间慢了38min）。

分析引发故障原因：5号炉脱硫6kVA进线断路器，脱硫变高压侧断路器615T均在5号控制器B3（DIO）卡件控制，由于DCS系统曲线无指令输出，判断出故障应是输出卡件至电气控制开关部分。

（1）检查DCS控制卡件到控制输出分闸继电器驱动回路是否有问题。检查过程：排查

DCS 系统输出卡件电源、输出预制电缆、继电器；更换 B3 输出卡件、输出预制电缆。

（2）检查 DCS 控制卡件及卡件底座硬件是否有问题。检查过程：对卡件供电电压、信号电压进行测量无异常，对信号状态进行确认无问题；更换 B3 卡件底座。

（3）检查分闸继电器触点至进线断路器分闸回路是否有问题。检查过程：对电缆夹层电缆外观进行检查，测量分闸控制电缆绝缘，用 500V 绝缘电阻表对地及线间测试，数值均在 200MΩ 以上（1MΩ 以上合格）。

（4）检查卡件外部反馈接点是否有问题。检查过程：针对 B5（DI32）卡件 6 号脱硫供浆管线冲洗门故障，怀疑对 B3 卡件形成扰动。检查 6 号供浆管线冲洗门正常，用 500V 绝缘电阻表对地及线间测试，数值均在 200MΩ 以上（1MΩ 以上合格）。

通过上述检查，未发现明显问题，将更换下的 B3（DIO）卡件及底座返厂进行检测，通过测试发现此 B3（DIO）卡件在 3 级快速高压脉冲群和 1～3 级（静电等级 1 级 2000V，2 级 4000V，3 级 6000V，4 级 8000V）静电干扰下，卡件 DI 通道测试正常，DO 通道出现跳变（厂家新卡件出厂测试为防静电 3 级 6000V 不误动）。通过核对电气脱硫变保护测控装置跳闸记录，19 时 01 分及 21 时 20 分两次远方分闸指令信号存在最长为 789ms，符合信号瞬时干扰的特征，分析检修人员 19 时 01 分在处理及后期 21 时 20 分分析 B5（DI32）卡件 6 号脱硫供浆管线冲洗门远方/就地信号故障过程中，静电影响 B3 卡件，且 B5 卡件 DI 点与 B5 卡件 DI 之间有公共线，由于 B3（DIO）卡件电子元器件老化（2006 年生产），防静电等级降低为 1 级（静电 2000V 引发输出误动），静电冲击误发开关跳闸指令，6kVA 进线断路器及脱硫变压器断路器跳闸，引起脱硫系统停运。

2. 暴露问题

（1）B3（DIO）卡件电子元器件老化（2006 年生产），防静电等级降低。

（2）冬季处理 DCS 系统输入信号故障时防静电措施不到位，电子间防静电措施不足。

（3）运行人员事故处理能力不足，对脱硫循环泵全停后处理方向把控不到位。未制定脱硫系统厂用电全部失去事故处置方案，对“FGD 跳闸”的事故预想未做到全覆盖。

（4）脱硫系统停运后 5 号脱硫事故喷淋阀无法及时投入，除雾器冲洗水泵电源不可靠。

（5）由于 5 号脱硫 4 台浆液循环泵在同一 6kV 母线取电，基建时 5、6 号脱硫系统 6kV 母线容量设计偏小，后期脱硫系统扩容新增设备较多，5 号及 6 号脱硫系统 6kV 母线母联断路器无法投入，脱硫电气系统容错能力低。

（三）事件处理与防范

（1）更换 6kVA 母线进线断路器分合闸控制卡件（5 号柜 B3 卡件）、卡件底座、输出预制电缆，由于厂家对卡件性能下降无法给出定性分析，为评估 7、8 机组及脱硫 DCS 系统设备的可靠性，将同时期 7、8 机组 DIO 卡件送厂家检测，鉴定卡件防静电能力下降的范围，梳理 DCS 系统存在的问题，争取在升级改造中进行解决。

（2）将 5 号柜 B3 卡件所控制 6kVA 母线进线断路器、5 号脱硫变压器 A 断路器、6 号脱硫变压器 B 断路器远控分合闸指令线在就地断路器处解除，断路器切就地控制。举一反三，对四期脱硫母线进线断路器及脱硫变压器断路器切就地控制，防止远方误动，电气专业下发确保脱硫 6kV 断路器防误动措施，规范运行及检修操作。

（3）研究提高脱硫电气系统可靠性的措施。

（4）制定 DCS 系统防静电措施并发布执行。要求接触控制柜要释放静电，在控制柜内工作时戴防静电手环。

（5）编制事故处置卡，并对运行人员进行培训和考试，并作为岗位考试内容，提高事故处理的能力。制定脱硫系统厂用电失去事故处置方案。完善脱硫系统的循环泵全停处置方案，全员进行循环泵全停事故演练。

三、四级抽汽电动门关信号误发导致机组非停

某厂2号机组锅炉为上海锅炉厂生产的SG-2090/25.4-M975型锅炉。汽轮机为哈尔滨汽轮机厂生产的CLN660-24.2/566/566型汽轮机。DCS及DEH采用美国Metso Automation（美卓）公司生产的maxDNA分散控制系统。

（一）事件过程

07月14日非停发生前，2号机组负荷353MW，机组处于协调方式，AGC投入，A、B给水泵汽轮机由四级抽汽供汽运行，给水流量1055t/h。

13时28分03秒，该机组四级抽汽电动门“关信号”误发，联锁关闭四抽至A、B给水泵汽轮机进汽电动门。

13时28分06秒四抽至A、B给水泵汽轮机进汽电动门“开”信号消失。

13时28分08秒A、B给水泵汽轮机转速分别由3930r/min、3932r/min快速下降。

13时29分15秒2号机组给水流量由1055t/h快速下降，监盘人员发现后立即检查A、B给水泵汽轮机画面，发现四抽至A、B给水泵汽轮机电动门状态异常，准备开辅汽至A、B给水泵汽轮机电动门。

13时29分21秒2号机组给水流量下降至589.4t/h，给水流量低保护信号发出（延时10s触发MFT），13时29分24秒四抽至A、B给水泵汽轮机进汽电动门关到位。

13时29分31秒2号锅炉MFT，跳闸首出“给水流量低”。

（二）事件原因查找与分析

1. 事件原因检查

现场检查四抽电动门信号回路电缆为8×1.5多芯屏蔽控制电缆，无外皮破损，电缆套管完好，绝缘电阻表测量四抽电动门关反馈信号线单端对地、线间绝缘正常，基本排除就地端电缆短路或接地故障。

检查四抽电动门对应DCS系统2T04机柜内DIT0466卡件及接线端子板，由于是短时故障（约3s），排查时故障现象已消失，外观检查及通道试验未发现明显问题。

该机组控制系统2008年投运，连续运行长达11年，在确认外部控制回路没有问题的情况下，向DCS厂家技术人员咨询，会存在因卡件老化、抗干扰能力降低等原因导致此种“软故障”的发生。为防止再次出现类似问题，对可能存在问题的卡件及对应接线端子板进行了更换并返厂检测，同时对四抽电动门“关”联动关闭A/B给水泵汽轮机进汽电动门功能进行了强制。

2. 原因分析

（1）直接原因。根据DCS厂家检测结果，因DCS卡件“软故障”，造成该机组四抽电动门关反馈信号误发，联锁关闭四抽至A、B给水泵汽轮机进汽电动门，导致A、B给水泵汽轮机汽源失去，是本次非停事件的直接原因。

（2）间接原因。2号机组2019年3月小修调试期间，发现四抽电动阀门阀杆变形，闸

板拉伤导致无法投入使用，且无备品。为保证机组按时启动并网，设备部汽轮机专业于3月30办理设备异动申请，将四抽电动阀门阀芯抽出，阀盖封堵，同时将四抽电动执行器退出运行，执行器停电并拆除，相关控制回路电缆口线拆除并包扎处理后放置于上方约6m高处的电缆桥架内，但四抽电动门异动后的相关热工联锁逻辑未进行同步变动，导致四抽电动门“关信号”误发后，联锁关闭了两台给水泵汽轮机进汽电动门，是导致本次事件的间接原因。

3. 暴露问题

（1）热工专业管理提升专项活动开展不深入，隐患排查治理不彻底。热工专项提升工作只是完成保护投入率100%、自动投入率98.2%、RB投入率100%，未落实好“针对近年热控典型事故案例，开展隐患排查，提升热控逻辑合理性”的重点要求，热控专业隐患排查力度不够，排查范围不全面，尤其是对非直接触发MFT的一些联锁逻辑排查不细致、逻辑不熟悉，导致此次四抽电动门关信号误发的隐患未及时发现并消除。

（2）设备异动管理不到位。四抽电动门及电动执行器拆除后，汽轮机和热工专业未充分沟通协调，对异动申请进行充分论证，未对四抽电动门相关的联锁逻辑进行同步变动，也未对四抽电动门开关状态进行强制，导致四抽电动门“关信号”误发后，联锁关闭了两台给水泵汽轮机进汽电动门。

（3）设备寿命管理亟待加强。设备寿命管理工作缺失，热工、继保等电子设备，自投产至今已运行近11年未进行过更换，存在电子元器件老化、可靠性降低等问题。

（三）事件处理与防范

（1）统一梳理并核查所有重要设备（控制系统）改造、变更是否存在遗留问题和安全隐患，定期开展热工IO清册、接线图纸修订工作，确保IO清册与电子间接线情况一致，确保拆除废弃接线。

（2）修订、完善热工检修规程，设备（系统）取消使用或长时间检修停用时，必须从电子间机柜侧断开接线，恢复接线时要验证、核实信号正确性。

（3）当采用阀门全开、全关信号作为联锁、保护功能的条件时，应根据现场实际，讨论并确认是否需要引入“离开全关位”或者“离开全开位”信号作为佐证信号，在避免保护拒动的基础上最大限度减小误动可能性。

（4）加强设备异动管理。对于异动的设备，组织相关专业召开讨论会，相互沟通、确认，形成会议纪要作为异动的依据。同时对已执行的设备异动进行排查，避免因专业局限性造成类似事件的发生。

（5）加强设备寿命管理，强化设备劣化趋势分析工作，针对运行超过10年以上的热工、继保等电子设备及系统，通过统计分析近年来运行状况及出现的问题，制定相应的检修技改计划，分步实施。期间增加电子设备性能检测（如DCS性能试验、电源模块性能试验）频次，加强日常设备巡视检查，掌握设备性能趋势，做好备件准备工作和备件更换的事故预想。

四、凝汽器水位通道故障导致机组跳闸

（一）事件过程

2019年03月13日10时05分00秒，某厂6号机组负荷315MW，四台磨煤机运行，

主蒸汽压力16.1MPa，主蒸汽流量267kg/s，主蒸汽温度538℃，机组协调方式，各参数正常。

10时10分37秒，6号机凝汽器水位测点CL023由于测量值偏差突然增大被三取二功能块剔除，并发通道故障报警。随之10时11分01秒凝汽器水位测点CL021突发断线报警、硬件通道故障报警和大于1250mm跳闸报警，致使两个测量水位同时故障且凝汽器水位大于1250mm跳机条件满足，触发凝汽器水位高Ⅲ值跳机保护，10时11分02秒汽轮机跳闸，发电机解列。

维护人员现场检查凝汽器水位正常，机组其他系统均无异常，更换测点CL021对应卡件，退出凝汽器水位高Ⅲ值跳机保护。10时35分，锅炉点火。11时37分，汽轮机冲转。12时08分，6号机组并网成功。

（二）事件原因查找与分析

1. 事件原因检查与分析

（1）直接原因。6号机凝汽器水位测点CL023偏差大发通道故障时，凝汽器水位测点CL021同时发硬件通道故障、大于1250mm高Ⅲ值是造成机组跳机的直接原因。

具体分析如下：

1）6号机组凝汽器水位采用差压式测量原理，为防止真空对正压侧水柱影响，正压侧取样管设有可调式注水流量计的注水管路。三个差压式变送器的4～20mA信号对应0～16kPa差压和DCS侧水位1600～0mm。三个水位信号分别用于保护，且经三取均处理后的综合值用于水位调节。由于凝汽器水位变送器4～20mA信号对应DCS系统凝汽器水位1600～0mm，所以当水位测量信号出现断线时，卡件采集电流降为0mA，会触发水位CL021>1250mm跳闸信号，如图3-9所示。

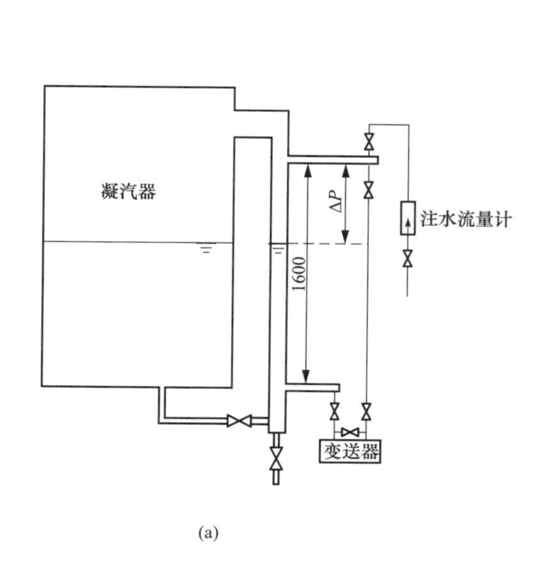

(a)

(b)

图3-9　凝汽器水位测量原理现场布置图

（a）凝汽器水位测量原路图；（b）凝汽器水位测量现场布置图

2）检查现场变送器、接线端子、中间接线柜端子、DCS 机柜接线端子、卡件绕线端子均未见异常，分析确定为该采集卡件出现硬件通道故障导致信号异常。

3）2019 年 3 月 12 日 15 时 13 分调度紧急调停 1、5、6 号机组后，6 号机组由于启停过程中注水流量波动，水位测点 CL023 测量值出现偏差。

（2）间接原因。

1）电厂 6 台机组汽轮机、发电机、控制系统及逻辑均为西门子整体设计供货，保护逻辑采用了故障安全型设计理念，即信号故障按保护动作考虑。机组凝汽器水位保护逻辑目前设计为以下四种情况：3 个凝汽器水位信号均正常时保护按照三取二动作，即任意 2 个水位信号高Ⅲ值触发汽轮机跳闸保护；当 1 个水位信号通道故障时保护按照二取一动作，即剩余任意 1 个信号高Ⅲ值即触发汽轮机跳闸保护；当 2 个水位信号通道故障时且任一水位信号高Ⅲ值触发汽轮机跳闸保护；当 3 个水位信号硬件通道均故障时直接触发汽轮机跳闸保护。

2）凝汽器水位保护在 2 个水位信号故障并有任一高Ⅲ值发出即触发保护动作，保护设计倾向于保设备安全和防止保护拒动，但在测点出现故障时增加了保护动作概率。

3）热工专业管理提升不够深入，对凝汽器水位保护逻辑存在的风险未能及时发现，致使硬件故障保护动作的隐患未能消除。

2. 暴露问题

（1）技术管理长期局限于西门子故障安全型设计理念，没有对每项保护依据新规程、新规范且结合生产实际深入开展隐患排查，暴露出专业对保护管理存在思维惯性，对保护逻辑存在的深层次隐患认识不足。

（2）6 号机组 DCS 系统自 2002 年投产运行长达 17 年之久，硬件故障率逐渐升高，暴露出电子元器件老化趋势明显，需尽快升级 DCS 系统。

（3）热工人员对采用差压原理测量液位的保护信号风险认识不足，重视程度不够，未制定有效的预控措施并采取防范手段，暴露出热工人员知识能力欠缺，技术水平有待进一步提高。

（4）专业管理上满足于保护投入率、自动投入率指标，但对逻辑的合理性和可靠性认识不够，暴露出专业技术管理不够深入，对保护逻辑存在的风险辨识不全面。

（三）事件处理与防范

（1）转变思想，更新观念，深入开展热工管理攻坚提升活动，对原设计存在风险的保护逻辑，联系科研院确认保护设置的必要性和保护逻辑的合理性，进一步优化逻辑，提高保护可靠性。

（2）加快推进 6 号机组 DCS 系统升级项目，制定切实可行的技术方案，彻底消除 DCS 系统老化隐患。

（3）退出 1～6 号机组凝汽器水位跳机保护，保留报警功能，对涉及机组主保护的三取二信号，在监控画面除显示综合值之外，增加单个信号的显示，并做好定期比对工作，便于提前发现重要信号的异常变化，及时采取应对措施。

（4）举一反三，从系统、设备入手，全面学习掌握所有保护、自动装置的原理，与现场实际进行比对，及时消除存在的隐患。

（5）强化专业技术培训，提高设备故障预判能力，开展针对性的隐患排查和技术讲课，

全面提升专业人员技能水平。

五、输出继电器接点故障导致机组跳闸

某厂2号机组于2013年并网发电并投入商业运行，锅炉为北京巴布科克·威尔科克斯有限公司生产的B&WB-2090/25.4-M型超临界直流炉，汽轮机为北重阿尔斯通（北京）电气装备有限公司生产的DKY4-4ND33G型，DCS为Ovation系统。

（一）事件过程

2019年01月07日07分00分2号机组负荷303MW，AGC、一次调频正常投入，总燃料量152t/h，磨煤机A/B/D/E运行，锅炉总风量994t/h，给水流量982t/h，炉膛压力145Pa，主蒸汽压力15.4MPa，主蒸汽温度571℃，再热蒸汽压力2.1MPa，再热蒸汽温度559℃，凝汽器真空－69kPa，机组循环水系统运行正常。

7时20分00秒2号机间冷膨胀水箱水位2317mm，地下水箱水位1021mm，凝汽器进水压力0.32MPa；

7时23分46秒发“热水事故液动放水门已开”信号，膨胀水箱水位由2317mm开始下降，地下水箱水位由1021mm开始上升，“热水事故液动放水门关”信号未消失；

7时24分12秒膨胀水箱水位1398mm，地下水箱水位2303mm，“热水事故液动放水门已开”，且关信号消失，延时2s，联跳主机循环泵；

7时24分14秒1号主机循环水泵、2号主机循环水泵跳闸（3号主机循环水泵解列抢修中），首出“事故放水门打开”，凝汽器进水压力降到0.21MPa；

7时25分20秒2号汽轮机DEH发“P LPT EXHAUST>MAX2”，触发ETS跳闸，首出“低压缸排气压力高”；汽轮机跳闸，锅炉、发电机联跳，2号机组停运。

（二）事件原因查找与分析

（1）热水事故液动放水门的作用。主机循环水系统采用间接冷却方式，闭式循环，不与空气直接接触，循环水为化学除盐水，所在地平鲁区冬季极端最低气温可到－29.2℃，会造成散热器结冰的危险，轻者会使管束传热性能大大降低，严重者管束被冰块堵塞、会冻裂翅片管或使翅片管变形，造成永久性损害。在塔内循环水热水（进水）环管、冷水（出水）环管分别安装有一台液动放水门，通过液动放水门在事故状态下可快速将循环水系统的除盐水排放到地下水箱中，以保护散热器翅管不被冻坏。当出现下列情况之一时，环管事故放水阀自动开启：

1）环境温度＜6℃时，冷却水系统中无水循环（循环泵全停）；

2）环境温度＜6℃时，主冷水管道中水温低于12℃。

开启间冷塔系统冷、热水环管事故放水液动门，将冷却三角换热翅片管内的循环水在数秒的时间内放水至地下水箱内，以保障设备安全。

（2）远程可操作事故放水门的意义。在发生上述事故时，需要立即打开事故放水阀进行紧急放水。但主集控室距离间冷塔事故放水阀距离较远。如果事故发生后运行人员去就地操作开阀将贻误事故处理时机。就地装有双路电源切换控制柜、就地控制柜。

（3）热水事故液动放水门打开原因。7时23分46秒“热水事故液动放水门已开”信号返回，膨胀水箱水位2317mm开始下降，地下水箱水位1021mm开始上升，循环水泵出口压力由0.49MPa开始下降，且“线圈1接电”“线圈2接电”信号返回，判断实际热水事故液动放水门已经打开，结合历史操作日志查询结果，此时间段操作员站无相关操作，但是阀门确实已经打开，根据历史趋势、DCS逻辑及日常类似故障判断，确定是卡件通道输出继电器接点故障，发出指令，打开热水事故液动放水门。

（4）继电器触点故障原因。

1）继电器再使用过程中由于各种原因，如使用环境、产品质量、维修不好等，常常发生各种各样的故障。

2）由于触点（触头）上形成的针状凸起使接点开距变小而出现触点间隙重新闭合的故障。

3）由于环境条件而造成接点工作失误。

4）现场也发生类似继电器故障导致的设备异常，如磨煤机一次风门异常关闭等，在更换通道输出继电器后再未发生同样的故障。

（5）循环水泵逻辑关系。

1）循环水泵温度保护。

2）循环水泵运行30s出口门关。

3）循环水泵入口门关。

4）循环水泵顺控停。

5）膨胀水箱液位低于150mm。

6）循环水泵异常跳闸。

7）循环水泵手动停。

8）任一液动放水门开（循环水主管热水端、循环水主管冷水端）。

（6）汽轮机跳闸动作原因。

1）热水事故放水门打开，且热水事故放水门无关闭反馈，发“事故放水门打开”信号；

2）“事故放水门打开”联跳1、2号主机循环水泵；

3）1、2号主机循环水泵跳闸后，致使主机失去循环冷却水，在极短时间内无法强启循环水泵，导致低压缸排汽压力升高，最终ETS保护动作跳机。

（三）事件处理与防范

（1）加强DCS系统涉联锁保护、自动DO输出继电器的检查，结合机组等级检修及机组运行周期，对DCS系统重要DO输出继电器进行更换。

（2）做好DCS系统年度检查服务工作，发现DCS系统软件、硬件问题及时进行处理。

（3）优化重要设备动作指令信号，用长脉冲信号替代短脉冲信号指令，避免短脉冲信号误发导致的设备误动事件。

（4）利用机组停运机会，及时检查，清理各电子间DCS现场控制柜卫生。

六、燃机危险气体卡件故障导致主保护动作跳机

某厂STAG209E燃气-蒸汽联合循环机组总装机容量405MW，由2台（1、2号）燃气轮机发电机组，2台（1、2号）余热锅炉，1台（3号）抽凝式蒸汽轮机发电机组和1台（4号）背压式蒸汽轮机发电机组组成，采用2拖2分轴布置，于2015年12月投入商业运行。燃机采用GE公司Mark vie控制系统，汽轮机锅炉及相关辅助系统采用国电南

自公司美卓 max DNA 控制系统。

（一）事件过程

2019 年 7 月 4 日，7 点，1 号燃机“START”，开始启机；

7 点 10 分，清吹即将结束时（L2VT 信号此时未触发，即清吹未结束），Markvie 上发出报警：“L45HT3 _ ALM”（透平间底部危险气体探头 45HT _ 3 卡件故障）、和“L45HGD _ PRETA”（点火前有危险气体探测故障或高一值禁止启动），随后主保护动作跳机（L4T），启机程序中断。

7 点 11 分，2 号燃机启机。

7 点 16 分，检修现场检查确认 1 号机危险气体装置 45HT _ 3 报卡件故障，故障代码“error 81”，随即进行故障复位。

7 点 37 分，1 号燃机第二次启机，并正常投运。

（二）事件原因查找与分析

（1）直接原因分析：

45HT-3 报卡件故障，触发任一危险气体探测故障或高一值禁止启动，主保护动作跳机。

（2）间接原因分析：

1）45HT-3 报卡件故障受到了干扰或环境影响，导致误报卡件故障。

2）分析逻辑，如图 3-10 所示。

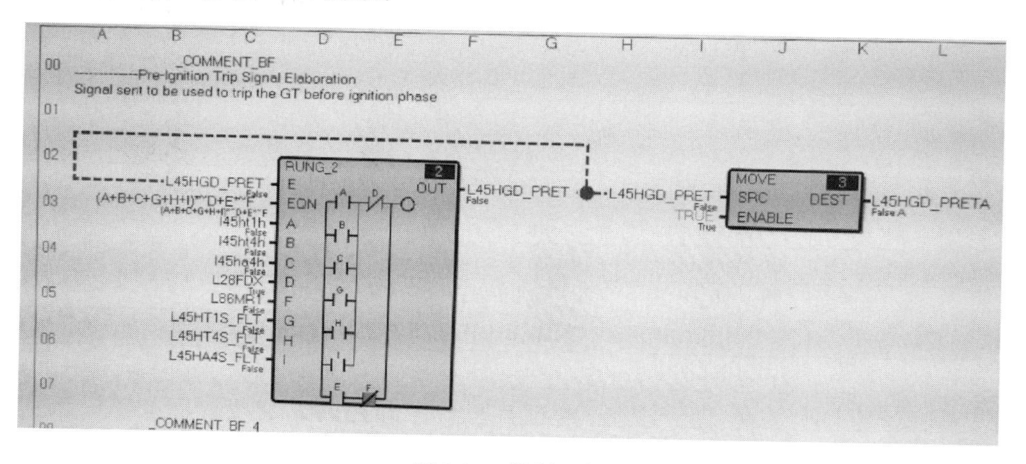

图 3-10 控制逻辑

“L45HT3 _ ALM”：“透平间底部危险气体探头 45HT _ 3 卡件故障”报警。

“L45HGD _ PRETA”：“未点火且有任一危险气体探测故障或高一值禁止启动”报警。

逻辑块 RUNG2 的逻辑公式为（A＋B＋C＋D＋G＋H＋I）＊NOT（D）＋E＊NOT（F），其中＋为或，＊为与，not 为非。其中：

l45ht1h，透平间顶上三个探头 45ht-1，45ht-2，45ht-3 任一浓度测量值达高 1 值（6%）；

l45ht4h，透平底部三个探头 45ht-4，45ht-5，45ht-6，任一浓度测量值达高 1 值（6%）；

l45ha4h，阀站间三个探头 45ha-4，45ha-5，45ha-6 任一浓度测量值达高 1 值（6%）；

L45HT1S _ FLT，透平间顶上三个探头 45ht-1，45ht-2，45ht-3 任一故障；

L45HT4S _ FLT，透平底部三个探头 45ht-1，45ht-2，45ht-3 任一故障；

L45HA4S _ FLT，阀站间三个探头 45ha-4，45ha-5，45ha-6 任一故障；

L28FDX，已点火；Not（D），未点火。

L86MRT，Markvie 主复位。Not（F），无主复位。

输出自保持；

输出：L45HGD _ PRET。

1 号燃机第一次启动至清吹将结束时，“45HT _ 3 卡件故障”报警，触发“L45HT1S _ FLT”置“true”，当前未点火，所以（A＋B＋C＋D＋G＋H＋I）＊NOT（D），输出 L45HGD _ PRET 置“true”。去触发“L4T”主保护停机，并报警“L45HGD _ PRETA”。

3）危险气体检测装置可靠性分析。

1 号燃机在开机期间报“卡件故障”较频繁，统计数据见表 3-3。1 号燃机危险气体 9 个探头，于 6 月 24 日进行过一次标定，透平间顶上两个探头 45ht-4 和 45ht-5 标定失败，其他 7 个正常。所有报“卡件故障”的卡件都可以通过标零将其复位，表明“故障”很大可能是受到了干扰或环境影响。

表 3-3　　1 号机危险气体报警记录

日期	时间	报警信号	报警名称	转速或负荷	复位时间
7 月 2 日	6：05	l45ht4h	2 区高 1 值	4.29MW	6：54
	6：37	l45ht6hh	45ht-6 高 2 值	—	6：54
	9：27	l45ht6flt	45ht-6 卡件故障	110MW	9：37
	11：38	l45ht6flt	45ht-6 卡件故障	109MW	11：52
	13：38	l45ht5flt	45ht-5 卡件故障	106MW	13：46
	15：49	l45ht6flt	45ht-6 卡件故障	106MW	16：02
	21：23	l45ht6flt	45ht-6 卡件故障	44.5MW	21：32
	22：01	l45ht6flt	45ht-6 卡件故障	101r/min	23：26
	22：01	L45HGD _ SD	禁止启动	101r/min	23：26
	22：57	l45ht3flt	45ht-3 卡件故障	143.8r/min	23：56
7 月 3 日	9：38	L45ht2flt	45ht-2 卡件故障	109MW	9：50
7 月 4 日	7：11	L45ht2flt	45ht-2 卡件故障	494r/min	7：16
6 月 12 日	8：42	l45ht4h	2 区高 1 值	—	9：17
	8：53	l45ht6hh	45ht-6 高 2 值	—	9：17
	11：30	l45ht6flt	45ht-6 卡件故障	106MW	11：47
	14：17	l45ht6flt	45ht-6 卡件故障	106MW	14：51
	21：07	l45ht6flt	45ht-6 卡件故障	25MW	21：36
	21：22	l45ht6flt	45ht-6 卡件故障	173r/min	21：36
	21：22	L45HGD _ SD	禁止启动	173r/min	21：44
	21：22	L45HGD _ PRET	未点火跳机	173r/min	21：44
	23：18	l45ht3flt	45ht-3 卡件故障	143.9r/min	次日 6：55
	23：18	L45HGD _ SD	禁止启动	143.9r/min	次日 6：55
6 月 13 日	6：26	l45ht6flt	45ht-6 卡件故障	143.9r/min	次日 6：55
6 月 24 日	14：02	l45ht1h	1 区高 1 值	不开机	14：32
	14：02	L45HGD _ PRET	未点火跳机	不开机	14：32

（三）事件处理与防范

（1）停机后对所有危险气体探头进行标定，更换标定异常探头，对标定结果进行存档，更新记录。

（2）对危险气体探头电缆路径及绝缘进行排查，确认无短路，破损、老化现象。

（3）加强备件管理，清点库存备品，包括危险气体探头和卡件，数量不足及时采购。

（4）及时记录、更新危险气体装置维护、更换、标定台账，标定失败的 2 个探头，在标气采购到货后立即更换及标定。

（5）检查危险气体探头现场至 tcc 间的电缆耐温情况，更换耐温等级更高的电缆（300℃）。

（6）检查透平间空间温度，是否超过危险气体探头所能承受的工作温度（约 110℃）。

（7）确认 1、2 号燃机高报警和高高报警的定值是否设置一致。

第三节　控制器故障分析处理与防范

本节收集了因控制器故障引发的机组故障事件 7 起，分别为：控制器切换后停止运行致使机组停运、化水系统 PLC 控制器切换异常、给水控制器切换异常、DCS 系统主/副控制器切换异常、控制器故障导致机组非停、变频器 PLC 故障导致一次风机跳闸、DPU 故障导致机组停运。

控制器作为控制系统的核心部件，虽然大都采用了双冗余配置，然而控制器的异常、主控制器的掉线、主副控制器之间的切换等异常却很容易引发机组故障。尤其是重要设备所在的控制器，一旦故障处理不当，将导致机组跳闸。

一、控制器切换后停止运行致使机组停运

某厂 6 号机为 300MW 燃煤发电机组，设计煤种为山西神木煤，锅炉由德国巴高克（BABCOCK）公司制造，锅炉型号 BLK-1025，10、30 磨煤机对应 1 号燃烧室；20、40 磨煤机对应 2 号燃烧室。与 C307/250-16.7/0.4/538/538 汽轮机（上海汽轮厂与美国西屋公司联合制造）配套使用。锅炉型式为：亚临界、一次中间再热、直吹式制粉系统、双燃烧室（W 火焰）、100%飞灰复燃、液态排渣、塔式直流炉。DCS 控制系统为西门子 T3000 系统。引风机、一次风机变频调节。

（一）事件过程

7 月 17 日检修人员巡视发现 6 号机组 DCS 系统 T3000 服务器报故障。

7 月 18 日西门子技术人员到厂对服务器进行检查，确认辅服务器硬盘已停运，更换辅服务器备件，辅服务器硬盘仍无法启动，判断为主服务器有异常或服务器框架中的管理程序有异常，需进行整个服务器框架断电重启，由于服务器断电重启期间（约 30min）操作画面会失去监控，不能在机组运行中进行。为了预防主服务器故障扩大无法运行的风险，检修人员将备件服务器恢复成 6 号 DCS 系统内容，数据为 18 日备份数据，实现了备件服务器无网络启动运行状态，并制定“6 号机组 DCS 系统服务器故障处理方案”。

9 月 18 日，检修人员巡视发现 6 号机组 DCS 系统下层网交换机 AUT601、AUT602 报警（下层网交换机共有 8 个，组成环网，单独交换机故障不会影响运行人员操作和机组

运行），而 AUT601 交换机为带管理功能交换机，更换存在风险，故检修人员决定更换 AUT602 交换机。更换后故障现象并未消失。检修人员又更换了 AUT601 和 AUT602 之间的联络光纤，故障现象仍未消失，判断是 AUT601 故障引发下层网交换机报警，计划停机再对 AUT601 交换机进行更换。

10 月 22 日，6 号机组 DCS 系统报警程序故障，操作画面无法更新报警列表，运行人员只能看到打开画面内的报警。检修人员对报警程序软件 AC 重启无效。判断报警程序无法启动与服务器存在故障有关。由于报警功能故障对运行监视有较大影响，且判断服务器性能还有进一步恶化的趋势，决定 23 日按“6 号机组 DCS 系统服务器故障处理方案”进行服务器更换，由于更换中会导致运行画面无法操作，现场设备失去监视及其他不可预测影响，有停机的风险，特向电网调度申请稳定负荷低谷消缺，并向上级公司备案。

10 月 23 日 6 号机组负荷 230MW，两列风机运行，10、20、30 磨煤机运行，总煤量 25.7kg/s。A、B 汽泵运行，电泵备用。16 时 04 分检修人员开票处理 DCS 系统服务器和下层网交换机故障，按照制定的“6 号机组 DCS 系统服务器故障处理方案”进行操作。更换备件服务器完毕后，操作画面数据显示正常。但部分测点历史趋势消失，16 时 15 分重新启动历史趋势程序后，仍有部分测点历史趋势未恢复，检修人员对主时钟进行对时后历史趋势开始恢复正常。

16 时 30 分至 16 时 40 分进行下层网交换机 AUT601 更换工作，更换后下层网络报警消失，系统恢复正常。检修人员进一步检查系统运行情况，发现新旧服务器置数情况存在偏差。例如 AP609 的控制器置数无法恢复，再强置其他数也无法改变信号，检修人员对该测点进行去激活操作，提示报警与服务器需重新建立连接，因此控制器内有磨组运行，暂时未对无法置数情况进行处理。

18 时 20 分运行人员发现脱硝输灰系统画面中，脱硝输灰顺控的循环时间和进料时间显示灰色，进入逻辑查看后发现脱硝输灰顺控逻辑部分测点报 BCF，检修人员试图置数修改脱硝输灰顺控逻辑中的循环时间和进料时间，置数后提示报警与服务器需重新建立连接。随后检修人员到停运的 5 号机组相同控制器进行断开和重新与服务器建立连接的试验，除画面报坏点之外，运行泵状态无变化，控制器保持正常运行状态。检修人员判断该断开与重连的操作不会改变控制器运行状态，18 时 22 分检修人员对 AP606 控制器进行断开重连操作，但 AP606 控制器无法建立连接。AP606 控制器中所有画面报 UNC 未知状态，AP606 控制器状态异常。电子间检查 AP606 控制器，发现主辅控制器均在停止状态。此时 6 号炉脱硝喷氨系统全部数据报“B”，A、B 侧喷氨调门无法解手动操作，运行巡检员就地开 6 号炉脱硝 A、B 侧喷氨旁路门控制总排口 NO_x 数值，为尽可能减少喷氨调节失控时间，降低环保数据超标风险，检修人员立即进行 606 控制器启动操作，18 时 49 分控制器开始启动运行，在 18 时 51 分，除氧器水位由 2655mm 开始下降，凝汽器水位上升。检查 DCS 凝结水系统凝升泵再循环门开满，将凝升泵再循环门手动关闭，启 6 号机 1 号凝结泵、2 号凝升泵，开 6 号机除氧器水位控制阀 1，6 号机凝水流量无变化，两名运行巡检员分别检查凝结水和烟冷器系统，18 时 54 分除氧器水位低及除氧器水位低低报警，18 时 57 分 6A 号汽泵跳闸，电泵因除氧器水位低未联启，18 时 58 分 6B 号汽泵跳闸，6 号炉入口给水流量＜97kg/s 保护动作 6 号炉 MFT。

（二）事件原因查找与分析

1. 事件原因检查与分析

（1）DCS系统服务器故障，导致系统报警功能异常，更换服务器后系统与控制器数据不一致。

（2）通过分析AP606控制器的报警记录，18分22秒183毫秒，主、辅控制器均记录到4条信息，分别为：①切换主从控制器；②主控制器将冗余模式切换为单控制器模式（即停止辅控制器运行）；③由优先级管理导致停止运行；④由优先级管理导致停止运行。结合18分22秒183毫秒前记录多条“查询存储区域错误”，分析应为主辅控制器在数据同步查询中有异常，主控制器进行“主从控制器切换后停止运行”，辅控制器切为主控制器后也执行了“主从控制器切换后停止运行”，导致主辅控制器同时停运，控制器内所有设备失去控制，在控制器重启过程中，模拟量输出指令回零，导致烟冷器隔离旁路电动阀、1号烟冷器进水入口调门、2号烟冷器进水入口调门、6A喷氨调门、6B喷氨调门等调门关闭，喷氨调门失控关闭导致机组喷氨量减少，总排口NO_x数值持续上升；烟冷器系统调门失控关闭导致凝结水水量减少，除氧器水位降低联跳汽泵引发给水流量低锅炉MFT。

2. 暴露问题

（1）西门子T3000服务器工作不稳定，通过更换备用服务器组件仍无法消除故障报警，机组运行中整体更换造成较大风险。

（2）服务器数据与AP606控制器数据有差异导致主从切换异常，引发主辅控制器停运。

（3）缺少应对DCS主辅控制器均停运的措施预案，未实现高效控制故障风险。

（4）逻辑梳理工作有漏洞，烟冷器进水调阀关闭后未联开旁路供水门。

（5）系统画面不完善，凝结水系统无相关烟冷器进出水调门，影响事故处理效率。

（三）事件处理与防范

（1）联系西门子公司分析换下服务器故障原因，制定增强服务器可靠性的改进方案。将脱硝AP606控制器故障信息发给西门子公司，进一步分析故障及控制器异常停止原因。

（2）将6号DCS系统控制器与系统服务器进行数据同步。

（3）完善烟冷器进、回水调门控制逻辑，实现阀门关闭时联开旁路供水门。

（4）完善运行画面，将烟冷器系统进回水门添加至凝结水系统画面中。

（5）完善服务器更换处理方案，细化更换后检查项目。

（6）制定机组控制器停运应急处理预案，根据控制器所带设备重要性不同制定应对措施。

二、化水系统PLC控制器切换异常

（一）事件过程

2019年4月8日14时40分某厂化水系统三系列正常运行中，3号混床投入运行，2号除盐水泵正常运行，预处理正常运行，运行人员监盘发现化水系统上位机画面异常，所有设备状态均变为黄色，无法监视。主路PLC控制器处于STOP OFF（下线）状态，辅路（STANDBY）变为HALT（挂起）状态。14时59分，热控人员手动重启主路控制器、辅路控制器，PLC系统恢复正常，但发现部分阀门关闭，个别设备跳闸。（3号阳床、3号阴床、3号混床阀门上位机显示全部关闭，2号除盐水泵停止运行，1号原水泵停止运行，2号工业服务水泵停止运行，1、2号机加池搅拌器及刮泥板停止运行）。15时25分运行人员重启跳闸设备，化水系统恢复正常运行。

（二）事件原因查找与分析

化水PLC通信网络出现数据堵塞，主控制器报“警戒时钟溢出”报警，如图3-11所示，导致PLC主控制器由主模式切换到离线模式，同时备用控制器由于系统报“远程IO故障”，备用控制器无法正常上线，造成主备控制器全部下线。

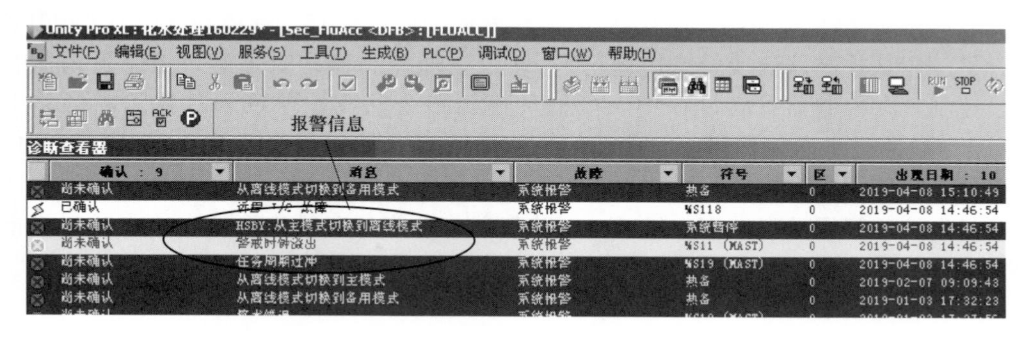

图3-11　化水PLC系统报警信息

3号阳床、3号阴床和3号混床阀门全部关闭，原因为电磁阀为“单电控”，阀门指令为长指令，控制器下线后，开指令消失，阀门关闭。2号除盐水泵、1号和2号机加池搅拌器及刮泥板停止运行，原因为设备的启动指令为长指令，控制器下线后，长指令消失，设备停止运行。

（三）事件处理与防范

（1）对化水系统3台除盐水泵及机加池搅拌器和刮泥板长指令启动逻辑进行优化，与电气专业沟通后将除盐水泵及机加池搅拌器和刮泥板启动指令更改为脉冲指令。

（2）对化水水池系统各台水泵的启停逻辑进行优化，将长指令改为脉冲指令。

（3）对辅控网操作员站通信状态报警进行优化，增加通信状态异常报警。辅网下属子系统通信故障，上位机可实现光字报警，提醒运行人员及时发现异常。

（4）联系辅控网升级改造厂家对辅控网网络通信容量、网络带宽、CPU负荷率进行测试，并提出优化方案。

三、给水控制器切换异常

（一）事件过程

2019年6月11日15时25分某厂5号机组的给水调门从61.2%关到37.6%，给水自动退出，画面报警，检查后发现DPU5007发生了主从切换。

（二）事件原因查找与分析

1. 事件原因检查

根据现场历史曲线、操作站日志和控制器日志，南京科远技术人员分析现场控制器切换过程及对相关设备的影响。

（1）检查历史曲线如图 3-12 所示。从历史曲线看：在 15 时 25 分 41 秒给水大旁路电动调节阀 AO 指令由从 61.2%关到 37.6%，同时自动退出；过热器左侧一级减温水调节阀 AO 指令有微小的变化，但是自动未退出。

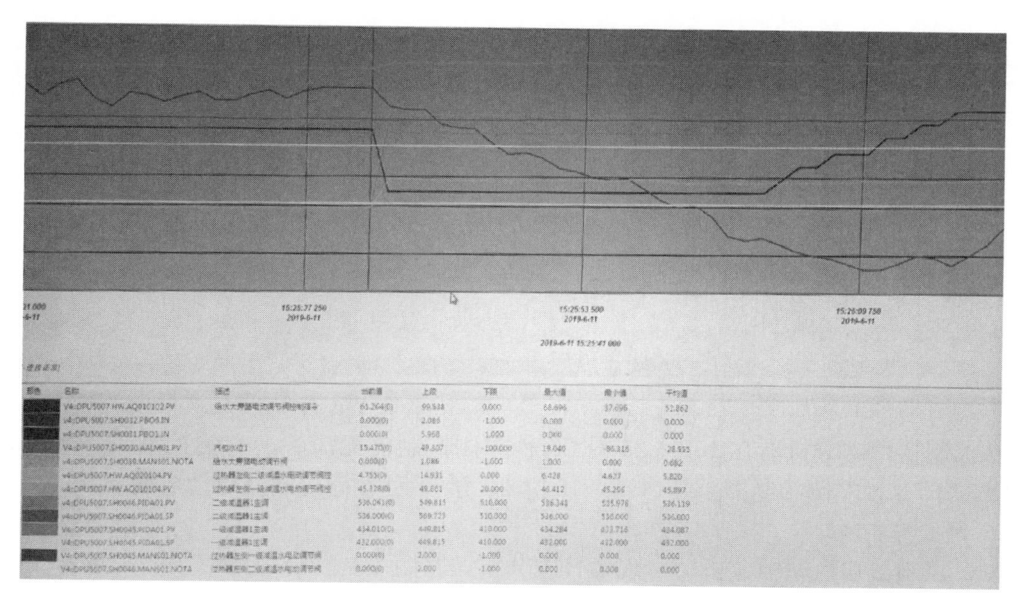

图 3-12　PID 历史曲线

（2）检查上位机日志。从上位机日志看在 15 时 25 分 38 秒左侧控制器已经发生故障，观察前后日志 HMI8021 工作站上位机软件在故障期间内正在重载过程中，并且在 DPU5007 控制器重载过程中产生了页面重组，由此可基本判定时间顺序是上位机软件先发生重载，当重载正在执行 DPU5007 的页面重组时，DPU5007 发生故障。15 时 25 分 38 秒控制器冗余网络切换，在 15 时 25 分 39 秒左侧控制器 A、B 网断线。

（3）控制器日志如图 3-13 和图 3-14 所示。

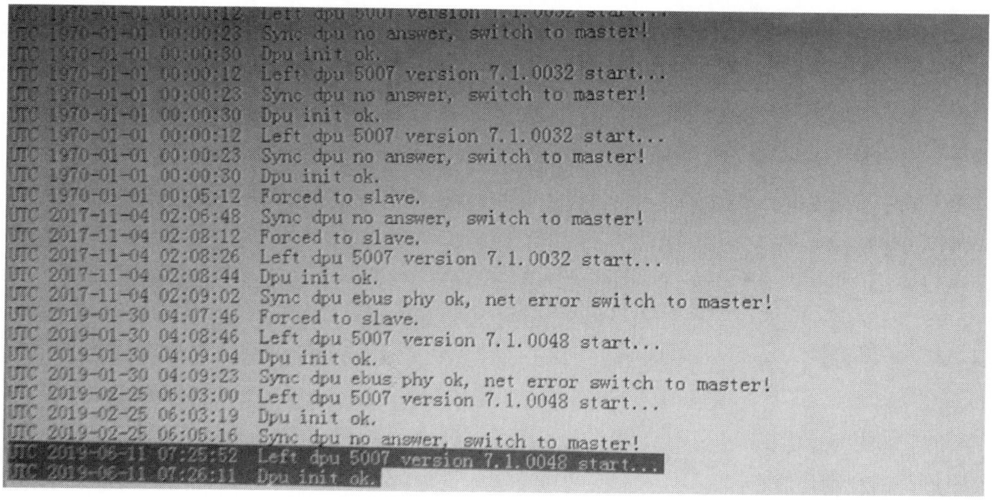

```
UTC 1970-01-01 00:00:12 Left dpu 5007 version 7.1.0032 start...
UTC 1970-01-01 00:00:23 Sync dpu no answer, switch to master!
UTC 1970-01-01 00:00:30 Dpu init ok.
UTC 1970-01-01 00:00:12 Left dpu 5007 version 7.1.0032 start...
UTC 1970-01-01 00:00:23 Sync dpu no answer, switch to master!
UTC 1970-01-01 00:00:30 Dpu init ok.
UTC 1970-01-01 00:00:12 Left dpu 5007 version 7.1.0032 start...
UTC 1970-01-01 00:00:23 Sync dpu no answer, switch to master!
UTC 1970-01-01 00:00:30 Dpu init ok.
UTC 1970-01-01 00:05:12 Forced to slave.
UTC 2017-11-04 02:06:48 Sync dpu no answer, switch to master!
UTC 2017-11-04 02:08:12 Forced to slave.
UTC 2017-11-04 02:08:26 Left dpu 5007 version 7.1.0032 start...
UTC 2017-11-04 02:08:44 Dpu init ok.
UTC 2017-11-04 02:09:02 Sync dpu ebus phy ok, net error switch to master!
UTC 2019-01-30 04:07:46 Forced to slave.
UTC 2019-01-30 04:08:46 Left dpu 5007 version 7.1.0048 start...
UTC 2019-01-30 04:09:04 Dpu init ok.
UTC 2019-01-30 04:09:23 Sync dpu ebus phy ok, net error switch to master!
UTC 2019-02-25 06:03:00 Left dpu 5007 version 7.1.0048 start...
UTC 2019-02-25 06:03:19 Dpu init ok.
UTC 2019-02-25 06:05:16 Sync dpu no answer, switch to master!
UTC 2019-06-11 07:25:52 Left dpu 5007 version 7.1.0048 start...
UTC 2019-06-11 07:26:11 Dpu init ok.
```

图 3-13　DPU5007 左侧控制器日志

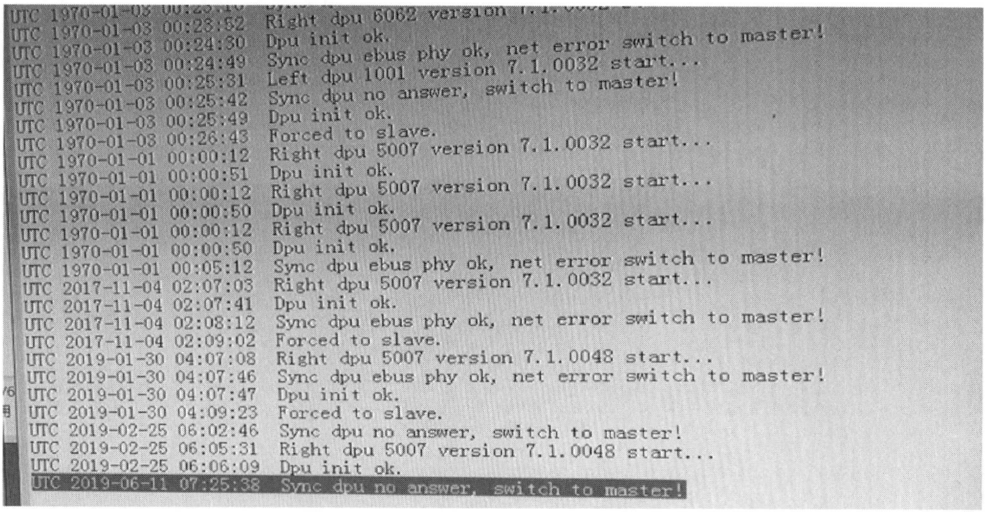

```
UTC 1970-01-03 00:23:52  Right dpu 6062 version 7.1.0032 start...
UTC 1970-01-03 00:24:30  Dpu init ok.
UTC 1970-01-03 00:24:49  Sync dpu ebus phy ok, net error switch to master!
UTC 1970-01-03 00:25:31  Left dpu 1001 version 7.1.0032 start...
UTC 1970-01-03 00:25:42  Sync dpu no answer, switch to master!
UTC 1970-01-03 00:25:49  Dpu init ok.
UTC 1970-01-03 00:26:43  Forced to slave.
UTC 1970-01-01 00:00:12  Right dpu 5007 version 7.1.0032 start...
UTC 1970-01-01 00:00:51  Dpu init ok.
UTC 1970-01-01 00:00:12  Right dpu 5007 version 7.1.0032 start...
UTC 1970-01-01 00:00:50  Dpu init ok.
UTC 1970-01-01 00:00:12  Right dpu 5007 version 7.1.0032 start...
UTC 1970-01-01 00:00:50  Dpu init ok.
UTC 1970-01-01 00:05:12  Sync dpu ebus phy ok, net error switch to master!
UTC 2017-11-04 02:07:03  Right dpu 5007 version 7.1.0032 start...
UTC 2017-11-04 02:07:41  Dpu init ok.
UTC 2017-11-04 02:08:12  Sync dpu ebus phy ok, net error switch to master!
UTC 2017-11-04 02:09:02  Forced to slave.
UTC 2019-01-30 04:07:08  Right dpu 5007 version 7.1.0048 start...
UTC 2019-01-30 04:07:46  Sync dpu ebus phy ok, net error switch to master!
UTC 2019-01-30 04:07:47  Dpu init ok.
UTC 2019-01-30 04:09:23  Forced to slave.
UTC 2019-02-25 06:02:46  Sync dpu no answer, switch to master!
UTC 2019-02-25 06:05:31  Right dpu 5007 version 7.1.0048 start...
UTC 2019-02-25 06:06:09  Dpu init ok.
UTC 2019-06-11 07:25:38  Sync dpu no answer, switch to master!
```

图 3-14　DPU5007 右侧控制器日志

从控制器日志分析看在 15 时 25 分 38 秒左侧控制器无应答，右侧控制器切为主；在 15 时 25 分 52 秒左侧控制器重新启动，15 时 26 分 11 秒左侧控制器启动成功。

2. 原因分析

（1）控制器切换原因分析。由现场日志分析，左侧控制器与当天 15 时 28 分 35 秒进行复位重启，右侧控制器切换为主，查看左侧控制器内部日志，当前时间仅有两条日志，分别为控制器内核启动和初始化启动完成，因此基本排除控制器内部关键元器件故障导致控制器复位重启。对控制器进行详细分析，此种故障基本确定为控制器内部看门狗动作导致控制器复位重启。内部看门狗复位启动条件为 500ms 未收到喂狗信号就会进行复位。为具体定位重启原因，定位控制器当时工作状态，调取 5 网段工程师站日志，日志内容如图 3-15 所示。

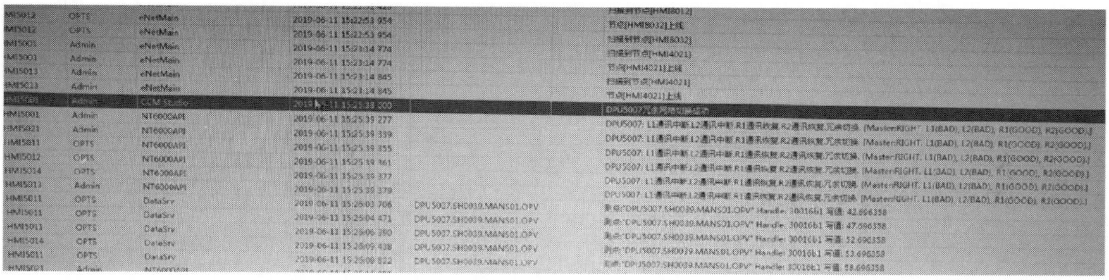

图 3-15　网段工程师站日志

仅发现存在因控制器重启造成的左侧控制器网络中断的日志，且前后未发现异常状态。调取公用 8 网段日志如图 3-16 所示。

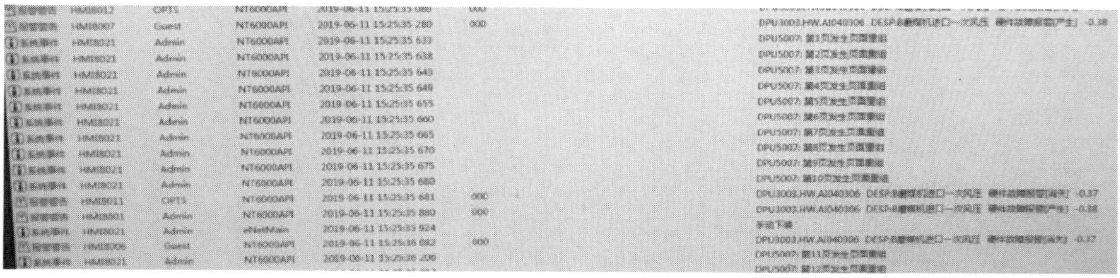

图 3-16　8 网段日志

对日志进行分析，发现在15时25分35秒633毫秒开始出现DPU5007：第1页发生重组信息，获取到第95页组态信息时，主控制器复位重启，控制器主从切换。

通过日志分析，在控制器重启前1min，DPU5007错误上传了大量的页面重组信息，导致5007控制器在500ms内网络任务负荷率满载，进而导致看门狗动作。

（2）控制器切换PID抖动原因分析。此故障产生主要是由于在公司的科远业务方向的拓展，在对智能制造和智慧工业的要求下，前期对控制器内部PID模块进行过一次控制算法的优化和调整。在调整过程中由于不同专业人员的配合出现失误，并且未能在测试验证中及时发现，导致PID模块控制器同步时，只同步了信号输入端数据，未对输出端数据进行同步；由于PID模块在自动模式下本身的输出依赖于上一次的输出值，如果在PID输出需求变化剧烈的情况下，容易因为同步的计算产生细微的偏差，并且随着时间的推移，偏差会进行累积，从而导致实际两个控制器内部计算的PID模块的OP输出值存在不一致的情况，并且此时如果切换的话，从控制器直接以现有控制器内数据进行接管，输出值可能会出现跳变；此问题已在3月份进行了修复并进行了全面的测试，并且在后续又对该模块进行了大量的测试验证，已在最新版的内核程序中进行了修正。

（3）跨控制器引用点信号抖动原因分析。关于现场出现两次控制器间引用的开关量抖动的问题，在科远公司内组织开发及网络方向的专家进行测试分析，控制器数据的收发都会经过CRC校验，检验为16个bit。现场的结构为两台控制器间数据的引用采用思科的交换机相连接，整个交换机进行数据交换的原理为：交换机收到一个以太帧数据，它自己会比对交换机已经学习到的端口地址表，如果表里存在端口地址，直接在对应的端口转发出去。如果表里不存在，则会向剩下的每个端口（除送信息过来的端口）广播发送一条相同的信息。

控制系统中的数据在转发过程中，首先会发送给交换机，交换机会进行CRC校验比对，当比对正确的时候，则会将数据缓存在内存中，然后在将内存中数据往对应端口进行发送，此时交换机会针对内存中数据重新计算一个CRC校验码，并且进行发送，接收设备受到数据进行CRC验证，验证无误就进行数据的接收。因此可能出现数据翻转的地方初步判定在交换机收到数据进行缓存中，缓存的数据由于部分原因某一个bit位发生了数据的翻转已经与收到的不一致，交换机又将缓存后的数据进行CRC校验发送，此时设备收到的数据已经和原先不一致。

经对现场交换机型号进行分析，现场使用的思科交换机为商业交换机，通常为避免数据翻转，工业及军用的交换机中会做类似于3取2的内存保护，并且转换芯片的封装和外部的材质都有所区别，可以应对部分的外部电磁干扰及强电磁流的防护，但商业交换机通常不会进行数据翻转的保护。

交换机及中间链路导致数据变位的情况需要进一步的测试确认，科远采用自产交换机还未发现有类似情况出现。

对现场网络布局图进行分析，数据抖动的主要原因应在CISCO的两层交换机上，如图3-17所示。

（三）事件处理与防范

（1）对现场在已停机并满足条件的机组进行控制器内核的升级，对不满足升级条件的机组，对重要设备定期对调节回路切手动然后再切为自动，手动消除PID的输出偏差，切

手动时PID的模块输出值将会直接和模块的输入值相关，不依赖与上一周期输出值，可达到输出值同步的效果。

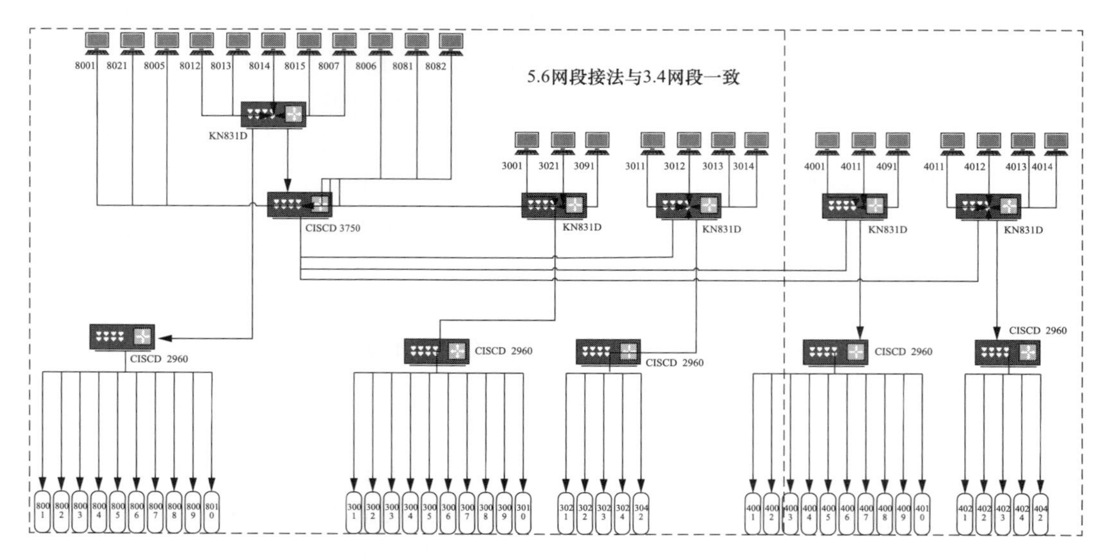

图3-17　现场网络布局

（2）对现有的上位机软件进行打补丁，杜绝强制进行控制器组态的操作。主要对网络负荷部分做了优化，科远公司内19年新版本NT6000软件已包含发布，并在现场大量使用。

（3）建议更换思科交换机，从源头上消除隐患，并且对所有跨控制器引用的开关量数据增加滤波保护，滤波保护主要消除交换机数据交换过程中的数据在1～2个周期内位翻转问题，彻底解决由于中间链路传输问题导致的引用数据跳变的问题。检查跨控制器引用开关量点，涉及重要保护的，在做好安全措施情况下，可通过在线组态功能进行修改。

（4）鉴于需对控制器内核进行升级，建议上述升级工作在机组停运期间进行，目前4号炉、3号机在停运阶段，宜尽快完成升级工作，部分辅控系统为间断运行，可在采取保护措施下进行在线升级。其他机炉预计在春节期间停运，建议从目前到停运期间采取必要措施，提醒运行人员注意或降低扰动概率。

（5）将控制器切换报警加入声光报警范围，提醒运行人员关注，并提供每对控制器内的调节回路清单，以便于对照检查。

（6）在对控制器内核进行升级之前，要求每班执行一次将调节回路切到手动状态，然后再投入自动的操作。通过将调节切手动，强制从控制器自动计算的调节输出指令跟踪实际阀位信号值，从而消除主从控制器PID输出计算值存在的偏差，降低控制器切换产生扰动的概率与幅度。

四、DCS系统主、副控制器切换异常

某厂总装机容量为8×300MW火电机组，其中一厂装机容量4×300MW，一厂1号机组DCS系统为上海福克斯波罗（Foxboro I/A 7）DCS系统。一厂1号机组在2003年投产。

（一）事件过程

2019 年 8 月 10 日，班组在开展一厂 1 号机组 DCS 系统 CP 冗余切换试验时，发现 DCS 系统中有多对 CP，备用冗余 CP 报警闪烁且切换时不能实现 CP 切换。若机组在运行期间主 CP 出现问题，备用冗余 CP 不能及时切换，整个系统将无法控制，危及设备安全运行。

（二）事件原因查找与分析

1. 事件原因检查与分析

班组立即组织技术人员对不能切换的 CP 进行更换并再次进行切换试验，结果仍切换失败且该切换主 CP 一直处以离线报警状态。经检查发现主、副 CP 通信之间存在异常。经检查发现由于 1 号机组在进行超低排放改造后，增加了新的卡件通道、底板、控制器等 DCS 系统模块，其增加控制器 CP7115 为 CP280 模块，与老控制器 CP 存在网络协议容错问题，不能正常应用到 DCS 系统。需将工程师站所属（由 XP 操作系统升级为 Windows7 操作系统）系统升级，升级后同时操作主、副 CP 切换键对参数进行上装，然后再一次按常规切换 CP 试验操作步骤进行切换，显示 CP 切换成功，数据显示正常。

2. 暴露问题

（1）设备改造后未进行彻底验收与后续试验是造成此次事件的根本原因。

（2）该厂 Foxboro I/A 7 DCS 机组系统设备老化严重，诸多设备出现停产的情况，无替代产品。

（3）CP 负荷率高容易出现 CP 异常切换的情况。

（4）电子设备间环境温度相对较高，不利于发热设备运行。

（三）事件处理与防范

（1）联系同系统单位，对同型号的系统备件进行相互调配，调研设备替代产品并进行相关试验验证。

（2）加强对一厂 1、2 号机组 DCS 系统的运行、维护管理，利用停机机会对系统设备进行检修。

（3）重新拟定日常巡检表内容，将 DCS 系统 CP 状态显示纳入日常巡检工作内容中。

（4）拟定技改方案，在条件许可情况下对一厂 1、2 号机组 DCS 系统进行升级改造。

（5）针对 CP 负荷率高的情况，合理分配各 CP 空间。

（6）处理电子设备间空调故障缺陷，保障电子设备间的环境温度。

五、控制器故障导致机组非停

某厂装有设计安装有 2 台 300MW 亚临界燃煤发电机组，分别于 2007 年 11 月和 12 月投入商业运行。本期工程 DCS 选用的是美国 ABB 公司 Industrial IT Symphony V5.0。脱硫、脱硝、DEH 和 MEH 也选用 Symphony V5.0 控制系统，其中脱硝 SRC、DEH 和 MEH 与单元机组 DCS 处于同一个控制网络。

（一）事件过程

2019 年 3 月 14 日 11 时 00 分，1 号机组在手动控制模式下带供暖负荷运行，机组负荷 259.9MW，锅炉制粉系统 1A、1B、1C 和 1E 磨煤机运行，1D 磨煤机备用，各辅机运行正常。

11 时 02 分 15 秒，1 号机组 DEH 监控屏幕粉点（无法操作），机组负荷由 260.16MW 降至 195.88MW，于 11 时 02 分 42 秒自动恢复至 260.92MW，DEH 监控粉点故障消除恢复正常。

11时13分27秒，DEH监控屏幕再次粉点。11时14分41秒，机组负荷由261.46MW突降0MW，锅炉超压过热蒸汽安全门动作，主值班员立即并手动打闸停机。由于DEH粉点盘前无法确定真实参数，运行人员又到1号机组机头处就地打闸，1号机组退出运行。

在热控专业人员排查故障原因后，确定故障原因是1号机DEH过程处理单元的4号控制器的主、副控制器故障，造成汽轮机高、中压调门和主汽门关闭，机组负荷突降。因DEH控制器故障，发电机保护装置未接收到主汽门关闭信号，造成发电机逆功率保护动作，1号机组解列。在排查清楚事故原因后，热控专业更换了DEH故障板卡，经过试验确认系统工作正常后，通知已具备机组启动条件。12时36分，启动1号机组，在启动过程中，发生发电机转子一点接地报警缺陷，因缺陷无法消除，为确保机组设备安全，于0时48分停运1号机组，转102A检修。

（二）事件原因查找与分析

1. 事件原因检查

（1）主要原因（或根本原因）：1号机DEH过程处理单元的4号控制器控制着汽轮机调阀及主汽阀，由于DEH过程处理单元的通信板卡出现软故障（事发过程中，通信板卡工作状态指示正常，无报警），造成DEH过程处理单元4号控制器的主、副控制器故障，汽轮机高、中压调门和主汽门异常关闭，机组甩负荷。同时，由于DEH故障，造成发电机保护装置未接收到主汽门关闭信号，致使发电机逆功率保护动作，1号发电机组解列。

（2）直接原因：1号机组DEH过程处理单元的通信板卡出现软故障，造成4号控制器的主、副控制器故障，致使控制汽轮机主汽阀和调阀的DEH过程处理单元瘫痪。

（3）间接原因：ABB Symphony分散控制系统已投运近12年，DEH卡件老化，引发设备故障。

2. 暴露问题

（1）对DCS分散控制系统以往出现的控制器报警需要重启复位的故障没有引起足够重视，没有提出和落实根本性的解决方案，且老化设备更新投入不足。

（2）DCS应急处置机制未落实到位，DCS应急处置培训不到位，出现故障时专业人员排查和处置能力欠缺，不满足DCS应急处置需求。

（三）事件处理与防范

（1）热控专业梳理分析，摸清热控系统和设备的现状，分清主次和轻重缓急，有序推进热控系统和设备的更新改造及综合治理工作，着力推进DCS等核心关键设备的更新改造以及老化线缆的治理工作。

（2）热控专业立即组织采购1、2号机组DCS板卡，并对DCS核心关键部件的状况进行评估，依据评估结果，合理安排采购计划。

（3）立足热控系统和设备现状，提升专业人员应急处置能力，做实应急处置工作。

（4）在102A检修中，热控专业深入、细致地做好DCS的检修维护工作。

（5）利用102A修对发电机转子绕组进行维修更换。

六、变频器PLC故障导致一次风机跳闸

（一）事件过程

2019年8月27日23时35分，1号机组负荷201MW，1号炉一次风机B变频器重故

障跳闸，RB后机组负荷减至100MW，变频器小室就地1号炉一次风机B变频器面板报文显示：“（1）主回路电源异常”“（轻）速度给定异常”。

1号炉一次风机B变频器重故障跳闸后，检查变频器可编程控制器PLC，发现变频器可编程控制器PLC模块异常，故障灯指示亮，显示：系统错误或系统故障。

8月28日02时28分事故应急抢修单许可开工，立即更换可编程控制器PLC模块，但PLC程序无法下装。联系厂家回复第二天上午技术人员到现场服务。8月28日大约11时30分PLC程序下装完成。15时18分启动1号炉一次风机B，变频器转速升至850r/min，操作员站CRT画面出现1号炉一次风机B变频器重故障报警，面板报文显示：“（1）接地故障”。

变频器发生“（1）接地故障”时，发现变频器移相变压器柜上的温控器A相温度跳变明显，A相温度显示明显低于B相和C相，且在变频器重故障跳闸瞬间，移相变压器柜上的温控器A相温度显示为零。停运变频器后对功率单元柜、移相变压器柜、闸刀柜进行了接地故障点查找，在对移相变压器柜的检查中，发现移相变压器上A相的绕组上一根测温电缆，该测温电缆绝缘破损，金属线裸露。且在移相变压器上A相的绕组上有明显的黑色放电痕迹，电缆绝缘破损和放电痕迹如图3-18所示。

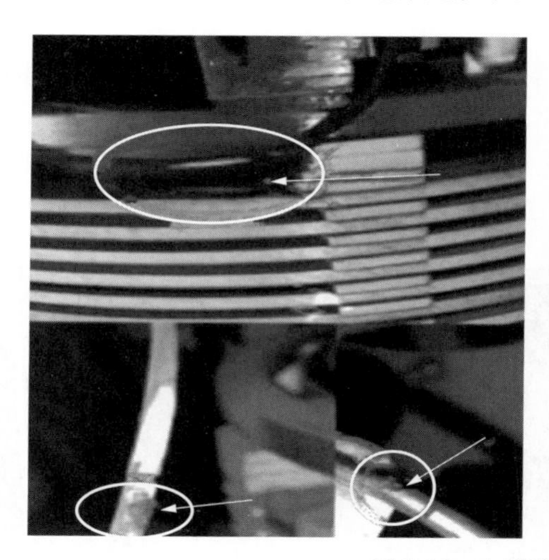

图3-18　电缆绝缘破损和放电痕迹

立即对移相变压器上的测温电缆进行更换备用电缆，并对移相变压器内的所有测温电缆进行了整理包扎固定，对移相变压器柜进行处理后，逐一对变频器功率单元柜一次元件、电缆进线了绝缘测试，测试结果显示变频器一次回路绝缘合格，移相变压器测温电缆绑扎固定。

在对移相变压器测温电缆更换处理、各一次元件绝缘测试完成后，根据试验方案，对1号炉一次风机B变频器进行了启动上电后的空载试验，变频器空载试验时，转速指令由10%～100%进行试验，变频器输出电压为600～6000V，100%额定转速下，变频器输出电压正常，绝缘正常，各参数显示正确。

（二）事件原因查找与分析

由于变频器PLC接收温控器信号，温控器信号电缆绝缘破损后变压器放电产生的高电压分量串入，导致PLC系统故障死机。电缆绝缘破损是由于固定材料老化脱落，在检修结束后未发现并处理，导致PLC故障以及变频器接地重故障发信并跳闸。因此PLC故障以及第二次接地故障主要原因为：温控器信号电缆绝缘破损后高电压分量串入PLC导致故障

以及第二次接地跳闸。

（三）事件处理与防范

（1）加强检修质量管理，加强检修质量验收，杜绝事故隐患的发生发展。

（2）利用机组调停机会，对高压变频器功率单元柜、控制柜、移相变压器柜进行检查，发现异常点及时进行检修处理。

（3）一期高压变频器设备已超周期服役，加快设备技改步伐，尽快启动设备的升级改造。

七、DPU 故障导致机组停运

某厂机组容量 350MW，锅炉为超临界直流燃煤、循环流化床燃烧方式。汽轮机为超临界、一次中间再热、三缸双排汽、单轴、抽凝式汽轮机。

（一）事件过程

2019 年 01 月 08 日，机组负荷 322MW，8 台给煤机均衡给煤，给煤量 148t/h，主蒸汽压 24MPa，主蒸汽温度：571℃，再热蒸汽压力 4.2MPa，再热汽温 570℃，真空－95.2kPa，给水流量 967t/h，机组 CCS 方式。

DCS 系统锅炉一块 DPU 故障，导致 4 台给煤机故障，煤量信号丢失，总煤量坏点。锅炉主控自动解除、燃料主控自动解除，另 4 台给煤机煤量自动由 18t/h 增至 25t/h。DPU 复位后，机组负荷 282MW，总给煤量显示 159t/h，床温急速上长，锅炉 MFT“床温高”保护动作，如图 3-19 所示。

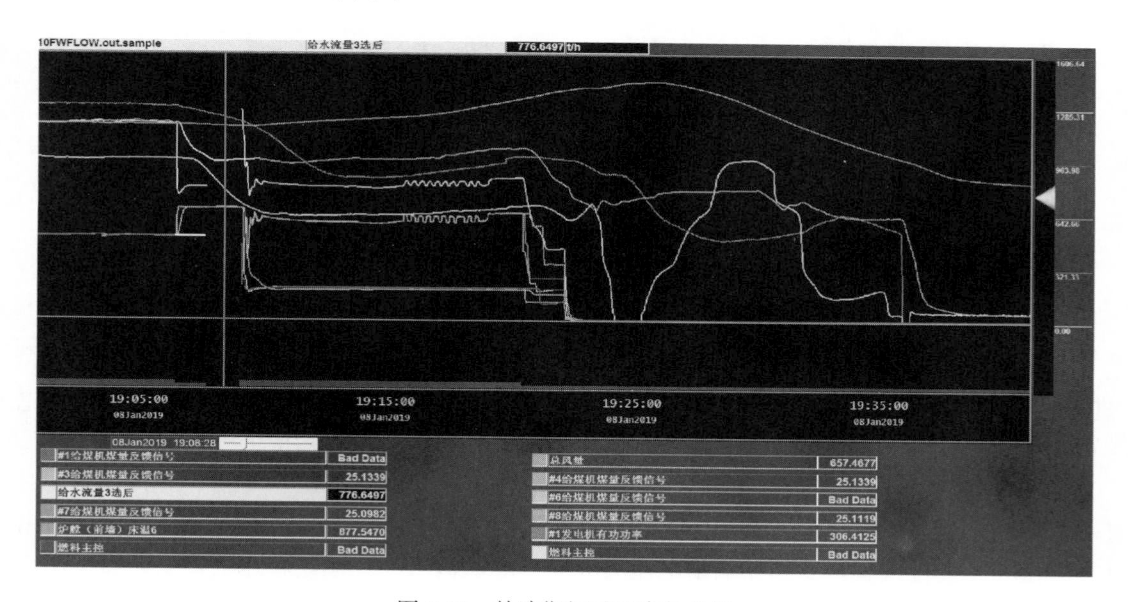

图 3-19　故障期间重要参数曲线

MFT 动作后手动快速降负荷至 137MW，主蒸汽压力 11MPa，储水罐水位高至 16m，将给水主路切至旁路，给水流量 147t/h。床温下降后启动给煤机试投煤，触发汽轮机 ETS 保护中 BT 动作条件（“点火记忆及给水流量低Ⅲ”），联跳汽轮机，发电机程序逆功率动作跳闸。

（二）事件原因查找与分析

1. 事件原因检查与分析

经查看事件记录，锅炉一块主 DPU 发生故障，需要切换辅 DPU 运行。在切换过程中，因切换功能存在缺陷，辅 DPU 未能切换到运行状态，所以主 DPU 故障，辅 DPU 离线，从而导致 DCS 失去控制，DPU 站下的所有设备操作画面无法显示，其中包括 4 台给煤机及 A 高压流化风机，燃料主控切手动，CCS 退出。

2. 暴露问题

（1）DCS 系统存在隐患。

（2）“锅炉 BT 保护跳闸汽轮机”逻辑不合理，循环流化床锅炉具有很大的蓄热能力，故在发生锅炉 MFT 的情况下，通过利用蓄热，汽轮机还能够相当长时间的带较低负荷稳定运行。为了避免汽轮机水冲击，可以考虑增加 10min 主蒸汽温度下降 50℃，或主蒸汽温度低于某定值后汽轮机保护动作的逻辑。制定 BT 保护后的运行操作方案，合理的逻辑动作和恰当的运行操作与之配合。

（3）运行人员应急处置能力欠缺，需进一步加强培训。

（三）事件处理与防范

（1）DCS 控制系统的隐患已联系厂家出具系统升级通告，利用机组停机机会进行了全面升级。

（2）组织相关专业人员研究 ETS“锅炉 BT 保护跳闸汽轮机”合理性，确定优化逻辑。

（3）加强人员培训，开展事故演练，强化运行人员事故处理能力。尽量避免在事故处理的过程中由于操作失当造成事故的扩大。

第四节　网络通信系统故障分析处理与防范

本节收集了因网络通信系统故障引发的机组故障 4 起，分别为：总线通信异常触发超速停机、DCS 通信错误造成磨煤机跳闸、通信组件故障导致锅炉 MFT、与工程师站通信故障导致控制器下线。

网络通信设备作为控制系统的重要组成部分，其设备及信息安全易被忽视。这些案例列举了网络通信设备异常引发的机组故障事件，希望能提升电厂对网络通信设备安全的关注。

一、总线通信异常触发超速停机

（一）事件过程

2019 年 12 月 15 日 03 时 40 分，某厂 4 号机组负荷 506.45MW，CCS 协调投入，A、B、C、D 磨煤机运行，主蒸汽压力 14.73MPa，主蒸汽温度 585℃，机组背压 7.85kPa，汽轮机转速 3000r/min。

03 时 42 分 53 秒，4 号机组超速卡件 1、2、3 模件故障报警，DEH 转速由 3000r/min 自动切至 4444r/min。

03 时 42 分 54 秒，汽轮机 110％超速保护动作跳闸，锅炉 MFT，发变组解列。

07 点 20 分，查明原因后机组启动，10 时 06 分，机组再次并网。

（二）事件原因查找与分析

1. 事件原因检查与分析

通过查询历史曲线和 DCS 事件记录（见图 3-20），发现 C186 控制器超速卡（三块 TP800 卡件）在 03 时 42 分 53 秒 139 毫秒均触发模件状态报警，检查控制器 HC800、通信模件 HC800、总线模块 PDP800 状态正常，无报警信号。与此同时，检查发现和超速卡同在一个总线通信链路上的高调、中调伺服卡均报模件状态报警。由此分析为模件状态报警是由总线通信故障造成。

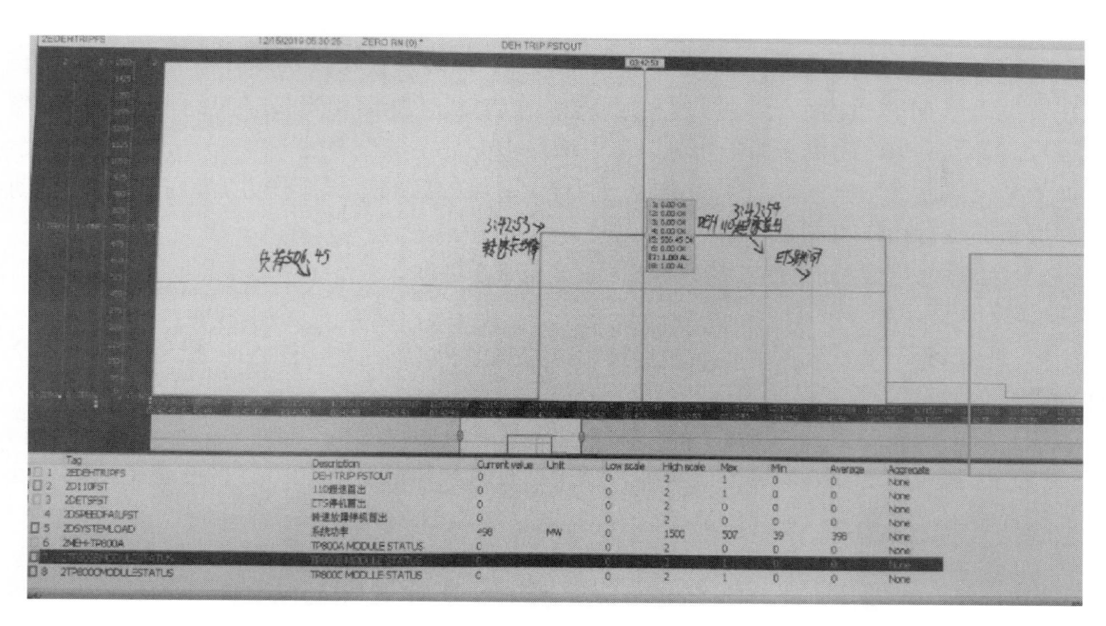

图 3-20　超速卡件状态报警历史曲线

采用总线专用工具（profi-trace）对总线通信进行在线检查，发现各模件总线通信电压异常，总线通信电压临近正常通信门槛值（2.5V）。对通信模件至超速卡总线及插头进行全面检查，检测通信线绝缘正常，接线牢固，发现通信模块（PDP800）处 DP 总线插头阻值异常，对此进行更换，通信电压恢复正常（5V 以上），如图 3-21 所示，模件状态报警消除。

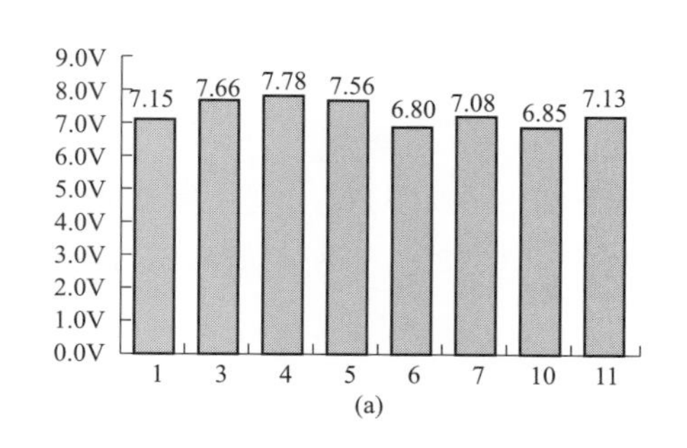

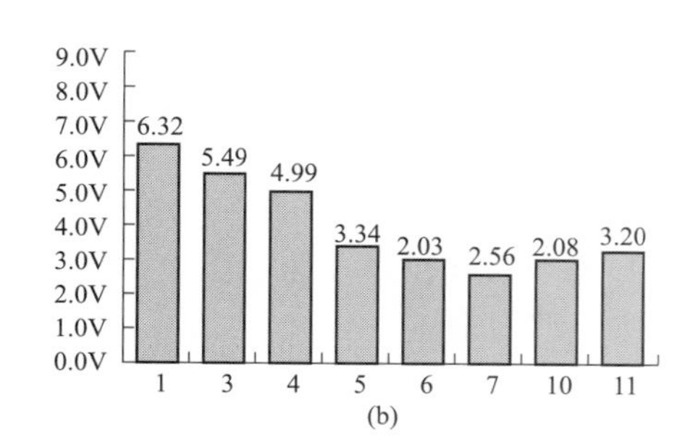

图 3-21　总线通信电压趋势

（a）总线插头更换后电压回升至 5V 以上；（b）总线插头未更换电压

事件主要原因为：DEH系统C186控制器至转速卡件总线通信DP接头故障，引发通信回路电压波动小于2.5V（限值），使得超速卡检测到总线通信异常，造成超速卡模件状态报警，触发超速停机误动作。保护动作逻辑为：超速卡模件状态报警（三选二）后，判断为汽轮机超速失去监视，为保障汽轮机安全，逻辑自动将汽轮机转速信号切至4444r/min，DEH110%超速保护动作。

2. 暴露问题

（1）领导干部职责、管理人员履职尽责不到位。厂领导、中层管理人员管理不到位，导致一线员工缺乏规矩意识，在安全生产集中整治期间，各级人员责任没有落实到位，出现非停。

（2）控非停工作开展流于形式，工作未落到实处。电厂控非停工作未能有效开展，未能把控非停措施与规章制度放在很重要的位置，专业隐患排查不力，特别是对于新投产机组的摸排检查工作不细致不彻底，未能在机组调试、试运过程中及时发现消除隐患，暴露“基础、基层、基本功”不扎实。同时对于新投产机组，主动分析和排查设备风险隐患工作不足，工作开展不认真，未能将各项措施落实到位，工作流于形式。举一反三工作厂领导不去监督，专业人员应付了事，举一反三工作未能落地。

（3）专业技能不到位，DCS系统维护水平有待提高。对DCS系统设备检查内容了解不全面，未能通过曲线分析出总线通信电压临近正常通信门槛值可能造成的后果，DCS定期工作开展不及时，专业管理上对于总线插头故障导致模件通信异常的风险评估不到位，模件寿命管理不到位。

（三）事件处理与防范

（1）开展DCS通信隐患的专项排查，排查通信机柜、模件、底板等设备的供电是否可靠电压是否正常，定期测量了解电源的衰减情况；检查通信电缆、总线、网线、光纤等接头连接是否牢固可靠；对交换机、路由器的运行情况进行检查，核实网络负载，对有可能造成的通信故障要制定专项措施。

（2）梳理DCS硬件故障逻辑，核查DCS系统通信或综合故障后的切换逻辑是否设置合理，是否存在造成设备保护误动的情况。

（3）开展一次电力监控系统网络故障应急演练，通过演练，发现故障处置过程存在的问题问题、完善预案，提高各单位电力监控系统安全事件应急处置能力。

二、DCS通信错误造成磨煤机跳闸

（一）事件过程

2019年3月9日06时53分52秒某厂3号机组运行中3C磨煤机跳闸，运行画面显示首出原因为“RB跳C磨煤机”；经过检查历史曲线、运行及操作记录分析，初步判断为DCS逻辑触发动作，但实际3号机组并未发生RB动作（DCS为科远系统）。

（二）事件原因查找与分析

根据历史曲线和操作站日志记录，分析现场发生情况如下。

1. 通过历史曲线分析查看（如图3-22所示）

从图3-22历史曲线看C磨煤机DO停指令（下面一条曲线）在06时53分52秒发出，磨煤机首出记录是“RB跳C磨煤机”（上面一条曲线）。但C磨煤机跳闸首出条件引用点DPU3004.SH0020.PB01状态为False，动作条件和结果不匹配。通过检查CCM组态

［图 3-23（a）、（b）、（c）］看出 DPU3004. SH0020. PB01. IN 通过网络取控制器 DPU3008 的逻辑运算点，而被引用点 DPU3008. SH0013. PB01. IN 状态同样为 False。

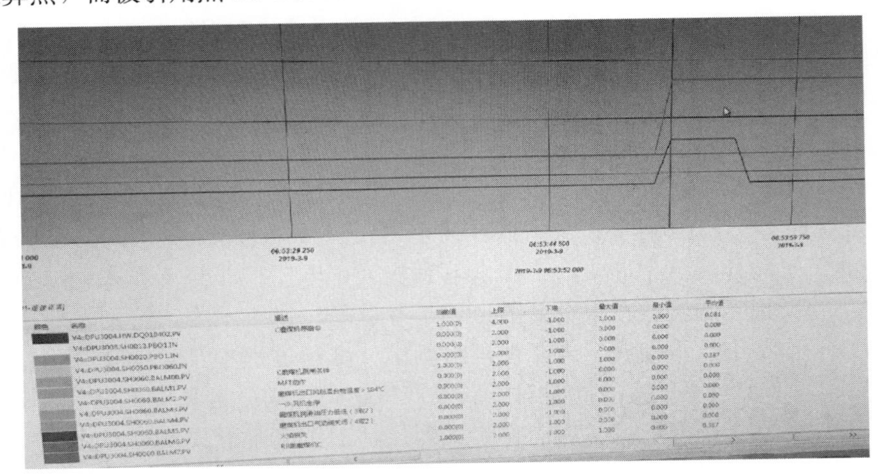

图 3-22　历史曲线

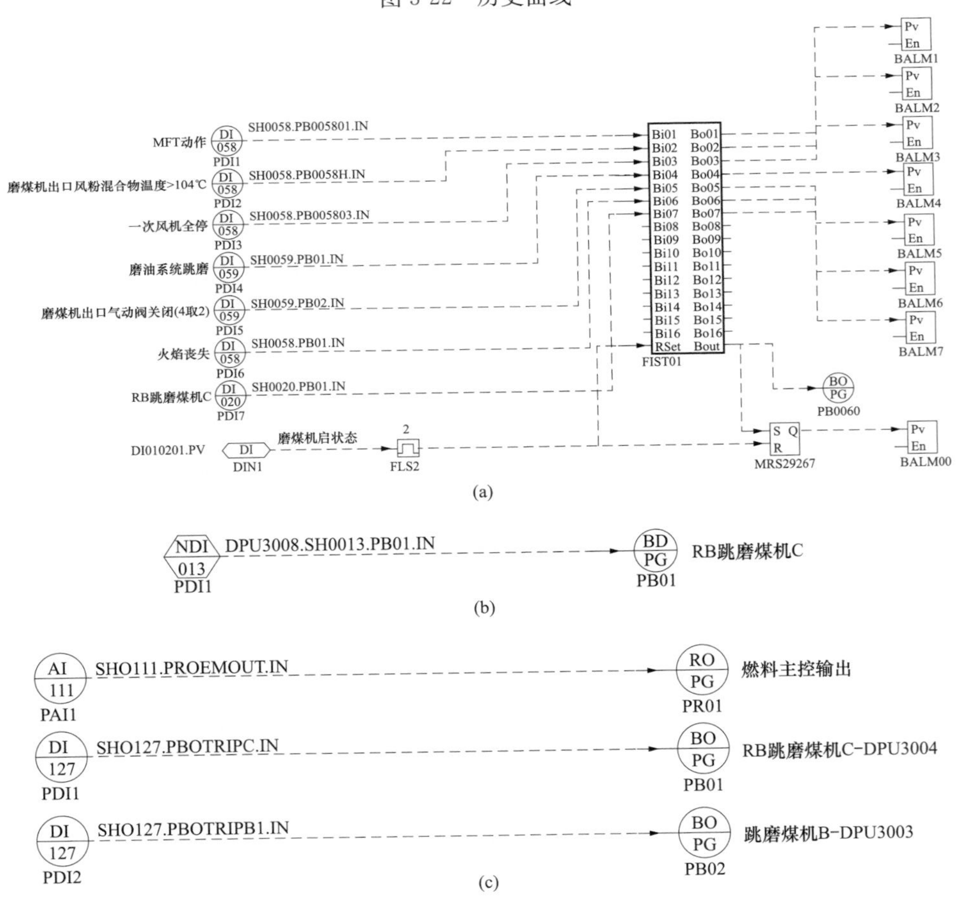

图 3-23　CCM 组态

（a）逻辑组态图 1；（b）逻辑组态图 2；（c）逻辑组态图 3

2. 通过上位机日志分析（如图 3-24 所示）

从图 3-24 上位机日志看出 C 磨煤机跳闸时间为 06 时 53 分 49 秒，与历史曲线相差 3s，这个时间偏差目前基本锁定三层交换机对时延时问题，同时在 C 磨煤机跳闸时间段内未发现控制器切换、网络异常等其他问题。

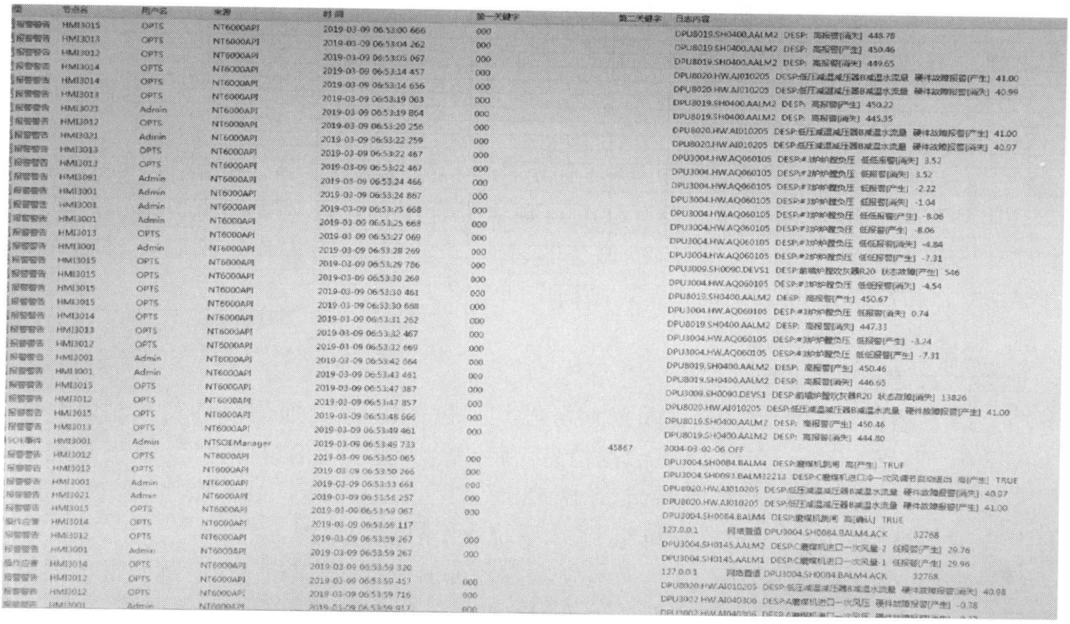

类	节点名	用户名	来源	时间	第一关键字	第二关键字	日志内容
报警警告	HMI3015	OPTS	NT6000API	2019-03-09 06:53:00 666	000		DPU8019.SH0400.AALM2 DESP: 高报警[消失] 448.78
报警警告	HMI3013	OPTS	NT6000API	2019-03-09 06:53:04 262	000		DPU8019.SH0400.AALM2 DESP: 高报警[产生] 450.46
报警警告	HMI3012	OPTS	NT6000API	2019-03-09 06:53:05 067	000		DPU8019.SH0400.AALM2 DESP: 高报警[消失] 449.65
报警警告	HMI3014	OPTS	NT6000API	2019-03-09 06:53:14 457	000		DPU8020.HW.AI010205 DESP:低压减温减压器B减温水流量 硬件故障报警[产生] 41.00
报警警告	HMI3014	OPTS	NT6000API	2019-03-09 06:53:14 656	000		DPU8020.HW.AI010205 DESP:低压减温减压器B减温水流量 硬件故障报警[消失] 40.99
报警警告	HMI3013	OPTS	NT6000API	2019-03-09 06:53:19 063	000		DPU8019.SH0400.AALM2 DESP: 高报警[产生] 450.22
报警警告	HMI3021	Admin	NT6000API	2019-03-09 06:53:19 864	000		DPU8019.SH0400.AALM2 DESP: 高报警[消失] 445.35
报警警告	HMI3012	OPTS	NT6000API	2019-03-09 06:53:20 256	000		DPU8020.HW.AI010205 DESP:低压减温减压器B减温水流量 硬件故障报警[产生] 41.00
报警警告	HMI3021	Admin	NT6000API	2019-03-09 06:53:22 259	000		DPU8020.HW.AI010205 DESP:低压减温减压器B减温水流量 硬件故障报警[消失] 40.97
报警警告	HMI3013	OPTS	NT6000API	2019-03-09 06:53:22 467	000		DPU3004.HW.AQ060105 DESP:#3炉炉膛负压 低低报警[消失] 3.52
报警警告	HMI3013	OPTS	NT6000API	2019-03-09 06:53:22 467	000		DPU3004.HW.AQ060105 DESP:#3炉炉膛负压 低报警[消失] 3.52
报警警告	HMI3001	Admin	NT6000API	2019-03-09 06:53:24 466	000		DPU3004.HW.AQ060105 DESP:#3炉炉膛负压 低报警[产生] -2.22
报警警告	HMI3001	Admin	NT6000API	2019-03-09 06:53:24 867	000		DPU3004.HW.AQ060105 DESP:#3炉炉膛负压 低报警[消失] -1.04
报警警告	HMI3001	Admin	NT6000API	2019-03-09 06:53:25 668	000		DPU3004.HW.AQ060105 DESP:#3炉炉膛负压 低低报警[产生] -8.06
报警警告	HMI3001	Admin	NT6000API	2019-03-09 06:53:25 668	000		DPU3004.HW.AQ060105 DESP:#3炉炉膛负压 低报警[产生] -8.06
报警警告	HMI3013	OPTS	NT6000API	2019-03-09 06:53:27 069	000		DPU3004.HW.AQ060105 DESP:#3炉炉膛负压 低低报警[消失] -4.84
报警警告	HMI3001	Admin	NT6000API	2019-03-09 06:53:28 269	000		DPU3004.HW.AQ060105 DESP:#3炉炉膛负压 低低报警[产生] -7.31
报警警告	HMI3015	OPTS	NT6000API	2019-03-09 06:53:29 786	000		DPU3009.SH0090.DEVS1 DESP:前墙炉膛吹灰器R20 状态故障[产生] 546
报警警告	HMI3015	OPTS	NT6000API	2019-03-09 06:53:30 269	000		DPU3004.HW.AQ060105 DESP:#3炉炉膛负压 低低报警[消失] -4.54
报警警告	HMI3015	OPTS	NT6000API	2019-03-09 06:53:30 461	000		DPU8019.SH0400.AALM2 DESP: 高报警[产生] 450.67
报警警告	HMI3015	OPTS	NT6000API	2019-03-09 06:53:30 668	000		DPU3004.HW.AQ060105 DESP:#3炉炉膛负压 低报警[消失] 0.74
报警警告	HMI3014	OPTS	NT6000API	2019-03-09 06:53:31 262	000		DPU8019.SH0400.AALM2 DESP: 高报警[消失] 447.33
报警警告	HMI3013	OPTS	NT6000API	2019-03-09 06:53:32 467	000		DPU3004.HW.AQ060105 DESP:#3炉炉膛负压 低报警[产生] -3.24
报警警告	HMI3012	OPTS	NT6000API	2019-03-09 06:53:32 669	000		DPU3004.HW.AQ060105 DESP:#3炉炉膛负压 低低报警[产生] -7.31
报警警告	HMI3001	Admin	NT6000API	2019-03-09 06:53:42 664	000		DPU8019.SH0400.AALM2 DESP: 高报警[产生] 450.46
报警警告	HMI3001	Admin	NT6000API	2019-03-09 06:53:43 461	000		DPU8019.SH0400.AALM2 DESP: 高报警[消失] 446.65
报警警告	HMI3015	OPTS	NT6000API	2019-03-09 06:53:47 387	000		DPU3009.SH0090.DEVS1 DESP:前墙炉膛吹灰器R20 状态故障[消失] 13826
报警警告	HMI3012	OPTS	NT6000API	2019-03-09 06:53:47 857	000		DPU8020.HW.AI010205 DESP:低压减温减压器B减温水流量 硬件故障报警[产生] 41.00
报警警告	HMI3015	OPTS	NT6000API	2019-03-09 06:53:48 666	000		DPU8019.SH0400.AALM2 DESP: 高报警[产生] 450.46
报警警告	HMI3013	OPTS	NT6000API	2019-03-09 06:53:49 461	000		DPU8019.SH0400.AALM2 DESP: 高报警[消失] 444.80
SOE事件	HMI3001	Admin	NTSOEManager	2019-03-09 06:53:49 733		45867	3004-03-02-06 OFF
报警警告	HMI3012	OPTS	NT6000API	2019-03-09 06:53:50 065	000		DPU3004.SH0084.BALM4 DESP:磨煤机跳闸 高[产生] TRUE
报警警告	HMI3012	OPTS	NT6000API	2019-03-09 06:53:50 266	000		DPU3004.SH0093.BALM32212 DESP:C磨煤机进口冷一次风调节自动退出 高[产生] TRUE
报警警告	HMI3001	Admin	NT6000API	2019-03-09 06:53:53 661	000		DPU8020.HW.AI010205 DESP:低压减温减压器B减温水流量 硬件故障报警[消失] 40.97
报警警告	HMI3021	Admin	NT6000API	2019-03-09 06:53:56 257	000		DPU8020.HW.AI010205 DESP:低压减温减压器B减温水流量 硬件故障报警[产生] 41.00
报警警告	HMI3015	OPTS	NT6000API	2019-03-09 06:53:59 067	000		DPU3004.SH0084.BALM4 DESP:磨煤机跳闸 高[确认] TRUE
操作应答	HMI3014	OPTS	NT6000API	2019-03-09 06:53:59 117			127.0.0.1 网络数据 DPU3004.SH0084.BALM4.ACK 32768
报警警告	HMI3012	OPTS	NT6000API	2019-03-09 06:53:59 267	000		DPU3004.SH0145.AALM2 DESP:C磨煤机进口一次风量-2 低报警[产生] 29.76
报警警告	HMI3001	Admin	NT6000API	2019-03-09 06:53:59 267	000		DPU3004.SH0145.AALM1 DESP:C磨煤机进口一次风量-1 低报警[产生] 29.96
操作应答	HMI3014	OPTS	NT6000API	2019-03-09 06:53:59 320			127.0.0.1 网络数据 DPU3004.SH0084.BALM4.ACK 32768
报警警告	HMI3012	OPTS	NT6000API	2019-03-09 06:53:59 457	000		DPU8020.HW.AI010205 DESP:低压减温减压器B减温水流量 硬件故障报警[消失] 40.98
报警警告	HMI3012	OPTS	NT6000API	2019-03-09 06:53:59 716	000		DPU3002.HW.AI040306 DESP:A磨煤机进口一次风压 硬件故障报警[产生] -0.38
报警警告	HMI3001	Admin	NT6000API	2019-03-09 06:53:59 917	000		DPU3002.HW.AI040306 [illegible]

图 3-24　上位机日志

通过控制器运行日志、系统日志详细分析，未发现控制器各项功能存在异常，目前怀疑控制器间网络通信介质存在问题，通信存在误码，即源控制器（DPU3008）逻辑数据发出后，由于网络产生数据误码，目标控制器（DPU3004）接收到错误的数据，导致逻辑触发跳闸 C 磨煤机。

（三）事件处理与防范

（1）开展网络通信设备安全及功能漏洞检查，必要时进行更换；

（2）跨控制引用的开关量保护点宜进行滤波处理，个别重要的点利用停机机会可先在组态中搭建逻辑实现；

（3）要求科远公司对本次问题的排查，尤其针对跨控制器引用取点的测试，找出最终原因。

三、通信组件故障导致锅炉 MFT

某厂 4 号机组发电机额定功率 330MW，锅炉为亚临界压力、一次中间再热、自然循环、双拱型单炉膛、平衡通风、固态排渣、尾部双烟道、W 型火焰燃煤锅炉，配备 4 台双进双出直吹式钢球磨煤机，燃烧器为前后墙拱上布置。

4 号机 DCS 系统于 2010 年进行升级改造，采用 ABB Symphony 系列分散控制系统，通信结构采用环形网络，各 PCU 控制柜之间通信采用存储转发、单向传输方式。4 号机 DCS 系统共有 PCU 机柜 15 面，PGP 服务器七台，分别为 HIS、SIS、EWS、41S、42S、43S、S+，其中 41S、42S、43S 为操作员站服务器，环路通信介质为同轴电缆，通过

NTCL01 通信端子板实现环路通信功能。

（一）事件过程

2019 年 12 月 10 日 10 时 18 分 4 号机组 AGC 方式，负荷 211MW 稳定运行，主蒸汽压力 15.1MPa，B、C、D 磨煤机运行，A/B 一次风机运行，A/B 汽动给水泵运行，机组参数稳定。

10 时 18 分 10 秒，4 号机运行操作员站 DCS 画面设备参数和运行状态逐步失去监视，变为紫色，运行值班员发现 DCS 画面全部无法监视。

10 时 18 分 31 秒锅炉 MFT 动作，机组大联锁动作正常。MFT 首出为“丧失一次风”（一次风机全停）。

热工人员现场检查，发现 4 号机 DCS 通信模件状态指示灯刷新速率偏慢，检查期间听到 42S 服务器 NTCL01 通信端子板有继电器频繁吸合声音，且观察端子板指示灯异常闪烁，将 42S 服务器通信组件停运（42S 服务器通信节点旁路）后操作员站服务器通信连接逐步恢复，10 时 39 分 DCS 通信正常，画面全部恢复。

（二）事件原因查找与分析

1. 事件原因检查与分析

（1）DCS 通信故障原因。操作员站服务器均通过 NIS/ICT 通信模件及预制电缆连接至 NTCL01 通信端子板，采集 DCS 数据信息。将 42S 服务器通信组件停运（42S 服务器通信节点旁路）后操作员站服务器通信恢复正常，由此判断，42S 服务器 NIS/ICT、NTCL01 通信组件故障是造成 4 号机组 DCS 系统通信故障的原因。

（2）锅炉 MFT 跳闸原因。DCS 通信故障后，A/B/C/D 磨煤机 MFT 跳闸继电器已动作通信信号坏质量是造成一次风机跳闸继而触发锅炉 MFT 保护动作的直接原因。

A/B/C/D 磨煤机 MFT 跳闸继电器已动作联跳一次风机逻辑设计为：A/B/C/D 磨煤机 MFT 跳闸继电器全部已动作，或 A/B/C/D 磨煤机 MFT 跳闸继电器已动作通信信号全部故障延时 5s，发出 MFT 已动作信号（如图 3-25 所示），触发一次风机跳闸。

经模拟通信故障试验验证，DCS 通信故障时，A/B/C/D 磨煤机 MFT 跳闸继电器已动作通信信号全部故障，延时 5s 后发出 MFT 已动作信号，触发一次风机跳闸。两台一次风机全部跳闸后触发锅炉 MFT，首出为“丧失一次风”。

2. 暴露问题

（1）专业管理不到位，对重要通信模件寿命管理不到位，4 号机 DCS 系统通信组件自改造后投运至今已连续使用 10 年，可靠性下降，故障率增高，未采取有效防范措施。

（2）ABB 公司 DCS 硬件故障率偏高。

（3）原设计磨煤机 MFT 跳闸继电器已动作通信信号全部故障延时 5s 后，即认为 MFT 继电器已动作信号发出，触发一次风机跳闸逻辑的合理性，有待进一步探讨确认。

（三）事件处理与防范

（1）加强专业管理，完善重要通信模件寿命管理台账，分级管理各类通信模件，重点梳理 PGP 服务器通信模件明细，制订分批次改造更换计划。

（2）已更换 4 号机组 42S 服务器通信组件，其他机组利用停机机会检查更换同批次通信组件。故障 NIS/ICT、NTCL01 通信组件已送至 ABB 公司检测，初步检测结果分析为 NIS 模件在运行期间未能检测出存储器工作异常而旁路通信接点导致环路中断。目前，电厂已要求北京 ABB 贝利彻底测试分析，出具正式测试报告，并制定后续针对性措施。

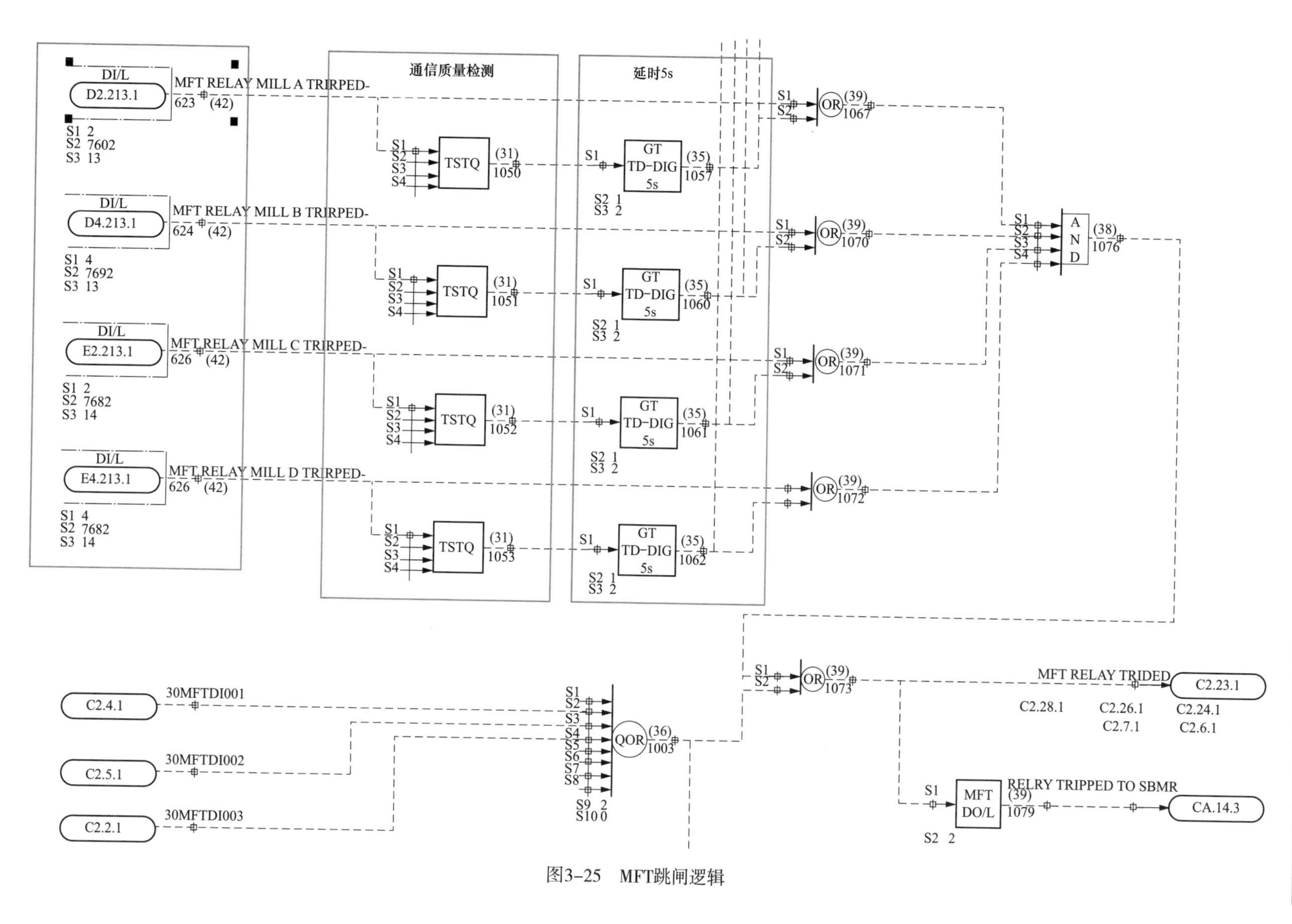

图3-25 MFT跳闸逻辑

电厂出具正式传真，要求 ABB 公司对 42S 服务器 NTCL01 通信端子板继电器频繁吸合声音分析说明，并在网络节点旁路时能向 DCS 送出报警。

要求 ABB 公司完善网络异常报警机制，及时提醒运行人员发现网络异常问题，以便通知相关人员检查处理。

（3）暂将 4 号机组磨煤机 MFT 跳闸继电器已动作通信信号全部故障延时 5s 后触发一次风机跳闸保护退出，计划检修时从各磨组 PCU 敷设电缆硬线送至 12 号 PCU，取消环路信号故障判断逻辑。

（4）梳理其他机组磨煤机 MFT 跳闸继电器已动作通信信号全部故障延时 5s 后触发一次风机跳闸保护逻辑，3 号机存在同样问题，已临时解除 3 号机组 A/B/C/D 磨煤机 MFT 跳闸继电器已动作环路信号故障延时 5s 跳闸 A/B 一次风机的保护（12/2/1057、1060、4061、1062 延时由 5s 改为无穷大）。

（5）逐一审核 DCS 通信中断后的机组主保护、重要辅机保护条件，确认通信中断后重要保护来自硬接线，环路中断后可正常保护动作。电厂梳理主要模拟量、开关量环路信号，并将发现问题清单化，逐项提出改进方案，形成总结报告，落实执行。

（6）针对机组后备监视参数，目前显示机组负荷、主蒸汽压力、主蒸汽温度，已实现硬线传输，环路中断时，不影响以上参数显示，其他参数实施方案正在梳理、统计、协商解决方案。

（7）制定 DCS 故障应急预案、事故演习方案，每年至少演习一次。

四、与工程师站通信故障导致控制器下线

某厂 2 号机组 DCS 系统 FOXBORIA，控制器为 CP60，2006 年投产，超临界 600MW 机组。

（一）事件过程

2019 年 07 月 14 日 15 时 39 分，运行人员监盘发现 2 号机组 system 报警，一次风机、空气预热器和脱硝系统画面部分参数无法正常监视，运行人员监盘发现 system DCS 报警。

2019 年 07 月 14 日 15 时 49 分，热控人员到达现场后，联系运行人员稳定负荷，尽量减少 DCS 系统操作。然后查看 SYSTEM 报警信息为 CP2009 故障报警，查看 CP2009 控制器下部通信卡件，无法显示，CP2009 控制器在 DCS 系统画面显示已离线。DCS 系统 VT100 报警信息显示 CP2009 控制器故障，但检查电子间 CP2009 控制器及下面 FCM 状态指示灯正常。

2019 年 07 月 14 日 16 时 22 分，热控开出《2 号机组 DCS 系统报警故障处理》热控一次工作票，对 CP2009 进行 NODBUS TEST 通信测试，CP2009 控制器一直未有响应。此时 AW2001 工程师站已经死机无法操作，于是对 AW2001 工程师站进行强制重启，但启动过程中系统一直报硬盘故障信息。

2019 年 07 月 14 日 8 时 35 分，热控人员分别对 AW2001 的 RCNI 和 AW2002 的 RCNI 光电转换模块进行断电重启，画面测点仍蓝点。

通知 DCS 厂家到厂进行服务，热控人员编写三措两案走签字流程，并准备好硬盘和系统盘、逻辑组态备份。

2019年07月14日23时15分，DCS厂家到达现场，重新装载工程师站AW2001。

2019年07月15日2时50分将装载好的主机连接到DCS系统中，画面测点仍蓝点，CP2009控制器仍处于离线。

2019年07月15日3时10分热控人员按照三措两案的措施重新开《2号机组DCS系统报警故障处理》热控一种票。运行人员按照措施将渣水系统泵体、一次风机切至就地位，将空预器及一次风机相关电动门断电。热控人员拔出空预器主辅电机指令继电器。

2019年07月15日3时50分热控人员开出《2号机组DCS系统报警故障处理》热控一种票。分别对CP2009控制器进行单CP复位，复位后CP2009控制器通信正常。为了避免控制器再次出现故障，分别将CP2009控制器A、B路进行更换，更换后控制器上线运行正常。

（二）事件原因查找与分析

（1）2号机组CP2009通信故障的主要原因为控制器在与AW2001工程师站通信闪存的过程中，遇到AW2001硬盘故障，使CP2009控制器存储信息失败，造成CP2009控制器与工程师站通信故障。

（2）AW2001工程师站自2006年投产以后至今已使用13年未进行更换，工程师站电子元器件存在老化趋势，且工程师站控制室内温度、湿度无法进行有效的精密控制将导致工程师站老化趋势加剧，故障率升高为次要原因。

（三）事件处理与防范

（1）制定DCS升级改造总体方案，加快DCS系统改造系统，提高DCS系统可靠性。

（2）严格执行DCS系统巡检要求（每天一次），及时发现系统故障并及时处理，防止事故扩大。

第五节　DCS系统软件和逻辑运行故障分析处理与防范

本节收集了因DCS系统软件和逻辑运行不当引发的机组故障18起，分别为：坏质量判断组态错误导致给水流量低保护动作、转速量程上限设置错误导致给水流量低保护动作、积分饱和引起给水泵汽轮机跳闸而导致机组停机、量程设置不当导致定冷水断水保护动作、总风量偏置设置不合理导致锅炉MFT、RB保护动作异常引起锅炉MFT、锅炉“延时点火”保护逻辑设置不合理锅炉MFT、燃机主润滑油泵联锁逻辑设计不合理导致机组非停、引风机给水泵汽轮机真空泵逻辑不合理导致机组非停、高压调门流量特性参数设置错误导致机组非停、M/A站算法块失灵导致燃机冷却水流量低跳闸、高压加热器水位变送器量程设置错误导致高压加热器解列、供热汽轮机电机故障导致汽轮机超速、火检冷却风机状态反馈异常导致锅炉MFT、密封风机联锁启动条件逻辑有误导致锅炉MFT、逻辑设置不合理导致输煤皮带远方无法停运、测点超量程时归零造成凝结水泵跳闸、逻辑不完善导致EH油压异常。

2019年将在所有事故案例中非热控责任，但通过优化逻辑组态来减少或避免故障的发生或减少故障的损失的列入本节。这些案例主要集中在控制品质的整定不当、组态逻辑考虑不周、系统软件稳定性不够等方面。通过对这些案例的分析，希望能加强对机组控制品质的日常维护、保护逻辑的定期梳理和系统软件版本的管理等工作。

一、坏质量判断组态错误导致给水流量低保护动作

某厂5号机组为600MW超临界机组，锅炉为哈尔滨锅炉厂生产的超临界直流炉。汽轮机为哈尔滨汽轮机厂制造的超临界、一次中间再热凝汽式汽轮机。每台机组配置两台50%容量的汽动给水泵，一台30%容量的电动调速给水泵作为启动和备用泵。控制系统为国电智深EDPF-NT+控制系统。

（一）事件过程

2019年2月25日，5号机组正常运行，电网启动辅助调峰，机组负荷265MW。6台磨煤机运行，主给水流量728t/h，两台汽动给水泵自动运行，机组协调投入，两台给水泵汽轮机入口蒸汽压力0.4MPa。5A汽泵入口压力1.89MPa，流量374t/h，转速3106r/min；5B汽泵入口压力1.84MPa，流量378t/h，转速3127r/min。13时30分30秒，5A汽泵入口压力监视点变为坏点，给水泵“入口压力低低”跳闸。13时30分48秒，5B汽泵转速自动增加至3148r/min，锅炉给水流量468t/h，“给水流量低”保护动作，锅炉MFT，机组跳闸。

（二）事件原因查找与分析

1. 事件原因检查与分析

（1）机组跳闸后，热工人员检查5A给水泵汽轮机的跳闸首出记忆“给水泵入口压力低”，DCS系统中5A给水泵入口压力模拟量显示坏点。就地检查5A给水泵入口压力变送器故障，输出无电流，是导致给水泵汽轮机跳闸直接原因。

（2）经过进一步检查发现，逻辑组态错误是本次事件的根本原因。5A给水泵汽轮机跳闸条件应为“5A给水泵入口压力模拟量AIN520054＜1MPa”与“该点（AIN520054.BAD）坏点判断”，但实际组态逻辑坏点判断组态的点号为AIN520154.BAD（该点为5A给水泵汽轮机前轴承回油温度）。当5A汽泵入口压力变送器测点变坏点时，由于该点坏质量判断组态错误，未起到模拟量发生坏点时防保护误动的作用，导致5A汽泵跳闸。

（3）给水调整不及时是机组跳闸的直接原因。机组跳闸前正处于调峰期间，两台汽泵流量偏低，工作压力较低，当5A汽泵故障跳闸后，5B汽泵给水流量自动增加至468t/h，未能躲开跳闸条件（给水流量低保护设定值为490t/h延时15s保护动作），机组跳闸。

2. 暴露问题

（1）隐患排查不深入。2018年集团系统内部因热工、电气原因导致的机组非停较多，但热工人员未引起足够重视，未排查出热工逻辑上的隐患。

（2）保护逻辑不科学。机组深度调峰期间，机组负荷已降至最低稳燃负荷以下，但联锁保护逻辑和保护定值未充分考虑机组深度调峰可能对机组稳定运行带来的影响，个别热工逻辑保护已不符合机组深调的工况，热工人员未能及时发现。

（3）岗位业务培训不到位。热工分场历次隐患排查治理未能发现此隐患，说明分场内部业务培训不细致，隐患排查业务不熟练。

（三）事件处理与防范

（1）加大隐患排查治理力度，尤其是单点保护，要有可靠的防止误动的措施。

（2）针对机组的深度调峰的实际，对部分设备的控制逻辑和保护定值要进一步充分论证，保证低负荷安全的前提下进行适当修改。

(3) 加强热工人员的技术培训，加强对类似事件的学习，举一反三，吸取教训，切实做好隐患排查治理工作。

二、转速量程上限设置错误导致给水流量低保护动作

某厂6号机组为600MW超临界机组，锅炉为哈尔滨锅炉厂生产的超临界直流炉。汽轮机为哈尔滨汽轮机厂制造的超临界、一次中间再热凝汽式汽轮机。每台机组配置两台50%容量的汽动给水泵，一台30%容量的电动调速给水泵作为启动和备用泵。2019年2月25日至4月20日，该机组进行了汽轮机通流部分改造及DCS改造工程，改造后DCS系统为国电智深EDPF-NT+控制系统。

(一) 事件过程

2019年5月6日4时42分，机组负荷由100MW加至130MW，B、C、E、F磨煤机运行，总燃料量87t/h，两台送、引、一次风机正常运行，真空-95.43kPa，主蒸汽压力10.6MPa，主蒸汽温度540℃，再热温度500℃，6A汽泵正常运行提供锅炉给水，转速3590r/min，6B汽泵处于2000r/min暖机状态。4时46分，机组负荷升至133MW时，6A汽泵跳闸（转速3602r/min），跳闸首出为“A给水泵汽轮机全部转速故障”，造成锅炉给水流量低低，MFT保护动作，锅炉灭火，发电机跳闸。11时18分，经施工方智深公司专业人员消除6A给水泵汽轮机转速故障缺陷，锅炉重新点火。16时51分，六号机组与系统并列。

(二) 事件原因查找与分析

1. 事件原因检查与分析

(1) 热工人员经过检查发现，6A给水泵汽轮机转速量程上限设置错误是本次机组非停的主要原因。六号机组进行DCS改造过程时，智深公司误将6A给水泵汽轮机转速量程上限设置为3600r/min，实际上限值应为6500r/min，当6A给水泵汽轮机转速升至3600r/min时DCS判断为转速超量程故障，满足跳闸条件导致6A汽泵跳闸。

(2) 6B汽泵未能达到有效备用状态及时投入运行是本次事件的次要原因。6A汽泵跳闸后，因6B汽泵未正常接带负荷，致锅炉“给水流量低低”保护动作，锅炉MFT，机组跳闸。

2. 暴露问题

(1) 热工人员责任心不强。机组DCS改造过程管理不到位，各项审核把控不严，6A给水泵汽轮机量程整定值错误未能发现。

(2) 验收试验不严谨。检查试验记录和询问试验方法，“MEH超速跳给水泵汽轮机”项目的试验方法是通过强制开关量方式触发保护条件，没有通过信号发生器进行实际模拟量信号的模拟。

(3) 运行管理存在漏洞。机组启动、并网带负荷至130MW，机组一直处于单台汽泵非正常工况，6B汽泵未真正达到备用条件，导致6A汽泵跳闸后，锅炉给水流量低保护动作，事故预想不充分。

(4) 吸取教训不深刻。2019年2月25日，五号机组曾发生一起因热工逻辑组态错误引发的非停事件，热工人员举一反三不够，对热工逻辑隐患排查重视程度不够。

(三) 事件处理与防范

(1) 加强人员教育，提高责任心。加强改造过程中管理、审核和验收。

(2) 热工试验方法不应通过强制开关量方式触发保护条件，应从信号源头通过物理量模拟触发。

(3) 严肃规章制度执行，运行人员按照启机操作票规定启动给水泵组。

(4) 针对热工逻辑组态错误引发的非停事件，热工人员应吸取教训，举一反三，安排对热工逻辑进行详细的隐患排查。

三、积分饱和引起给水泵汽轮机跳闸而导致机组停机

某厂4号机组为350MW亚临界供热机组，系哈尔滨汽轮机厂有限责任公司生产的C280/N350-16.7/537/537型亚临界、一次中间再热、单轴单级可调抽汽凝汽式汽轮机。

(一) 事件过程

2月21日，4号机组有功负荷202MW，无功负荷－14.45Mvar，主蒸汽压力16.37MPa，主蒸汽温度537℃，再热器出口蒸汽压力2.25MPa，再热蒸汽温度527℃，主蒸汽流量670t/h，4号机冷再至辅汽联箱供汽门自动开度89%辅汽联箱压力0.80MPa，A、B汽动给水泵转速4631、4630r/min，给水泵汽轮机调门开度18%。

11点06分，4号机冷再至辅汽联箱供汽门从90%异常关闭至8%，辅汽联箱压力从0.73MPa下降至0.13MPa，此时气动调整无效，就地手动调整门轮逐渐开至81%辅汽联箱压力上升至0.24MPa。冷再至辅汽联箱供汽门自动全开，气动此时可以调整。因联箱压力降低A、B汽动给水泵转速由4631、4630r/min升至4691、4680r/min，AB给水泵汽轮机调门全开；此时汽包水位逐渐上涨，11时10分发出转速降低指令，但给水泵汽轮机进汽调节门开度无反应，系统自动设定转速指令值逐渐下降，11时12分系统自动设定转速指令为3850r/min，与实际转速偏差大于800r/min，引起A、B汽动给水泵跳闸，11点14分汽包水位降至－330mm，10s后锅炉MFT保护动作，4号机组与系统解列。6kV厂用快切动作正常，联跳锅炉A、B、C、D磨煤机及A、B一次风机。值班员对4号炉通风，15min后关闭风烟挡板，焖机焖炉。开大一期至二期辅汽联箱供汽，12时启动A汽动给水泵，4号炉汽包开始上水至正常。

(二) 事件原因查找与分析

通过分析，4号机冷再至辅汽联箱供汽门关闭是本次停机事件的直接原因，A、B给水泵汽轮机给定转速指令与实际转速指令偏差大于800r/min造成A、B给水泵汽轮机跳闸是造成本次停机的主要原因，具体分析如下：

4号机冷再至辅汽联箱供汽调门（气动调节门）为单侧进气，开时进气，关时排气，并靠弹簧作用关回；气动调节模块为ABB公司生产的V1835-1010221001型，指令信号4～20mA，开度0～100%。运行人员发现辅汽联箱进汽调节门自动关时，手动增加冷再至辅汽联箱供汽门开度，而门向关方向运动直至关至8%，经过1min辅汽联箱进汽压力由0.73MPa降至0.13MPa，经过运行人员就地手摇开门后，调整门自动恢复开启操作至100%。事件发生后，对冷再至辅汽联箱供汽门进行了仔细检查，门体和气动调节部分均未发现明显缺陷，气动回路未见明显杂质；对冷再至辅汽联箱供汽门进行了断气源试验（见图3-26），将开门指令给到100%，断开气源，4min内阀门开度无明显变化。经过分析，认为事件发生时气动调节模块内存在微小杂质或水，气动门通流截面积变小，造成开阀进

气量不足，无法克服关阀弹簧作用力，阀门不开反关，但将气动调整模块解体检查后未见明显杂质，通流室有潮湿迹象，气动轴有卡涩现象。

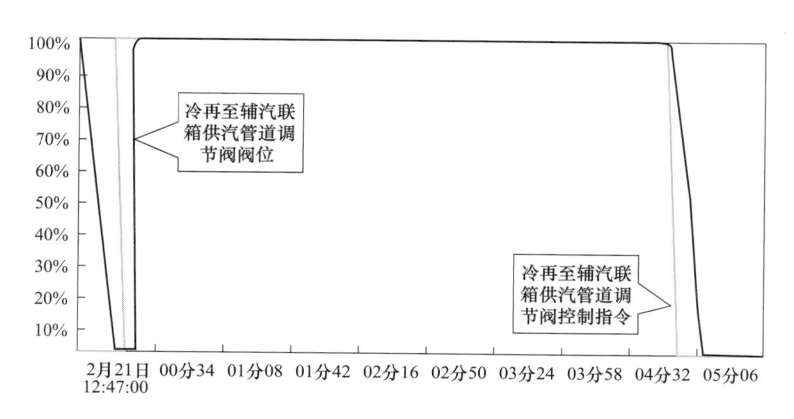

图 3-26　冷再至辅汽联箱供汽门断气试验

11 时 12 分系统自动设定转速指令为 3850r/min，与实际转速偏差大于 800r/min，引起 A、B 汽动给水泵保护动作跳闸。给水泵汽轮机跳闸后经查阅 DCS 历史曲线及 DEH 历史曲线，确认给水泵汽轮机跳闸原因为给定转速与实际转速偏差大于 800r/min 引起（如图 3-27 所示）。给水泵汽轮机给定转速低于实际转速至跳闸时间为 1 分多钟，在此时间内，给水泵汽轮机调门开度指令未变化（100%），与电科院专家和厂家技术人员沟通排查后，认为造成给水泵汽轮机调门开度在 1 分多钟内未反应的原因是由于自动调节过程中参数整定不合理，不能充分考虑异常情况下的调节动作（积分饱和现象引起），因给水泵汽轮机进汽压力低，实际转速在 6min 内无法达到给定值，调节过程中的积分作用一直在起作用，造成积分饱和现象（即积分过调，需过调量恢复正常后方能正常调节）导致关调门指令执行延后，造成给定转速与实际转速偏差逐渐增大，最终导致给水泵汽轮机超差保护动作。

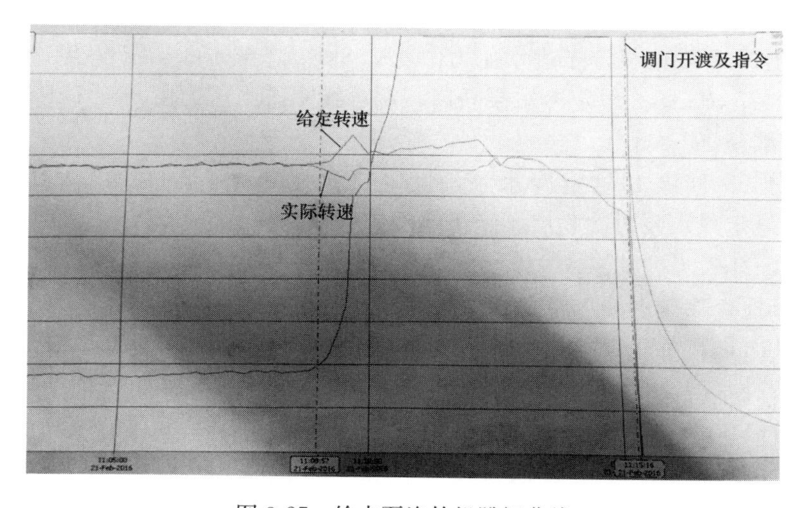

图 3-27　给水泵汽轮机跳闸曲线

（三）事件处理与防范

（1）对冷再至辅汽联箱供汽压力调整门定位器改造，将反馈与控制部分分离，将定位器移至附近控制箱内，重新敷设信号电缆和气源管路，并对阀门进行调试和DCS传动试验和再鉴定。

（2）定期对气动调节模块、过滤器进行吹扫检查，并做好记录。

（3）对全公司气动门气动回路进行全面彻底排查，仔细检查各部件工作状态，分析不同使用环境、不同工作原理的气动门各种可能发生的缺陷并消除。

（4）对给水泵汽轮机调整及保护逻辑进行系统排查和分析。取消目标转速与实际转速跳闸偏差大跳给水泵汽轮机保护。机组在停运后，增加了转速偏差800r/min报警功能。

（5）将给水泵汽轮机MEH内转速PID调节器输出高限由200更改为106，抑制给水泵汽轮机调门全开后产生的积分饱和现象。

（6）运行人员加强监盘质量。将一期三抽至辅汽联箱调节门开至20%热备用。遇冷再至辅汽联箱调节门不好用时及时投入一期三抽备用汽源保持辅汽联箱压力至正常，并就地手动开启冷再至辅汽联箱调节门至故障前开度，调整辅汽联箱压力满足给水泵汽轮机运行稳定。

（7）要求运行人员在辅汽联箱压力低于0.4MPa时开大一期至辅汽联箱调整门提升压力，在减少机组负荷同时立即降低主蒸汽压力，缓解给水泵汽轮机出力不足。必要时根据辅汽联箱压力回升情况减少一期对外工业供汽量，以保证向辅汽联箱供汽充足。时刻观察给水泵汽轮机调门开度变化和汽包水位情况，辅汽联箱压力异常低时，尽可能提高辅汽联箱压力同时严密监视汽包水位，防止给水泵汽轮机调门开度过大甚至全开引发转速偏差使给水泵汽轮机跳闸。

（8）加强专业技术人员培训，提高生产技术人员发现和解决问题的能力。

四、量程设置不当导致定冷水断水保护动作

（一）事件过程

07月28日06时00分，某厂机组负荷505MW。主蒸汽压力14.2MPa，主再热汽温599.6℃/590℃，1号定冷水泵运行，电流77.8A，出口压力1.07MPa，2号定冷水泵备用。定冷水进水温度46.1℃，进水压力453.4kPa，发电机进水流量为132t/h。

06时02分机组负荷600MW，1号定冷水泵运行，2号定冷水泵备用，联锁投入。

06时02分24秒发电机定子进水压力由452.8kPa降至400.1kPa，定冷水补水电导由1.275降至0.002μs/cm，2号定冷水泵联启，定子线圈进水压力由400.1kPa涨至440kPa，流量由131t/h涨至145t/h。

06时04分28秒停2号定冷水泵，发电机定子进水压力由452.62kPa再次降至400.14kPa，2号定冷水泵再次联启，定子线圈进水压力由400.2kPa涨至440kPa，流量由130t/h涨至145t/h。

06时09分检查除盐水补水压力0.5MPa，补水滤网差压25kPa，查看定冷水就地高位水箱液位由800mm下降至530mm，开大补水滤网后截止门，水箱液位缓慢上涨。

06时22分补水差压由35kPa直线上升至82kPa，高位水箱液位回升。

06时34分高位水箱液位涨至720mm，停1号定冷水泵后，定子进水压力由440kPa下降至400.02kPa，第三次联启1号定冷水泵。定子线圈进水压力由400kPa涨至440kPa，流量由130t/h涨至145t/h。

06时37分联系化学运行将除盐水压力由0.55MPa增加至0.86MPa，补水滤网差压随

后由 80kPa 增大至 120kPa，根据滤网差压持续增大，补水电导下降，判断补水滤网存在堵塞，定冷水系统补水量小，关闭定冷水系统取样门，减少系统外排，联系检修人员检查补水滤网。

06 时 53 分保持 2 号定冷水泵运行，停 1 号定冷水泵，定冷水压力、流量逐渐下降。

07 时 09 分定冷水进水压力逐渐下降至 414.37kPa，稍开定冷水调压阀 2/5 圈，定冷水压力 414.37kPa 开始上涨至 429.99kPa 稳定，进水流量由 133.1t/h 涨至 134.5t/h。

07 时 46 分根据检修要求做措施隔离补水滤网，关闭补水滤网后手动门，补水调压阀前手动门。

07 时 47 分定冷水进水压力降至 400.61kPa，1 号定冷水泵再次联启。定冷水进水流量由 135.8/134.6/136.2t/h 涨至 152.7/151.1/153.2t/h（流量超 150t/h 显示 P 点），进水压力由 400.6kPa 涨至 490.1kPa，泵联启后三个流量测点超量程，三个测点变坏点。

07 时 47 分 56 秒机组跳闸，首出为“发电机定冷水断水保护”动作。机、炉、电大联锁动作，汽轮机停机，锅炉 MFT。

（二）事件原因查找与分析

1. 事件原因检查与分析

（1）发电机进水流量 3 个测点量程设定偏小，双泵联启流量增大，超过测点量程变坏点是发电机断水保护动作跳机的直接原因。

（2）发电机定子冷却水流量共有三个测点，测点量程为 0～150t/h，流量计为 ROSEMOUNT 公司生产的涡街流量计，三个测点通过不同的信号电缆和通道进入 DCS 系统，根据 DCS 系统设定，当测点超量程后测点质量将变坏质量。

（3）发电机断水保护采用加质量判断的开关量三取二逻辑，输出断水保护信号至电气保护柜。即一个测点超过跳闸限值且质量不坏为一个开关量，三个模拟量经上述判断出三个开关量后，三取二动作跳闸。当有一个测点为坏质量时，剩下两个测点为二取一动作。当有两个测点坏质量时，剩下的一个测点为一取一动作。若全部坏质量则保护动作。

（4）定冷水系统属于上海电气整体配送设备，所有设备及逻辑全部为上电提供、设置。定冷水流量计量程 150t/h 即是厂家在出厂时设定好的。

（5）定冷水泵入口接有三路来水，一路为系统定冷水系统本身回水压力 0.19MPa，一路为 27m 层高位水箱静压 0.24～0.27MPa，另外一路为除盐水来补水压力 0.5～0.6MPa 进入泵入口管道，各路压力互相影响（定冷水系统要求运行中保持补水 100L/h，保证定冷水系统水质参数正常）。

（6）调试过程中为控制定冷水流量 132t/h（流量低压 108t/h 报警），造成定子冷却水进水压力偏低至泵联动值 400kPa 左右，系统压力与流量不匹配，依赖补充水压力提升定子冷却水泵出口压力，维持定子冷却水泵出口压力，达到定子冷却水进水压力在 402～440kPa。在试验过程中，也反复关闭补水，定子冷却水进水压力在 400kPa 左右波动，泵联启，定冷水流量小幅波动。

（7）补水滤网堵塞，进行隔离检修引起补水压力下降与失去，定子冷却水进水压力达到低压 400kPa，备用泵联启，流量瞬时超过 150t/h，流量计变坏点。发电机断水保护动作，发电机解列，触发机、炉、电大联锁动作，汽轮机停机，锅炉停炉。

2. 暴露问题

（1）发电机进水流量 3 个测点量程设定偏小。

（2）补水滤网退出后，影响定冷水系统压力。

（三）事件处理与防范

（1）更改发电机进水流量 3 个测点量程，由 0～150t/h 改为 0～300t/h。

（2）增加补水滤网旁路手动阀，做到在线清理补水滤网。

（3）对所有参与主机保护测点的参数量程进行统一梳理，保证量程符合要求。

（4）机组启动前提前清理定冷水补水滤网，避免运行中进行滤网清扫。

（5）处理带主机保护的系统时，热控、集控、机务各专业全面分析可能产生的后果，细化各项预控措施。

（6）外出考察上电定冷水系统，补水是否能直接补至高位水箱，进行相应改造。

（7）热控专业对同类型机组发电机定子冷却水断水保护逻辑进行调研，确定逻辑优化方案。

五、总风量偏置设置不合理导致锅炉 MFT

（一）事件过程

2019 年 10 月 29 日 11 时 24 分，某厂 2 号机组负荷 450MW 运行。11 时 36 分机组根据 AGC 指令调节减至 390MW，总煤量为 138.3t/h，给水流量为 1033.4t/h，炉膛负压为－89.1Pa，送风机A/B 动叶开度分别为 19％/24.7％。总风量最低至 838t/h，锅炉 MFT 保护动作，首出原因为“总风量低”。

（二）事件原因查找与分析

1. 事件原因检查

机组跳闸后，检查二次风量 A/B 侧流量测点正常，送风机 A/B 动叶静态调试正常。检查锅炉总风量低保护定值为 846t/h（锅炉额定风量的 25％），延时 3s 动作。

检查总风量设定值生成回路如下：

由风煤交叉前燃料指令生成的总风量给定值经过风煤交叉限制（限制低值为 1300t/h，锅炉额定风量的 40％）生成“送风量给定”信号，叠加操作员偏置值（操作员偏置值允许输入值为±600t/h）生成总风量设定值。事件发生时，操作员偏置为－510t/h。

总风量设定值与总风量比较形成偏差进入送风机动叶自动调节回路。送风机动叶自动调节回路如图 3-28 所示。

2. 原因分析

（1）直接原因。事件发生前，“送风量给定”值为 1423t/h，操作员偏置值为－510t/h，两者叠加值为 913t/h。通过送风机动叶自动调节回路计算，送风机 A/B 动叶开度持续减小。另一方面，由于总一次风量为 540t/h，造成机组二次风量需求下降；同时送风机 A/B 动叶开度分别为 19％/24.7％，开度较小，二次风箱内风量测量元件前后差压很低，引起二次风量测量值快速减小，二次风量 A/B 侧流量分别低至 43t/h、255t/h。最终，总风量最低至 838t/h 左右，低于总风量低保护动作值 846t/h，触发锅炉 MFT。过程曲线如图 3-29 所示，因此深度调峰时总风量低引起 MFT，是本次事件发生的直接原因。

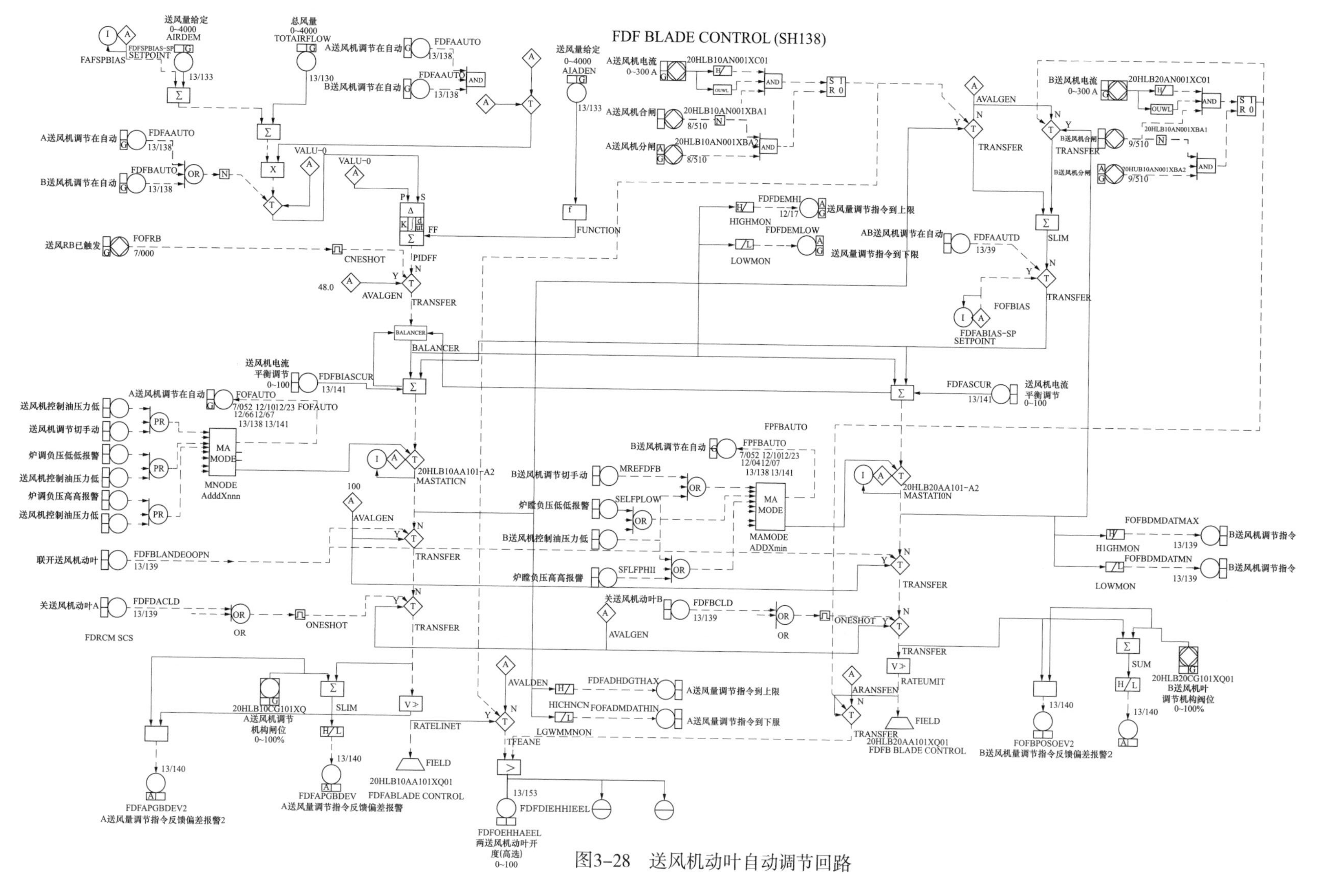

图3-28　送风机动叶自动调节回路

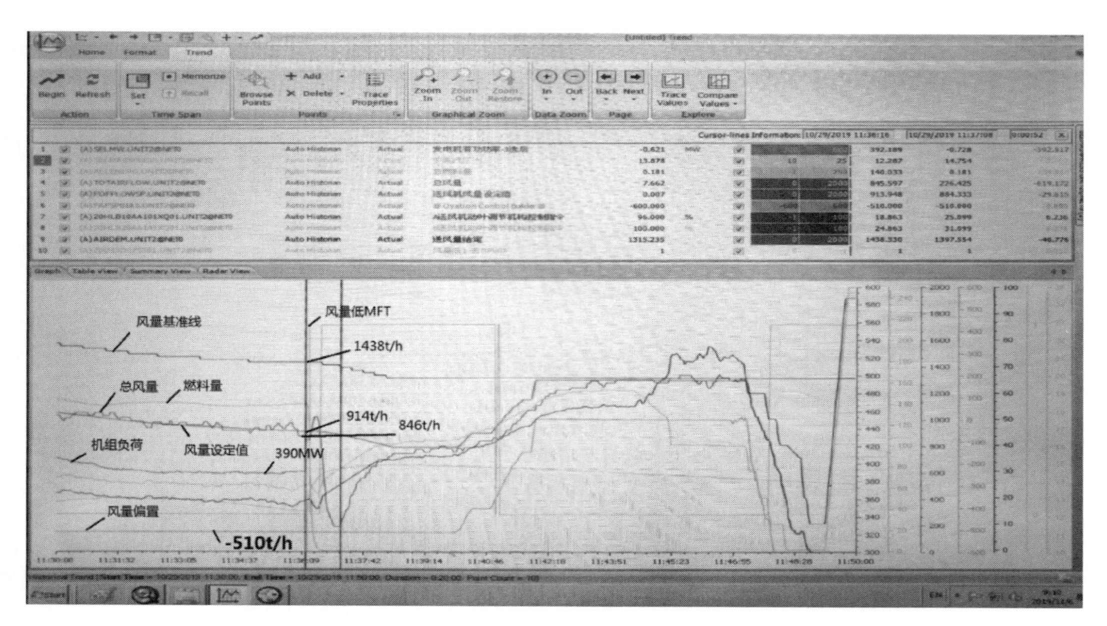

图 3-29　过程曲线

（2）逻辑分析。低负荷运行时，总风量设定值负偏置设置过低，同时参与送风机动叶自动调节回路计算的总风量设定值未设置低限限制，造成总风量设定值偏小，运行在低限值附近，导致总风量的安全余量不足。机组投产以来经历次排查，一直未发现未设置最终的总风量低限制及低风量报警。

检查总风量控制逻辑，总风量指令生成和回路控制策略如图 3-30 所示。

风量指令生成回路中，风量偏置模块设置在了最小风量限制模块之后，风量基准线加上风量偏置模块，生成最终的总风量控制指令，由于风量偏置模块设定范围过大（−600～600t/h），在深度调峰期间，导致总风量指令低于 1300t/h。

（3）间接原因。低负荷运行时，总风量设定值负偏置设置过低，同时参与送风机动叶自动调节回路计算的总风量设定值未设置低限限制，造成总风量设定值偏小，运行在低限值附近，导致总风量的安全余量不足。

机组投产以来经历次排查，一直未发现未设置总风量低限制及低风量报警。进入 10 月份，2 号炉空气预热器差压有明显增大趋势，为了防止引风机失速，同时又保证机组带高负荷运行，在保证氧量正常前提下，风量偏置逐渐增加。

10 月底随着空气预热器差压越来越高，在保证引风机、氧量、高负荷（最高带 850MW）三个因素正常情况下，风量偏置逐渐减至−500t/h 上下。同时，由于 2 号炉 C 级检修推迟，催化剂活性下降，低负荷 A 侧氨逃逸率经常偏高，炉膛内部燃烧生成原烟气 NO_x 浓度偏高，为减少原烟气 NO_x 生成量，减少 A 侧喷氨量，降低氨逃逸率，防止氨逃逸过大生成硫酸氢铵积聚在空气预热器换热元件加剧空气预热器堵塞，因此低负荷期间总风量偏置也设置较低。

在深度调峰时，运行人员经验不足，对总风量变化关注不够，未能及时调节，致使总风量运行至低限。

低风量时二次风箱内风量测量元件前后差压很低，导致测量值不准、晃动。

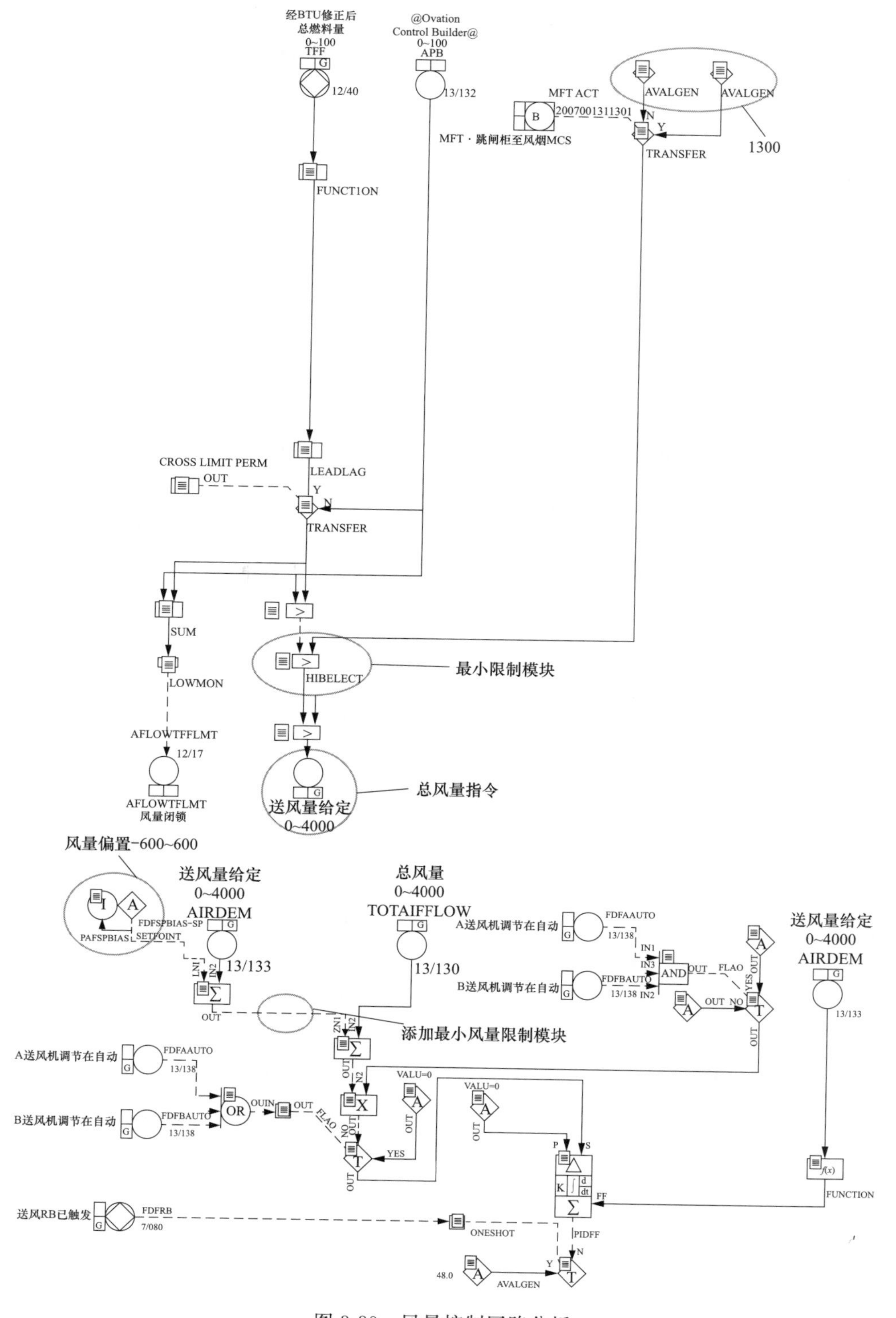

图 3-30　风量控制回路分析

3. 暴露问题

（1）深度调峰隐患排查不到位，机组投产以来未排查出总风量低限制逻辑不完善的隐患。

（2）在深度调峰时，运行人员经验不足，关注过热度的调整导致对总风量变化关注不够，未能及时调节，致使总风量运行至低限。

（3）未排查出低风量报警未设置的隐患。

（4）2 号炉空气预热器差压高现象未得到有效解决。

（三）事件处理与防范

（1）2 号机组送风机动叶自动调节回路总风量设定值设置下限为 1300t/h。

（2）运行人员加强锅炉总风量监视，保证机组运行中锅炉总风量不低于 1300t/h。

（3）双重预防措施增加总风量低相关内容。

（4）增加 1、2 号机组总风量低光字牌报警，定值为 1300t/h（锅炉额定风量的 40%）。

（5）将 1、2 号炉二次风量小信号切除功能取消。

（6）联系原调试单位，排查涉及机组主保护相关参数的调节回路中设置限值功能是否合理。

（7）排查机组所有主保护报警定值并对操作员及以上主要岗位开展机组主保护定值专项考试。

（8）开展操作员低负荷应急处理专项培训。

（9）重新辨识深度调峰存在的风险。

六、RB 保护动作异常引起锅炉 MFT

（一）事件过程

12 月 11 日某厂 3 号机组负荷 260MW，厂级 AGC 投入，主蒸汽压力 16.42MPa，汽包水位−10mm，A/B 汽泵给水自动投入，水位给定值−10mm，给水流量 763t/h，蒸汽流量 768t/h，主/再热汽温 544.1℃/534.9℃，A/B 引风机、送风机、一次风机及 A 密封风机运行，A/B/C/D 球磨机、A/B 汽泵运行，A/B 送风机动叶开度 47%/55%，电流 43.5A/42.9A，振动 41μm/10μm、19μm/5μm。电泵备用，辅汽由 2 号机组再热冷段供，辅汽联箱压力 0.75MPa。

16 时 34 分 27 秒 3 号炉 B 送风机发失速报警，检查送风机电流、振动、声音、出口压力、进出口差压无异常，通知电热部检查。16 时 34 分 27 秒至 16 时 50 分，多次发出 B 送风机失速报警，16 时 50 分 10 秒 B 送风机跳闸，送风机 RB 动作，B 磨煤机跳闸，A 送风机动叶由 47%开至 66%，电流由 43A 升至 61A，A/B 引风机频率由 44Hz/46.3Hz 下降至 41.5Hz/43.0Hz，协调控制跳至机跟炉。DEH 自动将大机调门由 83%关至 25%，机组负荷由 260MW 降至 95MW，蒸汽流量由 765t/h 降至 206t/h，主蒸汽压力、主再热汽温快速上升，汽包水位快速下降，最低降至−148mm 后开始回升。

立即检查 A 送风机运行参数正常，调整炉膛负压正常。

16 时 50 分 56 秒，手动启动电泵，电泵状态翻黄闪烁故障，启动不成功。

16 时 51 分 10 秒，联系 2 号机将 3 号机 A 给水泵汽轮机倒为辅汽供汽，调整除氧器、凝结器水位正常。汽包水位回升至−35mm 后，逐渐减少 A、B 汽泵调门，并开启 A 汽泵再循环，汽包水位快速上升+59mm 后又开始下降。因 B 汽泵出口压力低于汽包压力，开启 B 汽泵再循环。逐渐增加 A、B 汽泵调门至 86%、72%。

16时51分35秒投入B3、C6油枪稳燃，将A、C、D磨煤机容量风均由60%分别关至47%、50%、50%，一次母管风压由7.4kPa降至7.0kPa。16时50分53秒主蒸汽压力18.0MPa，高压旁路动作开50%。

16时52分06秒准备投入功率回路加负荷，由于主蒸汽压力上涨较快，立即将汽轮机调门控制方式解为手动控制，手动开调门加负荷。

16时55分00秒，急停C磨煤机，A、D磨煤机各停运一只燃烧器。

16时55分18秒，汽包压力最高上涨至20.86MPa后缓慢下降（锅炉安全门未动作），此时汽包水位−221mm仍在快速下降。

16时55分20秒复位电泵后重新启动成功。

16时55分28秒汽轮机调门开至41.8%，汽轮机负荷升至183MW，投CCS时再次触发送风机RB，A送风机动叶由66%开至84%，电流由61A升至103A，A/B引风机频率由41Hz/43Hz下降至35Hz/38Hz。

16时55分34秒，汽包水位低−280mm，锅炉MFT动作熄火，首出为“汽包水位低低”，除B密封风机联启外其余设备均联动正常。立即调整汽包水位正常后启动吹扫，逐步收关高压旁路。

17时08分吹扫结束投入燃油循环，炉膛点火成功，逐渐增投油枪，启动A、B一次风机及A、B、C、D磨煤机运行加负荷。

17时44分01秒负荷加至173MW时投入CCS控制，汽轮机调门再次关至25%，负荷快速降至80MW，立即手动开调门加负荷并紧急停运C磨煤机。

17时47分汽轮机调门开至66.6%，负荷175MW。17时50分启动C磨煤机运行逐渐加负荷。17时55分负荷200MW，摘除全部油枪，用油6.70t。

（二）事件原因查找与分析

1. 事件原因检查与分析

（1）直接原因。3号炉B送风机失速保护跳闸后RB保护误动将机组负荷快速压低至约95MW，导致锅炉汽包压力快速上涨，且电泵第一次未能启动成功。运行人员未及时干预RB保护不正常动作压负荷，在汽包水位回升过程中，将A、B汽泵调门关得过小，同时又发生锅炉安全门拒动，造成汽包进水困难，虽然采取了减弱锅炉燃烧，紧急停运C磨煤机，开大了A、B汽泵调门，但汽包压力仍未能控制住，给水流量低于蒸汽流量时间过长，汽包水位快速下降，最终造成汽包水位低灭火保护动作，锅炉熄火。

（2）间接原因。

1）3号炉B送风失速保护误动跳闸的原因：16时50分09秒B送风机失速保护动作前，失速测量值上升趋势平缓，且电流、轴承振动、风压等风机相关参数均无明显变化。B送风机跳闸后，失速差压测量值恢复为0Pa左右，如图3-31所示。此前12月7日热控进行过B送风机失速取样管路吹扫定期工作，未发现取样管路有堵塞或者泄漏现象，12月12日热控再次办理工作票吹扫检查失速取样管路，也未发现异常情况。推测送风机热风再循环门开启后，局部时间段流通在失速取样管负压侧的粉尘浓度增大，导致两侧差压增大，失速保护动作，B送风机跳闸。

2）3号炉送风机RB保护误动将机组负荷快速压低至约95MW的原因：3号炉B送风机跳闸后，送风机RB动作，机组协调控制方式由CCS自动切换至机跟炉。DCS系统汽轮

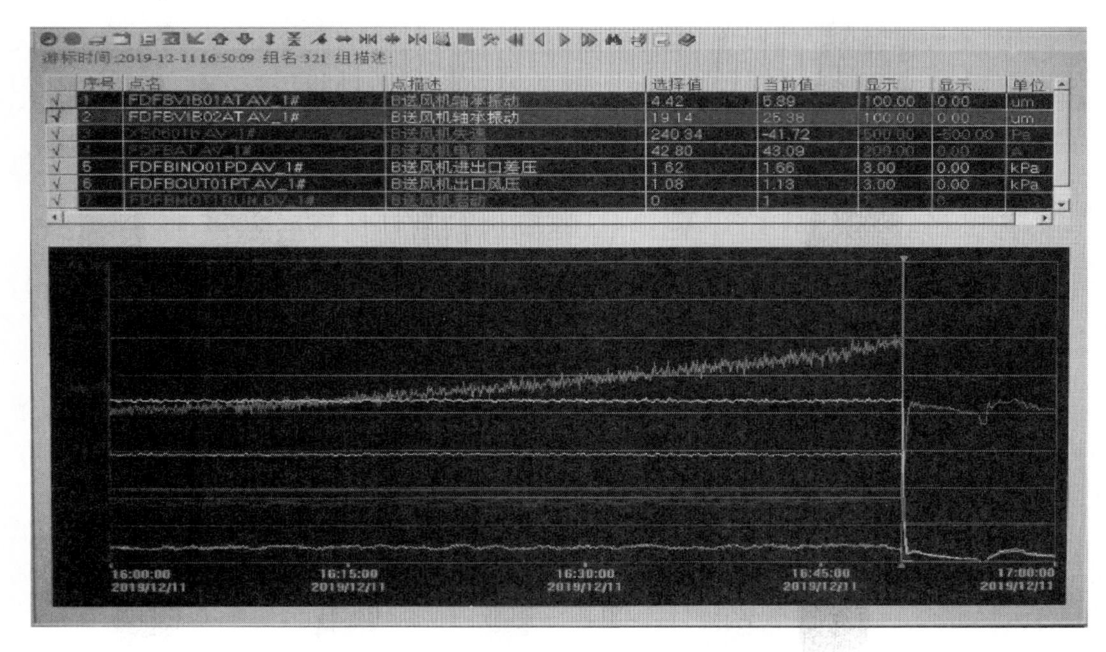

图 3-31　3 号炉 B 送风机失速趋势

机主控手操器输入信号由汽轮机功率控制主调（MCTM _ PID001）输出切换为汽轮机压力控制调节器（MCTM _ PID003）输出，如图 3-32 所示。由于汽轮机压力控制调节器 PID 参数设置由 DCS 系统升级前 MACSV1.1.0 版本导入，调节器输出最大值为 25，因其改造前后两个版本的模块功能特性不一致，导致 RB 动作后 CCS 切换至机跟炉时，汽轮机主控手操器输入由汽轮机功率控制主调输出值 83.38%切换至汽轮机压力控制调节器输出值 25%。汽轮机主控手操器输出 DEH 阀位指令随之降为 25%，DEH 调门开度大幅下降，机组负荷从 259.47MW 左右降至最低 95.27MW，如图 3-33 所示。

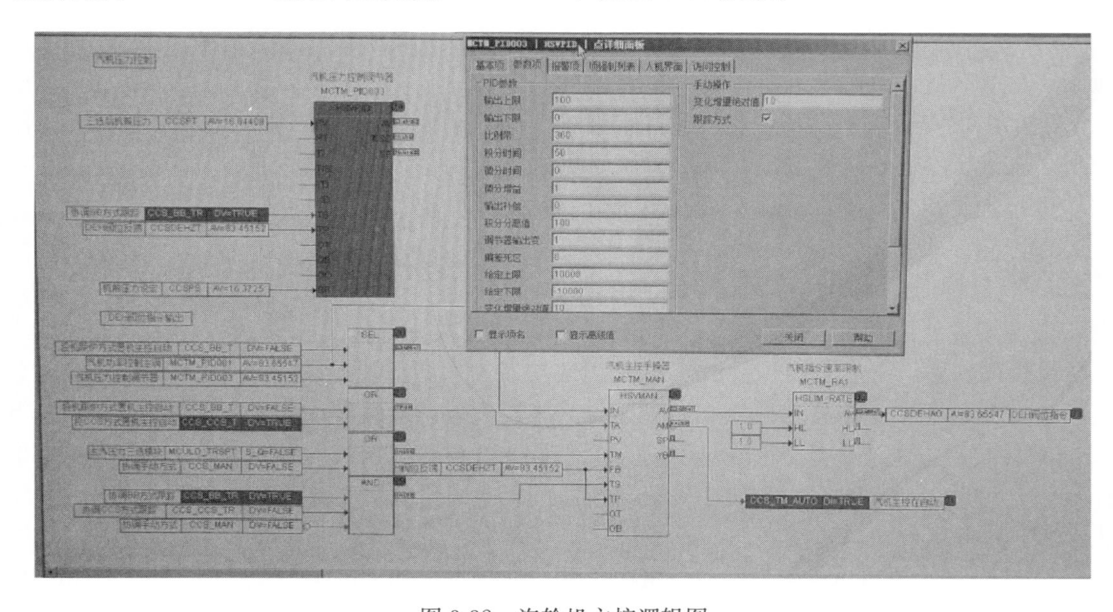

图 3-32　汽轮机主控逻辑图

3）锅炉汽包安全门（3 个）及过热器安全门（2 个）未动作的原因：由 HSE 部另外出分析报告。

4）电热部在 3 号机组 DCS 改造后对新旧版本 DCS 系统模块特性掌握不足，未进行参数差异性比对，导致机组存在安全隐患，在送风机 RB 保护动作后，机组快速压负荷，大大增加了运行人员处理难度。

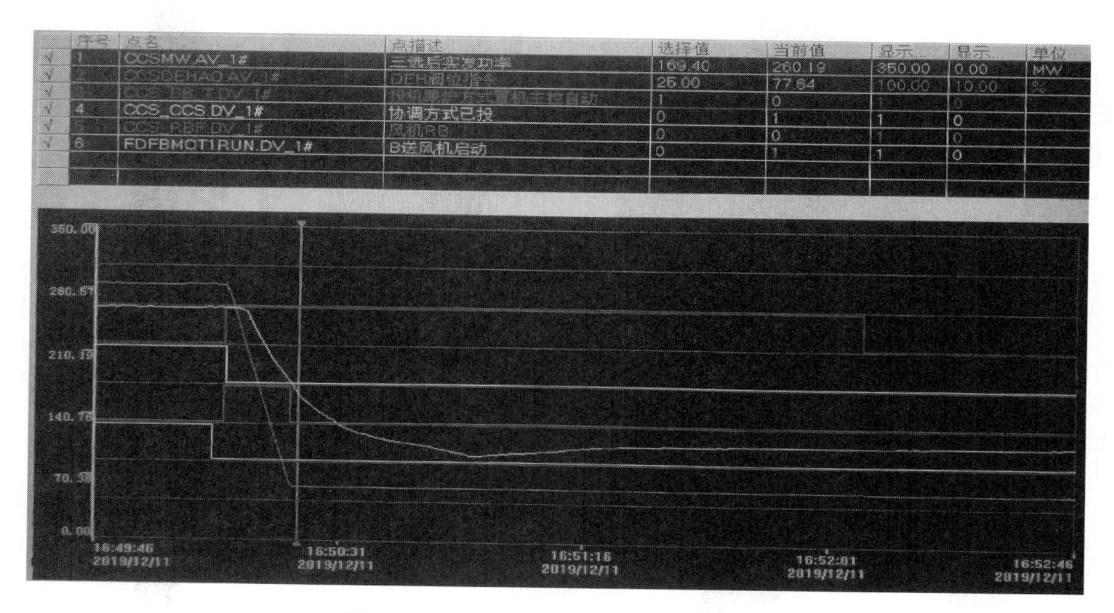

图 3-33 RB 动作后汽轮机主控输出变化

5）大值管理人员协调能力欠缺，在发生异常情况时，未能把控全局。

6）运行人员自身技术水平不足，在发生异常情况时，未能及时采取有效措施进行处理，导致事故扩大。

2. 暴露问题

（1）送风机失速差压值在 DCS 上看不到具体数值，不利于运行人员提前预判。

（2）3 号炉 B 送风机失速取样管路积灰逐渐堵塞，导致 B 送风机失速跳闸。

（3）3 号机组 DCS 系统改造后，存在锅炉 MFT 动作后未闭锁启动 B 密封风机，汽轮机压控 PID 参数设置不合适造成送风机 RB 动作后机组负荷降低至约 95MW，送风机动叶执行器死区设置偏大，导致 RB 保护动作后 B 送风机动叶执行器开度偏大等问题。

（4）值班员业务技术水平有待进一步提升，事故处理能力有待加强，事故处理协调不好。运行人员在事故发生后，减弱燃烧的幅度达不到要求，且未第一时间将汽轮机调门开出，锅炉严重超温超压。

（5）锅炉主蒸汽轮压力及汽包压力高时过热器和汽包安全门均拒动。

（6）电动给水泵第一次启动不起。

（7）机组事故处理过程中，单元长亲自上盘操作，值长也未赶到 2 号集控组织异常处理，导致盘上人员事故处理思路不清晰，缺少协调配合。

（8）3 号机组 DCS 系统改造后，存在键盘无快捷键功能，有些键盘无法输入数值等问题。

（三）事件处理与防范

（1）送风机失速报警值由＞160Pa改为＞100Pa，在送风机画面及磨煤机总图画面增加送风机失速测量值，并在报警、保护发出后，在送风机画面及磨煤机总图画面增加显示框。

（2）在热风再循环门开启的时间段，增加3号炉送风机失速取样管路定期吹扫工作频率，从每双月一次变更为每月一次。

（3）由发电运行部提供3号机组机、炉、电主保护，RB保护，重要辅机保护等重要逻辑清单交给电热检修部，电热检修部对照定值书进行一次认真、细致的清理，发现的问题在机组运行中能处理的就及时处理，但要做好汇报和监护工作；机组运行中不能处理的，在机组停运期间及时处理。在此期间，运行人员应作好相应的事故预想。

（4）加强运行人员技术水平的培训，盘上人员对各类事故的处理要心中有数，并要做好事故预想，多学习、多总结，同时要加强跨专业当班人员的技能培训，利用仿真机有针对性的强化对各类事故处理的演练，使其能尽快胜任相关专业工作，事故处理时尽量安排人员至熟悉的专业进行操作。机组运行中，特别是在高负荷工况下，遇到汽轮机调门不正常关闭时，要有效控制锅炉主参数，及时投油稳燃，急停磨煤机。同时果断、迅速地将汽轮机调门开出。如因各种原因，导致汽轮机调门不能在短时间内开出，主蒸汽压力超压、主再热汽温超温，且快速上涨时，应果断手动MFT。

（5）由HSE部对过锅炉安全门拒动进行分析并拟定措施，保证安全门的可靠性。

（6）事故情况下，重要辅机启动一次不成功时，在无保护动作，参数无异常情况下可立即再复位启动一次。

（7）事故处理时，值长、单元长要统观全局，合理安排人员，防止操作人员在事故来临时，因过于紧张，思路不清晰，延误事故处理时机。

（8）继续发函联系DCS厂家，要求恢复3号机DCS专用键盘及快捷键功能。

七、锅炉“延时点火”保护逻辑设置不合理锅炉MFT

（一）事件过程

03月01日，某厂3号机组负荷275MW，B、C、D磨煤机运行，主蒸汽压力11.59MPa，主蒸汽温度561℃，再热蒸汽压力1.89MPa，再热蒸汽温度535℃，总燃料量233t/h，锅炉总风量1239t/h，氧量5.76%，给水流量777t/h。

13时59分17秒，3号锅炉“延时点火”保护触发，3号机组锅炉MFT，汽轮机跳闸，发电机解列，10kV厂用电切换正常。汇报生产指挥中心、各级调度。

13时59分20秒，3号机组汽轮机交流润滑油泵、交流启动油泵启动正常，汽轮机润滑油压力正常。

14时05分，3号机组汽轮机顶轴油泵启动。

14时30分，3号机组锅炉吹扫完毕。

14时51分，3号机组汽轮机转速到零，盘车投入。

17时35分，查明原因后值长汇报国调申请并网，国调同意。

17时50分，点火成功。

03月02日02时02分，按调度令与系统并网。

（二）事件原因查找与分析

1. 事件原因检查与分析

（1）直接原因。锅炉“延时点火”保护逻辑设置不合理，未能在锅炉点火后自动退出，机组在低负荷运行期间，燃烧不稳定的工况下，导致延时点火保护动作，锅炉MFT。

（2）间接原因。机组低负荷运行，锅炉燃烧不稳定，13时58分47秒，火焰监测信号不稳定，13时59分17秒，B/C/D煤层投运信号消失，满足“任意煤层投运信号”且“无等离子运行”条件，“延时点火”保护动作锅炉MFT，其中，延时点火逻辑如下：

1）以下条件同时满足，延时点火逻辑动作，锅炉MFT：

①B层等离子无弧（A、B层等离子均未投入）；

②MFT复位信号延时7200s；

③无煤层投运（有煤层投运取非，A-F所有煤层投运信号消失）。

2）单一煤层投运信号存在的条件为：同一煤层4个角的有火信号4取3且磨煤机运行且给煤机运行。

（3）锅炉MFT首出未能正常显示原因说明。由于热控保护逻辑设置不合理，锅炉MFT保护“延时点火”动作后立即被MFT复位，导致首出未能正常显示。

2. 暴露问题

（1）各级人员责任制落实不到位。电厂各级管理人员未严格落实《关于做好2019年全国“两会”期间电力生产保电措施的通知》和《关于加强近期电力生产管理和做好两会保电工作视频会》各项要求，未认真分析设备现状和隐患，风险辨识和风险分析不全面，两会期间的各项保电措施执行不到位，各级管理人员安全生产责任制未有效落实。

（2）专业技术管理责任不落实，公司管理制度、标准执行不到位。保护管理麻痹大意，逻辑比对专业技术人员未履职尽责，各级管理人员逻辑审核、审批流程流于形式。未按照《公司热工保护投退管理办法》及《提高火力发电厂机组热工保护可靠性优化配置指导意见》的要求认真核查保护与逻辑的正确性，对保护与逻辑进行优化。

（3）热工保护核查流于形式，热工保护隐患排查工作不落实。公司多次组织开展热工保护逻辑隐患排查工作，电厂未深刻吸取历次非停事件的教训，隐患排查不彻底，隐患排查制度执行不到位，对热工保护隐患排查工作重要性认识不足，保护核查工作开展不深入，隐患排查流于形式。

（4）未按要求进行热工保护传动，试验开展不规范。锅炉“延时点火”保护传动，未能按要求在保护的源头进行信号传动，导致锅炉“延时点火”保护发出后被MFT信号复位，造成“延时点火”MFT首出在锅炉MFT后未能正常显示，未能按照《提高火力发电厂机组热工保护可靠性指导意见》的要求“所有的保护试验必须从现场元件处模拟发出信号，不允许在DCS逻辑强制或在机柜接线端子短接”进行保护传动，反映出对保护传动工作的重要性认识不足，保护传动工作开展不规范。

（5）运行风险预控不到位，应急处置能力不足。运行管理人员未认真开展机组低负荷运行时风险辨识工作，制定的《低负荷运行措施》不完善，未能对锅炉燃烧不稳定等异常工况，提出具体调整措施，不能有效指导运行人员操作。在机组低负荷运行期间，B磨煤机出现异常工况时，运行值班人员没有综合分析系统的运行参数，随意降低B磨煤机出力，造成锅炉内部燃烧恶化，未采取等离子拉弧或快速启动备用磨煤机等手段稳定负荷，反映出运行人员应急处理能力较差，日常培训缺失。

（6）技术支持组未能发挥作用，工作开展不到位，公司组织技术研究院于2017年1月至5月开展的“电厂技术监督支持工作”要求对锅炉主保护、汽轮机主保护、主要辅机保护信号进行核查，2015年至2018年三次技术监督现场检查，技术研究院均未能发现四台机组“点火延时”保护逻辑不一致，“点火延时”保护存在问题，保护核查工作存在漏洞。

（三）事件处理与防范

（1）针对“锅炉延时”保护存在的问题开展汽轮机、锅炉、发电机主保护核查，核查保护触发条件和复位逻辑的合理性，分段退出的保护是否在运行期间正常退出，同时将本单位主机保护逻辑说明和排查结果一并报送电力生产部备案。

（2）按照《提高火力发电厂机组热工保护可靠性指导意见》的要求，重新修订保护传动操作卡，按照“所有的保护试验必须从现场元件处模拟发出信号，不允许在DCS逻辑强制或在机柜接线端子短接进行保护传动”的要求修订执行。正在检修及准备开展检修的单位要认真梳理热工保护传动内容，规范保护传动方法及项目。

（3）编制《机组低负荷运行技术措施》，明确管理责任，细化操作措施，针对可能出现的异常工况，明确各项参数调整的具体数值，指导运行人员操作，同时要组织运行人员学习考试，并在仿真机上进行演练，检验相关逻辑的准确性，报警、首出是否完善。

（4）开展热工、电气保护的培训工作，从保护设计、配置原则、触发条件、动作过程、复归条件、保护定值等方面进行培训，提高专业人员事故分析能力。

八、燃机主润滑油泵联锁逻辑设计不合理导致机组非停

（一）事件过程

08月31日，某厂机组负荷为306.2MW，AGC投入，12A、12B燃气锅炉停运，由该机组对外供热，供热量为70.1t/h，供热压力为1083kPa，供热温度为284℃。

14时12分24秒，2号机TCS报警：LUBE OIL PRESS LOW TRIP（TPS）（润滑油压力低跳闸）；GT MAIN LUBE OIL PUMO ABNORMAL ALL STOP TRIP（TPS）（燃机主润滑油泵异常全停跳闸），机组跳闸，负荷到0，发电机出口断路器断开，转速下降，直流润滑油泵启动，润滑油压0.245MPa。

跳闸后检查TCS润滑油画面：A润滑油泵故障；B润滑油泵在备用状态未联锁启动。

14时14分，就地检查确认2A交流润滑油泵开关跳闸，电流速断保护动作，2B交流润滑油泵开关在正常备用状态；检查直流事故润滑油泵运行正常。

14时16分，TCS盘前启动B润滑油泵，停止直流事故润滑油泵运行。

14时23分，12B燃气锅炉点火成功。

14时26分，12A燃气锅炉点火成功。

14时54分，2号机组转速到零，投入盘车运行。

（二）事件原因查找与分析

1. 事件原因检查

设备维护部组织各专业开票对系统设备进行检查，电气专业测量2A润滑油泵电机三相线圈对地绝缘，结果测试为0，判断为定子线圈烧损，需解体检查后确定定子线圈烧损

原因（正在进行），检查 2A 润滑油泵试验报告，最近一次 2A 润滑油泵检修及预试于 2018 年 12 月 14 日进行，试验报告结论为合格。对开关回路进行检查，无异常。

机务专业对泵体进行盘车，无卡涩现象。

热控专业对逻辑事件列表进行检查，2B 润滑油泵联锁启动后未保持运行，2 号机组润滑油压低，2 号机组正常保护动作。

事件列表：

14 时 12 分 22 秒 890 毫秒 2A 润滑油泵停止运行。

14 时 12 分 22 秒 940 毫秒 2A 润滑油泵异常报警、2A 润滑油泵远程信号消失。

14 时 12 分 23 秒 140 毫秒 2B 润滑油泵启动。

14 时 12 分 23 秒 215 毫秒润滑油压低 1 开关动作。

14 时 12 分 24 秒 190 毫秒 2B 润滑油泵停止。

14 时 12 分 24 秒 750 毫秒润滑油压低 1 断路器、润滑油压低 2 断路器、润滑油压低 3 断路器动作，2 号机组润滑油压低跳闸。

2. 原因分析

（1）直接原因。2A 润滑油泵故障停运后，2B 润滑油泵联锁启动，但未保持运行，造成 2 号机组润滑油压低跳闸，是本次事件的直接原因。

2B 润滑油泵联锁启动后未保持运行的原因分析：2B 润滑油泵联锁启动条件为 2A 润滑油泵启动指令在且 2A 润滑油泵运行反馈消失。2A 润滑油泵启动指令消失造成 2B 润滑油泵联锁启动信号消失，导致 2B 润滑油泵停止运行，见图 3-34（a）和（b）。

2A 润滑油泵启动信号消失原因为 2A 润滑油泵远方信号消失，延时 1s 后将 2A 润滑油泵启动信号复位，见图 3-34（c）。

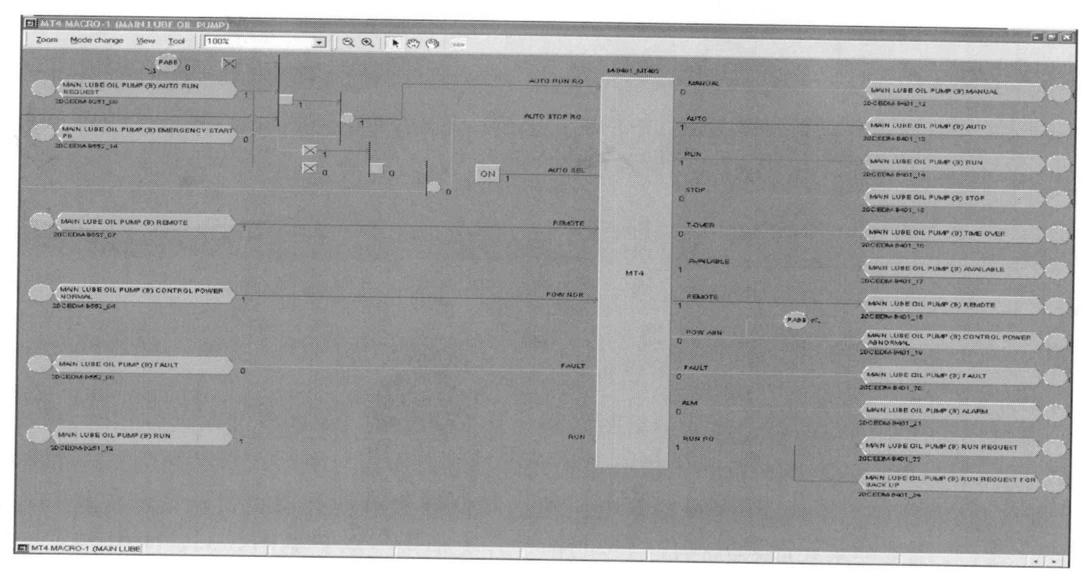

(a)

图 3-34　逻辑图（一）

（a）逻辑图 1

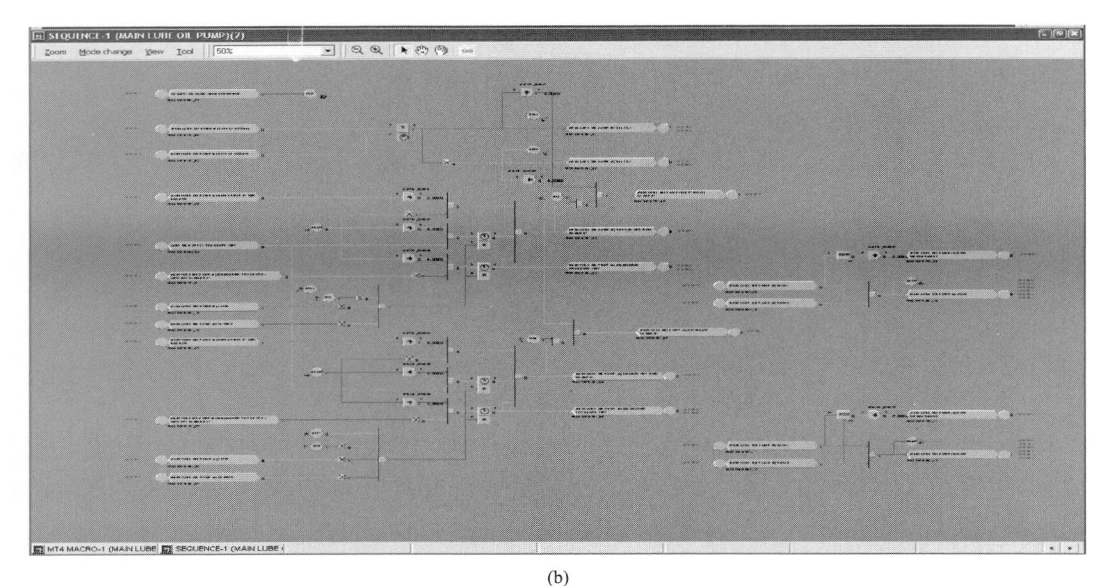

(b)

A泵远控信号消失，
延时1秒后，触发A
泵启动指令复位逻辑

(c)

图 3-34　逻辑图（二）

（b）逻辑图 2；（c）逻辑图 3

根据以上逻辑图绘制一个简易逻辑图如图 3-35 所示。对 2A 润滑油泵远方信号消失原因进一步进行检查：2A 润滑油泵电机开关柜允许远方操作信号由远方指示触点和故障跳闸指示触点串联组成，由于 2A 润滑油泵电机绝缘降低导致就地开关柜过流速断保护动作，进而导致 2A 润滑油泵允许远方操作信号闭锁。开关柜接线示意见图 3-36，图中 SDE1 为故障跳闸指示触点；SS1 为就地/远方操作把手；CE1 为工作位置指示触点。

（2）间接原因。对逻辑中存在的隐患排查不深入是导致本次 2 号机组跳闸的间接原因。

2A 润滑油泵故障停运后，2B 润滑油泵联锁启动，但未保持运行，造成 2 号机组润滑油压低跳闸，是本次事件的主要原因。

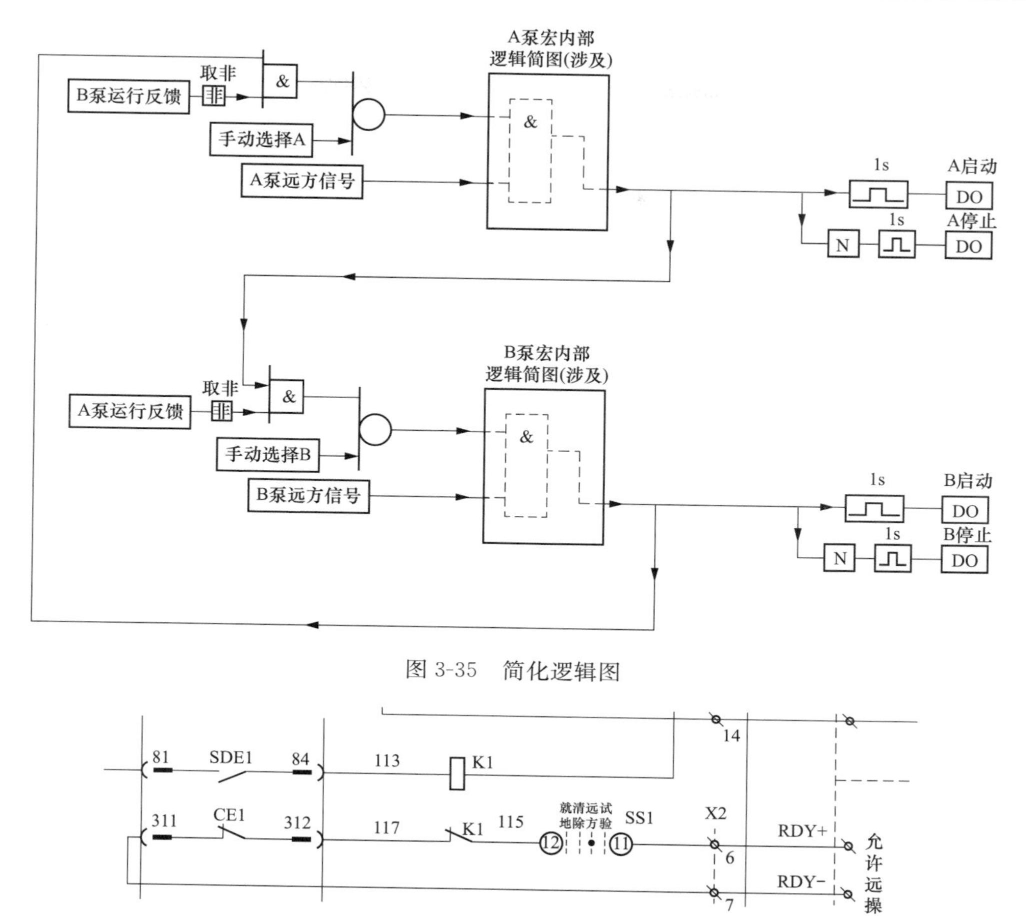

图 3-35　简化逻辑图

图 3-36　开关柜接线示意

2B 润滑油泵联锁启动后未保持运行的原因分析：2B 润滑油泵联锁启动条件为 2A 润滑油泵启动且 2A 润滑油泵停止运行。2A 润滑油泵启动信号消失造成 2B 润滑油泵联锁启动信号消失，导致 2B 润滑油泵停止运行。2A 润滑油泵启动信号消失原因为 2A 润滑油泵远方信号消失导致。对 2A 润滑油泵远方信号消失原因进一步进行检查：2A 润滑油泵电机开关柜允许远方操作信号由远方指示触点和故障跳闸指示触点串联组成，由于 2A 润滑油泵电机绝缘降低导致就地开关柜过流速断保护动作，导致 2A 润滑油泵允许远方操作信号闭锁。

3. 暴露问题

（1）润滑油泵联锁逻辑设计不合理，由于泵保护动作跳闸闭锁联锁启动备用泵信号，无法实现因保护动作泵跳闸备用泵联锁启动功能。

（2）逻辑隐患排查不深入，未发现逻辑中存在隐患。

（三）事件处理与防范

（1）对逻辑进行讨论，修改润滑油系统联锁逻辑。

（2）针对本次事件对三菱系统内其他泵联锁逻辑进行排查。

九、引风机给水泵汽轮机真空泵逻辑设计不合理导致机组非停

某厂 2 号机组于 2019 年并网发电并投入商业运行，锅炉为北京巴布科克·威尔科克斯

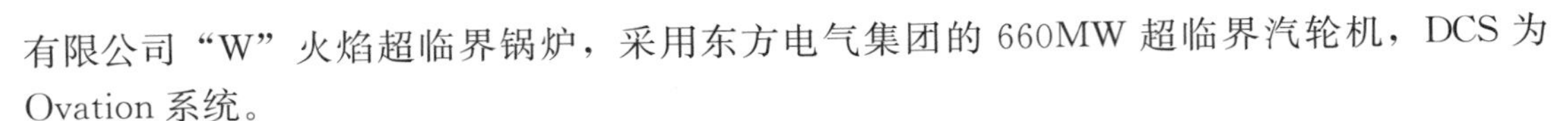

有限公司“W”火焰超临界锅炉，采用东方电气集团的660MW超临界汽轮机，DCS为Ovation系统。

（一）事件过程

2019年11月02日，03时11分2号机DCS上发“B引风机给水泵汽轮机润滑油温度高”光字牌报警，巡检就地检查2B引风机给水泵汽轮机润滑油温度正常。

03时17分42 2B引风机“给水泵汽轮机排汽压力高（74.74kPa）”保护动作跳闸，联跳2B送风机，2号机引风机RB正常动作，联跳D磨煤机，自动投入A/E/F层油枪，A送风机动叶由47.8%开至82.9%，炉膛压力最高升至+1403Pa，手动调整A送风机动叶及A引风机转速。

03时19分48秒，2号机负荷384MW，炉膛负压+766Pa，A/B/E/F磨煤机负荷风门开度：A1：34.5/A2：34.3/B1：25.1/B2：25.6/E1：60.3/E2：60.2/F1：34.6/F2：26.1，汽轮机阀位指令79%，主蒸汽压力/温度分别为14.11MPa/560℃，省煤器入口给水流量942t/h，燃料量109t/h，左/右侧主蒸汽温度变化率下降至−7.87/−5.94℃，运行人员手动将给水流量偏置由−46t/h往下减。

03时20分59秒，引风机RB动作结束，2号机负荷339MW，运行人员将给水流量偏置调至−160t/h，A/B/E/F磨煤机负荷风门开度无变化，汽轮机阀位指令73%，主蒸汽压力/温度分别降为13.1MPa/554℃，省煤器入口给水流量765t/h，燃料量111t/h，四抽压力下降至0.6MPa。

03时23分50秒，机组负荷262MW，炉膛负压+870Pa，A/B/E/F磨煤机负荷风门开度无变化，省煤器入口给水流量743t/h，A/B给水泵汽轮机转速分别为3230、3110r/min，A/B给水泵再循环门开度分别为26%、0，A/B给水泵入口流量分别为524、280t/h，四抽压力0.47MPa，四抽至B给水泵汽轮机供汽流量从12.5降至5.9t/h，并开始波动。

03时23分54秒，B给水泵再循环门因汽泵入口流量低于280t/h超驰开至100%，省煤器入口给水流量下降至518t/h并持续下降。

03时24分08秒，B给水泵汽轮机低压调阀开度上升至93.9%，四抽压力低至0.47MPa，四抽至B给水泵汽轮机供汽流量降至3.9t/h，转速由3120r/min降至1962r/min，B给水泵出口压力降至6MPa，B给水泵入口流量由533t/h降至186t/h，省煤器入口给水流量由507t/h降至445t/h。

03时24分31秒，机组负荷269MW，省煤器入口给水流量降至266t/h，2号锅炉“给水流量低”MFT保护动作，锅炉灭火，机组解列。

（二）事件原因查找与分析

（1）引风机给水泵汽轮机真空系统运行方式不正确，因联络门2关闭，造成A真空泵失去备用。引风机给水泵汽轮机真空泵逻辑设置，B真空泵仅能作A/C真空泵备用。A/C真空泵不能置备用，逻辑设置不合理。

（2）2B引风机给水泵汽轮机C真空泵气水分离器液位低低开关故障，液位低未联动补水电磁阀，导致2C真空泵出力下降，2B引风机给水泵汽轮机排汽压力逐渐升高。2B引风机“B引风机给水泵汽轮机排汽压力高”光字牌报警错误设置为“B引风机给水泵汽轮机润滑油温高”，导致运行人员误判断；同时运行监盘不到位，未及时发现2B引风机给水泵汽轮机排气压力逐渐升高的问题，最终引起2B引风机给水泵汽轮机因排汽压力高跳闸，引风机 RB 动作。

（3）运行人员应急处置不当，在引风机 RB 动作过程中，未及时增加锅炉燃料量，给水流量偏置调整错误，导致锅炉“给水流量低”MFT 保护动作，机组跳闸。

（三）事件处理与防范

（1）优化引风机给水泵汽轮机真空泵逻辑和运行方式，确保 A/B/C 真空泵能互为备用。

（2）增加引风机给水泵汽轮机排汽压力高 1 值、高 2 值报警。

（3）梳理并完善重要辅机 RB 逻辑，计划结合机组正常停运机会逐一开展试验验证。

（4）排查所有 DCS 光字牌报警名称，确保名称正确，结合机组等级检修完成硬接线 I/O 点核对工作。

（5）加强运行人员操作技能培训和重大辅机跳闸应急处理仿真机实操演练，提高运行人员异常工况下处理能力。

十、高压调门流量特性参数设置错误导致机组非停

某厂 1、2 号两台 2×350MW 机组，锅炉系亚临界、中间再热、自然循环、单炉膛、悬吊式、燃煤汽包炉，喷燃器采用 4×4 前墙布置；汽轮机系单轴、双缸、双排汽、一次中间再热、喷嘴调节、反动凝汽式汽轮机。每台机组配备有 2×50%汽动锅炉给水泵，最大功率 6500kW，转速范围 3520～5270r/min，采用三路汽源供汽：一路是正常运行中供汽，由中压缸 A5 抽汽供给；第二路是发生 RB 等工况，当 A5 抽汽压力不能满足汽源需求，低压调门全开时，由冷再通过高压调门供汽；第三路是在机组启动或停运时由辅汽供给。汽动给水泵前置泵驱动型式给水泵汽轮机驱动，汽轮动给水泵型式 FK 6F 32-K。

2015 年 I 期两台锅炉完成低氮燃烧器改造，拆除前墙喷燃器上方的吹灰器，改造成 OFA 风箱。一期锅炉从 2018 年 8 月 4 日开始掺烧褐煤，燃烧、结焦情况良好。

2 号机组 MEH 系统于 2016 年 9 月由原西门子 Simadyn-D 系统升级至西门子 T3000 系统，经南京西门子电站自动化有限公司调试，并于 2016 年 10 月投入生产。

（一）事件过程

2019 年 01 月 10 日 16 时 20，2 号机组锅炉 B3、B4、C3、C4、D2、D3、D4 火检在 2.8s 内相继失去，造成 7 只 BSOD（磨煤机出口关断挡板）关闭、D 磨煤机因失去 3 只火检跳闸，机组燃料 RB 保护动作（机组由协调方式自动切至机跟随方式）。

立即手动投入 B、C、D 层共 12 根油枪，调整汽温等参数，手动打开 B3、B4、C3、C4 BSOD，维持 B/C 磨煤机总煤量在 71t/h。16 时 22 分 48 秒，机组负荷最低降至 122MW，A5 抽汽压力降至 0.386MPa，A、B 汽泵高调门分别开至 24%、0%。汽包水位由－107mm 开始上升，至 16 时 26 分，汽包水位升至＋77mm 开始下降。

随降速逐渐加快，16 时 28 分 10 秒，机组负荷 260MW，手动启动电泵。16 时 28 分 22 秒，（汽包水位：38mm；给水流量：46kg/s；主蒸汽流量：226kg/s）解除 A 给水泵汽轮机自动并提高转速；16 时 29 分，汽包水位最低降至－166mm 后开始缓慢上升。

16 时 30 分 26 秒，（汽包水位：－162mm；给水流量：202kg/s；主蒸汽流量：239kg/s）汽包水位趋于稳定后，投入 A 给水泵汽轮机自动；16 时 32 分，手动降低电泵转速至不出力。

16 时 35 分，汽包水位由－110mm 快速上升。运行人员发现汽泵自动调节不正常，水

位升至＋51mm，16时38分29秒，（汽包水位：47mm；给水流量：243kg/s；主蒸汽流量：198kg/s）将B汽泵切至手动并手动降低转速。

16时39分11秒，（汽包水位：136mm；给水流量：248kg/s；主蒸汽流量：197kg/s）汽包水位升至＋186mm，手动打闸B汽泵。16时39分24秒，汽包水位高至＋203mm触发锅炉MFT，汽轮机跳闸，发电机联跳。

（二）事件原因查找与分析

1. 事件原因检查与分析

2016年9月，西门子对2号机组MEH进行升级改造。2019年1月10日2号机组发生非停，经过汽泵高调门开关试验和逻辑分析发现改造时高压调门流量特性函数参数设置错误，使其输出最大限制在23.5%，导致高压调门最大只能开至23.5%。汽包水位快速下降过程中，A汽泵自动提高转速指令，但因汽泵高调门开度受限，实际转速不再上升，但其指令值仍一直增加，造成转速指令值远高于实际转速反馈值，当汽包水位快速上升时，虽然A汽泵自动转速指令一直下调，但仍一直高于实际转速值，因此实际给水量并未降低，导致汽包水位自动调节失灵，水位持续快速上升至跳闸值是本次非停的主要原因。

水位快速上升过程中，运行人员未能及时发现水位自动调节不正常问题，干预不够及时，导致汽包水位高保护动作，锅炉MFT。

2. 暴露问题

（1）设备管理不到位。控制系统改造后专业人员验收把关不严，未能及时发现汽泵高压调门流量特性曲线参数设定不正确。设备的联锁保护试验方案和方法存在漏洞，设备隐患排查不到位。

（2）防非停措施落实不到位。制定的防非停措施未真正落实到工作中。

（3）运行管理不到位，培训不到位，运行人员操作技能不高，未能及时发现水位自动失常问题，不能满足事故处理的要求，在汽包水位快速上升的情况下，干预不及时。

（4）低氮燃烧器改造后，对燃烧器整体性能掌握不全面，对燃烧器区域结焦、偶然掉焦造成安全影响的认识不足。

（三）事件处理与防范

（1）严格把关改造工程的质量验收。对汽泵高压调门进行流量特性函数参数修改。逐一检查其他同类汽泵高低压调门，确保动作正常。

（2）对一期1、2号机组DEH、MEH改造后的逻辑、保护定值、调节参数对照原系统图纸进行逐一梳理、核对。制订详细的计划，对全厂热工控制系统逻辑图、接线图、I/O清单和保护定值进行统计和修编。

（3）对设备联锁保护试验卡进行修订，梳理试验方法和步骤存在的缺陷，完善和改进试验方案。在有逻辑修改、设备异动过的系统中，必须增加全回路联锁试验，以验证逻辑和系统响应的准确性。

（4）按照《关于燃煤电厂热工逻辑梳理及隐患排查指导意见（试行）》（2017年1月）第4.2条“重要辅机设备保护联锁隐患排查要点”第7款要求，对一期给水调节增加“给水泵指令反馈偏差大报警”，为运行人员操作提供判断依据。

（5）严格执行防非停措施，运行部编制下发《一期锅炉汽包水位调整指导意见》，组织运行人员进行学习消化，切实提高事故处理能力。

（6）强化运行管理。采取仿真机等专项培训方法，提高运行人员业务技能。

（7）机组检修前，调整燃烧器内外调风器开度，减小扩散角，降低燃烧器旋流强度，减缓燃烧器周围结焦。机组检修期间对燃烧器卫燃带进行优化以减缓卫燃带区域结焦。联系西安院研究一期锅炉进一步燃烧优化调整的可行性。

十一、M/A 站算法块失灵导致燃机冷却水流量低跳闸

某厂三期燃机扩建工程整套“二拖一”机组于 2017 年 11 月 12 日 18：18 顺利通过 168h 满负荷试运行，转入生产。三期燃气-蒸汽联合循环“二拖一”供热机组配置 2 台日本三菱 M701F5 型燃机、2 台 343MW 燃气轮发电机、2 台余热锅炉、1 台供热蒸汽轮机和 1 台 312MW 蒸汽轮发电机，其中 9 号、10 号机组为燃气轮机，11 号机组为蒸汽轮机，机组群总出力为 998MW，燃料为天然气；机组背压工况（额定工况）可对外净供热负荷 773MW。

（一）事件过程

2019 年 3 月 29 日 9、10 号机组（燃气轮机）及 11 号机组（汽轮机）“二拖一”纯凝模式运行，机组群电负荷 512MW，其中 9 号机组电负荷 159MW，10 号机组电负荷 159MW，11 号机组电负荷 212MW。10 号余热锅炉 1 号高压给水泵运行，2 号高压给水泵备用。

16：33，10 号机组 TCS（燃机控制系统）发“GT4 COOLING AIR COOLER COOLING WATER FLOE LOW TRIP”（10 号燃机转子冷却空气冷却器冷却水流量低跳闸），10 号机组跳闸。值班员按现场规程进行异常处理，确保 9、11 号机组安全稳定运行，确保 10 号机组安全停机。

17 时 30 分向市调申请 10 号燃机启动。

（二）事件原因查找与分析

1. 事件原因检查

（1）造成此次跳闸的直接原因是 10 号燃机的 TCA（转子冷却空气）冷却器冷却水（来自高压给水泵出口）流量低于 24t/h（燃机负荷 150MW，流量设定为 24t/h，见图 3-37），延时 10s，触发燃机跳闸。

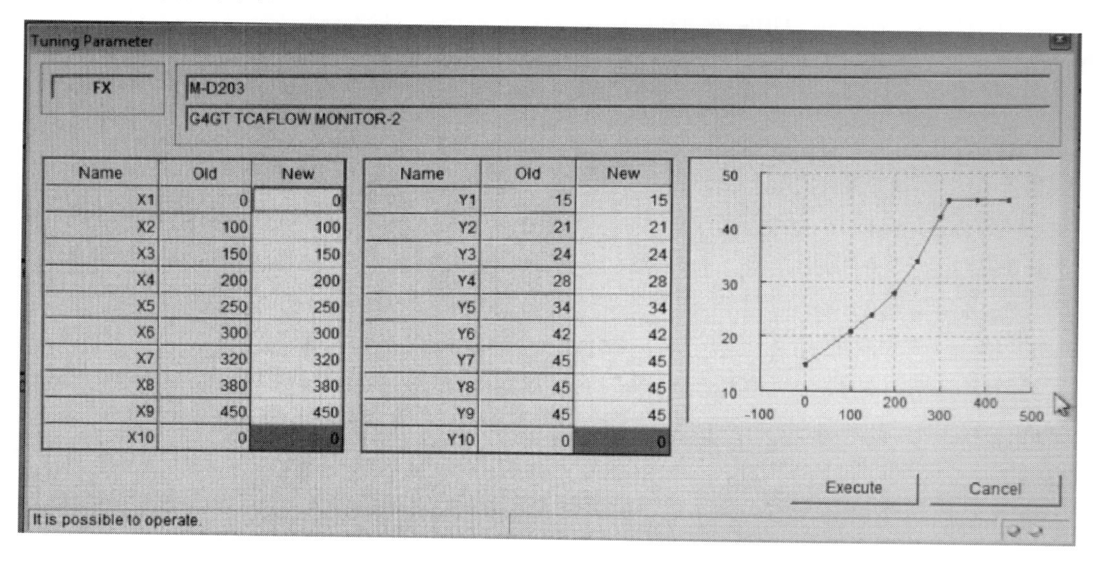

图 3-37　负荷与流量对应关系

（2）造成 TCA 冷却器给水流量低的原因是 10 号余热锅炉 1 号高压给水泵勺管在自动投入情况下由 35%突关到 20%，给水泵出口母管压力由 12.98MPa 下降至 11.02MPa（备用给水泵联启值为 10MPa，备用给水泵未联启），TCA 冷却水流量由 98t/h 降至 15t/h，低于当时负荷下的保护设定跳闸值 24t/h 以下，如图 3-38 所示。

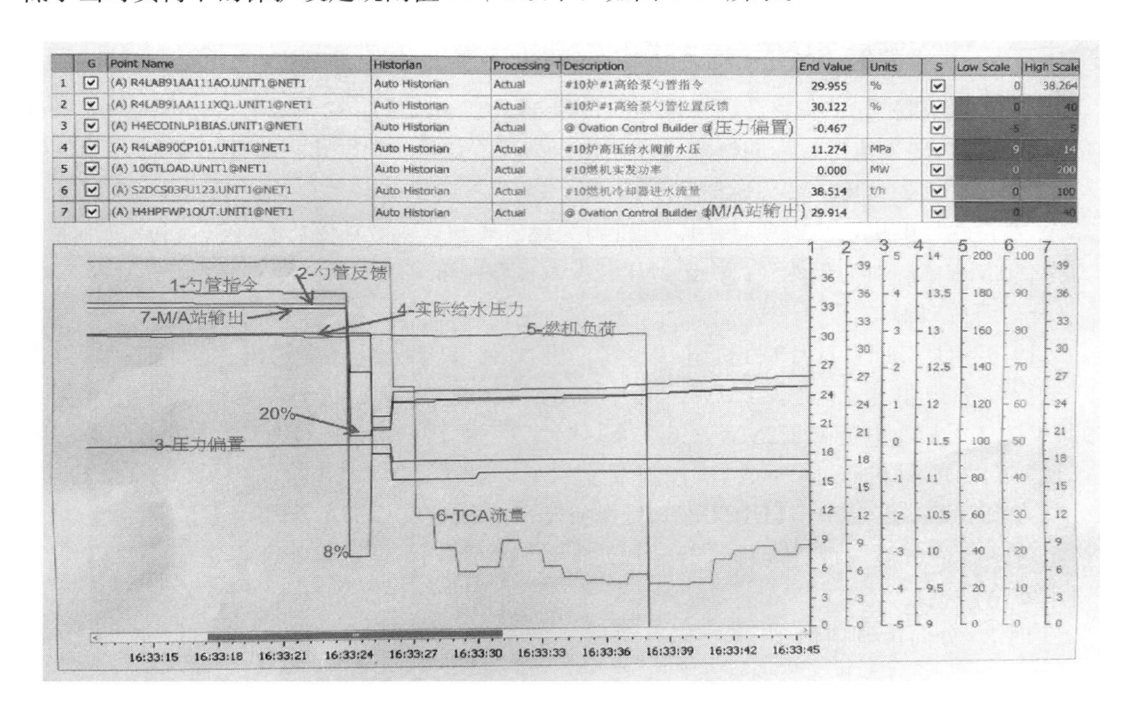

	G	Point Name	Historian	Processing T	Description	End Value	Units	S	Low Scale	High Scale
1	☑	(A) R4LAB91AA111AO.UNIT1@NET1	Auto Historian	Actual	#10炉#1高给泵勺管指令	29.955	%	☑	0	38.264
2	☑	(A) R4LAB91AA111XQ1.UNIT1@NET1	Auto Historian	Actual	#10炉#1高给泵勺管位置反馈	30.122	%	☑	0	40
3	☑	(A) H4ECOINLP1BIAS.UNIT1@NET1	Auto Historian	Actual	@ Ovation Control Builder @(压力偏置)	-0.467		☑	-5	5
4	☑	(A) R4LAB90CP101.UNIT1@NET1	Auto Historian	Actual	#10炉高压给水阀前水压	11.274	MPa	☑	9	14
5	☑	(A) 10GTLOAD.UNIT1@NET1	Auto Historian	Actual	#10燃机实发功率	0.000	MW	☑	0	200
6	☑	(A) S2DCS03FU123.UNIT1@NET1	Auto Historian	Actual	#10燃机冷却器进水流量	38.514	t/h	☑	0	100
7	☑	(A) H4HPFWP1OUT.UNIT1@NET1	Auto Historian	Actual	@ Ovation Control Builder @(M/A站输出)	29.914		☑	0	40

图 3-38　勺管指令与流量曲线

（3）10 号燃机跳闸后，电厂人员针对此现象，逐一检查给水泵勺管的控制逻辑、相关参数及切换条件，检查情况如下：

1）检查实际给水压力值，从曲线上看，此压力值一直较为稳定，没有突然升高的现象，但由于曲线趋势是 1s 的，但不排除有瞬间变高的可能。

2）检查压力设定值，从曲线上看，设定值没有变化，可以排除。

3）检查优先关的条件，此条件是用于程序启动给水泵的顺控，第一步是关小给水泵勺管到最小值 8%，从操作员记录上看，没有相关操作记录，可以排除。

4）检查 M/A 站下的跟踪切换条件，此切换条件是保证给水泵在备用且本泵已停止情况下，跟踪运行泵的输出指令。但 1 号高压给水泵已运行，该切换条件不满足；如果发生切换，输出到勺管的指令应是 30%而不是 20%，故可以排除。

5）检查 DCS 系统报警日志记录，没有发现该控制器的有关报警记录。

经以上分析，造成 1 号高压给水泵勺管突关原因是给水泵勺管控制逻辑中对勺管开度指令进行下限限制的 M/A 站算法块失灵，造成该 M/A 站算法块的控制指令下限输出到 8%，经与大选块（20%）比较，向勺管执行器输出 20%的指令。已向 DCS 厂家汇报并等进一步答复，初步怀疑该 M/A 站算法块存在偶发性故障问题，至于为何突然失灵，待 DCS 厂家收集相关数据带回进行分析。

2. 暴露问题

(1) 基建遗留问题，基建设计不合理，TCA 回水至凝汽器的调门选型不符合现场要求。

(2) 风险防范控制不力，TCA 回水至凝汽器的调门基建选型不符合现场要求，不能投入 TCA 流量调节，TCA 流量失去有效调节手段，相关生产人员未能采取有效手段防控该风险。

(3) 生产人员技术力量不足，热工人员对算法块可能出现故障的各种因素掌握不足，生产人员对关键设备、部件掌握不透，过分依赖厂家。

(三) 事件处理与防范

(1) 更换原先给水泵出口压力变送器，增加出口压力变送器的冗余度，目前已实现 3 取中。

(2) 对 1 号给水泵勺管控制所在的控制器进行切换，把主控制器切换为副控制器，把副控制器切换为主控制器。

(3) 对 1 号给水泵勺管控制的逻辑页删除，新建逻辑页，重新进行组态。

(4) 对 1 号给水泵勺管控制所在的控制器重新进行比较编译下载。

(5) 对高压给水勺管控制逻辑进行优化：

1) 增加 TCA 流量低联启备用泵；

2) 优化备用泵跟踪运行泵的指令逻辑，由备用泵跟踪运行泵当前指令，优化为跟踪运行泵前 5s 的指令并加一偏置 (2%)。

(6) 增加给水泵出口压力等重要数据点为快速趋势，并提高历史记录精度，并增加相关的辅助记录逻辑。

(7) 将 1 号给水泵勺管开度指令进行下限限制设定为 27%。

(8) 加快 TCA 回凝汽器调节门的改造进度。

十二、高压加热器水位变送器量程设置错误导致高压加热器解列

某厂 1 号机组容量 330MW，2019 年 3 月 15 日开始 C 级检修，批准工期 45 天。利用本次 C 级检修机会，DCS 系统由上海新华产品改造为杭州和利时 MACS-6 系统，该系统为该电厂首次应用。1 号机组按批准工期于 4 月 28 日启动并网。

(一) 事件过程

2019 年 4 月 29 日 11 时 00 分，1 号机组负荷 192MW，主蒸汽压力 14.5MPa，给水流量 501t/h，主蒸汽流量 592t/h。A、B 汽泵手动方式运行，A、B 汽泵转速 4514/4518r/min，电泵备用，汽包水位 1mm。A、B 送引自动方式运行。1、2、3 号高压加热器正常投入，1、2、3 号高压加热器水位－75、－24、－72mm，1、2、3 号高压加热器自动方式运行。机组锅炉主控、汽轮机主控、燃烧控制等还未投入自动，均在手动方式运行。

9 时 40 分办理热工工作票：1 号机组给水流量变送器 B 排污门消漏热力工作票，将 AB 给水泵切手动调节。11 时 03 分工作票终结，准备投入汽包水位自动。

10 时 05 分运行监盘人员应热工人员要求投入 3 号高压加热器水位自动。

11 时 12 分监盘人员发现机组负荷突升，最高升至 218MW，立即检查相关系统，发现高压加热器解列。

11 时 14 分汽包水位快速下降至－46mm，运行监盘人员手动增加 AB 给水泵汽轮机转速至 4647/4651r/min，提高汽包水位，期间汽包水位最低降至－84mm。

11 时 19 分汽包水位升至 43mm，手动降低 AB 汽泵转速。

11 时 21 分 26 秒汽包水位升至 310mm，AB 汽泵转速手动降至 4409/4398r/min，开启 B 汽泵最小流量阀。

11 时 21 分 50 秒汽包水位升至 350mm，汽包水位高 MFT，汽轮机跳闸，发电机联跳。通知值长及相关领导、检修人员。

检修人员到场分析确认：3 号高压加热器水位异常解列，引起给水流量异常变化，手动增加汽泵指令偏大，造成汽包水位快速上升，导致汽包水位高保护动作。

（二）事件原因查找与分析

1. 事件原因检查与分析

（1）汽包水位高原因。经追忆曲线分析，11 时 12 分 14 秒 3 号高压加热器水位高三值保护动作，高压加热器解列。抽汽止回门关闭，汽轮机做功增加，机组负荷升高，主汽流量增加，给水流量减小，汽包水位下降，操作人员手动增加汽泵指令偏大，造成汽包水位快速上升，达到汽包水位高保护定值，MFT 动作。

（2）高压加热器解列原因。3 号高压加热器原有一个水位测点（差压变送器），此次改造新增加 2 个高压加热器水位测点（导播雷达式）。3 号高压加热器水位自动调节仍采用原有高压加热器水位单一测点，高压加热器水位保护由电接点信号改为采用三个高压加热器水位测点，实现三取二逻辑。

追忆数据发现：

3 号高压加热器解列前，新增 2 个高压加热器水位测点显示正常，而参与调节的原有水位测点因 DCS 量程与差压变送器量程设置反向，当高压加热器自动投入后，高压加热器实际水位升高时，高压加热器水位（差压式）反而减小，自动调节关小疏水门，从而造成高压加热器实际水位进一步升高，高压加热器水位（差压式）进一步减小，疏水门进一步关小，直至关闭。

11 时 11 分 22 秒 3 号高压加热器水位调门关至 5%左右，因高压加热器水位和设定值偏差大（大于 100mm）高压加热器水位自动切手动，此时调门接近全关，高压加热器实际水位迅速上升。

11 时 12 分 14 秒高压加热器水位 1（雷达式）、高压加热器水位 2（雷达式）测量值达到高三值（138mm），水位保护动作，解列高压加热器。

（3）结论。直接原因：3 号高压加热器水位调节采用单一测点，高压加热器水位（差压式）测点 DCS 量程与变送器量程设置反向，造成高压加热器水位自动调节方向错误，导致高压加热器水位高保护动作，高压加热器解列。

间接原因：高压加热器解列造成汽水平衡异常，运行值班人员紧急手动增加汽泵出力，当发现汽包水位正常需降低汽泵出力时，为时已晚，汽包水位快速上升，至汽包水位高保护定值，MFT 动作。

2. 暴露问题

（1）DCS 逻辑组态存在隐患，高压加热器水位测点 43L01 量程设置反向。

（2）DCS 自动调试过程不规范，自动初投入调试人员、运行人员监视不到位。

（3）技术管理、培训管理存在缺失，运行规程中无高压加热器解列异常工况应急处置内容，未开展高压加热器解列仿真机培训，值班人员对新操作系统的性能不熟悉。

（4）DCS项目实施工期过短，签订协议、设计、安装、调试过程时间（仅3个月）不足，未能在调试前对组态进行充分审查，热控逻辑存在不完善之处。工作不细致、质量不高，存在诸多安全隐患。

（5）检修组织管理有待加强，各专业检修进度协调不力，其他专业检修工作结束较晚，影响DCS安装调试进程，系统调试无法全面展开，联锁试验不规范、不彻底、不细致。

（三）事件处理与防范

（1）完善DCS高压加热器水位调节回路，改正3号高压加热器水位测点（差压式）组态，达到DCS量程与变送器一致。

（2）加强自动调试管理工作，规范调试过程，保证调试、运行人员监视到位。

（3）修改规程，增加高压加热器解列应急处置措施内容。加强运行人员培训，充分利用仿真机进行高压加热器解列工况下汽泵手动调整操作演练，深入开展新操作系统的培训学习，熟悉其各项性能。

（4）设计单位、检修、运行部门安排专人全面核查DCS逻辑组态问题，包括联锁保护条件、自动调节变量、各类报警等。

（5）总结检修组织管理不足，加强各专业间检修进度协调，检修工作进程做到可控、在控。

（6）吸取改造项目工期紧张教训，全面规划改造项目实施计划，根据招标采购情况，合理安排检修工期，保证改造项目实施工期充足。

十三、供热汽轮机电机故障导致汽轮机超速

（一）事件过程

12月16日8时15分30秒，某厂1号供热汽轮机组跳闸保护动作，首出“供热汽轮发电机出口开关运行状态消失”。此时转速为3286r/min（等同于甩负荷实验）。8时15分32秒，速关阀关闭，汽轮机转速最高升至4190r/min。8时15分44秒，汽轮机转速降至“0”。就地查保护动作情况为“磁平衡差动”和“零序过流保护”动作。

（二）事件原因查找与分析

该供热汽轮机组保护逻辑通过DCS控制系统实现，当有保护信号动作时，经DCS运算后，发出信号动作速关阀，实现停机。经调阅曲线，从DCS系统接收到发电机故障信号到发出跳闸信号时间为1.9s，在此期间，小背压机转速从3286r/min上升至汽轮机转速最高升至4190r/min。该汽轮机虽然设置了电超速和机械超速保护，但由于超速保护动作出口均为速关阀，因此未起到超速保护作用。

（三）事件处理与防范

（1）增加1号10kV电气跳闸联关速关阀保护压板，从1号机10kV断路器敷设保护电缆到速关阀，提高动作速度。

（2）优化保护逻辑，对不必要的附加逻辑进行优化。

（3）将小背压机控制器更换为扫描周期更短的控制器，提高响应速度。

（4）将速关阀电源采用双路电源供电的方式，确保电源系统可靠。

（5）对新增设备、系统投入运行前要按规定进行动态试验。

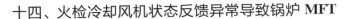

十四、火检冷却风机状态反馈异常导致锅炉MFT

（一）事件过程

10月17日05时37分，某厂1号锅炉MFT动作，机组跳闸。MFT首出为“两台火检冷却风机停止运行”。机组跳闸后就地检查发现A火检冷却风机正常运行，对火检冷却风机电机及保护回路进行检查，经过检查发现，A火检冷却风机启动接触器所带“A火检风机运行”反馈37号端子接线松动、接触不良，造成A火检冷却风机误发停运信号，造成锅炉MFT保护动作。

（二）事件原因查找与分析

A火检冷却风机启动接触器所带“A风机运行”反馈37号端子引线松动、接触不良，致使DCS内风机运行反馈信号消失。经过对热工逻辑核查发现，A火检冷却风机运行信号消失仅作为触发锅炉MFT的条件，而联锁启动备用火检冷却风机条件采用的是A火检冷却风机停止信号。因此，当A火检冷却风机运行反馈信号消失后，逻辑认为“两台冷却风机全停”，造成锅炉MFT动作、机组跳闸。

（三）事件处理与防范

（1）修改火检冷却风机联启备用风机的逻辑进行，在原“运行风机停止联锁启动备用风机”逻辑基础上增加“运行的火检冷却风机运行信号消失无延时联启备用火检风机”联锁条件。

（2）增加火检冷却风机出口母管压力低信号作为风机联锁条件。

（3）火检冷却风机出口母管增加压力测点，形成3取2保护逻辑，作为锅炉MFT动作条件。

十五、密封风机联锁启动条件逻辑有误导致锅炉MFT

某厂2×350MW机组，锅炉采用北京巴布科克·威尔科克斯有限公司生产的超临界参数、B&WB-1140/25.4-M型直流锅炉。汽轮机采用哈尔滨汽轮机有限公司生产的超临界参数、CC300/N350-24.2/566/566、超临界蒸汽参数、一次中间再热、单轴、三缸两排汽、凝汽式机组。发电机采用哈尔滨电机厂有限公司生产的QFSN-350-2型三相两极同步发电机，采用水氢氢冷却方式，励磁方式采用自并励静止励磁系统。

主机DCS为艾默生过程控制有限公司生产的OVATION分散控制系统包括：主要功能包括数据采集系统（DAS）、模拟量控制系统（MCS）、顺序控制系统（SCS）、锅炉炉膛安全监控系统（FSSS）、电气控制系统（ECMS）。汽轮机数字电液控制（DEH）、汽轮机紧急跳闸系统（ETS）、给水泵汽轮机数字电液控制（MEH）、给水泵汽轮机紧急跳闸系统（METS）。机组DCS控制共有五台操作员站（其中一台为DEH操作员站）、两台工程师站（其中一台为DEH工程师站）、一台历史站、一台MIS接口站和1台打印机，16个单元控制器，3个DEH控制器，2个MEH控制器以及3个公用系统控制器。

2014年10月17日01时36分，1号机组通过168h试运行。2014年12月6日17时58分，2号机组通过168h试运行。

（一）事件过程

8月17日1号机组负荷333MW，5台磨煤机运行，1A、1B一次风机运行，1A密封风机运行，1B密封风机备用。

2时43分10秒，1A密封风机运行信号消失（状态由红色变为黄闪，运行电流及频率正常），联锁关闭 1A 密封风机出口挡板，1B 密封风机未联启。

2 时 43 分 20 秒，两台一次风机跳闸（联锁逻辑：密封风机均停，延时 10s 跳一次风机），锅炉 MFT 动作（首出一次风机均停），1 号机组跳闸。

（二）事件原因查找与分析

1. 事件原因检查与分析

（1）主要原因：

1）1A 密封风机变频器在运行联锁启动条件错误，缺少运行信号取非逻辑（图 3-39），当 1A 密封风机变频器在运行信号消失后未能启动联锁启动 1B 密封风机启动回路，当时已经进行修改。

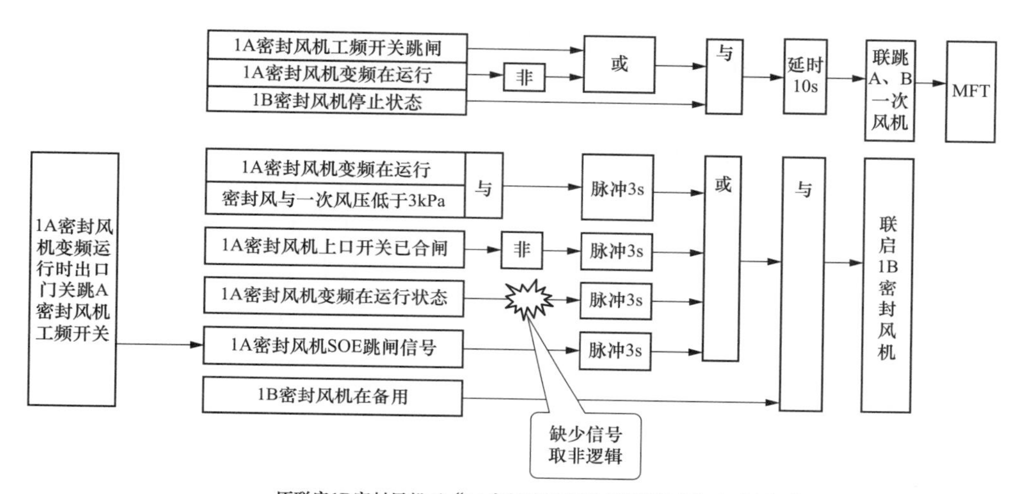

图 3-39 密封风机联锁启动逻辑

2）1A 密封风机变频器在运行信号消失后联锁关闭 1A 密封风机出口气动闸板门，当气动闸板门关到位后联锁跳密封风机上口电源开关，可以联锁启动 1B 密封风机。但由于 1A 密封风机出口气动闸板门卡涩未能关到位，1B 密封风机未能联锁启动。

（2）次要原因：密封风与一次风差压低于 3kPa 与 1A 密封风机变频器在运行联锁启动 1B 密封风机，由于 1A 密封风机变频器在运行信号消失，1B 密封风机未能联锁启动。风压与密封风机变频器在运行信号相与造成风压联锁失败。

2. 暴露问题

1）设备异动单所涉及的逻辑修改没有执行审批手续，逻辑修改正确性审核管理缺失。

2）设备发生异动后传动试验不完善，没有试验出存在问题。

（三）事件处理与防范

（1）通过检修后逻辑、联锁、保护传动，检查所有联锁回路正确性。

（2）密封风机出口门卡涩，及时检修阀门避免卡涩造成联锁条件失去发生拒动。

（3）取消密封风与一次风差压低于 3kPa 与上 1A 密封风机变频器在运行联锁启动 1B 密封风机中密封风机变频器在运行信号，当风压低且联锁投入直接联锁备用风机。

（4）执行异动单涉及修改逻辑前要先形成逻辑草稿并附到异动单内进行审批流程。

（5）修改后的逻辑要进行实际的传动试验后，异动单才能申请关闭流程。

十六、逻辑设置不合理导致输煤皮带远方无法停运

（一）事件过程

2019 年 01 月 18 日 18 时 56 分，某厂 1B 皮带机拉绳报警，皮带运行反馈消失，显示在“就地”位，有拉绳报警，就地检查 1B 皮带机实际在运行状态。

18 时 56 分接输煤运行人员通知后，热控值班人员立即赶往现场，开票对 1B 皮带相关热控设备进行检查，检查 T2 转运站电子间发现 1B 皮带热控信号保险已烧毁。之后在就地控制箱对热控信号依次进行了绝缘检查，最终发现跑偏开关有一根电缆绝缘为 0，其他电缆绝缘均正常。在控制箱解开跑偏反馈线，并在 T2 转运站电子间程控柜更换保险，保险更换后程控柜 1B 皮带电源保险正常。确认保险烧毁原因为跑偏电缆绝缘接地。再次上票，并依次检查就地控制箱对跑偏开关的绝缘，更换接地的跑偏开关，联系运行试运。

23 时 50 分，码头通知启 1B 皮带机空载试运，皮带运行正常。

（二）事件原因查找与分析

1B 皮带机拉绳开关所在端子排保险烧毁，该保险下带有 1B 皮带运行信号，因此皮带运行反馈消失，而程序中显示：当 1B 皮带运行时，拉绳开关报警，才会发出皮带跳闸指令，如图 3-40 所示。而此时皮带反馈消失，系统默认 1B 皮带未运行，因此未发出皮带跳闸指令。

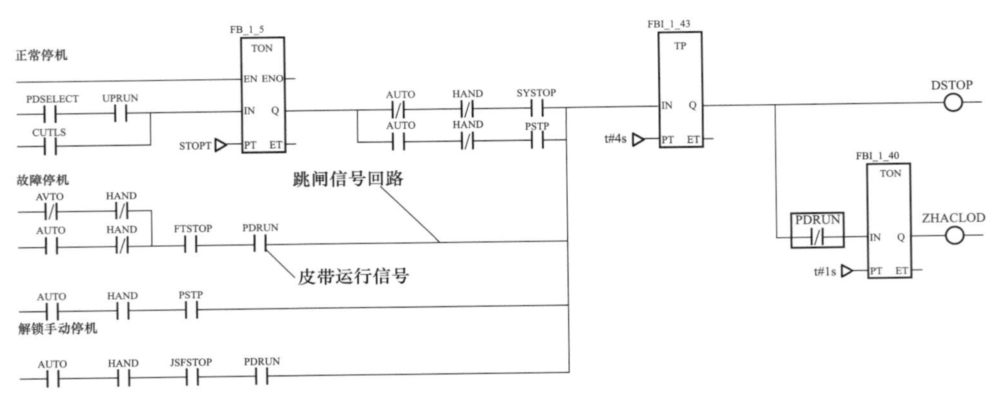

图 3-40　皮带机控制逻辑

由于上位机皮带显示在“就地”位，此时上位机皮带停止按钮处于“失效”状态，无权限停止皮带，因此需在 6kV 断路器处停止皮带。

（三）事件处理与防范

（1）受使用寿命的影响，就地保护开关内部触点老化，存在绝缘差接地的情况。对现场所有皮带拉绳开关、跑偏开关等重要热控设备及其电缆进行逐一排查，对绝缘较低的开关以及电缆进行更换。更换程控柜内端子排保险。

（2）输煤系统现有急停按钮，不满足设计要求，存在紧急情况下无法停输煤系统情况。需人员就地停 6kV 断路器，人身安全风险较大。输煤变压器无远方停 6kV 断路器，也存在相同问题。在输煤集控室操作员站旁增加急停按钮。

（3）输煤 PLC 系统设计逻辑不完善，在就地控制柜失电和端子排保险烧毁情况下，上位机皮带运行反馈信号消失（实际皮带未停运），此时拉绳开关报警，但上位机无法停止该

条皮带（逻辑设计运行反馈和拉绳开关报警同时存在才停输煤皮带）。优化输煤皮带启动逻辑，取消皮带停止回路中的皮带运行反馈信号限制。确保当出现异常情况时，即使皮带运行信号反馈消失，上位机仍然能够发出皮带跳闸指令，停止该皮带。

十七、测点超量程时归零造成凝结水泵跳闸

（一）事件过程

3月3日20时22分，某厂1号机组B凝结水泵跳闸，跳闸首出显示为“凝汽器热井水位低”。经查三个凝汽器热井水位在到达1500mm后均显示为0，并且其测点品质为好点。

（二）事件原因查找与分析

DCS系统在模拟量测点达到20.1mA后，测点归零，按照常规思维来讲此时测点应进行保持。但该DCS系统并未将测点实时值保持，造成设备无跳闸。

（三）事件处理与防范

对运行工况中可能会达到满量程超量程的信号进行测点超量程保持逻辑处理。

十八、逻辑不完善导致EH油压异常

（一）事件过程

某厂EH油泵正常运行时，当汽动给水泵遮断条件存在时，EH油压保持稳定；当遮断条件消失后，EH油压开始下降，速度约为1.5MPa/s。

（二）事件原因查找与分析

经隔离检查发现，伺服阀有泄漏情况，当遮断条件消失后，伺服阀指令没有在零位，造成油压下降。

（三）事件处理与防范

将伺服阀清零指令逻辑改为RS触发器逻辑，并将盘前按钮打闸信号并入到清零指令上，避免在遮断条件消失时伺服阀产生正向指令。

第六节　DEH/MEH系统控制设备运行故障分析处理与防范

本节收集了和DEH/MEH控制系统运行故障相关的案例8起，分别为：西门子T3000控制系统FDO卡件故障导致机组跳闸、高压调阀高选卡故障导致机组负荷波动、新华控制系统DI卡件故障导致两台给水泵汽轮机跳闸、DEH控制器故障导致机组停运、高压主汽门伺服阀故障导致机组停运、接线松动导致高调阀异常波动、给水泵汽轮机低压调节阀LVDT接杆断裂导致机组跳闸、DEH负荷/压力控制器小选输出逻辑存在缺陷导致机组异常停运。

这些案例都是和DEH系统相关，DEH系统由于其控制周期短、控制设备重要等因素，DEH的任何小故障都可能直接引发机组跳闸事件，因此加强对DEH系统设备的日常维护管理显得格外重要。

一、西门子T3000控制系统FDO卡件故障导致机组跳闸

某厂5号机组于2012年投入运行。额定功率为1000MW，汽轮机为上海电气集团上海

汽轮机厂生产制造的N1000-26.25/600/600（TC4F）型汽轮机，控制系统DCS部分为北京国电智深的EDPF-NT+控制系统，DEH部分为西门子SPPA-T3000控制系统。SPPA-T3000控制系统是一个全集成的、结构完整、功能完善、面向整个电站生产过程的控制系统，同时也提供了汽轮发电机组跳闸保护功能。

（一）事件过程

2月3日6时10分，五号机组负荷500MW，机组AGC方式运行，A、B、D磨煤机组运行，主蒸汽压力12.9MPa，主蒸汽温度600℃。

6时11分，汽轮机跳闸，锅炉MFT，DEH系统首出原因为“发电机跳闸”，锅炉MFT首出原因为“汽轮机跳闸”。

（二）事件原因查找与分析

对DEH系统首出原因为“发电机跳闸”进行事件记录查找。

1. 发变组保护E屏

06时11分26秒338毫秒开入“汽轮机跳闸”变位为“1”，5号机A/B/C段快切装置；

06时11分26秒361毫秒保护信号启动、事故切换启动、跳500kV断路器；

06时11分26秒509毫秒事故切换成功。

2. 发变组保护C屏

06时11分29秒829毫秒开入“主汽门关位置”变位为“1”；

06时11分29秒841毫秒“逆功率启动”保护变位“由0到1”；

06时11分30秒840毫秒程序逆功率动作（保护跳闸）。

3. DEH系统事件报表

06时11分25秒901毫秒“50CJJ11.AC | 66749 | ALARM”和“50CJJ11.AD | 66752 | ALARM”同时报“General alarm indicator，see diagnostic data”；

06时11分25秒968毫秒“50MAY01EU001 | ZV07”和“50MAY01EU001 | ZV08”置“1”报警，表示“冷再止回阀2断线报警”和“高排通风阀断线报警”发出；

06时11分26秒002毫秒“50MAY01EZ001 | RSR _ FF _ 5 | Q”置“1”报警，表示50CJJ12柜信号接收到“汽轮机遮断”报警监视信号。

4. DEH控制柜设备检查

在汽轮机电子间DEH机柜检查发现CA011和DA011卡位的两块FDO卡件上的SF红灯闪烁（表征模块故障被钝化过，故障已清除，可以手动复位）。进入服务器查看硬件诊断信息为：“Short circuit to ground at the output or output driver defective”，表示意思为输出对地短路或者输出驱动器故障。

根据以上信息分析机组跳闸原因为：DEH系统CA011和DA011两块FDO保护卡同时故障，触发“汽轮机遮断”信号的扩展继电器动作，并将“汽轮机遮断”信号送至发变组保护E屏。继保侧保护逻辑是将送至发变组E屏的切厂用电的“汽轮机遮断”信号作为“发电机跳闸”信号条件之一回送至DEH系统遮断汽轮机。

南京西门子公司技术人员对进入现场进行故障排查，根据查询故障诊断信息的分析及对故障重现试验的结果，但未发现明显的故障点，考虑供电电源掉电的可能性比较大。

（三）事件处理与防范

（1）更改CA011和DA011卡件上的至冷再止回阀电磁阀和高排通风阀的输出通道至

其他卡件 DO 输出。

（2）更改“汽轮机遮断”至电气发变组 E 屏信号的输出通道到 AE009 卡件的 CH13 通道，将至电气发变组 E 屏的保护信号线接到该继电器接点上。

（3）在 K09B 继电器 64 接点上增加一根电源线至 X03：15E。在 K09B 继电器 44 接点上增加一根电源线至 X03：13E。在 K09B 继电器 54 接点上增加一根电源线至 X03：14E。提高三组保护卡件供电的可靠性。

（4）紧固 K07A，K07B，K08A，K08B，K09A，K09B 继电器上接线端子，对 X03：13，X03：14，X03：15 上所有插接式的接线进行拔线检查，保证接线牢固，同时可通过拔线使压接端子压实。

（5）组织热工专业针对机组非停事件和西门子 T3000 系统的学习，进一步研究保护卡硬件功能和保护逻辑，排查二十五项反事故措施（重点对防止热工保护失灵措施）的落实情况。

二、高压调阀高选卡故障导致机组负荷波动

某厂一期 2×660MW 超临界锅炉是哈尔滨锅炉厂有限责任公司根据英国 MITSUI BABCOCK 公司技术设计、制造的 660MW 燃煤锅炉（型号 HG-2070/25.4-HM9），锅炉为超临界压力、循环泵式启动系统、前后墙对冲、低 NO_x 轴向旋流燃烧器、一次中间再热、单炉膛平衡通风、固态排渣、全钢构架的变压本生直流炉；汽轮机由哈尔滨汽轮机厂有限责任公司生产的 CLNZK660-24.2/566/566 型超临界、一次中间再热、单轴、三缸四排汽、直接空冷凝汽式汽轮机。设有七级非调整回热抽汽向由三台高压加热器、一台除氧器、四台低压加热器组成的回热系统供汽。

分散控制系统（DCS）采用福克斯波罗系统，整套系统包括数据采集（DAS）、模拟量控制（MCS）、顺序控制（SCS）、锅炉炉膛安全监控（BMS）、旁路控制系统（BPS）、汽轮机控制（DEH）、汽轮机紧急跳闸系统（ETS）、电气发电机-变压器组、厂用电源监控（XECS）、空冷系统控制、锅炉吹灰、干除渣系统等各项控制功能，是一套软硬件一体化的完成全套机组各项控制功能的完善的控制系统。1 号机于 2010 年 9 月 23 日 9 时 58 分通过 168h 试运行并移交生产。

（一）事件过程

2019 年 7 月 10 日 08 时 56 分 13 秒，运行人员监盘发现 1 号机组负荷由 401MW 变化到 372MW，同时 DEH 画面中 GV1 由 57.6%变化到 55.4% GV2 由 57.2%变化到 55.2%，运行人员立即将协调模式切为手动模式运行，DEH 切换至阀位控制方式，通知设备部热工人员进行检查。

热工人员立即对 DEH 及协调逻辑进行检查未发现异常，09 时 06 分负荷再次发生频繁波动。热工人员查询相关历史曲线，经分析发现 2 号高调门 GV2 高选卡线性不良，随即开具工作票对 2 号高调门 GV2 高选卡进行更换。

09 时 40 分工作票办理完毕运行人员执行安全措施将 1 号机组 DEH 系统阀位控制切换为单阀控制，逐渐关闭 2 号高压调门 GV2，关闭 2 号高调门进油截止阀防止在更换卡件时发生阀门异常动作。

21 时 30 分 2 号高调门 GV2 高选卡更换完毕，阀门零点及满程标定完毕，22 时 05 运

行恢复措施切换为顺阀控制投入协调控制方式。

（二）事件原因查找与分析

负荷发生频繁波动时热工人员及时查阅EH油压曲线（见图3-41），EH油压未见明显变化，说明EH油系统正常，排除由于EH油压波动导致阀门摆动。

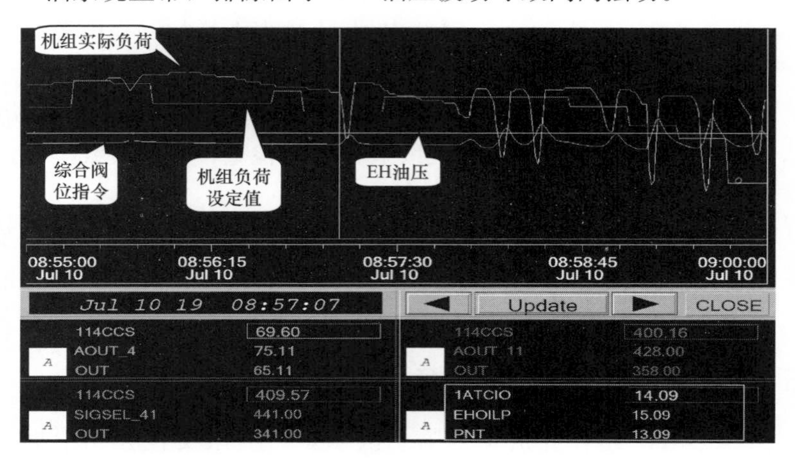

图3-41　EH油压与负荷

历史曲线显示运行人员进行减负荷操作，减负荷过程中，实际负荷严重超调，由于机组协调方式运行，汽轮机主控快速将负荷拉回，此过程说协调调节过程正确，逻辑无异常。

历史曲线显示09时12分，2号高调门GV2反馈53.54%呈直线状态不跟随指令变化。就地对高调门进行检查发现负荷波动时2号高调门GV2就地明显摆动，DEH画面发出2号高调门GV2 LVDT故障报警，热工人员立即对2号高调门GV2 LVDT进行检查。在2号高调关闭过程中发现阀门就地已关闭到位，但实际反馈为53.54%数值不变，如图3-42所示。

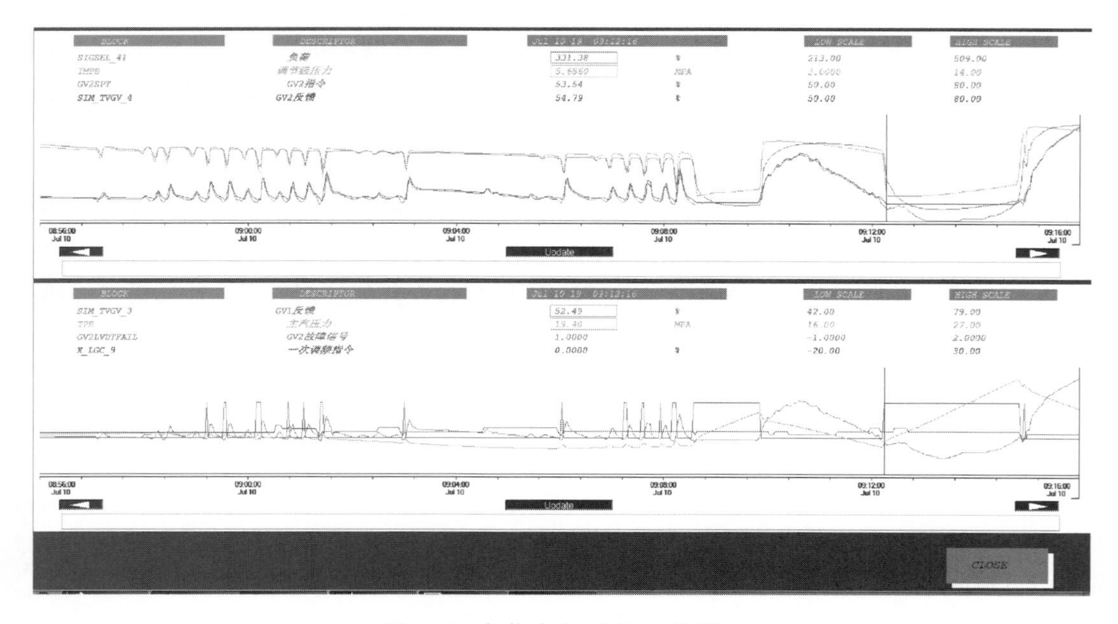

图3-42　负荷波动及阀门反馈情况

工作票安全措施执行完毕后，热工人员就地活动2号高调门LVDT铁芯模拟阀门开关动作，同时对高选卡电压进行测量，发现卡件输出电压非线性跳变。在模拟阀门关闭试验过程中高选卡输出电压由3.5～8.4V来回跳变，卡件频繁发出故障报警。由此现象可判断2号高调门高选卡线性不良。

由于DEH控制系统调门是采用伺服卡（FBMSVH）与高选卡（FBMSSW）进行控制，每个油动机安装两支LVDT就地测量装置，测量信号分别进入高选卡与伺服卡，两组LVDT信号分别在两个卡件中进行解调，再经过高选卡进行信号高值选择后通过伺服卡控制伺服阀动作。两路解调后的LVDT信号如果偏差大于设定值则发出LVDT故障报警。

经综合分析，机组在降负荷过程中，阀门开度关小，由于GV2高选卡线性不良，DCS反馈信号不能真实反映阀门的实际开度，高选卡输出值过大，而实际阀位已关至设定值，由于阀位设定值与高选卡输出值存在偏差，导致阀门关小，从而导致负荷突降。机组负荷超调，由于CCS投入，负荷迅速拉回，从而导致系统震荡。根据上述分析判断，1号机组负荷波动原因是由于GV2高选卡故障导致。

（三）事件处理与防范

（1）DCS连续运行多年，卡件老化、通道线性度差，机组等级检修时需加强对DCS卡件通道的校验和测试工作。

（2）对1、2号机组所有LVDT、高选卡、伺服卡进行排查，确保安全可靠。

（3）保证伺服卡（FBMSVH）与高选卡（FBMSSW）备件充足。

（4）对此次事件处理过程进行总结，形成标准文件包，为今后处理类似问题提供可靠保障。

三、新华控制系统DI卡件故障导致两台给水泵汽轮机跳闸

某厂2号机组于1992年投入运行，额定功率为330MW，DCS系统于2004年升级为新华控制工程有限公司的XDPS-400e系统。其中DPU04控制A给水泵汽轮机运行，DPU05控制B给水泵汽轮机运行，A/B给水泵的相关顺控及保护逻辑位于DPU16中，A给水泵的保护跳闸信号通过硬接线和网上取点在DPU04中搭建跳闸回路，B给水泵类似。

（一）事件过程

1月29日10时08分，2号机组负荷287.7MW，主蒸汽压力16.13MPa，A/B给水泵汽轮机并列运行，电泵备用，高压加热器组运行；10时09分2号机组A/B给水泵汽轮机跳闸，电泵联启正常。1/2/3号高压加热器抽汽电动门关闭，高压加热器组汽侧解列。A/B给水泵汽轮机首出均为“遥控停机”；10时11分汽包压力最高达到17.7MPa，汽包水位最低－289mm，运行人员手动急停部分给粉机，投油稳燃。

（二）事件原因查找与分析

热工人员在工程师站检查发现：

A/B给水泵汽轮机遥控停机中因DPU16内控制逻辑中MFT信号（MFTSCS07）置“1”；

光子牌报警中DPU16发卡件故障报警；

DPU16-2号站-7号卡中大部分信号断续翻转，且发现信号翻转时同DPU16-2号站-6号卡中信号一致；

因B给水泵汽轮机主汽门实际未关闭，机组RB甩负荷未触发。

经专业探讨后，执行相关安全措施后实施紧急抢修，更换DPU16-2号站-7号卡件及端子板，更换DPU16-2号站-6号卡件及端子板，观察30min无异常投入系统运行。

给水泵汽轮机B出现主汽门未关闭的情况，机务专业检查为打闸手柄弹簧卡住，行程无法到位，旋松手柄后弹簧复位，顺利打闸。经过判断为打闸装置底部限位的内六角螺栓锁紧过死导致打闸曲柄不能正常动作从而不能使打闸推杆正常动作造成。

根据以上信息分析A/B给水泵汽轮机跳闸原因为：DCS系统DPU16-2号站-7号卡中部分信号翻转状态，其中MFT信号（MFTSCS07）由“0”变为“1”动作触发A/B给水泵汽轮机遥控停机，联启电泵，关闭1/2/3号高压加热器抽汽电动门。故障卡件及端子板寄回新华公司，待新华公司对卡件及端子板检测后出具检测报告。可能因芯片老化导致地址冲突所致。

（三）事件处理与防范

（1）执行相关安全措施后实施紧急抢修，更换DPU16-2号站-7号卡件及端子板，更换DPU16-2号站-6号卡件及端子板，观察30min无异常投入系统运行。

（2）深入开展隐患排查，在保证设备保护可靠动作的基础上最大限度防止误动，将SCS系统使用的两组MFT信号逻辑和从BMS系统网上取点进行“三取二”后用于逻辑联锁，其他330MW机组参照修改。

（3）立项将DCS系统升级为XDPS-OC6000e系统，提高设备可靠性。

（4）对锅炉RB保护逻辑优化：将给水泵汽轮机跳闸指令与给水泵汽轮机主汽门关闭信号采用或逻辑作为给水泵汽轮机停运状态的描述，其他330MW机组参照修改。

（5）机务专业停机后进行静态试验，通过锁紧限位螺栓试验其与是否无法打闸有关，并对打闸机构进行检查。

四、DEH控制器故障导致机组停运

（一）事件过程

01月24日11时34分，某厂机组负荷280MW；中压缸排汽带供热首站运行，供热抽汽量498t/h；机组协调方式投入；送、引、一次风机双侧运行；总煤量159t/h，总风量1601t/h，主蒸汽压力19.75MPa，主蒸汽温度564℃，再热蒸汽温度566℃，2A/2C/2D/2E/2F制粉系统运行，煤量分别为26/39/22/39/33（t/h），炉膛负压－35Pa，运行稳定。

11时34分机组负荷由280MW突升至346MW，供热首站供水压力、温度下降；查看2号机DCS、DEH以下参数变坏质量：主油箱油位1、2、3点，EH油压，高低压差胀，轴向位移1.2，热膨胀1.2，汽轮机主、调阀阀位，看门狗，伺服卡输出1.2故障，主蒸汽压力、调节级压力、再热压力、中排压力，一二抽压差、三四抽压差，中排蝶阀反馈，中排至首站气动止回阀、液动快关阀、电动阀反馈，DEH各首出，汽轮机挂闸反馈，并网反馈、CCS指令、凝结器真空、机组功率、汽轮机转速。中排蝶阀1自动全开。

11时38分热工人员接到运行通知到电子间检查DEH机柜卡件工作状态，发现46-M2、46-M3主辅控制器状态指示灯均为红色，确定BRC300主辅控制器故障。排查故障控制器主要控制对象为左右主汽门、左右中压联合汽门、1～4号高压调节汽门、DEH保护及跳闸逻辑。

12时20分技术人员召开专业会，分析判断故障原因，同时咨询DCS厂家技术人员。

13时00分就地汽轮机机头处安排两人紧盯转速，转速异常上升时及时手动打闸。通知监盘人员做好事故预想，准备对主、辅控制器进行复位。

13时24分对主控制器进行复位。复位后主控制器状态灯指示正常，DEH参数恢复正常过程中1、3、4号高压调节汽门、中压联合调阀关闭，2号高调阀滞后关闭。值长下令就地机头处手动打闸。汽轮机跳闸后机炉电大联锁动作正常。汇报省调锅炉煤质差全炉膛火焰丧失MFT动作，汇报河南公司机组DEH控制器故障跳机。

13时28分供热首站全停，通知热力公司机组故障停运。

13时44分启动机组电动给水泵建立水循环。

14时05分汇报省调机组具备点火条件，申请锅炉点火，省调同意。

14时10分锅炉点火成功，汇报省调。

15时00分热工将DEH46-M2控制器更新后下装组态。

15时43分汇报省调同意机组开始冲转。

19时25分机组并网。

（二）事件原因查找与分析

1. 事件原因检查与分析

（1）控制器已运行时间十一年，电子设备长期处在运行状态，是造成控制器出现故障的主要原因。

（2）2018年12月3日21时18分2号机DEH内TSI监视、金属温度全部参数及其他画面部分参数变坏质量，原因为46-M4、46-M5控制器同时报故障，此对控制器所带设备大多为DEH监视测点，无保护逻辑。复位控制器后测点显示恢复正常。

（3）两次异常的控制器位于同一个机柜，不排除机柜控制总线、卡笼等存在故障隐患。

2. 暴露问题

（1）46-M2、46-M3主、辅控制器老化。

（2）机柜内卡笼、控制总线可能存在故障。

（三）事件处理与防范

（1）更换的主控制器立即寄往厂家进行故障检测。发传真要求厂家技术人员在2号机组计划停机后立即到厂对机柜进行检查测试，协助分析事件的根本原因。

（2）升级部分主要控制器及控制柜内相应的模件，避免类似主要控制器出现故障造成机组跳闸。

（3）事件根本原因未查明前，运行人员做好相关事故预想。

五、高压主汽门伺服阀故障导致机组停运

某厂5号机组容量为300MW，汽轮机型号：NZK300-16.7/537/537，是哈尔滨汽轮机厂有限责任公司生产的汽轮机组。

（一）事件过程

2019年3月30日运行方式：5号机组有功250MW，无功13Mvar，主蒸汽压力16MPa，主蒸汽温度536℃，再热蒸汽压力2.81MPa，再热蒸汽温度541℃。2号EH油泵运行，1号EH油泵备用，EH油压14.4MPa。

2019年3月30日00时44分，5号机EH油压降低至11.2MPa。1号EH油泵联启，5号机负荷由250MW突降至230MW，就地检查5号机2号高压主汽门伺服阀处漏油，EH油泄漏，00时49分，EH油压低至9.8MPa，EH油压低保护动作，5号机组解列，检查5号机2号高压主汽门伺服阀螺丝断。

5时20分更换5号机2号高压主汽门伺服阀，投运5号机EH油系统，运行正常。

4时55分5号炉点火，7时32分5号机冲车，8时46分5号机组并网。

图3-43 故障的伺服阀

（二）事件原因查找与分析

1. 事件原因检查与分析

5号机2号高压主汽门伺服阀周围环境温度高，螺丝应力下降，导致螺丝断（如图3-43所示）。

2. 暴露问题

伺服阀质量有瑕疵。

（三）事件处理与防范

（1）待5号机停运时，检查更换两台机组所有高压主汽门、高压调门、中压调门的伺服阀。

（2）机组运行时，运行人员每班巡回检查，观察有无渗油现象。

（3）检修定期检查摩根阀。

（4）伺服阀紧固螺丝安装时应采用力矩扳手，螺丝预紧力不应超过厂家要求。

（5）机组每次大修时，伺服阀应随油动机部件返厂进行清理、试验，电厂应派人现场见证。

（6）伺服阀返厂解体检修时，伺服阀所有结合面的密封圈（O型圈）应换新。

六、接线松动导致高调阀异常波动

（一）事件过程

2019年11月29日某厂1号机组负荷650MW，AGC投入，机组协调运行方式运行。21时07分1号高调门（以下简称CV1）阀位出现波动较大。

（二）事件原因查找与分析

1. 事件原因检查与分析

接主值通知热控专业检查CV1阀位波动原因。热工人员检查CV1阀位指令变化较缓慢（变化幅度约为5%），到就地检查CV1实际波动较大（变化幅度约有5%～30%），建议运行人员将1号机组汽轮机主控切至手动，观察CV1阀位波动。21时12分将1号机组汽轮机主控切至手动后，CV1阀位波动仍较大。

（1）热工人员判断CV1伺服控制系统存在故障，组织更换CV1伺服阀、检查CV1阀位传感器（LVDT）。21时45分至22时30分，运行人员降负荷至580MW后，热控人员在汽轮机电子间内逐步关小CV1至全关，办理工作票，执行隔离CV1的EH油供油回路安措后，组织更换CV1伺服阀，检查CV1阀位传感器LVDT接线与线圈阻值。

（2）CV1伺服阀更换完毕；检查LVDT线圈阻值正常，检查线路发现中间接线盒内有一根CV1伺服阀更换完毕；检查LVDT线圈阻值正常，检查线路发现中间接线盒内有一根接线存在松动现象，如图 3-44 所示。

恢复隔离措施后，逐步强制 CV1 开大，直到与实际指令相同，取消 CV1 阀位强制指令，结束 CV1 阀位波动故障处理工作。

1 号机组 CV1 反馈装置 LVDT 接线不牢固，在机组运行中出现松动导致 CV1 伺服卡接收到的 LVDT 信号跳变，因 DEH 伺服卡接收控制器内的阀位指令与阀位传感器 LVDT 的信号后对调阀进行闭环控制，CV1 反馈装置 LVDT 接线松动导致 CV1 伺服卡接收到的 LVDT 信号跳变，伺服卡输出至伺服阀的指令随之变化，导致 CV1 油动机上下波动。

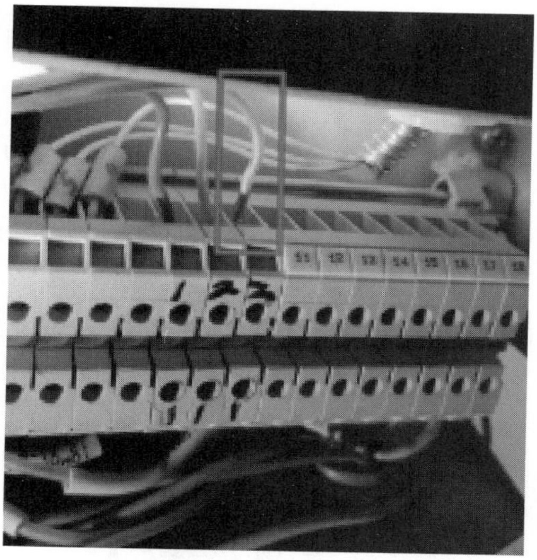

图 3-44　LVDT 接线松动示意图

2. 暴露问题

（1）环保公司脱硫工程师站管理制度不规范，逻辑保护修改审批流程不全，现场监护人员监护不到位。

（2）环保公司热控技术管理薄弱，无专职热工管理人员，热控维护人员技能不足，对控制逻辑图不熟悉，现场未配置热控逻辑保护图纸。

（3）脱硫 DCS 控制逻辑存在遗留逻辑不清晰，zero11 点关联逻辑保护关系混乱，服务器长期未进行深度清理。

（三）事件处理与防范

（1）更换 CV1 反馈装置 LVDT 接线端子并紧固接线端子，择机对重要测点接线全面检查紧固。

（2）将汽轮机进汽阀门反馈接线检查维护列入逢停必检项。

（3）加强热控专业重要设备的检修和维护管理，严格落实验收签字程序。结合本次故障处理过程，在专业内组织学习 DEH 系统常见故障与处理方法。

七、给水泵汽轮机低压调节阀 LVDT 接杆断裂导致机组跳闸

（一）事件过程

2019 年 10 月 21 日 18 时 56 分，某厂 2 号机组负荷 346MW，各参数稳定，无现场作业及操作。18 时 57 分 15 秒，给水泵汽轮机低压调门行程反馈由 75.51%开始异常增大，行程反馈无法正常跟踪阀位给定；给水泵汽轮机高压调门开度由 30.53%逐步增大到 100%，行程反馈与阀位指令跟踪良好。

19 时 00 分，给水泵汽轮机低压调门、高压调门反馈开度均达 100%，给水泵转速及给水流量分别由 5740r/min、1084t/h 开始下降；

19 时 01 分 55 秒给水泵转速调节由于指令与反馈偏差大于 500 切除自动；

19 时 02 分 56 秒给水泵前置泵至给水泵流量低于 270t/h，三取二后延时 15s 触发给水泵入口流量低保护；

19 时 03 分 11 秒给水泵汽轮机跳闸；

19 时 03 分 13 秒锅炉 MFT 动作，汽轮机跳闸，发变组解列。

（二）事件原因查找与分析

1. 事件原因检查与分析

2 号给水泵汽轮机低压调节阀 LVDT 万向节连接杆与油动机活塞杆固定连接处螺丝断裂，如图 3-45 所示，连接杆脱开后 LVDT 输出向开方向增大，伺服卡接收到阀门开度增大的错误反馈。

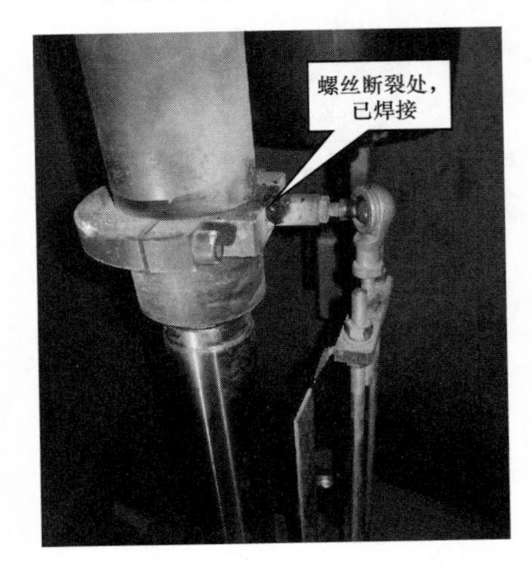

图 3-45 断裂螺丝及焊接后情况

2. 暴露问题

（1）维护部设备分工不完善，设备责任制落实不到位。在汽轮机与热控专业之间部件级设备分工分界面上仍存在死角、盲区，导致 LVDT 万向节连接机构分工不明确，汽轮机和热控两专业存在责任不清。

（2）检修质量管理不到位，A 级检修中汽轮机、热控专业都未将给水泵汽轮机低压调节阀 LVDT 万向节连接杆检查纳入文件包检查项目，仅是汽轮机专业有一条对 LVDT 标尺的检查内容；在检修过程中检修作业人员对连接螺丝进行了紧固，但对紧固程度专业验收不到位。

（3）上级文件的落实执行不到位。未严格落实关于印发《汽轮机 LVDT 故障情况分析及处理建议》的通知文件要求，汽轮机、热控两专业均未对 LVDT 故障隐患进行隐患排查和治理。

（4）设备风险评估与隐患排查与治理不到位。汽轮机、热控两专业虽然对照系统内近期发生的类似阀门反馈连杆脱落事件教训开展了隐患排查工作，但排查工作不彻底，未能排查出给水泵汽轮机 LVDT 连杆存在断裂的隐患。

（三）事件处理与防范

（1）对断裂的万向节连杆螺丝进行临时焊接。

（2）对全厂所有同类型连接螺丝进行普查。

（3）将此类连接螺丝检查紧固列为日常运维重点工作，并列入计划检修中。

（4）明确大、小机 LVDT 连接机构的部件级设备分工，并梳理全厂设备部件级分工，消除死角、盲区。

（5）细化完善大、小机 LVDT 连杆及相关固定螺丝的检修文件包、巡检标准、定期工作标准。

（6）对 LVDT 连接部分结构进行优化研究，采取可靠的固定方案。

（7）完善 LVDT 故障应急处置卡，组织运行人员进行事故预想。

八、DEH 负荷/压力控制器小选输出逻辑存在缺陷导致机组异常停运

某厂 5 号汽轮机是上海电气集团 N660-25/600/600，超超临界、一次中间再热、单轴、四缸四排汽、八级回热抽汽、凝汽式汽轮机。控制油系统采用 EH 高压抗燃油，主汽轮机与给水泵的给水泵汽轮机共用一套控制油系统。

（一）事件过程

2019年12月28日6时33分33秒5号机组负荷380MW，煤量165t/h，BCDE制粉系统运行，给水流量1023t/h，主蒸汽压13.83MPa，主蒸汽温度608℃，再热汽温度600℃，高压调门A/B，中压调门A/B全开状态。

12月28日5时57分36秒机组负荷指令250MW，实际负荷250MW，协调控制方式，主汽压力设定11.16MPa，实际压力11.19MPa。

5时57分38秒负荷指令由250MW升至273MW，6时12分47秒升至350MW。

6时22分11秒实际负荷上升至340.9MW，实际压力12.62MPa，滑压设定13.5MPa，1s负荷指令从340.9MW升至400MW。

6时32分41秒控制器闭锁增。

6时33分17秒763毫秒至06时33分20秒162毫秒负荷控制方式与压力控制方式多次切换，最后压力控制方式起作用。

6时33分20秒663毫秒运行投子环，复位控制器闭锁。

6时33分29秒763毫秒至06时33分32秒163毫秒负荷控制方式与压力控制方式多次切换，最后负荷方式起作用。

6时33分34秒951毫秒高中压调门跳闸电磁阀动作。

6时33分35秒363毫秒高压调门指令<24%、压力控制方式起作用，763ms快关指令发出报警高压调门全关，911ms KU动作甩负荷报警。

6时33分36秒151毫秒跳闸电磁阀恢复，163ms高压调阀主指令小于30%，501ms高排止回门跳闸电磁阀动作，564ms快关恢复，663ms负荷<15MW，711ms KU甩负荷报警消失。

6时33分37秒110毫秒中压排汽温度高，211ms高压缸通风阀跳闸，261ms冷再止回动作，361ms高中压调门关反馈消失，462ms限压方式reached消失，ms冷再止回阀开反馈消失，763ms高压调阀主指令大于30%。

6时33分38秒251毫秒高中压调门跳闸电磁阀动作，263ms负荷>15MW切转速控制，411ms冷再止回阀全关，563ms高压调阀主指令小于30%，610ms切除协调，962ms高压调门快关报警。

6时33分39秒011毫秒中压调门快关报警，062ms初压/限压切换至初压方式，300ms高压调门跳闸电磁阀恢复，400ms中压调门跳闸电磁阀恢复，762ms高压调门快关指令消失，811ms中压调门快关指令消失，861ms负荷大于15MW消失。

6时33分40秒700毫秒初压请求信号发出，811ms通风阀全关消失。

6时33分44秒810毫秒通风阀全开。

6时33分46秒699毫秒初压请求信号消失。

6时33分52秒667毫秒高压排气温度高保护动作信号。

6时33分55秒108毫秒锅炉跳闸保护动作，208ms汽轮机跳闸。

运行人员立即手动干预，确认机电联锁保护动作正常，进行锅炉吹扫，06时51分锅炉吹扫后通风结束，锅炉闷炉。07时00分主机转速降至510r/min，顶轴油泵自启，主机盘车投入正常。

（二）事件原因查找与分析

1. 事件原因检查

（1）电气专业：

对功率变送器进行检查、校验，未发现异常。

对功率变送器的工作电源进行检查及切换试验，未发现异常。

对功率变送器 TV、TA 及 4～20mA 输出回路端子紧固，未发现松动。

对发电机 TV、TA 回路进行检查，未发现异常。

查故障录波器有功功率采样、三个功率变送器功率输出、发电机电流及主变压器电流均有突降，判断发电机实际功率确实存在突降。

（2）热工专业：

对 DEH 服务器、FM458 控制卡进行检查，未发现异常。

对调门跳闸电磁阀电阻、回路绝缘进行检查，未发现异常。

检查电气送至 DCS 系统功率信号的接线，三个电气功率信号分别配置到三个 ADDFEM 模块，查无异常。

三个电气功率变送器传输信号进行电缆绝缘测试，未发现异常。

检查压力控制回路、负荷控制回路，未发现异常。

2. 原因分析

为了满足电网对机组协调升负荷速率的要求，进行 5 号机组协调外挂系统调试优化，同时将机组的升负荷速率由 3MW/min 提高为 7MW/min。28 日 5 时 57 分机组开始连续升负荷。

6 时 22 分压力设定值与主蒸汽压力偏差持续增大，压力控制器输出减小，DEH 由负荷控制方式切至压力控制方式。

6 时 33 分 32 秒 163 毫秒因运行降负荷，负荷控制器输出减小，切至负荷控制方式。

6 时 33 分 35 秒 363 毫秒压力偏差增大值至 1.7MPa，压力控制器输出再次减小，切至压力控制方式。由于压力控制器 PID 调节器积分累积的作用，导致压力控制器指令输出快速由 82%下降至 28%，压力控制器指令与阀位反馈偏差大于 25%。

06 时 33 分 35 秒 763 毫秒所有调门快关保护动作，调门全关，机组负荷由 372MW 降至 0MW，触发 150ms 短甩负荷（KU），2s 后快关恢复，如图 3-46 所示。由于调门关闭，实际主蒸汽压力上升，调门逐渐开大。

06 时 33 分 38 秒 263 毫秒，负荷 65.5MW，触发长甩负荷（LAW），将负荷控制方式切至转速控制方式。因转速控制器指令与调门阀位偏差大于 25%，再次触发调门快关保护。

06 时 33 分 39 秒 300 毫秒，调门快关保护恢复。因为转速控制器输出为 5%，高中压调门保持全关，延迟 10s，触发再热器保护，锅炉 MFT。

根据上述过程判断，协调外挂系统调节不良导致主蒸汽压力偏差大是本次非停诱因，但不是导致非停的主要原因，主要原因是 DEH 负荷控制器、压力控制器选小输出逻辑在特殊工况下存在缺陷，分析如下：

（1）补汽阀上限为 0 时，高中压调门全开而补汽阀未在开位，阀门总流量指令有 20%空行程，该调节区间主蒸汽压力偏差未随总指令的减小而减小。

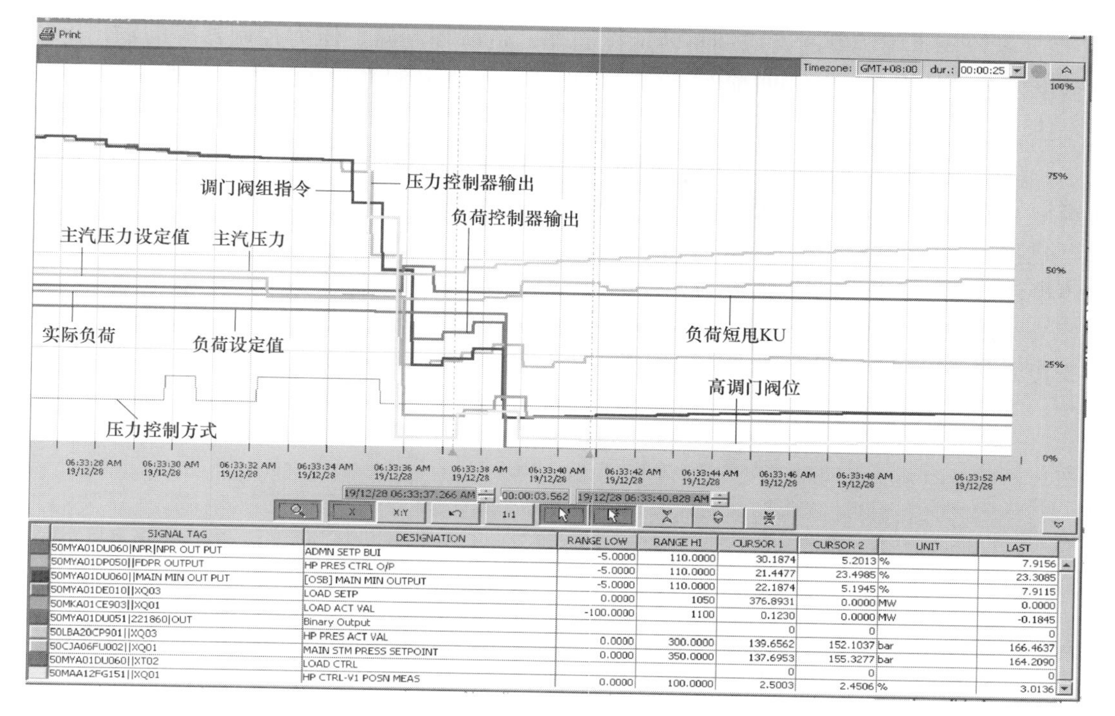

图 3-46　DEH 压力控制器和负荷控制器输出

（2）在控制方式频繁切换时，DCS 送来的两个压力设定值不同步，触发闭锁信号，闭锁负荷控制器设定值，45s 后运行人员手动复位闭锁信号，负荷设定值与实际负荷有偏差，使负荷控制器指令快速下降。

（3）压力控制器和负荷控制器分别计算输出，对输出的值进行取小后输出阀门总流量指令。当闭锁信号复位后，产生指令阶跃，在频繁切换时，引发总流量指令快速下降，触发快关，演化为后面的非停事故。

3. 暴露问题

（1）机组外挂协调系统调节不良，提高机组升负荷速率后，导致在连续升负荷过程中，主蒸汽压力与设定压力偏差大。

（2）控制逻辑不完善，无主蒸汽压力与设定值偏差大报警，不利于运行人员发现异常及时干预。

（3）在新外挂协调系统及 DEH 控制系统方面，对生产人员培训不到位。

（三）事件处理与防范

（1）立即停用协调外挂系统，联系清能院继续分析优化机组协调外挂控制系统，满足运行生产要求。

（2）机组协调控制画面增加主蒸汽压力与设定值偏差大于±1.0MPa 的报警逻辑。

（3）对检修、运行人员进行专项的协调控制及 DEH 控制系统培训，提高生产人员技术水平。

（4）进行以下 DCS 逻辑及功能完善：

1）分析解决协调外挂系统的主蒸汽压力控制不良问题，依据本次压力控制曲线，考虑加快入炉煤的响应速度。

2）补汽阀上限为0时，应调整转速控制器、负荷控制器、压力控制器等的输出上限，使输出指令与补汽阀限位相匹配，避免空行程调节；或咨询汽轮机厂家，修改调门流量曲线，使调门能及时响应流量指令。

3）DCS送来的两个压力设定值出现2bar（1bar＝100kPa）偏差时，延时2s后再触发闭锁信号，或者两个压力设定值偏差大时不宜触发闭锁信号。

4）在主蒸汽压力和压力设定值偏差过大时，非RB工况时应切为手动操作。根据本次非停事件，建议压力偏差限值设为±15bar。

5）应增加负荷偏差大、压力偏差大、汽轮机阀门全开、DEH负荷设定值闭锁信号的声光报警。

第四章

系统干扰故障分析处理与防范

热控系统干扰是影响机组正常稳定运行的重要障碍，也是机组故障异常案例中最难定量分析的一类障碍现象，具有难复现、难记录、难定量和难分析等特征。因此对于找不到原因的机组故障事件，往往较多地归结为干扰原因引起。

干扰往往与热控系统接地不规范或接地缺陷有关。除本书收录的案例外，现场还有不少由于干扰引起参数异常的事件没有收录，但是这些干扰现象遇到环境影响随时有可能上升为事故。因此对于热控系统干扰案例，尤其是可以确定原因的热控系统干扰故障案例一定要进行深入分析，举一反三，提高热控系统的抗干扰能力。

机组热控系统的干扰来源很多，包括了地电位变化、雷击时对系统带来的干扰、现场复杂环境带来的干扰等。这些干扰中有些是可防不可控的，有些是可防可控的。随着电厂异常事件记录能力的增强，越来越多的干扰事件能被记录下来并进行相关分析。本章节中将就地电位干扰引起系统故障事件和现场复杂环境带来的干扰故障事件分别进行介绍，并专门就干扰事件的分析方法进行讨论。希望借助本章节案例的分析、探讨、总结和提炼，能减少机组可能受到的干扰，并提高机组的抗干扰能力。

第一节　地电位干扰引起系统故障分析处理与防范

本节收集了因地电位变化对DCS控制系统产生干扰引发的机组故障4起，分别为：信号电缆屏蔽接地不良导致发电机故障主保护动作、大电流冲击导致制氢站卡件及测量元件损坏、给煤机控制电源接地导致机组UPS故障、DEH系统功率信号跳变导致机组跳闸。地电位变化，往往与控制系统接地接触不良或接地不当引起，应从提高系统的抗干扰能力出发来避免此类事件的再次发生。

一、信号电缆屏蔽接地不良导致发电机故障主保护动作

（一）事件过程

4月24日，某厂1号机组运行，AGC、AVC投入，1号机组总负荷321.15MW，1号燃机负荷207.61MW，2号汽轮机负荷113.34MW，各参数正常；2号机组备用。

15时41分2号汽轮机跳闸，ETS系统跳闸首出信号为“发电机故障”，2号汽轮机高压旁路快开至50%，中压旁路快开至70%，1号炉中压紧急放水电动门开启失败，立即开启中压汽包定排电动门及调节门，调整中压汽包水位，并按规程执行汽轮机停机后操作。

值班人员就地检查 2 号汽轮机本体、发电机及其附属设备无异常。

经检查，机组跳闸事件发生时间如下：

15 时 41 分 26 秒 2 号汽轮机 ETS 跳闸首出“发电机故障”；1s 汽轮机主汽门关闭。

15 时 41 分 32 秒发电机保护程序逆功率保护动作，2 号汽轮机发电机保护出口全停，802 开关跳闸。

（二）事件原因查找与分析

专业人员对设备进行了检查，检查结果如下：

（1）检查发电机保护装置事件记录：15 时 41 分 2 秒 6 保护装置未见任何保护动作情况，15 时 41 分 27 秒保护装置检测到汽轮机主汽门关闭信号。15 时 41 分 32 秒发电机程序逆功率保护动作，保护出口全停，发电机出口开关 802 跳闸。

（2）检查发电机保护装置的内部接线，其回路绝缘良好，接线无松动；发电机保护装置保护功能校验正常、出口动作正确；保护装置未发现异常。

（3）用 1000V 绝缘电阻表检查信号电缆，线间、线对地和屏蔽（拆除接地端后）对地绝缘都大于 500MΩ，绝缘合格。

（4）ETS 首出为“发电机故障”。DCS 系统历史曲线记录到 15 时 41 分 26 秒“发电机故障”首出信号；15 时 41 分 27 秒 DCS 系统发出主汽门关闭信号；15 时 41 分 32 秒发电机逆功率保护动作信号，见图 4-1。

（5）停机后，检查 2 号汽轮机 ETS 系统“发电机故障”信号卡件（FBM219 卡件）各状态灯正常，DCS 系统无卡件报警。

（6）检查发现 2 号汽轮机发电机-变压器组保护出口至 DCS 信号电缆屏蔽接地线固定螺丝松动。

（7）停机后，使用 500V 绝缘电阻表检测 ETS 系统“发电机故障”信号输入卡件端子板端子对地绝缘和端子间绝缘均大于 500MΩ，绝缘合格。

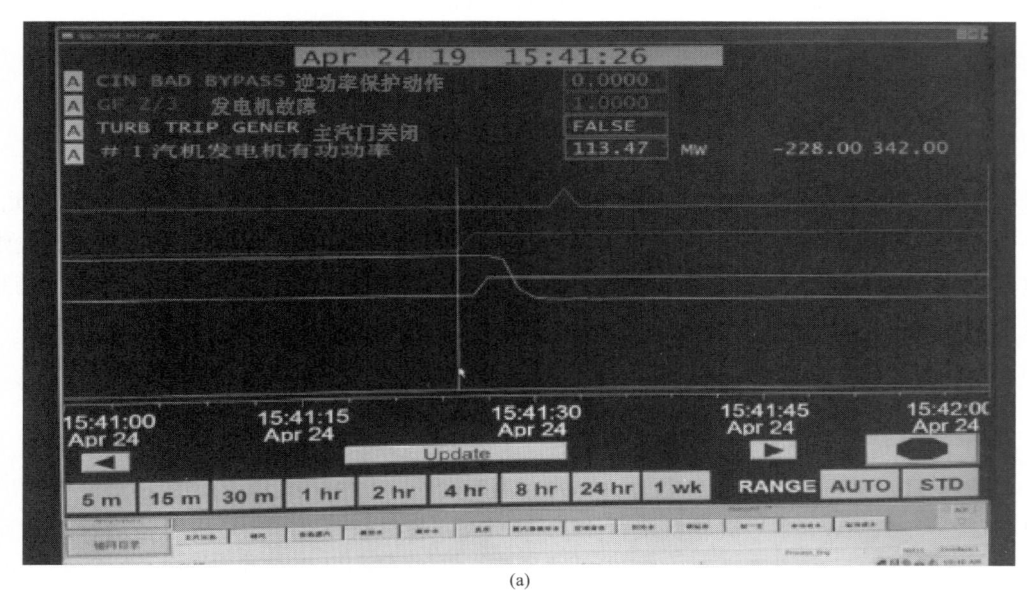

(a)

图 4-1 动作信号曲线（一）

（a）发电机故障信号时间

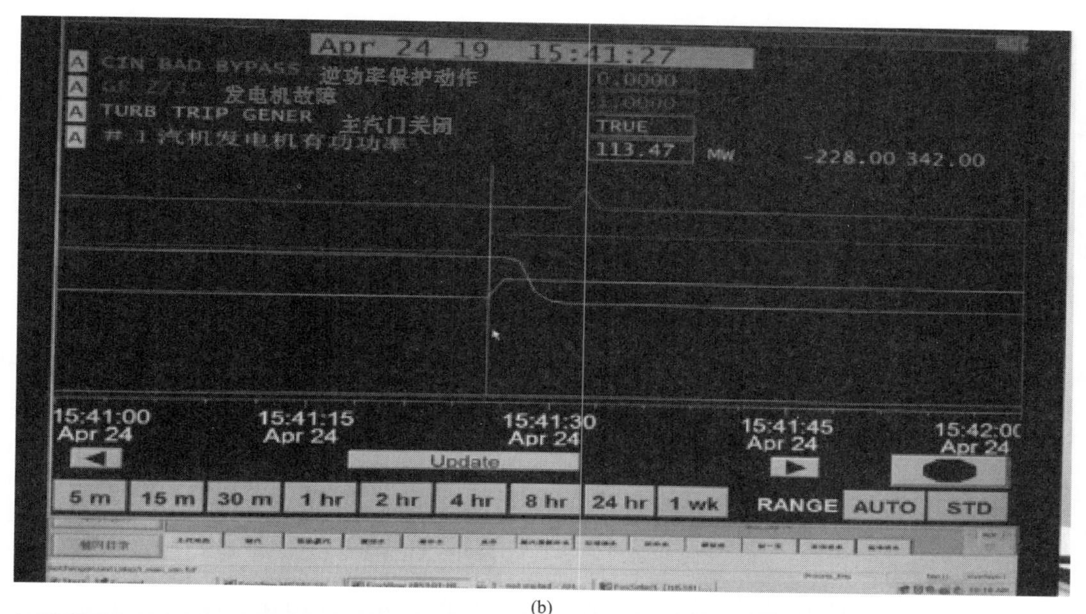

(b)

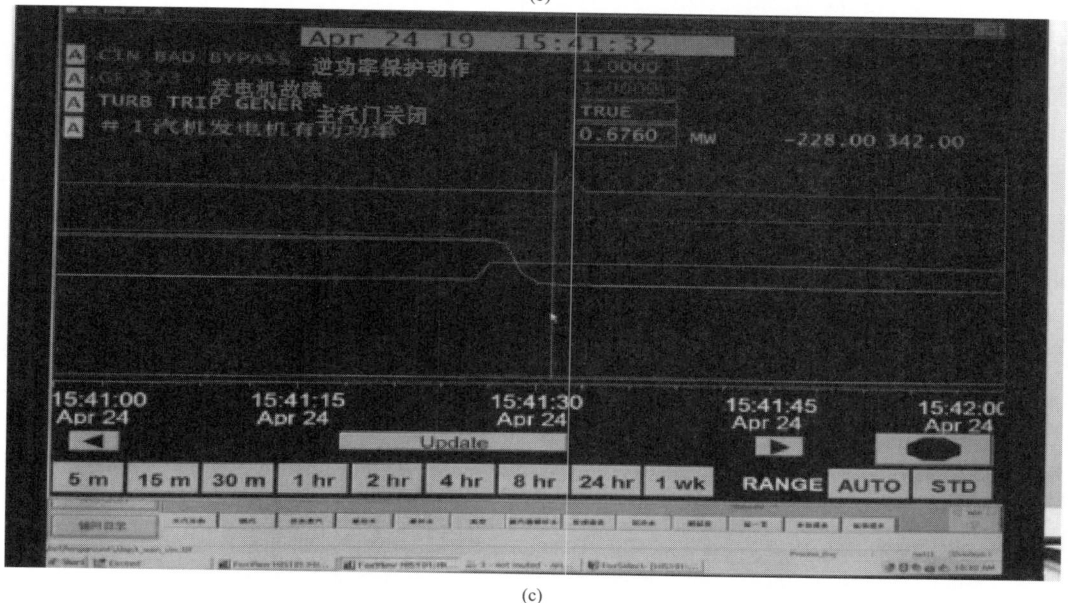

(c)

图 4-1　动作信号曲线（二）

（b）主汽门关闭信号时间；（c）逆功率保护动作信号时间

（8）停机后，检查 ETS 系统接线端子板与卡件连接的 32 芯预制电缆无插针损坏、松动现象。

（9）测量 ETS 系统各卡件通道 24VDC 电压稳定、无波动。

（10）检查 ETS 机柜，其内部接线无损伤，使用 500V 绝缘电阻表检测线间及对地绝缘均大于 500MΩ，绝缘合格。

（11）检查电缆走向，发现 2 号汽轮机发变组保护出口至 DCS 信号电缆与 380VAC 动力电缆在桥架内存在交叉现象。

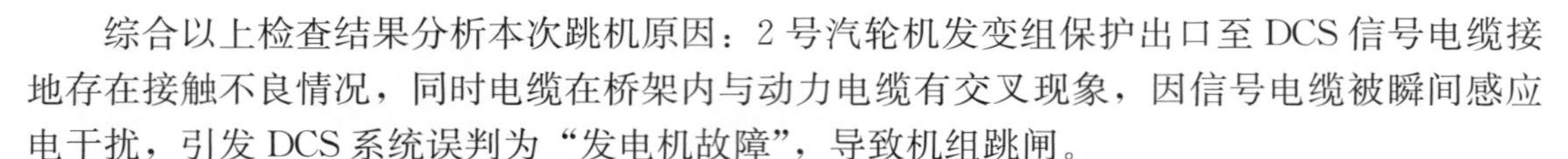

综合以上检查结果分析本次跳机原因：2号汽轮机发变组保护出口至DCS信号电缆接地存在接触不良情况，同时电缆在桥架内与动力电缆有交叉现象，因信号电缆被瞬间感应电干扰，引发DCS系统误判为“发电机故障”，导致机组跳闸。

（三）事件处理与防范

（1）更换2号汽轮机发变组保护出口至DCS信号电缆，电缆敷设路径避开动力电缆，避免同层交叉。

（2）新敷设2号汽轮机发变组保护出口至DCS信号电缆经检验合格后方可使用。

（3）电缆屏蔽层接地做锡焊处理，防止接触不良。

（4）对重要保护的信号电缆进行排查，确保控制电缆不受动力电缆、电动机等电磁干扰。

（5）定期检查各控制电缆屏蔽层接地良好。

二、大电流冲击导致制氢站卡件及测量元件损坏

（一）事件过程

2019年7月27日15点46分，某厂制氢站热控设备大面积出现故障点，当时制氢站制氢设备未投运，仅处于储氢罐补氢状态。检查制氢站操作画面，储氢罐0A、0B、0C、0E、0F和0G列罐内压力信号，氢罐0E、0F、0G、0H列温度及冷干机出口温度等信号均显示异常，其他设备及测点未见异常。

（二）事件原因查找与分析

1. 事件原因检查

（1）PLC系统及卡件检查。检查控制柜电源供电、PLC控制器和各卡件运行，均正常无报警。查阅历史曲线后发现制氢站热控设备大面积出现故障点为同时发生，均为模拟量输入测点。对比PLC卡件通道配置，故障测点集中在0A柜1号槽、0B柜1号槽、0C柜4号槽三块卡件，见图4-2。经运行同意，决定首先更换PLC卡件。更换后，0E、0G储氢罐压力（测点配置在0B柜1号槽卡件）、0H储氢罐温度（测点配置在0C柜4号槽卡件）显示正常，可以证明该测点所在两块卡件损坏。其他故障点仍然异常。

	0		Decimal	BOOL	
S0:4:I.Ch0Data	38.578777		Float	REAL	
S0:4:I.Ch1Data	38.665146		Float	REAL	0A贮氢罐温度
S0:4:I.Ch2Data	2445.2832		Float	REAL	0B贮氢罐温度
S0:4:I.Ch3Data	2668.9573		Float	REAL	0B贮氢罐压力
S0:4:I.Ch4Data	1724.5013		Float	REAL	0A贮氢罐压力
S0:4:I.Ch5Data	1284.6123		Float	REAL	0D贮氢罐压力
S0:4:I.Ch6Data	-24.970562		Float	REAL	0C贮氢罐压力
S0:4:I.Ch7Data	37.94868		Float	REAL	
S0:4:I.Ch8Data	37.970276		Float	REAL	0C贮氢罐温度
S0:4:I.Ch9Data	-24.980373		Float	REAL	0D贮氢罐温度
S0:4:I.Ch10Data	-24.970562		Float	REAL	0E贮氢罐温度
S0:4:I.Ch11Data	-24.980373		Float	REAL	0F贮氢罐温度
S0:4:I.Ch12Data	-24.980373		Float	REAL	
S0:4:I.Ch13Data	-24.964672		Float	REAL	0G贮氢罐温度
S0:4:I.Ch14Data	38.294155		Float	REAL	0H贮氢罐温度
S0:4:I.Ch15Data	33.419907		Float	REAL	干燥机出口温度
+ S0:4:I.RollingTimestamp	11473		Decimal	INT	
+ S0:5:C	{...}	{...}		AB:1756_DO:C:0	
+ S0:5:I	{...}	{...}		AB:1756_CNB_SLOT:I:0	

(a)

图4-2　卡件通道配置（一）

（a）0C柜4号槽卡件通道配置

S1:1:I.Ch15Overrange	0		Decimal	BOOL	
S1:1:I.Ch0Data	3016.2788		Float	REAL	1#槽压
S1:1:I.Ch1Data	303.4802		Float	REAL	1#氢液位
S1:1:I.Ch2Data	304.11618		Float	REAL	1#氧液位
S1:1:I.Ch3Data	86.41384		Float	REAL	1#槽温
S1:1:I.Ch4Data	0.58286107		Float	REAL	1#氢中氧
S1:1:I.Ch5Data	0.03803...		Float	REAL	1#氧中氢
S1:1:I.Ch6Data	67.833824		Float	REAL	1#电压
S1:1:I.Ch7Data	803.0051		Float	REAL	1#电流
S1:1:I.Ch8Data	38.471786		Float	REAL	1#A塔上部温度
S1:1:I.Ch9Data	37.223366		Float	REAL	1#B塔上部温度
S1:1:I.Ch10Data	-54.19763		Float	REAL	1#露点
S1:1:I.Ch11Data	268.58026		Float	REAL	1#水箱液位
S1:1:I.Ch12Data	-0.9994...		Float	REAL	1#测振
S1:1:I.Ch13Data	51.23072		Float	REAL	1#脱氧塔上部温度
S1:1:I.Ch14Data	1365.7039		Float	REAL	0H贮氢罐压力
S1:1:I.Ch15Data	2755.718		Float	REAL	0F贮氢罐压力
+ S1:1:I.RollingTimestamp	20945		Decimal	INT	
S1:2:C	{...}	{...}		AB:1756_OF8_Float:C:0	
S1:2:I	{...}	{...}		AB:1756_OF8_Float:I:0	

(b)

S2:1:I.Ch0Data	99.9386		Float	REAL	2#槽压
S2:1:I.Ch1Data	315.3519		Float	REAL	2#氢液位
S2:1:I.Ch2Data	288.00458		Float	REAL	2#氧液位
S2:1:I.Ch3Data	35.31723		Float	REAL	2#槽温
S2:1:I.Ch4Data	2.072791		Float	REAL	2#氢中氧
S2:1:I.Ch5Data	0.0830639		Float	REAL	2#氧中氢
S2:1:I.Ch6Data	1.3113041		Float	REAL	2#电压
S2:1:I.Ch7Data	64.92993		Float	REAL	2#电流
S2:1:I.Ch8Data	37.17626		Float	REAL	2#A上温度
S2:1:I.Ch9Data	36.62664		Float	REAL	2#B上温度
S2:1:I.Ch10Data	-47.59655		Float	REAL	2#露点
S2:1:I.Ch11Data	308.19183		Float	REAL	2#水箱液位
S2:1:I.Ch12Data	-0.9983511		Float	REAL	2#测振
S2:1:I.Ch13Data	19.541443		Float	REAL	2#脱氧上温度
S2:1:I.Ch14Data	2845.1914		Float	REAL	0E贮氢罐压力
S2:1:I.Ch15Data	2934.1504		Float	REAL	0G贮氢罐压力
+ S2:1:I.RollingTimestamp	30549		Decimal	INT	
+ S2:2:C	{...}	{...}		AB:1756_OF8_Float:C:0	

(c)

图 4-2　卡件通道配置（二）

（b）0A 柜 1 号槽卡件通道配置；（c）0B 柜 1 号槽卡件通道配置

（2）现场测点检查。故障压力变送器、温度变送器均为模拟量 4～20mA 信号输入，现场测量有 24V 电压，电流值为最大或最小，与画面显示一致，判断就地元件均故障。经统计共损坏压力变送器 5 台，分别为 0A、0B、0C、0F、0G 储氢罐压力，温度变送器 4 台，分别为 0E、0F、0G 储氢罐温度及冷干机出口温度。更换新备件后，所有故障测点显示正常。

（3）接地情况检查。信号电缆屏蔽接地良好，均在控制器端单端接地，阻值在合格范围内。现场设备通过外壳接地，未单独设置外壳接地线。

2. 原因分析

（1）直接原因分析。查阅当时的气象雷电分布发现当时电厂处于雷电区域。经过校验发现所有更换下来的设备均已损坏。通过对损坏设备进行检查，卡件、压力变送器、部分温度变送器外观未发现明显异常，0G 储氢罐温度变送器外壳被击穿，如图 4-3 所示。经过分析，此现象应该为大电流烧灼所致。基本判定大电流冲击导致卡件及测量元件损坏。

（2）间接原因分析。

1）外部强能量源。损坏热控设备均为 24VDC 电压供电，携带能量不足以击穿设备外壳；如此大面积设备同时损坏，且控制系统无异常，源头应该来自现场设备。损坏设备除冷干机出口温度外，全部位于室外储氢罐区域，说明储氢罐附近是能量较为集中区域。

(a)

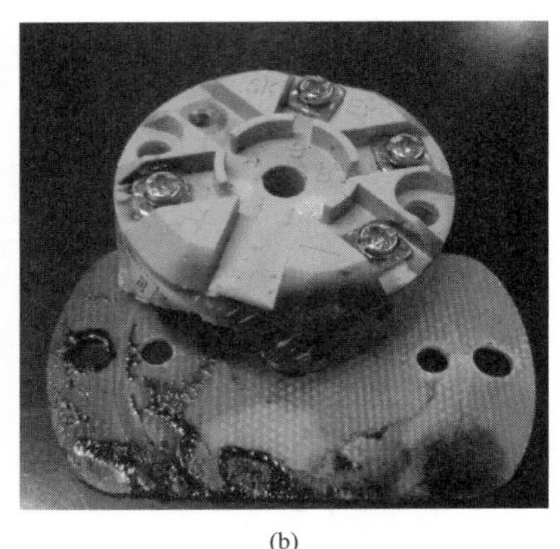

(b)

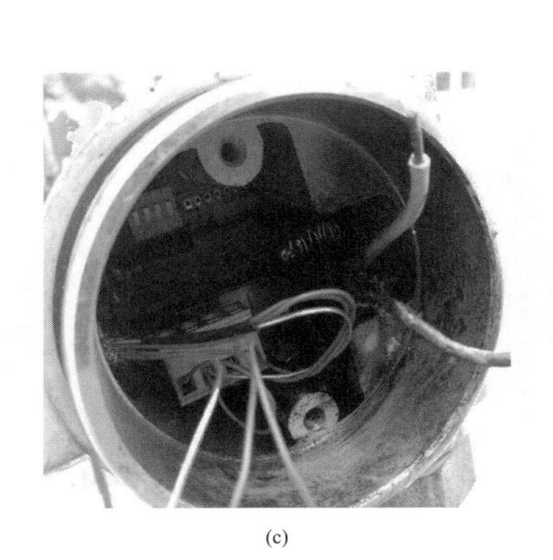

(c)

(d)

图 4-3　现场设备和 AI 卡件

（a）烧损的 0G 储氢罐温度变送器；（b）温度变送器烧毁情况；（c）0G 储氢罐温度变送器外壳；（d）AI 卡件上电阻烧毁情况

2）设备接地。储氢罐区域设备均通过设备外壳与地连接，未单独设置接地，若外壳接地不好，一旦有外部强能量源，设备外壳电压会升高，可能会导致设备内部电子元器件损坏。检查就地发现与储氢罐相接的仪用配线金属管屏蔽保护，只有上端与罐壁做等电位连接，下端没有与管壁等电位连接，在外部强能量源出现时，感应电势场影响导致高电位差，导致设备损坏。

综合以上分析，制氢站氢罐压力变送器、温度变送器二次电缆管线未做等电位连接，接地和屏蔽不可靠，雷击时，接闪器（避雷针）在雷电流接闪和泄流过程中所产生电磁场变化在电缆上产生感应过电压，部分能量通过信号电缆释放，串入卡件、变送器等热控设备，导致设备损坏。

（三）事件处理与防范

（1）氢罐压力变送器、温度变送器电缆管需要做屏蔽及接地。制氢站室外设备在外壳接地的基础上，单独设置接地，保证等电位联结。外壳接地良好，可以减少设备损坏数量，降低损失。

（2）考虑增加信号隔离器。浪涌保护器可以在回路产生尖峰电流或电压时，在极短时间内分流，避免对设备造成损害。室外设备信号增加为带浪涌保护功能的隔离器，可以有效减少损失。

（3）在接闪器周围约 1.5m 安装约 4m 高的金属屏蔽网，防止接闪器泄流产生的磁场扩散。

（4）制氢站所有金属设备做好等电位连接，电气盘柜做好定期接地检测。

三、给煤机控制电源接地导致机组 UPS 故障

某厂一期主机 UPS 装置为 BEST POWER 生产，实为 BEST POWER 控制板和元器件，国内组装产品，380V 三线输入，380V 三线输出，于 2008 年投入运行。

主机 UPS 主路电源来自 380V 保安段，直流电源来自机组 DC230V 母线，旁路电源来自机组锅炉 MCC B 段母线，逆变器故障后可以经静态开关切换至旁路供电，UPS 设检修旁路，UPS 装置退出运行后可由检修旁路供电。2 号炉给煤机 A、C、D 控制电源由主机 UPS 输出供电。系统如图 4-4 所示。

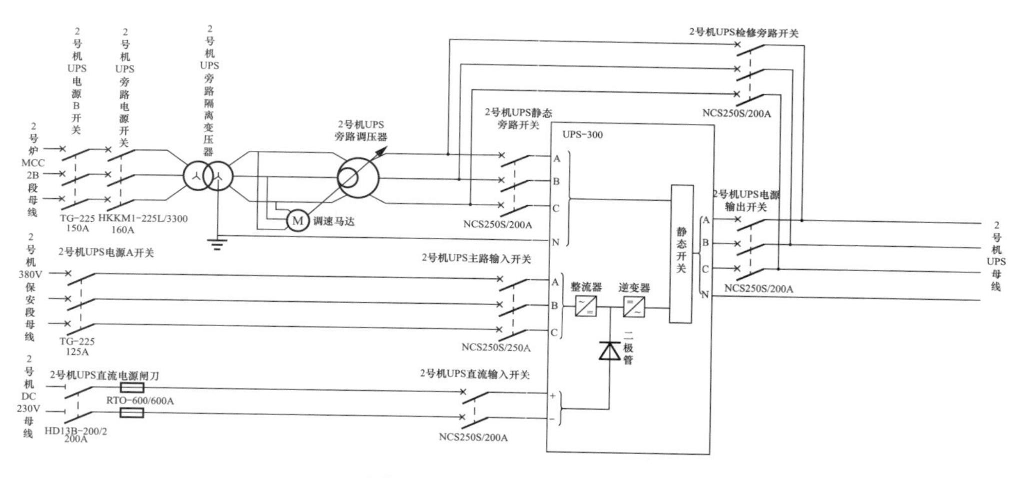

图 4-4　主机 UPS 主路电源

（一）事件过程

2019 年 11 月 20 日 4 时 20 分左右，2 号机 DCS 侧 CRT 画面出现“2 号机主机 UPS 综合故障”告警，2 号机主机 UPS 由主路输入供电切至直流供电。

2 号机主机 UPS 出现综合故障告警信号后，查看 UPS 装置各个参数，检查发现：显示主机 UPS 装置已成功切至直流供电，检查直流电压正常，直流电源经逆变器逆变后，UPS 工作状态显示“旁路供电异常”。在对 UPS 输出母线电压进行测量后同样发现 2 号机 UPS 输出的 C 相上负荷存在接地现象，经查 2 号炉给煤机 C 变频器电源开关接地。

由于该型号 UPS 备件已停产多年，考虑到 1 号机主机 UPS 和 2 号机主机 UPS 为同型号、同参数、同品牌的装置，为了提高并网机组 UPS 供电的可靠性，将 1 号机主机 UPS 的整理控制板（采样板）拆至 2 号机主机 UPS 后，合上 UPS 主路输入电源后，UPS 整流

器参数三相电压显示正常，2号机主机UPS工作恢复正常。1号机主机UPS的整理控制板（采样板）经更换采样变压器后正常。

（二）事件原因查找与分析

主机UPS装置为380V三线输出，三相电源或三相负载连接成星形时出现的一个公共点。当三相星形连接负载的中性点N与供电系统的中线连在一起时，中性点N的电位因受到电源的直接约束而与电源的中性点n的电位基本相同。但若三相星形连接负载的中性点N不与供电系统的中线相连，此时发生接地，便会出现中性点位移现象。中性点位移是指在位形图上中性点N和中性点n不再重合，实际上是表明二者的电位不同，出现了中性点位移现象，如图4-5所示。

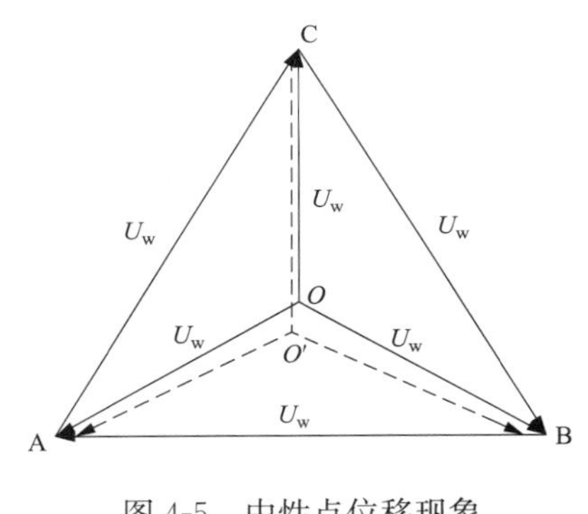

图4-5　中性点位移现象

当UPS输出负荷发生直接接地后，即O′点漂移至A、B、C时，正常的220V相电压就变为380V线电压，UPS整流控制板采样变压器需要承受380V电压，但采样变压器额定最高电压为250V，从而导致整流控制板采样变压器损坏。

（三）事件处理与防范

(1) 对UPS输出负荷给煤机电源加装隔离变压器，防止给煤机电源接地引起UPS母线电压异常升高造成UPS插件故障。

(2) 加强对小电流接地选线装置的维保和巡点检，对发现故障的小电流接地选线装置及时修复。

(3) 因随着运行年限的增长，电子元器件老化日渐凸显，加快对一期主机UPS的技术改造；建议一期UPS改造升级，改造为单相输出的UPS，避免UPS输出负荷接地损坏UPS插件。

四、DEH系统功率信号跳变导致机组跳闸

（一）事件过程

2019年10月14日01时07分31秒，某厂2号机组AGC投入正常，机组CCS控制方式，负荷612MW，主蒸汽流量1640t/h，给水流量1753t/h，21号、22号高调开度47%，21号给水泵汽轮机汽源由辅汽接带，22号给水泵汽轮机汽源由四抽接带，22、23、24、25四台磨煤机运行，总煤量277t/h，机组各参数正常。

01时07分31秒，2号机组负荷613MW。01时07分31秒431毫秒，DEH系统内功率信号1由613MW跳变至394MW，功率信号2、功率信号3显示正常（613MW）。

01时07分31秒938毫秒，DEH系统内功率信号3跳变至436MW，功率信号2跳变至236MW，功率信号3跳变至－182MW，DEH控制系统判断功率偏差大（定值104MW），DEH自动将实际功率信号置为1309MW。

01时07分32秒，2号机组DCS显示负荷为613MW，2号机21、22号高调门由52%开始向下关。

01时07分42秒时2号机21、22号高调门关至5%，2号机组DCS显示负荷至0MW，此时2号炉高、低压旁路开启。44s时机组控制方式切至TF，45s时2号机21、22号高调

门关至0%，50s再热器安全门开启。

01时07分55秒，21号给水泵汽轮机转速3638r/min，出口压力19.1MPa，流量883t/h，22号给水泵汽轮机转速2800r/min（四抽压力下降），出口压力11.7MPa，流量583t/h，遥控退出，两台给水泵汽轮机流量偏差300t/h，给泵出口母管压力19.1MPa，给水泵出口流量由1447t/h开始快速下降，给水流量偏差大，给水主控跳至手动。

01时08分12秒，2号机组给水流量降至788.3t/h（保护定值816t/h），触发2号炉省煤器入口流量低低保护信号，延迟10s，01时08分22秒锅炉MFT动作，机组跳闸。

01时08分30秒，汇报省调，网调，国华调度，57s时破坏真空紧急停机。

01时14分03秒，锅炉吹扫完毕，锅炉闷炉，汽轮机闷缸。

01时15分20秒，执行紧急停机后相关操作。

01时42分，盘车投运正常，转速52r/min。

（二）事件原因查找与分析

1. 事件原因检查

2号机组停机后，检查发现热控DEH系统三个功率值跳变，现场进行如下检查工作：

（1）对2号机功率变送器DEH1、DEH2、DEH3进行静态检查，不改变其工作电源、采样回路和4～20mA输出信号回路。结果：热控DEH系统三个功率值均在0～－230MW之间跳变（正常为0MW）。

（2）在2号保护小室变送器屏端子排，从2号机功率变送器DEH1、DEH2、DEH3的电压、电流采样回路通入二次电压、电流。结果：热控DEH系统三个功率值均在0～－230MW之间跳变。

（3）在2号保护小室变送器屏端子排，拆除2号机功率变送器DEH1、DEH2、DEH3的4～20mA输出回路接线，用毫安信号发生器输出毫安量接入其输出回路。结果：热控DEH系统三个功率值跳变情况消失。

（4）在2号保护小室变送器屏端子排，拆除2号机DCS功率变送器（FPW-201P）4～20mA输出回路接线，接入2号功率变送器DEH1、DEH2、DEH3的4～20mA输出回路。结果：热控DEH系统三个功率值跳变情况消失。

（5）将2号机功率变送器DEH1、DEH2、DEH3的4～20mA输出回路接入1号机热控DEH系统。结果：1号机热控DEH系统显示接入的三个功率值均在0～－230MW之间跳变。

（6）从2号机功率变送器DEH1、DEH2、DEH3的电压、电流采样回路通入二次电压、电流，断开功率变送器装置后面板双路电源小开关（任意一路），进行电源切换试验。结果：热控DEH系统三个功率值均在0～－230MW之间跳变。

（7）从2号机功率变送器DEH1、DEH2、DEH3的电压、电流采样回路通入二次电压、电流，拔掉功率变送器双路电源中的电源插线（任意一路）。结果：热控DEH系统三个功率值跳变情况均消失。

（8）从2号机功率变送器DEH1、DEH2、DEH3的电压、电流采样回路通入二次电压、电流，用示波器测量4～20mA输出回路共模电压。结果：单路电源供电时共模电压峰峰值为30.8V，双路电源供电时共模电压峰峰值为55.6V（DEH系统允许最大共模电压峰峰值为28V）。

（9）测量2号机UPS电源电压，L线对地0V、N线对地220V（功率变送器双路电源由UPS供电，UPS为不接地系统）。结果：查2号机UPS接带的凝结水精处理控制系统电源发生接地。

（10）消除凝结水精处理控制系统电源接地点后，在2号保护小室变送器屏端子排，从2号机功率变送器DEH1、DEH2、DEH3的电压、电流采样回路通入二次电压、电流。结果：热控DEH系统三个功率值恢复正常。

（11）将PD6900型功率变送器返厂检测，分析产生共模电压大的原因。

2. 原因分析

凝结水精处理控制系统电源由2号机UPS 2A电源接带，2号机功率变送器DEH1、DEH2、DEH3两路电源由2号机UPS 2A、2B接带。凝结水精处理控制系统电源发生接地故障后，2号机UPS电源L、N线对地电压由110V变为L线对地0V、N线对地220V，功率变送器DEH1、DEH2、DEH3两路电源L、N线对地电压同样变化，导致三个功率变送器4～20mA输出回路共模电压峰峰值发生突变（由3V上升到50V），大于DEH系统允许最大共模电压峰峰值（28V）。DEH系统内功率信号1跳变至436MW，功率信号2跳变至236MW，功率信号3跳变至－182MW，DEH控制系统判断功率信号两两偏差大（定值104MW），DEH自动将实际功率信号置为1309MW（当时功率设定值613MW）。21、22号高调门10s由52%快速关至5%，四抽压力由0.68MPa快速降低至0MPa，22号给水泵汽轮机转速快速下降，两台给水泵转速、流量出现较大偏差，总给水流量由1447t/h突降至788.3t/h，低于保护定值816t/h，触发2号炉省煤器入口流量低低保护信号，延迟10s，锅炉MFT动作，机组跳闸。

3. 暴露问题

（1）专业人员技能不足，对功率变送器内部控制板件原理与性能掌握不全面。

（2）隐患排查不全面、不彻底，未能排查出凝结水精处理控制系统电源接地故障。

（3）风险意识不强，思想上麻痹大意，简单认为新型功率变送器就不会有问题，未辨识出新型功率变送器抗电源干扰性能低发生故障的风险。

（三）事件处理与防范

将三台PD6900型功率变送器更换为原FPW-201P功率变送器，PD6900型功率变送器返回厂家进行检测并形成检测报告，同时采取以下措施：

（1）逐个进行UPS负载绝缘隐患排查。

（2）组织对功率变送器原理与性能开展相应的培训，提高维护技能。

（3）开展UPS系统接地报警检测装置调研。

（4）开展功率变送器应用可靠性的调研。

第二节　现场干扰源引起系统干扰故障分析处理与防范

本节收集了因现场干扰源引发的机组故障3起，分别为：温度信号干扰导致循环水泵跳闸、电缆屏蔽线断裂导致浆液循环泵跳闸，干扰引起给水泵汽轮机轴瓦温度高停机。这些案例中均是由于外界干扰导致机组保护的误动作，应从提高系统的抗干扰能力出发来避免此类事件的再次发生。

一、温度信号干扰导致循环水泵跳闸

某厂5号机组于2012年投入运行。额定功率为1000MW，控制系统DCS部分为北京国电智深的EDPF-NT+控制系统，循环水系统采用带自然通风冷却塔的单元制循环供水系统，每台机组配三台循环水泵，一座13000m^3自然通风逆流式冷却塔。循环水泵采用上海KSB生产的立式斜流泵，水泵型式为单基础结构立式斜流泵，叶轮叶片为固定式，工频方式运行。

（一）事件过程

8月24日21时53分，5号机组负荷972MW，ABC循环水泵均运行，A凝汽器绝压9.24kPa，B凝汽器绝压9.38kPa，循环水母管压力0.26MPa循环水泵推力轴承温度，上导轴承温度、下导轴承温度平稳正常。

21时57分，B循环水泵跳闸，此后A凝汽器绝压升至9.71kPa，B凝汽器绝压升至10.98kPa，机组负荷下降至957MW。

（二）事件原因查找与分析

热工人员调取历史曲线如图4-6所示。

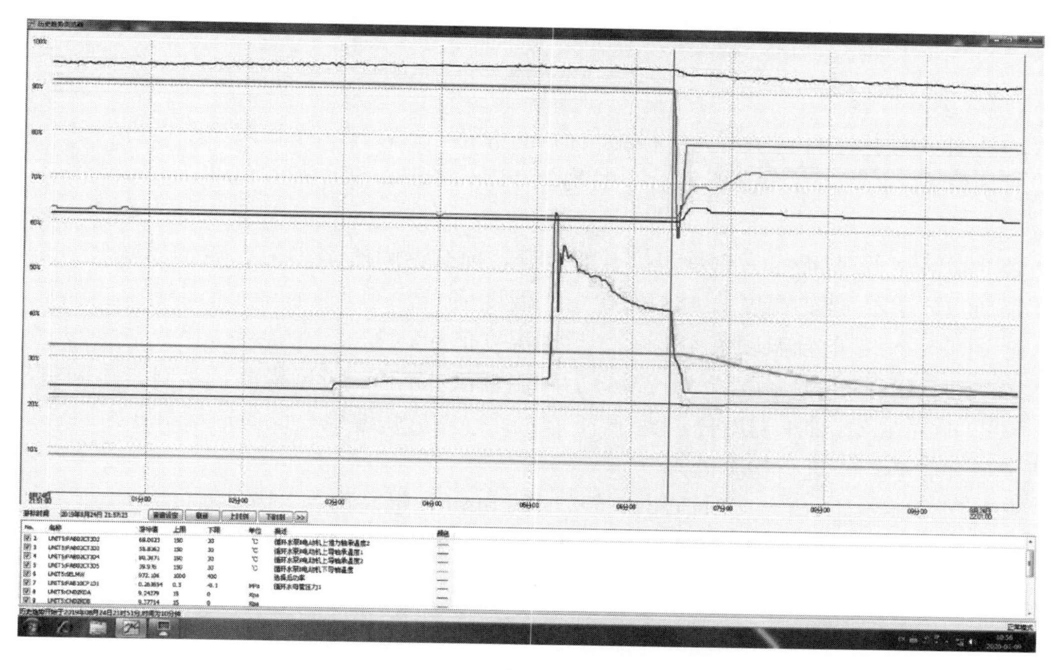

图4-6　电机上导轴承温度曲线

从21时53分开始，循环水泵B电机上导轴承温度2从58℃开始上升，在21时56分达到最高106℃。而后缓慢下降，在21时57分下降至80℃触发循环水泵B跳闸保护。循环水泵跳闸后温度迅速又下降至58℃。

经查温度保护值设置为80℃，最大升速率5℃/s。温度保护判断采用智深公司的HP模块，该模块带速率限制，当温度超过设定值时且温度变化速率小于设定值保护才会触发。在21时56分超过80℃时因速率过快，保护未触发。在21时57分下降至80℃触发循环水泵B跳闸保护分析原因为：因历史趋势采集周期是1s，控制器的处理周期为250ms，在温度下降越过80℃时，温度有微小上升的趋势，且速率小于设定值，触发保护跳闸B循环水泵。2018年2月至今约每间隔两个月该温度有类似波动。

现场检查温度元件电阻正常，信号电缆屏蔽接地可靠，但热电阻三芯中C线对地绝缘约10MΩ，A、B线对地绝缘均大于20MΩ。就地电缆为单一电缆沟，动力电缆和控制电缆均混合敷设。

根据以上信息分析循环水泵B跳闸原因为：电机上导轴承温度2的信号电缆C线绝缘下降，受动力电缆干扰影响，导致温度无规律变化，满足温度跳闸条件，导致循环水泵B跳闸。

（三）事件处理与防范

（1）当时暂时放弃使用C线，用两线制测温，同时退出该保护。后期利用C级检修，对该信号电缆及温度元件进行了全部更换，观察两个月，温度再无跳变，投入温度保护。

（2）对就地动力电缆和控制电缆均混合敷设进行整改，尽可能将动力电缆和控制电缆分开敷设，对受限制无法分离的采用金属板物理隔开。

（3）从逻辑上探讨单点保护防误动措施，加入有效的辅助判断依据。

二、电缆屏蔽线断裂导致浆液循环泵跳闸

（一）事件过程

2019年10月20日，某厂2号机组负荷300MW，2A、2B、2E浆循环运行，SO_2折算前小时均值398mg/m^3，SO_2折算后小时均值438mg/m^3，SO_2实时值422mg/m^3，烟气含氧量7.14%。

13时10分2E浆循泵后轴承温度开始上升，前轴温度值48.1℃、后轴温度值43.5℃。

13时15分2E前轴温度值48.1℃、后轴温度值44.0℃。

14时00分2E前轴温度值48.2℃、后轴温度值68.4℃。

14时05分2E前轴温度值48.2℃、后轴温度值75.7℃，2E浆循泵跳闸，跳闸首出为2号FGD循环泵2E轴承温度任一大于75℃。运行人员就地检查设备轴承温度为42℃，汇报值长，并联系点检进行检查处理。

2E浆循泵跳闸后SO_2实时值超排持续时间6min，最高值为849.99mg/m^3。

14时09分24秒启动2C浆循泵，14时09分48秒启动2D浆循泵，14时14分12秒启动2F浆循泵，14时19分24秒停运2D浆循泵。

查询CEMS报表14～15时最终SO_2折算前小时均值为254.5mg/m^3，SO_2折算后小时均值为276.6mg/m^3，没有发生SO_2小时均值超排。

（二）事件原因查找与分析

1. 事件原因检查与分析

（1）首先查看2E浆液轴承温度曲线，发现后轴承温度异常上升的过程中呈现不规则锯齿状（跳闸时波动范围小于质量判断8℃/5s），正常情况下应当平滑上升，2E浆液轴承温度曲线如图4-7所示。

（2）查看2E浆循泵后轴承温度卡件相邻通道温度曲线和2E浆循泵后轴承温度跳变前后发现无异常，排除PLC卡件及通道问题。

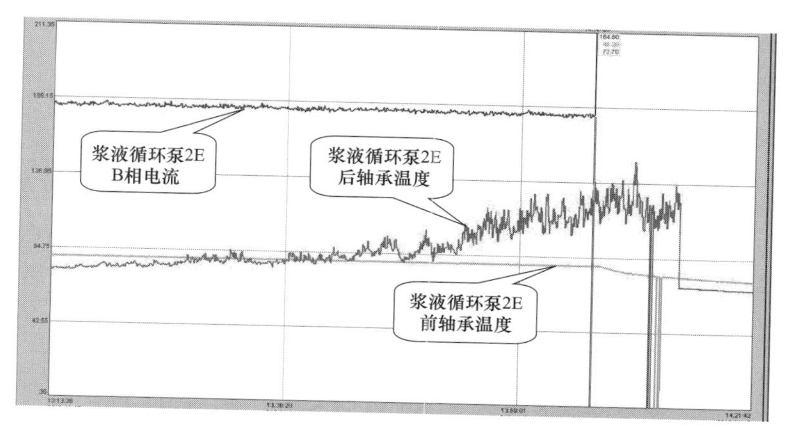

图 4-7　浆液轴承温度曲线

（3）对 2E 浆循环水泵后轴承温度元件进行检查分别测量了元件 A、B、C 相对元件外壳、相间阻值检查，检查结果如下：A、B、C 相对元件外壳测量阻值＞1000MΩ，AB 相间阻值 105Ω、AC 相间阻值 105Ω、BC 相相间阻值 0.5Ω，排除元件故障问题。

（4）检查电缆及 PLC 机柜屏蔽，以及检查 2E 浆循泵后轴承温度信号电缆绝缘，未发现异常。

（5）检查 2E 浆循环水泵后轴承温度信号电缆屏蔽，检查结果如下：

A 相与屏蔽层间阻值为 0.5MΩ，B 相与屏蔽层间阻值为 0.5MΩ，C 相与屏蔽层间阻值为 0.5MΩ，屏蔽层与接地间电阻为 0.5MΩ（正常值≤5Ω）。现场检查发现 2E 浆循泵后轴承温度信号电缆与 6kV 电缆同层敷设约 6m。

综上判断为信号电缆屏蔽层异常断路导致信号干扰是本次 2E 浆循泵后轴承温度异常跳变上升的根本原因。

2. 暴露问题

（1）2E 浆循环水泵电缆屏蔽层异常断路，导致屏蔽失效。

（2）日常隐患排查不到位，没能及时发现信号电缆屏蔽层异常断路问题。

（3）运行人员对重要辅机设备参数关注不够，未及时发现 2E 浆循泵后轴承温度异常。

（三）事件处理与防范

（1）对检查发现问题的 2E、2F 浆液循环泵前、后轴承温度信号电缆进行更换处理并与 6kV 电缆分层敷设。

（2）立即着手制定专项检查方案，对重要测点的信号电缆进行专项检查。

（3）加强运行人员环保意识培训，提高对环保参数及相关重要辅机设备参数的关注程度。

三、干扰引起给水泵汽轮机轴瓦温度高停机

某厂 1 号机组于 2016 年 12 月 30 日正式投产。锅炉型号 SG-1165/25.4-M4420，制造厂家为上海锅炉厂有限责任公司；汽轮机型号为 CC350/270.3-24.2/1.25/0.4/566/566，制造厂家为东方汽轮机厂有限公司；发电机型号 QFSN-350-2，制造厂家为东方电机厂；DCS 系统为上海新华 XDC800 系列。

（一）事件过程

2019年06月30日07时28分，1号机组负荷261MW，总煤量116t/h，总风量829t/h，给水流量759t/h，机组运行正常，汽动给水泵运行（单辅机），电泵备用（启动电泵）。

2019年6月30日07点29分13秒1号机组汽动给水泵传动端径向轴承温度显示62.17℃，07点32分48秒汽动给水泵传动端径向轴承温度显示64.8℃，07点32分05秒显示72.21℃，运行监盘人员发现该温度有缓慢上升趋势，07点36分电话联系热控专业值班人员向其说明温度测点变化情况要求立即到现场检查确认，07点43分热控专业值班人员紧急赶到1号机组工程师站查阅1号机组汽动给水泵驱动端径向轴承温度以及相关测点变化趋势。07时46分12秒汽动给水泵传动端径向轴承温度跳变至92.77℃（由于DCS数据采集周期为500ms，温度测点波动速率小于数据采集周期，因此DCS系统未采集波动至95℃数据），“汽泵径向轴承温度>95℃”保护动作，集控光字发出1号机锅炉MFT动作，机组跳闸，首出为“给水泵全停”，给水泵汽轮机METS首出“给水泵汽轮机轴瓦温度高停机”。

（二）事件原因查找与分析

1. 事件原因检查

机组异常停运后，立即组织专业人员分析事故发生的初步原因。汽轮机专业组织人员对汽动给水泵传动端和自由端轴承运行状况进行详细检查，并对相关参数进行分析确认无异常。同时通过温度测点历史曲线判断，该温度为测点异常波动。1号机组给水泵汽轮机可正常启动。机组启动过程中热控专业组织排查温度测点存在的设备隐患，检查就地测量元件接线端子和端子箱接线端子排接线良好，不存在接线松动以及进油的异常现象；检查接线端子箱与RTD输入模件电缆标示号头以及颜色一致，说明1号给水泵汽轮机传动端径向轴承温度接线端子排与RTD端子排信号电缆之间不存在故障接头，为完整电缆；检查RTD卡件运行状态正常，确认测点波动引发此次非停事件发生的直接原因。导致测点波动的原因需继续排查分析。

2. 原因分析

（1）直接原因。1号给水泵汽轮机传动端径向轴承温度异常波动是导致本次非停事件发生的直接原因。

（2）间接原因。检查发现1号机组汽轮机电子间DCS接地分别通过接地极和汽机房环形接地扁铁接至厂用接地网，存在交叉互联和两点接地的情况。汽机房零米电气专业接地环网每个接地极之间的距离约为10m，基建期间施工单位将1号机组汽轮机电子间DCS系统专用接地极作为电气专业接地环网接地极使用，导致1号汽轮机电子间DCS系统两点接地的情况发生。按照DCS系统接地设计标准，接至厂用接地网，直径15m内或与之相邻5个接地桩不得有高压强电流设备的安全接地或保护接地，但必须为单点接地。07点32分至07点46分测点波动期间，正在进行1号机组6.5m工业供汽直管段更换焊接工作，焊接过程中电焊机产生的电磁干扰信号以静电方式存在，经汽机房保护接地扁铁进入电缆桥架和1号机组汽轮机电子间DCS接地系统，诸多信号电缆之间存在电容（或电感）耦合干扰现象，随着焊接工作时间变长，积累的干扰信号逐渐变大。1号汽轮机电子间DCS系统通过电气专业接地环网和专用接地极形成两端接地，DCS接地系统可能会有较大的电位差或者DCS系统接地点与电气接地网其他接地点间存在地电位差，这种电位差在DCS系统所

连接的信号线上可能会产生一个很大的环流信号，形成空间电磁辐射感应信号产生电磁波干扰，此类信号具有一定的隐蔽性，很难被发现。综合以上原因1号机组6.5m工业供汽直管段焊接电焊机工作过程中产生的电磁干扰信号、1号汽轮机电子间DCS系统采用两端接地以及1号机组汽动给水泵传动端径向轴承温度信号电缆可能存在的影响因素（虽经过绝缘测试合格不能排除电缆本身存在的质量问题或施工过程中存在电缆损伤等因素），是导致本次非停事件发生的间接原因。

3. 暴露问题

（1）针对此次异常事件，公司组织相关专业人员详细分析保护动作原因。机组建设期间已对两台机组存在的单点保护进行了详细梳理，并组织集团内专家对机组的保护项目以及保护方式进行了优化，针对导致此次机组非停事件的给水泵汽轮机传动端径向轴承温度高跳给水泵汽轮机保护，讨论会期间针对温度测点单点保护专家一致同意增加斜率保护和坏质量判断保护。1号给水泵汽轮机传动端径向轴承温度斜率保护的变化率设置为每秒钟变化10℃，自动切除1号给水泵汽轮机传动端径向轴承温度高跳给水泵汽轮机保护。

（2）2017年04月至2018年12月期间设备维护部热控专业按照集团公司和省公司的要求开展热工专业管理提升活动开展相关隐患排查工作，过程中仅对保护投入的类型和项目进行统计，对于单点保护虽已采取斜率保护措施，避免保护误动事件发生，但是机组自投产后，专业人员未对每一个测点进行针对性试验，即有针对性的设置斜率保护动作值，隐患排查未做到全覆盖，仍然留有死角。

（3）1号机组汽轮机电子间DCS接地系统存在两点接地的隐患，设备维护部热控专业人员至今未发现，专业人员未掌握DCS系统接地系统的标准（防止电力生产事故的二十五项反事故措施防止分散控制系统、保护失灵事故第9.1.7条款，分散控制系统接地必须严格遵守相关技术要求，接地电阻满足标准要求；所有进入分散控制系统的控制信号电缆必须采用质量合格的屏蔽电缆，且可靠单端接地；分散控制系统与电气系统共用一个接地网时，分散控制系统接地与电气网只允许有一个连接点）的要求。

（4）设备维护部和发电部各专业以及运行人员对现场存在的隐患以及设备运行状态不清楚，专业技能差，未能准确判断温度测点波动是虚假信号，未采取有效措施导致故障扩大引发非停事件发生。

（三）事件处理与防范

（1）再次对DCS逻辑组态中存在的隐患进行详细梳理具体包括保护方式、保护定值、逻辑关系、逻辑页扫描时间、功能块刷新时间等内容进行详细梳理。建立隐患排查档案，对存在隐患的设备制定与之对应的防范措施，杜绝同类事件发生。1号机组汽动给水泵自由端轴承温度高跳机保护、汽动给水泵传动端轴承温度高跳机保护、汽动给水泵推力轴承（外侧）温度高跳机保护、汽动给水泵推力轴承（内侧）温度高跳机保护，温度元件两支测量芯共同用于保护信号判断，保护方式更改为“二取二”，将所有保护用温度测点，温度飞升保护定值设置为每秒钟变化5℃自动切除该点保护。

（2）继续深入开展热工专业专项提升活动，细化保护和自动档案，详细记录每一项保护和自动具体参数包括延时、信号类型、信号数量、取样方式以及保护实现方式等内容。针对重要保护温度测点极端工况参数变化速率完善温度测点温度飞升保护功能提高保护的可靠性。

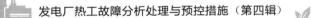

（3）排查1、2号机组所有DCS机柜和继电保护机柜接地以及柜内屏蔽接线是否可靠，相关工艺标准是否符合规范标准要求，避免因信号干扰导致影响机组安全稳定运行的异常事件发生。联系电力科学研究院和大唐科研院东北所专家到厂共同确认1号机组汽轮机电子间两点接地的故障类型，制定整改措施。经专家确认断开与电气专业接地环网不会影响1号机组汽轮机电子间接地效果，电气专业和热控专业于7月2日将1号机组汽轮机电子间DCS系统更改为专用接地极单点接地。

（4）加强热控专业人员和运行人员专业技能培训，提高应急处置能力，针对现场工况果断采取紧急处理方案，避免因处置不当影响安全稳定运行。

（5）召开单点保护隐患治理以及非停原因分析会，深刻剖析此次非停发生的直接原因和间接原因。全面梳理存在的单点保护，研究单点保护优化方案。结合设备实际状况，避免保护拒动以及误动的异常事件发生。单点保护按照临时措施、改进措施、正式方案三个阶段进行逐项优化，最终实现所有保护项目冗余设置，彻底解决保护系统存在的设备隐患。

第五章

就地设备异常引发机组故障案例分析与处理

如果把 DCS 比作为机组控制的大脑，各就地设备则是保障机组安全稳定运行的耳、眼、鼻和手、脚。就地设备的灵敏度、准确性以及可靠性直接决定了机组运行的质量和安全。而就地设备往往处于比较恶劣的环境，容易受到各种不利因素的影响，其状态也很难全面地被监控，因此很容易因就地设备的异常而引起控制系统故障，甚至导致机组跳闸事件的发生。

本章节统计了 45 起就地设备事故案例，按执行机构、测量取样装置与部件、测量仪表、线缆、管路和独立装置进行了归类。每类就地设备的异常都引发了控制系统故障或机组运行故障。异常原因涵盖了设备自身故障诱发机组故障、运行对设备异常处理不当造成事故扩大、测点保护考虑不全面、就地环境突变引发设备异常等。

对这些案例进行总结和提炼，除了能提高案例本身所涉及相关设备的预控水平外，还能完善电厂对事故预案中就地设备异常后的处理措施，从而避免案例中类似情况的再次发生。

第一节　执行部件故障分析处理与防范

本节收集了因执行机构异常引起的机组故障 9 起，分别为：电动执行装置内阀位传感器故障造成机组跳闸、循环水泵变频器故障导致凝汽器真空低保护动作、给水泵气动再循环调节门误开导致给水流量低低保护动作、净烟气挡板电动执行器控制板烧损导致机组停运、LV 控制器故障导致机组停运、AST 阀泄漏导致 AST 定期试验时异常停机、电磁阀异常导致燃机跳闸、给煤机变频器电源电压过高导致给煤机跳闸、阀门参数设置不当导致风机动叶自动频繁切除、循环水泵蝶阀泄油电磁阀故障导致凝汽器真空低保护动作。

这些案例都来自就地设备执行机构、行程开关的异常，有些是执行机构本身的故障，有些与安装维护不到位或参数设置不合理相关，一些案例显示执行机构异常若处置得当，本可避免机组跳闸。

一、电动执行装置内阀位传感器故障造成机组跳闸

某厂 7 号机组容量为 660MW，2018 年 9 月 16 日首次并网，10 月 21 日 168h 试运结束投运。发电机由上海电气制造，汽轮机由上海汽轮机有限公司制造，锅炉由哈尔滨锅炉制造有限公司制造。

给水系统采用单元制，每台机组设置一台100%容量汽动给水泵。汽泵给水泵汽轮机由上海汽轮机有限公司制造，是单缸、单流程、冲动式、纯凝汽、内切换的ND（Z）89/84/06型凝汽式汽轮机。汽动给水泵由调速汽轮机拖动，给水泵汽轮机为下排汽布置方式。汽动前置泵、给水泵汽轮机及给水泵同轴，前置泵通过减速箱与给水泵汽轮机相连，给水泵与给水泵汽轮机连接，布置在汽机房15.5m运转层，给水泵汽轮机排汽进入汽轮机凝汽器。给水系统还为再热器减温器、高压旁路及过热器减温器提供减温水。在给水泵出口止回门后设置主给水电动门及其旁路调整门。

（一）事件过程

5月29日7号机组有功660MW，引风机、送风机、一次风机、空气预热器、ABCDEF磨煤机运行，主蒸汽压力28.1MPa、主蒸汽温度581℃、再热器压力5.2MPa、再热蒸汽温度601℃。

17时34分，7号机组负荷突然由660MW到0，锅炉MFT，首出“给水泵跳闸”，汽轮机联跳，发电机逆功率保护动作解列，厂用电切换正常。汇报网调及中调。给水泵跳闸首出，为“给水泵低压电动门关闭”。

17时40分，7号炉强制通风5min后，执行闷炉、闷缸措施。逐停运脱硫D、C、A浆液循环泵及A氧化风机。

（二）事件原因查找与分析

1. 事件原因检查与分析

热工逻辑以给水泵低压电动门全开的非和全关信号相与判断阀门关闭。经检查，7号机汽动给水泵低压电动阀开状态消失（发“0”）、关状态信号发“1”，触发了“汽动给水泵保护跳闸”逻辑。进一步排查，电动执行装置内阀位传感器故障，导致开、关状态同时变位。

2. 暴露问题

（1）汽动给水泵低压给水电动阀电动执行装置内阀位传感器质量差。

（2）单体设备信号故障即引发机组跳闸逻辑不完善。

（三）事件处理与防范

（1）更换低压给水电动阀电动执行装置内阀位传感器，并普查同型号电动执行装置。

（2）保留汽动给水泵低压给水电动阀（前置泵进口电动门）关闭触发给水泵跳闸保护功能，先解决给水电动阀全开、全关反馈信号独立性问题，避免因传感器故障同时变位；接着优化低压给水电动阀关闭判断逻辑，参照研究院专家意见，拟修改完善保护逻辑如下：

1）汽泵入口给水流量＜470t/h，汽泵入口给水流量1/2/3三个流量信号“三选二”。

2）汽动给水泵低压给水电动阀“关到位触发”且“开到位消失”时，判定“汽动给水泵低压给水电动阀关闭”，延时3s，触发“汽动给水泵跳闸”保护。

3）报警功能完善：增加“汽动给水泵低压给水电动阀状态故障报警”（开/关状态不一致）功能。

二、循环水泵变频器故障导致凝汽器真空低保护动作

某厂2×300MW供热机组1、2号锅炉为亚临界参数、自然循环单炉膛、一次中间再热、平衡通风、固态排渣、全钢悬吊构架Π型布置、汽包锅炉，由哈尔滨锅炉厂有限公司引进美国燃烧工程公司（CE）技术设计制造，锅炉型号：HG-1025/17.5-YM11。

（一）事件过程

2019年4月21日14时35分，2号机组负荷162MW，ABD磨煤机运行，四号循环泵变频运行，循环泵电流105A，频率47Hz，三号循环泵工频运行（非变频、非高低速）投入联锁备用正常，C真空泵运行，A、B真空泵备用。

14时36分57秒，四号循环泵频率47Hz自动降至43Hz，电流105A下降至82A，真空由−82.3kPa下降至−81.8kPa。

14时40分28秒，四号循环泵频率由43Hz自动降至25Hz，电流82A急剧下降至18A，循环泵电流下降、真空下降。循环泵出口压力与母管压力基本相同，母管压力由0.17MPa降至0.14MPa。

14时41分14秒，A水环真空泵联启。

14时42分04秒，真空低报警（开关量信号，定值−74kPa）。23秒机组真空低保护动作汽轮机跳闸（保护定值−69kPa，汽轮机盘面真空显示−76.67kPa），机炉电大联锁保护动作，各辅助设备联锁跳闸正常。

14时45分锅炉吹扫，49分启动三号循环泵，50分启动炉开始点火和轴封供气。53分锅炉投入AB层四支油枪。

15时30分投入CD层三支油枪，停运AB层油枪。39分启动C磨煤机，开始升温升压。43分工频启动四号循环泵正常。

17时10分主蒸汽压力13.6MPa，主蒸汽温度490℃，再热汽温485℃，汽轮机冲车。

17时20分汽轮机定速3000转，55分2号机组并网。

（二）事件原因查找与分析

1. 事件原因检查与分析

根据DCS历史曲线如图5-1所示，导致凝汽器真空下降的原因是循环水泵变频器故障，变频器运行频率自动下降至初始频率25Hz（电动机在运行中14时36分57秒至14时37分27秒区间，电源侧电流先产生变化，由105.29A降至79.63A，同时发现变频器电流显示为一条直线，变频器反馈频率也无变化，14时37分27秒开始频率直线下降由47Hz降至42Hz，变频器电流由134.24A降到119A；14时40分28秒6kV开关、变频器电流、变频器反馈、变频器指令同时下降，直接锁定最低频率25Hz，电动机已无出力，且变频器全程未有任何故障报警，就地检查电动机低频率转动。），4号循环水泵不出力，水泵出口

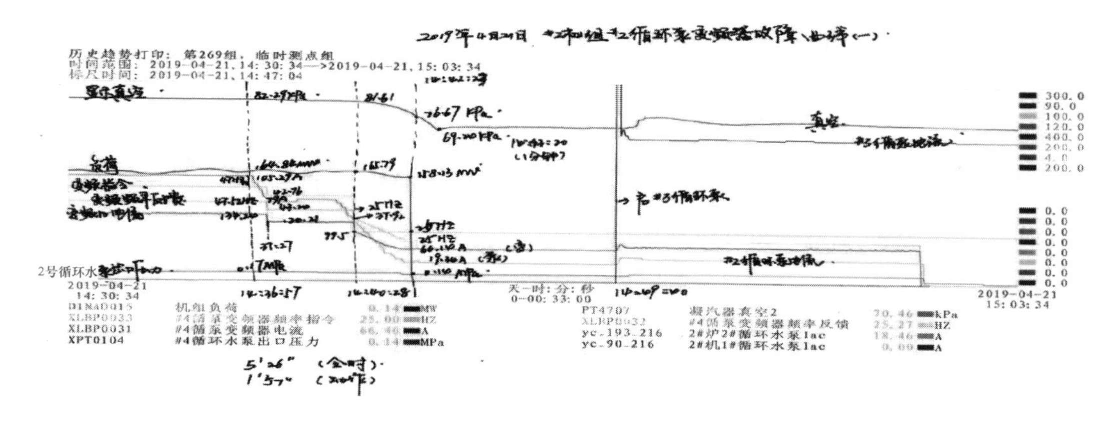

图5-1　循环水泵相关参数曲线

压力为0.13MPa未降至联锁定值（0.1MPa），同时变频器无任何故障信号输出，3号备用泵无联启条件，最终凝汽器真空低保护动作，汽轮机跳闸。

2. 暴露问题

（1）设备管理不到位。该变频器生产厂家：安川，型号：CIMR-MVISDC 30C，2011年出厂，原为增压风机使用，2015年退役。2017年9月通过修旧利废，将闲置2年的变频器改造至循环泵使用，现场使用环境温度高，灰尘大，电子元件老化导致变频器运行异常。

（2）热工保护管理不到位。机组跳闸时，凝汽器真空模拟量显示值与开关量保护动作值偏差6kPa，未能准确指导运行人员的及时调整。

（3）技术培训管理不到位。机组真空异常降低时，值班员未能及时判断故障原因并进行调整，错失机会。

（4）设备检修管理不到位。查阅变频器检修记录，除定期更换变频器滤棉外，利旧改造投运后无检修检查记录。

（三）事件处理与防范

（1）4号循环泵工频运行，变频器隔离，联系设备生产厂家技术人员进行设备的全面检查评估，根据评估结果确认是否继续使用。

（2）加强热工保护管理。对变送器及保护开关进行校验，确认元件测量的准确性，同时检查确定凝汽器真空压力变送器与压力开关取样位置，找出测量存在差异的原因；在凝汽器保护真空开关末端增加压力变送器，确保保护与监视元件同源取样，采用三取中方式用于运行监视调整，开关量三取二保护方式不变，同时排查其他相关保护项目，具备条件按此方案优化；修订循环泵压力联锁定值，将定值由0.1MPa提升至0.13MPa联锁启动；结合春查重新梳理热工保护定值、保护逻辑、报警信号，确保逻辑合理、保护报警、定值准确。

（3）加强技术培训管理。加强全能值班员的技术培训管理，落实仿真机培训，将本次非停事件作为典型案例纳入仿真机案例库，举一反三，开展事故预想工作，结合现场实际，进行运行全员培训学习。

（4）加强设备检修管理。合理策划设备检修项目，做到不漏项，不缺项，完善设备台账记录，落实设备状态检修与设备评级等相关工作，强化技术监督工作，提升设备检修质量。

三、给水泵气动再循环调节门误开导致给水流量低低保护动作

（一）事件过程

2019年6月20日16时46分52秒，某厂4号机组负荷348MW，锅炉给水流量962.2t/h，给水泵转速3576r/min，给水泵出口压力16.87MPa，再循环开度10.3%。

16时46分53秒4号机组升负荷由327MW升至425MW过程中，给水泵再循环门由10.3%关至0%。

16时46分54秒4号机组锅炉给水流量由962.14t/h突降至432.24t/h。

16时47分04秒4号机组锅炉给水流量由432.24t/h恢复至1023.73t/h，运行联系检修人员组织分析。

17时00分25秒负荷指令由385MW降至325MW过程中，给水流量由1170.73t/h开

始下降。

17时08分10秒给水泵入口流量由1023.73t/h降至988.9t/h，给水泵再循环门指令升至2.12%，DCS画面反馈为−0.19%。

17时09分42秒锅炉给水流量降至354.46t/h，锅炉给水流量低低触发锅炉MFT，汽轮机跳闸，发电机解列，厂用电切换正常。

检查处理情况：

16时46分54秒给水泵出口流量波动，运行人员联系检修人员进行检查。

17时09分50秒热控人员发现给水泵再循环气动调节门定位器反馈杆从滑槽中脱离，就地阀门处于全开状态，并将现场情况汇报至运行人员和主管领导。

17时15分热控人员将给水泵再循环门反馈杆进行加工处理。

18时29分热控人员将加工好的反馈杆进行现场安装，并对给水泵再循环门进行重新定位，并通知运行进行远方传动，传动正常。

（二）事件原因查找与分析

1. 事件原因检查与分析

（1）直接原因分析。给水泵气动再循环调节门反馈杆变形，反馈杆从滑槽中脱离，如图5-2所示。反馈始终为0%，此时定位器无法真实反馈阀门实际开度，定位器接到开指令2.12%后，就地阀门定位器判断为正向偏差，定位器驱动一直进气，导致阀门全开，锅炉给水流量低低触发锅炉MFT。

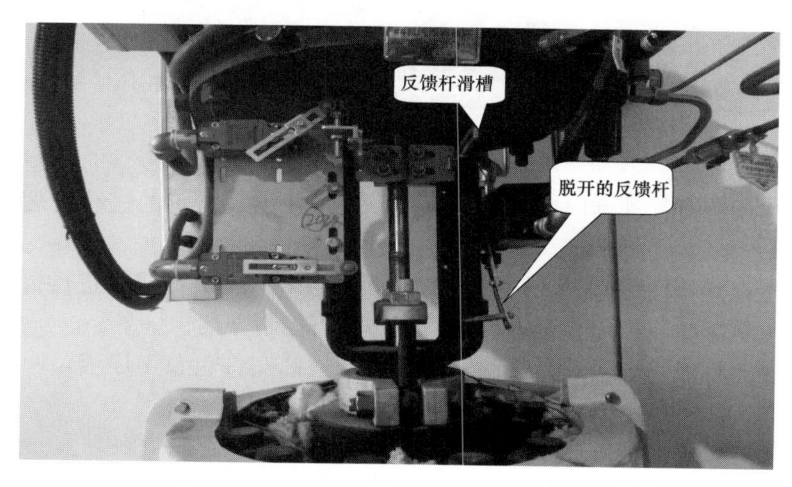

图5-2　给水泵再循环气动调节门现场照片（处理前）

（2）间接原因分析。现场处置不及时。当值运行人员和专业人员技术能力不足，设备参数发生异常时，未能及时从给水流量波动和与给水流量与蒸汽流量匹配关系，判断出给水再循环阀异常，未及时调整给水系统运行方式。

2. 暴露问题

（1）专业岗位责任制落实不到位。设备分级管控职责不清，应急管理、日常巡检管理工作缺位，专业缺乏有效地监督管理手段。

（2）运行人员异常处理经验不足、日常培训不到位。

（3）热控专业对近两年新入厂人员关于气动调节阀连杆等部位的巡检标准专项培训不

到位，班组人员技术能力和设备掌控能力严重不足，检修人员及日常巡检人员未能及时发现反馈杆从滑道脱落风险。

（4）风险辨识不到位。热控专业人员对设备结构与功能掌握不全面，对设备故障模式风险分析与评估不到位，未能分析出反馈杆从滑道脱落造成再循环阀全开的风险，未采取有效的防脱落措施，导致反馈杆从滑道脱落。

（三）事件处理与防范

（1）加长4号机组汽泵再循环气动调节阀反馈杆，并加装螺母防止反馈杆脱落，如图5-3所示。

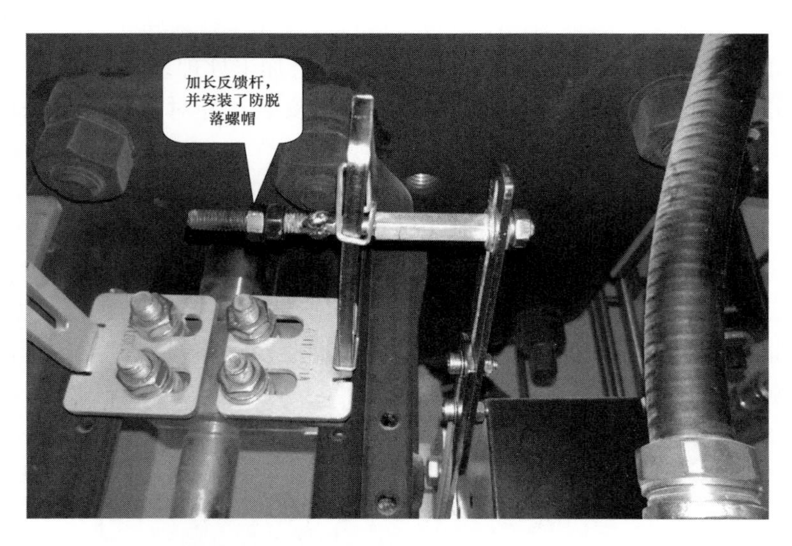

图5-3　给水泵再循环气动调节门现场照片（处理后）

（2）排查现场所有气动调门定位器反馈杆，对可能出现滑落的进行处理，并编制防范措施。

（3）梳理排查调节门DCS逻辑中强制解手动条件，并对其合理性进行讨论，持续进行完善。同时，重新编制热控重要测点、设备等防非停控制方案。

（4）完善专业检修计划，重新编制气动调节阀检修文件包及工序卡，明确检修内容及检修标准。

（5）重新排查设备类非停风险点，列出管控清单，编制管控措施。

（6）重要气动调节门按照巡检标准每日2次巡检，后续利用检修机会对现场重要气动调节门反馈杆进行加长，并安装防止反馈杆脱落的螺帽。

（7）深刻吸取本次非停教训，重新组织学习集团下发的非停事件，举一反三排查现场设备隐患，补充完善专业非停致因管控措施，按照逻辑保护定值反推设备故障点方式进行清单式排查，制定针对性控措施进行整改与管控。

（8）开展热控专业内部大讨论，查找管理中存在的不足与疏漏，逐一进行整改完善，细化专业管理，以现场工作清单式管理，对定期工作、日常巡检标准、设备重点巡检部位标准等进行修编，现场工作人员能够对标准一目了然。同时，规范流程并调整每日巡检频次。

（9）进一步落实岗位责任制，全面梳理岗位职责，深抓专业、班组管理存在的问题，

加强专业基础管理，通过规范流程、细化标准，专业主管深入班组等方式，提升班组长管理能力，提高设备责任人责任心。

（10）加强人员技术培训，提升人员技术技能水平，每月进行一次现场考问、技术考试，并纳入绩效考核。

（11）对现场重要设备进行分级管控，明确设备责任人、技术员、班长、主管各岗位设备管理职责。

（12）对现场所有逻辑保护进行梳理并组织人员培训，进行专项考试。

（13）梳理机组非停致因点及预控措施，强化人员应急处置能力。

（14）修编运行部班组、管理人员巡回检查标准，落实现场人员巡回检查管理要求。

四、净烟气挡板电动执行器控制板烧损导致机组停运

某厂一期1号机组为锅炉为单汽包、亚临界参数的自然循环锅炉。脱硫装置采用石灰石-石膏湿法脱硫系统，吸收塔出口配置净烟气挡板，于2009年投产，2017年完成超低排放改造。

（一）事件过程

2019年9月20日07时37分，1号机组负荷187MW，A、B通风组运行，A、B一次风机运行，1A、1B、1C、1D磨煤机运行，总风量38.44%，炉膛负压－0.744mbar（1bar＝100kPa），主蒸汽压力90.16bar，主蒸汽流量159.37kg/s，机组各参数正常。

07时37分锅炉总风量突然由38.44%突降至29.50%，炉膛负压突升至30.72mbar，烟气流量由54.49万/m^3突降至29.13万/m^3（标况下），主蒸汽压力由90.16bar开始持续下降。机组人员查送、引、一次风机运行正常，并调整送引风机出力（A引风机开度由34%增加至56%，电流由118A增加至146A；B引风机开度由30%增加至50%，电流由124A增加至150A；A送风机开度由38%减至23%，电流由70A减至67A；B送风机开度由38%减至25%，电流由58A减至55A）。

07时41分退出机组协调控制，手动降负荷以维持主蒸汽压力。

07时45分机组负荷降至96MW，主蒸汽压力由63.54bar开始回升。

07时48分就地巡检人员报告1号锅炉零米层有炉烟冒出，经多方调整，炉膛压力仍维持在正压状态。

07时52分因炉膛压力一直维持在较高正压状态，且炉底有炉烟喷出，为防止设备损坏，手动打闸1号机组。

（二）事件原因查找与分析

1. 事件原因检查

（1）检查锅炉各风烟挡板开度正常。

（2）现场检查脱硫吸收塔出口净烟气挡板防误动定位销未锁定，脱硫吸收塔出口净烟气挡板基本在全关位置。

（3）调取脱硫DCS脱硫吸收塔出口净烟气挡板历史曲线，其反馈信号一直处于全开位置，7时37分09秒，脱硫吸收塔出口净烟气挡板故障信号（就地方式显示执行器故障）消失。

（4）更换执行器控制板重新调试后，执行器就地操作净烟气挡板门，执行器无反应，

进一步检查发现执行器参数已无法读取。打开执行器端盖发现远方开关指令线未接线，且控制板表面存在烧损现象操作正常。

2. 原因分析

（1）脱硫吸收塔出口净烟气挡板运行中突然关闭，引起锅炉烟气通道堵塞，是造成此次事故的直接原因。

（2）脱硫吸收塔出口净烟气挡板运行中突然关闭原因为脱硫吸收塔出口净烟气挡板电动执行器控制板烧损。

（3）由于脱硫吸收塔出口净烟气挡板防关定位销未锁定，为净烟气挡板误关埋下了隐患。

3. 暴露问题

（1）未能严格落实集团公司建国70周年安全保障工作部署会暨2019年度第二次安委会精神，对防非停措施落实不力，未将控非停工作延伸至脱硫特许经营单位。

（2）隐患排查工作不到位，未做到全覆盖，还存在盲区和死点。隐患排查工作开展不够全面，忽视了特许经营单位和外围热控设备的安全事故隐患排查治理。

（3）特许经营单位设备检修维护不到位。脱硫特许经营单位对管辖范围设备检修维护不到位，设备隐患治理投入不足。

（4）对脱硫特许经营单位监管不力。未严格执行集团公司外包管理“五统一”“四个一样”的相关要求，对脱硫特许经营单位设备管理、隐患排查及“两票”管理监管不力，存在安全管理漏洞。

（三）事件处理与防范

（1）进一步提高思想认识，自觉强化保电责任意识，加强设备维护，确保机组安全稳定运行，切实做好电力安全保障各项工作。

（2）对1号机组脱硫吸收塔出口净烟气挡板执行器停电上锁，防止执行器误动并对脱硫吸收塔出口净烟气挡板定位销进行台账管理。举一反三，对2号机组脱硫吸收塔出口净烟气挡板执行器停电上锁，防止执行器误动并对净烟气挡板定位销进行台账管理。

（3）加强对脱硫特许经营单位的监管，按照集团公司外包管理“四个一样”的要求，加大对其检修维护管理监督管理，提升本质安全水平。同时，将控非停工作延伸至脱硫特许经营单位。

（4）对全厂外围辅助设备进行一次全面的安全隐患排查，消除现场安全隐患。

五、LV控制器故障导致机组停运

某厂1号机组为350MW国产超临界燃煤间接空冷热电机组，机组于2015年12月26日投产发电。

（一）事件过程

2019年10月01日10时00分，1号机组深度调峰，供热系统未投入，有功负荷140MW，AGC模式，主蒸汽压力10.33MPa，再热蒸汽压力1.36MPa，主蒸汽温度568℃，再热蒸汽温度569℃；A、B、D磨煤机运行，总煤量75t/h。

08时00分，接班检查1号机6m、12m各设备运行正常。

09时48分，根据调度AGC指令1号机组降负荷至140MW，机组进行深度调峰。

10时33分，LV开始自动回关，1号机5号低加解列，主蒸汽压力下降，火检频繁摆动，投入等离子助燃，且汽轮机厂房发出安全阀动作，联系人员就地检查。

10时37分，巡检就地进行检查，10时41分发现1号汽轮机房冒汽，汇报主值。

10时41分，值长下令，立即锅炉手动MFT，汽轮机跳闸，发电机主开关跳闸并破坏真空，紧急停运。锅炉FSSS报“汽轮机跳闸且旁路门关闭”，汽轮机ETS报“锅炉跳闸”首出。就地检查确认1号机五抽曲管压力平衡补偿器开裂，汇报值长。

（二）事件原因查找与分析

1. 事件原因检查与分析

（1）经初步分析由于LV突关造成五抽曲管压力平衡补偿器裂开导致本次停机。

（2）停机后利用对讲机模拟射频干扰源试验，初步判定LV控制器受外界射频干扰严重，如图5-4所示。频繁射频干扰后导致控制器发出断线报警，控制器进入自保持状态并持续输出关阀指令，已不受远方DCS指令控制。必须待控制器重新上电后，断线报警消失，方能恢复远方操作。LV控制器可靠性差是本次事件的主要原因。

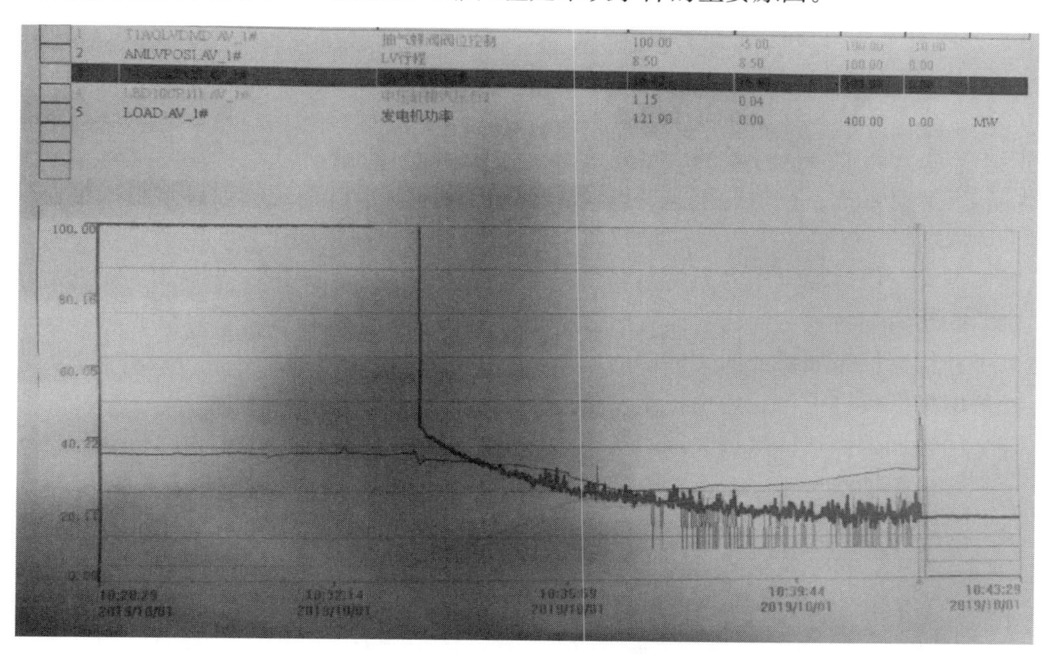

图5-4 射频干扰试验曲线

（3）由于LV快开调节阀设计选型不合理。在LV全关（执行器机械限位6°）时，供热抽汽管道安全阀启座未能起到快速泄压作用，LV快开调节阀执行器机械限位6°限流量与安全阀排泄量不符，中压排汽室压力突升（中压缸排气压力1.14MPa），导致五抽曲管压力平衡补偿器超压裂开。

（4）LV快开阀逻辑设计不合理。仅在供热抽汽状态下LV指令与反馈偏差大于10%时，触发快开保护，打开LV；在供热条件下抽汽压力大于0.5MPa时，触发快开保护，打开LV。

（5）10月01日3时49分至3时56分，指令和反馈偏差大；10月01日10时33分至10时40分，多次出现指令和反馈偏差大，运行人员均未及时发现。

（6）汽轮机ETS画面显示“锅炉MFT”正常。锅炉FSSS画面显示“汽轮机跳闸且旁路门关闭”为错误信号，因手动MFT按钮采用双触点经过“与”门后应实时发出“手动FMT”，但此“与”门延时7s后发出。DCS控制系统为HOLLIAS MACS6.5.2分散控制系统，此问题为软件问题，固有缺陷无法解决。

2. 暴露问题

（1）LV控制器可靠性差，不能防止射频干扰。

（2）设计方面：由于LV快开调节阀设计选型不合理，在LV阀全关（执行器机械限位6°）时，供热抽汽管道安全阀启座未能起到快速泄压作用，LV快开调节阀执行器机械限位6°限流量与安全阀排泄量不符，使中压排汽室压力突升，导致五抽曲管压力平衡补偿器超压裂开。

（3）隐患排查不到位，对LV快开阀逻辑设计不合理未及时发现。

（4）巡回检查不到位，未能及时发现LV控制器发出断线报警。

（5）运行人员监盘质量不高，未及时发现LV指令和反馈偏差大。

（6）运行人员技术培训不到位，处理不及时。

（三）事件处理与防范

（1）对LV控制箱加装抗干扰防护装置。

（2）优化LV快开阀机械限位重新整定，联系厂家及设计院进行核算，按计算结果重新整定LV快开调节阀执行器机械限位限流量与安全阀排泄量。

（3）继续对系统、逻辑的核查工作，完善LV快开调节阀的逻辑设计，增加纯凝发电工况LV指令与反馈偏差大、供热抽汽压力高时触发快开保护的逻辑，同时增加LV指令与反馈偏差大、供热抽汽压力高的报警。

（4）联系第三方检测机构对曲管压力平衡补偿器进行质量检测，验证破裂的补偿器是否达到了补偿器厂家质量证明文件中的质量。

（5）增加低压缸进汽压力模拟量测点。

（6）尽快调试供热抽汽快关阀，实现该阀门的自动联锁投入。

（7）对供热抽汽管道安全阀进行定期校验和启座试验。

六、AST阀泄漏导致AST定期试验时异常停机

某厂3号机组于1993年投产，3号汽轮机为亚临界、中间再热、双缸双排汽凝汽式300MW汽轮机，2010年3月进行了通流改造，改造后扩容为330MW，汽轮机AST危急遮断模块采用液压控制系统，AST电磁阀采用两通道四阀结构。DCS为2017年新改造上海新华XDC-800系统。高压主汽门、高调门、中调门为伺服阀控制，中主门为电磁阀控制。

（一）事件过程

2019年12月3日11时41分，3号机组发电负荷190MW，工业供汽140t/h，采暖供热102t/h，汇总后总折算负荷259MW，主蒸汽压力16.05MPa，主蒸汽流量782t/h，凝汽器真空96kPa，协调方式，EH油泵B运行，A泵备用，EH油压14.3MPa。EH油温46.0℃。

11时41分35秒，运行人员进行3号机组大机AST电磁阀定期活动试验。

11时41分41秒，点击AST1试验按钮，进行活动试验。

11时41分42秒，挂闸状态消失，63-2/ASP压力开关动作，ASL1、ASL2、ASL3挂闸开关动作，高压主汽门瞬间关闭，中压主汽门关至80%，高、中压调门全关。

11时41分51秒，机组负荷到0MW。

11时43分21秒，发电机逆功率保护动作，汽轮机跳闸，锅炉MFT。运行人员进行停机后操作。

首出保护为，发电机逆功率保护。

（二）事件原因查找与分析

1. 事件原因检查与分析

停机后，模拟进行AST活动试验，试验AST1、AST3时现象与上述相同，试验AST2、AST4时挂闸状态正常。初步判断AST2或AST4阀存在漏流，采用备用电磁阀对AST2、AST4阀进行更替试验，判断AST2存在漏流。

对63-1/ASP、63-2/ASP、ASL1、ASL2、ASL3开关进行定值校验，全部合格。

查阅10月29日EH油化验报告（一季度化验一次），除泡沫特性稍有超标，其他指标正常。

更换AST2电磁阀后，进行多次活动试验无异常。汇报省调同意，机组启动。

开机后查阅对比跳机前和开机后EH油压、EH油泵电流无明显差异。

由此分析事件原因：AST2电磁阀关闭不严密存在漏流所致。

机组在正常挂闸状态下（挂闸油压＞7MPa），ASP压力低报警信号未发出（报警值为4.2MPa），压力低开关63-2/ASP未动作。AST2电磁阀关闭不严密存在漏流，在进行AST1电磁阀活动试验时，形成安全油泄油回路，造成安全油降低至挂闸油压动作值以下，挂闸信号消失，高压主汽门、高中压调门全关，引发机组跳闸。

AST阀泄漏原因：电磁阀服役期长，滑阀磨损；油质影响，滑阀卡涩。具体原因需对滑阀进行解体或试验确认。

2. 暴露问题

（1）风险辨识不到位，没有排查消除试验中存在的阀门内漏造成跳机的隐患。

（2）设备寿命管理存在差距，资金投入不足，长期服役设备未进行更新。

（3）现有系统中无有效检测设备，在试验前无法判断AST电磁阀不严密、卡涩等异常情况。

（4）机组频繁启停，不可避免地造成EH油系统死角中微小颗粒杂质受到冲击，进入系统循环，引发电磁阀磨损、卡涩等现象。

（5）MFT用汽轮机跳闸信号存在不合理之处，锅炉MFT迟延，造成一定超压。

（三）事件处理与防范

（1）进一步开展隐患排查，举一反三对其他试验类工作进行排查，防范因试验引发不安全事件。

（2）加强设备管理，加大资金投入，设备分级管控，制定方案对超期服役的设备分批次更换。

（3）危急遮断模块加装压力显示表计，并完善运行规程相关内容，加强危急遮断模块压力监视，压力不正常严禁进行AST电磁阀试验。

（4）对MFT用汽轮机跳闸信号进行完善，增加安全油压试验开关信号（2/3）条件。

（5）在现有基础上，对EH油质提高一个等级进行管理。

七、电磁阀异常导致燃机跳闸

某厂IGCC机组容量为265MW，空分采用开封空分厂设备，气化炉采用华能清能院两段式气化炉，一号机为西门子低热值燃机，二号机为上海汽轮机厂生产的蒸汽轮机。DCS系统采用霍尼韦尔 PKS 系统，燃机 TCS、汽轮机 DEH 采用西门子 T3000 控制系统，余热锅炉为杭州锅炉厂制造，机组于 2012 年 11 月 6 日投产。

（一）事件过程

2019 年 12 月 8 日，1 号燃机负荷 125MW，2 号汽轮机负荷 73MW，总负荷 198MW，各系统运行正常。检修部化工辅机班提外包热机工作票，编号 W043RW2019120083，工作内容为 IGCC 机组洗涤塔循环泵 P3601B 入口滤网清理，工作地点为气化框架 0m3600 单元泵房内，计划工作时间为当日 07 时 42 分至 16 时 00 时 00 分。

10 时 31 分 10 秒，热工执行洗涤塔循环泵 P3601B 进口开关阀 36XV0010B 断电的继热措施，内容为洗涤塔循环泵 P3601B 进口开关阀 36XV0010B 停电，并在此阀电源开关操作把手处悬挂“禁止合闸，有人工作”标识牌。

14 时 14 分 37 秒，运行人员将洗涤塔循环泵 P3601B 进口开关阀 36XV0010B 打“禁止操作”。

14 时 16 分 41 秒，36XV0010B 关反馈消失；洗涤塔 C-3601 液位从 0.8m 开始下降。

14 时 16 分 45 秒，36XV0010B 开反馈到位。

14 时 16 分 57 秒，DCS 声光报警“C-3601 液位低”，报警定值 0.55m。

14 时 17 分 11 秒，DCS 发报警“36LZLL0003：C3601 液位低延时 2s”，气化炉主保护动作，保护条件：C3601 液位 36LT0003A/B/C 低于 0.3m，三取二延时 2s 跳气化炉。

14 时 17 分 14 秒，燃气轮机跳闸，首出为“气化炉跳闸”，信号为三取二动作。

14 时 17 分 15 秒，汽轮机跳闸，首出为“燃机跳闸”，信号为三取二动作。

（二）事件原因查找与分析

1. 事件原因检查与分析

36XV0010B 在执行继热措施停电后，开、关电磁阀均不带电，但气源未断。现场电磁阀滑块不受力，在检修人员回装 P-3601B 滤网时，用气动扳手进行螺栓紧固过程中，振动传递给电磁阀滑块，使得滑块移位，当滑块稍微偏向开方向时，控制气进入，直接顶开滑块，使得开阀控制气路导通，开阀控制气路又使得开阀动力气路导通，36XV0010B 阀门打开，此时滤网的法兰尚未紧固，导致洗涤水从法兰开口处泄漏，造成洗涤塔 C3601 液位迅速下降，运行气化主值立即打开 36FV0014 补水调门和 36XV0012 补水门，关闭 36XV0017 C3601 排水门。14 时 17 分 11 秒，DCS 发报警“36LZLL0003：C3601 液位低延时 2s”，气化炉主保护动作跳闸，联跳燃机、汽轮机。从目前分析看，电磁阀滑阀受振动影响导致气路开通为小概率事件，咨询其他使用单位，也曾出现过类似情况。阀门开关指令执行安全措施操作后，当日再无该阀门的开关指令。

2. 暴露问题

（1）作业风险管控不到位，作业人员没有意识到只断开电磁阀电源而未断开气源，仍存在导致阀门误动的风险。

（2）工作票执行不严格，安全措施不到位。工作票负责人、签发人和许可人安全意识淡薄，均未起到对工作票所列安全措施层层把关的作用。此次工作中，工作票安全措施中未列出以往该作业所执行的断开气源的措施，但工作票执行流程中的各级人员均未提出质疑。

（3）对工作票执行的监管仍需加强，应提高工作票监督检查的深度。

（4）高低压系统之间只有36XV0010B开关阀隔离，不满足安规要求。

（5）专业技术人员对设备原理的掌握不够深入，技能水平和安全意识都有待进一步提高。

（6）对作业过程中所用工器具（如气动扳手）带来的隐患分析不到位。

（三）事件处理与防范

（1）加强作业风险管控，做好事故预想，严格执行热机安规第2.5条关于执行安全措施的要求："凡属电动门、气动门或液压门作为隔离措施时，必须将其操作能源（如电源、气源、液源等）可靠地切断"，保证安全措施准确完备。

（2）工作票执行流程中的各级人员要强化责任意识，严格履行安规中规定的职责。工作负责人、签发人负责检查工作票所填安全措施正确完备，保证措施到位；工作许可人对工作票内容即使发生很小的疑问，也必须向工作票签发人询问清楚，必要时应要求作详细补充。

（3）各专业要对工作票进行全面审核，对当前执行的标准票进行全面梳理，要特别针对安全措施的完备性和有效性作出全面分析；各级监督人员要加大对工作票检查的频次和深度，及时发现问题并解决。

（4）加强对生产系统各级管理人员、专业人员以及外包员工的技术技能和安全技能的培训，特别是要加强对安规的学习，进一步提升人员安全意识。

（5）在机组运行期间，如作业点附近有气动阀、电动阀等阀门时，禁止使用气动扳手。

（6）根据安规要求，在36XV0010A/B开关阀前各增加一台手阀。

（7）生产部牵头与阀门供货商和厂家联系，查清确认阀门动作的根本原因，制定防止阀门误动作的具体措施。

（8）对于涉及机组主保护和重要辅机的现场作业，要做好事故预想，检修作业人员与运行值班人员要加强联系，保证沟通顺畅，现场作业过程中如发生意外情况，可以及时采取应急处置措施，将损失降低到最小。

八、给煤机变频器电源电压过高导致给煤机跳闸

（一）事件过程

2019年9月5日12点52分，4号机组负荷579MW，制粉系统B、C、D、E、F运行，炉膛负压−0.22kPa，汽包水位+9mm，机组正常运行。

12点52分12秒，4号炉给煤机B、D同时跳闸，燃料RB动作，机组负荷从579MW下降至400MW；联系仪控检查。

12点53分13秒，汽包水位下降至−123.5mm，12点53分56秒，汽包水位上升至+152.98mm，之后逐步调节至正常范围。

12点52分44秒，炉膛压力−0.265kPa；12点53分24秒，炉膛压力上升至+0.146kPa，后续调节至正常范围。

12点57分44秒和54秒，随着磨煤机B、D电流下降到空载值后依次停运磨煤机B、D。

13点05分，仪控人员赶到现场对给煤机B、D检查，发现两台给煤机就地控制装置面

板“Trip”指示灯亮，调阅相应的故障记录都有代码“11”的故障（含义为启动器故障：即给煤机控制装置在控制回路FBDR继电器吸合时变频器运行反馈没有收到）；仪控人员根据以往经验初步判断了启动中间继电器FS异常，对其进行了更换，并在就地点动给煤机D正常。随后告知运行可以恢复两台给煤机的运行。

13点26分34秒，启动给煤机B运行正常；13点39分30秒，启动给煤机D运行正常。

（二）事件原因查找与分析

给煤机的控制原理如图5-5所示。

二期给煤机的控制回路是一个单回路，启动继电器FS是对远程的启动指令进行自保持，FBDR继电器送控制装置的同时去启动变频器，变频器运行反馈信号给就地控制装置。假如启动继电器FS故障造成控制回路断开，就跟DCS远方停运指令发出是一样的效果，给煤机就地控制装置不会出现“Trip”指示灯亮。只要有“Trip”指示灯亮就是就地控制装置检测到外围相关信号异常引起，主要有转速丢失（报“03”故障代码）、启动器故障（报“11”故障代码）两大类。所以，当时仪控人员根据故障代码初步判断为给煤机控制回路中的启动继电器FS异常造成给煤机跳闸是不正确的。且不同的给煤机就地控制装置出现同一控制部件在同一时刻故障使其跳闸的可能性应该非常小，怀疑造成这两台给煤机同时跳闸的原因是其公共部分（主要是电源系统）异常引起的。

4号炉给煤机动力电源和控制电源是独立分开布置的。给煤机A、E、F动力电源取自380V锅炉MCC 4A段，控制电源取自UPS A段；给煤机B、C、D动力电源取自380V锅炉MCC 4B段，控制电源取自UPS B段。从电源配置分析，给煤机B、C、D的动力电源和控制电源都是在同一侧电源母线上，但是电源同样在一起的给煤机C没有跳闸。首先查看了UPS B装置工作正常，且相应段上其他热控设备和仪表均未出现异常，判断控制电源应该正常。动力电源回路给煤机B、C、D是不同的，之前给煤机低电压穿越改造是对给煤机A和C进行了改造，同时更换了变频器（由原先的AC Tech MC1430C型更换为ABB ACS510型），可以保证其动力电源电压降低至变频器最低电压以下或失电时仍可以正常运行。可是查看380V锅炉MCC 4B段母线电压历史曲线没有异常下降的情况，反而与380V锅炉MCC 4A段母线电压比较，B段电压一直高于A段，9月5日从早上7点04分开始到下午12点52左右，4号机组380V锅炉MCC 4A和4B段母线电压逐步上升，分别从387.5V和391.1V上升到388V和407.98V，相应的电压曲线（绿色和蓝色），如图5-6所示，两台给煤机跳闸后B段电源上升至408.18V，后电压缓慢下降至406.84V。

查阅变频器说明书，一般变频器可以承受的电源电压范围为－15％～＋10％额定电压，检查确认DCS画面显示的380V锅炉MCC4A和4B段母线电压与实际相符，但B段母线电压也没有到相应的上限418V，后续在9月6日查看停运的给煤机B变频器故障记录，确实有“HI VOLTS RUN”记录，如图5-7所示。变频器在较长时间的高压运行下，检测到其内部的直流母线电压超过120％额定值，变频器故障跳闸，其运行状态反馈信号消失，由于当时启动回路得电，就地控制装置收不到变频器的运行反馈报“11”故障代码，符合其故障判断。

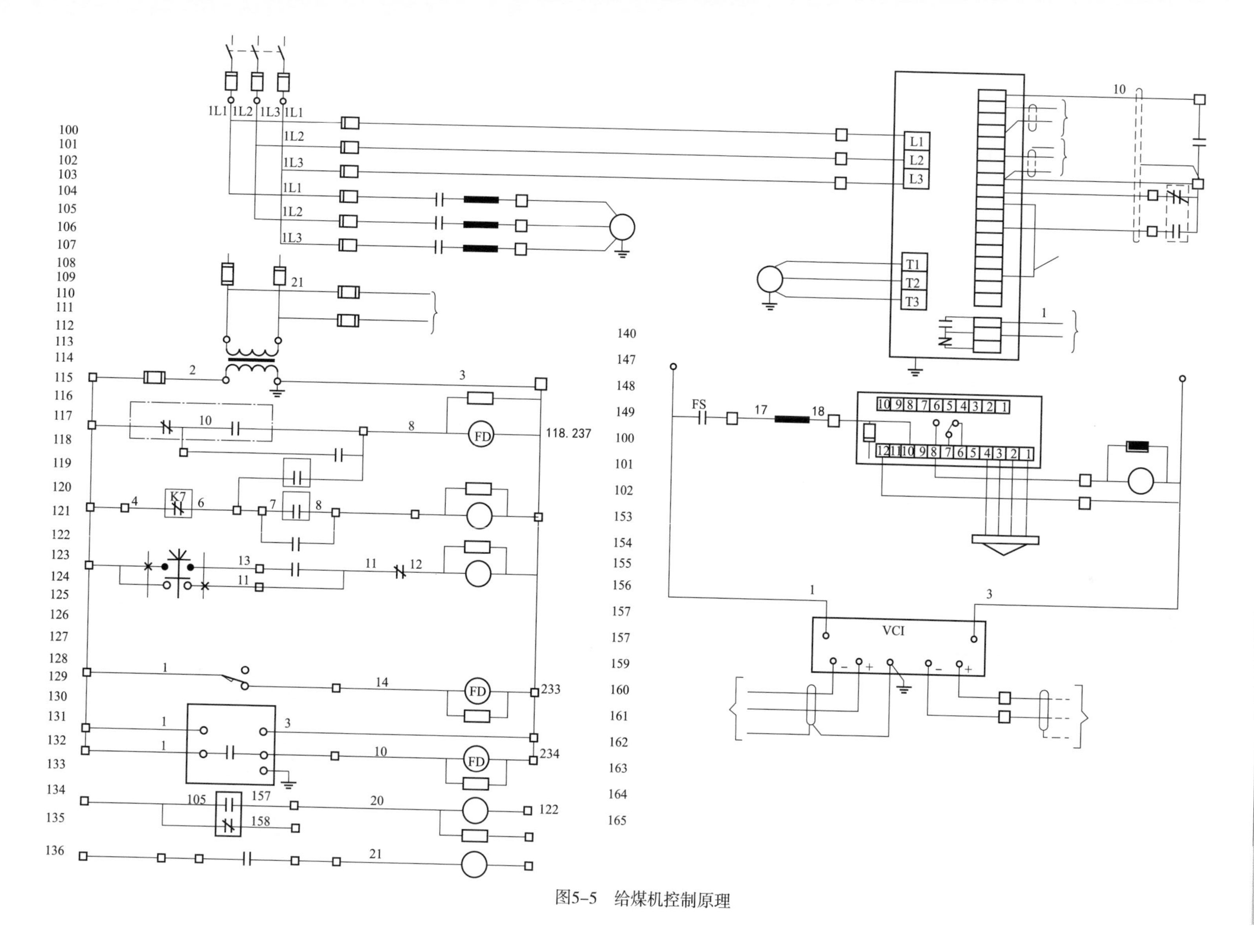

图5-5　给煤机控制原理

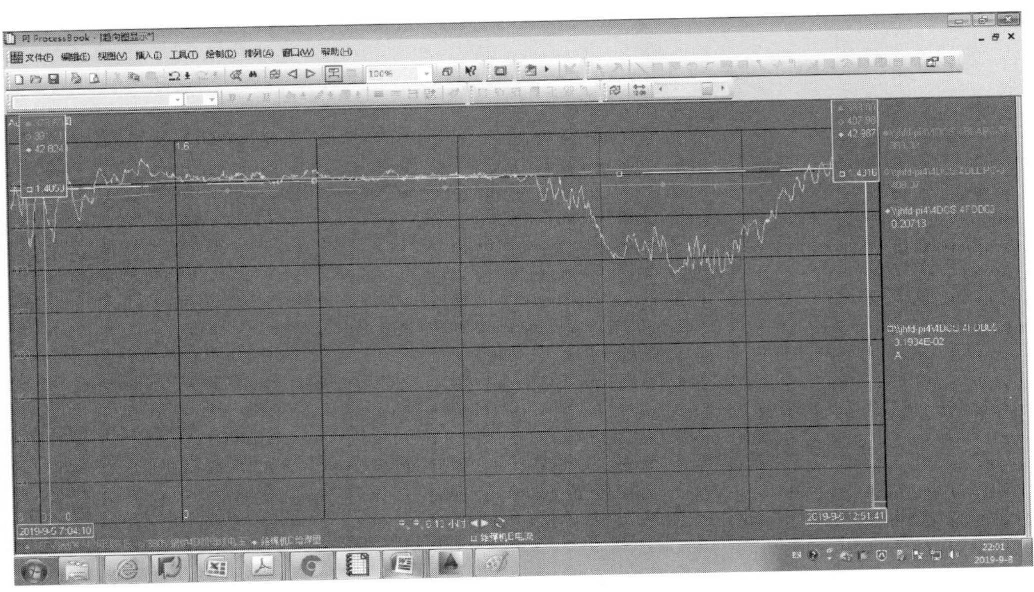

图 5-6　380V 锅炉 MCC 4A/4B 母线电压曲线

2019 年 9 月 12 日，机组正常运行中给煤机 D 又突然跳闸，就地检查变频器也出现“HI VOLTS RUN”故障记录，翻阅故障历史记录，上一次也出现的是“HI VOLTS RUN”，证实上面分析，之前造成给煤机 D 跳闸的是变频器高压故障。但 9 月 12 日故障时 380V 锅炉 MCC 4B 段的母线电压只有 403.43V，可能存在该变频器经过前一次较高电压故障后性能劣化。

给煤机 B、D 的变频器为 AC Tech MC1430C 型与给煤机 C 的变频器不同，由于公司没有 3 相调压器，无法测得实际的高电压值，遂联系了二期给煤机的厂家技术人员进行咨询，回复该型号变频器标称的电压范围虽然也是（−15%～+10%）额定电压，但实际达不到，不适合国内电网，网上有相关说明，如图 5-8 所示。故基本判断此次两台给煤机同时跳闸是由于电源电压高引起变频器保护所致，电源电压高限在 408V 左右，与标称值还差 10V。

图 5-7　变频器故障记录

ACTECH的变频器在中国大部分电厂使用的都很不好，主要体现在：实际达不到标称防护等级；对温、湿度过于敏感；过载能力很差，欠压过压能力较差

图 5-8　给煤机厂家之前的相关说明

（三）事件处理与防范

（1）后续对二期其他给煤机的 AC Tech 变频器进行更换，更换为 ABB ACS510 型。

（2）调整 3、4、5、6 号发电机的无功功率，关注这 4 台机组的 380V 锅炉 MCC 段母线电压，使其不超过 408V，且不要长时间运行在该值附近。

（3）同时梳理公司现有 ABB 各系列的变频器使用情况，邀请 ABB 相关技术人员来现场进行变频器相关知识的普及和保护优化配置，提高其运行可靠性。

（4）联系 AC Tech 变频器厂家技术人员，进一步深入分析故障原因。

九、阀门参数设置不当导致风机动叶自动频繁切除

某厂一期 BOT 项目建设 2×620MW 中国产超临界机组，DCS 采用艾默生过程控制有限公司 Ovation 控制系统。其配套的锅炉为东方锅炉厂生产的超临界参数、变压直流炉、W 型火焰燃烧方式、固态排渣、单炉膛、一次再热、平衡通风、露天布置、全钢构架、全悬吊 п 型结构。汽轮机由东方汽轮机有限公司设计制造，超临界、一次中间再热、三缸四排汽、单轴、双背压、凝汽式汽轮机。

每台机组设置两台一次风机，两台引风机，一次风机型号：GU23634-11，调节装置型号：U236T，送风机型号 FAF26.6-15-1，调节装置型号：100Nm 4-20MPa；引风机型号 HU27050-22，调节装置型号 U270T，每台风机油站设计液压油泵，油泵配置方式一用一备，供给调节用液压油。

（一）事件过程

1、2 号机组投入运行后，一次风、引风动叶频繁发生因指令与反馈偏差大的自动切除故障，查阅 DCS 参数设置为动叶执行机构反馈与指令偏差绝对值大于 3%，自动切除，运行人员采用手操方式在“卡涩”位置附近对执行机构进行活动，待确认偏差故障消除后投入自动。

以现象最为明显的 1A 引风机为代表，修前运行 6 天为周期为时间周期，指令与反馈偏差超过 1.5%进行统计，共计发生 35 次，最大偏差值 3.1%。

（二）事件原因查找与分析

故障频繁发生后，组织相关专业人员对故障行程要因进行分析，提出以下可能原因并进行相应排查：

（1）机械调节装置实际运行过程中所需力矩过大，电动执行机构设置值与所需力矩设置不匹配；偏差故障发生后，运行人员采取手动方式进行活动，执行机构无偏差现象，静态试验全行程均无偏差现象发生，执行机构与风机调节装置为成套设备，查阅执行机构设置参数力矩设置值均在 80%额定力矩值以上，远大于建议设定值 60%，故判定此项原因不是“卡涩”原因。

（2）液压系统油压设置过低，导致控制油压无法满足调节要求；一次风机油站控制油压设定值为 3.2MPa（设计工作压力 2.8MPa），送风机油站控制油压设定值为 3.1MPa（设计工作压力 2.8MPa），引风机油站控制油压设定值为 4.0MPa（设计工作压力 3.5MPa），现实际工况压力均高于设计压力，此项不是“卡涩”原因。

（3）自动调节回路参数设置错误；一次风机 A/B，送风机 A/B，引风机 A/B 采用同一调节回路，调节器同时对 A/B 设备进行指令分配的方式进行调节，根据调节参数设定值

与测量值反馈偏差进行调节，与手动直接调节相比，指令每次变化幅度小，统计 PID 参数见表 5-1。

表 5-1　　　　PID 参数表

参数项	PAF	FDF	IDF
TYPE	NORMAL	NORMAL	NORMAL
ACTN	INDIRECT	INDIRECT	DIRECT
CASC	NORMAL	NORMAL	NORMAL
DACT	NORMAL	NORMAL	NORMAL
DBND	0.15	0	0
ODBND	0	0	0
DOPT	SINGLE	SINGLE	SINGLE
DOPT2	SINGLE	SINGLE	SINGLE
ERRD	0	0	0
DGAIN	0	0	0
DRAT	0.1	0.1	0.1
TRAT	2.5	2.5	2.5
CDLY	0	0	0
PVG	5	0.04	0.1
PVB	0	0	0
FFG	1	0.1	1
FFB	0	0	0
SPTG	5	0.04	0.1
SPTB	0	0	0
TPSC	100	80	100
BTSC	0	25	0

根据参数可知，一次风机 PID 设置 DBND0.15（偏差死区），且 ODBND（外部偏差死区）设置为 0，故为单作用模式，偏差死区增益 ERRD 设置为 0，则代表当偏差信号绝对值小于 0.15 时，PID 运算偏差为 0×0.15=0，即不动作，送风与引风 PID 未设置偏差死区，讨论后决定暂不调节偏差死区与增益，根据阀门其余参数调整后效果实际分析。

（4）执行机构参数设置影响。送风机 A/B 与一次风机及引风机采用同系列英国罗托克 IQ 3 电动调节执行机构进行动叶装置调节，运行以来“卡涩”较少，统计六台电动执行机构参数进行比较分析，控制选项设置中死区与滞后的设置存在明显偏差，见表 5-2。

表 5-2　　　　原电动执行机构参数统计

设备名称	型号	死区	滞后
1A 一次风机动叶	IQTM500 HSO 1960106	0.5%	0.5%
1B 一次风机动叶	IQTM500 HSO 1960106	0.5%	0.5%
1A 送风机动叶	IQM10 HEO 4730102	1.2%	0.5%
1B 送风机动叶	IQM10 HEO 4730102	1.2%	0.5%
1A 引风机动叶	IQTM500 HSO 1960103	0.5%	0.5%
1B 引风机动叶	IQTM500 HSO 1960103	0.5%	0.5%

查阅资料所示，执行机构死区与滞后设置关系应为死区设置量大于滞后设置量，且阀门动作响应与死区、滞后设置关系如下：

阀门死区设定量（DB），滞后设定量（HY），阀位指令（DV），阀位反馈（FB）

当阀门指令大于与反馈，且偏差大于死区设定时，即阀门处于上行状态时：

$$DV-(DB-HY)\leqslant FB\leqslant DV+DB$$

反之

$$DV-DB\leqslant FB\leqslant DV+(DB-HY)$$

式中各量：DB——阀门死区设定量；

HY——滞后设定量；

DV——阀位指令；

FB——阀位反馈。

故初步判定死区与滞后量设置不合适影响阀门动作特性，需试验确定结论。

通过讨论更改死区与滞后量见表 5-3。

表 5-3　　调整后电动执行机构参数统计

设备名称	型号	死区	滞后
1A 一次风机动叶	IQTM500 HSO 1960106	0.5%	0.3%
1B 一次风机动叶	IQTM500 HSO 1960106	0.5%	0.3%
1A 送风机动叶	IQM10 HEO 4730102	1.0%	0.5%
1B 送风机动叶	IQM10 HEO 4730102	1.0%	0.5%
1A 引风机动叶	IQTM500 HSO 1960103	1.0%	0.5%
1B 引风机动叶	IQTM500 HSO 1960103	1.0%	0.5%

并进行全行程的静态试验，当阀门指令与反馈偏差小于死区设定量时，阀门保持原位不发生动作，继续加大偏差，超越死区后，阀门开始动作，反馈与死区、滞后量关系满足上述公式。

（5）检查阀门丢信号功能未启用，未启用状态下试验阀门丢信号功能，阀门直接关闭，测试丢信号功能如图 5-9 所示。

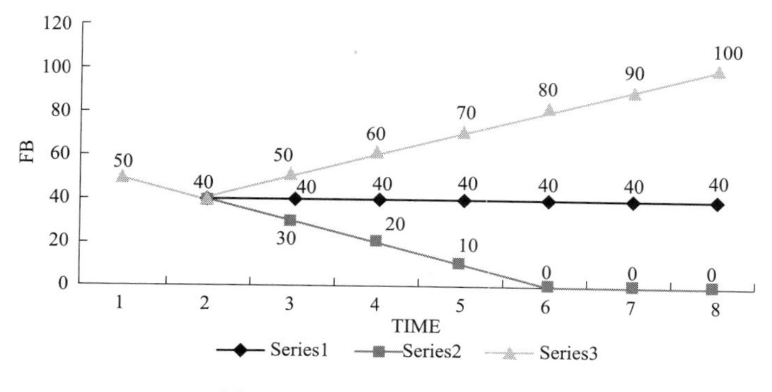

图 5-9　试验阀门丢信号功能

图 5-9 中曲线，分别代表了丢信号功能启用后阀门指令在 50%工况下，分别设置 OPEN/STAYUT/CLOSE 功能状况下的 3 种状态（TIME1 时刻信号丢失，设置 LOST SIGNAL TIME 为 1 个时间刻度），可知，阀门丢信号功能启用后，阀门首先根据 LOST

SIGNAL TIME 选项向关方向运行相应时间，然后再根据动作类型选项向相应位置动作，如果此项设置为设定位置，则根据下一菜单选项中设置位置实际值为目标值动作（图中设定时间、阀门运行速度未按实际表示，未考虑换向及响应时间影响）。试验过程见图 5-10。

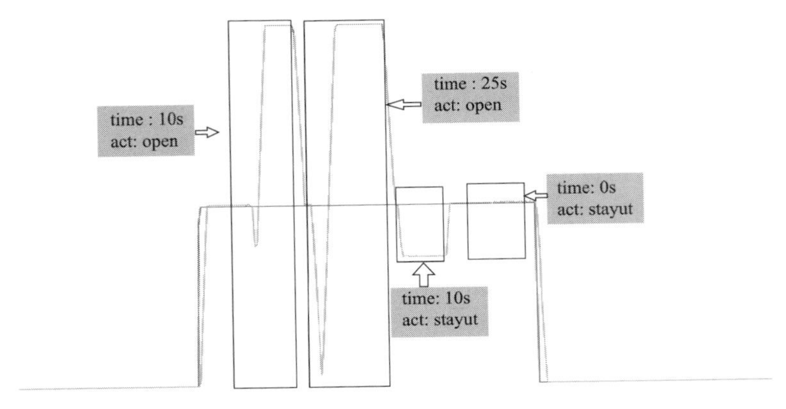

图 5-10　试验过程曲线

根据试验可知，如想实现阀门丢信号保位功能，则应将 LOST SIGNAL TIME 设置为 0s，LOST SIGNAL ACT 功能设置为 STAYUT，修改前后参数见表 5-4。

表 5-4　　实现阀门丢信号保位功能设置

设备名称	丢失信号时间	丢失信号动作	丢失信号位置
1A 一次风机动叶	65s→0s	OFF→STAYUT	0%→0%
1B 一次风机动叶	65s→0s	OFF→STAYUT	0%→0%
1A 送风机动叶	65s→0s	OFF→STAYUT	0%→0%
1B 送风机动叶	65s→0s	OFF→STAYUT	0%→0%
1A 引风机动叶	65s→0s	OFF→STAYUT	0%→0%
1B 引风机动叶	65s→0s	OFF→STAYUT	0%→0%

修改完成后，静态试验阀门丢信号保位正常。

（6）事件处理后效果。以上试验均为机组停运状态下的静态试验，机组启动后进行实际效果评价如下：

风机阀门偏差情况得到明显改善，1A 引风机为例，修前 6 日内，超限 1.5%次数为 35 次，最大偏差超过 3%，修后同样时长内，同样情况发生一次，偏差值为 1.8%，偏差情况得到明显改善。

仍需论证的方面为机组此次检修前后负荷容量进行了调整，常态运行负荷由修前的 600MW 更改为现在的 620MW，对应动叶开度根据负荷量的设定也相应得到了增大，引风为例，开度由原来的 52%～54%变为现在的 54%～56%，已越过原来的偏差易发开度，故仍需观察 600MW 负荷时，动叶的偏差情况是否得到改善。

阀门丢信号动作情况保证了阀门控制信号丢失时的阀门安全位置，防止因阀门误关闭导致的事故扩大。

阀门丢信号时间设置为 0s，动作类型设置为保位，当阀门控制信号丢失后（DCS 侧

AO，4～20mA），DCS卡件对于AO类型无法触发断线或短路报警，运行人员无法第一时间得知，需待指令与反馈持续运行产生偏差量方可得知，对于时间设定量是否可以适当加长仍需讨论试验。

引风机动叶执行机构因死区较原来变大，阀门动作较原来灵敏性较差，两侧电流较修前偏差较大，需运行人员调整偏置量进行修正。

通过以上分析，风机动叶“卡涩”问题得到了明显改善，可以确定为阀门参数设置不当为主要成因，但仍需跟踪修改阀门参数带来的其他影响。

（三）事件处理与防范

（1）对于成因不明的易发故障，应逐一列举可能的原因并进行相应排除，确定故障要因并针对解决。

（2）对于调节型执行机构，电动类需确认丢信号阀门运动位置，气动型需进行三断试验，确保阀门在故障情况下能运行到安全位置，防止因设置不合理导致的事故扩大。

十、循环水泵蝶阀泄油电磁阀故障导致凝汽器真空低保护动作

某厂6号机组于2002年投产，汽轮机为660MW亚临界、中间再热、四缸四排汽凝汽式。配置3台立式斜流循环水泵，设计流量31320m³/h（单台），设计扬程28.56m，设计转速370r/min，设计功率2333kW，循环水泵出口蝶阀为重锤式液控蝶阀。DCS为2015年新改造西门子SPPA-T3000系统。

（一）事件过程

2019年8月3日6点50分，6号机组负荷352MW，协调方式，10-40磨煤机运行，A、B送风机、引风机、一次风机运行，A、B给水泵汽轮机运行，给水自动，A、B真空泵运行，C真空泵备用，A、C循环水泵运行，B循环水泵备用，凝汽器背压5.3/6.1kPa。

6点51分38秒，6号机DCS突发“C循环水泵断轴”报警。运行值班人员检查发现C循环水泵电流降至130A，循环水母管压力由161kPa降至122kPa（最低降至45kPa，母管压力降至80kPa时B循环水泵联启），6点51分51秒，运行人员手动顺控停止C循环水泵，发现C循环水泵出口蝶阀不能正常关闭，安排巡检人员去就地手动关闭C循环水泵出口蝶阀（7点01分，运行人员就地手动泄压关闭），6点52分44秒，凝汽器背压24.0/21.8kPa，机组真空低保护跳闸（跳闸值为背压24.2kPa）。汇报调度，执行停机后操作。确认原因后，试验C循环水泵蝶阀能够正常关闭，系统恢复正常，达到启动条件，请示调度于8点30分锅炉点火，10点19分发电机并网。

（二）事件原因查找与分析

1. 事件原因检查

经追忆DCS历史曲线，事件过程如下：

06时47分至51分，C循环水泵电流由278A缓慢增大到332A，后突降至130A；

06时51分31秒B循环水泵联启正常；36秒视频回放显示C循环水泵蝶阀重锤离开开位；37秒“C循环水泵出口蝶阀故障”信号发出；38秒C循环水泵断轴报警发出；51秒手动顺控停止C循环水泵；53秒C循环水泵出口蝶阀关步序发出；54秒“C循环水泵出口蝶阀故障”信号消失。

06时52分05秒时C真空泵联启正常；44秒时凝汽器真空低保护跳闸；54秒时

“C循环水泵出口蝶阀关闭失败”信号发出。

06时56分，手动停止C循环水泵，C循环水泵出口蝶阀未联关。

07时01分，视频回放，运行人员就地手动泄压关闭C循环水泵出口蝶阀。

2. 原因分析

根据以上数据，经现场检查、试验，解体分析，确认情况如下：

(1) 事件直接原因：6号机C循环水泵泵轴断裂，断轴报警发出，出口蝶阀未及时关闭，循环水倒流，进入凝汽器的循环水流量低，导致机组真空降低，至保护动作值，汽轮机跳闸，锅炉MFT。

注：DCS循环水泵断轴报警条件为：①相应循环水泵运行；②循环水泵电流低（定值：正常运行电流的70%）；③出口压力低（定值0.125MPa）。以上条件同时具备，报警发出。

(2) C循环水泵断轴的原因：

事后解体发现，C循环水泵泵轴在距离叶轮端部3.5m处断裂，从断口外貌分析为疲劳断裂。泵轴长度7500mm，直径222mm，材质为35（锻）钢，自2002年10月投产后设备运行至今，8月3日C循环水泵发生电机电流异常变化，初步分析为该循环水泵动静部分异常，瞬间过载导致断轴。

(3) C循环水泵出口蝶阀未关闭原因：

经查看视频回放发现，C循环水泵断轴后，6点51分36秒左右蝶阀重锤向关方向动作了一下，蝶阀全开信号消失，分析应是C循环水泵断轴无出力后，循环水倒灌冲击，造成蝶阀一定程度关闭，离开了开位，“C循环水泵出口蝶阀故障”信号发出。关阀指令自6点51分54秒持续发出，“C循环水泵出口蝶阀故障”信号消失，6点52分54秒DCS“关阀失败”发出。检查蝶阀电气控制回路未发现异常，多次试验动作正常。经咨询厂家分析为：C循环水泵蝶阀就地控制箱至泄油电磁阀系统异常，致使未能正常联锁关闭蝶阀。因当时机组运行，无法在线进行蝶阀试验进行验证，安排待机组停运后进行试验。

8月20日机组停运开始检修，在循环水系统运行情况下，进行了多次C循环水泵出口蝶阀开关动作试验，发现有时蝶阀泄油电磁阀线圈带电吸合，但电磁阀不动作卸油，蝶阀不关闭。经分析应为电磁阀芯问题，更换电磁阀后，试验多次未再发现异常。

3. 暴露问题

(1) 此种循环水泵大轴存在隐患未能彻底解决。2016年7月5号机A循环水泵曾经断轴，未及时制订泵轴更换的计划。

(2) B循环水泵不能正常运行，未能及时处理。由于B循环水泵出口膨胀节渗水，不能长期运行，维持C循环水泵连续运行，金属疲劳导致断轴发生。

(3) 未及时发现C循环水泵出口蝶阀泄油电磁阀系统存在的隐患。

（三）事件处理与防范

(1) 尽快采购循环水泵泵轴备件，在8月份B修中恢复C循环水泵泵轴。其他同类型循环水泵的泵轴择机更换。

(2) 8月份B级检修中彻底消除B循环水泵出口膨胀节渗水问题，恢复B循环水泵正常备用。

(3) 利用检修机会，5、6号机组DCS循环水泵控制增加断轴停泵保护，试验后投用。

(4) 利用检修机会，5、6号机组6台循环水泵卸油电磁阀全部更换；并加强电磁阀卸

油试验检查，及时发现电磁阀动作异常情况，并进行处理。

第二节 测量仪表及部件故障分析处理与防范

本节收集了因测量仪表异常引起的机组故障11起，分别为：压力开关缺陷导致辅机联锁误动、主油箱油位低保护误动导致机组跳闸、传感器故障导致燃机跳闸、高排压力定值漂移导致保护动作停机、燃机排气温度元件因高频振动裂纹断裂导致燃机保护停机、炉膛压力开关异常导致锅炉MFT、二次表故障导致ERV阀误开、继电器故障导致空气预热器跳闸、炉膛压力开关定值发生严重偏移导致锅炉MFT、温度元件故障导致脱硫旁路挡板异常打开、单点温度信号故障导致余炉高压旁路调节阀快关。

这些案例收集的主要是重要测量仪表和系统部件异常引发的机组故障事件，包括了压力、温度、继电器、二次表和液位开关等。机组日常运行中应定期重点检查这些与联锁保护相关的测量仪表装置及部件。

一、压力开关缺陷导致辅机联锁误动

某厂5号机组为660MW超临界机组。该机组于2015年7月23日通过168h试运行并移交生产，控制系统为国电智深EDPF-NT+。2019年运行过程中，连续三天出现压力开关缺陷导致辅机联锁误动事件。

（一）事件过程

（1）4月3日15时44分，5B一次风机控制油压2.7MPa，润滑油压力0.31MPa，DCS系统来“控制油压力低信号”，5B一次风机油站1号控制油泵联启，就地检查5B一次风机控制油压2.8MPa，润滑油压力0.3MPa，压力正常。18时03分，更换完控制油压力低控制器，压力低报警信号消失。

（2）4月4日，06时35分5号炉5B火检冷却风机联动，运行人员通知热工分场值班人员。经检查，5号炉火检冷却风机联启是由于火检冷却风压力低联锁开关、火检冷却风压力正常开关损坏造成，热工人员更换压力开关后，14时30分重新投入，系统恢复正常。

（3）4月5日，17时54分5B给水泵汽轮机直流油泵联启，润滑油来压力低低报警，运行人员就地检查系统无漏泄，润滑油系统压力正常（系统压力0.186MPa，1号交流润滑油泵出口压力0.64MPa）。热工人员更换5B给水泵汽轮机润滑油压力低联直流油泵压力开关，润滑油来压力低低报警信号消失。21时50分，系统正常，停止5B给水泵汽轮机直流油泵。

（二）事件原因查找与分析

1. 事件原因检查

（1）事件（a）经检查压力开关定值发生偏移，可能由于设备处在油站振动环境导致。

（2）事件（b）控制器量程选用较大，设定点在量程下限附近，误差较大，整定难度较大。

（3）经检查事件（b）、（c）均是由压力开关中的微动开关松动造成，怀疑设备质量问题，而且是基建期采购的同一品牌、同一批次产品，探头冷却风压力开关在后期校验的过

程中已经没有稳定的设定点，且回差较大，后联系该品牌指定代理商，确认以上两台压力开关为伪劣产品。

（4）工作人员在压力开关安装时用力不当，也可能导致微动开关受力或松动。

2. 原因分析

真空低跳给水泵汽轮机信号没有采用独立设计原则，共用一个取样管路，且管路敷设存在低点，造成保护信号误发，是此次5A给水泵汽轮机跳闸的主要原因。

3. 暴露问题

（1）目前市场上部分品牌压力开关假货较多，质量较差，可靠性不能满足现场需求。

（2）在物资采购环节以及使用单位的验收要加强管理，规范来源渠道、确保设备质量。

（3）现场工作人员要做好隐患排查和巡视检查工作，在选用压力开关时，设定点要在量程的合理范围内，在检定压力开关时，回差较大或校前定值偏移较多时，要及时查明原因，必要时进行更换。

（4）压力开关在现场搬运或拆装过程中要尽量避免振动，安装时要用力适当，防止造成损坏或定值偏移。

（三）事件处理与防范

（1）购买质量可靠的压力开关，有效防止设备误动。

（2）校验完成后认真履行三级验收程序，对压力开关内部螺丝进行紧固检查，安装时避免用力过猛，紧固螺丝是防止微动开关松动。

（3）利用停机机会，对振动较大的控制器进行移位。

（4）选用合适的控制器量程，并对其他类似设备进行检查，发现问题及时处理。

二、主油箱油位低保护误动导致机组跳闸

某厂2×350MW机组汽轮机为哈尔滨汽轮机厂生产的单轴、双缸、双排汽、湿冷、一次再热超临界供热抽汽式汽轮机。锅炉为哈尔滨锅炉厂生产的超临界参数变压直流炉，采用定-滑-定运行方式，单炉膛、四角切向燃烧、一次再热、平衡通风、露天布置、固态排渣、全钢构架、全悬吊结构Π型锅炉。DCS控制系统是上海GE新华公司的OC 6000e Nexus智能自动化控制软件为基础的分散控制系统。

（一）事件过程

某机组11月26日17时51分2号机组负荷125MW，2A、2B、2C制粉系统运行，2A、2B给水泵小汽轮机运行，给水流量454t/h，总煤量100t/h，总风量578t/h。

17时51分2号汽轮机跳闸，2号发电机解列，锅炉MFT动作，MFT首出为汽轮机跳闸，汽轮机ETS首出为主油箱油位低（DCS模拟量显示为－111mm，就地检查主油箱油位正常－100mm）。通知设备部检查汽轮机跳闸原因。

17时54分启动电动给水泵调整给水流量对锅炉进行上水，调整送、引风机对炉膛进行吹扫。

18时05分汽轮机转速惰走至1200r/min，两台顶轴油泵联启，停止2B顶轴油泵，检查顶轴油压力正常。18时11分时锅炉吹扫完成，MFT复位。

18时26分投入OB层4只大油枪，锅炉点火正常；4min后启动两台一次风机运行。

18时37分投入OA层2、3、4号角大油，点火正常，启动2C制粉系统运行。

19时02分汽轮机转速到零，1min后投入盘车（电流26.5A），汽轮机惰走时间72min。

19时04分盘车跳闸（盘车跳闸首出为转速大于4r/min）。

19时05分再次启动盘车（电流23.4A）。

19时06分盘车跳闸（盘车跳闸首出为盘车未在啮合位）。

19时08分再次投入盘车（电流23.5A）。

19时13分盘车跳闸（盘车跳闸首出为盘车未在啮合位），再次投入盘车（电流23.5A）。

19时20分发现高压旁路调整门DCS无法开启，就地检查阀门为全开状态，通知设备部处理。设备部检查后汇报高压旁路调整门门套断裂，需要加工新门套，按抢修组织。

19时46分盘车跳闸（盘车跳闸首出为转速大于4r/min），无法启动，通知检修公司手动盘车，手动盘车无效。

20时02分2号炉手动MFT，关闭主再热蒸汽管道疏水，关闭汽轮机本体疏水气动门、手动门，汽轮机闷缸。

20时12分解除真空泵联锁，停止2B真空泵运行，打开真空破坏门破坏真空。

20时33分真空到零，停止轴封供汽。

21时20分就地手动盘车正常，偏心270μm，盘车180°。

23时32分投入连续盘车，偏心500μm，偏心值开始平稳下降。

11月27日05时05分，设备部通知因加工厂夜间无黄铜棒料，临时加工一件铸铁阀门套，在线调试高压旁路调整门，试验开关均正常。

07时00分设备部再次协调加工厂购买铜棒加工高压旁路调整门门套。

09时18分汽轮机偏心值最低降至67μm，并趋于稳定。

16时41分2号机高压旁路调整门抢修工作结束，可以投入运行（因高压旁路调节门故障，机组延迟启动约15h）

16时45分启动2号炉风烟系统，2号炉进行吹扫。

18时15分投入2号炉微油点火。

20时20分启动2A制粉系统，开始升温升压。

（二）事件原因查找与分析

1. 事件原因检查与分析

（1）汽轮机跳闸原因分析。主油箱油位开关的安装位置，如图5-11所示。受液面下油流（暗流）影响，导致2个油位开关同时偏离保护整定值误动作跳机。实验验证：利用钢管绑扎的空矿泉水瓶在液位开关安装位置测试，水瓶受力偏向远离回油落油位置，插入深度越深，受暗流影响偏离越大。机组主油泵工作后，液位开关频发动作信号，如图5-12所示。

11月28日，调取2号机组主油箱油位波动曲线，调取时间从8时至15时10分。2号机组主油箱油位最大波动差值8.98mm［（−106.93mm）～（−97.95mm）］。油系统回油经主油箱回油槽流入油箱一侧与主油箱内油液混合稳流后，经油箱另一侧被一、二级射油吸入，送至主油泵入口和润滑油系统，只要油系统运行，油液会一直按此流程循环。由此分析，油位整体变化较小，悬挂式浮子液位计瞬间误动受暗流影响较大。

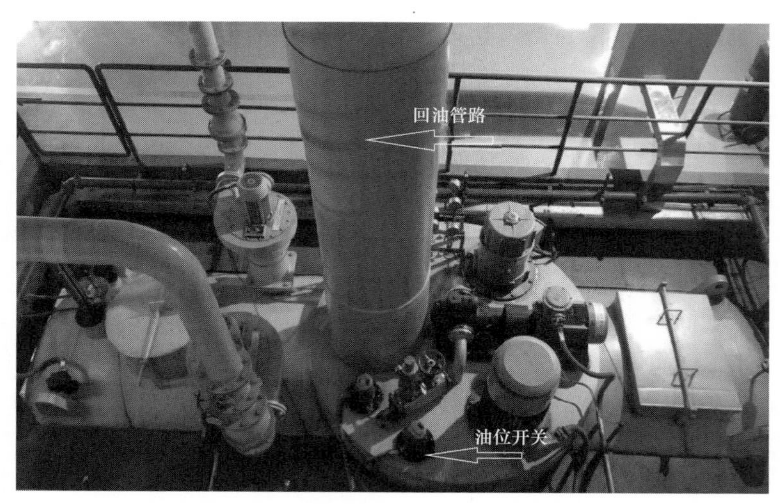

图 5-11　主油箱油位开关的安装位置

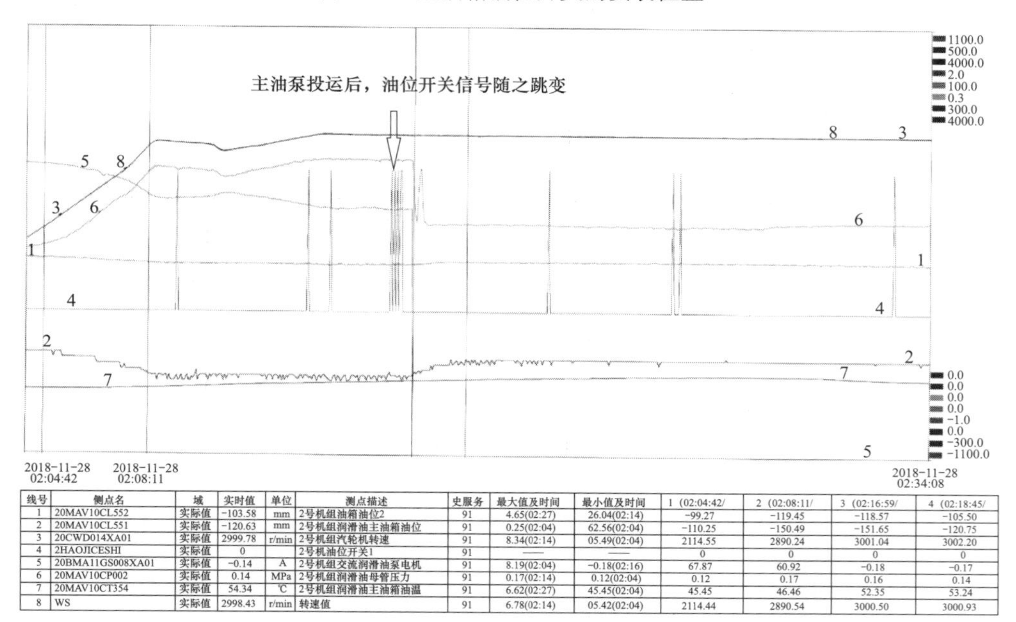

线号	侧点名	域	实时值	单位	测点描述	史服务	最大值及时间	最小值及时间	1（02:04:42/	2（02:08:11/	3（02:16:59/	4（02:18:45/
1	20MAV10CL552	实际值	-103.58	mm	2号机组油箱油位2	91	4.65(02:27)	26.04(02:14)	-99.27	-119.45	-118.57	-105.50
2	20MAV10CL551	实际值	-120.63	mm	2号机组润滑油主油箱油位	91	0.25(02:04)	62.56(02:04)	-110.25	-150.49	-151.65	-120.75
3	20CWD014XA01	实际值	2999.78	r/min	2号机组汽轮机转速	91	8.34(02:14)	05.49(02:04)	2114.55	2890.24	3001.04	3002.20
4	2HAOJICESHI	实际值	0		2号机油位开关1	91	——	——	0	0	0	0
5	20BMA11GS008XA01	实际值	-0.14	A	2号机组交流润滑油泵电机	91	8.19(02:04)	-0.18(02:16)	67.87	60.92	-0.18	-0.17
6	20MAV10CP002	实际值	0.14	MPa	2号机组润滑油母管压力	91	0.17(02:14)	0.12(02:04)	0.12	0.17	0.16	0.14
7	20MAV10CT354	实际值	54.34	℃	2号机组润滑油主油箱油温	91	6.62(02:27)	45.45(02:04)	45.45	46.46	52.35	53.24
8	WS	实际值	2998.43	r/min	转速值	91	6.78(02:14)	05.42(02:04)	2114.44	2890.54	3000.50	3000.93

图 5-12　液位开关动作曲线

（2）停机过程中盘车跳闸原因分析。在停机过程中，盘车在 9min 内发生了 4 次跳闸。

19 时 04 分、19 时 08 分盘车两次跳闸原因：盘车跳闸首出为转速大于 4r/min。原因分析：汽轮机汽封间隙小，惰走至低转速过程中，转子晃动增大，导致 2 号轴承振动升高，转速测量失真，如图 5-13 所示。

19 时 06 分、19 时 13 分盘车两次跳闸原因：盘车未在啮合位。原因分析：盘车在啮合位的行程开关节点接触不良，导致信号时有时无，造成盘车跳闸。

（3）盘车无法投入原因分析。由于机组突然停机，汽缸温度较高。此时盘车连续几次中断，造成汽轮机大轴产生热弯曲，动静卡涩，造成盘车无法运行。由于采取闷缸等措施，高中压上、下缸温差未增大，破坏真空后，转子冷却变慢，转子与汽缸相对膨胀逐渐缩小，在盘车停运 94min 后，手动盘车正常。

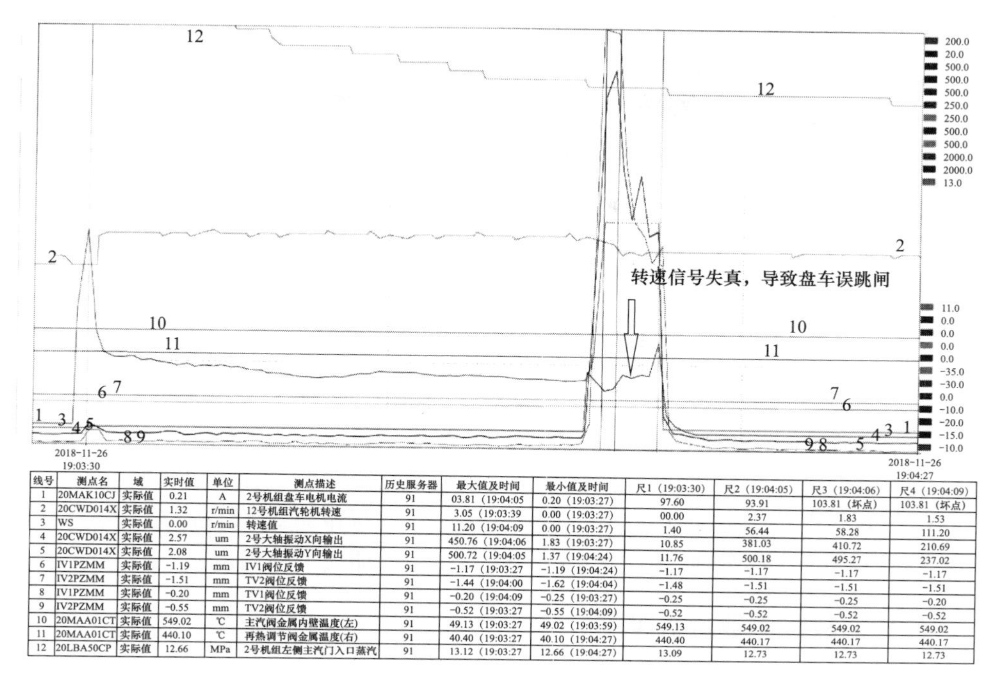

线号	测点名	域	实时值	单位	测点描述	历史服务器	最大值及时间	最小值及时间	尺1（19:03:30）	尺2（19:04:05）	尺3（19:04:06）	尺4（19:04:09）
1	20MAK10CJ	实际值	0.21	A	2号机组盘车电机电流	91	03.81（19:04:05	0.20（19:03:27）	97.60	93.91	103.81（坏点）	103.81（坏点）
2	20CWD014X	实际值	1.32	r/min	12号机组汽轮机转速	91	3.05（19:03:39	0.00（19:03:27）	00.00	2.37	1.83	1.53
3	WS	实际值	0.00	r/min	转速值	91	11.20（19:04:09	0.00（19:03:27）	1.40	56.44	58.28	111.20
4	20CWD014X	实际值	2.57	um	2号大轴振动X向输出	91	450.76（19:04:06	1.83（19:03:27）	10.85	381.03	410.72	210.69
5	20CWD014X	实际值	2.08	um	2号大轴振动Y向输出	91	500.72（19:04:05	1.37（19:04:24）	11.76	500.18	495.27	237.02
6	IV1PZMM	实际值	-1.19	mm	IV1阀位反馈	91	-1.17（19:03:27	-1.19（19:04:24）	-1.17	-1.17	-1.17	-1.17
7	IV2PZMM	实际值	-1.51	mm	TV2阀位反馈	91	-1.44（19:04:00	-1.62（19:04:04）	-1.48	-1.51	-1.51	-1.51
8	IV1PZMM	实际值	-0.20	mm	TV1阀位反馈	91	-0.20（19:04:09	-0.25（19:03:27）	-0.25	-0.25	-0.25	-0.20
9	IV2PZMM	实际值	-0.55	mm	TV2阀位反馈	91	-0.52（19:03:27	-0.55（19:04:09）	-0.52	-0.52	-0.52	-0.52
10	20MAA01CT	实际值	549.02	℃	主汽阀金属内壁温度(左)	91	49.13（19:03:27	49.02（19:03:59）	549.13	549.02	549.02	549.02
11	20MAA01CT	实际值	440.10	℃	再热调节阀金属温度(右)	91	40.40（19:03:27	40.10（19:04:27）	440.40	440.17	440.17	440.17
12	20LBA50CP	实际值	12.66	MPa	2号机组左侧主汽门入口蒸汽	91	13.12（19:03:27	12.66（19:04:27）	13.09	12.73	12.73	12.73

图 5-13　转速测量失真曲线

2. 暴露问题

（1）对机组重要保护信号参数异常变化重视不够，日常巡视检查工作不到位。热工专业人员巡视检查缺项，没有检查 SOE 信号动作情况。2 号机组主油箱油位开关 1 测点，从 10 月 29 日开始跳变，且日渐加剧，于 11 月 26 日与液位开关 2 测点同时跳变，期间的 29 天内未发现该缺陷，最终导致 2 号机组“非停”。

（2）生产管理人员对主机保护回路重视不够，在没有充分论证该保护可靠性的情况下，盲目将保护投入。

（3）设备检修维护不到位。在停机检修中，发现了油位开关钢丝绳和浮子脱落，只是简单地按图纸要求恢复了损坏的钢丝绳和浮子，没有认真分析其损坏的原因。

（4）对于盘车的跳闸保护中的转速测点的选择错误，盘车啮合位的行程开关节点接触不良，反映出基建安装和调试质量验收把关不严。

（5）隐患排查、风险分析不到位。DCS 报警中缺少保护跳闸信号的报警功能，不能提前发现保护信号异常的情况。

（三）事件处理与防范

（1）完善并明确热工维护人员日常巡视检查项目及要求，要求热控人员每天巡视检查主保护信号的 SOE 记录，及时发现重要保护信号的异常情况。

（2）在主油箱油位改造前，暂时退出 1、2 号机组主油箱油位低保护，并在 DCS 画面上增加油位低的声光报警功能，防止保护误动。将主油箱运行油位从 －100mm，调至 －50mm 以上。

（3）重新调整盘车在啮合位的行程开关，使节点接触可靠。完善盘车跳闸逻辑，增加可靠性。

（4）增加了液位计测量筒，待试验验证后，恢复主油箱油位低保护。

（5）加强隐患的排查和整改力度。全面梳理发电部和设备部按照隐患排查治理工作的相关要求和标准，对发现的隐患建立档案，并共同协调跟踪处理；管理人员定期对隐患排查及整改工作进行监督检查，消除现场安全生产隐患。目前，已经完成了主、辅机64个系统的声光报警功能完善工作；并组织专业会论证全部主、辅机热控保护系统的可靠性，将主机轴承温度高和FGD故障请求MFT的单点保护改为报警。

（6）加强生产人员技术培训工作，将本次事件教训作为经验反馈在各生产部门进行讨论反思，公司针对现场可能出现的各类事故预想组织应急演练。加强考问讲解及技术培训，提升生产人员分析、判断及应急处理能力。组织开展热控主辅机保护系统的构造、工作原理等专项培训。

（7）进一步强化设备检修维护管理要求，对检修文件包进行全面修订，重点设备检修文件包内容由专业专工组织讨论，逐个会审，坚决避免文件包内容漏项的情况。

（8）组织对热电公司安全生产责任追究及奖惩管理标准进行修订，对造成机组非停等事件，尤其是人为原因及管理原因造成的事件及异常，加大考核力度。

三、传感器故障导致燃机跳闸

（一）事件过程

4月9日，观察运行数据发现，21号燃机压气机有效率下降的趋势，（IGV全开下，燃机出力为210MW），故立即制定相应技术措施，使机组在运行中，尽量避开IGV全开状态，并观察记录CPD与CTD实际值与模拟值的对比。

4月22日，22时00分突降大雨；相对湿度100%、风力：东风2级、最大降水量：2.1mm。

事发前，11号燃机230MW，12号汽轮机60MW，高中压供热总量220t/h。21号燃机190MW，22号机56MW，高中压供热总量210t/h（高压130t/h、中压80t/h）。

4月23日2时25分发现11、21号燃机IGV角度均开到最大值88°，随即分别对两台燃机做降负荷处理，2台燃机IGV开始缓慢关小至80°以下（气温：18℃、相对湿度100%、风力：东风2级、最大降水量：2.1mm）。

3时30分～6时30分21号燃机IGV开度缓慢开至88°，且CPD模拟值无显示。期间调整负荷至190MW，保持IGV开度在80°以下（期间气温：18～19℃、相对湿度：100%、风力：东风1级、最大降水量：1mm）。

6时37分21号燃机跳闸，22号汽轮机联跳，启动1、2号快炉，供热180t/h；大漕泾供热180t/h。联系用户用气量保持不变，热网供热恢复正常。

（二）事件原因查找与分析

1. 事件原因检查与分析

（1）直接原因。21号燃机压气机排汽压力（CPD）变送器三点故障触发“传感器故障”跳机保护，即CPD“变化率”>“保护值”。

[注：在6时37分2号CPD在0.5s内从180psi下降至36psi，“变化率”=(180−36)/0.5=288，“保护值”A=CPD×KPS3`_Drip_S+KPS3_Drip_I=36×3.429+28.54=151.84，其中KPS3_Drip_S=3.429，KPS3_Drip_I=28.54，CPD为实时的压

气机排汽压力]

（2）间接原因：

1）4月22日晚上至4月23日凌晨，出现强降雨，相对湿度较大，引起压气机进气滤网受潮，进气量下降。

2）21号燃机压气机进气滤网，经长时间运行已接近使用寿命。

3）由于电网及化工区热用户等原因，21号燃机已连续长时间运行，离线水洗间隔时间已超过30%。

2. 暴露问题

对燃机在高湿环境条件下，压气机进风量下降等因素引起的机组安全隐患估计不足。

（三）事件处理与防范

（1）细化专项措施，加强监盘质量，确保2台燃机不再发生类似事件。

（2）对进气系统加装除湿装置。

（3）严格执行定期离线水洗。

四、高排压力定值漂移导致保护动作停机

（一）事件过程

5月31日某厂2号机AGC投入，负荷333MW，A、B、C、D磨煤机运行，A、B电泵运行，E磨煤机、C电泵备用，主蒸汽流量1136t/h，给水流量1135t/h。

15时29分，机组光字发牌报警2号汽轮机发电机跳闸，锅炉MFT。

经检查机组保护动作首出为汽轮机ETS“高排压力高”保护动作，联锁锅炉MFT，发电机逆功率保护动作跳闸。汽轮机高排压力高保护定值为：大于等于4.82MPa，保护设置高排压力开关1与压力开关2，当两开关同时动作触发高排压力高保护，机组跳闸前高排压力变送器显示3.92MPa。

16时10分，维护人员对高排压力测点进行检查，未发现取样管路、阀门及压力开关接头有渗漏情况，检查压力开关接线无松动断裂情况，进行保护回路传动试验。对高排压力开关1、2拆卸进行校验，发现高排压力开关1定值发生漂移，高排压力开关2定值正确，高排实际压力3.92MPa正常，从事故追忆中检查发现高排压力高保护指令发出仅20ms，判断为保护误动作。更换故障压力开关，重新检查并传动保护回路正常，机组恢复启动，于22时53分发电机并网。

（二）事件原因查找与分析

1. 事件原因检查与分析

（1）直接原因：2号机高排压力开关1定值漂移及高排压力开关2偶发性误抖动，造成保护误动作，是停机的直接原因。

（2）间接原因：热控保护定值管理、保护装置定期校验管理不到位，未能及时发现压力开关1定值漂移的安全隐患，是造成机组保护误动的间接原因。

2. 暴露问题

（1）设备检修管理存在漏洞，对于压力开关、压力变送器校验工作认识不到位，每次停机校验发现定值漂移的开关、零点漂移的变送器只是对其进行校正调零，未认真分析定值漂移的原因和应采取的有效措施，验收、把关不严格不规范，不能及时发现高排压力开

关1异常可能产生的危害。

（2）设备技术监督管理不到位，未能利用机组检修对所有保护测点开展系统全面的排查、检修和保护定置校核传动工作，及时发现存在问题。

（3）技术管理人员巡检不规范，对热控电子元器件在长周期运行中性能下降问题分析关注不够，不能有效发现异常情况，技术人员水平有待提高。

（4）逻辑保护管理不到位，存在部分主机逻辑保护设置不完善，可靠性不高，高压旁路压力高保护逻辑判断模式为二取二模式，当一路故障时运行中不易被发现，保护模式实际成为一取一状态，可靠性大大降低。

（三）事件处理与防范

（1）对2号机高排压力开关1、2重新进行校验，更换不合格的高排压力开关1。同时对同批次同类型开关、变送器进行排查分析，发现问题立即整改。

（2）将DEH中高排压力模拟量，通过逻辑判断后（大于4.82MPa，延迟1s，输出一个开关量），通过柜间电缆送至ETS控制柜中，替换原ETS逻辑中高排压力开关1信号，与高排压力开关2在保护逻辑中相与后再到保护出口。

（3）利用机组检修机会，再增加一块高排压力变送器，并将信号引入DEH系统中，通过逻辑判断（大于4.82MPa，延迟1s，输出一个开关量），通过柜间电缆送至ETS控制柜中，将ETS控制系统中高排压力高保护由二取二修改为三取二。

（4）运行人员加强监视，对ETS面板上的输入信号，每班定期进行巡检，发现问题及时联系检修人员处理。

（5）举一反三，排查梳理所有主机和重要辅机的逻辑保护设置，对存在的单点、两点等不可靠的逻辑保护，通过分析优化全部改为三点“三取二”逻辑判断保护，并能输出一路模拟量信号便于运行人员监视，提高保护的可靠性。

（6）加强设备检修质量和热工技术监督管理，对于检修过程中压力开关、变送器和温度元器件校验质量严格把关，完善校验原始资料，开展热工元器件性能比对分析，查找设备劣化趋势，提前制定防范措施，尤其对使用周期较长、校验过程中频现定值漂移性能下降的元器件，及时更换为更可靠的设备。

（7）细化维护班组设备巡检方案，仔细深挖各系统控制面板、报警装置等详细功能，完善巡检内容及标准，提升设备巡检管理水平。

（8）强化热工专业技能培训，提高专业技术管理人员和维护班组人员技能水平，熟练掌握热工逻辑设置和元器件性能，规范热工专业技术管理标准，提升专业管理水平。

五、燃机排气温度元件因高频振动裂纹断裂导致燃机保护停机

某厂燃机排气温度采用西门子原装进口的温度元件，一共24点安装在燃机排气端。任意一点元件B/C相同时故障，引起燃机走停机程序；任意一点元件B/C相超过24点平均温度50℃，引起燃机trip；任意一点元件B/C相中，一相故障，另一相超过24点平均温度50℃，引起燃机trip。部分元件A相作为排气的计算温度，不参与保护，其余元件A相不起作用。

（一）事件过程

2019年2月1日1号机5时55分热态启动，6时01分发电机并网，6时36分汽轮机

冲转，6 时 43 分汽轮机啮合，进入联合循环。机组 AGC 投入，负荷约 320MW。

9 时 39 分燃机排气温度第 11 点通道 C 相数据晃动出故障信号，出（01MBA26CT111C）"TEMP TURB OUTLET 11 ＊＊＊℃"报警，在之后的几分钟内连续出现报警和复归，运行联系热工检查处置。

热控人员立即至现场检查后，一方面对现场热控部件进行了检查，发现元件伸出保温部分没有损坏现象；另一方面对此温度元件历史趋势报警和曲线数值检查，未发现任何报警和异常现象，对排气温度故障后的程控停机和直接跳机逻辑进行分析后，按以往处理经验，将故障（假设 B、C 断线出"＊"）引起程控停机的逻辑解除，计划停机后查找问题原因，同时认为机组不具备安全运行条件。

鉴于上述情况，运行向调度申请停机消缺，在得到调度许可后，运行准备减负荷停机。

10 时 52 分 14 秒燃机排气温度第 11 点通道 B 也出现故障信号（01MBA26CT111B）"TEMP TURB OUTLET 11 ＊＊＊℃"报警，燃机程序出（MBA26EZ001 ZV92）"OUT TEMP BURN MON HS WARN"报警，10 时 52 分 18 秒燃机排气温度第 11 点通道 B 温度突窜至 682.4℃（实际温度未到），燃机保护停机。11 时 09 分燃机盘车投入，11 时 15 分汽轮机盘车投入。

停机后，热工发现 1 号机燃机排气温度第 11 点保温内热电偶金属引出线存在裂纹近乎断裂，后更换燃机排气第 11 点温度元件后，温度显示正常。12 时 22 分重新启动，12 时 42 分并网。

（二）事件原因查找与分析

1. 事件原因检查与分析

9 时 39 分开始燃机排气温度第 11 点通道 C（01MBA26CT111C）频繁出现故障信号，通道 B（01MBA26CT111B）显示正常。热控人员对此温度元件历史趋势报警和曲线数值检查，将故障（假设 B、C 断线出"＊"）引起程控停机的逻辑解除，但未解除（一点温度故障和另一点温度高高）直接跳机保护（西门子的典型燃机局部温度保护，为燃机重要保护）。10 时 52 分：14 通道 B（01MBA26CT111B）突然脉冲变化也开始出现间歇性故障信号。10 时 52 分 18 秒通道 C（01MBA26CT111C）处于故障状态，通道 B（01MBA26CT111B）突窜至 682.4℃（超过 24 点平均温度 50℃），燃机保护停机。

停机后就地检查燃机排气温度第 11 点，发现保温内热电偶金属引出线存在裂纹近乎断裂，导致内部温度信号线断裂导通不良。裂纹产生原因为机组频繁启停，造成该部位长期受到高频振动，导致金属疲劳，出现裂纹断裂并损伤内部元件。

2. 暴露问题

燃机排气温度采用西门子原装进口的温度元件，温度元件金属引出线部位应力较为集中，容易因外力或振动导致金属疲劳出现裂纹最后断裂。暴露出设备管理和隐患排查工作仍存在短板，对日开夜停机组设备可靠性管理不到位，未能彻底有效落实隐患排查治理工作的深度和广度。

（三）事件处理与防范

（1）利用机组停机机会，立即对 3 台机所有温度元件外观进行普查和评估，并对发现存在隐患的部件进行更换（已完成普查工作）。

（2）将 24 点排气温度元件列入日常巡检点，每周对其进行巡检，确保及时发现温度引出线出现裂纹。

(3) 着手制定在元件的应力集中处采取保护措施，从根部解决元件发生断裂的风险见附件五，并于检修期间对温度元件的引出线进行加固改造。

(4) 对燃机排气温度元件等容易发生问题的设备制定相应的应急处理预案。

六、炉膛压力开关异常导致锅炉 MFT

某厂 1 台 600MW-HG-1900/25.4-YM4 型锅炉是哈尔滨锅炉厂有限责任公司引进英国三井巴布科克能源公司（MB）的技术进行设计、制造的。锅炉为一次中间再热、超临界压力变压运行带内置式再循环泵启动系统的本生（Benson）直流锅炉，单炉膛、平衡通风、固态排渣、全钢架、全悬吊结构、π 型布置。设计煤种：鹤岗烟煤，低位发热量 5365kcal/kg，额定耗煤量 227.8t/h。配备六套中速直吹制粉系统，五运一备。

（一）事件过程

4 月 3 日，07：00 分，机组负荷 265MW，主蒸汽压力 14.7MPa，主蒸汽温度 553℃，再热汽温 535℃，总风量 1498t/h，炉膛负压－475Pa，主给水流量 834t/h（带供热负荷 102t/h)，总煤量 147t/h，A、B、D、E 四台磨煤机运行（因煤炭市场变化，实际燃煤严重偏离设计值，当日燃煤发热量 4100kcal/kg，低负荷时必须四台磨煤机运行）。两台送风机动叶投自动方式、两台引风机变频手动方式、两台一次风机动叶手动方式运行。两台空气预热器主电机运行。（因两台空气预热器存在堵塞情况，炉膛负压在－658Pa 到－210Pa 之间摆动，为避免炉膛负压扰动过大，两台引风机、一次风机未投入自动）。

7 时 01 分，A 空气预热器主电机电流从 10.9A 突升到 19.4A。立即安排巡检员到就地检查，并通知锅炉检修人员。

7 时 11 分，A 空气预热器主电机电流最大升到 28.3A，后下降到 24.3A。

7 时 15 分，锅炉检修人员与运行人员就地检查导向轴承有异音，就地观察。

7 时 22 分 47 秒，A 空气预热器主电机跳闸，电流 25A，辅电机联启不成功。A 送风机、A 引风机、A 一次风机联跳。B 送风动叶从 5.7%联开到 10.1%。B 引风机、B 一次风机维持原方式运行。因机组低于 270MW 及机炉控制器均在手动方式，未触发 RB 动作。

7 时 22 分 48 秒，因锅炉负荷较低，一次风机跳闸后，炉膛燃烧变弱，磨煤机火检摆动，立即投入 A2 油枪，炉膛负压－527Pa。

7 时 23 分 02 秒投入 A5 油枪。

7 时 23 分 05 秒投入 D4 油枪，炉膛负压－268Pa。

7 时 23 分 08 秒投入 D5 油枪。

7 时 23 分 09 秒 B 送风动叶从 10.1%联开到 17.6%，炉膛负压 2Pa。

7 时 23 分 17 秒投入 D1 油枪。

7 时 23 分 27 秒炉膛负压 319Pa。

7 时 23 分 52 秒机组负荷 244MW，主给水流量 980t/h，主汽温 540℃，再热汽温 528℃，给煤量 132t/h，炉膛负压 730Pa，锅炉 MFT，首出“炉膛压力高高”。

（二）事件原因查找与分析

1. 事件原因检查与分析

(1) 初步分析 A 空气预热器导向轴承损坏是空气预热器跳闸的主要原因。

（2）A空气预热器导向轴承在2012年更换后已经运行7年，3号炉长周期运行180多天造成损坏。

（3）炉膛压力高高保护使用压力开关，品牌为美国UE品牌，自2007年投产使用至今已使用12年，锅炉运行环境差，温度高、粉尘大，设备存在老化风险。压力高高定值为2.5kPa，三个压力开关三选二后延时2s触发MFT，本次跳闸是由于压力开关CP110、112动作引发MFT。

（4）跳闸后对三个压力开关进行校验，动作值分别为1.45、1.65和2.1kPa，因此判断跳闸原因为炉膛出现较大扰动后炉膛压力高高开关提前动作。

2. 暴露问题

（1）设备检修质量有待提高，机组检修中未能排查出空气预热器导向轴承存在隐患。

（2）对锅炉主保护炉膛压力保护开关老化，产生定值跑位故障估计不足，未能及时提前进行更换。

（3）运行人员事故处理经验不足，在一侧风机跳闸后，未能及时调整另一侧风机出力。

（三）事件处理与防范

（1）机组检修中对空气预热器导向轴承、支撑轴承进行认真检查，发现问题及时处理。

（2）对锅炉主保护中炉膛压力高高、低低六个压力开关全部进行更换。

（3）修改炉膛压力高低保护逻辑，炉膛左右墙各两个炉膛压力变送器，保护采取串并联方式，左右墙两侧都至少有一个炉膛压力变送器达到保护定值（＋2.5kPa、－2.5kPa），MFT动作。两侧炉膛压力变送器信号处理分别在DCS 7、8号控制器中，为了满足炉膛保护的相关技术要求，将在7、8号DROP中完成高低限判断，然后通过不同的DO卡件送至11号DROP（BMS）的不同DI卡件上，在进行逻辑判断后触发MFT。

（4）加强运行人员事故处理能力培训，提高主要转机跳闸时的事故处理水平。

七、二次表故障导致ERV阀误开

（一）事件过程

2019年2月20日11时35分，某厂1号炉右侧ERV阀联锁误开（末过出口压力25.3MPa，联开定值为27MPa，如图5-14所示）。从图5-14中可以看到11：31分时末过出口集箱B侧汽压达到了25.37MPa，此时并未到达ERV阀的联开动作值，但其关反馈随后消失了。说明此时阀门已经动作打开。11时36分运行人员手动将其关闭，关反馈回来。

运行人员随后通知热控人员到场检查。热控人员到场后发现就地ERV阀控制柜内二次表显示偏高（25.7MPa），与上位机实时的末过出口汽压（24.08MPa）对比后发现，此二次表比实际汽压偏大1.7MPa。与运行人员沟通后将此ERV阀打到就地手动控制，防止其再误动作。

ERV阀的就地二次表控制着阀门的联开联关，定值设置在此表内（联开为27MPa，联关为25.9MPa）。当时阀门动作末过出口集箱汽压为25.3MPa，加上偏差（1.7MPa）后就地表计当时显示为27MPa，刚好到达的阀门的联开定值导致ERV阀的开启。

因此热控人员判断为就地ERV阀的二次表故障，导致其存在偏差。由于此二次表无备件，汇报领导后决定从二号机组拆相同的二次表计更换到一号机组。

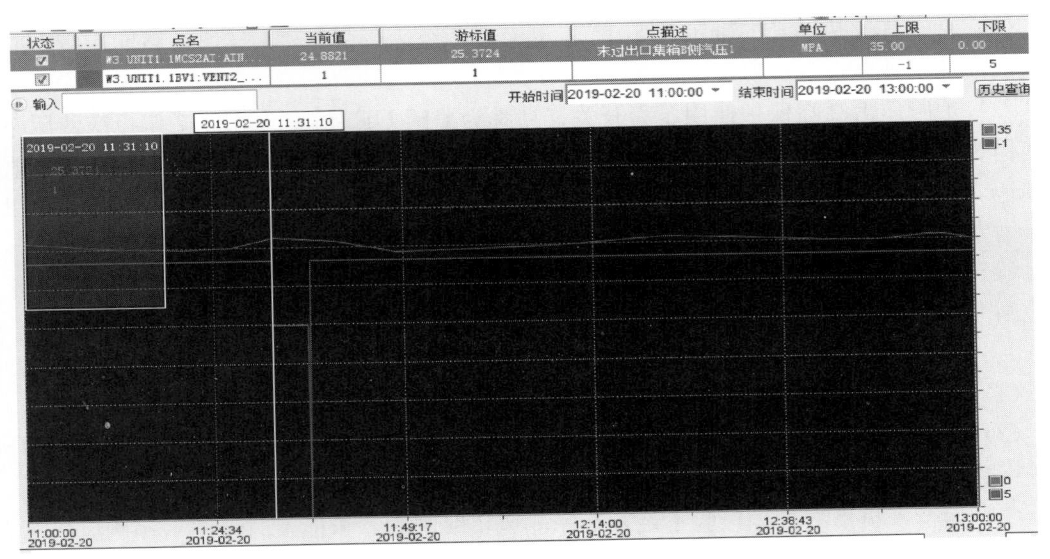

图 5-14　红线为末过出口集箱压力，蓝线为右侧 ERV 阀关反馈

中午对一号机组故障的 ERV 阀二次表计进行了更换。更换后经过就地与上位机末过出口汽压值得核对，此二次表显示正确无误，之后同运行人员一起投入此 ERV 阀到正常工作位。

（二）事件原因查找与分析

1. 事件原因检查与分析

（1）此次 1 号炉右侧 ERV 阀误动作的直接原因为热控就地控制柜内二次表故障，末过出口压力值测量值出现偏差，使实际未到联开定值的 ERV 阀联锁开。此二次表为建厂时期启用，至今已工作十几年，表计内部电路老化致其 4～20mA 电流输出不准致其出现了 1.7MPa 的偏差。

（2）此型号二次表问题并非第一次出现，长期使用可靠性降低，容易故障导致 ERV 阀的误动作或者是不动作。

2. 暴露问题

（1）未能严格落实集团公司建国 70 周年安全保障工作部署会暨 2019 年度第二次安委会精神，对防非停措施落实不力，未将控非停工作延伸至脱硫特许经营单位。

（2）隐患排查工作不到位，未做到全覆盖，还存在盲区和死点。隐患排查工作开展不够全面，忽视了特许经营单位和外围热控设备的安全事故隐患排查治理。

（3）特许经营单位设备检修维护不到位。脱硫特许经营单位对管辖范围设备检修维护不到位，设备隐患治理投入不足。

（4）对脱硫特许经营单位监管不力。未严格执行集团公司外包管理“五统一”“四个一样”的相关要求，对脱硫特许经营单位设备管理、隐患排查及“两票”管理监管不力，存在安全管理漏洞。

（三）事件处理与防范

（1）结合机组检修开展 4 台机组 ERV 阀的控制改造工作，取消可靠性较差的就地二次表控制，改为上位机逻辑依靠末过出口集箱汽压值“三取二”来判断输出。

(2) 在二次表控制器改造前，对四台机组 ERV 阀控制器显示示数与上位机进行比对，查看是否存在量程漂移的情况，并列入日常设备巡检表中，每月进行一次。

八、继电器故障导致空气预热器跳闸

(一) 事件过程

2019 年 12 月 8 日 22 点 06 分 30 秒，某厂 3 号机组负荷 500MW，磨煤机 A、C、E、F 运行，空气预热器 A、B 正常运行（主电动机电流分别为 25A 和 26A）。22 点 06 分 35 秒开始，空气预热器 B 电流有小幅波动，22 点 08 分 16 秒起空气预热器 B 电流波动逐渐变大且电流值越来越大，22 点 25 分 06 秒空气预热器 B 电流值超过 100A（DCS 超量程坏质量）并跳闸，联跳同侧送引风机，机组 RB 动作，负荷降至 330MW。

空气预热器 B 发动机马达跳闸后联锁启动副发动机，副发动机启动瞬间电流 52.4A，随后超量程（坏质量）没有正常返回，后检查发现副发动机绝缘异常。

值班人员接到集控通知后赶到现场检查发现空气预热器 B2 扇形板两个千斤顶输出轴被挤压弯曲变形（见图 5-15）。该扇形板控制电机仍在转动，控制箱显示为“上行”，值班人员等待几分钟后确认扇形板没有明显的上行动作，后对千斤顶进行切割破拆，使用葫芦将扇形板提升至正常位置，12 月 9 日 4 点 12 分抢修结束，启动空气预热器 B 运行正常。

图 5-15　变形的千斤顶输出轴

(二) 事件原因查找与分析

从变形的千斤顶输出轴来分析，出现该种情况应该是扇形板下行过程中与空气预热器转子接触后并受外力挤压引起，同时空气预热器 B 转子卡死，主电机电流超限跳闸，副发动机联锁启动时由于过负荷而烧毁。

空气预热器扇形板的上行和下行控制是简单的一个电机正反转回路（控制原理见图 5-16），每块扇形板就地安装有行程开关盒和传感器，行程开关盒内部有“最大变形”（下限）和“完全回复”（上限）的行程开关，扇形板正常控制在上下限范围内，由传感器探测扇形板与空气预热器转子的间隙，采用传感器控制模式的扇形板，按设定下探周期主动探测，一旦传感器触碰到转子立即发出扇形板上行的指令，按程序预设

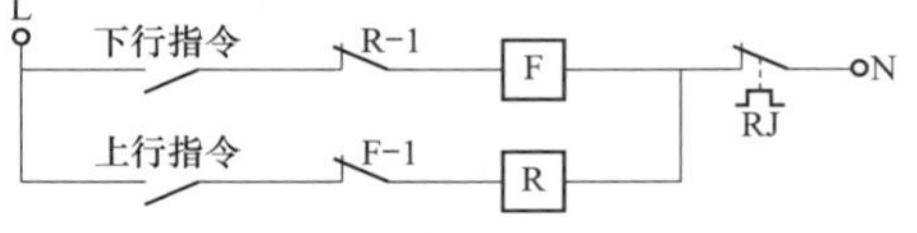

图 5-16　扇形板电气控制原理

时间上行，只要传感器不再检测到触碰信号，上行时间到后扇形板就停止。3号炉比较特殊，采用的是空气预热器进口烟气温度的温控模式，根据各自侧烟温来进行扇形板的下行控制，但下行过程中传感器检测到与转子触碰的信号也会立即上行，且温控模式较传感器模式更为安全。

就地检查B2扇形板的行程开关盒，“最大变形”的行程开关已经被压碎损坏，如图5-17所示。

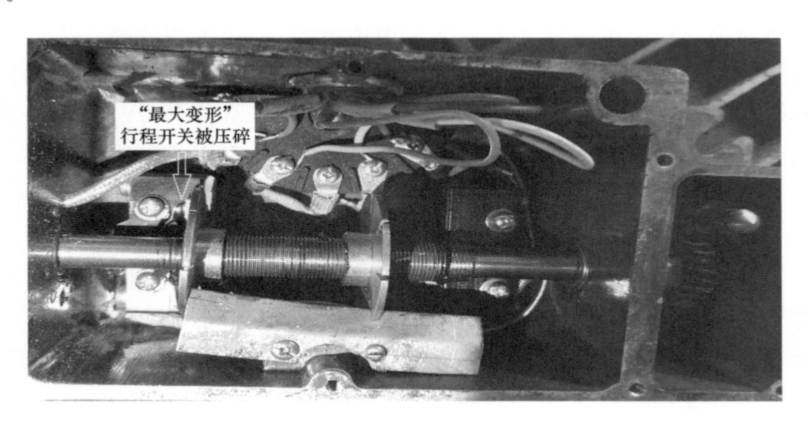

图5-17　损坏的行程开关盒

初步分析认为出现该种情况是由于控制扇形板下行的接触器出现触点粘连，接触器无法正常分闸引起。为了印证该分析，现场与厂家技术人员进行了3次相关试验，第一次控制柜发下行指令，下行接触器吸合动作，停止后下行接触器释放，再发上行指令，上行接触器吸合动作正常；第二次发下行指令后下行接触吸合，发停止指令后下行接触器线圈两端电压已经消失但触点没有释放，电机仍处于下行方向转动，外部振打接触器也无法使其触点弹出，后扭动安装在接触器上的辅助触点后释放；第三次将辅助触点拆除后继续试验，发下行指令后下行接触器吸合正常，但发停止指令后接触器仍未释放，使用螺丝刀撬动触点多次才释放，确认了控制该扇形板下行的接触器出现机械性卡涩引起控制异常。试验时相关情况如图5-18所示。同时查看就地控制装置，在8日晚间22点17分出现B2传感器故障报警，确认了当时在扇形板主动下行后其接触器卡涩未释放导致扇形板一直下行，空气预热器转子压死主发动机电流超限跳闸，千斤顶输出轴挤压变形传感器严重触碰转子而发生故障，行程开关盒内“最大变形”行程开关过行程而损坏，与事件情况完全吻合。虽然当时控制装置已经发出了上行指令，但是由于下行接触器一直处于吸合状态，下行接触器串接在上行控制回路中的常闭点断开而无法上行。

由于现场扇形板上行和下行时电机转向不明确，导致出现故障后查看控制箱指令为上行就以为B2扇形板当时在上行（实际还在下行），延误了抢修时机。

另外，当前3号炉空气预热器扇形板A2的千斤顶（机组检修中更换的）与控制用的行程开关盒间无接口连接，无法正常投运该扇形板。

（三）事件处理与防范

进一步提高思想认识，自觉强化保电责任意识，加强设备维护，确保机组安全稳定运行，切实做好电力安全保障各项工作。

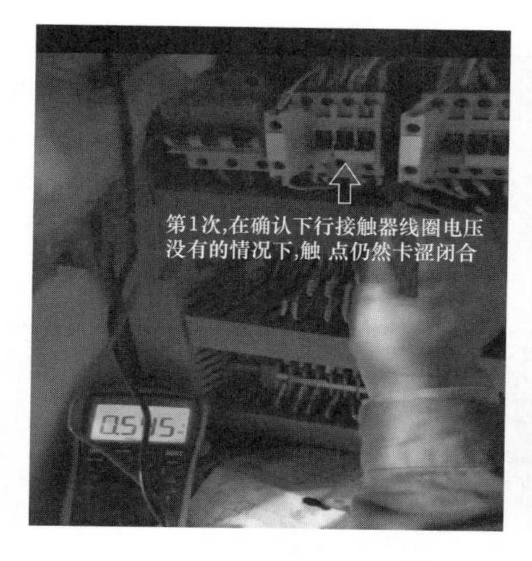

图 5-18　试验时情况

对 1 号机组脱硫吸收塔出口净烟气挡板执行器停电上锁，防止执行器误动并对脱硫吸收塔出口净烟气挡板定位销进行台账管理。举一反三，对 2 号机组脱硫吸收塔出口净烟气挡板执行器停电上锁，防止执行器误动并对净烟气挡板定位销进行台账管理。

加强对脱硫特许经营单位的监管，按照集团公司外包管理“四个一样”的要求，加大对其检修维护管理监督管理，提升本质安全水平。同时，将控非停工作延伸至脱硫特许经营单位。

（1）为确保扇形板下行控制的可靠性，防止接触器机械卡涩后无法切断电源继续下行，控制扇形板下行接触器改为两个，两个接触器动力电源回路串联，控制回路并联，如图 5-19 所示。

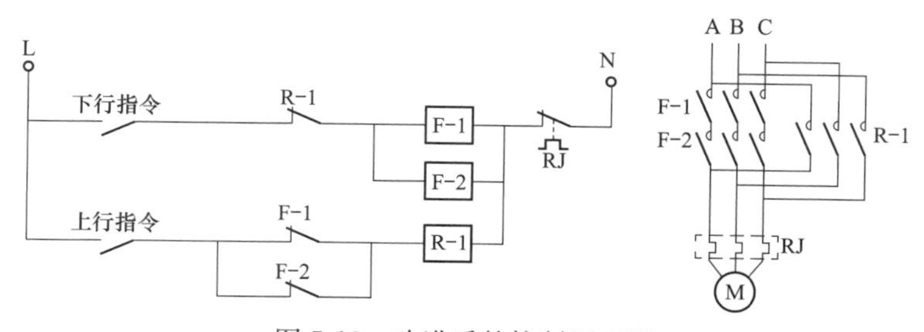

图 5-19　改进后的控制原理图

（2）3～8 号炉空气预热器所有扇形板就地千斤顶输入轴转向标识完善，便于直观判断。

（3）恢复 3 号炉空气预热器 B2 扇形板千斤顶，更换 3 号炉空气预热器 B2 扇形板传感器，进行调整。

（4）对 3 号炉其他空气预热器扇形板传感器进行全面检查，进行热态调试并投入使用。

（5）空气预热器扇形板千斤顶备件采购时配备控制所需的行程开关盒，确保控制系统的正常运行，同时到货后更换 3 号炉 A2 扇形板千斤顶。

九、炉膛压力开关定值发生严重偏移导致锅炉 MFT

（一）事件过程

2019 年 5 月 4 日 14 时 53 分 00 秒，某厂 3 号机负荷 515MW 稳定运行。3 号机组两台送风机、两台引风机和两台一次风机运行，六台磨煤机运行，给煤量 277t/h。

炉膛压力自动调节正常，调节范围在 32～－170Pa 稳定，3A、3B 引风机动叶开度分别为 54%和 49%，电流分别为 317A 和 317A。

14 时 54 分 00 秒炉左炉膛压力低 2、炉右炉膛压力低两个压力开关动作，“炉膛压力低”保护动作触发 MFT，机组跳闸。报警首出为“FURNPRESSLOW”，炉膛压力低，SOE 记录如图 5-20 所示。

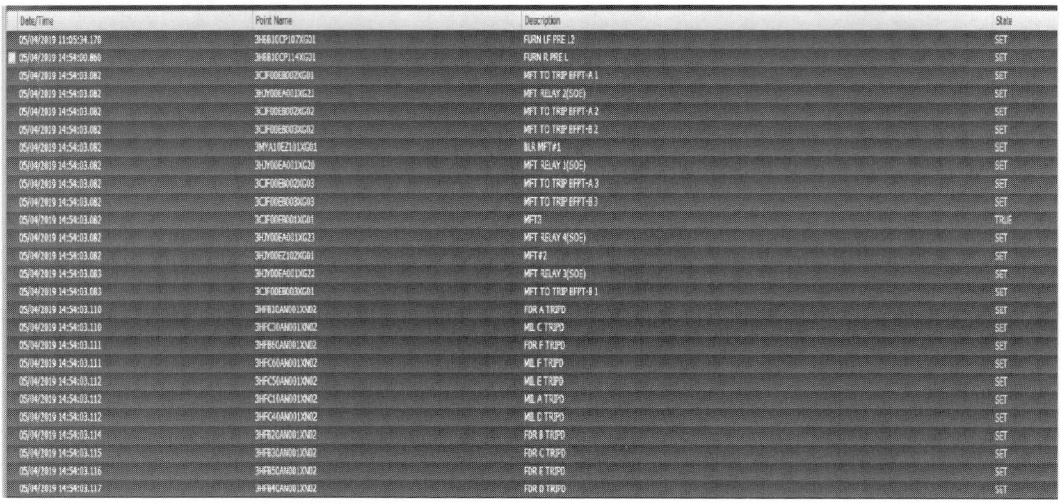

Date/Time	Point Name	Description	State
05/04/2019 11:05:34.170	3HBB10CP107XG01	FURN LF PRE L2	SET
05/04/2019 14:54:00.860	3HBB10CP114XG01	FURN R PRE L	SET
05/04/2019 14:54:03.082	3CJF00EB002XG01	MFT TO TRIP BFPT-A 1	SET
05/04/2019 14:54:03.082	3HJY00EA001XG21	MFT RELAY 2(SOE)	SET
05/04/2019 14:54:03.082	3CJF00EB002XG02	MFT TO TRIP BFPT-A 2	SET
05/04/2019 14:54:03.082	3CJF00EB003XG02	MFT TO TRIP BFPT-B 2	SET
05/04/2019 14:54:03.082	3MYA10EZ101XG01	BLR MFT#1	SET
05/04/2019 14:54:03.082	3HJY00EA001XG20	MFT RELAY 1(SOE)	SET
05/04/2019 14:54:03.082	3CJF00EB002XG03	MFT TO TRIP BFPT-A 3	SET
05/04/2019 14:54:03.082	3CJF00EB003XG03	MFT TO TRIP BFPT-B 3	SET
05/04/2019 14:54:03.082	3CJF00FB001XG01	MFT3	TRUE
05/04/2019 14:54:03.082	3HJY00EA001XG23	MFT RELAY 4(SOE)	SET
05/04/2019 14:54:03.082	3HJY00EZ102XG01	MFT#2	SET
05/04/2019 14:54:03.083	3HJY00EA001XG22	MFT RELAY 3(SOE)	SET
05/04/2019 14:54:03.083	3CJF00EB003XG01	MFT TO TRIP BFPT-B 1	SET
05/04/2019 14:54:03.110	3HFB10AN001XN02	FDR A TRIPD	SET
05/04/2019 14:54:03.110	3HFC30AN001XN02	MIL C TRIPD	SET
05/04/2019 14:54:03.111	3HFB60AN001XN02	FDR F TRIPD	SET
05/04/2019 14:54:03.111	3HFC60AN001XN02	MIL F TRIPD	SET
05/04/2019 14:54:03.112	3HFC50AN001XN02	MIL E TRIPD	SET
05/04/2019 14:54:03.112	3HFC10AN001XN02	MIL A TRIPD	SET
05/04/2019 14:54:03.112	3HFC40AN001XN02	MIL D TRIPD	SET
05/04/2019 14:54:03.114	3HFB20AN001XN02	FDR B TRIPD	SET
05/04/2019 14:54:03.115	3HFB30AN001XN02	FDR C TRIPD	SET
05/04/2019 14:54:03.116	3HFB50AN001XN02	FDR E TRIPD	SET
05/04/2019 14:54:03.117	3HFB40AN001XN02	FDR D TRIPD	SET

图 5-20　SOE 报警记录

从 SOE 事件顺序记录可以看出：“炉膛压力低 2”（左侧）信号在当日 11 时 05 分 34 秒时已动作，“炉膛压力低”（右侧）信号在当日 14 时 54 分 00 秒时动作，延时 2s 后 MFT 信号发出，与此同时 MFT 跳 A/B 给水泵汽轮机发出、跳六台制粉系统。

当日 21 时 40 分，重新更换负压开关，并进行检测设定后，进行拉负压试验，负压开关动作正常，22 时 44 分点火，5 月 5 日 05 时 49 分发电机并网。

（二）事件原因查找与分析

1. 事件原因检查与分析

（1）直接原因。3 号机组跳闸的直接原因为机组稳定运行时，用于锅炉炉膛压力低灭火保护的两个开关动作，触发三取二逻辑，锅炉 MFT，机组跳闸。炉膛压力低保护由“炉膛压力低 1（安装于锅炉左侧）”、KKS 编码 3HHB10CP105XG04，“炉膛压力低 2（安装于锅炉左侧）”、KKS 编码 3HBB10CP107XG01，“炉膛压力低（安装于锅炉右侧）”，KKS 编码 3HBB10CP114XG01，三取二触发炉膛压力低保护动作，锅炉 MFT。

查看历史趋势曲线，其中“炉膛压力低 2（安装于锅炉左侧）”信号于当日 11 时 05 分 34 秒已动作，此时在线炉膛负压为－230Pa；“炉膛压力低（安装于锅炉右侧）”信号于当日 14 时 54 分 00 秒时动作，此时在线炉膛负压为－246Pa，满足炉膛压力低保护“三取二”条件，延时 2S 发出 MFT 信号，机组跳闸。“炉膛压力低 1（安装于锅炉左侧）”在当日 14 时 54 分 14 秒动作，此为锅炉 MFT 联锁一次风机和制粉系统跳闸时触发。

1）排除电缆短路、接地造成信号误发。机组跳闸后热工专业立即组织对这三个炉膛压

力低开关接线电缆接线进行绝缘测试，结果满足要求。

2）发现三个压力开关定值发生严重偏移。

对上述三个压力开关进行实际检测，检测结果见5-5。

表5-5　5月4日压力开关实际检测数据

名称（KKS编码）	单位	定值（Pa）	第一次检测实际动作和返回值	第二次检测实际动作和返回值	第三次检测实际动作和返回值
炉膛压力低（3HBB10CP114XG01）	Pa	−2000	动作值：−663 返回值：−25	动作值：−565 返回值：1	动作值：−576 返回值：32
炉膛压力低1（3HHB10CP105XG04）	Pa	−2000	动作值：−1095 返回值：−390	动作值：−1061 返回值：−410	动作值：−1065 返回值：−372
炉膛压力低2（3HBB10CP107XG01）	Pa	−2000	动作值：−151 返回值：478	动作值：−160 返回值：496	动作值：−147 返回值：483

检测结果判断压力开关已发生严重偏移，不能满足实际需要。

2019年5月5日再次三个压力开关进行检测，结果见表5-6。

表5-6　5月5日压力开关实际检测数据

名称（KKS编码）	单位	定值	第一次检测实际动作和返回值	第二次检测实际动作和返回值	第三次检测实际动作和返回值
炉膛压力低（3HBB10CP114XG01）	Pa	−2000	动作值：−799 返回值：−298	动作值：−754 返回值：−289	动作值：−742 返回值：−278
炉膛压力低1（3HHB10CP105XG04）	Pa	−2000	动作值：−1538 返回值：−1128	动作值：−1518 返回值：−1123	动作值：−1501 返回值：−1118
炉膛压力低2（3HBB10CP107XG01）	Pa	−2000	动作值：−636 返回值：−132	动作值：−625 返回值：−94	动作值：−620 返回值：−135

与5月4日检测结果比对又发生500Pa左右漂移，判断负压开关稳定性不满足运行要求。

根据2018年11月7日检定报告，记录见表5-7。

表5-7　11月7日压力开关实际检测数据

名称（KKS编码）	单位	定值	第一次检测实际动作和返回值	第二次检测实际动作和返回值	第三次检测实际动作和返回值
炉膛压力低（3HBB10CP114XG01）	Pa	−2000	动作值：−2005 返回值：−1942	动作值：−1996 返回值：−1933	动作值：−1994 返回值：−1931
炉膛压力低1（3HHB10CP105XG04）	Pa	−2000	动作值：−2000 返回值：−1913	动作值：−2020 返回值：−1940	动作值：−1994 返回值：−1924
炉膛压力低2（3HBB10CP107XG01）	Pa	−2000	动作值：−2000 返回值：−1883	动作值：−1995 返回值：−1840	动作值：−1990 返回值：−1831

11月20日拉负压试验，记录曲线如图5-21所示。（三个负压开关动作值均在−2000Pa左右，满足要求）

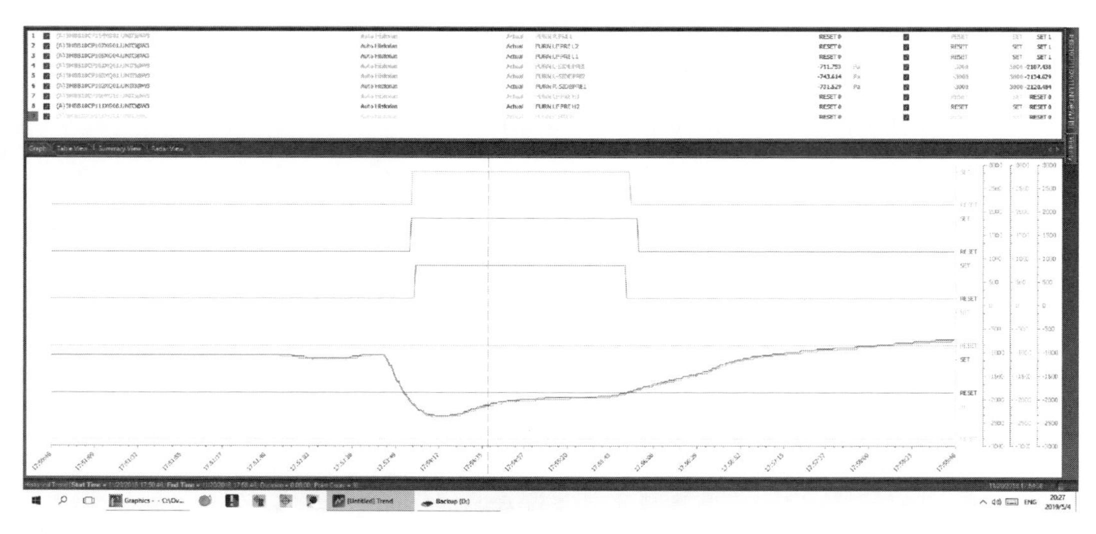

图 5-21　拉负压试验

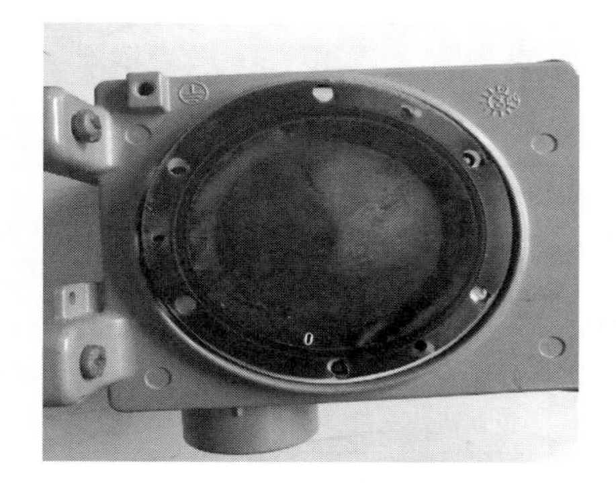

图 5-22　压力开关膜片

3）负压开关分析。开关型号为美国 UE 压力开关 J400-448 真空微压开关，触点电气额定值：15A480VAC，使用年限：从机组投产至今已使用 13 年。检查压力开关膜片发生变形（见图 5-22），感压膜片出现不平整、小幅度凹凸和起皱，如图 5-22 所示；厂家相关技术人员认为压力开关膜片老化发生变形导致承压与位移对应关系发生变化、导致定值发生偏移且无法稳定工作。

综合分析：压力开关在 11 月 7 日检定及 11 月 20 日拉负压试验中，均能满足要求，查看趋势在最近的 4 月 30 号及 4 月 24 号负压均有波动到－300Pa 附近，但是负压开关当时没有动作，可以判断压力开关近期处于一个逐步劣化过程，最终定值严重偏移导致负压保护动作。

（2）间接原因。运行人员对 DCS 画面和过程报警监视不到位，11 时 05 分 34 秒“炉膛压力低 2”DCS 过程报警和引风机画面中开关量报警发信，因其信号未进入光字声光报警，且随后 DCS 上较多的其他设备过程报警信息占用主屏幕将“炉膛压力低 2”信息滚动隐藏下去，始终未能发现；引风机画面中的开关量报警，运行监盘翻看画面也未能发现。

2. 暴露问题

（1）对设备寿命和劣化趋势跟踪不到位。3 号机组炉膛负压开关：美国 UE 压力开关 J400-448 真空微压开关，从机组投产至今已使用 13 年，使用年限较长。专业只是通过每次的校验比对来确认设备的劣化和老化趋势，没有针对长期投入达到使用寿命设备，有计划地安排替换或者适当缩短校验周期。

（2）运行人员监盘质量有待提高。运行人员对 DCS 画面和过程报警监视不到位，11 时 05 分 34 秒“炉膛压力低 2”在 DCS 发信，直至机组跳闸前未能发现。

（3）重要开关量报警未进光字。“炉膛压力低二值”光字逻辑中仅含有炉膛压力模拟量达到－2000Pa 发信，不含开关量达到－2000Pa 发信条件，不能明显地提示运行人员。

（4）对现场设备维护治理手段不到位。在现场相关设备出现老化的情况下，没有积极采取有效防止设备老化的手段和有效预防措施，没有充分估计相关设备的加速老化情况，来根据实际情况缩短校验周期，避免设备出现劣化、恶化等不可控情况。

（三）事件处理与防范

（1）加强对长周期运行的重要设备跟踪分析，对现场使用年限达到或已经超过设计寿命的相关产品，尤其是重要保护仪表进行统计分析，按照已使用年限及轻重缓急不同程度有计划地安排检查更换。提高对现场设备维护治理水平，努力提高对现场设备尤其是重要设备的维护治理水平，对压力开关等重要保护设备要根据实际情况缩短校验周期，避免设备出现劣化、恶化等不可控情况。

（2）检查同类型的保护开关，类型为 UEJ400-442（负压高）、UEJ400-448（负压低），防止使用年限到出现类似问题。

（3）利用机组检修将炉膛压力开关量报警串入光字报警中。

（4）针对当前 DCS 报警多问题，对交接盘、交接班的内容进行细化，分时段、分区域对 DCS 画面和过程报警信息进行监视和确认，要对未复位的报警信息进行全面梳理核对后方可交接。

（5）梳理和优化 DCS 报警，重新确定报警信息重要程度，对于不必要的报警信息进行优化。

（6）利用机组检修将 DCS 炉膛压力开关量报警描述更改与规程描述一致。将 DCS 炉膛压力开关量同步放置于风烟系统总画面 2005 内，便于方便监视。

（7）排查全部机组中重要开关量报警是否进入光字情况，汇总后利用机组检修统一整改。整改前加强运行监视。

十、温度元件故障导致脱硫旁路挡板异常打开

某厂一期 BOT 项目建设 2×620MW 中国产超临界机组，DCS 采用艾默生过程控制有限公司 Ovation 控制系统。其配套的锅炉为东方锅炉厂生产的超临界参数、变压直流炉、W 型火焰燃烧方式、固态排渣、单炉膛、一次再热、平衡通风、露天布置、全钢构架、全悬吊 π 型结构。汽轮机由东方汽轮机有限公司设计制造，超临界、一次中间再热、三缸四排汽、单轴、双背压、凝汽式汽轮机。

（一）事件过程

2019 年 11 月 29 日某厂 1 号机组负荷 650MW，AGC 投入，机组协调运行方式运行。21 时 07 分 1 号高调门（以下简称 CV1）阀位出现波动较大。

2 号机组正常运行，负荷 372MW，2 号 A，2 号 B 引风机运行，脱硫 2 号 A，2 号 C 海水喷淋泵运行，2 号 A，2 号 F 曝气风机运行，GGH 主换流器运行，A、B 侧原净烟气通路正常。

7 月 29 日 06 时 22 分，2 号机脱硫烟气旁路挡板 A、B 打开，6 时 23 分 A、B 侧旁路挡板至全开位，并联锁关闭原烟气 A、B 挡板，运行人员立即通知维护部热控人员查找原因，热控人员发现 2 号机脱硫 GGH 下游原烟气温度（20HTA10CT602）测点跳变超过旁路挡板超驰开动作值（145℃，单点，延时 2s），引发烟气旁路挡板打开，对测点进行强制后，进行测点检查工作，确认测点损坏。

06时22分～06时40分期间，环保数据因缺乏中间环节发生异常，SO_2最高至575mg/m^3；NO_x最高至200mg/m^3；粉尘最高至185mg/m^3（均为折算数据）。

查阅DCS历史记录发现，07月29日05时45分，负荷375MW，故障测点值76.89℃，之后开始呈缓慢上升趋势，且上升趋势逐渐加快。

06时19分测点值上升至100.075℃，并触发测点高限报警。

06时22分12秒测点值上升至145℃，旁路挡板打开，原烟气挡板关闭。

06时22分41秒测点值上升至238.03℃，质量变坏，测量值保持，持续至06时27分，然后测量值呈不规则跳变。

06时30分运行人员修改挡板指令无效，此时因温度高联锁开信号仍存在，此信号优先级高于手动操作指令，将阀门指令置于100%，所以手动修改阀门指令无效。

06时38分旁路挡板B关闭，06时40分，旁路挡板A关闭。

06时43分热工人员完成测点强制。

（二）事件原因查找与分析

（1）直接原因。2号机脱硫GGH下游原烟气温度（20HTA10CT602）测点损坏引起的测量值异常是引起此次脱硫烟气旁路挡板打开的直接原因。

（2）间接原因分析。

1）温度测点的异常上升与报警未及时引起运行人员的注意，虽温度测点早已开始上升并在上升到动作值前3分钟即到达了报警值，但并未引起运行人员的注意。

2）2号机脱硫GGH下游原烟气温度（20HTA10CT602）高于动作值引起旁路挡板动作为单点动作，当测点故障时易引发设备误动。

3）设备选型不合适，对于脱硫烟气区域的设备所选用的一次测量元件应合理论证设备的防腐能力。

4）就地设备维护不到位，未及时发现元件被腐蚀，应定时对腐蚀区域温度元件内部进行检查。

5）2号机脱硫GGH下游原烟气温度（20HTA10CT602）未设置光字牌报警，作为重要设备联锁测点应在论证定值后增设光字报警。

（三）事件处理与防范

（1）针对2号机脱硫GGH下游原烟气温度（20HTA10CT602）单点联锁旁路的逻辑进行论证，优化逻辑配置，提高设备可靠性，降低保护误动概率；同时对于机组重要保护系统及辅机保护、联锁等所设及测点进行梳理，排查单点保护，并有针对性地提出整改措施。

（2）针对脱硫区域温度类测点进行排查，并在停机时检查温度元件套管的磨损及腐蚀情况，做好设备的劣化分析管理。

（3）增设2号机脱硫GGH下游原烟气温度（20HTA10CT602）测点异常光字牌。

十一、单点温度信号故障导致余炉高压旁路调节阀快关

某厂STAG209E燃气-蒸汽联合循环机组总装机容量405MW，由2台（1号、2号）燃气轮机发电机组，2台（1号、2号）余热锅炉，1台（3号）抽凝式蒸汽轮机发电机组和1台（4号）背压式蒸汽轮机发电机组组成，采用2拖2分轴布置，于2015年12月投入

商业运行。燃机采用GE公司Mark vie控制系统，汽轮机锅炉及相关辅助系统采用国电南自公司美卓max DNA控制系统。

（一）事件过程

2019年11月29日某厂1号机组负荷650MW，AGC投入，机组协调运行方式运行。21时07分1号高调门（以下简称CV1）阀位出现波动较大。

2019年12月20日，06时54分，2号燃机启动；07时15分，2号机并网；07时39分，2号机负荷30MW，2号高压旁路开度63.5%，高压主蒸汽温度452℃，高压主蒸汽压力4.6MPa，真空−62.87kPa，汽轮机正处于主蒸汽升温调压等待冲转阶段。

07时40分，监盘发现2号高压旁路后温度跳变至705℃，2号高压旁路快关，主蒸汽压力上升至5.86MPa。开启2号炉高过启动排空，稳定2号炉高包水位。随后联系检修，强制2号高压旁路至“允许开”；参数曲线如图5-23所示。

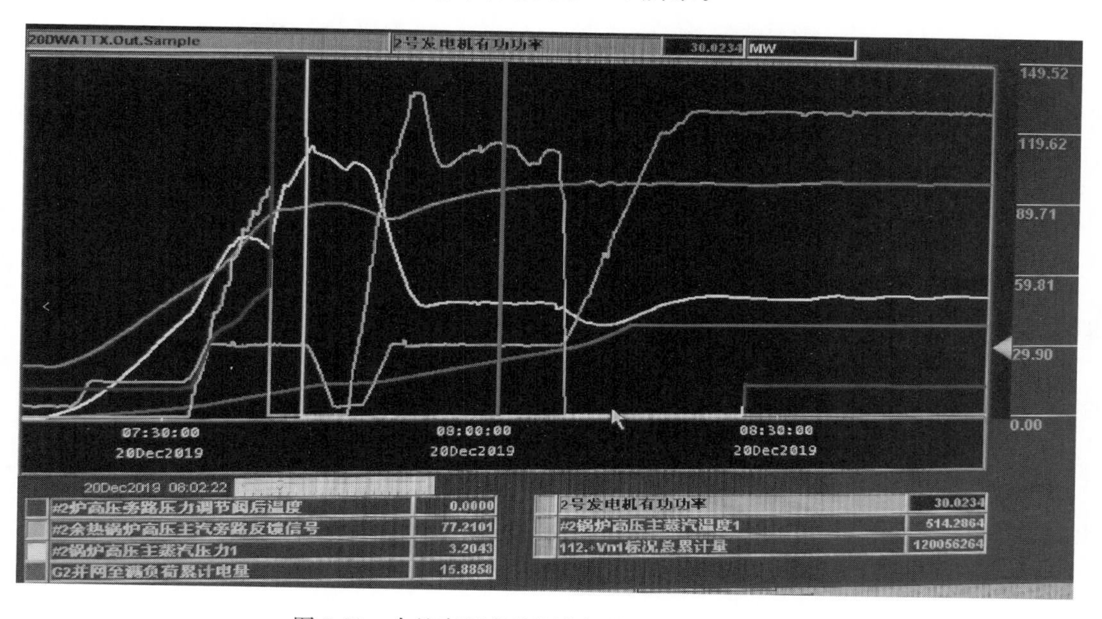

图5-23 余炉高压旁路调节阀快关时参数曲线图

07时41分，2号炉高压过滤器启动排空电动阀全开，主蒸汽压力6.5MPa，主蒸汽压力仍有上升趋势，燃机负荷手动减至5MW。

07时44分，2号炉高压过滤器出口主蒸汽压力7.61MPa，2号炉高压过滤器出口安全门动作。

07时46分，2号机负荷5MW，主蒸汽压力7.04MPa。

07时47分，2号炉高压过滤器出口主蒸汽压力下降至6.95MPa，安全阀回座。

07时48分，主蒸汽压力上升至7.11MPa，强制2号高压旁路开启，恢复汽轮机正常启动操作。

07时59分，主蒸汽压力3.23MPa，主蒸汽温度502℃，3号机挂闸冲转。

（二）事件原因查找与分析

直接原因是2号高压旁路后温度测点单支元件回路故障，高压旁路后温度跳变至705℃，2号高压旁路快关。

间接原因是控制逻辑设计存在缺陷，导致单点信号故障造成高压旁路阀门动作异常，温度元件如图 5-24 所示。

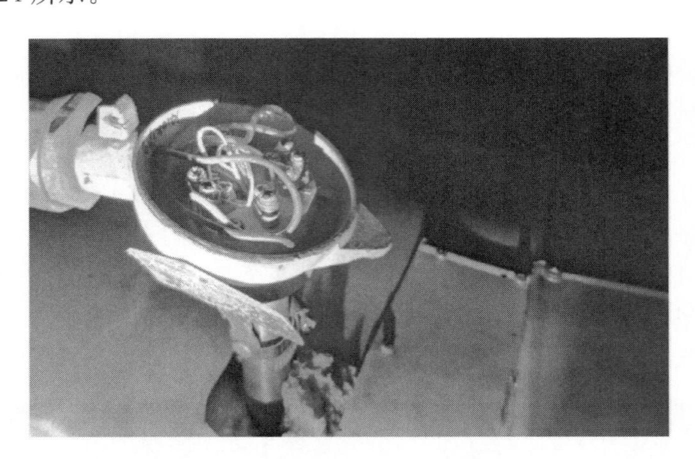

图 5-24　故障的温度元件图

（三）事件处理与防范

（1）更换双支热电偶，增加一路温度信号。

（2）完善逻辑，将两个温度测点做二值优选，消除单点保护隐患。

（3）DCS 逻辑增加温度点温升速率限制模块，在温度突变时，进行温度报警及坏点处理，防止信号跳变或坏点导致的联锁误动。

（4）经逻辑排查，高压旁路后压力测点也为单测点设计，且高压旁路后管道留有加装测点位置，建议增加压力测点，并完善逻辑。

（5）加强就地设备定期维护与检查，并开展定期复紧仪表回路接线。

（6）举一反三，对 1 号高压旁路控制系统开展侧点新增与逻辑完善工作；持续开展逻辑隐患排查工作，及时实施单点信号的信号处理及防误动措施。

（7）完善事故处理应急预案，加强事故预想、反事故演习培训，提高事故处理能力。

第三节　管路故障分析处理与防范

本节收集了因管路异常引起的机组故障 3 起，分别是：取样管路未独立造成低真空保护误动给水泵汽轮机、EH 油内油泥堵塞保护取样管路导致机组跳闸、仪表管路裂纹导致低真空信号误发停机。

这些案例只是比较有代表性的几起，实际上管路异常是热控系统中最常见的故障，相似案例发生的概率大，极易引发机组故障。因此热控人员应重点关注并举一反三，深入检查，发现问题及时整改。

一、取样管路未独立造成低真空保护误动给水泵汽轮机

某厂 5 号机组为 660MW 超临界机组。主机汽轮机为哈尔滨汽轮机厂制造的 CLN660-24.2/566/566 型超临界一次再热凝汽式汽轮机。锅炉给水泵为 2 台 50% 容量的汽动给水泵，无电动给水泵。给水泵汽轮机为东方汽轮机厂制造的 G16-1.0 型给水泵汽轮机，额定

功率 9448kW，该机组于 2015 年 7 月 23 日通过 168h 试运行并移交生产，控制系统为国电智深 EDPF-NT+。

（一）事件过程

2019 年 4 月 18 日 23 时 36 分，机组负荷 370MW，主蒸汽压 16.9MPa，主蒸汽温度 570℃，再热汽温 570℃，除氧器水位 2422mm，5A 给水泵汽轮机进气压力 0.548MPa，润滑油压 0.199MPa，给水泵汽轮机调门开度 19.5%，给水泵汽轮机转速 4045r/min，EH 油压 14.3MPa，给水泵汽轮机真空 97kPa，5A 前置泵运行正常，5A 给水泵汽轮机跳闸，RB 保护动作，23 时 39 分负荷最低降至 280MW。23 时 44 分五号机组负荷 310MW，保持稳定运行，5A 给水泵汽轮机盘车。全过程共计 8min，影响负荷 6MW。

（二）事件原因查找与分析

1. 事件原因检查

热工人员到达现场后检查，5A 给水泵汽轮机跳闸首出记忆为真空低保护动作。

查历史曲线如图 5-25 所示，三个真空低跳闸信号同时动作后恢复正常，模拟量信号为 97kPa，没有波动。

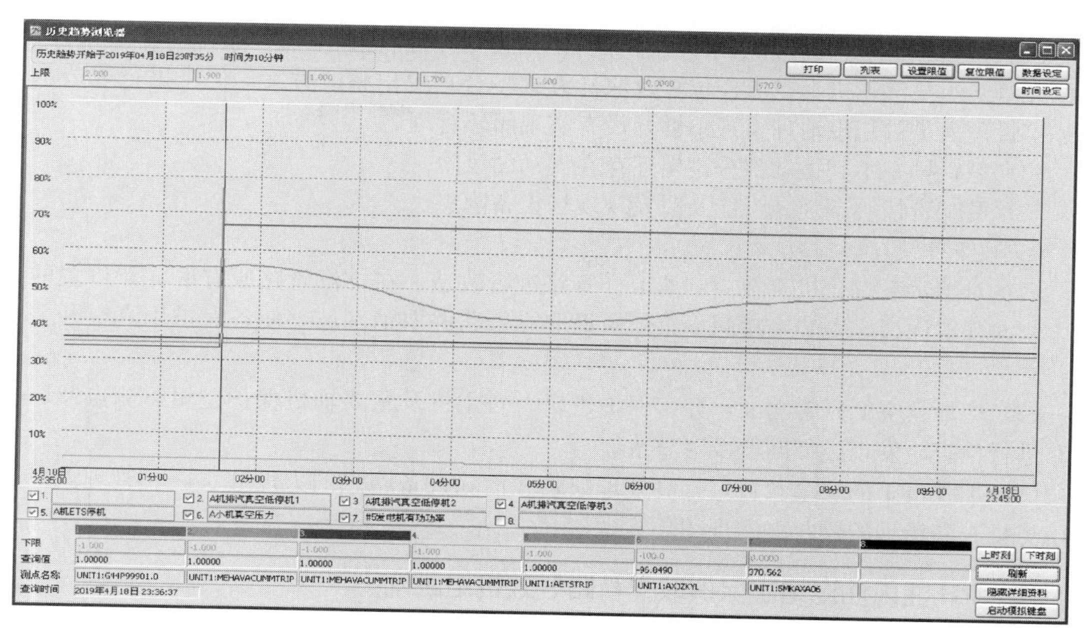

图 5-25 5A 给水泵汽轮机跳闸真空信号历史曲线

就地检查，取样管路及接头无松动，无泄漏点。取样如图 5-26 所示，三个真空低跳闸开关、一个真空低报警开关和一个真空表共用一个 ϕ8 的取样管路，真空变送器为 ϕ14 的取样管路，取样管路都存在向下的凹陷部分。违反了《电力建设施工技术规范 第 4 部分 热工仪表及控制装置》（DL 5190.4—2012）7.1.9 条要求：“测量凝汽器真空的管路应向凝汽器方向倾斜，防止出现水塞现象。”和《火力发电厂热工自动化系统可靠性评估技术导则》（DL/T 261—2012）6.6.3.4 条“a）管路设计应满足：冗余信号应全程冗余设计。”

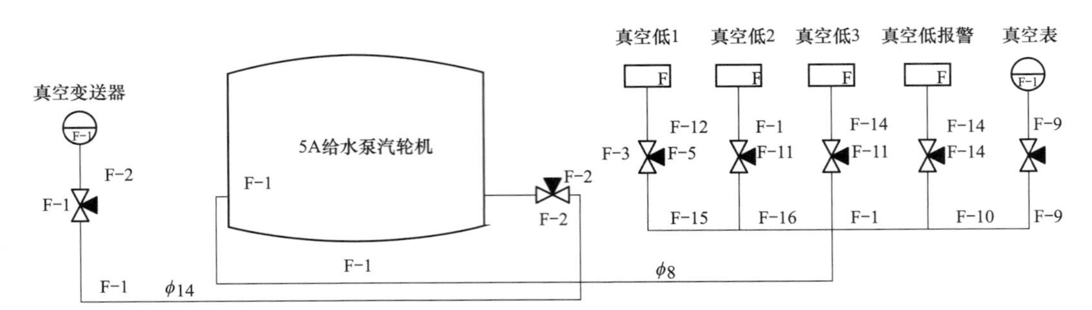

图 5-26　5A 给水泵汽轮机真空测点取样示意图

5A 给水泵汽轮机真空低开关量信号三取二跳给水泵汽轮机，没有延时。逻辑如图 5-27 所示。

2. 原因分析

真空低跳给水泵汽轮机信号没有采用独立设计原则，共用一个取样管路，且管路敷设存在低点，造成保护信号误发，是此次 5A 给水泵汽轮机跳闸的主要原因。

3. 暴露问题

（1）在 2015 年《五号机给水泵汽轮机 EH 油、润滑油、真空保护系统完善技术方案》中已经对给水泵汽轮机真空取样位置及取样方式不合理提出整改方案，但未进行改造。说明热工管理人员对隐患治理重视不够，没有实现闭环管理。

（2）逻辑排查不到位，部分逻辑还存在误动的风险。

（3）员工责任心不强，没能及时发现现场设备隐患。

（三）事件处理与防范

（1）对给水泵汽轮机真空控制器取样管路进行改造，在排汽管路原有取样点位置的对向、侧向开取样口，安装一次门，重新敷设取样管路并取消倒坡，使各保护用真空开关全程独立。

（2）增加真空低延时功能，完善保护逻辑。对主机及重要辅机保护逻辑、测点及取样管路进行检查，发现类似问题及时整改。

（3）加强员工的安全教育，提高处理缺陷和消除设备隐患的力度和决心，管理人员加强隐患排查和治理的监督，实现闭环管理。

二、EH 油内油泥堵塞保护取样管路导致机组跳闸

（一）事件过程

2019 年 6 月 16 号，某厂 2 号机组负荷 255MW，B、C（A 磨煤机备用）磨煤机运行，A、B 送风机、引风机、一次风机运行；A、B 汽泵运行，电泵备用，机组运行稳定无重大缺陷。11 时 10 分 25 秒，DCS 突然来“EH 油压低低跳闸”报警，同时发现汽轮机跳闸，锅炉联锁跳闸，检查各辅机动作正常。11 时 10 分 35 秒，检查发电机出口开关 2232 开关跳闸，励磁开关跳闸，厂用电切换正常。11 时 11 分，主蒸汽压力上涨至 19.30MPA 停止上涨，PCV 阀开启，投入旁路。

（二）事件原因查找与分析

1. 事件原因检查

（1）机务专业检查，现场不存在漏点，说明由渗漏点导致的系统压力降低可以排除。

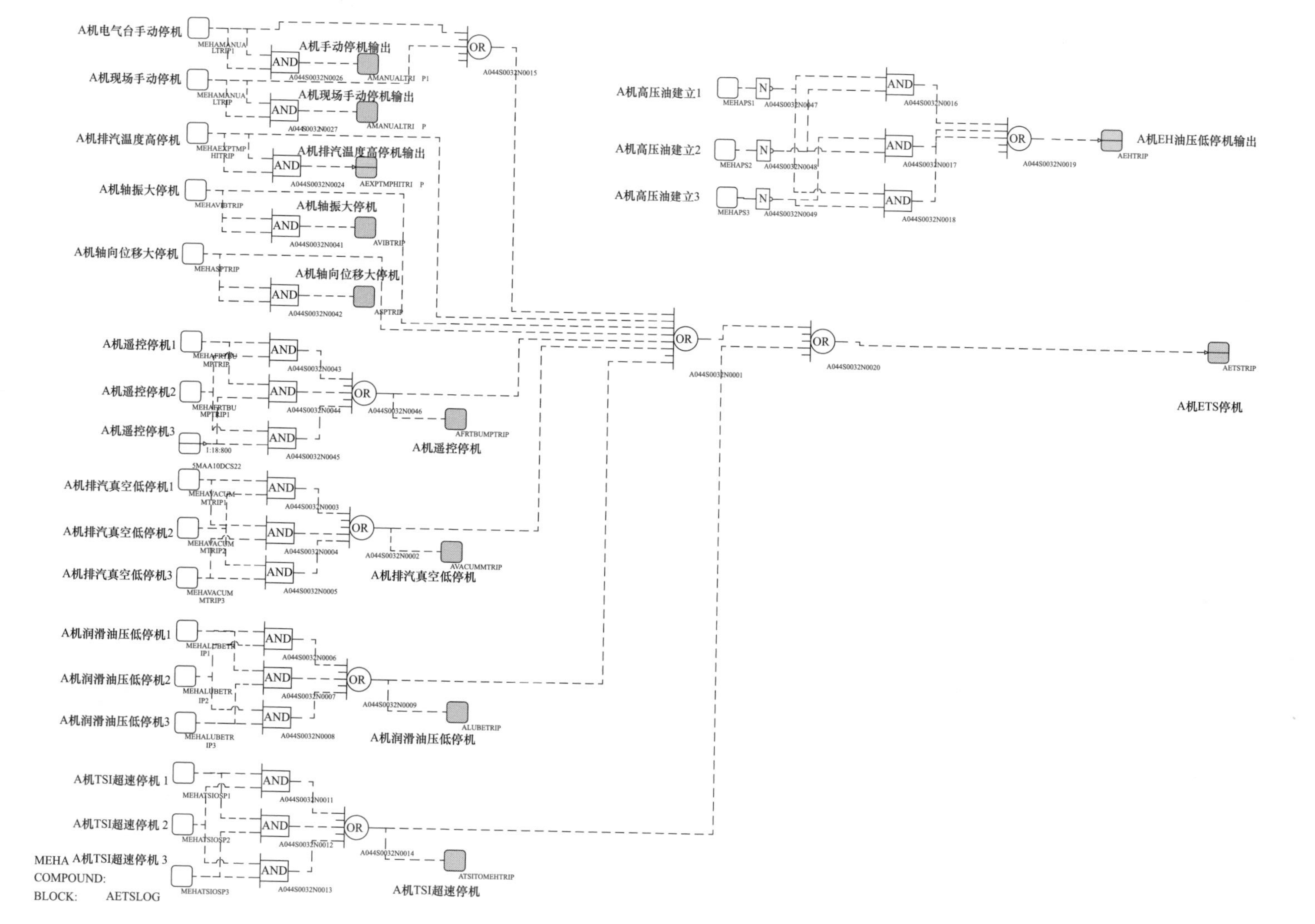

图5-27　5A给水泵汽轮机真空低保护逻辑

（2）就地热工保护三个EH压力低低开关为三取二动作，每个开关信号分别送到三个控制器内，并在控制器内再进行三取二，由此可以排除抗燃油压低开关误动可能。

（3）就地的每个压控开关到控制器端子板后分别进入三个控制器，在三个控制器中进行三取二，判断此开关是否正常动作，然后三个开关在每个控制器中再进行三取二，判断跳闸条件是否具备，三个控制器中有两个控制器成立，输出跳闸信号，因此可以排除控制器误动可能。

（4）三个压控至DCS的电缆为独立铺设并接地良好，所以排除了电缆干扰问题。

（5）机组停备后，进一步检查EH油系统蓄能器、系统控制模块至压力变送器油管路和压控开关。

（6）EH油系统蓄能器检查，系统初始压力12.1MPa，同时停止EH油系统A、B油泵运行，系统压力开始缓慢下降，停泵12分06秒后，系统压力达到9.28MPa报警值；停泵26分15秒后，系统压力达到7.58MPa跳闸值，由此判断蓄能器维持系统压力的时间正常。

（7）就地压力开关校验，各开关跳闸值合格且与2号机组检修期间校验值相符。

（8）EH油系统压力开关取样管路为通过取样集成块分别接出，但内部为一条取样管路，该系统每个压控开关入口（集成控制块）设置有独立的针型阀（隔断作用）和压控开关校验孔。机务和热控人员共同进行检查，将三处信号管活接分别打开，通过压缩空气吹扫活接前管路方式进行检查，发现三个压控开关共用的一条信号管入口处有泥状杂物。

2. 原因分析

由此分析在运行期间出现瞬间泥状杂物堵塞取样管路，导致三个压控开关同时动作，导致机组跳闸。

3. 暴露问题

（1）专业人员预维护工作安排不到位，机组检修项目计划不全面，重要系统和设备长期欠维护，最终导致设备出现障碍。

（2）检修部设备检修和维护工作存在死角，隐患排查不到位没能及时发现集成块内取样管路非独立取样的隐患。

（3）设备管理人员对专业重点工作监督不到位，管理存在盲区，特别是EH油质监督不到位。

（三）事件处理与防范

（1）对照火电机组定期工作标准，完善EH油系统预维护工作计划，定期清扫油系统通油部件及管路，确定清扫周期为每年进行一次。

（2）机组停备期间全面检查清扫油系统油压信号管路，特别是同类型的1号机组，保证信号油管路畅通。

（3）机组每次大修期间，对EH油系统进行全面清洗。

（4）加强EH油系统油质监督，保证机组油质不低于NASA3级，防止油质不良可能导致的控制系统故障或误报警。

（5）增加EH油系统压力低跳机保护延时，延时时间为2s。

（6）利用机组大修期间对非独立取样管路进行改造。

三、仪表管路裂纹导致低真空信号误发停机

（一）事件过程

2019年12月4日13时46分，某厂3号机负荷12MW，主蒸汽压力4.77MPa，主蒸汽温度427℃，主蒸汽流量109t/h，供热抽汽45t/h，真空－77kPa。

13时47分18秒，3号机跳闸，主蒸汽门关闭，发电机出口开关跳闸。主控室电气立盘“热工信号”报警，DCS首出为凝汽器真空低。运行人员开大4号减温减压器出口门，调整对外供热压力，确保供热正常。

15时08分，机组并网。

（二）事件原因查找与分析

1. 事件原因检查与分析

（1）直接原因：

1）仪表管路年久锈蚀严重出现裂纹导致低真空信号误发停机。

2）保护设备隐患管控不到位，对DCS升级改造管理不到位，在低真空单点保护没有完成改造的情况下机组启动（低真空保护改造计划结合DCS改造一起完成，机组启动前已将新增加表管、电缆敷设完成，DCS三取二逻辑组态完成，由于所报材料计划真空压力开关没有按时到货，所以机组启动时未能实现三取二保护）。

（2）间接原因：

1）安全生产管理不到位，项目负责人风险辨识能力不足，将易误动的单点保护没有按照高风险管控，隐患未改造完成进行机组启动，导致保护误动机组停运。

2）保护投退制度执行不到位，重要保护不满足三取二的条件机组投入运行，管理人员未严格把关，且缺少具体的防止单点保护误动的防范措施，以致低真信号误发导致停机。

2. 暴露问题

（1）严重违反二十五项反事故措施，安全生产管理薄弱。违章指挥，违规启动机组。生产主管领导在机组保护配置不全的情况下下达机组启动命令，违章指挥下令机组启动，相关生产人员没有按照《防止电力生产事故的二十五项重点要求》和相关规定履行审批手续，做好单点保护运行期间的措施，导致机组主要保护在启动后存在巨大的安全隐患。机组跳闸后原因不清即盲目组织再次并网，生产主管领导违反“四不放过”原则，安全生产工作的极端重要性认识不到位，未能将安全生产责任落到实处，相关生产人员对未能认真分析事故原因，盲目组织机组启动并网，把习惯当标准，在热工主要保护出现误动作的情况下凭经验判断原因，工作责任心严重缺失。

（2）检修管理不到位，主要保护改造疏于管控。厂领导对单点保护没有引起高度重视，对隐患治理不重视，未能要求生技部编制施工方案，安全生产管理工作抓的不严不实，存在到岗不到位现象。生产技术部和设备维护部对执行技改标准落实不到位，在没有技术方案的前提下组织人员施工，在机组启动前不具备投入保护的情况下，未汇报实际情况。

（3）隐患排查和专业技术管理不到位。隐患排查不到位，3号机组1997年投产至今，未及时对陈旧设备和仪表管进行更换，技术把关严重缺失，分管领导和相关管理人员对热工系统隐患排查不落实。

（三）事件处理与防范

（1）必须严格执行热工保护管理规定，按照《防止电力生产事故的二十五项重点要求》

做好机组启动前的检查，所有重要的主、辅机保护都应采用“三取二”的逻辑判断方式，保护信号应遵循从取样点到输入模件全程相对独立的原则，确因系统原因测点数量不够，应有防保护误动措施，严禁保护存在隐患或者机组跳闸原因不清楚的情况下盲目启动机组。

（2）组织开展热工取样管路维护专项排查，排查是否存在碳钢管路，机组停备时尽快更换为不锈钢管。排查取压管路定期吹扫、排污是否按计划进行，防堵吹扫是否正常投入。排查取样管路的防冻和防碰磨管理是否开展，排查取样管路在易腐蚀区域的运行情况。

第四节　线缆故障分析处理与防范

本节收集了因线缆异常引起的机组故障8起，分别是：线缆绝缘破损引发接地短路导致“主蒸汽温度低”保护动作、跳闸电磁阀信号电缆磨损导致中压调门异常关闭、高温透平烟气泄漏导致转速信号失效机组跳闸、中压主汽门快关电磁阀电缆断线导致主汽门关闭、调门LVDT电缆断线导致调门关闭、超速保护电磁阀电源接线破损导致机组跳闸、轴向位移信号电缆短路导致轴向位移保护动作、四段抽汽总管电动门信号电缆烫坏短路导致锅炉MFT。

线缆管路异常是热控系统中最常见的异常，导致机组跳闸案例时有发生，应是热控人员重点关注的问题。

一、线缆绝缘破损引发接地短路导致“主蒸汽温度低”保护动作

（一）事件过程

2019年05月27日22时50分，某厂2号机组负荷613MW，主蒸汽压力23.6MPa，总燃料量311t/h，总给水流量1979t/h，A、B、C、D、E、F六台磨煤机运行，A、B、C电泵运行，主、再热蒸汽温度568/570℃，机组背压15.8kPa，CCS方式运行。

22：58：21，2号炉C、F、D、E制粉系统DCS画面4～20mA内供电测点相继变为坏点，给煤机给煤量给定指令失去，C、F、D、E给煤机出力降至最小给煤量（8t/h），C、F、D、E磨煤机冷热风调门、冷风旁路门无法操作，给煤量无法设定，C、F、D、E磨煤机出口温度快速升高。

23：00相继紧急停运F、C、D、E磨煤机磨煤机，手动分别增加A、B磨煤机煤量至60t/h，手动快速降低给水流量至700t/h，由于水煤比严重失调，主蒸汽温度快速降低。23时09分05秒主蒸汽温降低至474℃，延时2s，“主蒸汽温度低”ETS保护动作，锅炉MFT，机组解列。

（二）事件原因查找与分析

1. 事件原因检查与分析

2号机组锅炉1号角粉管风速变送器柜内D、F层粉管风速信号电缆线芯被卡在变送器固定卡箍内，由于现场振动，频繁摩擦，造成线缆绝缘破损，引发瞬间接地短路，造成所属C164、C165控制柜内模拟量卡件内供电24V电源回路电流增大，保险熔断，导致AI、AO模件供电消失，所属设备失去监控，紧急停运磨煤机后水煤比失调，主蒸汽温度快速下降至跳闸值，造成“主蒸汽温度低”ETS保护动作，锅炉MFT，机组解列。

2. 暴露问题

（1）对事故隐患敬畏心不强，对集团和公司要求的机组非停事件举一反三隐患排查治

理流于形式。公司多次下发因热工线缆问题造成机组非停的事件通报，电厂不深刻吸取教训，对公司要求的热工电源、信号、控制线缆隐患排查组织不力，排查过程流于形式，导致类似事故重复发生。

（2）风险预控管理开展不扎实，专业对所辖设备风险辨识不到位。专业人员对所辖设备风险评估工作开展不到位，对变送器信号线缆绑扎工艺不规范等风险辨识不到位，对现场存在的不规范、不符合要求的设备安装工艺习以为常，把习惯当标准，把异常当正常，专业人员技术培训欠缺，技能水平不高，对设备安装工艺标准理解不深，执行不合规。

（3）技术监督不到位，热工保护核查不深入，对所辖设备系统劣化分析水平低。电厂各级生产管理人员对技术管理工作抓得不实，对设备存在的深层次问题研究不深入，电厂月度技术监督例会质量不高，未能通过深入开展专业技术监督检查提前发现DCS卡件电源保险不匹配、DCS机柜模件24V电源供电方式不合理等问题，对公司多次组织的热工保护排查治理工作落实不到位。同时未对DCS电源系统模件及保险开展寿命劣化分析，DCS系统定期检查及技术分析工作水平低。

（4）运行人员对热工设备故障突发事件应急处置能力不足。运行人员对热工DCS系统模件故障应急演练开展效果不好，对DCS系统失去全部或部分监控后操作调整不到位，在给煤量设定失去远程控制后，运行人员对水煤比调整不合理，对突发故障的应急处置能力不足。

（三）事件处理与防范

（1）全面开展热工、电气线缆布置、绑扎、接线等隐患大排查，重点排查高温、振动、油、煤、酸碱腐蚀等区域的线缆，要周密部署，分阶段合理制订排查计划，提前做好安全预控措施的编制审核，对重点区域线缆的外观完整性、电缆柔韧性、走向合理性、绑扎规范性等认真排查，同时对线缆中间接头完好性细致检查并做好记录；对现场热工测量元件进线线缆绑扎是否规范、线缆蛇皮管是否完整、元件接线是否紧固等进行全面排查，不允许将无任何防护的单股信号线直接绑扎在金属构件上，对线缆与测量元件内部尖锐部位接触处重点检查并增加防护，进入一次元件的线缆都必须安装护套等防护措施，禁止电缆进入控制箱后以独芯线方式绑扎。

（2）进一步完善热工定期工作项目，将热工设备电源、信号线路绝缘测量纳入定期工作项目，将机头、炉顶等高温区域的LVDT、AST、主机、主炉保护设备的电源、信号线路线间绝缘测量、对地绝缘测量纳入逢停必检项目，做好测量记录并分析劣化趋势，将主、辅机保护及其他测点、执行器的电源、信号线路线间绝缘测量、对地绝缘测量按重要程度分别列入不同等级检修的标准项目认真执行。

（3）开展对本单位DCS卡件电源保险匹配情况、DCS机柜电源供电方式、DCS系统各种异常工况下对应的应急处置措施完善性等深度排查，全面深入研究解决方案，切实提升控制系统可靠性。

（4）开展一次热工就地一次元件隐患排查，排查安装工艺、工作环境是否满足规范要求，对电子间、大小汽轮机本体高温区域、炉顶、间冷塔内、厂房外等区域的热工设备做好防高温、防雨工作，在日常巡检中增加高温环境中设备表面温度测温记录，设定温度预警值并制定对应的处置措施，确保热工保护、测量、控制设备系统在夏季高温、多雨环境中可靠运行。

(5) 开展电缆设备在检修、技改过程控制文件检查，检查作业文件包、作业指导书、工序卡是否编制，文件包内容是否对电缆施工工艺做明确要求，是否符合有关标准，施工过程交底应清楚，验收检查到位，验收标准规范等，确保电缆在安装、检修过程中符合施工工艺要求。

二、跳闸电磁阀信号电缆磨损导致中压调门异常关闭

（一）事件过程

2019 年 1 月 16 日 10 时 53 分，某厂 3 号机组负荷 930MW，机组负荷突降至 866MW，再热汽温出现偏差，检查发现 A 侧中压调门异常关闭造成。手动打闸 3A、3B、3C 制粉系统，燃料 RB 触发，负荷降至 400MW。

（二）事件原因查找与分析

现场检查发现 3 号机组 A 侧中压调门跳闸电磁阀 A 线圈失电，卡件通道断线保护正常闭锁，测量跳闸电磁阀 A 线圈阻值正常（36.5Ω）。进一步检查发现 A 侧中压调门跳闸电磁阀 A 转接电缆与电磁阀设备铭牌碰磨，导致电缆磨损线芯接地，跳闸电磁阀失电动作。

（三）事件处理与防范

(1) 对四台机组跳闸电磁阀转接电缆进行排查，避免出现同类问题。

(2) 将涉及主保护控制信号电缆检查列入日常巡检内容，避免信号电缆与其他物体触碰导致电缆磨损。

(3) 组织热控专业全体人员进行学习讨论，强化员工隐患意识，提高对设备隐患的辨识。

三、中压主汽门快关电磁阀电缆断线导致主汽门关闭

某厂为 1000MW 超超临界燃煤机组，锅炉为东方锅炉厂生产，1000MW 超超临界参数、变压直流炉、单炉膛、一次再热、平衡通风、露天岛式布置、固态排渣、全钢构架、全悬吊结构、对冲燃烧方式，Π 型锅炉。汽轮机为上海汽轮机厂生产，1000MW 超超临界、一次中间再热、四缸四排汽、单轴、凝汽式汽轮机。发电机为上海电机厂生产。DCS 控制系统采用 ABB Symphony Plus 分散控制系统，DEH 系统采用是 OVATION 控制系统。2015 年 05 月 31 日通过 168 投产运行。

（一）事件过程

2019 年 11 月 29 日某厂 1 号机组负荷 650MW，AGC 投入，机组协调运行方式运行。21 时 07 分 1 号高调门（以下简称 CV1）阀位出现波动较大。

2019 年 11 月 13 日 12 时 21 分 00 秒，3 号机组 AGC 投入，一次调频投入，负荷 720MW，A、B 汽泵运行，1、2 号高压主蒸汽门开度 100%，1 号高压调门开度 30.9%，2 号高压调门开度 30.9%，1、2 号中主门开度 100%，1、2 号中压调门开度 100%，EH 油压 15.545MPa，主蒸汽压力 21.5MPa。

12 时 21 分 26 秒，3 号机组 2 号中压主汽门反馈突降至 0%（就地确认全关），负荷由 718MW 降至 690MW。

12 时 21 分 34 秒，3 号机组 EH 油压低至 14.99MPa，备用 EH 油泵联启正常。

13 时 30 分 00 秒，运行人员关闭 2 号中压主汽门油动机进油门。

（二）事件原因查找与分析

1. 事件原因检查

检查2号中压主汽门控制回路及就地设备，发现2号中主门快关电磁阀1正极电缆折断并发现电缆绝缘层有高温老化现象。对3号机组2号中压主汽门快关电磁阀1折断电缆重新拨线并紧固接线，测量快关电磁阀电压正常，检查2号中压主汽门快关电磁阀、LVDT、方向阀并紧固接线。检查3号机组2号中压调门就地热控设备接线情况，并紧固端子接线。

2. 原因分析

2号中压主汽门快关电磁阀1正极电缆从根部折断，快关电磁阀1失电，导致主汽门关闭。

3. 暴露问题

（1）设备检修技术标准执行不严，对电缆折断潜在风险预控不足；

（2）检修人员责任心不足，重要设备检查和维修工作落实不到位；

（3）隐患排查整改不彻底，3号机组中压主汽门接线盒工作环境存在的风险评估不足，未提出有效的整改措施；

（4）现场接线盒处温度较高，阀门本体与接线盒未有效隔离。

（三）事件处理与防范

（1）严格执行检修工艺标准，逢停必检；

（2）严格执行重要接线端子检查复核制；

（3）将汽轮机主汽门调门就地端子盒移位；

（4）在阀门本体上增加保温，降低接线盒处环境温度。

四、调门LVDT电缆断线导致调门关闭

某厂320MW亚临界燃煤机组，美国西屋公司技术制造的320MW亚临界、中间再热、高中压合缸单轴、双缸双排汽、凝汽式汽轮机，与1036t/h亚临界、自然循环、一次中间再热、单炉膛、四角切圆燃烧、平衡通风、露天布置、固态排渣、全钢架悬吊结构汽包锅炉及320MW水氢氢冷却发电机配套，系统采用单元布置。型号为N320-16.7/538/538。DCS采用的美国美卓的MAXDNA控制系统，DEH系统采用是OVATION控制系统。2005年5月02日通过168投产运行。

（一）事件过程

2019年5月27日18分38分53秒，2号机组AGC投入，一次调频投入，2号机组负荷218MW，主汽压15MPa，A、B给水泵汽轮机运行，汽轮机GV1、GV2、GV4全开，GV5调门开度为28.4%。

18分38分53秒，2号机组GV5调门反馈由28.4%突降至6.5%，随即GV5调门指令由28.4%开始缓慢下降，负荷由218MW上升至235MW。

18分42分50秒，2号机组GV5调门反馈由6.5与−4.5之间开始波动，同时GV5调门指令已降至12%并在12%与0%之间开始波动，此时GV4调门由全开位置开始下降并在40%开度至100%区间内波动，负荷由228MW开始下降波动，负荷最低波动至194MW。随即运行人员将AGC退出，将协调由CCS方式切至手动控制方式，将负荷稳至240MW。

18分51分32秒，2号机组GV5调门反馈稳至6.5后保持不变，GV5调门指令稳至12.7后保持不变，此时GV4调门开至100%，GV6调门保持全关位不变。

19分59分，运行人员将协调由手动控制方式切至CCS方式运行，GV5调门指令由13.7%开始上升，最大上升至27%，GV5调门反馈保持在6.3%，负荷维持在240MW。

21分12分，机务人员手动关闭GV5调门油动机进油门，GV5调门开始缓慢关闭经3min后关至0%，热控人员将GV5调门LVDT次级线圈电缆重新剥线和接线，接线检查完成后，机务人员将GV5调门油动机进油门缓慢开启，此时GV5调门开度保持在关位。

21分23秒，热控人员将GV5调门阀门上限由0至100逐渐恢复，GV5调门上限恢复过程中，GV3调门由17%降至0%，GV6调门由100%开始缓慢下降，恢复完成后GV5调门由自动方式进行调节。

（二）事件原因查找与分析

1. 事件原因检查

热控人员就地检查发现GV5调门LVDT次级线圈2一根反馈电缆断开（图5-28），此时就地检查GV5调门为全开位（断线后显示反馈值为逻辑计算值）。

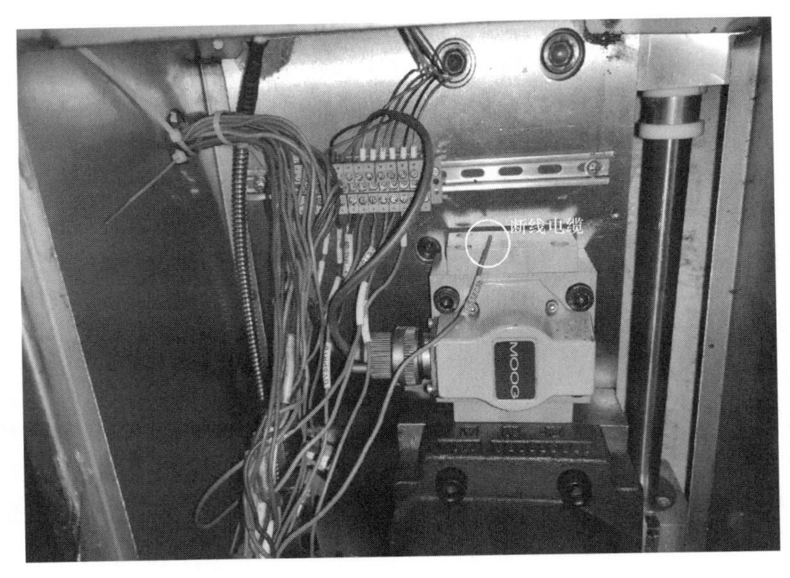

图5-28 GV5调门LVDT电缆断线图

热控人员将GV5调门LVDT次级线圈电缆重新剥线和接线，接线检查完成后，机务人员将GV5调门油动机进油门缓慢开启，此时GV5调门开度保持在关位。

2. 原因分析

（1）2号机组汽轮机GV5调门LVDT次级线圈2一根反馈电缆断开，2号机组GV5调门反馈由28.4%突降至6.5%（断线后显示反馈值为逻辑计算值），GV5调门实际为全开位，此时由GV4调门控制负荷，由于GV4调门在40%开度至100%区间内波动，导致负荷波动。

（2）2号机组GV5调门反馈信号电缆接线头处存在划伤现象，长时间运行端子内应力作用下导致反馈信号电缆接线头处断裂。

3. 暴露问题

（1）设班组管理不到位，对重要工作设备检查检修缺少复核监督环节；

（2）班组培训管理不到位，技术水平有待提高；

（3）检修人员责任心不足，对重要设备检查和维修工作落实不到位；

（4）检修人员对重要设备风险认识不足重视程度不够，对设备存在潜在隐患认识不到位。

（三）事件处理与防范

（1）加强班组管理，对重要设备（主保护回路、DEH 调节回路、ETS，TSI 等）检修结束后，设备负责人（A、B 角人员）要进行复核检查，制定复核检查表并签字确认；

（2）加强班组培训管理，通过以老带新、手把手教学、技术共享等方式提高检修人员检修工艺和技术水平；

（3）提高班组人员责任心，明确班组人员的任务和职责，对布置的工作落实到位并及时做好反馈和闭环；

（4）加强重要设备风险点辨识，加大隐患排查，重要设备接线做到停机必检，发现不符合要求的电缆及接线头进行更换，将设备的可靠性提前可控。

五、超速保护电磁阀电源接线破损导致机组跳闸

某厂 660MW 超超临界燃煤机组，锅炉为东方锅炉厂生产，660MW 超超临界参数变压直流锅炉、单炉膛、一次再热、平衡通风、露天布置、固态排渣、全钢构架、全悬吊结构；锅炉采用半露天布置、Π 型布置。汽轮机为哈尔滨汽轮机厂有限责任公司研制（简称哈汽）的一次中间再热，单轴、四缸、四排汽，带有 1040mm 钢制末级动叶片的 660MW 超超临界反动抽汽凝汽式汽轮机。发电机均采用由哈尔滨电机有限责任公司引进美国西屋技术生产的汽轮发电机组，型号为 QFSN-660-2。DCS、DEH 系统采用一体化 OVATION 控制系统。2018 年 11 月投产。

（一）事件过程

09 月 05 日 15 时 18 分，1 号机组负荷 445MW，主蒸汽压力 19.87MPa，主蒸汽温度 586.2℃，再热蒸汽温度 604.3℃，A、B 送风机、引风机、一次风机运行，A、B、C、D 磨煤机运行，汽动给水泵运行（单系列 100%），总风量 1616.9t/h，炉膛负压－99.5Pa，燃料量 171.9t/h，给水流量 1296.4t/h，送、引、一次风、燃料、给水、CCS 系统自动投入正常，AGC 投入。

09 月 05 日 15 时 18 分 45 秒，1 号机组负荷 445MW，突降到 0，高压主汽门关闭，高调门、中主门、中调门同时关闭，ETS 发出汽轮机跳闸信号，首出为“AST 油压失去”。主汽门关闭信号触发发电机程控逆功率，高、低旁路动作正常，厂用电快切成功。

15 时 19 分，控制系统人员查看 DCS 系统状态图和服务器的 Errorlog，机组跳闸前后未出现控制器异常报警或者切换；查看跳机时间段的操作记录，未发现有触发机组保护的相关操作；针对 SOE 事件记录和相关参数趋势分析，为危急遮断油失去导致汽轮机跳闸。

就地检查 EH 油调节保安系统无泄漏。查看视频监控，期间无人员作业。

检查 OPC/AST 电磁阀组、超速保护电磁阀组、手动打闸组件无异常，并对 OPC/AST 电磁阀组、超速保护电磁阀组回路检查确认，紧固接线端子时发现就地超速保护电磁阀电源接线破损，经现场处理正常。

15 时 34 分就地切换电动给水泵至 1 号机组，启动电动给水泵。

16时20分进行汽轮机试挂闸，EH油压，危急遮断油压正常。

16时42分1号炉吹扫后点火，18时09分1号汽轮机冲转至3000r/min；18时49分1号机组并网。

（二）事件原因查找与分析

1. 事件原因检查与分析

就地超速保护电磁阀电源接线破损，如图5-29所示，非金属接地，电压下降，EAST电磁阀失电打开，AST油压失去。高压主汽门、中压主汽门关闭，抽汽止回门关闭，主汽门关闭触发发电机程控逆功率保护动作；AST动作油压（63-1/AST、63-2/AST、63-3/AST）低触发汽轮机跳闸联调锅炉。

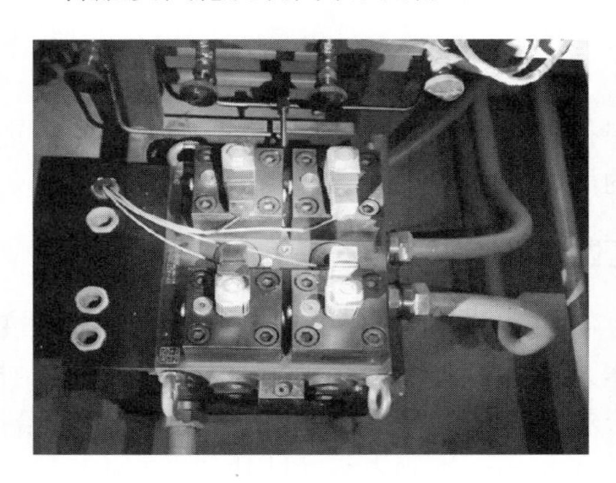

图5-29　超速电磁阀组电源接线破损处

2. 暴露问题

（1）风险辨识不到位，对机组的AST（EAST）电磁阀组电源电缆、接线检查不到位，未能发现电源电缆破损情况；

（2）对AST（EAST）电磁阀组电源电缆、接线的潜在风险，未制定相关防范措施。

（三）事件处理与防范

（1）汽水系统将（EAST）电磁阀组电源电缆、接线回路纳入停机检修必查项目；

（2）对（EAST）电磁阀接线进行核对，保证通道正确；

（3）举一反三对两台机组同类型设备检查；

（4）加强技能培训，完善事故处理预案，提高检修及运行人员技术水平。

六、轴向位移信号电缆短路导致轴向位移保护动作

某厂9号汽轮机轴系监测系统（TSI）采用艾默生MMS6000系列，DCS采用艾默生OVATIAON 3.2系统，DEH及ETS采用新华XDC800系统，轴向位移监视和保护设计两路测量信号，2支电涡流传感器安装于2瓦推力轴承处，传感器通过预制电缆与前置器相连，前置器输出2路信号进入TSI测量系统，经过轴向位移检测卡件进行信号处理后，分别输出2路模拟量信号至DCS侧和DEH侧显示，输出2路开关量信号至ETS进行保护，跳闸定值为≥+1.2mm或≤−1.65mm，保护采取二取二判断，跳闸信号作用跳闸回路进行跳机。

（一）事件过程

2019年08月01日08时35分，9号机组负荷174MW，A、C磨煤机运行，炉膛负

压－96.0Pa，给水流量580.3t/h，蒸汽流量532t/h，汽包水位－15.7mm，主要运行参数正常，机组协调方式运行。

2019年08月01日08时35分08秒，9号汽轮机轴向位移（DCS侧）显示－0.175mm，（DEH）侧显示－0.23mm。

2019年08月01日08时35分09秒，9号汽轮机轴向位移（DCS侧）显示－0.800mm，（DEH）侧显示－0.23mm，但测点颜色变为紫色（应为超量程变为坏点）。

2019年08月01日08时35分10秒，9号汽轮机轴向位移显示－1.997mm，TSI系统两路“轴向位移大停机”开关量信号同时发出，汽轮机跳闸，首出“轴向位移大停机”，锅炉MFT跳闸，首出显示“汽轮机跳闸”。

2019年08月01日08时35分15秒，发电机程跳逆功率保护动作、安229开关跳闸，9号机组与系统解列。

2019年08月01日23时36分，9号机组重新并网。

（二）事件原因查找与分析

1. 事件原因检查

机组异常停运后，专业人员到现场检查发现，TSI系统“轴向位移大”两路跳闸信号发出，汽轮机轴向位移DCS侧模拟量显示－1.997mm、DEH侧模拟量显示－0.23mm，测点颜色变为紫色（实际为超量程下限变为坏点）。

检查轴向位移信号电缆，发现电缆相间绝缘电阻为0，对地电阻为0。就地检查端子箱至一次元件侧电缆绝缘良好，端子箱至TSI侧电缆绝缘为0。沿电缆查找，发现电缆有软化粘连现象，随后对该处电缆做更换处理后，TSI系统恢复正常，“轴向位移大”跳闸信号消失，DCS、DEH轴向位移参数显示正常。

现场检查发现两根轴向位移信号电缆均出现受压、过热、软化粘连引起绝缘损坏、短路现象，如图5-30所示。

图5-30　轴向位移信号电缆损坏情况

2. 原因分析

（1）直接原因。汽轮机轴向位移保护采用二取二逻辑，现场检查发现两根轴向位移信号电缆均出现受压、过热、软化粘连引起绝缘损坏、短路现象，导致轴向位移信号跳变大于跳闸值是本次非停事件发生的直接原因。

（2）间接原因。

1）9号汽轮机2瓦电缆桥架所处环境恶劣，温度高，散热差，电缆长期处于高温环境中，老化趋势加快，是本次非停的次要原因。

2）设备管理人员未全面掌握设备运行状况，机组日常维护过程中设备巡检、隐患排查不到位，未能及时发现电缆劣化的隐患，是导致本次事件的又一原因。

3. 暴露问题

（1）9号机组2018年10月C级检修中对TSI系统设备进行了检查，但只重视确认测量指示功能正常，未发现轴向位移信号电缆绝缘存在隐患，检修工艺质量控制不到位，三级验收流于形式，检修管理不到位。

（2）日常的隐患排查走过场，执行公司“两防”排查没有全覆盖，未能发现9号机2瓦电缆桥架环境恶劣导致的电缆老化，进而影响TSI系统正常工作的隐患。

（3）在提升活动中热工保护排查流于形式，专业技术人员技能水平不高，活动开展不扎实，导致TSI系统电缆故障引起“轴向位移”保护误动作。

（4）日常维护过程中设备巡检不到位，未能及时发现轴向位移电缆已经老化，未能及时处理这一隐患。

（三）事件处理与防范

（1）利用9号机组B级检修机会，对9号机组TSI系统所有信号电缆进行检查，加强检修管理，做好质量验收，使设备状态做到可控在控。

（2）开展针对性隐患排查治理，通过设备治理，改善2瓦电缆桥架处的通风散热条件，消除影响电缆绝缘的环境因素。举一反三对其他设备进行全面检查，及时发现设备隐患，对存在同类问题的电缆通道进行整改，杜绝同类问题再次发生。

（3）扎实开展热工专业提升活动，加强热工专业技术人员的教育培训工作，定期组织专业学习异常事件，开展模拟事故分析与处置，提升技术管理水平，杜绝保护误动事件发生。

（4）机组日常维护过程中加强设备巡检，举一反三，对所有处于高温运行的电缆予以密切监护，发现异常及时采取措施，确保不再出现相似问题。

七、四段抽汽总管电动门信号电缆烫坏短路导致锅炉MFT

某厂2×660MW超临界直流机组，配置东方锅炉股份有限公司制造的DG2141/25.4-II7型超临界变压本生直流锅炉，汽轮机为东方汽轮机有限公司生产的超临界、一次中间再热、三缸四排汽、单轴、抽汽凝汽式汽轮机：C660/630-24.2/1.0/566/566。发电机为东方电机厂QFSN-660-2-22型隐极式、二极、三相同步汽轮发电机，发电机额定容量733.3MVA，额定功率660MW，发电机采用水氢氢冷却方式。每台机组配2台50%的给水泵汽轮机。控制系统采用东方汽轮机厂配套的高压抗燃油数字电液调节系统，DEH和MEH采用Ovation控制系统。DCS采用国电智深EDPF控制系统。事故机组为1号机，2012年12月投产，2019年A级检修后12月复产。

（一）事件过程

2019年12月27日15时29分50秒，1号机组正常运行，负荷693MW，给水泵汽轮机A转速5572.79r/min，给水泵汽轮机B转速5578.9r/min，给水流量1～3，分别为2126.36、2037.77、2029.02t/h。运行通知热控人员检查四段抽汽总管电动门在DCS上翻黄，发IO故障的原因。

15时32分21秒，负荷693MW，给水泵A、B转速开始迅速下降，给水流量迅速下降。

15时32分54秒锅炉MFT，负荷666.52MW，MFT首出给水流量低低，联锁汽轮发电机组跳闸。

（二）事件原因查找与分析

（1）15时29分50秒，四段抽汽总管电动门在DCS上翻黄，四段抽汽总管电动门已关

信号翻转为1（四段抽汽总管电动门已开信号一直发出）。

（2）15时32分25秒～15时32分43秒，四段抽汽至给水泵汽轮机A供汽管道电动门和给水泵汽轮机A、B进汽止回门先后全关，2台给水泵汽轮机同时逐步失去动力源。原因是四段抽汽总管电动门已关信号联锁动作（以四段抽汽至给水泵汽轮机A供汽管道电动门的逻辑图为例，4个门的联锁关逻辑一致），逻辑如图5-31所示。

（3）现场检查四段抽汽总管电动门实际未关，确认四段抽汽总管电动门已关信号是误发。

（4）现场查找四段抽汽总管电动门已关信号故障点，用500V绝缘电阻表检查，线间绝缘为零，检查跨过四段抽汽管路上的电缆保护软管，高温发烫，破开电缆保护软管，发现电缆短路，短路点如图5-32所示。

（5）四段抽汽总管电动门信号电缆穿在保护金属软管内，保护金属软管跨过四段抽汽管路上方时直接摆放在四段抽汽管道的保温上，由于电缆有中间接头且高温蒸汽管路保温效果较差，表面温度超标，电缆长时间接触高温造成绝缘下降，线间短路，发出已关信号，在DCS上联锁关闭给水泵汽轮机A、B供汽管道电动门和给水泵汽轮机A、B供汽管道止回门，高负荷下给水泵汽轮机A、B同时失去动力汽源，给水泵汽轮机转速迅速下降，锅炉给水流量低低，MFT。

（三）事件处理与防范

（1）拆开电缆短路点，重新连接并进行绝缘包扎，电缆挂空，避免接触高温管道。同时处理高温管道的保温，保证其表面温度不超标。

（2）全面排查电气、热控现场控制电缆，避免高温或机械损坏的情况发生。

（3）分析工艺系统，完善控制逻辑，取消四段抽汽总管电动门已关联锁关四段抽汽至给水泵汽轮机A供汽管道电动门，四段抽汽至给水泵汽轮机B供汽管道电动门，四段抽汽至给水泵汽轮机A供汽管道气动止回门，四段抽汽至给水泵汽轮机B供汽管道气动止回门的逻辑。

（4）分析研究给水泵汽轮机备用汽源回路，完善设备运行方式，确保给水泵汽轮机在一路汽源失去时能及时联锁启用另一路汽源，提高给水泵汽轮机供汽的安全性。

八、高温透平烟气泄漏导致转速信号失效机组跳闸

（一）事件过程

2019年7月29日某厂7、8、9号机全套联合循环运行，AGC投入，全厂负荷约280MW。8号机负荷90MW，透平间温度（ATT1/ATT2）显示177℃、169℃。厂用电按正常方式投入，各辅机运行正常。

17时13分就地值班员汇报8号机“压气机进口温度故障”报警、8号机辅机间冒烟，值班长立即派副班长至就地进一步检查确认辅机间冷却风机出风口及辅机间与轮机间进气涡壳处冒烟。

17时15分01 8号机跳闸首出“控制转速信号丢失”，同时出现下列报警：“超速故障-控制输入故障”“IGV控制故障跳闸”“转速信号丢失机组跳闸”，并且MARKVIE上8号机转速信号显示为零，IGV开度反馈显示不正常（20°）。

17时15分44秒辅机间冷却风机跳闸。

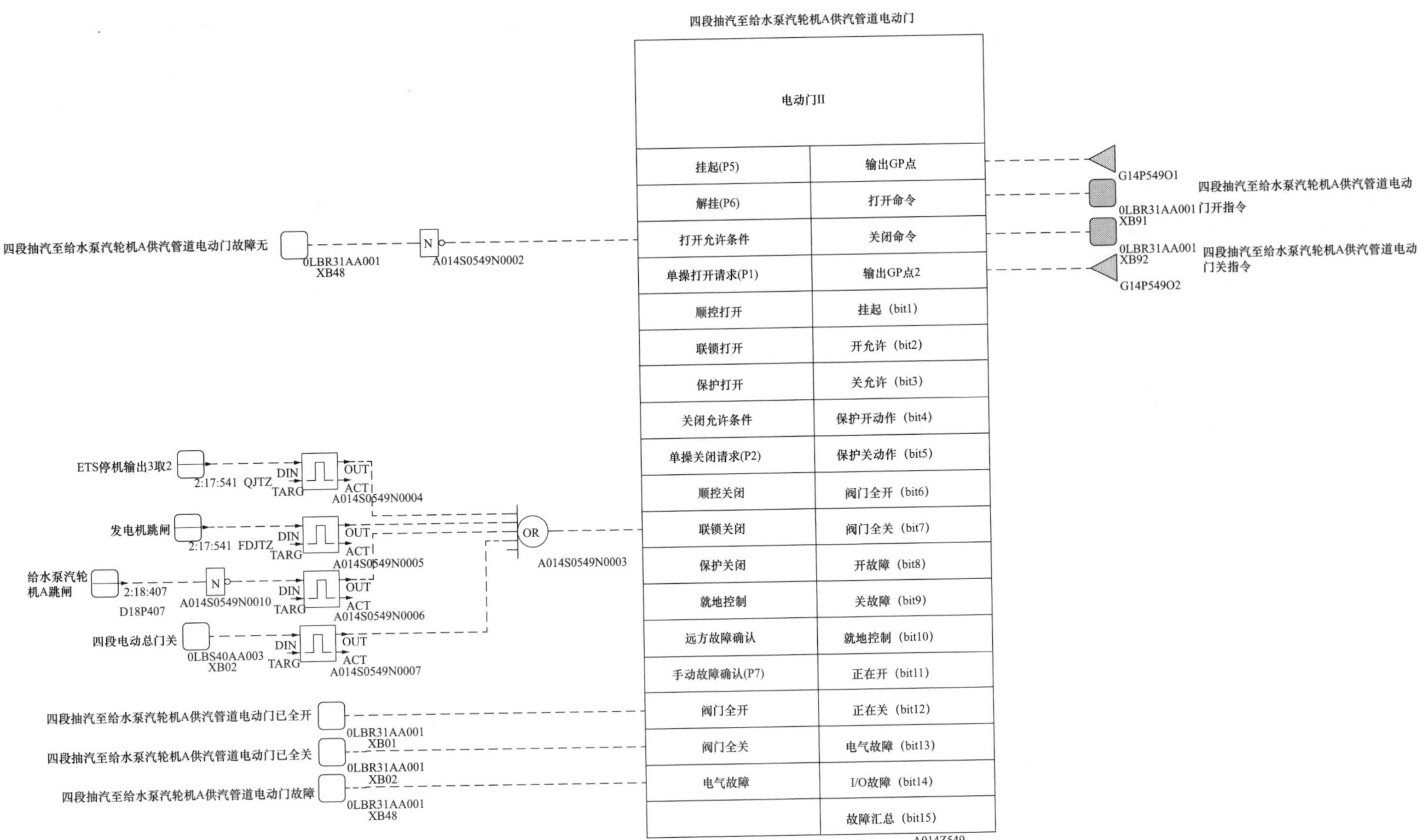

图5-31　四段抽汽至给水泵汽轮机A供汽管道电动门的逻辑图

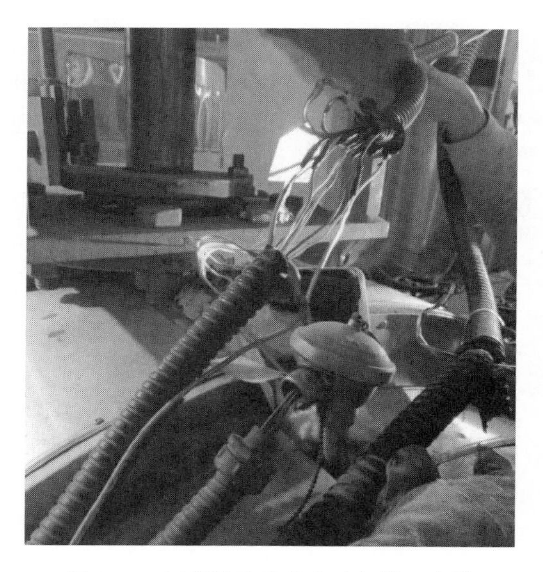

图 5-32　四段抽汽总管电动门就地电缆

17 时 18 分副班长手动投入一区（辅机间）二氧化碳灭火装置，约 3min 后浓烟消失。同时联系值长通知公司消防队到现场。机组惰走过程中振动、润滑油压力、温度正常，各轴承油温、轴承金属温度正常，跳闸瞬间推力轴承工作面温度 1/2 号、非工作面温度 1 号有突变现象，因转速信号丢失盘车无法自投，立即进行手动盘车。

19 时 00 分经仪控人员对信号进行强制后，投入连续盘车正常，检查机组轴系正常，盘车电流正常。

（二）事件原因查找与分析

1. 事件原因检查与分析

机组跳闸首出为机组转速信号失速。高温烟气使转速信号电缆损坏，转速信号失准。产生高温烟气的原因为：8 号燃机透平烟气渗漏，辅机间与透平间连接处下部腔室密封破损，高温透平烟气泄漏至辅机间侧，导致辅机间转速信号电缆过热受损，引起转速信号失效，转速保护动作，机组跳闸。

现场检查辅机间 1 号轴承附近多处电缆蛇皮管高温损坏变形，中间接线盒接线端子高温氧化严重，6 个转速探头电缆损坏严重，测量绝缘下降，需要更换；轴承金属温度及推力瓦温度电缆无明显损伤，测量绝缘尚可，如图 5-33、图 5-34 所示。

图 5-33　1 号轴承处转速探头电缆布置情况

图 5-34　1 号轴承腔室处转速探头电缆等中间接线盒电缆受损情况

检查辅机间冷却风机动力电缆高温损坏（损坏处为电缆从辅机间底部穿出处）。检查 IGV 信号电缆，就地至中间接线盒处电缆损坏。

检查辅机间左侧一密封门板有过热烤焦现象，辅机间与透平间连接处的侧面和局部基础密封板过热变形，部分设备和管道有被烟熏黑现象。测量辅机间温度，辅机间外东侧和西侧温度分别为 40℃和 35℃，辅机间内靠近进气室底部温度 140℃，进气室外底部温度 108℃，说明有高温烟气泄漏至辅机间侧，如图 5-35 所示。

检查 IGV 进气腔室靠近透平侧有高温过热、漆皮脱落现象，如图 5-36 所示。

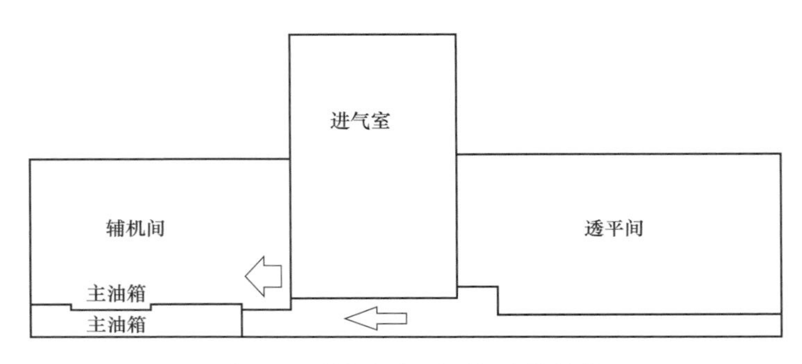

图 5-35　辅机间与透平间连接结构

2. 暴露问题

（1）风险辨识不到位。对长期存在的透平缸漏气缺陷，虽然采取了一些措施：对 88BT-1 风机进行增容，危险气体检测装置改型，将探头移到室外安装并在透平缸上方加装温度测点，上传至控制画面，增加报警措施。但对相邻设备尤其是底部隐蔽区域的危险性认识不足，危险源辨析不够到位。

（2）隐患排查不够深入，未能发现透平间与辅机间腔室隔板变形有裂缝，导致透平渗漏的烟气通过下部连通腔室进入辅机间。

图 5-36　IGV 进气腔室内部情况

（3）迎峰度夏保供电措施落实不到位。2019 年迎峰度夏保供电专项方案虽已下发，但执行力度不足，在日常检查及巡检中未能发现未能及时发现高温烟气漏入辅机间。

（4）技术管理不到位。对高温及相邻区域内未设置感温设施，视频监控系统，发生异常不能及时发现和处置。

（5）检修管理不到位。8号机检修期间，未安排对透平间、辅机间底部隐蔽区域进行检查。

（6）各级管理人员安全监督管理职责落实不到位。

（三）事件处理与防范

（1）立即开展一次涉高温区域隐患排查，列出排查清单，特别“看不到、想不到、治不到”的隐蔽区域和死角，并采取措施妥善处理，避免类似再次发生。

（2）针对透平缸体泄漏情况，在8号机辅机间下部增装隔板，彻底做好辅机间与透平间腔室的隔离，清除相邻设备上的油污，并把8号燃机辅机间冷却风机电机动力电缆走向移至辅机间外侧；立即整改，7号机利用停机机会已完成增装隔板和电缆移位工作。

（3）加强设备管理和精细巡检执行力度，增加7、8号机辅机间各部位温度测量并记录。

（4）在7、8号机辅机间增装环境温度测点并设置报警值，加强设备监控。

（5）校验7、8号机辅机间CO_2灭火装置，确保灭火装置正确动作。

（6）进一步梳理检修文件包，在C级及以上检修中，增加对透平间、辅机间底部隐蔽区域的检查作为标准项目。

（7）加强各级人员的安全教育培训，提高各级管理人员的安全意识、风险意识和责任意识。

第五节　独立装置故障分析处理与防范

本节收集了因独立装置异常引发的机组故障13起，分别为：胀差探头数据输出线破导致机组跳闸、煤火检瞬间丧失导致机组RB、前置器接头接触不良导致振动信号波动、采集卡件故障导致汽泵轴向位移异常、振动探头与延长线转接头处松动导致汽轮机跳闸、火检信号丢失致使燃料RB、振动报警后报警输出锁定导致机组振动大跳闸、胀差卡件故障导致汽轮机跳闸、大轴磁化导致转速探头测值失真触发主要保护动作、TSI系统机柜继电器输出卡件故障导致机组振动大跳闸、ETS系统输入模件故障导致机组跳闸、ETS系统PLC障导致机组跳闸、振动探头老化失效导致机组跳闸。

这些重要的独立装置直接决定了机组的保护，其重要性程度应等同于重要系统的DCS，给予足够的重视。

一、胀差探头数据输出线破导致机组跳闸

某热电公司4号机组为350MW亚临界供热机组，系哈尔滨汽轮机厂有限责任公司生产的C280/N350-16.7/537/537型亚临界、一次中间再热、单轴单级可调抽汽凝汽式汽轮机。汽轮机调节系统为高压抗燃油型数字电液调节系统（简称DEH），电子设备采用了ABB北京贝利控制有限公司的Symphony系统。于2010年投产。

（一）事件过程

08月24日15时53分16秒，4号机组负荷158.99MW，相对膨胀13.18mm；16时05分14秒，机组负荷升至178.51MW，相对膨胀持续缓慢增长；16时14分11秒，负荷升至184.55MW，相对膨胀达到保护动作值16.45mm，ETS（汽轮机保护系统）动作，

SOE（事故顺序记录系统）信号来“相对膨胀大停机”信号，汽轮机跳闸，发电机解列；机组跳闸前轴轴位移、绝对膨胀量、轴振等参数均无异常变化。

16 时 14 分，4 号汽轮机跳闸，汽轮机转速升至 3057r/min，4 号炉 MFT 动作 FSSS 首出为汽轮机跳闸，4 号炉 A、B 送、吸、一次风机跳闸，启动 A 助燃风机，关闭燃油系统供、回油手动门，关闭连排、加药、取样手动门。

16 时 14 分停止 B 给水泵汽轮机，停止三抽对外供汽，关闭 A、B 给水泵汽轮机中间抽头手动门。

16 时 16 分关闭所有至疏扩疏水门。

16 时 19 分辅汽联箱压力降至 0.05MPa，停止 A 给水泵汽轮机，停止轴封系统、真空泵，开真空破坏门。

16 时 26 分汽轮机 B 顶轴油泵联启。

16 时 51 分汽轮机转速到零，投入盘车，大轴晃动度 0.025mm。

（二）事件原因查找与分析

查 SOE 记录（见图 5-37），机组跳闸是由“相对膨胀大停机”信号触发，同时通过查相对膨胀信号曲线（见图 5-38），确实表明“相对膨胀大停机”信号达到动作值了。

2018.08.24 16:14:11 024.9	10ETS11UT001XB12	相对膨胀大停机	进入跳1报警	0x0009	ON
2018.08.24 16:14:11 025.5	10ETS11UT001XB16	ETS跳闸2	进入跳1报警	0x0009	ON
2018.08.24 16:14:11 025.5	10ETS003	ETS跳闸3	进入跳1报警	0x0009	ON
2018.08.24 16:14:11 025.2	10ETS11UT001XB01	ETS跳闸1	进入跳1报警	0x0009	ON
2018.08.24 16:14:11 085.6	10ETS11UT001XB12	相对膨胀大停机	进入跳0报警	0x0004	OFF
2018.08.24 16:14:11 124.5	10ETS11UT001XB08	发电机故障停机	进入跳1报警	0x0009	ON

图 5-37　SOE 事故追忆时序

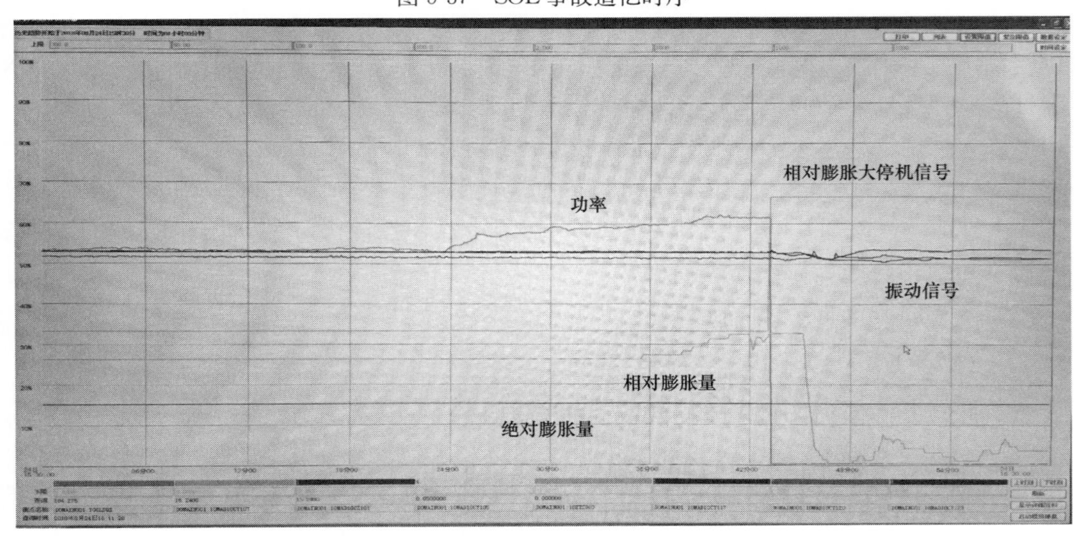

图 5-38　4 号机组停机过程曲线

对胀差探头以及延伸电缆检查发现延伸电缆外部保护层和金属屏蔽层破损（见图 5-39），分析认为信号芯线和金属屏蔽层（信号地）之间浸油，从而使两线之间的阻抗发生变化，检测电压下降导致测量数据往数值变大方向变化至保护动作值（+16.45mm，−1.50mm），触发 ETS 保护动作，导致本次跳闸停机事件。

4 号机组 TSI 系统探头于 2015 年 A 级检修进行了检修，近几年停机期间由于没有进行内部检查，延伸电缆老化的隐患没有及时发现。

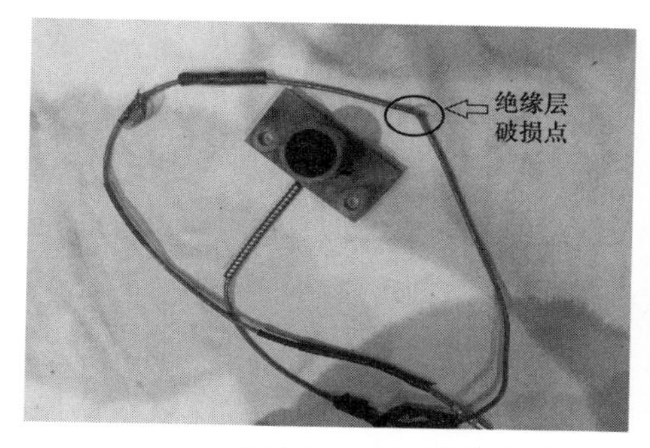

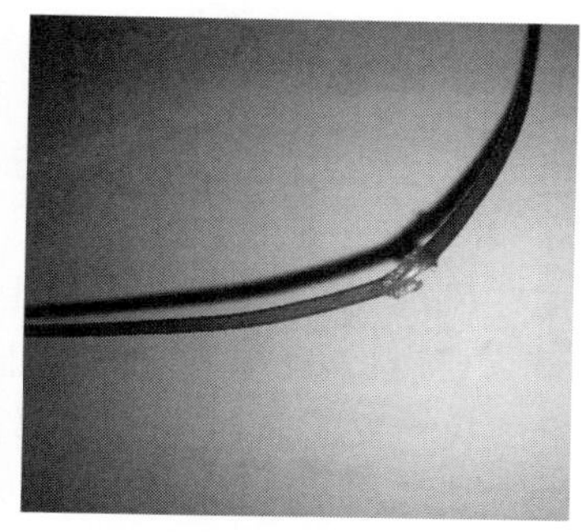

图 5-39　相对膨胀测量探头数据输出线破损情况

（三）事件处理与防范

（1）对延伸电缆破损的相对膨胀测量探头装置进行整体更换。

（2）由于机组当时处于热备用状态，探头装置更换后无法进行冷态拟合校验，无法满足与串轴保持零点一致，使得测量的胀差示值存在一定的不确定性，因此将相对膨胀大停机保护改为相对膨胀大报警保护，并重新进行了保护传动试验。

（3）运行中如果达到胀差报警值，对机组振动、串轴、膨胀、油温等参数进行综合判断，人为进行干预。

（4）利用停机检修期间，增加了两个相对膨胀测量探头装置，新增一块 TSI 装置插件，三个相对膨胀参数在 TSI 装置内进行开关量判断输出至 DEH 板卡，在逻辑内组成三取二进行判断送至 ETS 跳闸回路，提高汽轮机相对膨胀保护的可靠性。同时排查所有 TSI 参数测量探头装置是否存在老化、破损现象，避免类似事件再次发生。

二、煤火检瞬间丧失导致机组 RB

（一）事件过程

4 月 28 日 8 时 09 分，某厂 6 号机组 CCS 方式运行，负荷 986MW，主蒸汽压力 27.8MPa，再热蒸汽压力 5.2MPa，主蒸汽温度 598℃，再热蒸汽温度 614℃，给水流量 2768t/h，炉膛负压为－89Pa，BTU 校正后的燃料量 389t/h，A、B、C、D、E 磨煤机运行，F 磨煤机备用。

8 时 10 分接到运行电话通知：6 号机组 C 磨煤机煤火检瞬间丧失，机组磨煤机 RB。

8 时 15 分查看历史曲线，机组磨煤机 RB 前，6 号机组 C 磨煤机的所有煤火检火检强度均大于 98%，8 时 10 分 41 秒，C3/C4/C6 火检强度突降至 0，C3/C4/C6 火检开关量由 1 突降至 0，1s 后 C8 火检强度突降至 0，C8 火检开关量由 1 突降至 0。此时 C3/C4/C6/C8 共 4 个煤火检开关量为 0，达到无火计数目标值 4，延时 3s，C 给煤机运行时 C 煤层煤火检丧失磨煤机跳闸条件触发，C 磨煤机跳闸，此时经 BTU 修正后的煤量经函数 F（x）转换成的负荷与实际负荷的差值高于设定值 3，6 号机组磨煤机 RB 条件触发，机组 RB 动作。

（二）事件原因查找与分析

就地查看 C 层煤火检探头、电缆接线、火检柜卡件、火检柜电源，均未发现异常，将 C 层煤火检探头逐个拆下检查，发现 C3/C4/C6/C8 火检探头倒出许多积灰。本厂采用的为外窥式火检，ABB 火检 SF810＋FAU810，安装在风箱上外侧，前端为燃烧器上开孔。怀疑为风箱扬尘，火检探头积灰，堵住视线，造成火检瞬间同时看不到火。我厂采用的是巴威燃烧器，大风箱，二次风箱与炉膛压力基本接近，实际运行过程中，炉膛压力在负几十到几百帕左右，各层的二次风箱压力通常几十到几百帕。当风箱两侧的二次风挡板开度发生变化时，可能导致风箱内气流扰动，扬尘导致火检探头积灰。

（三）事件处理与防范

(1) 利用在风箱上外侧的燃烧器上已有的观察孔，探索在C层燃烧器安装几个高清监控探头，记录C层燃烧器火检内部的实际情况。

(2) 外窥式火检安装于燃烧器后部，前端为燃烧器上开孔，中间部分裸露在风箱中，风箱中的气流扰动或积灰脱落容易造成火检闪烁或丧失。利用机组C级检修机会，探索在C层燃烧器的火检探头与燃烧器上开孔之间的增加套管，使之在风箱内全封闭，避免风箱内的变化对火检的视线影响，避免风箱扬尘导致火检探头积灰。

(3) 利用机组检修机会进入炉膛内检查发现，上层燃烧器结焦较为严重，燃烧器上的火检开孔较容易被燃烧器上的结焦挡住，导致火检检测不到火。探索将燃烧器上通过喷涂特殊材料使之不易结焦。

三、前置器接头接触不良导致振动信号波动

某热电公司1号机组为燃煤火力发电机组，汽轮机是北京北重汽轮电机有限责任公司生产制造的NC200-12.75/0.39/535/535型一次中间再热、超高压、三缸两排汽、抽汽凝汽式机组。装机容量为200MW，DCS控制系统为GE新华XDPS-400+。

（一）事件过程

5月9日08时25分发电机功率0MW，主蒸汽压力2.29MPa，主蒸汽温度301.4℃，汽轮机转速1000r/min，调门为单阀控制，四台高调门指令19.6%，四台中调门指令17.81%，汽轮机2X轴承振动60.24μm，2Y轴承振动31.13μm。

08时27分00秒机组开始由1000r/min冲3000r/min，08时27分49秒1号机转速达到1078r/min时，2X振动由67μm突然波动至243μm，08时28分09秒下降到81μm；08时31分15秒机组转速达到1883r/min时，2X轴承振动突然由86μm波动至433μm，直到机组达到3000r/min后，也一直间断性在150-500μm之间波动，直到08时56分03秒。机组并网时间由计划9时00分延迟到10时47分。

（二）事件原因查找与分析

1. 事件原因检查

8时57分开始对1号机2X轴振设备进行检查，对2X轴振传感器检查，固定牢固，未松动。对传感器中间接头进行活动试验，未见异常。检查前置器接线插头牢固未松动，检查TSI系统柜与就地接线端子排接线牢固。在处理的过程中发现，触碰前置器接头时参数出现明显变化（见图5-40）。将前置器接头拆下，用酒精清洗干净，晾干后插入前置器，再用手触碰此接头波动现象消失。

2. 原因分析

由于对现象分析以及检查元件设备时并未发现设备有明显损坏的地方，但1号机组TSI装置自2007年投产以来，不间断运行12年，设备可以说是老化严重，已经出现如下问题：

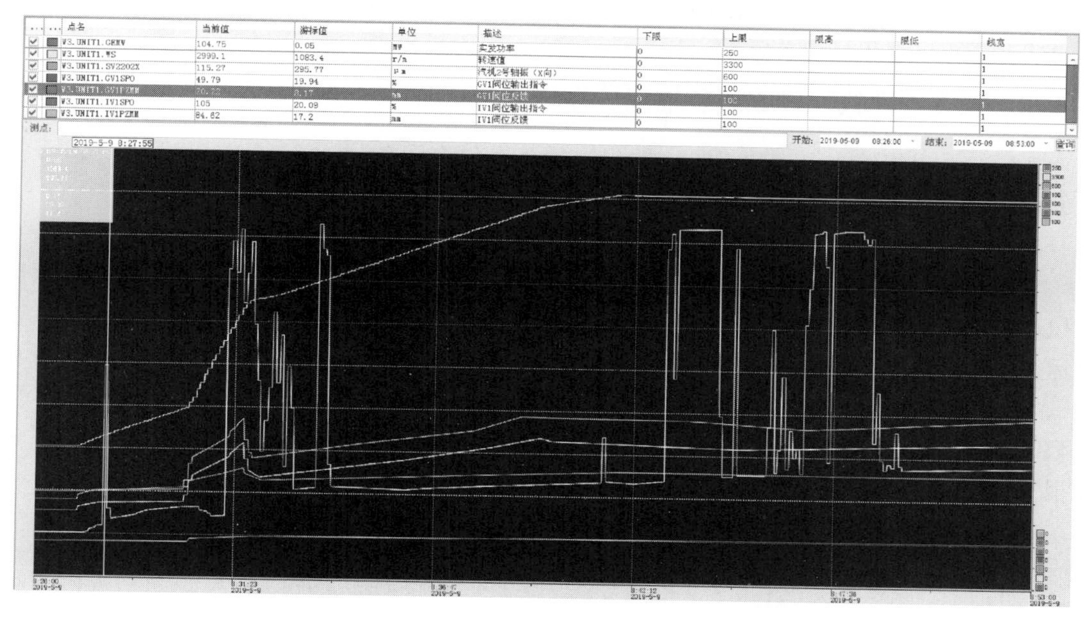

图 5-40　2X 轴振信号曲线

（1）传感器超差：2018 年 A 级检修期间，电科院校验 7 套传感器（2X、2Y、3X、3Y、4Y、偏心、轴向位移）超差，现让步使用。不符合“集团公司《热工技术监督实施细则》B. 2 有关热控系统应满足：d）汽轮机监视仪表（TSI）应正常投运且输出无误。”的要求应及时更换。

（2）部分传感器损坏严重：传感器延长线绝缘层及引线根部存在不同程度的破损，现采用灌胶修复维持使用。个别传感器延长线连接插头已无法正常拆卸。

所以 2X 测振装置虽无明显损坏现象但可靠性也会大幅降低，加上检查前置器的过程中发现一种现象，触碰前置器接头时参数出现明显的波动变化。用酒精清洗干净，晾干后插入前置器，再用手触碰此接头波动现象消失，于是判定故障点源于 2X 前置器接头老化接触不良导致。

3. 暴露问题

（1）热工专业人员对 200MW 机组 TSI 装置安装检修规程执行不力，没有认真地按步骤安装，导致此故障的发生。

（2）200MW 机组 TSI 装置自 2007 年投产以来，不间断运行 12 年，设备老化严重，可靠性大幅降低。

（3）热工专业管理人员进行现场设备检查不细致，没有及时发现设备隐患。

（三）事件处理与防范

（1）提报物资计划，购进全新的测振装置，待机组停机时进行更换。

（2）待机组停机时，全面对 1 号机 1～7 轴轴振装置进行检查，确保各接触连接部分干净牢固。

（3）热工专业管理人员要严格按照规定进行现场设备巡视检查，及时发现设备隐患并予以消除。

（4）严格要求热工专业各岗位负责人加强设备巡视检查，管理人员对机组重要设备、薄弱环节要交待清楚，落实具体。

四、采集卡件故障导致汽泵轴向位移异常

某厂 6 号机组给水泵汽轮机是由杭州汽轮机股份有限公司生产。产品代号：T8822 产品型号：HMS500D 汽动给水泵。MTSI 型号：VM600。

（一）事件过程

2019 年 2 月 21 日机组负荷 704MW，CCS 投入，给水流量 2007t/h，给煤量 239.3t/h，总风量 2231.5t/h，主蒸汽压力 19.3MPa，B、C、D、E 磨煤机运行，61、62 号汽动给水泵运行，63 号电泵备用。61 号汽动给水泵轴向位移 1、2、3 点于 14 时 41 分 25 秒分别由 255、288、296μm 同时降至－194、－193、－222μm，此后数值缓慢下降至最低－459、－419、－484μm。跳闸值为±700μm，如图 5-41 所示。DCS 画面无其他报警，TSI 卡件无报警。

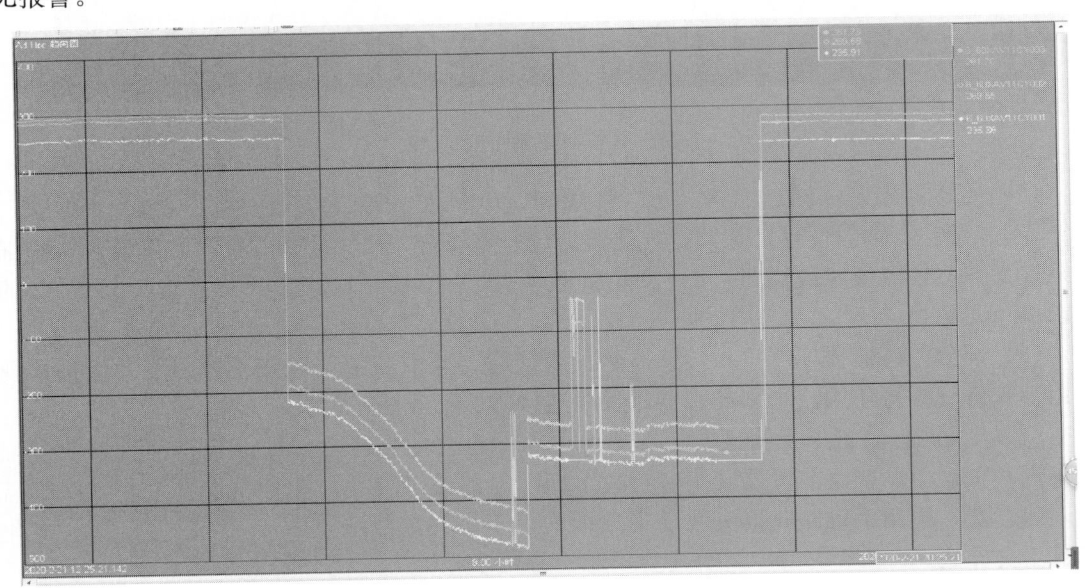

图 5-41　61 号汽动给水泵轴向位移曲线

（二）事件原因查找与分析

（1）61 号给水泵汽轮机轴向位移跳变后，热控人员赶至现场检查，就地设备正常，除一转速测点与轴向位移同时跳变，其他测点显示正常无相同趋势，判断为测量故障。

（2）对 61 号给水泵汽轮机 TSI 机柜进行检查，由现场放大器传送至 TSI 机柜的信号均正常稳定，检查 TSI 机柜无报警，卡件显示三个轴向位移分别为 0.2、0.3、0.3mm。其中跳变的转速信号是由键相转换而来，TSI 卡件显示无跳变。

（3）对每个轴向位移信号分别拆线测量，均正常稳定。由于四个跳变的信号均属同一卡件，判断此卡件故障。

（4）61 号汽动给水泵 TSI 卡件故障是此次异常的主要原因。

（5）将拆下的卡件进一步检查，发现故障卡件上有一环形电阻有发黑、烧坏的迹象，如图 5-42 所示，初步判断故障发生由此原因造成；由于卡件集成度较高，需将此卡送返厂家进行检查。

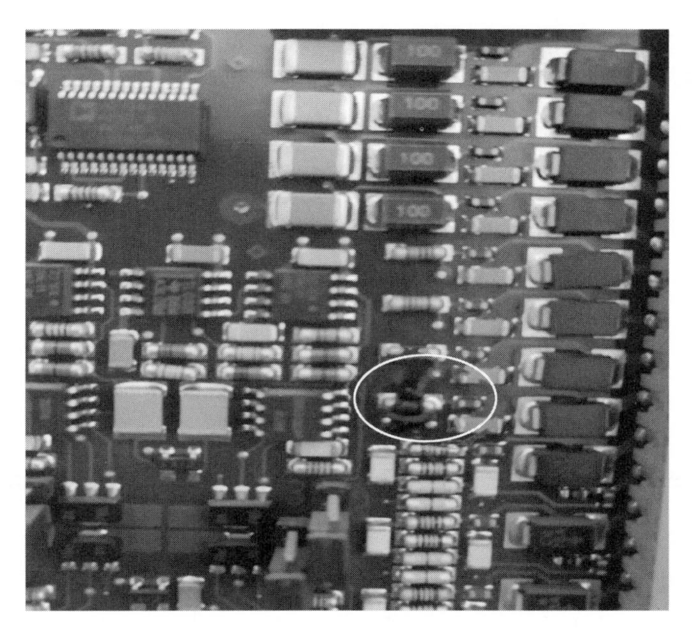

图 5-42　61 号汽动给水泵轴向位移采集卡

（三）事件处理与防范

（1）卡件进行在线更换。

（2）6 号机所用 TSI 卡件均已超过 10 年，停机时应及时检查、评估，分批次进行更换。

（3）保证 TSI 机柜封堵严密，机柜风扇运行正常，保证电子间温湿度在正常范围内。

五、振动探头与延长线转接头处松动导致汽轮机跳闸

某厂总装机容量 700MW，两台 350MW 超临界机组锅炉型号为超临界直流炉；汽轮机超临界、一次中间再热、单轴、双缸、双排汽、双抽凝汽式汽轮机。TSI 系统采用本特利 3500 系统，轴承振动大为单点保护，TSI 系统内判断后输出至 ETS 系统，保护动作方式为二取一动作。

（一）事件过程

2019 年 01 月 03 日，2 号机组正常运行，机组负荷 199.369MW，主蒸汽压力 21.61MPa，主蒸汽流量 845.7t/h，主蒸汽温度 559.036℃。

08 时 48 时 24 分 2 号汽轮机 1 号轴承振动（Y）测点坏质量。08 时 49 时 01 分 DCS 历史曲线记录 2 号汽轮机 1 号轴承振动（Y）突升至 241.745μm（轴承振动保护值为 254μm，因 DCS 扫描周期原因未记录振动峰值），见图 5-43，TSI 系统判断后输出汽轮机轴承振动大保护信号，ETS 系统汽轮机轴承振动大保护动作（动作时间 0.1s），2 号汽轮机跳闸解列。

（二）事件原因查找与分析

1. 事件原因检查与分析

从 DCS 历史曲线记录 2 号汽轮机 1 号轴承振动（Y）曲线 8 时 48 分 24 秒至 8 时 49 分频繁坏质量，且示值波动。

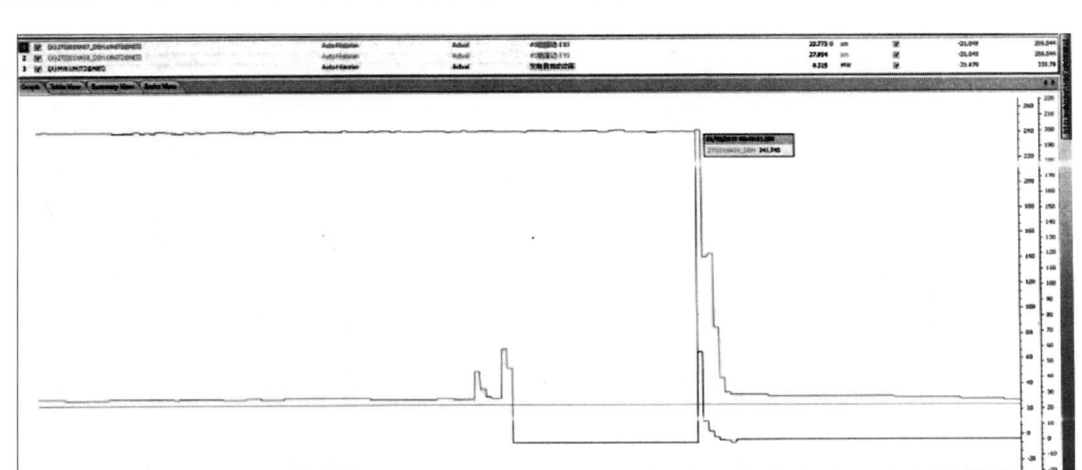

图 5-43 振动信号曲线

检查 2 号汽轮机 1 号轴承振动（Y）振动探头，无松动无异常。

检查 2 号汽轮机 1 号轴承振动（Y）振动探头延长线接头，发现金属转换接头处有松动迹象。

结论：2 号汽轮机 1 号轴承振动（Y）振动探头与延长线金属转换接头松动，虚接导致传感器电压突变，2 号汽轮机 1 号轴承振动（Y）振动突升，触发 ETS 保护动作，机组跳闸。

2. 暴露问题

（1）隐患排查治理不到位，机组运行期间未对 TSI 延长电缆及转换接头进行检查工作。

（2）设备管理不到位，机组检修后设备可靠性不高，未保障热控测点可靠性。

（3）逻辑隐患排查不到位，目前 TSI 系统内轴承振动大保护判断方式为单点动作，该逻辑可优化。

（三）事件处理与防范

（1）紧固 2 号汽轮机 1 号轴承振动（Y）振动探头与延长线金属转换接头，并进行测试。

（2）利用检修机会，检查 1、2 号机组 TSI 系统中其他电涡流（8mm、11mm）探头金属转换接头，举一反三对存在的隐患进行排查，制定专项检查及处理方案。

（3）利用停机机会，对两台机组所有 TSI 测点接线进行检查，重点检查就地延长电缆与转接接头，保证同类事故不再发生。

（4）立即与哈尔滨汽轮机厂联系，制定专项逻辑优化方案，并征求技术监督单位西安热工院意见对目前单点振动大保护动作逻辑进行完善。

六、火检信号丢失致使燃料 RB

（一）事件过程

2019 年 8 月 26 日 10 时 36 分某厂 1 号机组负荷 952MW，磨煤机 A、B、C、D、E 运行，未投运油枪，送风机、引风机、一次风机双侧运行。E 磨煤机跳闸，触发 1 号机组燃料 RB。

（二）事件原因查找与分析

1. 事件原因检查

（1）历史记录检查。

检查历史记录发现：

10 时 36 时 06 分，D8 煤火检开关量信号变 0。

10 时 36 时 07 分，A8、B8、C8 煤火检开关量信号变 0。

10 时 36 时 08 分，A7、C7 煤火检开关量信号变 0。

10 时 36 时 09 分，A5、B6、B7、E7、E8 煤火检开关量信号变 0，此时 B8 煤火检开关量信号恢复到 1。

10 时 36 时 10 分，A6 煤火检开关量信号变 0，A8 煤火检开关量信号恢复到 1。

10 时 36 时 11 分，C5、E6 煤火检开关量信号变 0，A7、B6、B7、C8 煤火检开关量信号恢复到 1。

10 时 36 时 12 分，C6、E5 煤火检开关量信号变 0，A5、A6、C7、E8 煤火检开关量信号恢复到 1。

10 时 36 时 12 分，因达到三个以上火检丢失延时 2s 的条件，E 磨煤机跳闸。1 号机组燃料 RB 触发。

10 时 36 时 12 分，除 E 磨煤机、F 磨煤机外所有的煤火检信号恢复到 1。

（2）现场检查情况。

仪控人员随即对火检柜进行了检查，并查看 DCS 历史曲线。火检柜内各卡件无故障记录，DCS 没有收到火检故障信号。至就地查看，目测 E8、E7、E6、E5 火检探头指示灯闪烁频率和 E4、E3、E2、E1 接近。检查 E8、E7、E6、E5 火检探头接线，无松动，15V 电源电压正常。拆下探头，冷却风正常，火检套管无积灰结渣现象，能清晰观察到炉膛内部着火情况，火检探头镜头无积灰。接回火检探头，至电子室检查火检柜，屏蔽线接线牢固，24V 电源正常。查看火检计算机历史记录，发现出现信号丢失的火检，其频率信号都有大幅度下降，强度值有轻微下降，与 DCS 记录的情况对应。

至工程师站查看历史曲线，燃烧工况在 8 月 26 日 10 时 36 时 05 并没有发生明显改变，燃烧稳定。操作记录显示，10 时 35 分 56 秒到 10 时 36 分 07 秒，运行人员在 DROP211 将送风量给定值偏置连续进行了点动调整，从 −325.20 调整到 −349.20，二次风母管 B 侧流量略有改变，从 1083t/h 上升到 1129t/h，二次风母管 A 侧流量略有改变，从 963t/h 上升到 985t/h，属于正常调节范围。一次风量、一次风压力、炉膛压力、给煤量、风机电流、干渣机电流等没有发生明显变化，E 磨煤机各粉管一次风速也没有出现晃动，在正常波动范围。

查询工作票，事发当时并没有电焊作业，仪控无相关的工作。查询 DCS 操作记录，仪控无强制、修改参数等操作。

2. 原因分析

调取 1、2、3、4 号渣井监控录像，炉内并无大渣块掉落。调取 DCS 历史数据，如图 5-44 所示。发现火检开关量信号丢失的都在炉膛 B 侧（各层火检 5、6、7、8），各层火检开关量信号丢失的顺序，有一定规律，都是从 8 到 7 到 6 到 5，也就是从 B 侧二次风箱这一侧的燃烧器，向中间的燃烧器发展。火检模拟量信号也基本上有同样规律，如图 5-45 和图 5-46 所示。

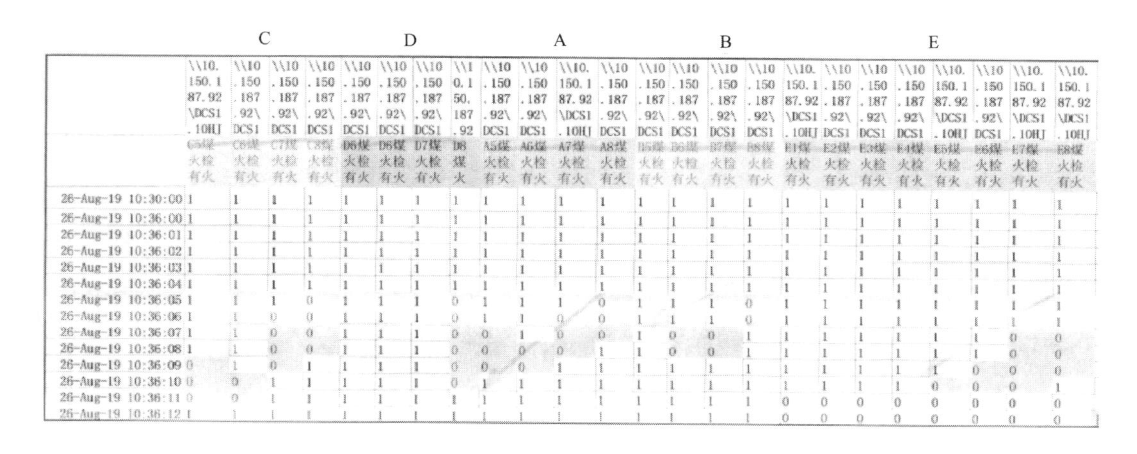

	C				D				A				B				E							
	\\10.150.187.92\DCS1.10HJ C5煤火检有火	\\10.150.187.92\DCS1 C6煤火检有火	\\10.150.187.92\DCS1 C7煤火检有火	\\10.150.187.92\DCS1 C8煤火检有火	\\10.150.187.92\DCS1 D6煤火检有火	\\10.150.187.92\DCS1 D6煤火检有火	\\10.150.187.92\DCS1 D7煤火检有火	\\10.150.187.92 D8煤火	\\10.150.187.92\DCS1 A5煤火检有火	\\10.150.187.92\DCS1 A6煤火检有火	\\10.150.187.92\DCS1.10HJ A7煤火检有火	\\10.150.187.92\DCS1 A8煤火检有火	\\10.150.187.92\DCS1 B5煤火检有火	\\10.150.187.92\DCS1 B6煤火检有火	\\10.150.187.92\DCS1 B7煤火检有火	\\10.150.187.92\DCS1 B8煤火检有火	\\10.150.187.92\DCS1.10HJ E1煤火检有火	\\10.150.187.92\DCS1 E2煤火检有火	\\10.150.187.92\DCS1 E3煤火检有火	\\10.150.187.92\DCS1 E4煤火检有火	\\10.150.187.92\DCS1.10HJ E5煤火检有火	\\10.150.187.92\DCS1 E6煤火检有火	\\10.150.187.92\DCS1.10HJ E7煤火检有火	\\10.150.187.92\DCS1.10HJ E8煤火检有火
26-Aug-19 10:30:00	1	1	1	1	1	1	1	1	1	1	1	1	1	1	1	1	1	1	1	1	1	1	1	1
26-Aug-19 10:36:00	1	1	1	1	1	1	1	1	1	1	1	1	1	1	1	1	1	1	1	1	1	1	1	1
26-Aug-19 10:36:01	1	1	1	1	1	1	1	1	1	1	1	1	1	1	1	1	1	1	1	1	1	1	1	1
26-Aug-19 10:36:02	1	1	1	1	1	1	1	1	1	1	1	1	1	1	1	1	1	1	1	1	1	1	1	1
26-Aug-19 10:36:03	1	1	1	1	1	1	1	1	1	1	1	1	1	1	1	1	1	1	1	1	1	1	1	1
26-Aug-19 10:36:04	1	1	1	1	1	1	1	1	1	1	1	1	1	1	1	1	1	1	1	1	1	1	1	1
26-Aug-19 10:36:05	1	1	1	0	1	1	1	0	1	1	1	0	1	1	1	0	1	1	1	1	1	1	1	1
26-Aug-19 10:36:06	1	1	0	0	1	1	1	0	1	1	0	0	1	1	1	0	1	1	1	1	1	1	1	1
26-Aug-19 10:36:07	1	1	0	0	1	1	1	0	0	1	0	0	1	0	0	1	1	1	1	1	1	1	0	0
26-Aug-19 10:36:08	1	1	0	0	1	1	1	0	0	0	0	1	1	0	0	1	1	1	1	1	1	1	0	0
26-Aug-19 10:36:09	0	1	0	1	1	1	1	0	0	0	1	1	1	1	1	1	1	1	1	1	1	0	0	0
26-Aug-19 10:36:10	0	0	1	1	1	1	1	0	1	1	1	1	1	1	1	1	1	1	1	1	0	0	0	1
26-Aug-19 10:36:11	0	0	1	1	1	1	1	1	1	1	1	1	1	1	1	1	0	0	0	0	0	0	0	0
26-Aug-19 10:36:12	1	1	1	1	1	1	1	1	1	1	1	1	1	1	1	1	0	0	0	0	0	0	0	0

图 5-44　DCS 历史数据记录

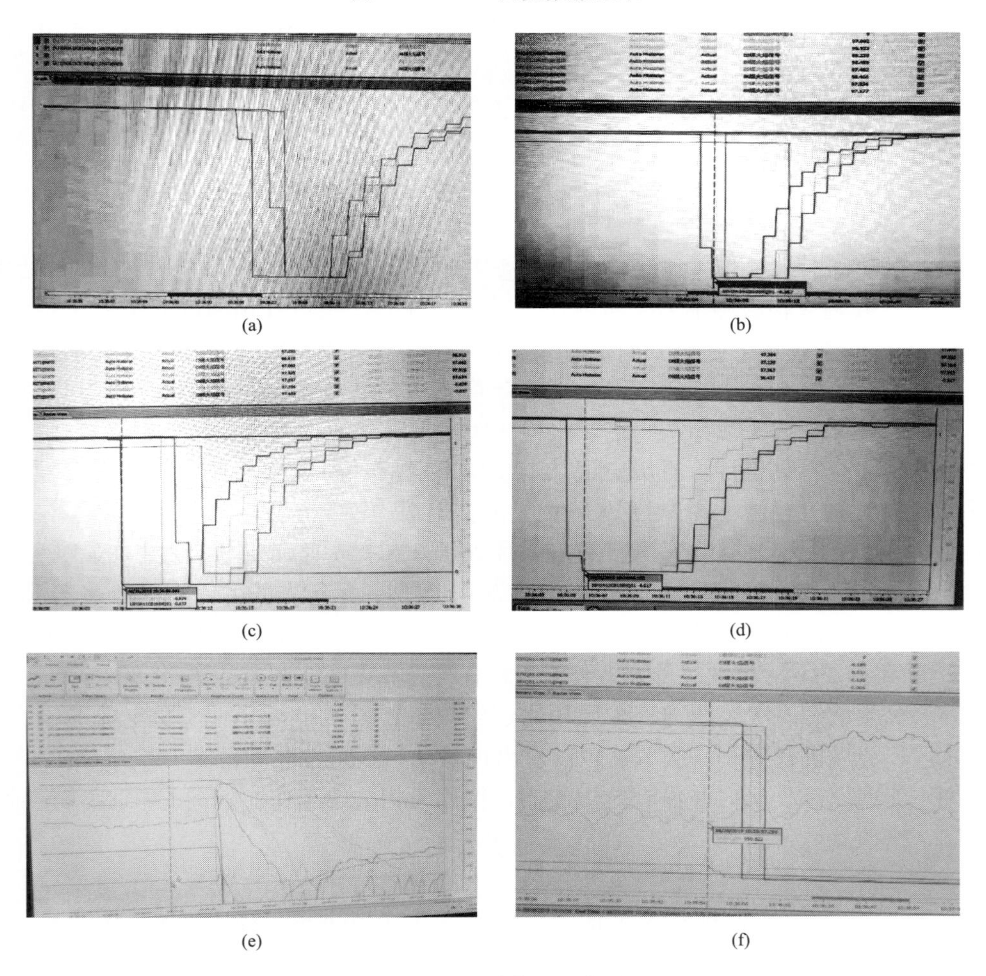

(a)　(b)　(c)　(d)　(e)　(f)

图 5-45　火检模拟量信号

（a）A 磨煤机火检模拟量历史曲线；（b）B 磨煤机火检模拟量历史曲线；（c）C 磨煤机火检模拟量历史曲线；（d）D 磨煤机火检模拟量历史曲线；（e）E 磨煤机火检模拟量历史曲线；（f）1E 磨煤机各一次风管一次风速

8 月 27 日火检厂家人员现场检查火检设备，卡件、火检探头、电缆、电源、接地等硬件以及卡件参数设置都正常，丢失的这几个火检信号，其火检频率都有大幅下降，满足火检开关量信号的触发条件，且信号都是依次出现，不是同一时间产生，判断火检设备正常。

综上所述，此次火检信号丢失，火检设备本身应该是正常的。根据各层火检探头物理位置和信号丢失的时间顺序所呈现的规律，分析认为原因可能有两个：

（1）因火检套管分为两段，一段在锅炉热二次风箱外壁上，另一段在二次风箱水冷壁上，这两段火检套管不是连续的，穿过二次风箱这一段是空的，如图 5-46 所示。

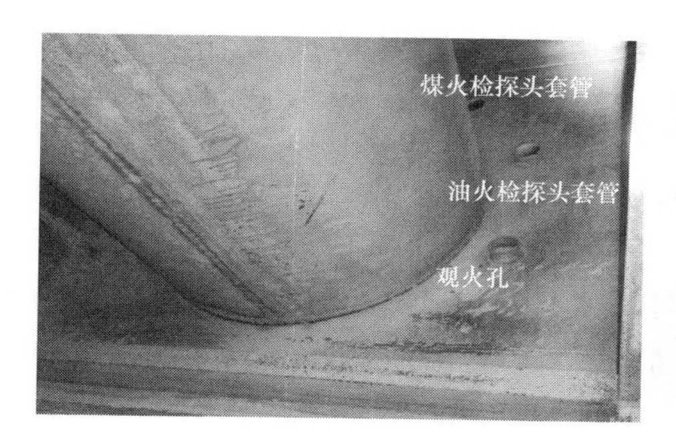

图 5-46　二次风箱内部燃烧器及火检套管（炉墙侧）和（水冷壁侧）

推测此次 B 侧二次风箱至各层燃烧器的风道内有大规模扬尘，引起火检视线被遮蔽，导致火检丢失。

（2）信号干扰的影响。已检查接地电缆和屏蔽线的接线情况，暂未发现明显异常。

（三）事件处理与防范

（1）根据《关于防范煤火检信号误丢失导致磨煤机跳闸的监督防范措施》对火检失去跳磨保护项优化完善意见：锅炉负荷 40%及以上时，火检失去跳磨煤机判断改为 8 失 6（层燃烧器为 8 个），锅炉负荷小于 40%时，火检失去跳磨煤机判断维持原来的判断方式。参考该意见，将火检失去跳磨煤机判断从 8 失 3 改为 8 失 4。

（2）为避免二次风箱内扬尘对火检检测的影响，结合其他机组加装火检探头套管延长管的经验，电厂计划组织 ABB 火检厂家、技术研究院、设备部仪控专业和锅炉专业讨论火检探头套管加装延长管实施方案。

（3）在机组检修期间进一步检查、测试火检机柜接地系统。

七、振动报警后报警输出锁定导致机组振动大跳闸

某厂 1 号机组为亚临界参数燃煤发电机组，2006 年 10 月投运。锅炉是由上海锅炉厂制造的 SG-1036/17.5-M882 型亚临界压力一次中间再热控制循环汽包炉，汽轮机是上海汽轮机厂生产的 N330-16.7/538/538 型亚临界中间再热、单轴、双缸双排汽、凝汽式汽轮机，发电机为山东济南发电设备厂生产的 330MW 空冷发电机。热工控制设备采用新华控制工程有限公司的 XDPS-400＋系统；TSI 系统为本特利 3500 系统。

（一）事件过程

3 月 4 日 1 号机组负荷 253MW，机组 AGC-R 模式运行，DEH 顺序阀控制，主蒸汽压力 15.2MPa，主蒸汽温度 541℃，再热蒸汽压力 2.48MPa、再热蒸汽温度 535℃；1 号轴承 X 向振动 115μm，Y 向振动 150μm，2 号轴承 X 向振动 71μm，Y 向振动 36μm，其他轴振

正常；大机润滑油温度43.6℃，润滑油压力0.12MPa；汽轮机轴承温度、缸胀、差胀、上下缸温差等本体参数正常。

14时49分40秒963毫秒，1号机1号轴承X向振动128μm，Y向振动150μm，汽轮机跳闸，ETS首出“轴振大”保护动作；14时49分41秒332毫秒，左右两侧主汽门关闭；14时49分41秒868毫秒，锅炉MFT；14时49分53秒619毫秒，程跳逆功率保护跳闸发电机；14时49分53秒660毫秒，5013、5012开关、FMK开关跳闸，厂用电切换成功。

15时20分1号炉点火成功，15时56分汽轮机冲转，16时56分发电机并列。

（二）事件原因查找与分析

1. 事件原因检查与分析

1号汽轮机轴振大跳机保护组态及定值为：任一轴承X向相对振动大于报警值且Y向复合振动大于保护值，触发振动大跳机保护。保护定值为：1号轴承X向相对振动值大于125μm且Y向复合振动值大于254μm，或2号轴承X向相对振动值大于95μm且Y向复合振动值大于254μm，或3号轴承X向相对振动值大于85μm且Y向复合振动值大于254μm，或4号轴承X向相对振动值大于115μm且Y向复合振动值大于254μm，或5号轴承X向相对振动值大于125μm且Y向复合振动值大于254μm，或6号轴承X向相对振动值大于100μm且Y向复合振动值大于254μm。

14时49分40秒，1号机1号轴承X向振动128μm，Y向振动150μm（其余各轴承振动较小且无明显变化），1号机组汽轮机跳闸，ETS首出“轴振大”。查看DEH振动趋势1号机1号轴承Y向振动最大值为150μm，远小于跳闸动作值254μm；查看TSI面板无异常报警。

机组跳闸后检查TSI参数设置、组态等，发现1号机组1号轴承Y向振动TSI实时显示72μm，与DEH显示值相符，参数设置正确，但该通道显示红色报警。经咨询本特利厂家及西安热工院专家，确认该通道显示红色报警原因为：1号轴承Y向振动值大于254μm保护动作后锁定，需在TSI系统手动复归。锁定后通道红色报警在TSI面板无任何显示。

检查2018年9月份1号机组C级检修前TSI组态备份，确认已经根据反事故措施要求取消了振动大报警锁定功能。2018年1号机组C级检修期间进行了TSI控制系统DO卡件升级，升级后Y向振动大于254μm报警动作后锁定功能被重新开放，报警后振动小于254μm不自动复归。

查阅历史记录，2019年1月25日11时33分22秒，1号机组调峰停机惰走过临界时，1号轴承Y向振动值为284.317μm，报警后报警输出锁定，当1号轴承X向振动大于125μm报警值时，即满足机组振动大跳闸条件。

综上分析，1号机TSI控制系统DO卡件升级后，1号轴承Y向振动大于254μm报警动作后锁定被重新开放，是本次汽轮机跳闸的原因。

2. 暴露问题

（1）TSI系统升级改造过程中，未严格落实集团公司关于“TSI装置中报警不应设置保持，以防报警保持后引起保护误动”的反事故措施要求，过度依赖厂家技术人员，过程监督不到位，危险点分析及预控不全面。

（2）升级改造项目质检点设置不具体，技术监督管理不到位。

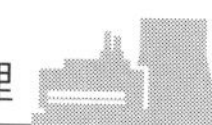

（3）设备管理不到位。TSI 系统升级改造后专业人员验收把关不严，未能及时发现 Y 向振动大于 254μm 报警动作后锁定功能被重新开放、报警后存在振动小于 254μm 不自动消失的隐患。

（4）落实公司热工逻辑梳理及隐患排查不到位。

（5）生产技术人员及管理人员业务技能差，培训不到位。

（6）1 号轴承顺序阀运行时振动大问题未得到根治。

（7）SOE 记录中事件没有按时间顺序记录、出现大量无名、无描述记录点。

（三）事件处理与防范

（1）技术改造项目开工前，检修部应认真开展危险点分析，逐项制定切实可行的预防控制措施并落实。严格落实各项反事故措施要求。

（2）检修部重新梳理 1、2 号机组 ETS、TSI 等检修、技改验收标准，生产部审核并优化质检点设置，严把质量验收关。

（3）生产部、检修部、运行部继续开展热工逻辑梳理及隐患排查活动。

（4）检修部对主机及重要辅机联锁保护试验卡进行修订，梳理试验方法和步骤存在的缺陷，完善和改进试验方案。生产部审核并监督执行。

（5）生产部组织检修部热工人员全面检查 1、2 号机组振动大于 254μm 报警动作后锁定功能，并全部解除锁定功能。

（6）检修部、生产管理部严格执行防非停措施，编制《TSI 系统检修维护重点要求》，并组织贯彻落实。

（7）检修部、生产管理部加强生产人员技术培训，提高人员业务素质和技能。

（8）通过现场试验调整高压调节汽门的开启顺序，以改变汽流作用在转子上的载荷角来降低顺序阀运行时 1 号轴承振动。

（9）联系 DCS 厂家、结合机组检修查找 SOE 记录中事件没有按时间顺序记录、出现大量无名、无描述记录点的原因，优化 SOE 事故记录功能。

八、胀差卡件故障导致汽轮机跳闸

某厂 4 号汽轮发电机组，锅炉为哈尔滨锅炉有限责任公司根据引进的美国 ABB-CE 燃烧工程公司技术设计制造的亚临界压力，一次中间再热，单炉膛，控制循环汽包锅炉；型号为 HG—2070/17.5—HM8。脱硫采用石灰石-石膏湿法脱硫方式，并配有脱硝装置。汽轮机型号为 NZK600—16.67/538/538，型式为亚临界、一次中间再热、单轴、三缸四排汽、直接空冷凝汽式汽轮机。发电机是东方电机股份有限公司引进日本日立公司技术制造的 DH-600-G 型，发电机为汽轮机直接拖动的隐极式、二极、三相同步发电机，采用水氢氢冷却方式，发电机采用密闭循环通风冷却。4 号机组 2007 年投入生产运行，TSI 为 EPRO 的 MMS6000 系统，低压缸胀差卡件型号为 6210。500kV 升压站第五串正常运行，5052、5053 开关均合入。

（一）事件过程

2019 年 9 月 16 日，4 号机组启动，11 时 40 分机组负荷 280MW，AGC 未投入，主蒸汽压力 9.7MPa，主蒸汽温度 474℃，再热蒸气压力 11.67MPa，再热蒸气温度 452℃，排气压力 11.55kPa，锅炉双侧风烟系统运行，1、2、3、4、5 号制粉系统运行，6、7、8 号制粉系统备用，机组运行正常，组低压缸胀差 0.0163mm。

11 时 41 分 57 分汽轮机低压缸胀差测点突升至 26.04mm（低压缸胀差保护逻辑为：负荷小于 300MW 时胀差超过＋24mm，延时 15s 触发），汽轮机跳闸，机组联锁保护动作，锅炉灭火，发电机跳闸。汽轮机跳闸首出原因为汽轮机相对膨胀大，锅炉灭火首出原因为汽轮机跳闸，发电机跳闸首出原因为程序逆功率，保护动作正确。经热工检查为低压缸胀差测点卡件故障，更换新卡件后，机组于 14 时 54 分并网运行。

（二）事件原因查找与分析

1. 事件原因检查与分析

现场观察低压缸胀差卡件无通道报警（低压缸胀差卡件通道设置测量回路故障报警功能），电源指示正常，对就地探头、传输电缆绝缘、低压缸胀差卡件检查配置文件正确、重新插拔重启后数值始终为 0.0163mm，更换低压缸胀差卡件后数值显示正常，由此判断为低压缸胀差卡件故障是导致本次事故原因。

2. 暴露问题

4 号机组 TSI 卡件自机组 2007 年投入运行之后，一直在正常使用，使用时间长，设备老化严重。

（三）事件处理与防范

（1）4 号机组 TSI 卡件已经列入 2020 年检修改造计划，进行全面升级。

（2）在升级或改造前，加强 TSI 模件的日常巡检，并制定相应的应急预案。

九、大轴磁化导致转速探头测值失真触发主要保护动作

（一）事件过程

2019 年 5 月 10 日 12 时 35 分 11 秒，某厂 5 号机正常运行（机组有功 173MW）中跳闸。

（二）事件原因查找与分析

1. 事件原因检查

（1）继电保护专业检查 5 号机跳闸前工况及报警信号：

12 时 35 分 07 秒至 12 时 35 分 11 秒：5 号机无功－41Mvar 开始迅速下降至－110Mvar 后上升至 0Mvar（根据机组 PQ 曲线，机组有功 170MW 工况下，无功－190Mvar 时达到低励限制曲线）；5 号机机端电压由 19.3kV 下降至 18.3kV 上升至 19.0kV 后持续下降直至 5 号机跳闸；5 号机励磁电压由 140V 持续上升至 590V；5 号机励磁电流由 700A 下降至 500A 后上升至 1700A，时间持续 2s（发电机额定励磁电流 1640A，励磁装置过励限制启动值为 1837A，保护装置反时限过负荷保护按躲过 2 倍强励电流时间整定）。

12 时 35 分 11 秒，5 号燃机触发主要保护，引起机组跳闸，首出信号为：保护转速探头故障（L12HFD _ P），5 号燃机跳闸，4 号汽轮机联锁跳闸。

12 时 35 分 12 秒，机组解列状态过励报警（解列状态过励报警值低于运行状态）。

12 时 35 分 18 秒，5 号机励磁开关跳闸。

12 时 35 分 27 秒，5 号机励磁装置发转子接地高值、低值报警。

（2）热工专业检查情况：

根据现场现象，初步怀疑转速探头故障，查询历史曲线，用于保护的转速探头 tnh _ os _ v

三取二后最高转速达到 5971r/min，用于控制的转速探头 tnh _ v 三取二后最高达到 4410r/min。热工专业组织现场更换了读数异常的转速探头，更换为全新的探头后，异常现象仍然存在，判断转速探头、传输线路、板卡通道均正常。

（3）电气专业检查情况：

1）检查 5 号发电机碳刷及集电环，未发现问题。

2）检查发电机接地碳刷接触情况，接触良好。

3）检查冷风室地面有无异常、中性点 CT 及引线，未发现问题。

4）通过绝缘电阻表测试转子对地绝缘电阻值和用万用表测量集电环对大轴绝缘电阻值，均小于 0.5MΩ。

5）检查 5 号发电机转子大轴有明显磁化现象，铁制扳手靠近有明显拉拽感觉，用高斯仪测试励侧转子大轴剩磁在 70～85G 之间；汽侧转子大轴剩磁在 70～80G 之间；转速探头固定支架剩磁在 110～125G 之间（标准：转子大轴剩磁不高于 10G）。

2. 原因分析

（1）直接原因：发电机转子大轴磁化导致转速探头测值失真触发主要保护是引起机组跳闸的直接原因。

（2）发电机转子检查及分析。发电机停机后，对发电机进行了解体抽转子检查，发电机转子内环极导电螺钉已严重烧断，导电螺钉软连接有明显机械性断裂情况，转子大轴处引线孔螺纹烧损四分之一。

（3）故障分析。

1）内环线圈导电螺钉部位过热引起软连接铜片固定卡具熔断，软连接铜片弹开与线圈导电螺钉端部压帽部位形成了转子一点接地故障。

2）由于持续过热导致软连接铜片熔断，熔断的铜片被甩至转子 7、8 号线圈之间上形成转子绕组匝间短路故障。

3）转子线圈匝间短路故障部位放电与转子大轴形成第二个接地点，造成两点接地故障，两点接地形成回路，由于励磁电流较大，造成导电螺钉端部与被甩出的铜片接地部位迅速放电发热造成软连接完全断开，甩出的铜片熔化，同时造成转子大轴磁化。

4）转子大轴磁化造成转速探头测值失真触发主保护动作跳机。

3. 暴露问题

（1）5 号发电机转子绕组导电螺钉存在生产或者安装质量问题，给发电机运行埋下安全隐患。

（2）导电螺钉与软连接结合处的异常断裂原因还未查清，目前导电螺钉已送国家有色金属研究总院质量监督检验中心进行金属断口分析。

（3）由于导电螺钉及连接部位位于转子护环下，上部有绝缘块，在日常检修中不能进行检查。在没有断裂损坏前，直流电阻测量也无法反应此类问题。因此，对于此类问题缺少有效的检测手段。

（4）转子接地保护报警逻辑受测量原理限制，不能迅速判断故障性质。GE 公司 EX2100e 型励磁装置转子一点接地保护采用低频方波注入式原理，受轴电压吸收回路影响，转子绕组对地电容较大，为躲过电容的充放电时间，转子一点接地保护低频方波频率固定为 0.2Hz，5s 1 个检测周期，4 个检测周期确认为接地故障报警。故 EX2100e 型励磁装置转子一点接地保护高定值段和低定值段报警均经过20s固定延时后发出。

（三）事件处理与防范

（1）重新加工转子导电螺钉及软连接部分，对转子线圈和绝缘进行修复处理，做各项电气试验合格后进行回装。

（2）寻找具有有色金属分析专业资质单位，对导电螺钉金属断口进行专业分析，查明断裂原因，采取防范措施。

（3）与哈电机厂技术人员及大唐电研院专家共同研究制定发电机转子退磁方案，在发电机转子大轴等剩磁较多部位缠绕适当匝数导线，利用直流焊机加入直流电流，反复调换磁场方向，消除大轴剩磁，满足机组安全稳定运行要求。

（4）利用下次机组检修机会对同类型的1、2、3、5号发电机抽转子，对发电机转子绕组、线圈、导电螺钉及软连接等元件进行全面检查，及时发现并消除隐患问题。

（5）加强发电机转子预防性试验管理，每次小修增加转子绕组直流电阻和不同转速下的交流阻抗试验、RSO试验。

（6）针对发电机转子结构特点，研究制定发电机转子导电螺钉检查方法，检修时利用内窥镜等先进仪器通过月牙槽检查导电螺钉完好情况；每天查看发电机转子匝间短路在线监测数据，及时发现并处理发电机转子异常问题。

（7）调研发电机转子接地保护优化方案，结合实际情况确定转子保护改造方案，经审批后实施。

（8）机组启动时认真核对发电机空载关系，正常运行期间加强发电机运行参数监视，重点监视检查转子励磁电压励磁电流变化情况，遇有异常变化及时组织联系查找原因并采取调整措施。当发动机转子一点接地保护高定值段和低定值段均报警时，按规程处置。

十、TSI系统机柜继电器输出卡件故障导致机组振动大跳闸

（一）事件过程

2019年12月12日，某厂机组负荷200MW，AGC投入，主蒸汽流量547t/h，润滑油温43℃，润滑油压0.14MPa，EH油温35℃，EH油压14.7MPa，机组各轴瓦振动参数稳定。

10时00分，2号机组负荷200MW，运行参数正常。10时02分05秒，2号机组跳闸，首发信号为机组振动大跳闸。运行人员立即执行机组停机各项操作，并联系检修人员到场检查。

（二）事件原因查找与分析

1. 事件原因检查

热控人员到场查看CRT画面报警，显示ETS机组振动大保护动作。随即调阅SOE历史记录，确定2号机组跳闸首发信号为机组振动大。

检查振动大保护触发原因，调取跳闸前DCS系统振动历史数据进行检查，发现各轴承、轴瓦振动值均未达跳闸值。2号机组TSI系统为本特利3500系统，2001年投入使用，已运行18年，调阅TSI历史报警记录（见图5-47），发现TSI机柜15号继电器卡报“notok”故障信号，随后发出振动大跳闸指令，造成汽轮机跳闸。振动大跳闸指令发出时TSI报警记录中未发现振动超跳闸值的记录，判断为15号继电器卡老化故障，导致振动大跳闸

信号误发。

3500 Rack Configuration Data
Software Version: 5.5

Rack Type: Standard Rack Address: 1 Date: 12-Dec-2019 Time: 10:57:37

Sequence Number	Slot	Chan	Mode	Direction	Event	Date Event dd/mm/yyyy	Time
0000007633	015	004	N/A	Left	Relay Activated	12/12/2019	10:13:56.04
0000007632	009	001	N/A	Left	Alert/Alarm 1	12/12/2019	10:13:55.92
0000007631	011	003	N/A	Left	Alert/Alarm 1	12/12/2019	10:13:32.26
0000007630	015	004	N/A	Enter	Relay Activated	12/12/2019	10:13:29.56
0000007629	009	001	N/A	Enter	Alert/Alarm 1	12/12/2019	10:13:29.41
0000007628	008	003	N/A	Enter	Alert/Alarm 1	12/12/2019	10:13:10.14
0000007627	011	001	N/A	Enter	Alert/Alarm 1	12/12/2019	10:11:43.14
0000007626	011	003	N/A	Enter	Alert/Alarm 1	12/12/2019	10:11:16.91
0000007625	015	001	N/A	Enter	Relay Activated	12/12/2019	10:11:16.85
0000007624	006	002	N/A	Left	Alert/Alarm 1	12/12/2019	10:06:20.67
0000007623	015	001	N/A	Left	Relay Activated	12/12/2019	10:06:20.60
0000007622	015	001	N/A	Enter	Relay Activated	12/12/2019	10:05:40.90
0000007621	006	002	N/A	Enter	Alert/Alarm 1	12/12/2019	10:05:40.83
0000007620	015	004	N/A	Left	Relay Activated	12/12/2019	10:03:46.85
0000007619	015	004	N/A	Left	Not OK	12/12/2019	10:03:46.60
0000007618	015	001	N/A	Left	Relay Activated	12/12/2019	10:03:20.85
0000007617	005	003	N/A	Left	Alert/Alarm 1	12/12/2019	10:03:20.65
0000007616	005	003	N/A	Enter	Alert/Alarm 1	12/12/2019	10:03:19.91
0000007615	015	001	N/A	Enter	Relay Activated	12/12/2019	10:03:19.85
0000007614	015	004	N/A	Enter	Relay Activated	12/12/2019	10:03:17.60
0000007613	015	004	N/A	Enter	Not OK	12/12/2019	10:03:17.48
0000007612	015	001	N/A	Left	Relay Activated	10/12/2019	13:29:41.12
0000007611	011	003	N/A	Left	Alert/Alarm 1	10/12/2019	13:29:40.90
0000007610	015	001	N/A	Enter	Relay Activated	10/12/2019	13:28:12.78
0000007609	011	003	N/A	Enter	Alert/Alarm 1	10/12/2019	13:28:12.71
0000007608	015	001	N/A	Left	Relay Activated	10/12/2019	12:52:57.64
0000007607	011	001	N/A	Left	Alert/Alarm 1	10/12/2019	12:52:57.57

图 5-47 TSI 报警记录

2. 原因分析

（1）直接原因。2 号机组 TSI 系统机柜继电器输出卡件故障，导致机组振动大跳闸信号误发，是本次非停事件的直接原因。

（2）间接原因。

1）2 号机组“振动大跳机”保护设计为一路硬接线自 TSI 机柜送至 ETS，属于单点保护，不符合重要保护独立冗余的要求，单个卡件故障后导致跳闸信号误发。

2）TSI 系统设备管理不到位，TSI 系统自 2001 年投入使用，已运行 18 年，未有计划的进行系统升级和卡件更换，造成卡件超期服役，老化故障引起机组保护误动。

3. 暴露问题

（1）热工专业管理提升专项活动开展不深入，设备隐患排查不到位。热工专项提升工作只是注重于保护投入率、自动投入率、RB 投入率等显性指标，隐患排查力度不够，排查范围不全面，未能排查出 TSI 振动保护设计存在隐患。

（2）设备寿命管理存在漏洞。TSI 系统主要模件已长周期运行 18 年，热控专业对 TSI 系统模件存在老化和可靠性降低的问题缺乏正确认识，没有采取升级或优化等进一步措施，给设备留下了故障隐患。

（3）技术管理不到位。2 号机组停备期间，制定有 TSI 检修项目，但检查中没有明确回路检查标准及检修工艺要求，检测手段单一，仅靠传动检查回路，缺少有效的技术手段进行验证。

（三）事件处理与防范

（1）优化2号机组“振动大跳机”保护。将2号机组现有TSI“振动大跳机”保护，由单点方式优化设计为“三取二”方式。

（2）加强设备寿命管理。完善设备台账，强化设备劣化趋势分析工作，针对运行超过10年以上的热工电子设备及系统，通过统计分析近年来运行状况及出现的问题，制订相应检修技改计划，分步实施。同时，根据设备劣化情况，制定对应的巡检及测试措施，做好事故预想。

（3）加强专业技术管理。对热控专业TSI检修规程进行修订，明确回路检查标准及检修工艺要求，完善TSI卡件及就地设备的定期送检制度。继续深入开展设备与逻辑隐患排查，制订具体的排查计划，针对主重要保护设备及逻辑设置，举一反三，消除隐患。

（4）加强技术培训。提升热控专业检修人员技术水平，从设备系统、装置原理入手，全面学习掌握各保护、自动装置的逻辑和原理；定期组织专业考试，巩固培训效果；组织学习系统内非停事件汇编，吸取事故教训，并对照进行自查整改。

十一、ETS系统输入模件故障导致机组跳闸

某厂2台300MW机组分别于2003年7月、9月竣工投产，锅炉是东方锅炉厂生产的DG1025/18.2-Ⅱ19型、亚临界压力、一次中间再热、自然循环锅炉，汽轮机是哈尔滨汽轮机厂生产的N300-16.7/537/537型、亚临界、一次中间再热、双缸双排汽、单轴、冷凝式汽轮机。汽轮机为哈尔滨汽轮机厂有限公司生产的N320-16.7/537/537型亚临界、一次中间再热、单轴、两缸两排汽、凝汽式汽轮机。

两台机组DCS采用ABB公司Symphony系统，公司单元机组DCS控制机柜分配安装在锅炉电子间、汽轮机电子间、DEH/MEH电子间，DCS组态包括DAS、MCS、SCS、FSSS、DEH/MEH及ECS六大部分。汽轮机本体安全监视系统（TSI）采用本特利公司3500系列产品。汽轮机保护系统ETS，由哈尔滨汽轮机厂配套供货，采用MODICONPLC实现控制。辅控水、煤、灰网控制采用MODICON PLC实现控制。

（一）事件过程

3月28日10：25，1号机组负荷184MW，主蒸汽压力12.9MPa，主蒸汽温度541.2℃，再热器压力1.86MPa，再热气温536.8℃，1号A、1号D制粉系统运行，1号A、1号B汽泵运行。

10时25分57分1号机跳闸，1号机负荷到零，主汽门，抽汽门关闭，交流润滑油泵自投，1号C电泵自投；1号炉MFT，所有给粉机，1号A、1号B一次风机，1号A、1号D制粉系统跳闸。1号发电机跳闸，6kV备用电源切换成功。汽轮机跳闸首出“程序关主汽门”，锅炉MFT首出“汽轮机跳闸”，发电机C柜保护动作信号“热工保护动作”；ETS盘“手动跳机”指示灯亮。值长令机、炉、电进行相关停机操作。值长将机组跳闸情况汇报南网调度及在现场的公司领导及相关部门部长，要求技术支持部热控人员检查，并通知供应商。

技术支持部热控人员当时正处于工程师站，立即察觉到机组跳闸，查看DCS系统上的锅炉FSSS和汽轮机ETS首出画面，其中锅炉FSSS首出为“汽轮机跳闸MFT”，汽轮机ETS首出为“程序跳闸关主汽门”，随即联系电气人员进行原因查找，同时派人至电子间查看ETS系统。

10时35分技术支持部电气人员对保护屏录波器信号进行检查，确认电气侧首出原因

为“发电机热工保护”，即主汽门全关信号送至电气保护屏。

10时38分热控人员通过调阅历史站SOE记录，查看集控室ETS试验操作盘首出信号灯，确认汽轮机ETS系统的真实首出原因为“汽轮机手动跳闸”。

10时40分热控人员查集控室操作台两个手动停机按钮，保护盖均处于关闭状态，无开启迹象；查集控室ETS试验操作盘，柜内手动停机按钮保护盖处于关闭状态，无开启迹象；查DEH电子间门禁系统监控录像，事发前无可疑人员进入。

10时50分热控人员对手动停机回路操作按钮、动作节点、电缆绝缘情况进行检查，均未发现异常。

12时30分热控人员对1号机组ETS系统柜内接线以及PLC模件进行解体检查，发现A路PLC输入模件中“手动跳闸”信号通道（AI1-22）电路存在轻微放电痕迹（见图5-48），由于两路PLC输入信号的内部接线，在接线排U1的37端子存在并联情况，导致ETS系统两套保护系统同时误判断，造成跳机。

14时10分热控人员对故障的PLC输入模件进行更换，同时进行手动停机操作按钮的再次试验，确保无误后，汇报公司领导同意1号炉点火。

16时20分各参数达到冲转条件，1号机冲转。

17时11分1号机组顺利并网，恢复正常运行。

（二）事件原因查找与分析

1. 事件原因检查

（1）检查集控室操作台的两个手动停机按钮，按钮按下和复位动作均正常，无卡涩现象，测量动合节点，均接触正常，按下时节点闭合，复位时接点断开。

（2）检查集控室ETS试验操作盘手动停机按钮，按钮按下和回弹动作均正常，无卡涩现象。按钮按下时接点能闭合，按钮弹起时接点能断开。

用ZC25B-3型500V绝缘电阻表（编号060713098，下次校准日期：2019年10月15日，有效合格时间内），对操作台至ETS机柜的手动跳机回路电缆绝缘情况进行检查，测量结果为HS01＋线对地“∞”，HS01-线对地“∞”，两线之间“∞”，绝缘情况良好，无短路现象。

（3）检查集控室ETS试验操作盘预制电缆，用绝缘电阻表测量预制电缆CZ3的4号针脚（手动跳闸信号）至ETS机柜信号电缆，对地绝缘情况良好，示值为“∞”，无短路现象。

（4）检查ETS柜内输入端子至PLC模件的内部配线，用万用表（单根对地、两线之间）测量均为∞，绝缘情况良好，无短路现象。

（5）查ETS柜内手动跳机信号对应的A路PLC输入模件、B路PLC输入模件，解体输入模件检查发现，A路PLC输入模件中“手动跳闸”信号通道（AI1-22）电路存在轻微放电痕迹，如图5-48所示。

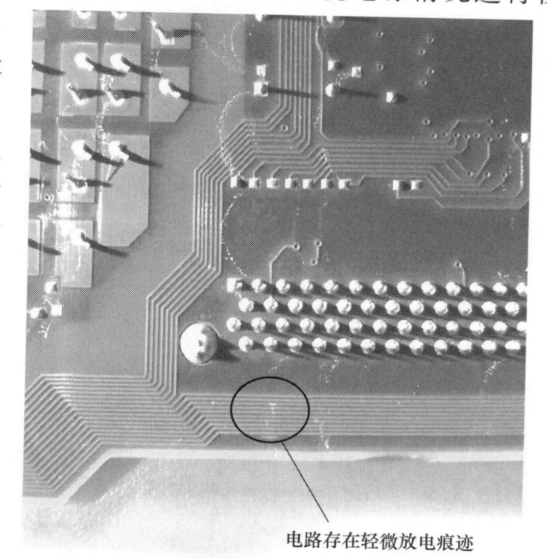

图5-48　ETS系统A路PLC输入模件

（6）由于ETS系统A路PLC（AI1-22通道）、B路PLC（BI1-22通道）输入信号的内部接线，在接线排U1的37端子存在并联情况，如图5-49所示。

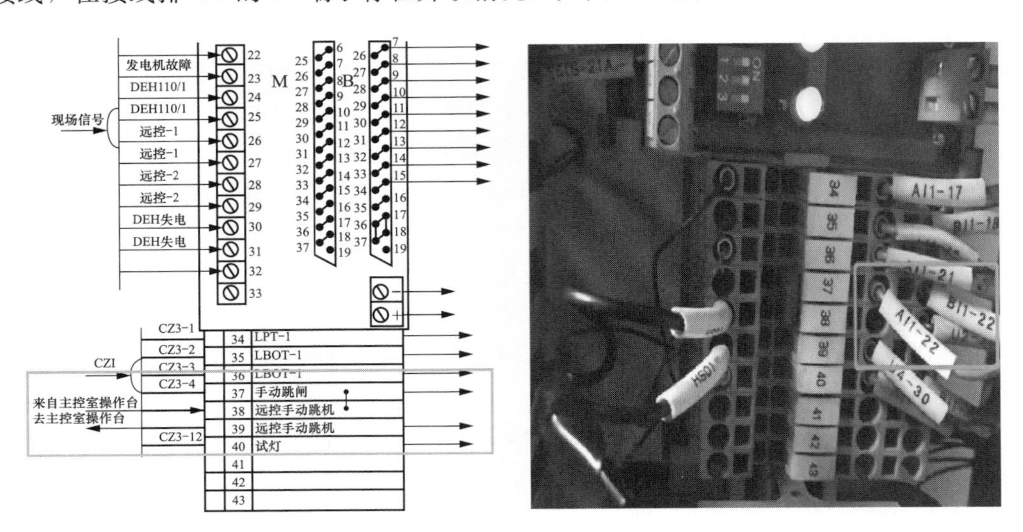

图5-49　ETS系统手动跳闸信号接线图

当A路PLC的AI1-22通道电路放电短路时，同时造成B路PLC的BI1-22通道查询电压状态翻转，信号发生误判断。当A、B两路PLC中，手动跳闸信号均判断为“1”时，ETS系统输出信号至AST1、2、3、4跳闸电磁阀，如图5-50所示，导致手动跳机。

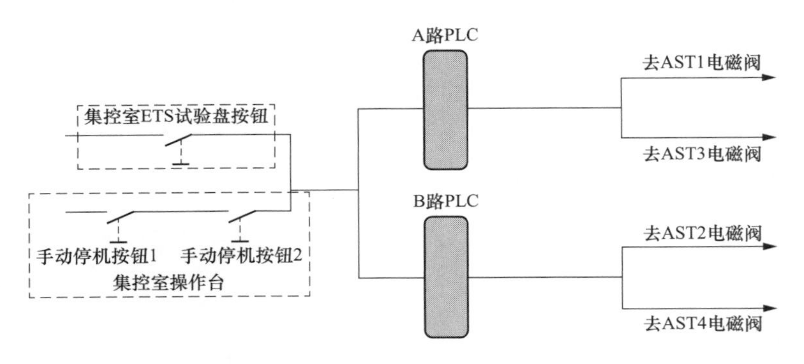

图5-50　ETS系统手动跳闸回路原理

（7）查该故障PLC输入子模件，生产日期为1999年，属于超期服役设备，如图5-51所示。

2. 原因分析

（1）1号机组ETS系统A路PLC输入模件的AI1-22通道电路故障，导致1号机组ETS系统手动跳闸回路保护误动作，是此次1号机组汽轮机跳闸事件的直接原因。

（2）1号机组ETS系统A路PLC的AI1-22通道、B路PLC的BI1-22通道，出厂时设计的内部接线在接线排U1的37端子处存在并联情况，当A路PLC的AI1-22通道故障时，引起B路PLC的BI1-22通道查询电压状态翻转，信号产生误判断。从而导致A/B两路PLC中手动跳闸信号均判断为“1”，ETS系统输出跳机信号至AST1、2、3、4跳闸电磁阀，是此次1号机组跳机的根本原因。

图 5-51　故障 PLC 输入子模件信息

（3）ETS 系统 PLC 输入模件自投产以来已使用 17 年，电路老化故障风险较大。技术支持部在检修过程中未制订计划进行更换，是此次 1 号机组跳机的管理原因。

3. 暴露问题

（1）技术支持部设备隐患排查不彻底，对 ETS 系统存在的误动风险排查整改不到位。该 ETS 系统厂家内部接线设计不合理，存在信号并联情况，保护系统存在误动风险。集控室 ETS 试验盘手动跳闸按钮，属于保护回路的冗余设计，但该回路设计为单个节点动作即触发保护信号，存在较大的误动风险。

（2）专业日常工作中未对重要保护控制系统模件使用年限进行统计分析，未对超期服役设备制订更换计划。

（3）专业技术资料管理存在不足，生产现场未放置重要系统相关图纸资料，造成事件原因查找分析的迟滞。

（4）主机隔膜阀处油压无模拟量监视，不便于在事件发生后的原因分析判断。

（5）集控室属重要生产区域，未安装摄像头进行监控，区域无影像资料存储，不利于事件发生后的分析和溯源。

（三）事件处理与防范

（1）手动打闸至 ETS 两套保护系统的信号回路独立布置。

（2）对两台机组 MFT、ETS 系统保护回路进行梳理，对设计合理性和电缆绝缘情况进行检查，同时消除不必要的保护冗余回路，避免保护误动。

（3）统计重要控制系统模件使用年限情况，对超期服役设备制订更换计划。

（4）生产区域现场放置热控重要保护系统相关图纸。

（5）主机隔膜阀处增加油压变送器，送至 DCS 画面供运行人员监视。

（6）重要生产区域（主机、脱硫集控室）加装摄像头进行全覆盖。

十二、ETS 系统 PLC 故障导致机组跳闸

（一）事件过程

2019 年 6 月 29 日 10 时 23 分 20 分，某厂 1 号机组负荷 311MW，汽轮机突然跳闸（跳

闸首出为“DEH 跳闸停机”），联跳发电机，锅炉 MFT 动作，跳闸首出为：机组负荷>40%，汽轮机跳闸。

SOE 记录如下：

10 时 22 分 34 秒 513 微秒，1 号机组发变组保护 B 程序逆功率跳闸；

10 时 22 分 45 秒 849 微秒，1 号机组发变组保护 A 程序逆功率跳闸；

10 时 23 分 20 秒 474 微秒，PLC A 故障输出；

10 时 23 分 20 秒 663 微秒，DEH 遮断。

查历史记录：10 时 23 分 20 秒，ETS 系统 PLC A 故障；但 ETS 系统 PLC 的主、辅电源供电正常，继电器 A 柜和 B 柜 24VDC 供电正常；4min 后，即 10 时 27 分，ETS 系统 PLC A 故障消失。

（二）事件原因查找与分析

（1）从 ETS 系统图纸、PLC 内部设置、历史记录和现场检查试验情况来看，基本可以判断 ETS 系统 PLC A 故障导致高压遮断电磁阀失电使机组先行跳闸，联跳发电机和锅炉。

（2）PLC A 故障原因分析。PLC A 故障可能的原因有：电源消失或 DO 卡与 CPU 的看门狗信号停止跳动超过 300ms。

ETS 系统设置有双冗余电源，历史记录电源卡件正常，电源消失的可能性较少，基本可以排除。DO 卡与 CPU 的看门狗信号停止跳动超过 300ms 的可能性较大，当 DO 卡看门狗超时后，该 DO 卡所有通道输出均预设为“0”，从而造成遮断电磁阀失电，机组跳闸。

而导致 DO 卡看门狗与 CPU 联系超时，直接原因是 DO 卡看门狗接收不到 CPU 发送来的心跳信号，主要可能原因有：

CPU 逻辑扫描超时。经检查，CPU 逻辑扫描一次的时间为 1.3～1.4ms，与 300ms 相差甚远，DO 卡看门狗超时设置合理，排除设置问题。

CPU 逻辑扫描被人为停止运行。当 CPU 程序开关由“运行”位置切换到“停止”位置，也会引起 DO 卡看门狗与 CPU 联系超时，该原因可以排除。

DO 卡自身故障。当 DO 卡自身故障、或与 CPU 的通信不良，其与 CPU 的握手信号也会失去，DO 卡所有通道输出“0”。虽然本次 PLC A 故障后，DO 卡并没有发现问题，但由于故障 4min 后自行消失，这种偶发故障，原因不好确定，DO 卡自身故障的可能性还是存在的。

CPU 卡故障。当 CPU 在运行过程中，出现故障时，也会造成 DO 卡看门狗超时而 DO 通道输出为“0”。当 CPU 卡故障时，通过 CPU 卡上的故障指示灯（闪烁次数），可以查到故障代码，由于故障 4min 后自行消失了，CPU 卡断电后，状态记录也消失，无法查找到具体故障代码，但 CPU 卡故障的可能性还是比较大的。

综上所述，PLC A 短时故障报警是由 DO 卡看门狗接收不到 CPU 发送来的心跳信号引起，初步判断为 DO 卡自身故障或 CPU 卡故障后自行恢复，但具体无法确定。

（3）ETS 系统设计可靠性分析。该 ETS 系统采用广东东方电站成套设备，ETS 装置内部逻辑采用施耐德昆腾 MODICON 的 140CPU43412A 系列可编程控制器（PLC）实现，双路冗余供电，双 PLC 并列运行。当任一 PLC 保护动作时，均能可靠执行汽轮机保护跳

闸动作。

汽轮机的4个遮断电磁阀（5YV、6YV、7YV、8YV）带电运行，失电时保护动作，ETS采用DO输出继电器的动合点输出驱动遮断电磁阀，机组正常运行时，DO输出为“1”，驱动继电器吸合，遮断电磁阀带电。当出现汽轮机保护跳闸条件、或电源消失、或DO卡与CPU的握手信号（看门狗信号）停止跳动超过300ms，DO输出均由“1”转变为“0”，遮断电磁阀失电，汽轮机跳闸。

该ETS系统设计时，为提高系统的保护可靠性，必须保证两套PLC同时正常运行，任一PLC运行不正常时（电源消失、或DO卡与CPU握手的看门狗信号停止跳动超过300ms），都会执行遮断保护动作，而且此种情况下，ETS系统无法正确记录首出原因，但DCS的SOE系统会有PLC故障的记录。

因系统设计两路PLC并列运行，任一PLC运行不正常时仍有一套正常的PLC执行遮断保护功能，拒动风险已经很低；按照原有设计：任一PLC运行不正常时（电源消失、或DO卡与CPU握手的看门狗信号停止跳动超过300ms）都执行遮断保护，误动概率较大。此次跳机事件，就是这种情况。

（三）事件处理与防范

（1）更换ETS系统可能存在问题的PLC A电源模块、CPU模块、S06槽DO模块。

（2）基于ETS系统原设计存在的问题，参照东方电气的书面答复，组织技术人员制定了优化方案，经广东电科院专家对优化方案进行审查和确认后对保护回路进行了优化，确保单PLC故障时不会导致机组跳闸。

（3）将PLC故障报警信号接入软光字牌，进行声光报警，便于运行人员发现及时通知检修人员处理。

（4）加强巡查，若PLC再次发生故障，不要复位PLC，用电脑连接PLC，将各个模件（电源卡、CPU、DI卡、DO卡）的运行状态和错误记录读出并记录，通过这些状态和错误记录，看能否确定PLC故障的具体原因。

（5）普查4台机组DEH、ETS、MFT等重要系统，是否存在冗余设备故障导致系统误动风险。

十三、振动探头老化失效导致机组跳闸

某厂1号机组于2011年并网发电并投入商业运行，配置600t/天垃圾焚烧炉排炉、54t/h中温中压余热锅炉、12MW凝汽式汽轮发电机组。

（一）事件过程

2019年1月13日23时24分，1号汽轮机正常运行，负荷为9.31MW，主蒸汽流量为39.2t/h，主蒸汽温度为393℃，主蒸汽压力为3.60MPa。主蒸汽调门及发电机功率平稳，无大波动。23时48分运行人员发现电气ECS报警声响，1号发电机出口1010开关跳闸，汽轮机转速下降，汽轮机ETS首出报警为轴承振动大报警跳机，按事故处理进行停机操作并汇报值长。

（二）事件原因查找与分析

1. 事件原因检查

调取汽轮机振动历史趋势，1号轴承振动值在11min内从3.6μm升至81.78μm

（保护动作值 80μm）引起汽轮机跳停事件，如图 5-52 所示。汽轮机惰走转速下降过程中发现 2 号轴承振动在过临界转速区时振动值无变化。检查各振动测点及线路紧固情况，振动探头和电缆接头紧固无松动。汽轮机跳闸前后汽轮机瓦温、回油温度均正常。

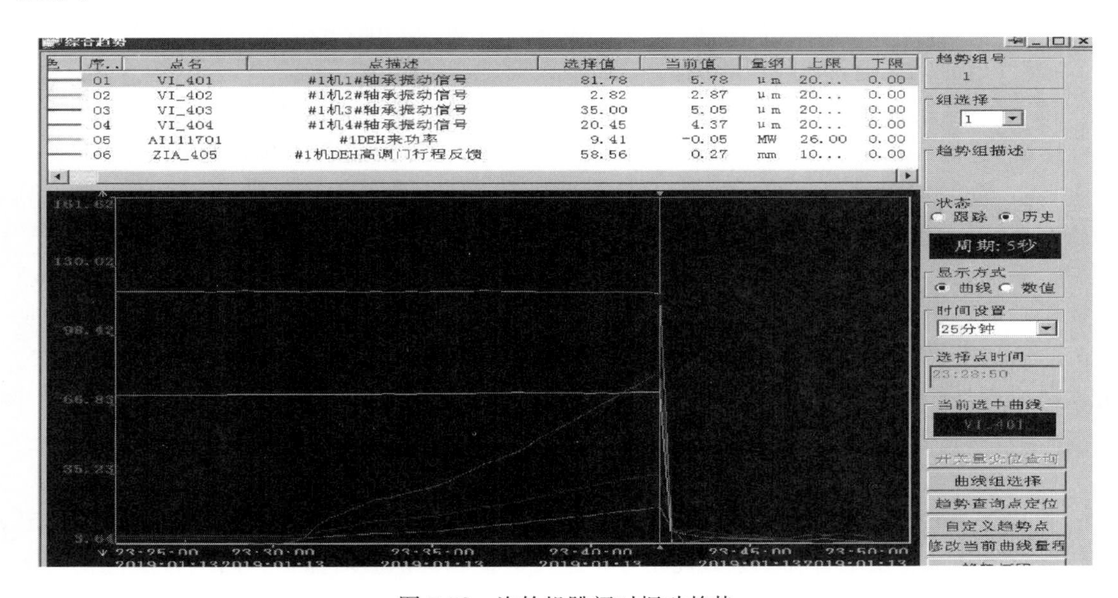

图 5-52　汽轮机跳闸时振动趋势

振动探头为 2011 年使用至今，且振动探头安装位置环境温度较高，探头老化失效所致，如图 5-53 所示。

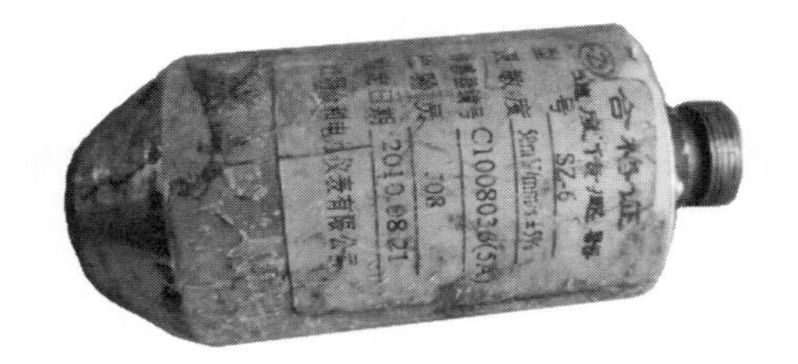

图 5-53　振动探头

1 时 00 分检查更换 1、2 号轴承振动探头，对其他振动测点探头紧固后机组重新冲转，01 分 35 分定速 3000r/min，各轴承振动显示正常，1 分 45 分并网发电，如图 5-54 所示。

2. 原因分析

汽轮机振动探头 2011 年使用至今，振动探头使用年限已达 9 年，况且汽轮机表面环境温度高，会出现电子元器件老化情况，准确性和稳定性下降；且振动探头安装位置环境温度较高，探头老化失效所致 1 号轴承振动信号达 81.78μm，导致汽轮机 ETS 首出轴承振动信号大保护跳闸。

（三）事件处理与防范

振动探头现已更换校验合格的振动探头，并定期送检振动探头等保护传感器。

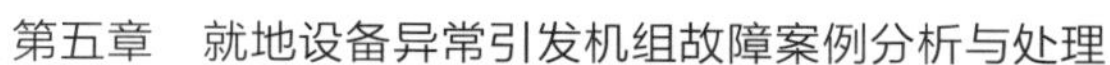

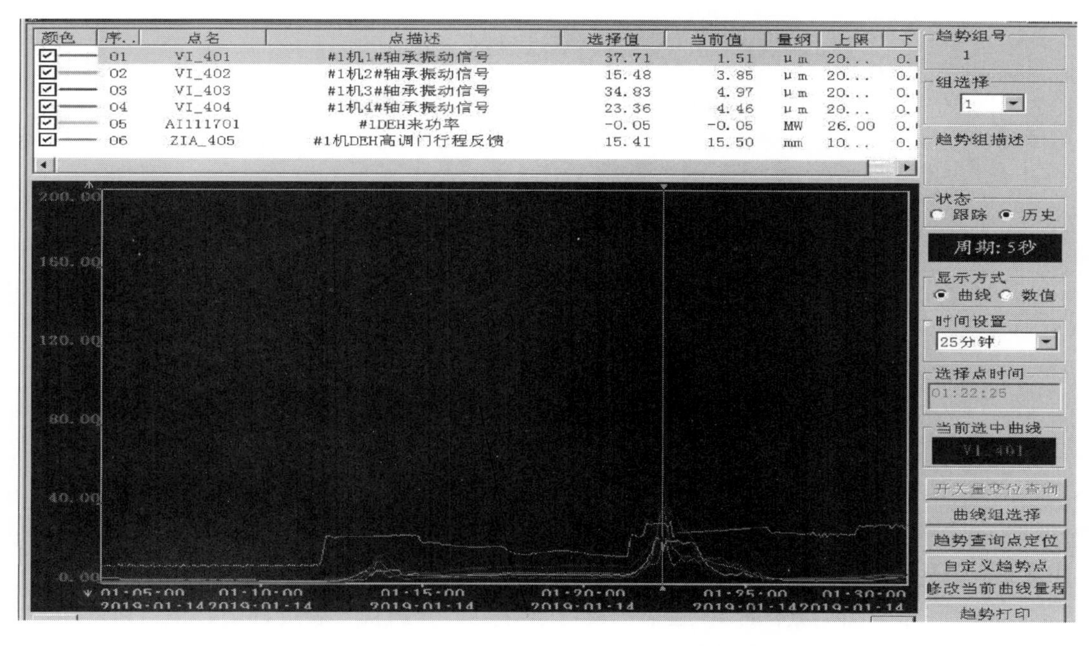

图 5-54　更换振动探头后汽轮机运行振动数据

第六章

检修维护运行过程故障分析处理与防范

机组从设计到投产运行必定要经过基建、运行和检修维护等过程。各过程面对的重点不同，对热控系统可靠性的影响也会有所不同，总体来说，新建机组主要取决于基建过程中的把控；投产年数不多的机组主要取决于运行中的预控措施的落实；而运行多年的机组则主要取决于运行检修维护中的质量控制。

本章对上述三个阶段中的42起案例进行了分类，分别就安装过程中、运行过程中和维护过程中的热控故障引发的事故进行了分析和提炼。其中安装过程中的问题主要集中在组态修改、接线规范性和电缆防护等方面；运行过程中的问题主要集中在运行操作和报警处理等方面；检修维护过程中的问题则主要集中在试验的规范性、检修操作的规范性和保护投撤的规范性等方面。希望借助本章节案例的分析、探讨、总结和提炼，能提高相关人员在不同阶段过程中运行、检修和维护操作的规范性和预控能力。

第一节　检修维护过程故障分析处理与防范

本节收集了因安装、维护工作失误引发的机组故障26起，分别为：电缆槽盒安装不规范内部积粉长期未清理导致电缆阴燃、A/B空气预热器反馈信号接线错误导致机组跳闸、轴振前置器因高温引起故障而导致机组跳闸、消缺过程中保护解除不彻底导致汽轮机主油箱油位低保护动作、DO卡件通道接线方式不合理触发给水泵跳闸、给水泵汽轮机主汽门活动试验造成非停事件、行程开关密封性能差导致循环泵跳闸、高压加热器液位变送器投运不规范导致机组跳闸、空气预热器就地控制柜电源接线有误导致机组MFT、给水泵汽轮机调门LVDT模块固定螺栓脱落导致锅炉MFT、消缺过程中拆错线导致真空低低保护动作、基建调试期已退出的保护被重新接入导致机组跳闸、缸温元件接反引起汽轮机跳闸、传感器安装支架掉落导致空气预热器跳闸、检修工艺不规范导致除灰空压机排气温度异常、火检冷却风机就地控制柜内部锈蚀积水导致火检冷却风丧失保护动作、温度元件故障时引起相邻温度信号跳变、燃机CO_2消防装置就地控制柜密封不严进水受潮导致燃机跳闸、接线松脱导致汽包水位高高保护动作、保温拆除后未及时封闭导致汽包水位低保护动作、电动头内部进水导致循环水泵跳闸、消缺过程中安全措施不全面导致锅炉MFT、O型圈损坏导致某机组左侧中压主汽门异常关闭、金属碎屑堵塞快关电磁阀OPC进油节流孔导致高压调门突关、电磁阀阀芯卡涩等原因引起集箱爆泄导致锅炉MFT、引风机失速导致机组MFT。

这些案例多是机组安装调试期间发生的事件，案例的分析和总结有助于提高安装调试

过程中热控系统安装维护的规范性和可靠性。

一、电缆槽盒安装不规范内部积粉长期未清理导致电缆阴燃

某厂600MW亚临界燃煤机组，控制系统采用OVATION DCS系统，2009年1月投产，2019年07月09日4号机组负荷420MW，主蒸汽压力16.11MPa，煤量285t/h，总风量1652t/h，氧量3.29%，A、B、C、E、F磨煤机和A、C炉水泵运行，B炉水泵备用，机组运行稳定。

（一）事件过程

01时12分DCS突然显示：A炉水泵出入口差压1测点故障，B、C炉水泵出入口差压2测点故障，1min后F1火检模拟量消失。

01时45分热工专业初步确定为电缆故障，开始对炉侧能引起跳机的相关测点进行强制。

02时00分E1火检模拟量消失。02时41分B1火检模拟量消失。

03时08分DE层1号角油枪自动投入，运行人员切至就地退出油枪运行，关闭供油手门。

03时17分主给水调节阀前电动门突关，运行人员就地手动开启主给水调节阀前电动门，并停止其电源。8min后为防止给水调节阀旁路电动门突关，停止其电源。

03时30分BC层1号、EF层1号角油枪自动投入，运行人员立即切至就地退出油枪运行，关闭供油手门。10min后主给水调节阀旁路电动门来“阀门故障报警”，主给水调节阀旁路电动门就地全开状态。

03时45分炉侧电缆桥架发现有焦味，检修及运行人员开始查找具体故障位置。生产领导、设备及检修部门负责人到达现场，指挥进行电缆故障查找。10min后AB层1号角油枪自动投入，就地无法退出AB层1号角油枪运行，关闭供油手门，将AB层1号角机械雾化油枪抽出。

04时15分运行人员发现，B侧热一次风管道处电缆桥架温度180℃，同时有轻烟冒出。04时25分检修人员仔细检查发现，电缆桥架与B侧热一次风管道之间空间积粉严重，积粉有火星闪烁，温度达300℃，10min后锅炉辅机班人员开始清理电缆桥架积粉。

05时18分吹灰器系统来“B4运行”“右后墙后退指示”“程控中断”信号。停止吹灰系统电源，关闭吹灰器供汽手门，就地检查吹灰器全部退到位。

05时41分A一次风机热一次出口挡板门故障，将该电动门停电。

06时20分清理出大量积灰后，风道保温外皮温度为150℃，电缆桥架温度下降至80℃，电缆桥架轻烟消失。07时21分A空气预热器至电除尘器B入口挡板门2故障，将该电动门停电。

07时28分B空气预热器出口二次风挡板门故障，将该电动门停电。07时29分检修人员继续清理积粉，就地对此处电缆桥架进行24h温度监视。

7月11日20时43分按计划调度4号机组解列。

（二）事件原因查找与分析

1. 事件原因检查

4号炉B侧热一次风道上方并排布置2列电缆桥架，每列3层，2列桥架在风道上方拐90°直角弯，如图6-1所示。

图 6-1　电缆桥架过热位置

这 2 列电缆桥架内部及外部盖板均有积粉。电缆底层桥架同风道之间距离为 15cm，这部分空间积粉最为严重。用红外成像仪对电缆桥架测温，电缆底层桥架同风道之间的积粉温度高达 300℃，底层电缆桥架外框温度达 180℃，如图 6-2 所示。

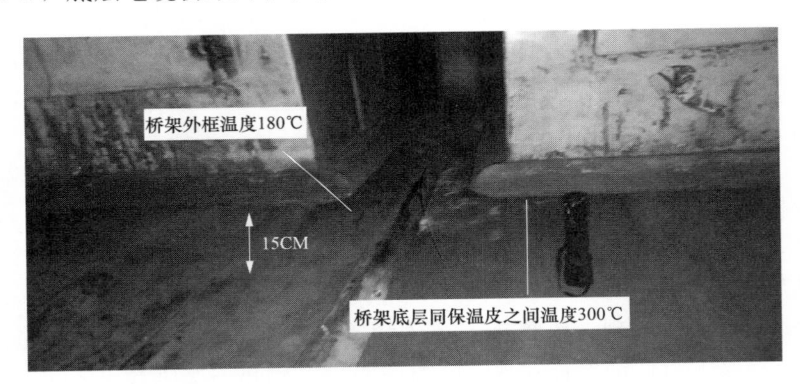

图 6-2　高温区域示意图

用吸尘器、铁锹、毛刷等工具清理电缆桥架内部及电缆桥架同风道底部空间的积粉。在清理过程中，积粉内部有火星窜出，电缆桥架有积粉清理后，电缆桥架温度由 180℃下降至 85℃。

检查电缆受损情况，共发现有被烤焦电缆 300 余根。对损坏的电缆用新电缆整段替换，替换的新电缆同旧电缆接头部位采用绞接的方式，接头处做绝缘处理。在电缆桥架内部敷设隔热板，并彻底清理桥架内外积粉、桥架同风道保温之间的积粉。

2. 原因分析

（1）电缆桥架设计不够合理，桥架距离管道保温层仅有 15cm，不满足电缆桥架距离保温层 50cm 的距离要求。电缆桥架同保温之间距离较近，为温度传导提供了条件。

（2）检查电缆桥架下方一次风管道，未见风道有漏点，但发现保温棉覆盖不完整，可见明显缝隙。保温棉包裹不彻底，风道的热量会通过缝隙传递到电缆桥架上。

（3）电缆桥架积粉较为严重，风道保温同底部电缆桥架的空间已被粉灰填满，此处聚集的粉灰起到了蓄热的作用，最终使温度累积高达 300℃。因粉灰同热风道及电缆桥架均

有接触，热量传导到了电缆桥架，使桥架内的电缆受到高温炙烤，发生烧损。

3. 暴露问题

（1）巡视检查不到位，在班组进行日常设备巡视过程中，没有深入到粉尘较大、高温管道、竖井陡梯等处进行彻底巡视，电缆桥架巡视存在死角，未能及时发现电缆桥架过热。

（2）预维护项目制定不全面、不彻底，B 侧热一次风道上方电缆桥架没有进行定期清扫，未及时清理积粉，煤粉越积越多，大量聚集的煤粉构成了导热、储热的条件。

（3）电缆隐患排查不到位，上级公司多次组织开展了电缆沟道、桥架、夹层、竖井等设备设施的专项安全检查和隐患排查。在进行隐患排查的过程中，没有对高温、积粉区域的电缆进行彻底排查，没能及时发现故障电缆桥架处保温外皮积粉严重、温度过高隐患。

（4）设备治理不到位，在进行风道漏风、保温填充、积粉积灰设备治理治理过程中，未能发现 B 侧热一次风道保温棉覆盖不完整，未对保温棉的缝隙进行填补，没能有效值阻止风道热量向外辐射。

（5）《二十五项反事故措施》对电缆桥架与热源管道距离有明确要求，但多次检查都未发现此处问题。

（三）事件处理与防范

（1）机组启动后，对发生故障处的电缆桥架进行红外测温，运行人员每班 1 次测温，检修人员每日 2 次，设备人员对测量次数和质量进行监督，以便第一次时间发现异常，采取应对措施。

（2）对于发生故障处的电缆桥架及风道的积粉，检修人员每半个月清理 1 次积粉，发生粉管泄漏时，应立刻进行清理。以保持电缆桥架底部同风道保温之间的空间畅通，阻隔热传导。

（3）B 侧一次风道上方的 2 趟垂直段电缆桥架（竖井）应将顶部（顶部分别在 51.2m 和 73.6m）彻底封死，电缆桥架水平的分支底部应开孔。以防止发生管道泄漏时水从电缆竖井顶端灌入或从水平分支流入，影响电缆绝缘。

（4）铺设感温电缆，接入火灾报警系统。桥架内温度升高时，感温电缆可发出报警信号，以便于提前发现电缆温度异常。

（5）研究将风道保温棉换成轻薄优质保温棉，增大电缆桥架同风道之间的空间距离，可以有效防止温度传导和煤粉积累成堆。

（6）深入持续开展电缆防火隐患排查。从现在开始，对全厂电缆桥架积粉、电缆腐蚀、盖板不严、电缆封堵、测点缺失等情况进行详细排查与治理，到年底彻底解决电缆桥架、电缆沟的防火问题，杜绝此类问题再次发生。

（7）利用机组长时间停运期间对电缆槽盒进行改造，使其符合《二十五项反事故措施》与热源管道距离 50cm 的要求。

二、A、B 空气预热器反馈信号接线错误导致机组跳闸

某厂 3 号机组为 600MW 亚临界燃煤机组，控制系统采用 OVATION DCS 系统，投产时间为 2008 年 12 月。

（一）事件过程

4 月 24 日 09 时 55 分，3B 空气预热器主电机变频器跳闸，辅助电机变频器联启正常。

接到运行通知后，热工人员就地检查空气预热器主电机变频器，未发现任何报警，通知运行人员需要开票进行检查。工作票开出后，对空气预热器主变频器进行检查，怀疑是由主变频器故障引起的跳闸，于是对主变频器进行了更换，更换后联系运行人员进行试转，试转前解除了空气预热器停转跳闸送、引风机和一次风机联锁条件。16 时 31 分 20 秒开始进行试转，为了确定更换变频器后电机旋转方向需要先停掉 B 空气预热器辅助电机，等到辅助电机惰走（大约 1min 时间）完成后再启动主电机。31 分 28 秒 MFT 动作，机组跳闸，跳闸首出为两台空气预热器全停。

（二）事件原因查找与分析

1. 事件原因检查与分析

锅炉主保护原设计没有两台空气预热器全停 MFT 保护，后根据上级文件要求加入了两台空气预热器全停保护。按照防拒动的原则，保护要求有两种信号形式，一种是硬接线信号，一种为通信信号。在进行 B 空气预热器切换试验时，B 空气预热器主、辅电机全停，空气预热器全停保护只能满足一半条件，但是 A、B 空气预热器全停保护同时发出造成主保护动作，锅炉跳闸。经检查发现，在推硬点的过程中，把 B 侧全停的信号误接到了 A 侧，信号有交叉，所以在进行试验时，误发了空气预热器全停信号，导致 MFT 动作，机组跳闸。

2. 暴露问题

（1）热控专业在对主保护修改上存在管理漏洞，分级验收不彻底，改造后的试验工作不细致，未提前发现问题。

（2）隐患排查不到位，多次进行主保护试验未发现问题，主保护试验环节存在问题。

（3）工作前分析不到位，虽然解除了空气预热器对各风机的联锁逻辑，但没有解除主保护逻辑。

（4）班组在停机检查方面工作不到位，虽然提前发现问题，但处理时间过长，没能在机组启动初期消除 B 空气预热器主变频器故障，使问题拖延到机组正常带负荷后处理而增大了机组安全风险。

（5）对于改造完的接线没有认真核对信号正确性。

（三）事件处理与防范

（1）热控专业对相应的空气预热器全停保护逻辑进行检查，确认其他机组不存在相应问题。

（2）热控专业重新修订保护试验卡，保护试验严格按照程序进行，禁止跳步执行走捷径。

（3）机组停运期间，加强对设备的维护，机组启动前做好传动试验，争取提早发现问题及时处理。

（4）热控专业做好主保护及主要辅机保护逻辑及接线隐患排查工作，发现错误和隐患及时提出并经过审批后马上采取预防措施，具备条件时修改。

三、轴振前置器因高温引起故障而导致机组跳闸

（一）事件过程

6 月 6 日 11 时 30 分，某厂 2 号机组负荷 104MW，蒸汽流量 368t/h，主蒸汽压力 12.3MPa、主蒸汽温度 535/535℃，再热蒸汽压力 1.1MPa、再热蒸汽温度 535/535℃，汽轮机

2 瓦 X 向轴振 57μm、Y 向轴振 35μm、瓦振 10μm，转子轴向位移 0.32mm，其他参数正常。11 时 36 分，2 号机组 2X 振动突升至 282μm，机组振动大保护动作跳机。2 号机组跳闸后，立即汇报省调，并组织专业人员到现场检查分析原因。经排查发现靠近 2 号汽轮机 2 瓦附近端子箱内的 2X 向轴振测量信号前置转换器故障，造成轴振升高，引发保护动作。

将故障的前置转换器更换后，2 号机组于 2019 年 6 月 6 日 13 时 19 分并网发电。

（二）事件原因查找与分析

1. 事件原因检查与分析

该端子箱内共有 5 个前置器，分别是 2 号瓦 X 轴振前置器、2 号瓦 Y 轴振前置器、轴向位移前置器 1、轴向位移前置器 2 和偏心前置器。从历史曲线看，2 号瓦 X 轴振突升时，端子箱内其他测点无波动。

分析认为，导致 2X 向轴振测量信号前置转换器故障的原因有两个，一是由于 2 号机中压排汽缸立面结合面右侧漏汽，该端子箱长期处于高温环境下（见图 6-3），前置器电子元器件可靠性降低；二是对缸体结合面漏泄部位进行遮挡处理时，因为作业空间比较狭窄，处理过程中碰撞到了端子箱。

图 6-3　电缆桥架高温位置

目前，已经对 2 号瓦 2X 轴振前置器进行了更换。故障前置器目前暂未拆除（需要把整个电木背板解体，会影响到其他测点），待机组停运后拆除进行检测。

2. 暴露问题

（1）等级检修质量管理不到位，对中压排汽缸立面结合面漏汽的问题没有落实有针对性的检修、改造措施。

（2）生产人员在现场对漏泄部位采取遮挡措施时，风险辨识能力不足，未采取针对性防范措施，作业人员误碰端子箱。

（3）运维管理不到位，受中压排汽缸立面结合面漏泄因素影响，该处环境温度较高，不满足信号前置转换器环境要求（一般要求 0～55℃，干燥无腐蚀）。

（三）事件处理与防范

（1）利用等级检修时机对中压排汽缸立面结合面进行治理，避免出现大量漏汽现象。

（2）加强安全培训，提高生产人员安全意识及风险辨识能力，针对现场作业环境采取针对性防范措施，避免类似事件发生。

（3）制定并落实有效的防护措施，确保信号转换器附近的环境得到改善并达到相关标准要求；利用等级检修机会，将端子箱移到远离高温位置，便于日常检修维护，减少由于工作环境带来的安全风险。

（4）对2号机组2瓦处转换器端子箱内其他几个转换器进行检查，确保信号传输正常。

（5）对热工设备工作环境进行排查，查找同类事件隐患，制定预防和整改措施，杜绝类似事件重复发生。

四、消缺过程中保护解除不彻底导致汽轮机主油箱油位低保护动作

（一）事件过程

某厂6号机组正常运行，机组负荷908MW、主蒸汽压力25.5MPa、主蒸汽温度600.0℃、再热蒸汽压力4.45MPa、再热蒸汽温度601.6℃、给水流量2522t/h、炉膛压力－92.2Pa、总风量2834t/h、锅炉五台磨组运行（B、C、D、E、F），AGC、一次调频投入，机组运行工况稳定。汽轮机主油箱油位A、B、C分别为320、268、375mm。

6月10日，6号机组汽轮机润滑油油箱液位2号测点出现波动。

6月11日，办理保护解除单及热控工作票，解除6号机组汽轮机润滑油箱液位2号测点低低跳闸保护，对2号测点进行检查，拆除2号测点时发现对1号测点有影响，停止工作。

6月12日，重新办理保护解除单及热控工作票，解除6号机组汽轮机润滑油箱液位低低跳机保护，对油位测点进行检查。对2号测点探头进行清理检查，未发现明显故障，回装后保持观察。

6月13日，2号测点波动现象未见好转。因1、2号液位计为浮子式探头，3号液位计为导波雷达式，测量原理不同，决定将2号和3号测点进行对调，以分析判断波动的原因。13时30分进行探头对调工作，先将3号探头拆除，再将2号探头拆除，进行消缺工作。13时36分，润滑油箱液位保护动作，6号机组跳闸。

经查明机组跳闸原因后机组恢复启动，于当日19时00分锅炉点火，14日00时25分汽轮机冲转，14日00时39分6号机组并网。

（二）事件原因查找与分析

1. 事件原因检查与分析

6号机组跳闸的首出原因为润滑油箱液位保护动作，液位保护逻辑为：汽轮机润滑油箱油位测点为三个独立油位变送器，当油位小于152mm或测点故障（故障判断为：断线或超量程）则相应通道动作，经过三个油位低通道三取二逻辑判断送出跳闸汽轮机信号。即：任意两点润滑油箱液位达到跳闸值（低二值）或测点故障即触发跳机保护动作。图6-4～图6-6为TGC逻辑。

在进行6号机组润滑油箱液位测点检查前，执行保护解除单：PW00042085 6号机组汽轮机润滑油箱油位低低跳闸汽轮机保护。该保护投退标准操作卡明确规定，解除该保护应将图6-3～图6-5模块14中REB强制为“1”。而实际解除该保护操作中，将图6-3～图6-5模块13中IN2强制为“1”。即：仅解除了三个油位测点低低保护，油位测点故障（坏点）保护未解除。13日现场消缺过程中，将2、3号油位测点进行对调，拆除润滑油箱

2 号测点与 3 号测点接线后，2、3 号测点故障信号动作，触发油箱油位跳闸汽轮机保护。图 6-7 为润滑油箱液位消缺工作时 TGC 记录曲线。

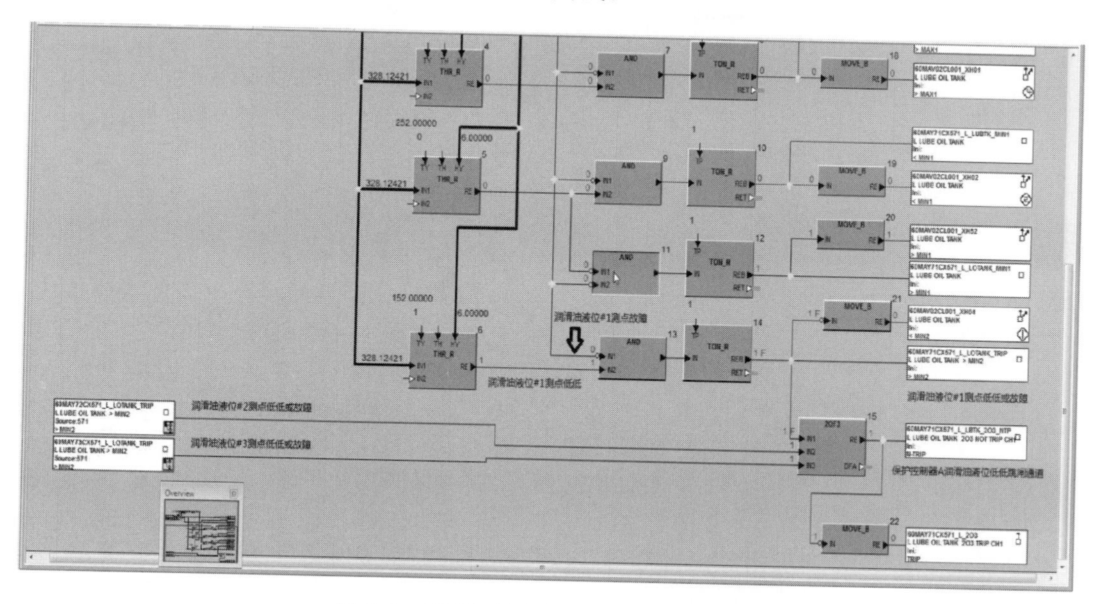

图 6-4　润滑油箱液位测点 1 号保护逻辑

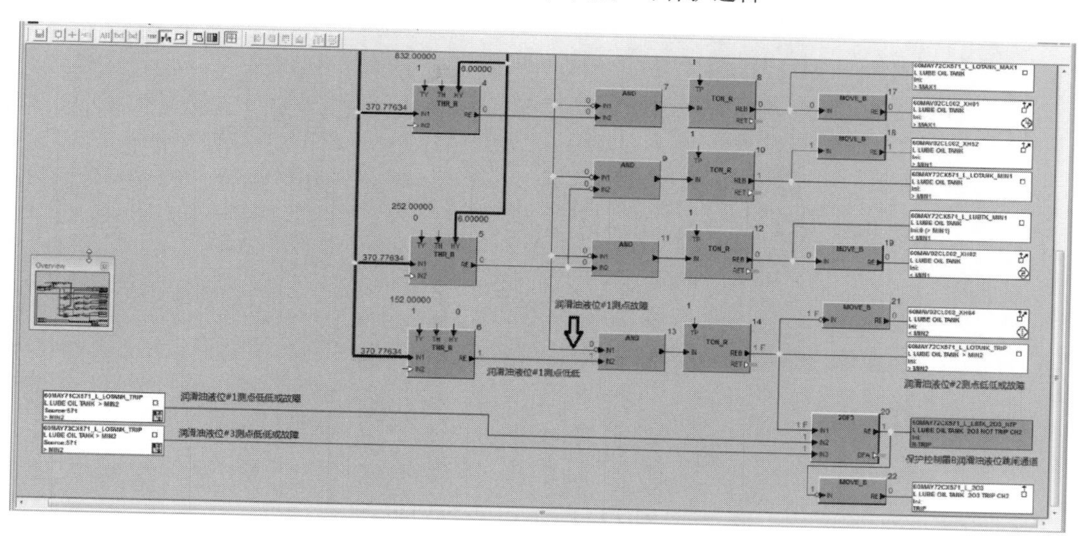

图 6-5　润滑油箱液位测点 2 号保护逻辑

综上所述，机组跳闸的首出原因是润滑油箱液位保护动作，但根本原因为消缺时保护解除不彻底，未解除润滑油箱液位测点故障保护。

2. 暴露问题

（1）A 级设备主重要保护测点分级管理不到位，风险分析及预控管理不到位。

（2）经验反馈落实不到位，没有将历史事件、经验教训融入具体工作中。

（3）“严、细、实”工作作风弱化，保护解投卡操作执行不规范，未严格执行标准操作卡。

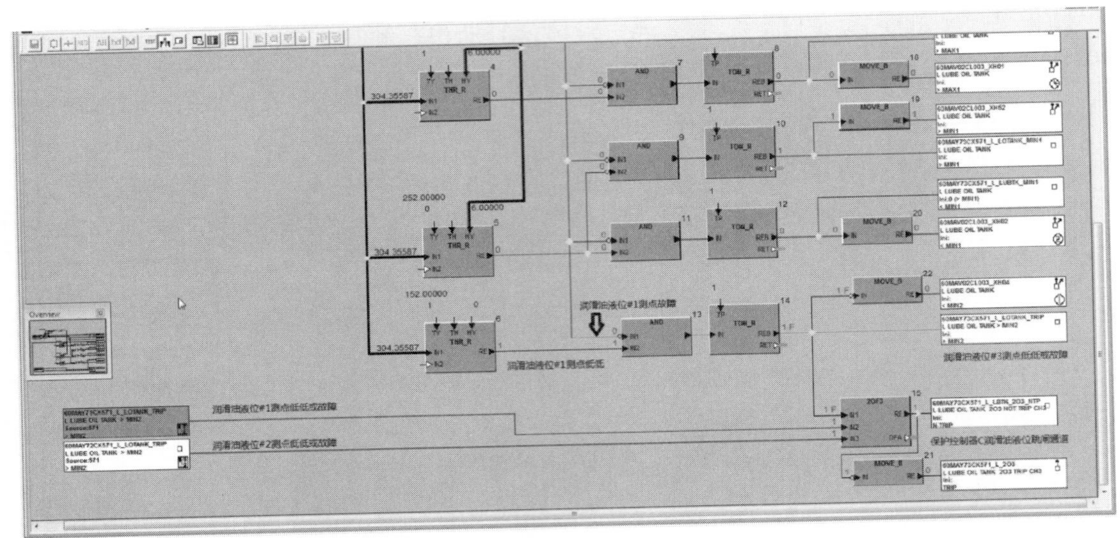

图 6-6　润滑油箱液位测点 3 号保护逻辑

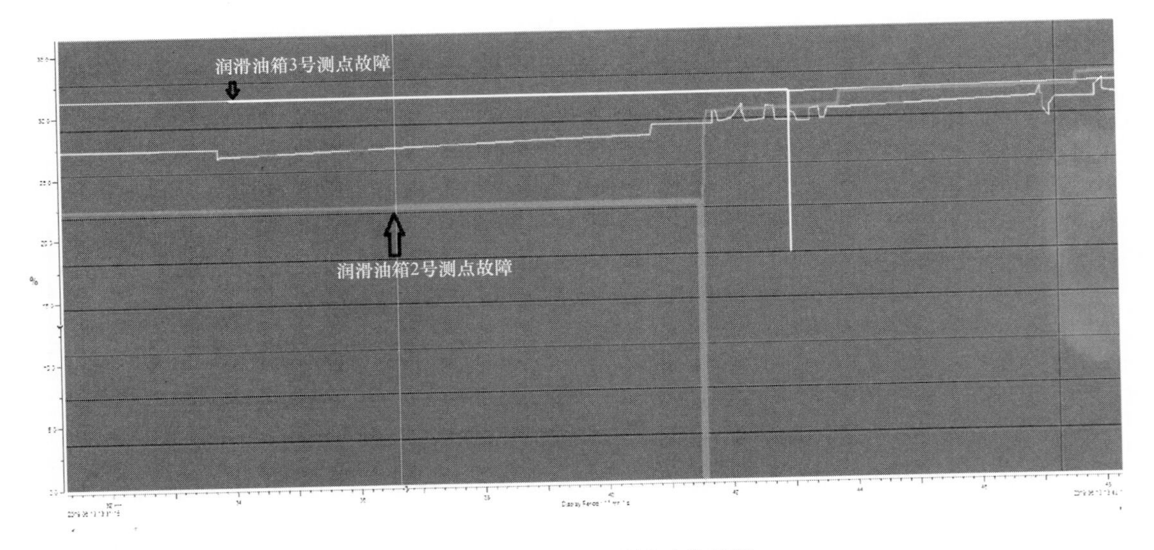

图 6-7　汽轮机润滑油箱油位信号

（4）工作监护制度流于形式，监护人未切实履行监护职责。

（5）安全意识淡薄，主重要设备消缺前未向部门管理汇报，未与技术管理专业及时沟通缺陷处理方案，班组直接安排工作人员进行探头对调工作。

（6）作业人员技能不足，对 TGC 逻辑熟悉程度不够。

（三）事件处理与防范

（1）梳理完善 A 级设备主重要保护测点清单，优化分级管理相关规定。

（2）将机组保护解投卡导入操作票管理系统，严格执行保护解投操作卡。

（3）严格执行 30min 汇报制，主重要设备消缺维护工作及时汇报，确定处理措施和方案后执行，避免低位决策。

（4）工作前认真开展JSA和JHA分析并做好安全技术交底，确保JSA/JHA管理工具有效落地。

（5）夯实班组安全活动，将历史经验教训落实到具体工作中，制定防范措施，杜绝此类事件发生。

（6）加强员工工作作风及技能培养。组织学习有关安全生产管理制度，落实规章制度，培养员工，特别是青年员工扎实的工作作风。组织编写TGC系统培训课件，落实技术培训，提高工作人员的技能水平。

五、DO卡件通道接线方式不合理触发给水泵跳闸

（一）事件过程

2019年12月6日16时55分，某厂1号机组负荷175MW，主、再热蒸汽压力16.88MPa/2.5MPa，主、再热蒸汽温度571℃/571℃，总燃料量76t/h，给水流量585t/h，过热热温度56℃，总风量859t/h。负荷稳定，无设备异常，运行无操作。

17时00分54秒1号机组锅炉MFT跳闸，一次风机跳闸、C、D、E磨煤机跳闸，汽轮机MFT跳闸，汽轮机转速下降，主机润滑油交流油泵、启动油泵启动正常。MFT跳闸首出为“点火记忆置位，给水泵跳闸”。

17时00分55秒1号给水泵汽轮机跳闸，跳闸首出：MFT停机且负荷大于30%。

17时00分58秒1号发电机出口3301开关程控跳闸，灭磁开关跳闸，1号机组厂用快切动作正常。

17时16分09秒1号锅炉吹扫完成，停止送引风机运行，关闭锅炉所有风门挡板，锅炉焖炉。

17时58分42秒1号汽轮机转速到零，投入盘车装置。

12月7日，3时00分查明故障原因后锅炉点火，12时00分机组并网。

（二）事件原因查找与分析

1. 事件原因检查与分析

原因为给水泵跳闸MFT保护由网络变量改硬接线时，由于DO卡件通道接线方式不合理，同时和利时系统48V电源模块负端浮空，负载变化时，48V正负端对地电压值变化，造成3块DI卡件的3个DI通道达到卡件查询电压阈值或门槛值，误发“给水泵汽轮机已停机”DI信号，触发给水泵跳闸保护，MFT动作。

2. 暴露问题

（1）安全生产管理薄弱，制度执行不到位，规矩意识较差。保护管理麻痹大意，主保护改造无技术方案、无三措两案，施工未设质检点验收。生产主管领导未能在本次保护改造过程中对保护的设计、施工、验收进行把关，管理缺位。生技部未能组织对施工过程中技术文件进行编制审核，未能执行设备改造技术管理规定，技术管理责任不落实，对制度、标准执行流于形式，施工人员在没有相关技术文件的情况下盲目施工，违规作业。

（2）举一反三差距大，控非停专项工作开展不利。未能按照公司要求开展控非停工作，未对公司发生的同类型事件进行认真学习，生产主管领导对控非停专项行动不重视，未能认真督导分解任务的落实。生技部对控非停工作把关不严，重布置轻闭环，控非停管控缺

位严重。车间、班组人员未能对任务进行分解落实，工作开展不认真，未能将各项措施落实到位，工作流于形式。

（3）设备风险辨识不深入，隐患排查部不全面、不彻底。在历次隐患排查治理中，均未能查出METS、MFT中DO卡件的接线方式和供电方式错误，隐患排查组织不力，排查方案不落实，本次施工过程中也未认真组织分析，导致接线错误。保护传动不规范，保护施工严重违反《二十五项反事故措施》要求，未遵循“保护信号应遵循从取样点到输入模件全程相对独立的原则”，采用一根电缆传输3组保护信号。隐患管理麻痹大意，专业人员责任心欠缺。

（4）专业人员技能水平低，技能培训针对性不强。专业技术人员对DCS操作不熟悉，对硬件接线方式不掌握，事件分析能力欠缺。将DO有源输出未经中间继电器直接接至DI卡件导致两个机柜的不同电压等级的电源串联，反映出电厂未能有效的开展培训，对于热工人员的专业技能水平培养不重视。生产主管领导对本单位教育培训工作、培训规划未能严格把关。管理部门组织、策划和实施培训工作开展不利，专业培训针对性不强，员工技能水平欠缺。

（5）热工保护传动、试验开展不规范。在“给水泵跳闸MFT保护”传动中，未按要求分通道独立传动、两两组合传动验证“给水泵跳闸MFT保护”动作的可靠性、正确性，未能在保护传动过程中发现接线错误，进而导致保护误动作，反映出电厂对保护传动工作的重要性认识不足，保护传动工作开展不规范。

（三）事件处理与防范

（1）必须严格加强热工保护管理，主保护变更应组织专家审核方案，同时向电力生产部备案。施工过程中要合理安排质检点进行验收，施工结束后要进行单点传动，再进行整体传动，其中单点传动时要把所有涉及的保护动作信号一并拉入曲线检查。

（2）组织开展DCS接线隐患专项排查，排查DCS各卡件接线方式是否符合说明书要求，检查直流电源接地是否正确，检查主要保护是否遵循从取样点到输入模件全程相对独立的原则，排查主要保护改造传动是否正常开展检修记录是否齐全，检查SOE测点设置是否满足要求，各SOE卡时间获取是否正常。

（3）针对此次事件，组织开展保护改造流程培训，明确检修控制文件。组织对DCS的说明书进行培训，学习卡件接线、供电、接地等内容，完成文件包、“三措两案”的修编工作，上报DCS培训需求计划并将培训记录报电力生产部备案。完善保护传动校验的相关作业文件，确保保护传动工作顺利正确开展，并将修订的相关作业文件报电力生产部备案。

六、给水泵汽轮机主汽门活动试验造成非停事件

某厂3号机组于1993年投产，3号汽轮机为东方汽轮机厂生产的D42型亚临界、中间再热、双缸双排汽凝汽式300MW汽轮机，2010年3月扩容改造为330MW。

配置2台各50%容量的汽动给水泵及1台50%的电动给水泵，汽泵制造商为沈阳水泵厂，为筒式多级离心泵，型号为50CHTA/6SP-3，设计流量为551m^3/h、设计扬程20.3MPa、设计转速5350r/min，设计功率6000kW。

DCS为2017年新改造上海新华XDC-800系统。

（一）事件过程

2月19日，3号机组负荷289.7MW，民用供热流量180t/h，A、B汽泵运行，电泵检

修，A、B汽泵转速5448/5397r/min，A、B汽泵出口流量561/551t/h，汽包水位35mm，AB送引一次风机运行，ABCD层给粉机及E1、E3给粉机运行。

9时24分03秒运行班长按定期工作计划要求，执行B给水泵汽轮机主汽门活动试验（C级检修后第一次进行试验，在C级检修后B给水泵汽轮机静态试验时，运行、汽轮机、热工人员给水泵汽轮机静态试验正常，未发现问题）。

9时26分00秒运行人员点击DCS画面"B给水泵汽轮机主汽门活动试验"按钮，开始试验。

9时26分24秒B汽泵转速、出口流量及B前置泵电流均出现小幅下降，之后迅速恢复正常。其中B汽泵转速最低至5221r/min，B汽泵出口流量最低至527t/h，B前置泵电流最低至150.8A。就地检查人员检查给水泵汽轮机主汽门活动后迅速恢复全开位置。

9时26分48秒B前置泵电流大幅下降至74A，B汽泵出口流量急速下降至137t/h、给水流量下降至687t/h，B汽泵出口压力快速升高，最高至25.62MPa，汽包水位快速下降。

9时27分20秒发现B汽泵最小流量阀开启，前置泵电流下降。

9时27分45秒运行人员手动停止E1、E3给粉机，将锅炉主控给粉机转速由584r/min降至374r/min。9时28分50秒，停运D层给粉机。

9时29分14秒B汽泵转速至6100r/min，超速保护动作，B汽泵跳闸。

9时30分06秒汽包水位达－350mm，汽包水位低保护动作，机组MFT跳闸。

检修人员到场检查分析，确认为B给水泵汽轮机主汽门活动试验时，主汽门误全关，引起B汽泵出口门联关，B给水泵汽轮机失去出力，给水流量急剧下降，汽包水位快速降低至跳闸值，机组MFT。

请示相关领导和省调后，12时18分点火；15时56分汽轮机冲转；16时25分机组并网。

（二）事件原因查找与分析

1. 事件原因检查与分析

3号机组跳闸原因为汽包水位低"MFT"动作。汽包水位低的原因为，B给水泵汽轮机主汽门活动试验时，阀门全关，联关B给水泵出口电动门，给水流量下降。

经查看DCS历史数据记录，分析事件过程如下：9时26分00秒，开始B给水泵汽轮机主汽门活动试验；9时26分02秒，B给水泵汽轮机主汽门活动到位（行程85%）信号发出；9时26分03秒，B给水泵汽轮机主汽门关到位信号发出；9时26分04秒，B给水泵汽轮机主汽门关到位信号消失、主汽门开启；B给水泵汽轮机主汽门关到位信号联关B汽泵出口门指令发出，出口门开始关闭；9时26分48秒时B前置泵电流大幅下降至74A，B汽泵出口流量急速下降至137t/h、给水流量下降至687t/h，B汽泵出口压力快速升高，最高25.62MPa，汽包水位开始快速下降。9时29分14秒，B汽泵转速升至6100r/min，超速保护动作，B汽泵跳闸；汽包水位降至－280mm；9时30分06秒时汽包水位降至－350mm，汽包水位低保护动作，机组MFT跳闸。

（1）由以上可以得出事件过程为：在进行B给水泵汽轮机主汽门活动试验时，主汽门误全关，引起B汽泵出口门联关，B给水泵汽轮机失去出力，给水流量急剧下降，汽包水位快速降低，至汽包水位低保护定值，MFT动作。

图 6-8 试验电磁阀泄油

（2）由B给水泵汽轮机主汽门关闭时间可以得出：电磁阀卸油过快，造成主汽门关闭。检查发现试验电磁阀泄油口节流孔缺失（见图 6-8），造成试验泄油过快。3 号机组 C 级检修时，复装电磁阀时未发现节流孔脱落（事件发生后在就地找到节流孔元件）。

（3）B 汽泵跳闸后 RB 未动作原因：本次 3 号机 C 级检修后电泵启动试验时，电泵液力耦合器 2 号瓦、8～9 号瓦温高，无法维持运行，需进行处理。“3 号机电泵液力耦合器 2、8～9 号瓦检查”（W045-RW-201902-002）外包工作票安全措施已做，待开工。安全措施中将电泵 6kV 开关停电、拖出，电泵停止信号失去，不满足 RB 动作条件。

（4）B 汽泵出口门全关，B 给水泵汽轮机转速 5425r/min 出口压力 25.62MPa，最小流量阀联动开启，由于 B 汽泵长时间憋泵运行，造成 B 汽泵汽化，转速升至 6100r/min，超速保护动作。

结论：

事件直接原因：主汽门误全关，引起 B 汽泵出口门联关，B 给水泵汽轮机失去出力，给水流量急剧下降，汽包水位快速降低，至汽包水位低保护定值，MFT 动作。

事件间接原因：3 号机组 C 级检修复装 B 给水泵汽轮机主汽门电磁阀时节流件脱落，检修人员未发现，进行活动试验时泄油过快，造成主汽门关闭。

2. 暴露问题

（1）检修质量不高。3 号机组 C 级检修期间 B 给水泵汽轮机主汽门电磁阀复装时检修人员未发现节流件脱落，检修工艺不合格。

（2）检修后冷态试验人员缺乏经验，3B 给水泵汽轮机主汽门静态试验设计阀门应由 100%开度关至 85%左右，实际全关（开度 0%），试验人员未发现此隐患。

（3）运行人员应急处置能力不足，给水泵汽轮机主汽门误关闭联关出口门的异常处理能力有待提高。

（4）给水泵汽轮机主汽门全关信号联关出口电动门逻辑不可靠，在主汽门短时误关时存在汽包缺水和给水泵汽轮机跳闸风险。

（三）事件处理与防范

（1）加强检修质量控制，完善给水泵汽轮机主汽门电磁阀检修工序卡，增设电磁阀节流孔板清理复装 H 点。

（2）完善给水泵汽轮机主汽门就地指示，增加就地行程指示标尺和 85%指示线；完善给水泵汽轮机主汽门活动试验卡，增加实际行程动作情况记录。

（3）对 DCS 给水泵汽轮机主汽门联关出口门逻辑进行完善，给水泵汽轮机跳闸信号采用主汽门行程开关信号（加 3s 延时）或给水泵汽轮机 ETS 跳闸信号。

（4）对各种设备活动试验、切换试验进行事故预想分析，对设备异常可能造成的影响进行分析讨论，80%以上负荷不进行活动试验，并从 DCS 逻辑和安全措施方面进行防范。

（5）加强运行人员应急处置能力培训，充分利用仿真机进行异常工况下快降负荷操作演练。

七、行程开关密封性能差导致循环泵跳闸

某厂 4 号发电机额定功率为 200MW，型号为 QFSN-200-2；锅炉为武汉锅炉厂生产的 WGZ670/140-V 型锅炉；汽轮机为哈尔滨汽轮机厂生产的超高压、一次中间再热、单轴、三缸、二排汽、冲动式汽轮机，型号为 NK200--/12.7/535/535 型，冷却方式为间接空冷系统。

（一）事件过程

2019 年 4 月 6 日，4 号机组负荷 146MW，真空－77kPa，主蒸汽压力 12.4MPa，主蒸汽温度 533℃，1 号循环泵运行，2 号循环泵备用，空冷塔 1～6 号扇形段充水运行。其他运行参数正常，各保护正常投入。

10 时 59 分 58 秒，4 号机组空冷系统安全放水阀 A103 开到位信号发，1 号循环泵跳闸，空冷塔 1～6 号扇形段同时排水，发“空冷保护故障”信号。

11 时 00 分 01 秒，4 号机自动主汽门、调速汽门关闭，汽轮机跳闸，发电机程序逆功率保护动作，发电机跳闸，运行值班员按照机组跳闸处置方案完成事故处理。

11 时 10 分，热工检修人员就地检查 A103 阀控制系统并更换 A103 阀行程开关，A103 阀恢复正常。

11 时 12 分，运行人员检查各系统正常，启动 1 号循环泵，恢复空冷系统，汽轮机挂闸，开主汽门、调速汽门，恢复转速至 3000r/min。

12 时 43 分 04 秒，发电机并网。期间机组解列 1 小时 40 分。

（二）事件原因查找与分析

1. 事件原因检查与分析

（1）就地打开苫盖 A103 阀的塑料布发现 A103 阀行程开关内部有水渍（见图 6-9），行程开关受潮使绝缘降低，开到位接点短路闭合，造成 A103 阀开到位信号误发，“空冷故障保护”动作是 4 号机组跳闸的直接原因。

图 6-9　行程开关内部情况

（2）A103阀行程开关所在的6号阀门室环境潮湿、通风不畅、温度偏高湿度大、日常空冷冲洗时水渗入6号阀门室、A103阀行程开关密封性能差等原因使水汽进入开关内部，造成开关接点发霉，开接点短路闭合。

2. 暴露问题

（1）隐患排查工作不到位，对一些重要开关的防进水措施检查不到位；

（2）设备巡回检查不到位，未及时发现安全隐患；

（3）安全管理不到位，未充分考虑潮湿环境对行程开关的影响，未及时进行环境整治和设备替换。

（三）事件处理与防范

（1）做好设备日常检查维护工作，对A103阀、A104阀的电源柜或开关用塑料布彻底包好，并定期打开苫盖的塑料布进行检查、通风。安全放水阀行程开关灌注绝缘密封胶，喷涂电气设备防潮脱湿保护剂，安装防护罩等方法改进开关的防水防潮性。

（2）根据不同的运行环境，有针对性地安装符合运行环境的防潮、防震、防冻一次元件，避免设备误动造成不安全事件发生。

（3）认真吸取教训，举一反三，利用机组停运机会，对重要设备的取样表管、行程开关、控制电缆、变送器、DCS系统模块等相关元件进行检查校验，对运行周期较长，已经老化或易损坏的元件要及时更换，确保设备正常。

（4）空冷系统6号阀门室应做好防进水措施并加装防雨通风罩，避免因阀门室高温、潮湿造成设备损坏。

（5）空冷系统冲洗前，对可能被冲洗污水浸湿、喷溅到的设备进行检查，检查并保证其遮盖防护措施到位，运行人员每天检查措施执行情况，特别在进行冲洗时进行监护。

八、高压加热器液位变送器投运不规范导致机组跳闸

某厂1号机500MW机组，原机组由列宁格勒金属制造厂设计、生产，2014年完成汽轮机通流改造，改造后汽轮机为北京全四维动力科技有限公司设计、南京汽轮电机有限责任公司生产的超临界压力、单轴、四缸、四排汽、凝汽式汽轮机，机组型号N550-23.54/540/540型。

机组配套使用的高压加热器为俄供设备，分别从汽轮机一段、二段、三段抽汽供8号、7号、6号三台高压加热器。每台高压加热器液位高Ⅲ值保护测量均采用三台差压式液位变送器，取样方式为单点独立取样管取样，主保护逻辑关系为三取二，保护定值为4870mm。液位变送器生产厂家为霍尼韦尔。

（一）事件过程

2019年7月22日前夜班1号机组高压加热器组检修结束，开始逐步恢复检修措施，运行人员通知检修部热工专业人员核实高压加热器液位变送器情况。运行人员在接到检修部热工人员内容为“1号机6～8号高压加热器保护及液位变送器经检查就地无渗漏，画面显示正常，可以正常投运”的检修交代后投入6～8号高压加热器液位高Ⅲ值保护压板。

7月23日03时30分，6号、7号、8号高压加热器水侧投运完毕。

7月23日04时36分33秒前，1号机组负荷426MW，主蒸汽温度540.1℃，主蒸汽压力23.46MPa，准备进行高压加热器汽侧投运，机组其他参数正常。

04时36分33秒，投入6号高压加热器汽侧系统，缓慢开启三段抽汽至6号高压加热器进汽阀RD543，6号高压加热器水位突然上涨。

04时36分38秒，6号高压加热器液位高Ⅲ值RN525L画面显示由115mm上升至6462mm，超过保护动作值4870mm。

04时36分40秒，6号高压加热器液位高Ⅲ值RN510L画面显示由130mm上升至4768mm（画面值）。

6号高压加热器液位高Ⅲ值RN525L、RN510L均达到保护动作值，主保护逻辑关系三取二，主保护动作，汽轮机跳闸。

（二）事件原因查找与分析

1. 事件原因检查与分析

停机后对1号机组6号高压加热器液位高Ⅲ值保护RN510L、RN525L、RN526L三台变送器进行校准，零点、满度无漂移，变送器均正常；对液位变送器正压侧取样管一次门前焊口进行检查，未发现堵塞现象，各取样管接头紧固无渗漏。

机组停运原因：经调查，因6号高压加热器（立式）检修吊装的需要，将全部液位保护用变送器汽、水侧取源管割断，检修完毕后重新焊接恢复，在投入6号高压加热器液位高保护前运行人员通知检修部热工人员现场检查变送器情况，并核实是否具备投入条件。热工2名工作人员现场检查各变送器工作情况，并通过DCS画面核查各高压加热器液位变送器液位数值，对液位数值偏差明显的变送器表管进行了注水工作，但未认真按《热控设备检修规程》中对久停未用的“液位开关”投运前应“进行管路冲洗，直至管道冒出干净的水且无气泡为止”的相关规定，打开排污门对每个变送器取样管路进行注水冲洗工作。

结合现场操作情况及液位瞬间波动曲线分析，判断为6号高压加热器液位高Ⅲ值保护变送器正压侧取样表管投运前未彻底注水冲洗，取样表管内存有气泡，在开启三段抽汽至6号高压加热器进汽阀RD543过程中，瞬间进汽对差压式液位变送器正压侧压力产生扰动，导致液位测量值瞬间波动，6号高压加热器液位高ⅢRN525L升至6462mm，超过保护动作值4870mm，6号高压加热器液位高Ⅲ保护逻辑三取二出口，汽轮机跳闸，机组停运。

高压加热器液位高Ⅲ保护RN510L画面4768mm时保护动作的原因：DCS系统操作画面扫描周期为1s，DCS逻辑扫描周期为250ms，判断6号高压加热器液位高Ⅲ保护RN510L在1s内液位显示值超过保护动作值4870mm，DCS未将此过程记录在曲线中，如图6-10所示。

2. 暴露问题

（1）高压加热器投入前未严格按照《热控设备检修规程》要求进行操作，暴露出部分员工安全生产意识不强，现场执行检修规程随意。

（2）调查中发现员工对变送器正压侧注水标准、原理掌握不清。暴露出电厂技术培训工作不到位，人员专业技术能力较弱，不能针对现场实际存在的风险落实有效的预控措施。

（3）设备维护工作不到位：三套高压加热器水位测量平衡容器注水冲洗均不彻底，参考端管内气泡没有排尽，水位变送器测量信号失准，水位高保护动作，汽轮机跳闸。

（4）事故预想不充分：6号高压加热器全部液位保护用变送器汽、水侧取源管割断后重新进行了焊接。电厂对修后液位测量可能存在的问题没有认真分析，没有制定针对性的水位高保护投入方案及措施。

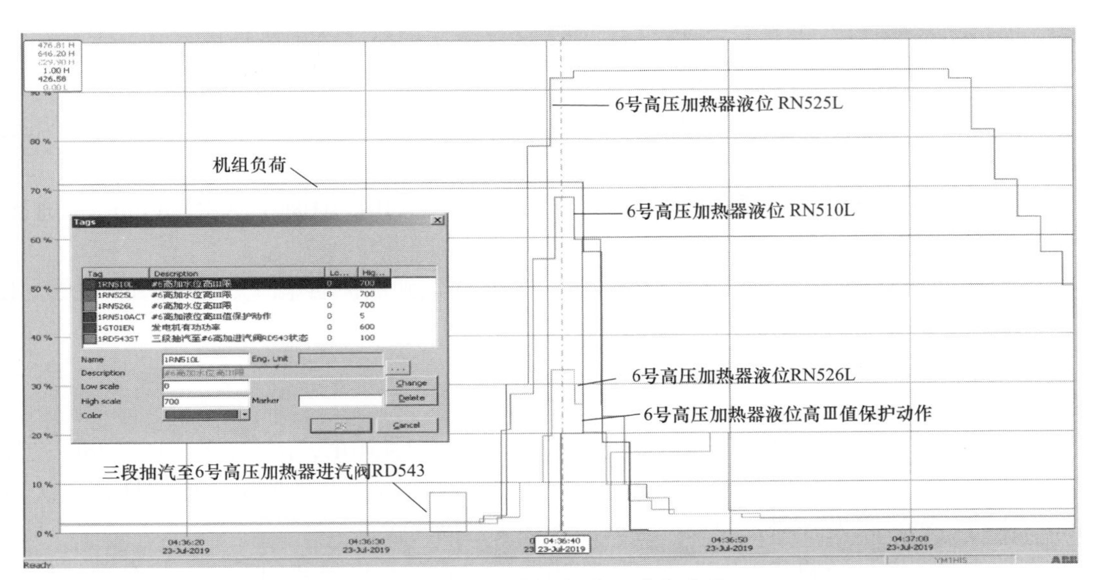

图 6-10　6 号高压加热器液位曲线

（5）保护投入时机过早，建议在高压加热器投运各参数正常后再投入水位高保护。保护投退要按规定履行手续。

（6）近期多起非停事件发生，暴露出电厂对“控非停”工作重视不够，未能切实吸取教训，挖掘出深层次的管理原因，制定切实有效的防范措施。

（三）事件处理与防范

（1）细化《热控设备检修规程》中对高压加热器液位高Ⅲ值保护测点投运前工作要求，并严格执行，对于高压加热器解列检修完成后重新并入运行的特殊运行方式，探讨制定有针对性的高压加热器液位保护方法（投入条件、顺序和时间），举一反三，监督厂内其他反事故措施执行到位。

（2）积极开展检修人员基础技能培训，重点针对检修规程及专项措施进行学习、讨论，使班组人员全面掌握设备原理及工艺标准。

（3）重新认真对照公司控非停专项整治年活动方案要求，规范厂内“控非停”管理工作。生产管理人员以身作则，认真执行电厂生产管理人员到位管理办法相关要求，强化对生产现场重大操作及不安全事件处置的监督与指导。对现场设备重大操作、作业必须制定专项措施，升级管理。严格落实相关奖惩条例。

九、空气预热器就地控制柜电源接线有误导致机组 MFT

（一）事件过程

7 月 26 日 17 时 16 分，某厂机组负荷 538.17MW，协调方式运行，A、B、D、E、F 磨煤机运行，主蒸汽压力 24.3MPa，主蒸汽温度 582℃，给水流量 1654t/h，总煤量 287t/h；空气预热器主电机运行，电流 14.8A，辅助电机联锁投入，光字牌无声光报警。

17 时 17 分 22 秒，发空气预热器转子转速低 2、空气预热器转子转速低 3 和空气预热器火灾及失速报警控制柜失电信号。

17 时 18 分 27 秒，锅炉 MFT，汽轮机跳闸，首出为“空气预热器停运”。将 3 号炉焖炉，3 号机组厂用电切换正常。

17 时 20 分发现辅助空气预热器电机联锁未投入，同时将空气预热器主、辅电机画面打开，空气预热器主辅电机均无启允许，立即联系电气专业现场检查空气预热器变频器，经检查就地无报警。

17 时 21 分就地投入给水泵汽轮机盘车。

17 时 24 分监盘发现 3 号机主机凝泵工频、A 辅机冷却水工频、备用大小机真空泵、给水泵汽轮机凝泵等及炉侧风机与磨组润滑油备用油泵均启动，汇报值长令将联启设备停运。

17 时 26 分空气预热器辅助电机启动允许条件满足，启动空气预热器辅电机运行，电流 14.7A，空气预热器转速 0.6r/min。

17 时 36 分汽轮机转速 600r/min，顶轴油泵联启正常，油压 13MPa。

18 时 26 分汽轮机转速到零，投入汽轮机盘车正常，运行电流 26A。

（二）事件原因查找与分析

1. 事件原因检查

停机后，专业人员对空气预热器及附属设备进行检查，检查情况如下：

（1）通过查阅空气预热器跳闸前运行参数，转速 0.6r/min，电流 14.8A，未发现空气预热器存在异常现象。

（2）对空气预热器主电机变频器控制回路、电源接线进行检查，未发现异常，对空气预热器故障报警记录进行检查，未发现异常。对空气预热器火灾及失速报警控制柜进行检查，电源空开均正常，没有失电现象。

（3）对空气预热器火灾及失速报警控制柜接线进行检查，接线无松动现象。

（4）对空气预热器火灾及失速报警控制柜内部继电器进行校验，未发现异常现象。

（5）按照故障时的现象，在就地控制柜进行模拟断电试验，均未发现与故障时相同的现象。

（6）对空气预热器火灾及失速报警控制柜电源电缆绝缘相间、对地进行绝缘测试，均正常。

通过以上检查未发现异常，专业人员决定对控制柜接线进行进一步排查，经检查发现：第 3 路、第 4 路电源（UPS 提供）中的低转速扩展继电器、故障扩展继电器、空气预热器转速测量装置电源监视继电器 N 线本应由 UPS 的 N 线提供，现场接成了第 2 路电源的 N 线（保安段提供），5 个继电器供电回路为 UPS 的 L 线—保安段的 N 线—380V 地线—UPS 地线—UPS 接地电容—UPS 的 N 线，17 时 17 分～17 时 25 分，系统电位偶发性波动，电压降到上述 5 个继电器返回电压以下，5 个继电器同时动作。

2. 原因分析

空气预热器转速测量装置电源（图 6-11）5 个继电器接线错误。DCS 收到转速低信号后延时 3s 触发空气预热器主电机跳闸，同时 DCS 收到空气预热器转速测量装置电源监视继电器返回信号，闭锁空气预热器辅电机启动，DCS 判断主电机、辅电机同时停运，延时 60s 触发 MFT。

3. 暴露问题

人才培养和储备不足，人员流动大，使公司整体技能水平下降，导致隐患、逻辑排查存在漏洞。

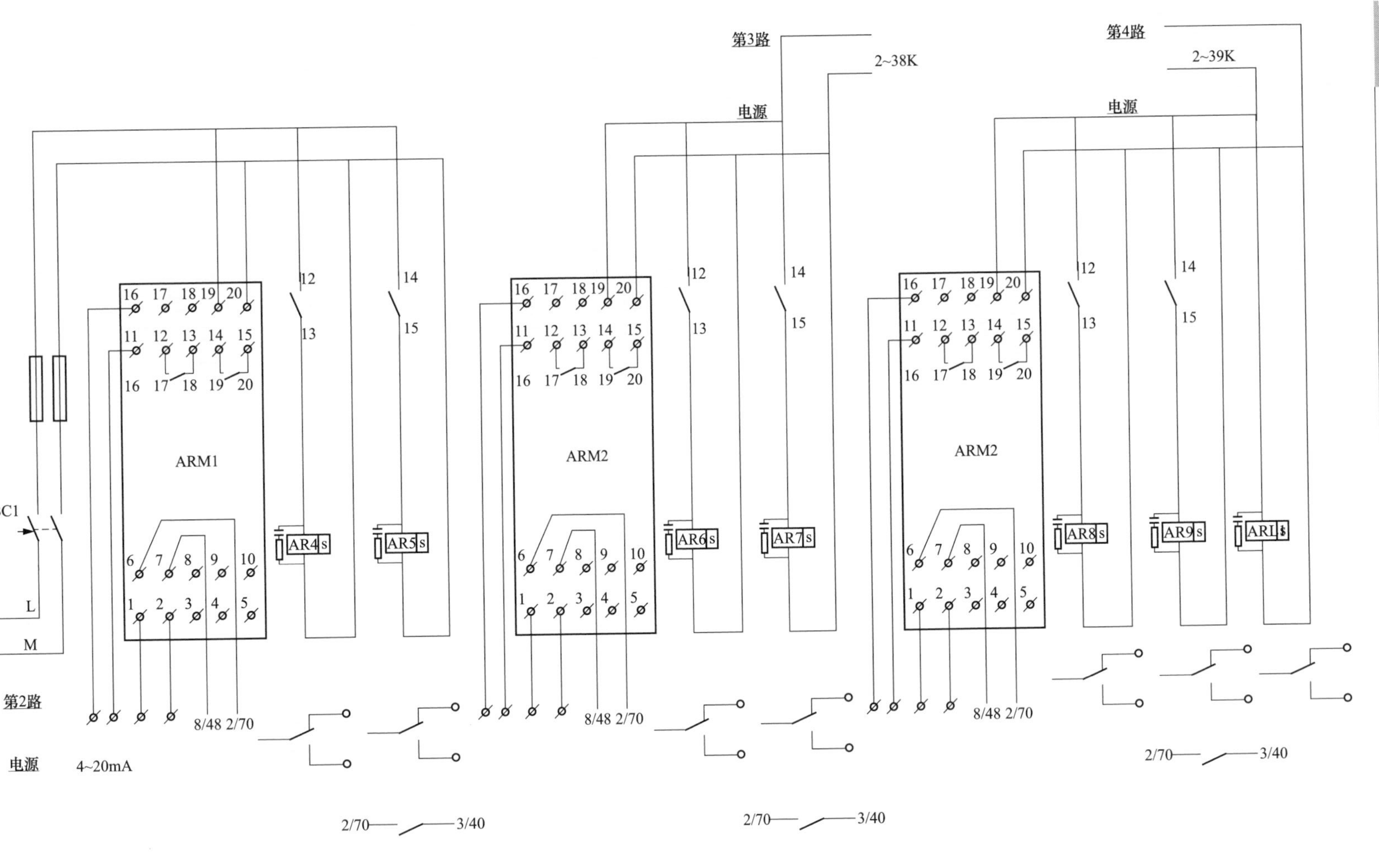

图6-11 空气预热器就地控制柜电源

（三）事件处理与防范

（1）将3号机组空气预热器转子转速2低转速扩展继电器和空气预热器转速2故障扩展继电器线圈N线接至自身的UPS电源N线。

（2）将3号机组空气预热器转子转速3低转速扩展继电器和空气预热器转速3故障扩展继电器线圈N线接至自身的UPS电源N线。

（3）对4号机组进行相应的排查和处理。

（4）取消3、4号空气预热器转速测量装置电源失去闭锁启动空气预热器电机逻辑。

（5）使用专用录波仪对UPS输出电压、频率等电能质量参数进行录波分析，检查UPS电压、频率是否有波动。

（6）重新组织学习集团下发的非停事件，举一反三排查现场设备存在隐患，特别是对一个控制柜、接线箱有多路电源的设备和系统认真进行排查，消除寄生回路，清除非控制设备使用控制电源的现象（例如机柜风扇、电加热、照明、检修插座等）。

（7）电控专业全面梳理接线图，列出现场接线排查计划，利用设备定期轮换和检修机会对每个控制柜、接线箱的接线进行排查，确保接线图与现场实际情况一致，并更新现场、班组、档案室相应的图纸，确保图纸和实际相符。

（8）组织人员全面排查控制逻辑，特别是对空气预热器及其他类似设备的启动允许条件和跳闸条件进行梳理、优化。对不易取舍的控制逻辑，邀请相关专家和重要设备厂家参与审核、讨论。

（9）开展设备可靠性检查与评价，特别是对电源系统、接地系统进行全面排查与评估。

（10）在设备变更前进行专项论证，全面评估存在的风险；对变更方案、图纸进行反复研讨，确保正确、最优；梳理变更后的各项试验项目是否齐全，开展相应的试验，按照三级管控验收；变更结束后立即对相应的检修、运行规程进行修编，对图纸进行更新、完善并存档。

（11）绘制复杂接线原理图，要求电控专业每个人进行接线培训，提升人员技术技能水平；对班组人员每月进行一次现场技术答疑、技术考试，并纳入绩效考核。

（12）在机组停机时再次进行模拟试验，进一步排除其他隐患。

十、给水泵汽轮机调门LVDT模块固定螺栓脱落导致锅炉MFT

某厂660MW超超临界燃煤机组，锅炉为东方锅炉厂生产，660MW超超临界参数变压直流锅炉、单炉膛、一次再热、平衡通风、露天布置、固态排渣、全钢构架、全悬吊结构；锅炉采用半露天布置、Π型布置。汽轮机为哈尔滨汽轮机厂有限责任公司研制的一次中间再热，单轴、四缸、四排汽，带有1040mm钢制末级动叶片的660MW超超临界反动抽汽凝汽式汽轮机。发电机均采用由哈尔滨电机有限责任公司引进美国西屋技术生产的汽轮发电机组，型号为QFSN-660-2。DCS、DEH控制系统采用一体化OVATION控制系统。2018年11月投产。

（一）事件过程

2月21日17时44分，1号机组有功功率660MW，A、B、C、D、E磨煤机运行，A、B送风机、引风机、一次风机运行，机组协调投入，AGC投自动，主蒸汽压力27.82MPa，主蒸汽温度588℃，再热蒸汽压力4.99MPa，再热蒸汽温度583.4℃，汽动给水泵运行

(单系列，100%)，给水流量 1994.4t/h，炉膛负压－71.9Pa，燃料量 238.8t/h，总风量 2200t/h，所有设备运行方式自动。

2 月 21 日 17 时 45 分，1 号机组满负荷 660MW 稳定运行，突然锅炉 MFT，磨煤机、一次风机跳闸，高、低压旁路动作，厂用电切换成功。

21 日 17 时 47 分，当值运行人员检查首出为“给水泵跳闸 MFT”，汽动给水泵跳闸首出为“给水泵汽轮机轴承振动大跳闸”。

21 日 17 时 48 分，全体汽水系统人员及公司领导到达集控室进行核实情况，汽水子系统工程师前往汽机房 6.9m 层对给水泵汽轮机进行就地检查。

21 日 17 时 55 分，当值运行工程师启动汽动给水泵进行机组极热态启动准备，指令 1000h 给水泵汽轮机转速不动，进一步检查发现给水泵汽轮机调门不动作。

21 日 18 时 02 分，技术人员前往汽机房 6.9m 层对给水泵汽轮机调门进行检查就地情况，对 LVDT 模块接线回路和卡件检查。

21 日 18 时 10 分，启动 1、2 号机公用电动给水泵，打开电动给水泵再循环阀组。

21 日 18 时 15 分，对给水泵汽轮机 LVDT 模块检测测量电流值异常，检查确认给水泵汽轮机调门 LVDT 模块出现异常，造成给水泵汽轮机调门突然关闭，给水泵汽轮机 1 号轴承 X、Y 方向振动突升至 134μm 跳闸值（保护值 125μm），汽动给水泵跳闸触发锅炉 MFT，1 号机组跳闸。

21 日 18 时 50 分，1 号炉吹扫完成符合点火条件，进行 1 号炉点火。

21 日 19 时 27 分，1 号炉点火燃烧稳定，机组各系统运行稳定，汽轮机冲转。

21 日 19 时 42 分，机组并网，恢复机组运行。

21 日 20 时 40 分，对给水泵汽轮机调门 LVDT 模块拆除检查，发现定位磁环两颗十字平头 M4×20 固定螺栓松动脱落，导致定位磁环脱落；判定定位磁环及螺栓脱落造成反馈失真，从而导致给水泵汽轮机调门关闭。对拆除的 LVDT 模块进一步测量检查模块正常，遂对定位磁环固定螺栓并加螺纹胶加固后装复。

21 日 22 时 30 分，定位磁环和 LVDT 模块，调门连杆等回装完毕，并对调门控制模块全部固定螺栓、油管接头等进行全部复紧。

21 日 23 时 30 分，就地接线完成后检查无误，给水泵汽轮机暖机冲转。

22 日 02 时 10 分，给水泵汽轮机与电泵并泵，汽动给水泵投入运行；机组恢复正常运行。

（二）事件原因查找与分析

1. 事件原因检查与分析

给水泵汽轮机调门 LVDT 模块定位磁环两颗十字平头 M4×20 固定螺栓松动脱落，如图 6-12 所示，导致定位磁环脱落，定位磁环及螺栓脱落造成反馈失真，从而导致给水泵汽轮机调门关闭。汽动给水泵跳闸触发锅炉 MFT。

2. 暴露问题

（1）人员培训不到位，没有及时发现参数异常，事故处理预案不完善，设备管理不够精细，点巡检不到位；

（2）新运行设备短期内出现定位磁环脱落，给水泵汽轮机调门 LVDT 模块定位磁环固定螺栓没有防止松动措施，在振动后易脱落并误发信号；

（3）给水泵汽轮机 MEH 控制逻辑优化不够，存在潜在隐患。

图 6-12　LVDT 模块

（三）事件处理与防范

(1) 加强人员技能培训，提高设备管控能力，特别是对新设备的掌控。编制完善的事故处理预案，落实制度认真开展设备点巡检。

(2) 立即检查两台机组具备条件的 LVDT 模块设备。把此类设备的检查纳入定期工作和检修必查项目。检修时对螺栓加螺纹胶防止振动松动。

(3) 讨论优化 MEH 的控制逻辑。

十一、消缺过程中拆错线导致真空低低保护动作

（一）事件过程

12 月 5 日 16 时 55 分 11 秒，某厂运行值班人员发现机组真空急剧下降，立即快速减负荷。16 时 55 分 26 秒，真空低低保护动作值机组跳闸。经调阅历史曲线发现：16 时 54 分 31 秒，1 号机组热网回水调节门开始关闭（DCS 操作指令始终为 100%），16 时 55 分 15 秒，1 号机组热网回水调节门关至零位。热网循环水流量由 7800t/h 骤降至 6200t/h，瞬间最低降至 3500t/h，热网供水压力由 0.71MPa 降至 0.48MPa，热网回水压力（热网循环泵入口）最低降至 0MPa。16 时 55 分 15 秒，1 号机组凝汽器入口压力由 0.21 升高至 0.39MPa 后（热网回水压力安全门整定动作压力 0.29MPa），快速降至 0.32MPa，后又升至 0.4MPa。16 时 55 分 15 秒，热网回水电动旁路门联锁开启，至 16 时 56 分 46 秒全开。

（二）事件原因查找与分析

经调查，热控检修人员在配合电气专业处理 1 号机 A 热网循环水升压泵变频器指令信号故障时，误将相邻通道 1 号机凝汽器出口热网循环水电动调节阀的指令线当作 1 号机 A 热网循环水升压泵变频器指令信号拆下。在通过信号源加 4.32mA 模拟量信号（2%）验证输出信号电缆及变频器输入通道是否存在问题时，该电动调节门在全开状态下接到 2% 的指令信号后关闭，导致热网回水压力急剧升高，进而造成机组非停。

（三）事件处理与防范

(1) 加强两票管理，杜绝无票作业。

(2) 检修作业前要仔细核对设备系统、名称、标志。

(3) 在检修作业时要设监护人，杜绝单人作业。

十二、基建调试期已退出的保护被重新接入导致机组跳闸

某厂2台300MW亚临界燃煤发电机组，分别于2007年11月和12月投入商业运行。DCS选用的是美国ABB公司Industrial IT Symphony V5.0。脱硫、脱硝、DEH和MEH选用Symphony V5.0控制系统，其中脱硝SRC、DEH和MEH与单元机组DCS处于同一个控制网络。

（一）事件过程

2019年4月6日上午，2号机组单机运行，负荷310MW，机组在AGC控制模式下运行，各辅机运行正常。

11时02分，2号机2瓦振动大报警，当值运行巡检就地检查未见异常，手工测振垂直0.009mm，水平0.008mm，达标。通知技术支持部热控班检查测点，在此期间该报警于11时06分恢复正常。检查测点无异常后口头告知值长，交代观察运行。

14时59分，2号机组2号瓦振动大再次报警，值长电话通知检修公司汽轮机专业、技术支持部热控专业到场检查。在检修人员到达现场前，15时07分机组负荷由310MW突降到0MW，汽轮机跳闸、锅炉MFT动作、发电机解列。

现场分析并确认事故原因后解除瓦振大停机保护，启动2号机组，于2019年4月6日19时49分，2号机组并网运行。

（二）事件原因查找与分析

1. 事件原因检查

经查，事故首出信号为“汽轮机跳闸”，汽轮机ETS的汽轮机跳闸保护动作信号记录有“发电机故障停机”“锅炉MFT停机”“DEH故障停机”“DEH综合故障停机”和“停机备用一”等停机保护动作信号，见图6-13）。调取事发时的DEH相关记录，确认事发时DEH各电源和各卡件无报警记录，汽轮机转速检测信号正常，排除了由DEH故障引发汽轮机跳闸的可能，确定“DEH故障停机”和“DEH综合故障停机”信号是汽轮机跳闸过程中的伴生信号。进一步检查发现，在机组基建调试期已退出的瓦振大停机保护信号线被重新接入了ETS“停机备用一”回路见图6-13），在2号机组2号瓦瓦振检测信号跳变（就地手工测量振动值达标）的情况下触发保护动作，2号汽轮发电机组跳闸。

2. 原因分析

（1）主要原因（根本原因）：机组基建调试期已退出的汽轮机组瓦振大停机保护信号线被重新接入了ETS“停机备用一”回路，致使瓦振大停机保护误投入，2号机2号瓦振检测信号异常，误发瓦振大停机信号，触发停机保护动作，造成2号机组跳闸。

（2）直接原因：已退出的瓦振大停机保护的停机信号线被地接入了ETS，误投入瓦振大停机保护。

（3）间接原因：2号瓦振传感器故障，致2号瓦振检测信号异常，信号波动达到保护动作值。

3. 暴露问题

（1）专业对已退出保护的管理不规范，仅仅为了便于使用电缆备用芯，没有彻底切断已退出的瓦振大停机保护的电缆芯，为误投瓦振大停机保护提供了条件。

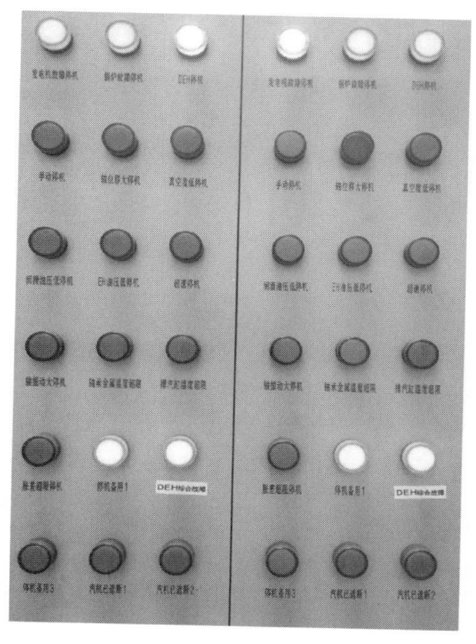

(a)

(b)

图 6-13　事故原因检查

（a）机组跳闸后 ETS 的汽轮机保护动作信号；（b）2 号机组瓦振报警信号接入停机保护接线图

（2）在保护试验结束，恢复系统时，监护确认制度执行不到位，将瓦振停机信号重新接入 ETS。

（3）对保护试验过程中的变动记录管理不善，存在保护试验过程变动记录不全的现象，在保护试验结束，恢复接线时，将瓦振停机信号重新接入 ETS。

（4）专业人员对 ETS 熟悉和掌握程度存在差距，误将已退出的保护投入。

（5）专业人员责任心不强，在保护试验结束，恢复系统时，未对照张贴在 ETS 盘柜上的接线图，恢复接线。

（6）调阅 2 号机瓦振检测信号趋势，波动时间长达一周，达到报警值时因主观认为没带保护仍未引起当值运行人员和热控消缺人员重视，未登录缺陷也未做书面检修交代，没有严格执行消缺作业管理程序。

（三）事件处理与防范

（1）彻底拆除1、2号机组已退出的机组瓦振大停机保护的线缆。

（2）贯彻学习《热控保护与自动装置技术指引》，对照指引重新梳理热控保护的合理配置。

（3）严格保护试验过程中的变动记录管理，专业管理人员及时复查保护试验变动记录。

（4）严格落实执行监护确认制度，在保护试验结束时，严格对照图纸资料恢复系统。

（5）梳理分析，摸清热控系统和设备的现状，分清主次和轻重缓急，有序推进热控系统和设备的更新改造及综合治理工作，着力推进DCS等核心关键设备的更新改造以及老化线缆的治理。

（6）立足热控系统和设备现状，制定热控专业人员培训计划和激励考核机制，并与岗位职责和技术能力要求相适应。

（7）分工落实责任排查所有保护原件、回路、接线和逻辑存在的问题，针对问题落实整改计划。

十三、缸温元件接反引起汽轮机跳闸

某厂2号机300MW机组是由东方汽轮机厂引进日立技术生产的N300-16.7/537/537/-8型亚临界、中间再热、双缸双排汽、凝汽式汽轮机。汽轮机DEH系统采用东方汽轮机有限公司提供的逻辑和画面组态，并在DCS中采用一体化控制。

（一）事件过程

2019年10月21日，00时18分00秒，全厂4台机组运行，500kVⅠ、Ⅱ组母线运行，2号机组负荷150MW，汽轮机顺阀运行，主蒸汽压力10.02MPa，主蒸汽温度536.0℃，再热汽温度536.0℃；A、B、D磨煤机运行，磨内压力3595/3570/3726kPa；A、B引送风机运行，A、B一次风机运行，A密封风机运行，一次风母管压力4.8kPa，汽包水位－16mm，氧量4.6%。A、B汽泵运行，电泵备用，给水自动投入；C循环水泵运行，D循环水泵备用；B凝结水泵变频运行，A凝泵工频备用；轴封汽母管压力0.075MPa，辅助汽源调节门自动，开度47%，母管温度263.0℃，低压轴封进汽温度汽/励端214.0/216.0℃，凝汽器真空－86.3kPa；高、低压旁路关闭。

00时18分16秒，2号炉炉膛垮焦，炉膛压力从＋177Pa突降至－876Pa，运行人员紧急投油稳燃，00时18分50秒，炉膛压力突涨至＋1703Pa，锅炉“炉膛压力高高保护”动作跳闸，00时33分30秒，锅炉吹扫完成点火。经过暖机、冲转、并网及稳定带负荷均按规程要求推进。00时42分10秒，机组负荷加负荷至47MW，汽轮机高缸胀差1.02mm，低缸胀差6.99mm，轴向位移0.12/0.13mm，推力轴承工作面温度61.8℃，高压内缸内壁上/下壁温477.1/515.4℃，高压内缸外壁上/下壁温513.8/478.2℃，汽轮机跳闸，首出“汽轮机高压内缸上下缸温差大停机”。机组负荷到零，发电机出口开关及灭磁开关未跳闸，机组转速3000r/min，00时43分40秒，发电机有功功率－4.5667MW，启动汽轮机交流油泵运行正常，手动打闸5022和5023断路器及发电机灭磁开关，机组转速下降，主油泵出口油压2.01MPa，交流油泵电流55.5A，出口压力0.34MPa，润滑油母管压力

0.151MPa。

相关系统动作情况：厂用电 6kVⅡA、6kVⅡB 因母线电压低启动慢切，2A 汽轮机变压器、2A 锅炉变压器低电压跳闸，脱硫ⅡA 段、2 号化水变压器、2A 除尘变压器、2 号输煤变压器正常；380V 汽轮机 PCⅡA、ⅡB 段联络开关 4320 联动正常，6kV 2B 汽轮机变开关跳闸，380V 汽轮机 PCⅡB 电源开关跳闸，380V 汽轮机 PCⅡA、ⅡB 段失压，380V 锅炉 PCⅡA、ⅡB 段联络开关 4420 联络正常，380V 保安 PCⅡA、ⅡB 段正常。00 时 44 分 44 秒，汽轮机零米保安 MCCB 段电源开关脱扣，汽轮机交流润滑油泵跳闸，手动启动主机直流润滑油泵，直流润滑油泵出口压力 0.17MPa，润滑油母管压力 0.15MPa；B 密封油泵跳闸，A 密封油泵及直流密封油泵联启正常；A、B 空气预热器主变频器跳闸，辅变频器联动正常。

就地复位 6kV 2A、2B 汽轮机变高压侧开关后合闸正常，并恢复 380V 汽轮机 PCIIA、IIB 段运行；同时恢复 6kV 2A 锅炉变运行；检查 2 号机汽轮机零米保安 MCCB 段电源开关脱扣，复位开关后合闸正常。03 时 32 分 00 秒，机组并网成功。相关联过程参数如图 6-14 所示。

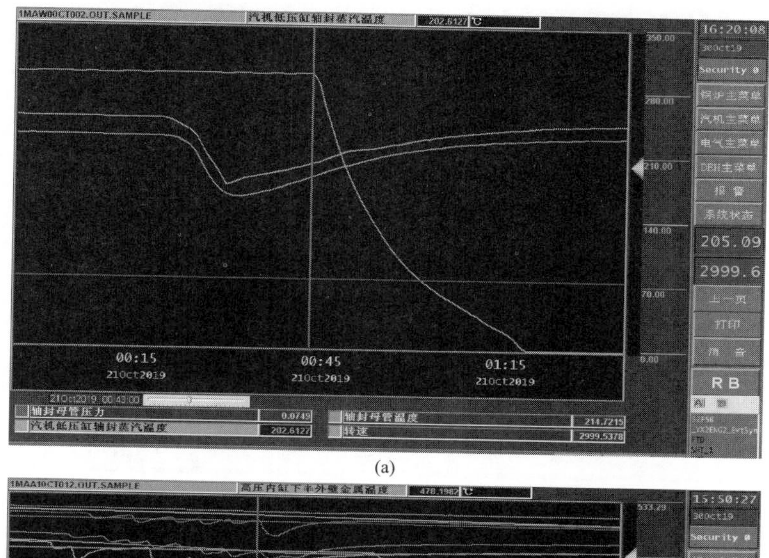

(a)

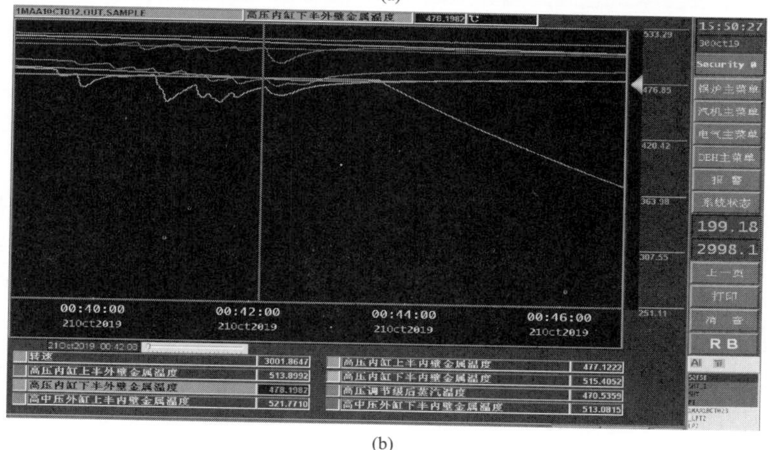

(b)

图 6-14　相关联过程（一）

（a）锅炉熄火至汽轮机跳闸轴封参数趋势；（b）锅炉熄火至汽轮机跳闸缸温趋势

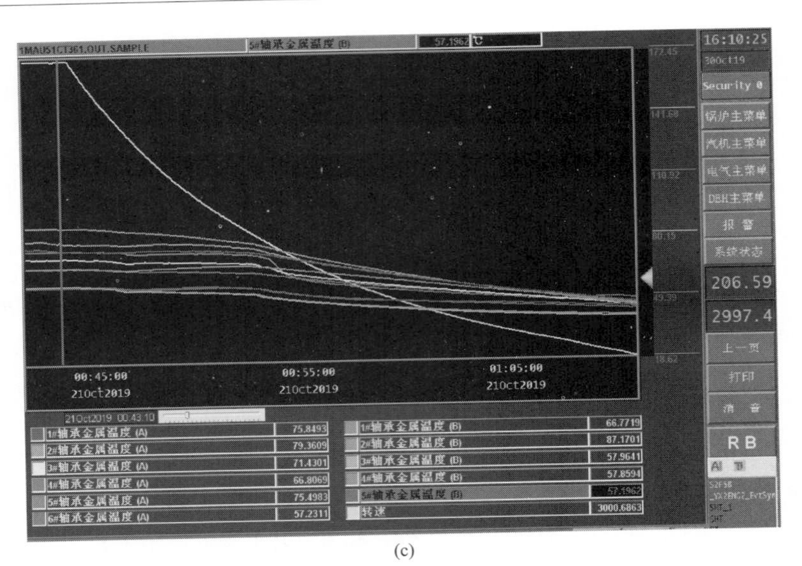

(c)

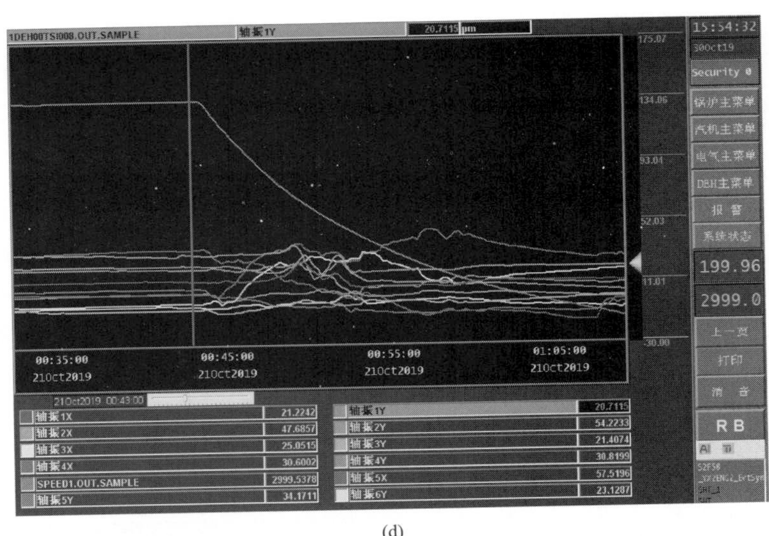

(d)

图 6-14　相关联过程（二）

(c) 机组跳闸后各轴承金属温度变化情况；(d) 机组跳闸后各轴承振动变化趋势

（二）事件原因查找与分析

1. 事件原因查找与分析

(1) 锅炉跳闸原因分析。00 时 18 分 16 秒，2 号炉炉膛垮焦，导致炉内燃烧恶化，炉膛压力从＋177Pa 突降至－876Pa，运行人员紧急投油稳燃，因操作调整不规范引起炉膛正压，00 时 18 分 50 秒，炉膛压力突涨至＋1703Pa，锅炉“炉膛压力高高保护”动作跳闸。相关参数趋势曲线如图 6-15 所示。

(2) 汽轮机缸温差大跳机原因分析。事后根据趋势（见图 6-16）分析，高压内缸下半内、外壁金属温度测点接反；机组加负荷过程中高压内缸上半内、外壁金属温度波动，两个因素叠加导致“汽轮机高压内缸上下缸温差大停机”保护动作跳机。高压内缸内壁上/下壁温 477.12℃/515.4℃（温差 38.3℃），高压内缸外壁上/下壁温 513.8℃/478.19℃（温差 35.6℃）。

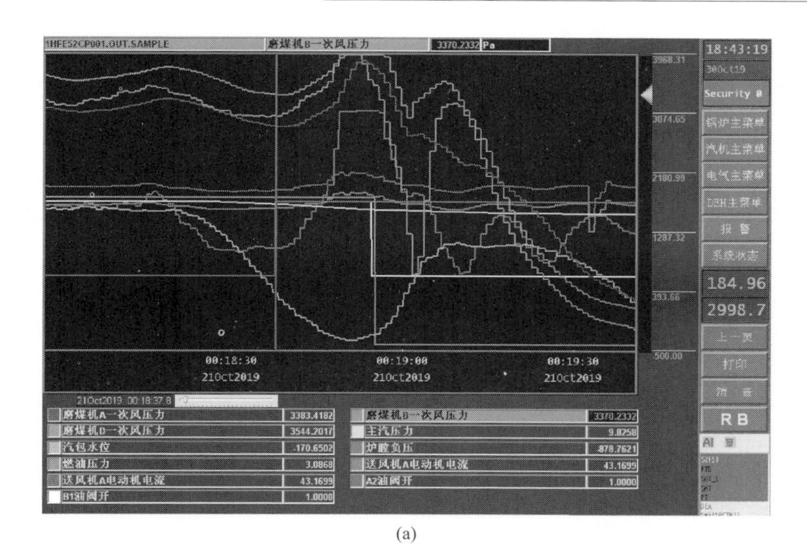

(a)

(b)

图 6-15 参数趋势

(a) 锅炉侧相关联参数曲线变化趋势 1；(b) 锅炉侧相关联参数曲线变化趋势 2

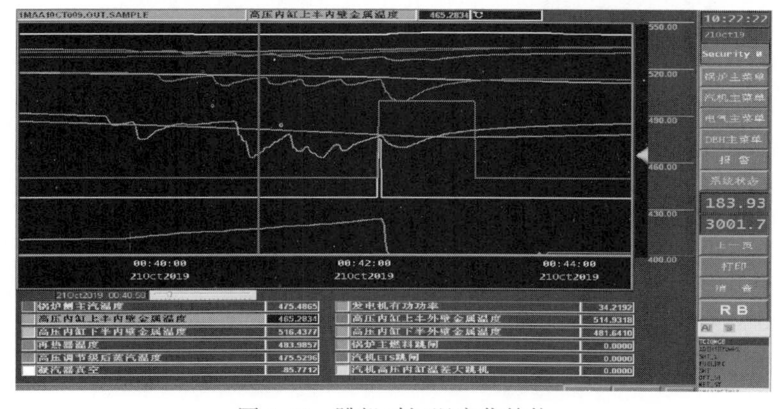

图 6-16 跳机时缸温变化趋势

1）高压内缸上半内、外壁金属温度加负荷时波动，经现场分析为2号高压进汽插管漏汽，蒸汽漏入高中压缸夹层，造成上缸内、外壁温度波动。高压缸进汽管及夹层示意如图6-17所示。

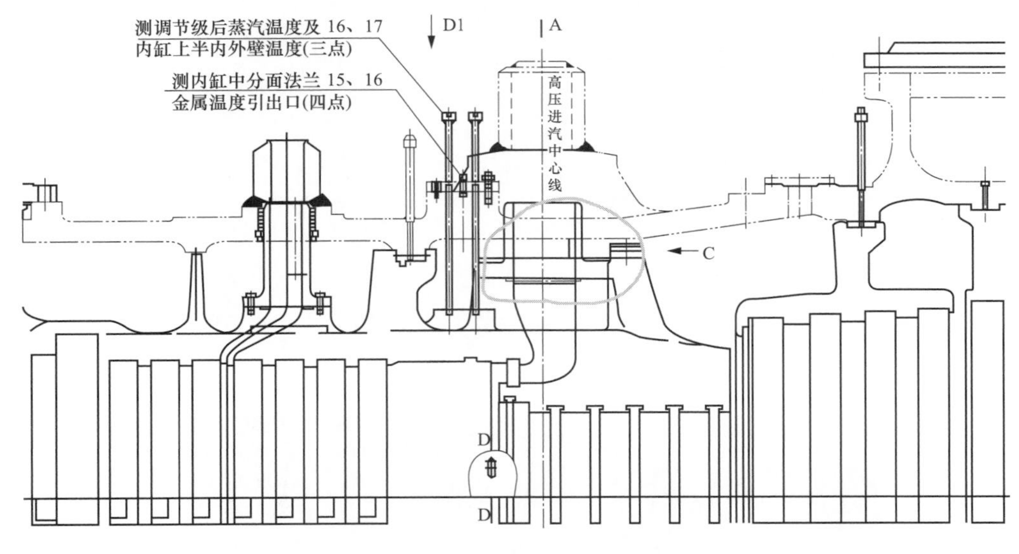

图6-17　高压缸结构简图

2）高压内下缸内、外壁温度测点接反，分析如下：

正常情况下因高压内缸内壁直接接触蒸汽，因此在主蒸汽温度下降过程中，高压内缸内壁温度应低于外壁温度，但是2号炉熄火后随着主蒸汽温度下降，机组压负荷过程中，高压内下缸内壁温度始终高于外壁温度，显然不正常。

机组在热态恢复时，因主蒸汽温度低以及调节门节流，高压内缸内壁温度应先低于外壁温度，随着蒸汽温度升高、蒸汽流量增加、负荷增加高压内缸内壁温度逐渐升高，并高于外壁温度，内外缸温度最终趋于一致，但是2号机热态恢复时，在加负荷过程中发现高压内下缸内壁温度却始终高于外壁温度，不正常。

根据图6-18曲线数据趋势分析，确定高压内下缸内、外壁温度测点接反。

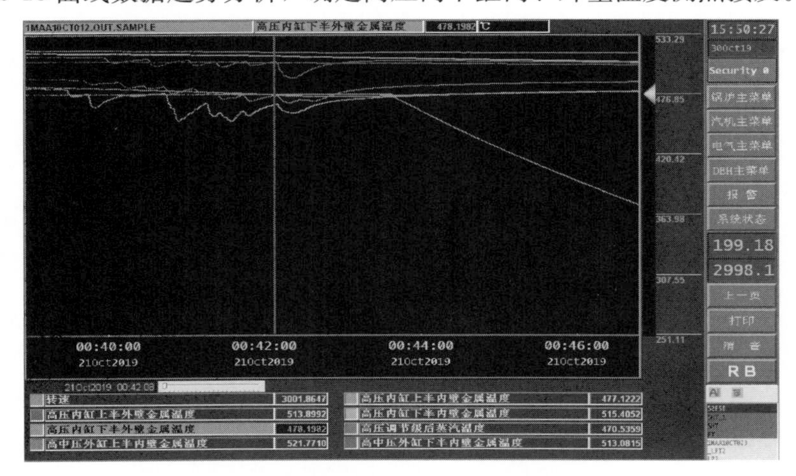

图6-18　锅炉跳闸至跳机过程中缸温趋势

（3）发变组保护未动作原因分析。

ETS系统接受汽轮机跳闸后主汽门关闭信号，发变组保护启动逆功率保护，汽轮机跳闸送电气跳发变组的主汽门关闭信号为4个高中压主汽门关到位信号相与。因2号机ETS改造过程中，从PLC控制逻辑编译通信至DCS控制系统时发生错误，将同侧主汽门关闭信号变更为4个主汽门关闭，并且汽轮机跳闸时1号高压主汽门MSV1送ETS的关到位信号未触发（经热工人员检查确认为关到位行程开关故障），故发变组程控逆功率保护未启动，发电机进相有功功率为−4.5667MW，机组功率也未达到逆功率保护定值，发变组保护未动作出口跳闸。

发变组程序逆功率保护二次定值为−8.5W（换算为一次值−5.1MW），延时1.5s动作出口；逆功率保护二次定值为−13.5W（换算为一次值−8.1MW），延时51s动作出口。

（4）汽轮机变2A、2B，锅炉变2A跳闸以及柴油发电机未联动原因分析。

1）6kVⅡA、ⅡB段切换装置报告显示均为母线电压低而启动，切换装置因下面原因启动慢切功能，未启动快切功能。由于发变组程序逆功率和逆功率保护动作功率值未达到保护整定动作值，保护无法动作启动快切；主汽门关闭信号由于行程开关故障未发出，也未启动快切，导致快切无外部启动命令，装置只有依据低电压启动慢切功能。切换记录如图6-19所示。

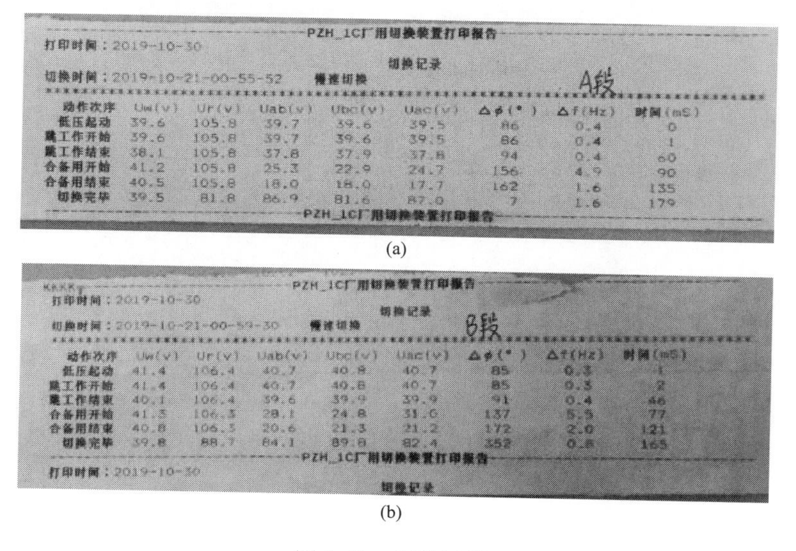

PZH_1C厂用切换装置打印报告

打印时间：2019-10-30

切换记录

切换时间：2019-10-21-00-55-52　慢速切换

动作次序	Uw(v)	Ur(v)	Uab(v)	Ubc(v)	Uac(v)	Δφ(°)	Δf(Hz)	时间(mS)
低压起动	39.6	105.8	39.7	39.6	39.5	86	0.4	0
跳工作开始	39.6	105.8	39.7	39.6	39.5	86	0.4	1
跳工作结束	38.1	105.8	37.8	37.9	37.8	94	0.4	60
合备用开始	41.2	105.8	25.3	22.9	24.7	156	4.9	90
合备用结束	40.5	105.8	18.0	18.0	17.7	162	1.6	135
切换完毕	39.5	81.8	86.9	81.6	87.0	7	1.6	179

PZH_1C厂用切换装置打印报告

(a)

PZH_1C厂用切换装置打印报告

打印时间：2019-10-30

切换记录

切换时间：2019-10-21-00-59-30　慢速切换

动作次序	Uw(v)	Ur(v)	Uab(v)	Ubc(v)	Uac(v)	Δφ(°)	Δf(Hz)	时间(mS)
低压起动	41.4	106.4	40.7	40.8	40.7	85	0.3	1
跳工作开始	41.4	106.4	40.7	40.8	40.7	85	0.3	2
跳工作结束	40.1	106.4	39.6	39.9	39.9	91	0.4	46
合备用开始	41.3	106.3	28.1	24.8	31.0	137	5.5	77
合备用结束	40.8	106.3	20.6	21.3	21.2	172	2.0	121
切换完毕	39.8	88.7	84.1	89.8	82.4	352	0.8	165

PZH_1C厂用切换装置打印报告

打印时间：2019-10-30

切换记录

(b)

图6-19　切换记录

（a）6kVⅡA段快切装置切换报告；（b）6kVⅡB段快切装置切换报告

2）6kVⅡA段母线综合保护装置低电压保护Ⅰ、Ⅲ段动作，动作电压整定值为70÷1.732=40.4V，实际最低电压为39.6V，达到低电压动作值，Ⅰ段动作后延时0.5s跳闸不重要辅机，Ⅲ段动作后延时1.5s跳2A汽轮机变压器和2A锅炉变压器。动作曲线如图6-20所示。

3）6kVⅡB段母线综合保护装置低电压保护未动作，动作电压整定值为70÷1.732=40.4V，实际最低电压为41.4V，未达到低电压动作值。

4）6kVⅡB段母线低电压保护未动作，2B汽轮机变压器综合保护器过流Ⅱ段动作跳闸（动作值14.32A，定值11.5A，0.5s），原因为电压低引起负荷电流增加，导致过流Ⅱ

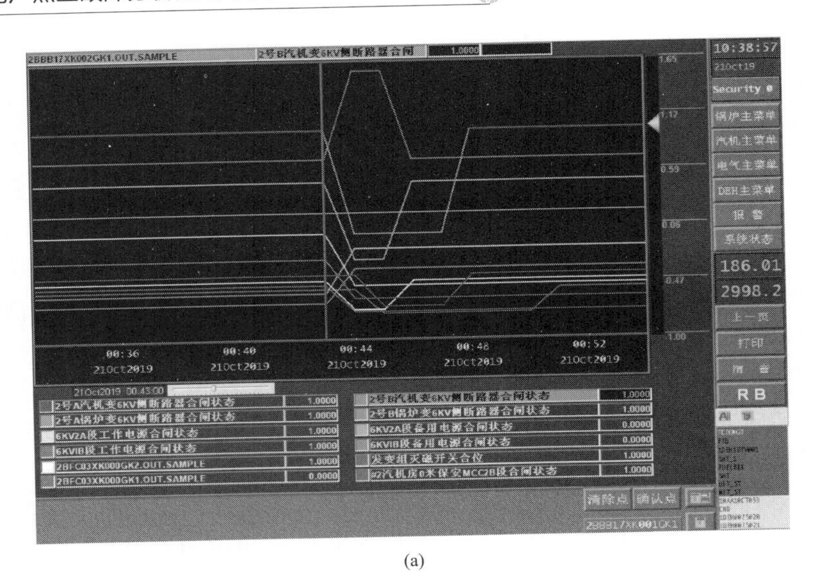

(a)

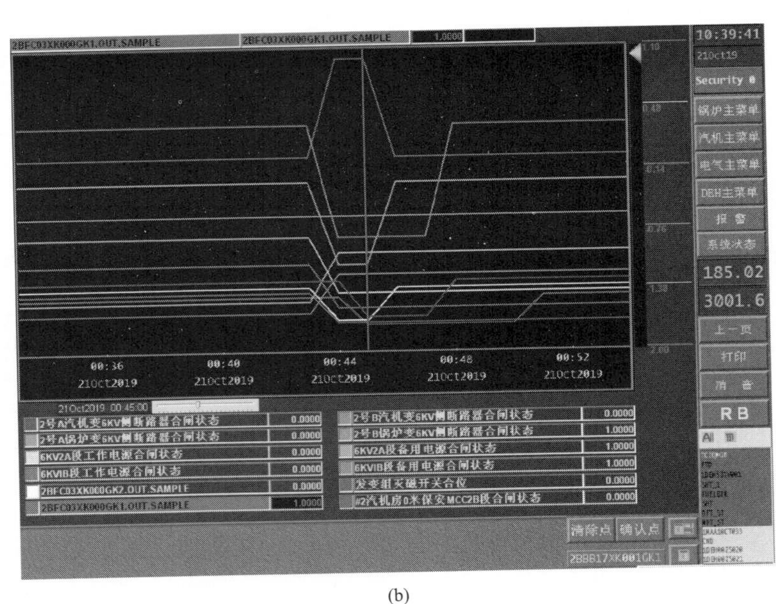

(b)

图 6-20　动作曲线

(a) 2A 汽轮机变压器和 2A 锅炉变曲线 1；(b) 2A 汽轮机变压器和 2A 锅炉变曲线 2

段保护动作，该值折算到低压侧一次电流值为 14.32×(150/5)×(6.3/0.4)＝6766.2A，低压侧电源开关过流长延时整定值为 1443A，延时 16s 出口跳闸，该保护为反时限保护，6766.2÷1443＝4.68 倍，查保护装置动作曲线大约 2s 动作，低压侧开关保护动作时限大于高压侧 2B 汽轮机变过流Ⅱ段动作时限 0.5s，保护动作正常，不存在越级动作。

5）从图 6-21 发变组故障录波图分析，6kV 电压发生异常到正常的时间约为 1.6s，而保安段的低电压动作时间为 2.5s（此时限与 6kV 低电压动作时间 1.5s 配合），保安段的低电压动作值未到，保安段电源开关未跳闸，所以未联启柴油发电机。

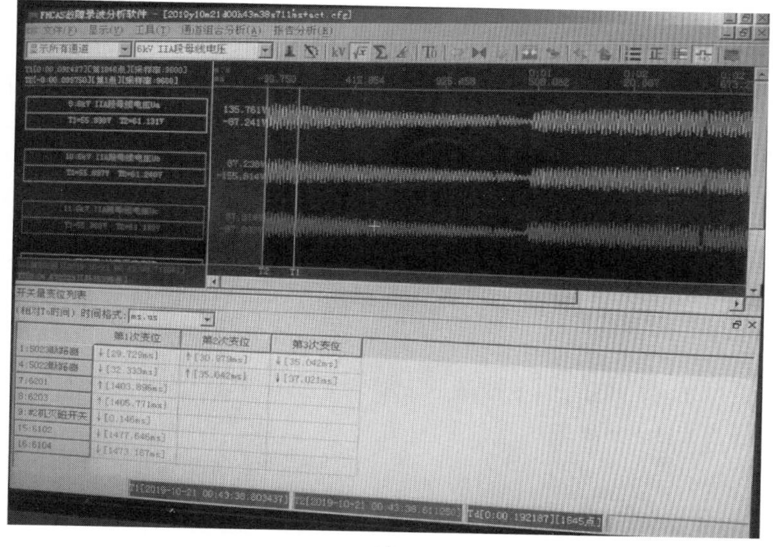

(a)

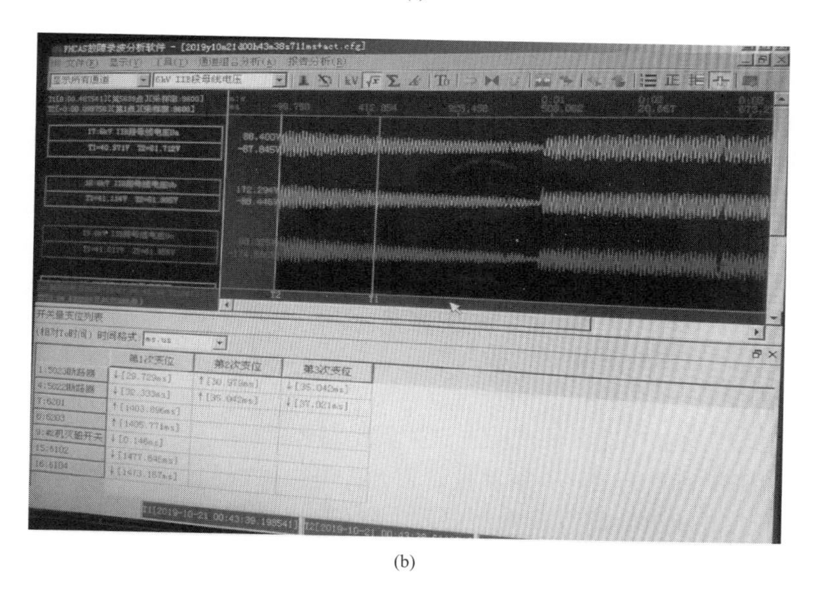

(b)

图 6-21　发变组故障录波图

6）汽轮机 0m 保安 MCCB 段电源开关过流保护动作跳闸，原因为过流长延时动作。

(5) 汽轮机交流油泵未联启、汽轮机交流油泵跳闸、直流油泵未联启原因分析。

1）交流油泵的联锁启动条件为汽轮机转速低于 2850r/min、主油泵出口压力低 1.80MPa、润滑油压力低 0.07MPa、汽轮机跳闸任一条件满足，其中汽轮机跳闸信号来自 ETS 判断，ETS 逻辑判断为 4 个主汽门关闭信号相与，汽轮机跳闸时送 ETS 的 1 号高压主汽门 MSV1 关闭信号由于行程开关故障未发出，导致交流油泵未联启。汽轮机跳闸信号未发出，机组未解列转速 3000r/min，主油泵出口压力未降到动作值 1.80MPa、润滑油压力未降到动作值 0.07MPa，交流油泵未联启（运行人员手动启动正常）。

2）由于汽轮机 0m 保安 MCC2B 段电源开关跳闸，汽轮机 0m 保安 MCC2B 段失电，汽轮机交流油泵开关交流接触器线圈失电不能保持，导致交流油泵跳闸。

3）直流油泵联锁启动条件为主机润滑油压低 0.06MPa 联锁启动，压力开关动作分别通过 DCS 及硬回路启动，交流油泵跳闸时汽轮机转速 2710r/min，主油泵出口压力 1.66MPa，润滑油母管压力 0.15MPa，润滑油压力未达启动值，故直流油泵未启动，运行人员手动启动运行正常。

（6）盘车电机启动电流过流跳闸原因分析。

1）由于 2 号机 A 级检修时将轴承箱油挡以及盘车箱共 9 道油挡更换为气密型油挡，并在安装时调整下油挡间隙 0.05mm、上油挡间隙 0.15mm，机组在惰走过程中油挡存在部分碰磨。

2）为保证机组热耗，机组通流改造后安装时汽封间隙按中偏下调整，机组在跳机惰走过程中，局部汽封存在碰磨现象，导致阻力增大。

3）机组通流改造，高中压转子质量由原来的 20.22t 增加至 22.85t，低压转子质量由原来的 53.257t 增加至 58.1t，导致整个轴系质量增加 7.473t，转子质量增加导致盘车投入时力矩增大。

2. 暴露问题

（1）2 号高压进汽插管漏汽，导致调节级温度、高压内缸上半内、外壁金属温度波动。

（2）高压内下缸内、外金属温度测点接反。

（3）1 号高压主汽门 MSV1 关到位信号行程开关故障，导致关到位信号未发。

（4）2 号机 ETS 改造过程中从 PLC 翻逻辑至 DCS 控制系统时错误，将 ETS 汽轮机已跳闸逻辑判断由同侧主汽门关闭信号变更为 4 个主汽门关闭。

（三）事件处理与防范

（1）机组升降负荷过程中，严格按规程要求控制升降负荷速率、避免温度快速变化。

（2）将高压内下缸内外壁温度测点调线，机组停运后进一步确认核对高压内缸下半金属温度测点。

（3）机组停运后揭缸检查 2 号高压进汽插管密封环。

（4）更换 MSV1 行程开关，并对其他行程开关进行检查。

（5）将 ETS 汽轮机已跳闸逻辑判断更改为同侧主汽门关闭信号，优化 ETS 汽轮机跳闸判断逻辑。

（6）加强检修过程控制，严格执行三级验收制度，谁签字验收谁负责。

（7）结合机组运行方式，按上级主管部门保护核查整改原则，核查结果及时组织实施。

（8）讨论落实 4 台机组交流油泵电源由保安 MCC 改至保安 PC 的改造方案。

（9）增加直流油泵联锁启动条件，交流油泵跳闸后联启直流油泵。

十四、传感器安装支架掉落导致空气预热器跳闸

某厂 2×300MW 亚临界燃煤汽轮发电机组，机组于 2014 年 10 月、11 月先后投入商业运营。锅炉为哈尔滨集团有限公司制造的，为一次中间再热、尾部双烟道、平衡通风、露天布置、固态排渣、全钢构架，全悬吊结构，四角切圆布置燃煤汽包锅炉，锅炉配有两台 50％容量的三分仓回转空气预热器（以下简称空预器），DCS 系统采用和利时 MACSV6.5.2 系统。

（一）事件过程

2019年7月12日，1号机组负荷为194.2MW，二号机组负荷为208.7W，各参数显示正常，无异常报警。

事件发生前，一号机组负荷为194.2MW，两台送风机、两台引风机和两台一次风机运行，AGC方式，ABC三台磨煤机运行，1D、1E磨煤机停备，给煤量127.64t/h，锅炉指令83.01%。

11时16分41秒，1B空预器停转1报警信号发出。

11时16分44秒，1B空预器停转2报警信号发出。

11时16分47秒，1号机组1B送风机、引风机、一次风机跳闸，1号机组RB动作，机组负荷由194MW快速下降至164MW，DCS画面首出“送风机RB动作”，首出原因均为“同侧空预器跳闸延时2S保护动作”，通过检查1B送风机跳闸首出画面，发现1B空预器跳闸首出灯亮，由此可以判断1B空预器跳闸信号发引起1B侧一次风机、1B送风机、1B引风机跳闸，机组RB动作导致机组快速甩负荷。运行人员检查DCS画面1B空预器状态为“运行”，检修人员对现场空气预热器进行检查，发现两台空预器电机正常运转，1B空预器停转报警传感器安装支架掉落。

11时19分05秒，汇报省电网公司调度中心。

11时50分故障处理正常，12时02分启动1B侧风机，2C磨煤机；机组恢复正常运行方式。

（二）事件原因查找与分析

1. 事件原因检查

通过检查1B送风机跳闸首出画面，发现1B空预器跳闸首出灯亮，由此可以判断1B空预器跳闸信号发引起1B侧一次风机、1B送风机、1B引风机跳闸，机组RB动作导致机组快速甩负荷。

运行人员检查DCS画面1B空预器状态为“运行”，检修人员对现场空预器进行检查，发现两台空预器电机正常运转，1B空预器停转报警传感器安装支架掉落，如图6-22所示。

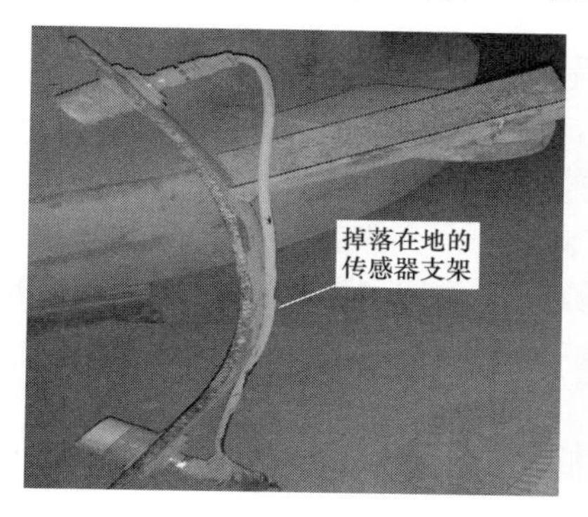

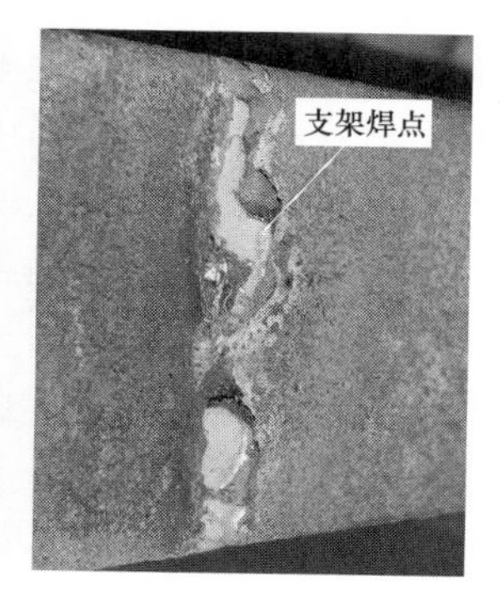

图6-22　掉落的安装支架和支架的焊点

2. 原因分析

空预器跳闸条件原设计为“空气预热器主变频器停止状态”与“空气预热器辅变频器停止状态”或“空气预热器转子停转报警”，停转报警传感器原为一个，在热工隐患排查中发现为单点保护，并且停转报警信号取自就地变频器PLC输出，于2017年11月14日至

15 日进行改造，改造前后空预器转子停转检测系统如图 6-23 所示。

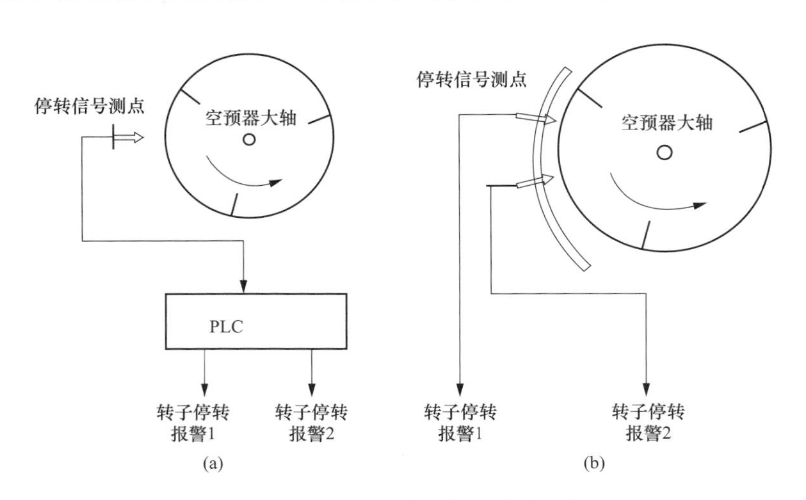

图 6-23　空预器转子停转检测系统

（a）改造前空预器转子停转检测系统；（b）改造后空预器转子停转检测系统

改造后在就地增加一组停转传感器，并将转子停转报警信号全部引至 DCS 系统，将空气预热器跳闸条件改为“空气预热器主变频器停止状态”与“空气预热器辅变频器停止状态”或“空气预热器转子停转报警 1”与“空气预热器转子停转报警 2”，图 6-24 为改造后的安装图。

通过调取历史曲线并根据上述检查分析，11 时 16 分 41 秒 1B 空预器停转 1 报警信号发出，11 时 16 分 44 秒 1B 空预器停转 2 报警信号发出，延时 2s，11 时 16 分 46 秒 1B 空预器跳闸信号触发（实际空预器未停止），11 时 16 分 47 秒 1B 送风机 RB、1B 一次风机 RB、1B 引风机 RB 同时动作。

因此确认空预器停转报警信号 1、2 探头支架掉落是造成机组 RB 发生的直接原因，从现场检查分析看：

（1）焊点因振动或氧化等原因振裂松动，导致支架掉落。

（2）焊接处有锈迹，焊接质量欠佳，只焊接了点，没有进行全部满焊，焊接内部有气泡，现场长期振动导致焊接处脱落，从而导致支架掉落。

（3）支架设计过于粗糙且不合理，两个传感器安装在一个支架上，不符合《二十五项反事故措施》9.4.3 要求：“所有重要的主、辅机保护都应采用‘三取二’的逻辑判断方式，保护信号应遵循从取样点到输入模件全程相对独立的原则”。

3. 暴露问题

（1）专业技术及管理人员设备治理及隐患排查不彻底，未能对隐患引起判断，在 2017 年技术改造时未对支架焊接质量进行验收。

（2）专业技术及管理人员针对保护重视力度不够，使用的支架材质不精细，焊接工艺粗制滥造，给机组后期运行埋下了隐患。

（三）事件处理与防范

（1）处理方法：对 1B 空预器停转信号传感器支架进行分离，将原来的一个支架改为两个支架，两个传感器分别安装在不同的支架，如图 6-24 所示。

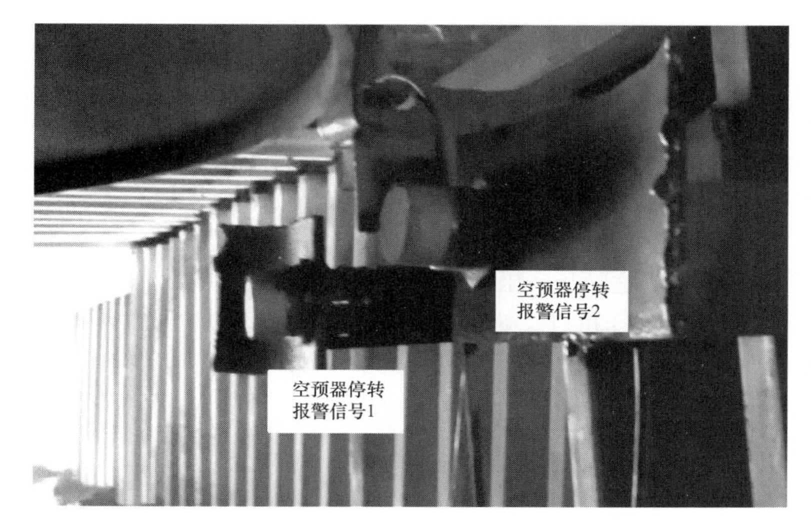

图 6-24　整改后支架安装

（2）因机组运行，对 1A 空预器、2A 空预器、2B 空预器停转信号传感器支架进行检查，对支架进行加固，焊接斜撑。

（3）针对空预器停转信号传感器进行专项检查，对其他支架进行加固。

（4）利用机组停备，对主保护及辅助保护再进行摸排检查，从传感器到测量端子，从源头开始治理。对整套系统进行全面检查，消除其他可能存在的隐患。

十五、检修工艺不规范导致除灰空压机排气温度异常

2019 年 11 月 29 日某厂 1 号机组负荷 650MW，AGC 投入，机组协调运行方式运行。21 时 07 分 1 号高调门（以下简称 CV1）阀位出现波动较大。

（一）事件过程

2019 年 4 月 3 日，某厂 1 号机组检修，2 号机组运行，5 号除灰空压机运行，4、6 号除灰空压机备用，1、2、3 号除灰空压机因 6kV 段上有检修工作转为检修状态。

16 时 29 分除灰操作员站发出 5 号除灰空压机排气温度高报警。

16 时 30 分除灰空压机监控画面显示异常，排气温度开始快速上升，5 号除灰空压机自动卸载，监控画面显示空压机跳闸报警。

16 时 37 分运行值班员发现除灰系统 PLC 画面显示异常（空压机冷却水压力、空压机出口压力为零），汇报当值班长。运行人员打开开式水至脱硫系统工艺水补水电动阀，检查流量正常；值长派运行人员到就地进行检查。此时，PLC 画面显示：5 号除灰空压机排气温度 110℃，电流 23A。

16 时 40 分运行人员就地检查后，发现 5 号除灰空压机及 2A 灰斗气化风机运行中，但是就地 2A 灰斗气化风机出口安全阀动作，5 号除灰空压机处于卸载运行中。此时，PLC 画面显示 5 号除灰空压机排气温度 142℃，电流 23A。运行人员就地测量除灰空压机本体温度：实测 93℃。

16 时 44 分除灰脱硫班长电话联系热控点检，告知除灰空压机监控画面显示异常需立即处理，16 时 49 分热控点检到达控制室发现除灰空压机监控画面所有设备运行、停止状

态消失（黄闪状态），温度、电流显示正常，其他模拟量测点显示为零并红闪，5 号除灰空压机排气温度显示 181℃，询问运行人员情况得知就地 5 号除灰空压机就地为运行状态，冷却水电磁阀关闭，排气温度高。

16 时 51 分运行人员停运 2A 气化风机和 5 号除灰空压机；16 时 51 分远方停运 2A 灰斗气化风机正常；远方停运 5 号除灰空压机，停运失败，此时，PLC 画面显示 5 号除灰空压机排气温度 154℃，电流 23A。

16 时 53 分热控点检到达除灰空压机房，发现 5 号除灰空压机油气分离器安全阀动作，油位计破裂往外喷油气，空压机机头处温度很高，16 时 56 分热控点检按下急停按钮停运 5 号除灰空压机（事后查询历史趋势，此时空压机排气温度为 183.73℃）。

17 时 30 分就地检查 4 号除灰空压机具备启动条件后，汇报值长，启动 4 号除灰空压机。

（二）事件原因查找与分析

1. 事件原因检查

热控点检联系火电检修人员，检查就地及电子间空压机 PLC 控制柜，发现空压机 1 号 PLC 控制柜 24VDC 控制总电源消失，除灰 PLC 控制系统电源柜内空压机 1 号 PLC 控制柜 24VDC 总电源玻璃保险（负极，保险容量为 5A）烧坏，立即更换保险，17 时 10 分除灰空压机监控画面恢复正常。

2. 原因分析

（1）2 号除灰空压机在检修作业过程中造成 24VDC 电源线瞬间接地后造成除灰空压机 1 号 PLC 控制柜内 24VDC 总电源保险烧断，从而使除灰空压机 1 号 PLC 柜 24VDC 控制电源失电，最终导致正在运行的 5 号除灰空压机冷却水电磁阀失电关闭，是本次事件的直接原因。

（2）除灰空压机控制系统 24VDC 控制电源总电源保险和分保险容量错误，总保险容量和分保险容量均为 5A，上下级保险容量不符合要求，是导致本次事件发生的间接原因。

（3）除灰空压机冷却水电磁阀设计不合理，当电源失电后电磁阀关闭，是导致此次事件的另一间接原因。

（4）运行人员发现设备异常后没有及时按下急停按钮停运设备，造成空压机排气温度急速上升，加剧设备损坏的可能，是本次事件的另一间接原因。

3. 暴露问题

（1）检修人员技能水平低，检修工艺、工序不规范，作业现场凌乱，拆卸的接头和导线随意摆放，容易导致接线短路或接地。

（2）除灰空压机控制系统 24VDC 控制电源总电源保险和分保险容量错误，总保险容量和分保险容量均为 5A，上下级保险容量不符合要求。

（3）除灰空压机控制系统 24VDC 控制电源保险设计不合理。

（4）除灰空压机冷却水电磁阀设计不合理，当电源失电后，电磁阀关闭。

（5）运行人员应急处置能力不足，面对突发事件处理不果断，后果预见性不强。

（6）辅控运行人员流动较大，新进人员对现场设备的布局、操作方式不够熟悉。

（三）事件处理与防范

（1）2 号除灰空压机控制回路改造停工整顿，组织检修人员进行检修工艺、工序、安全的学习后方可进行开工。

（2）按设备重要性先后全面组织排查全厂控制电源保险容量是否符合要求，更换不符合容量要求的保险。

（3）按设备重要性先后全面组织排查全厂控制电源设计是否存在问题，并列入整改计划进行整改。

（4）取消除灰空压机电源总保险和进入 PLC DO 卡件的分保险，增加控制电源送至就地控制箱的控制电源保险。

（5）取消 1～6 除灰空压机冷却水电磁阀控制，改由手动门控制。

（6）组织运行人员对新进员工的现场设备、设备异动、技术培训及应急处置方法的培训，当发生突发事件时及时做出正确的处理。

十六、火检冷却风机就地控制柜内部锈蚀积水导致火检冷却风丧失保护动作

（一）事件过程

2019 年 03 月 27 日某厂 3 号机组负荷 151MW，A、B、D 磨煤机运行，C 磨煤机运行，A、B 引风机、送风机、一次风机、B 密封风机运行；A、B 给水泵汽轮机运行，给水自动，2 单元 A 循环水泵运行，B 循环水泵备用，A 凝泵变频运行，电泵备用。主蒸汽温度 540.47℃，主蒸汽压力 12.65MPa，一次风母管压力 5.67kPa，汽包水位稳定；抗燃油压力 13.3MPa，B 火检冷却风机运行，A 火检冷却风机备用。

2019 年 03 月 27 日 09 时 15 分 11 秒，3 号炉 B 火检冷却风机运行状态消失，A 火检冷却风机联锁启动指令发出，就地 A 火检冷却风机联锁失败，09 时 15 分 46 秒火检冷却风母管压力低低三取二信号发出，09 时 18 分 46 秒火检冷却风丧失动作 MFT 信号发出，3 号炉熄火，设备联动正常。就地检查火检冷却风机控制柜内 A、B 控制电源空开进线均无电压，空气开关处于合闸位，检查热工电源柜至就地火检冷却风机控制电源空开位于合闸位，测量空气开关出线处电压为 AC220V，初步判断为控制电源电缆故障，临时将火检冷却风机就地柜内 MCC 段动力电源接入控制电源空开进线，恢复 A、B 火检冷却风机运行，09 时 35 分 04 秒，3 号炉重新吹扫成功后投油点火正常，10 时 09 分 3 号机组负荷升至 184MW，燃烧稳定后拆除油枪。

（二）事件原因查找与分析

1. 事件原因检查与分析

火检冷却风机 A、B 双路控制电源断电，导致 B 火检冷却风机跳闸，DCS 发联锁启动 A 火检冷却风机指令，但由于就地控制柜控制电源失电导致联启失败，彻底检查控制电源供电电缆发现就地控制柜内电缆穿线孔处，因长期冲水导致机柜锈蚀内部积水，控制电源电缆被底部污泥腐蚀断裂（见图 6-25），A、B 火检冷却风机空式电源断电，导致火检冷却风丧失动作 MFT 信号发出，3 号炉熄火。

2. 暴露问题

长期冲水清理卫生，导致就地火检冷却风机柜体锈蚀电缆穿线孔处污泥堆积腐蚀损坏电缆。

（三）事件处理与防范

（1）按照异动流程将 3、4 号炉火检冷却风机控制电源改为 MCC 段供电（参考 1、2 号机组火检冷却风机控制柜供电方式）。

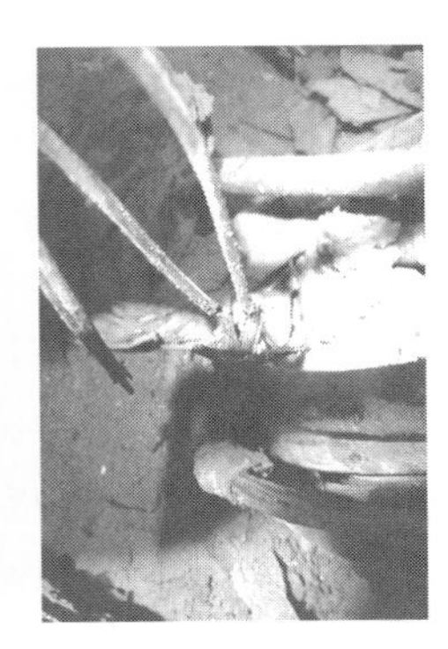

图 6-25　现场电缆检查情况

（2）检查处理 3、4 号炉火检冷却风机控制柜内热工信号、指令电缆是否存在被腐蚀的情况并治理。

（3）检查 3、4 号炉火检冷却风机控制柜柜体锈蚀情况并做临时防护措施，若锈蚀情况严重须订购不锈钢机柜待机组停运后彻底更换。

（4）检查 1～4 号炉热工控制柜柜体锈蚀情况，并做好防冲水渗透措施。

十七、温度元件故障时引起相邻温度信号跳变

某厂一期项目建设 2×620MW 中国产超临界机组，DCS 采用艾默生过程控制有限公司 Ovation 控制系统。其配套的锅炉为东方锅炉厂生产的超临界参数、变压直流炉、W 型火焰燃烧方式、固态排渣、单炉膛、一次再热、平衡通风、露天布置、全钢构架、全悬吊 π 型结构。汽轮机由东方汽轮机有限公司设计制造，超临界、一次中间再热、三缸四排汽、单轴、双背压、凝汽式汽轮机。

（一）事件过程

2019 年 7 月 29 日，处理 2 号机组 B 汽泵进水端筒体温度跳变缺陷时致使同一接线箱内的 B 汽泵非驱动端温度异常跳变，但未触发保护。

15 时 30 分，热控工作人员开票处理 2 号机组 B 汽泵进水端筒体温度跳变缺陷，由于该点未带任何逻辑及保护，故未做隔离措施，在温度接线箱内进行热阻测量时，检查发现 B 汽泵进水端筒体下端温度 20LAC20CT318 主备用芯元件损坏。接线箱内接线如图 6-26 所示。

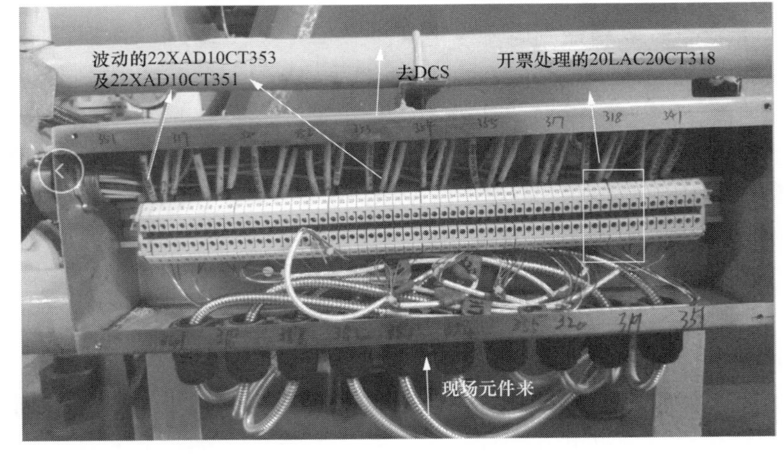

图 6-26　汽泵温度就地接线箱

15 时 48 分，值长电话通知终止此工作，恢复后交还工作票，并查阅曲线后发现 22XAD10CT351 及 22XAD10CT353 波动，曲线如图 6-27 所示。

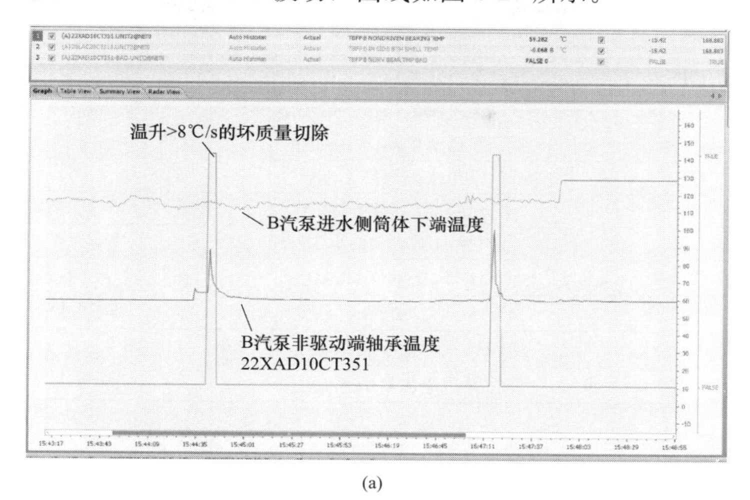

(a)

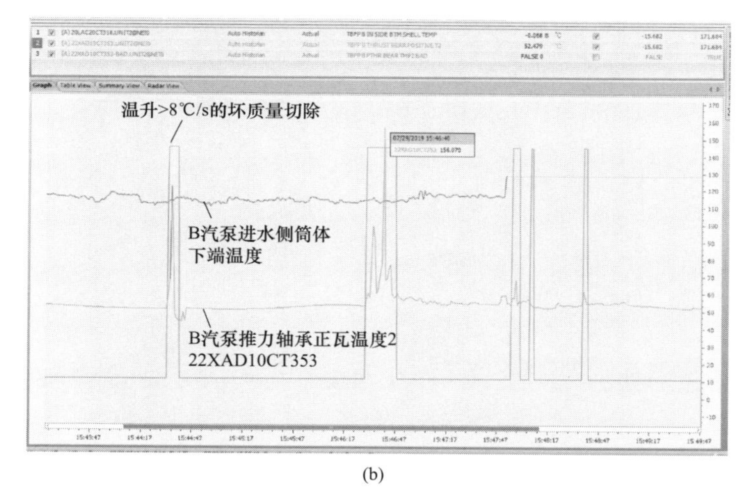

(b)

图 6-27　温度曲线

(a) B 汽泵非驱动端轴承温度；(b) B 汽泵推力轴承正瓦温度 2

由曲线可知，B 汽泵非驱动端轴承温度（22XAD10CT351）波动最高波动至约 99℃，此点的保护逻辑为大于 95℃延时 2s 跳闸，但由于该点有温升 8℃/s 的坏质量切除，故保护未触发。

B 汽泵推力轴承正瓦温度 2（22XAD10CT353）的保护动作条件为在两点都为好质量的情况下，一支温度的 HH（>95℃）与上另一支温度的 H 值（>90℃）延时 2s 触发。因 B 汽泵推力轴承正瓦温度 2（22XAD10CT353）当时有温升坏质量切除，以及 B 汽泵推力轴承正瓦温度 1（22XAD10CT352）未达 H 值，故保护未触发。

（二）事件原因查找与分析

为查明波动原因，7 月 30 日上午开票解除该温度接线箱内所有相关保护后，进行相关检查。该接线箱内包含 10 个温度测点，其清单及其逻辑条件，具体见表 6-1。

再次核对接线箱内各点接线与 DCS 对应一致，不存在接线错误问题。但进行操作还原时，即在进行测量备用芯热阻值时，22XAD10CT351 及 22XAD10CT353 测点仍有波动现象，曲线如图 6-28 所示。

表 6-1　　　　B 汽泵温度测点清单

序号	KKS 码	测点名称	保护逻辑
1	20LAC20CT317	B 汽泵进水侧筒体上端温度	无
2	20LAC20CT318	B 汽泵进水侧筒体下端温度	无
3	20LAC20CT319	B 汽泵出水侧筒体上端温度	无
4	20LAC20CT320	B 汽泵出水侧筒体下端温度	无
5	22XAD10CT341	B 汽泵驱动端轴承温度	单点，高于 95℃延时 2s
6	22XAD10CT351	B 汽泵非驱动端轴承温度	单点，高于 95℃延时 2s
7	22XAD10CT352	B 汽泵推力轴承正瓦温度 1	一支温度 HH95℃与另一支温度 H90℃，延时 2s
8	22XAD10CT353	B 汽泵推力轴承正瓦温度 2	
9	22XAD10CT354	B 汽泵推力轴承负瓦温度 1	一支温度 HH95℃与另一支温度 H90℃，延时 2s
10	22XAD10CT355	B 汽泵推力轴承负瓦温度 2	

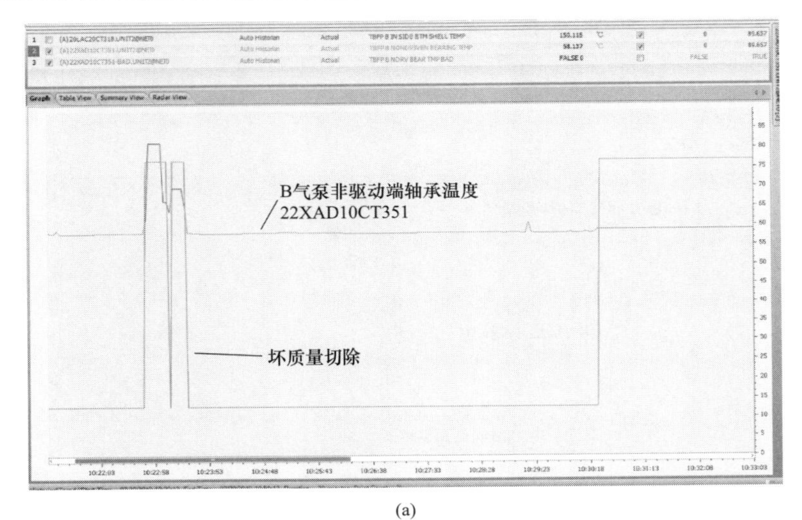

(a)

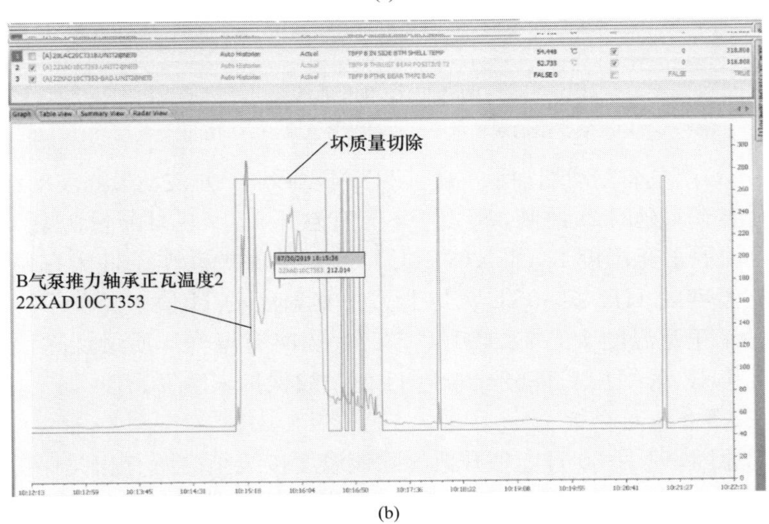

(b)

图 6-28　温度曲线

(a) B 汽泵非驱动端轴承温度；(b) B 汽泵推力轴承正瓦温度 2

8 月 2 日再次开票检查波动原因，检查该元件阻值正常，DCS 机柜侧解线后用万用表简单测量接线及屏蔽绝缘正常，重新排查发现接线端子处元件侧接线鼻子与接线端子不匹配，如图 6-29 所示，因线鼻子与接线端子接触面积较小，在进行测量备用芯等或振动时，很容易造成波动。

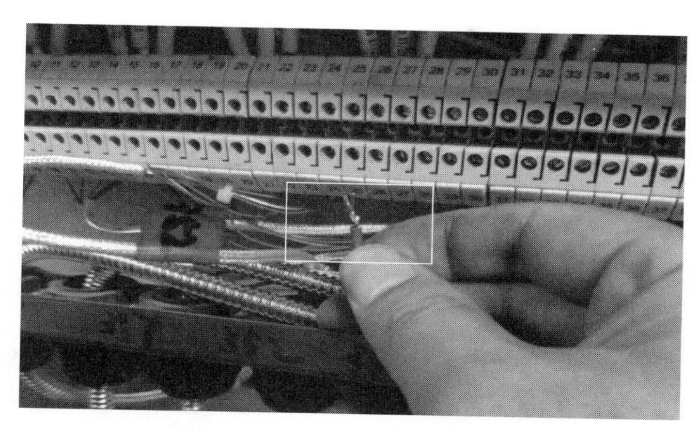

图 6-29　接线端子

（三）事件处理与防范

（1）此次工作开展前没有认识到相关风险点，没有扩大安全措施至相关的所有保护，以后对于重要设备的控制柜、接线箱，检修工作开展前，隔离措施中应将所有相关保护解除，避免类似意外情况的出现。

（2）在机会允许的情况下，重新对重要设备相关温度接线箱内各端子进行测点及电缆标示牌的核对。

（3）梳理及优化重要设备单点保护逻辑，增加速率、坏质量、延时的相关判断，减少误动。

（4）紧固端子工作不可直接紧固螺丝，而应确保端子与接线有足够的接触面积。

十八、燃机 CO_2 消防装置就地控制柜密封不严进水受潮导致燃机跳闸

（一）事件过程

2019 年 8 月 6 日 09 时 13 分 18 秒（Mark VIe 时间），某厂燃机报燃料小间危险气体 9A/9B/9C 浓度高。

09 时 13 分 29 秒（Mark VIe 时间），燃机报燃料小间危险气体 9A 浓度高高。

09 时 13 分 30 秒（Mark VIe 时间），燃机报燃料小间危险气体 9C 浓度高高，触发 1 号燃机跳闸，跳闸前机组总负荷 307MW。

09 时 15 分 13 秒（DCS 时间），1 号汽轮机跳闸（燃机、汽轮机后台固有时间相差 103s）。

09 时 15 分 14 秒（DCS 时间），1 号燃机解列。

（二）事件原因查找与分析

1. 事件原因检查与分析

（1）1 号燃机 CO_2 消防装置就地控制柜有进水受潮的现象。由于近期经常下雨，就地

控制柜个别部位密封不严，发生进水受潮，火灾控制柜 45FTX-1 TBA 端子排 39、40 端子短路，引起 1 号燃机 CO_2 五区释放启动（即 1 号燃机燃料小间 CO_2 喷放），动作后引起燃料小间风机 88VL-1 联停，大量 CO_2 喷放导致该区域三个危险气体浓度探头 9A、9B、9C 发出可燃气体浓度高高误报警，触发主保护燃料小间危险气体浓度高跳闸，1 号燃机和汽轮机相继跳闸。

（2）可燃气体探头布置在 A160 燃气间的封闭罩壳内，机组正常运行时其环境温度约为 70℃。燃气间为密闭空间，二氧化碳喷放口距离可燃气体探头距离为 1.2m，如图 6-30 所示。

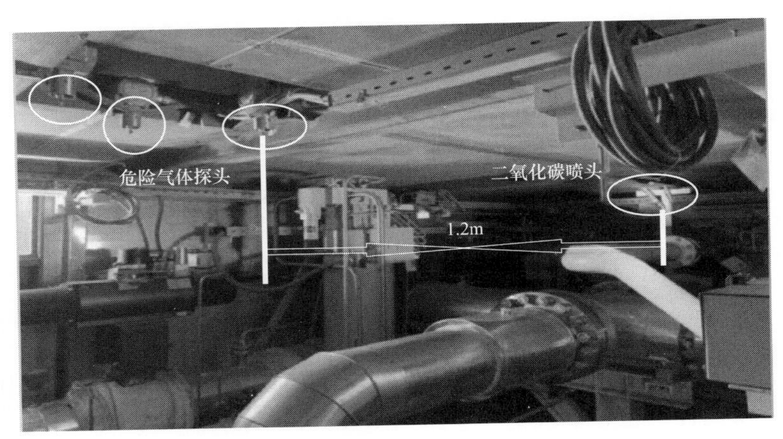

图 6-30　危险气体探头与 CO_2 喷头位置及距离

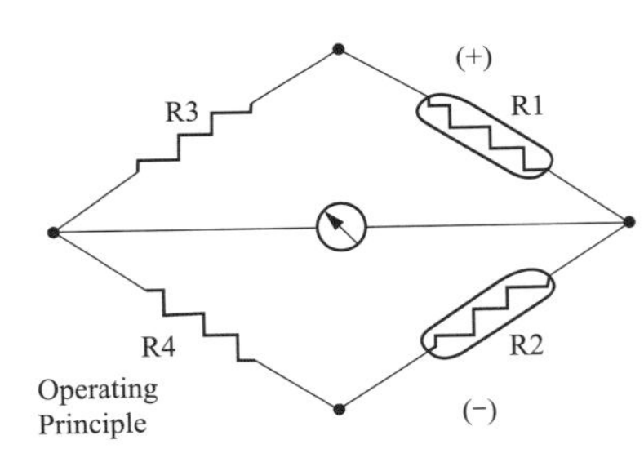

图 6-31　可燃气体测量电阻桥

（3）可燃气体探头测量原理为催化燃烧，气体探头测量的桥电压差值，桥电压又与气敏电阻阻值有关，由于气敏电阻和附带的伴热丝封装一起（见图 6-31），保持一定温度，这样测量可燃气体时候，可燃气体探头与气敏电阻发生氧化，阻值会发生变化，电压发生变化对应测量可燃气体含量。

（4）可燃气体探头通过测定桥电压之间的电压差值确定是否发生可燃气体泄漏，但是当可燃气体探头所处环境发生剧烈变化时，气敏电阻内伴热丝温度发生变化，气敏电阻阻值同时发生变化，桥电压发生变化，桥电压之间产生差值，导致可燃气体探头误认为检测到可燃气体泄漏。

根据可燃气体探头说明书，可燃气体探头正常工作温度范围为-55～93℃，燃料小间温度为 70℃左右，接近高限。CO_2 喷射后，导致燃料小间温度短时间内发生剧烈变化，从 70℃下降到 10℃左右，导致桥电压也跟随变化，桥电压产生差值，探头发出危险气体浓度高报警。

（5）GE 公司设计时，没有考虑到燃料小间空间较小（如果 CO_2 发生泄漏或灭火动作会导致环境温度剧烈变化），而只是考虑正常的可燃气体泄漏情况，采用了催化燃烧型探头。

2. 暴露问题

（1）设备防水防潮检查不彻底，措施不完善。热控、电气露天设备较多，虽进行了多

次的检查及整改，但仍未能及时发现个别设备存在的隐患，导致控制柜等进水受潮。

（2）对就地控制柜等设备的重要性、关键性认识不足，也没有充分监督评估，没有采取足够的预防措施。

（3）由于燃机区域所有 CO_2 灭火系统的控制单元都在同一个控制柜内，如果机组处在正常运行时发生在透平间 CO_2 大量喷放，同时机组其他保护未动作情况下，可能会导致燃机缸体收缩及发生动静碰磨，后果将会更为严重。

（三）事件处理与防范

（1）两台燃机 CO_2 消防装置就地控制柜加装防雨棚，并对现场其他就地控制柜等设备进一步排查整改，消除类似隐患，防止类似事故再次发生。

（2）增加二氧化碳喷放信号到 DCS 系统，确保二氧化碳动作时能及时发现，防止发生因 CO_2 误喷引发其他严重事故。

（3）进一步与 GE 公司进行沟通，双方商定对燃机区域所有危险气体报警系统进行重新设计、改造升级，更换为抽吸式红外危险气体检测探头，此改造升级方案已应用于其他同类型电厂。

（4）详细排查现场所有对潮湿、水汽等敏感的设备，做好防水防潮措施。同时，要求相关部门加强潮湿、下雨天气的巡点检工作。

（5）针对 Mark VIe 与 DCS 存在固有时间差的情况，由于校对设备对时服务器（NTP）为进口设备，无 3C 认证，一直未到货，在新设备未安装之前，专业每周进行一次校对，尽量消除时间差。

十九、接线松脱导致汽包水位高高保护动作

（一）事件过程

2019 年 11 月 11 日 10 分 30 秒，某生物质发电公司 1 号机组汽包水位高Ⅲ值信号动作触发锅炉 MFT（动作逻辑为汽包水位 A、B、C 三取平均≥200mm，延时 5s），并发出“DCS 远方停机”到 ETS 机柜引起汽轮机跳闸，连跳发电机。

查阅历史曲线，检查情况如下：

10 分 00 秒，汽包水位 B 较其他两个测点逐步异常升高，事后检查发现 B 测点异常偏高的原因是高压侧取样口垫片老化发生泄漏。

10 分 20 秒，汽包水位 A 由于变送器 DCS 机柜侧接线松脱导致此测量值发生跳变。

10 分 30 秒，DCS 系统检测到汽包水位 A 测点异常跳变速率超过 200mm/s 后将其信号屏蔽，汽包水位高Ⅲ值判断由原来的三取三平均变为二取二平均；此时，汽包水位 B 测点异常升高至 421.33mm，C 测点显示－18.21mm，二取二平均值为 201.56mm，5s 后汽包水位高Ⅲ值保护动作触发锅炉 MFT。详见图 6-32 所示。

（二）事件原因查找与分析

1. 事件原因检查与分析

（1）汽包水位 B 变送器高压侧取样口垫片老化发生泄漏，造成测量值比实际水位异常偏高。

（2）汽包水位 A 变送器 DCS 机柜侧接线松脱导致此测量值发生跳变，DCS 系统检测到异常跳变超过规定值后将其信号屏蔽。

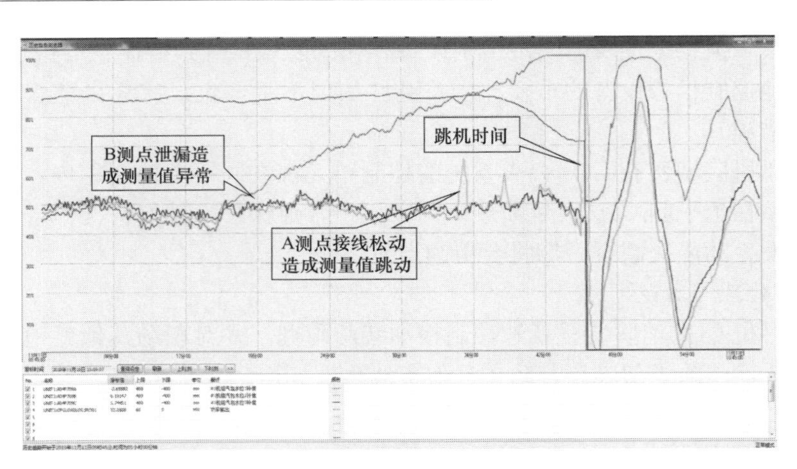

图 6-32　DCS 事故曲线

（3）在汽包水位 A 接线松动及汽包水位 B 测点渗漏的共同作用下，汽包水位测量值异常升高至跳闸值是造成此次事件的直接原因。

2. 暴露问题

（1）设备部对设备巡点检不到位。从泄漏测点的水迹可以判断泄漏恶化隐患已经存在较长时间，但是设备部热控专业一直没有发现该缺陷并及时处理。

（2）重要参数异常的声光报警缺失。汽包水位没有相应的高、低值声光报警，当水位异常升高超出报警值时，仅在 DCS 画面上数字变为红色，无法有效提醒运行人员及时发现重要参数异常。

（3）设备部对设备定期工作不够重视，检修质量控制不严。从松脱测点柜内抽查紧固情况发现，仍然存在部分端子紧固强度不足。现场接线柜和 DCS 机柜接线端子的紧固属于检修项目的定期工作，没有认真执行定期工作或缺乏对工作的有效检查和监督。

（4）运行人员对机组运行参数不够重视。故障水位测点 B 显示红色报警，但监盘人员没有及时发现异常。

（5）汽包水位保护逻辑设置不合理。目前水位保护逻辑采取“三取平均”模拟量判断，不符合《火电发电厂锅炉汽包水位测量系统技术规程》（DL/T 1393—2014）第 5.5.4 条要求，如任意一个测点出现异常导致测量数据偏高，三取平均后极易造成水位保护误动作。

（三）事件处理与防范

（1）要求设备部加强点检管理，定期巡视设备，发现异常情况及时处理，对于无法立即处理的或处理风险较高的缺陷，要求进行充分的风险评估，制定风险控制措施，并向运行人员交底后，方可进行消缺工作。

（2）全面梳理重要参数的声光报警，根据《火电发电厂锅炉汽包水位测量系统技术规程》（DL/T 1393—2014）要求，对于水位、压力等涉及机组保护的重要参数必须设置高、低值过程声光报警，便于运行监盘人员及时发现参数异常，并进行应急处置。

（3）加强检修质量管理，强化定期工作执行的刚性。一是修订作业文件包，在作业文件包中明确要求热控仪表压式接头垫片拆卸后必须作废，更换新垫片。二是利用检修机会，全面检查，更换 2019 年 3 月大修期间拆卸校验而未更换的热控仪表密封垫片。三是利用检修机会，全面检查现场热控柜和 DCS 机柜接线端子，紧固松动的接线端子。

（4）加强运行人员技能的培训教育，增强运行人员对重要参数特别是保护参数变化甄别的意识，防止类似事故再次发生。

（5）根据《火电发电厂锅炉汽包水位测量系统技术规程》（DL/T 1393—2014）第5.5.4条要求，修改锅炉水位保护逻辑，由“三取平均”模拟量判断修改为“三取二”逻辑判断。

二十、保温拆除后未及时封闭导致汽包水位低保护动作

某厂机组容量135MW，超高压中间再热自然循环锅炉。汽轮机为超高压，二缸二排汽，单轴单抽汽，水冷凝汽式。

（一）事件过程

2019年11月17日，机组负荷94.5MW，主蒸汽压力12.45MPa，电泵转速4002r/min，主蒸汽温度535.73℃。三个汽包水位分别为：－47.64/－169.05/－300mm，锅炉给水流量为：371.11t/h；30秒后机组汽包水位低动作，锅炉MFT、汽轮机跳闸。FSSS首出为汽包水位低跳闸，汽轮机跳闸首出为锅炉MFT。

（二）事件原因查找与分析

查阅历史数据，11月17日先是汽包水位测点2开始异常升高至300mm，又跳变至－300mm，如图6-33所示；汽包水位测点3开始向低水位变化随后突变为－299.76，如图6-33所示；锅炉MFT“汽包水位低Ⅱ”动作，汽包水位低逻辑保护为三取二保护动作，保护动作定值为－230mm。

现场检查汽包水位取样管，在炉26m超净排放改造新增管路穿墙处墙体保温拆除后未及时封闭，且汽包水位变速器离穿墙孔洞距离较近，气温骤降，致使汽包水位取样管受冻，如图6-33（c）所示。

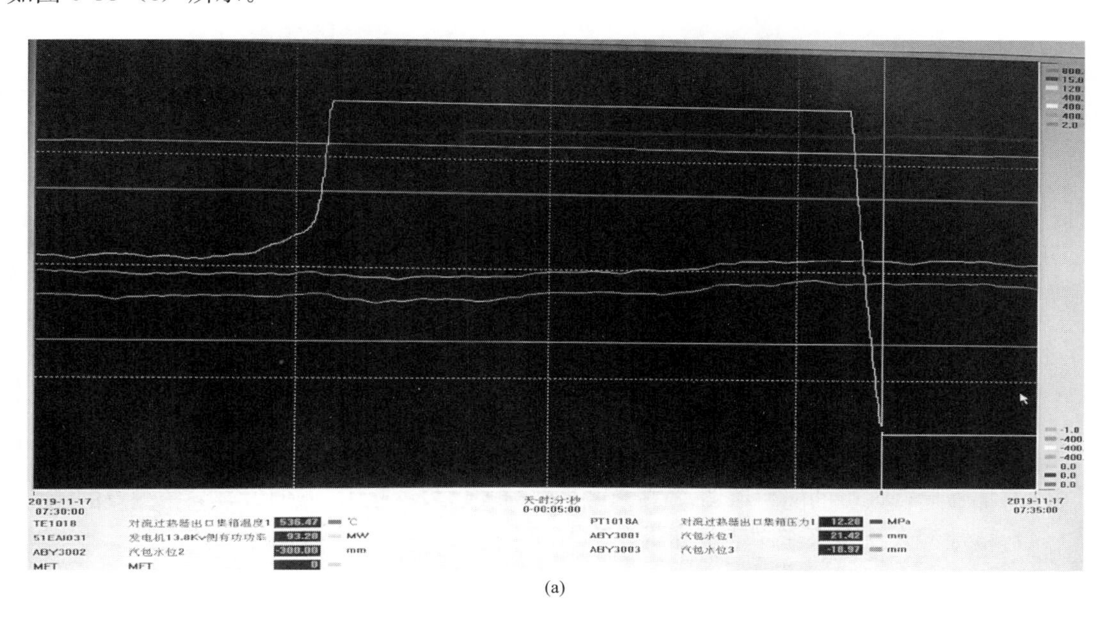

(a)

图6-33　汽包水位就地取样管（一）

（a）汽包水位2异常历史曲线

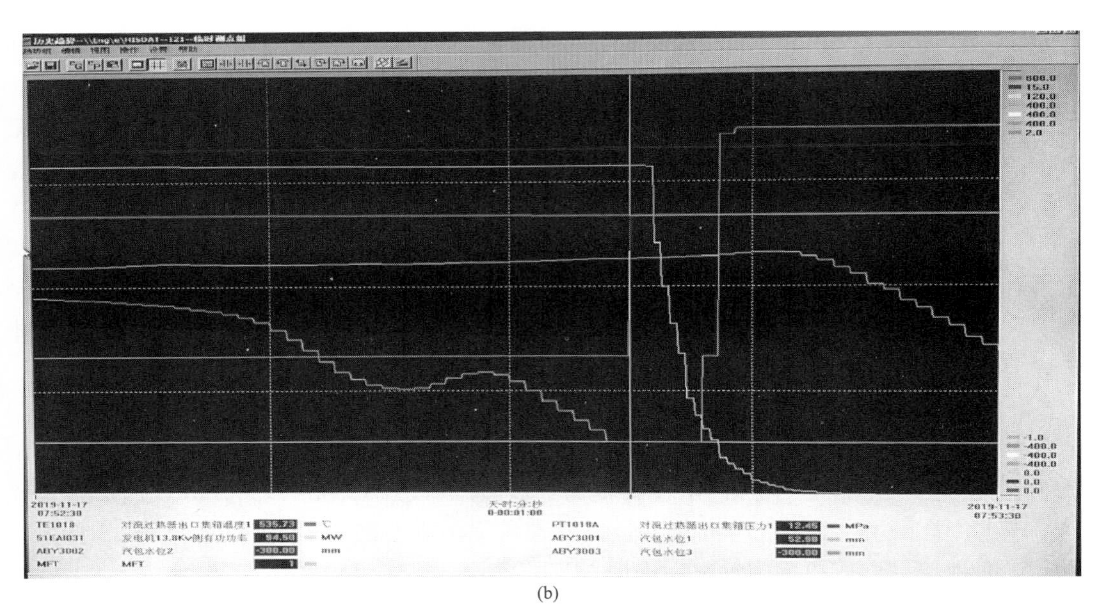

(b)

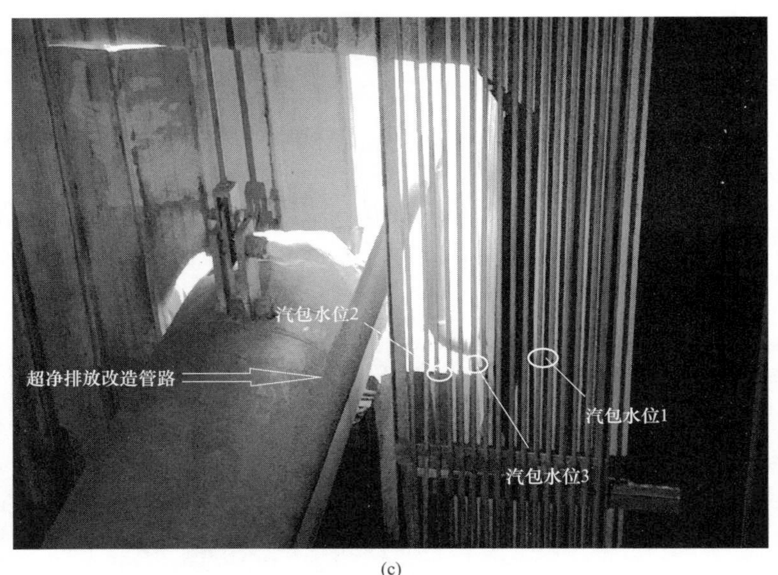

(c)

图 6-33　汽包水位就地取样管（二）

(b) 汽包水位 3 异常历史曲线；(c) 汽包水位就地取样管

（三）事件处理与防范

(1) 对超净排放改造后的管道穿墙处的缝隙，进行严密封堵，使其不再漏风。

(2) 举一反三，对其他类似仪表管道进行检查处理。确保冬季工况测点投入正常。

(3) 加强运行人员的能力培训，提高设备参数异常的敏感力，及时发现异常测点的能力。

(4) 增加冗余测点系统单点异常时的声光报警，增强测点异常及时预警功能。

二十一、电动头内部进水导致循环水泵跳闸

（一）事件过程

7 月 17 日 19 分 24 分，某厂 4 号机组运行人员发现循环水泵 D 跳闸，其跳闸首出系

"循环水泵运行且出口门全关"保护动作所导致，进一步检查发现出口门电动头内部有积水，清理积水并进行烘干处理后阀门运行正常。

（二）事件原因查找与分析

（1）循环水泵出口门电动头内部进水，导致循环水泵跳闸。

（2）跳闸保护逻辑未进行2取2判断，仅使用了关位信号，另该信号未进行延时判断。

（三）事件处理与防范

（1）对出口门增加防水措施，避免受潮或进水造成阀门信号误发。

（2）增加逻辑判断，对关信号采取阀门模拟量反馈小于5%与上关到位信号，并将处理后的信号进行延时1s的判断，避免信号误发。

二十二、消缺过程中安全措施不全面导致锅炉MFT

某厂1号机组于2019年并网发电并投入商业运行，锅炉为北京巴布科克·威尔科克斯有限公司"W"火焰超临界锅炉，采用东方电气集团的660MW超临界汽轮机，DCS为Ovation系统。

（一）事件过程

2019年04月21日，1号机机组负荷350MW稳定，机组CCS方式，AGC投入，一次调频投入，B/C/E/F磨煤机运行，炉膛总风量1700t/h。

09时00分检修维护部热控工作负责人办理工作票，工作内容：1号炉锅炉右侧二次风总流量测点2显示不准检查处理。要求安全措施：①将1号炉锅炉右侧二次风总流量测点2强制为800，质量强制为好点；②在1号炉锅炉右侧二次风总流量测点2上挂"在此工作"标示牌。

09时20分锅炉运行人员查询曲线，1号炉锅炉右侧二次风总流量测点1/3在660t/h左右，1号炉锅炉右侧二次风总流量测点2在850～900t/h波动。同时发现，1号炉锅炉右侧二次风总流量选择模式为"SEL A"（即选择"锅炉右侧二次风总流量测点1"），运行人员将1号炉锅炉右侧二次风总流量选择模式改为"SEL AUTO"（即"三取中"）。同时，运行人员对热控工作负责人交代：处理测点一定要找对变送器，不要将其他两个测点变为坏点。交代注意事项后，同意办理工作票，同时要求工作负责人拿好对讲机，处理测点时及时跟集控室联系。

09时43分工作负责人将"1号炉锅炉右侧二次风总流量测点2强制为800，质量强制为'好点'"，运行人员DCS观察1号炉锅炉右侧二次风总流量测点2已经强制为800，1号炉锅炉右侧二次风总流量测点1/3正常。

09时50分热控工作负责人对讲机联系，就地开始处理"1号炉锅炉右侧二次风总流量测点2"，运行人员观察DCS风量参数无变化，回复其可以处理。

10时04分36秒锅炉右侧二次风总流量1/3突然变为0，锅炉总风量从1650t/h突然下降至1030t/h左右，同时A/B送风机出力开始增加，炉膛负压开始上涨。

10时04分59秒锅炉右侧二次风总流量1/3上涨至740t/h，锅炉总风量上涨至2075t/h。

10时05分01秒1号机组跳闸，锅炉跳闸首出为"失去全部燃料"。

（二）事件原因查找与分析

（1）调阅4月21日10时00分～10时15分之间1号炉锅炉右侧二次风总流量1/2/3

点、炉膛负压，总风量，A、B送风机动叶反馈的曲线，因检修维护部热控工作负责人办理工作票处理锅炉右侧二次风总流量2测量不准，只将该测点强制到800t/h，锅炉右侧二次风总流量1/3没有强制就去现场处理锅炉右侧二次风总流量2，由于锅炉右侧二次风总流量1/2/3测点共用一个流量孔板，工作负责人将锅炉右侧二次风总流量2差压变送器侧取样接口打开后疏通取样管，导致该流量孔板正、负压相等，直接影响到锅炉右侧二次风总流量1/3，导致流量全部到0t/h，此时A、B送风机动叶处于自动状态，由于系统测量风量低于总风量设定值，A送风机动叶开度最大开到90.47%，B送风机动叶开度最大开到89.63%。由于负荷较低，只有4台磨煤机运行，送风量加大较多造成炉膛燃烧不稳，将火焰吹灭，4台磨煤机相继跳闸，最终“失去全部燃料”保护动作导致锅炉MFT。因此，本次事件的主要原因是热控工作负责人对风量测量装置原理不熟悉，且未做其他预控措施导致炉膛火焰失去跳闸磨煤机，失去全部燃料锅炉熄火。

（2）运行人员在热控工作票安全措施不全面的情况下没有提出有效的补充措施，对此次检修工作可能造成的后果没有做好事故预想，未及时发现两台送风机电流、动叶开度出现突增，没有及时解除送风自动，未能及时避免事件发生。因此，当班运行人员对重要测量装置检修工作重视不够，对重要辅机参数突变未能及时发现并采取有效措施是导致本次事件的次要原因。

（3）检修人员对风量测量装置工作原理不清楚，对存在安全隐患不清楚，在工作开始前没有制定相应的安全防范措施，导致锅炉右侧二次风总流量波动到零。工作许可人对现场情况不了解，对测量装置原理不清楚，在送风机主要参数出现突变时没有采取及时有效的措施。因此，检修和运行人员技能水平不足是造成此次事件的根本原因。

（三）事件处理与防范

（1）针对热控人员对设备、逻辑不熟悉，加强对热控检修人员的技术培训。

（2）加强运行操作人员培训，对重要热控测量装置的检修工作许可严格把关，检修工作开始前和工作过程中应采取有效预控措施，做好事故预想。

（3）针对今后检修内容凡涉及机组保护、联锁可能引发机组自动调整的作业，在办理工作票时必须增加作业方案，作业方案应由工作负责人编写，检修维护部专工及以上岗位人员审核，生产技术部主管及以上岗位人员批准，工作票许可人须收到审批完的作业方案方可许可工作票。

二十三、O型圈损坏导致某机组左侧中压主汽门异常关闭

（一）事件经过

2019年9月14日01时25分，2号机组负荷586MW，主蒸汽压力24.17MPa，再热蒸汽压力4.38MPa，CRT发“RSV B（16）CLOSED”“RSVL FULL CLOSED”声光报警，检查左侧中压主汽门关闭，ICVL显示100%开度，左侧中压调门全开；检查TURBINE OVERVIEW画面，RSVL左侧中压主汽门显示绿色（全关状态）；就地检查确认左侧中压主汽门机械位置关闭到位，左侧中压调门在全开位。

运行人员检查2号汽轮机组轴振、轴向位移、轴承金属温度等参数无异常；检查EH油系统，未发现漏油等异常情况，2A EH油泵电流、EH油母管压力正常，EH油箱油位维持387mm不变。

热工人员检查 2 号机左侧中主门试验电磁阀和快关电磁阀处于失电状态，热工信号无异常。汽轮机专业配合运行人员就地多次活动遮断电磁阀 22YV、试验电磁阀 23YV 阀芯均无效果。运行人员查询 SOE 发现 2 号机左侧中压主汽门关闭时间只有 0.101s，正常阀门活动试验时关闭左中压主汽门时间 3.5s。

9 月 14 日上午，更换 2 号机左侧中压主汽门试验电磁阀 23YV 后，试运油动机仍无法正常工作。经专业组讨论分析：左侧中压主汽门异常关闭原因应该为左侧中压主汽门遮断电磁阀 22YV 及关断阀故障。检修条件：停 EH 油泵，停机处理。

9 月 17 日 10 时 15 分，2 号机组解列，停 EH 油泵。运行许可 2 号机左侧中压主汽门遮断电磁阀 22YV 及关断阀更换。汽轮机人员拆开左侧中压主汽门遮断电磁阀 22YV，发现节流孔处有 O 型圈胶状物，堵塞节流孔（如图 6-34 所示），清理节流孔、更换新遮断电磁阀 22YV 后，押票试运中压主汽门全开、全关无卡涩，遮断电磁阀 22YV、试验电磁阀 23YV 结合面无渗漏。

图 6-34 O 型圈胶状物堵塞节流孔

（二）原因分析

（1）左侧中压主汽门遮断电磁阀 22YV 节流孔被 O 型圈胶状物堵塞，无法供油，安全油压无法建立，盘式卸载阀动作打开，左侧中压主汽门快关，且无法开启。

（2）O 型圈胶状物为油管道接头处 O 型圈，管道振动，O 型圈被挤压变形会导致 O 型圈部分破损脱落，进入油系统，O 型圈残片堵塞左侧中压主汽门遮断电磁阀 22YV 节流孔，保护动作导致左侧中压主汽门快关，且无法复位。

（3）暴露问题。

1）油系统检修过程质量及工艺管控不到位。

2）O 型圈质量较差，采购未提出明确要求。

3）油系统日常巡检对管路振动重视程度不够，没有及时发现接头振动，从而采取有效减振措施。

（三）改进/预防措施

（1）根据 O 型圈橡胶特性、接头外径和配合内径等信息核实各个安装位置 O 型圈压缩量，选用合适的 O 型圈，修订油系统检修工艺标准，加强检修过程质量及工艺控制，严格执行签证点现场签证验收，对于拆除的 O 型圈进行标记保存，并一对一进行核实，确认数量，回收更换下来的O型圈，保证O型圈无遗留。

（2）加强检修人员技术水平培训，提高现场检修技能，保证检修质量。

（3）修订点巡检标准，加强对油系统管路日常巡检，发现接头振动及时采取有效减振措施。

（4）大修后严格执行技术要求，对油系统进行大流量在线清洗，防止异物遗留，影响设备正常运行。

二十四、金属碎屑堵塞快关电磁阀OPC进油节流孔导致高压调门突关

（一）事件经过

2019年9月24日17时05分，3号机总负荷295MW，燃机负荷184MW，汽轮机负荷111MW，高压主蒸汽压力/温度：10.07MPa/565.28℃，再热蒸汽压力/温度：2.64MPa/566.86℃。

17时05分42秒，高压主蒸汽调阀在指令100%不变的情况下，实际阀位从98.11%降至96.78%，各项指标参数均无变化。

17时06分49秒，高压主蒸汽调阀阀位反馈恢复至98.76%。

17时07分37秒，汽轮机负荷从110.28MW降至41MW，中压汽包液位从0.2mm涨至289.94mm，高压汽包液位从0.12mm跌至－153.14mm，再热器进口压力从2.83MPa降至1.4MPa，高压缸排汽压力从2.87MPa降至1.01MPa。

17时07分45秒，运行人员将高压旁路切至手动，指令从0%给至30%；将中压给水调阀打至手动，该调阀开度指令保持自动时的阀位10%。此时中压汽包液位为277mm。

17时08分18秒，高压主蒸汽调阀阀位反馈从98.76%关至29.07%。

17时08分28秒，高压过热器出口主蒸汽PCV阀全开，高压过热器压力为14.087MPa。

17时09分33秒，中压汽包液位达到低Ⅲ值－350mm，中压汽包液位低Ⅲ值延时10s触发余热锅炉跳闸，联跳燃机、汽轮机。高压主蒸汽调阀指令和反馈同时下降为0%。

17时09分55秒，高压主蒸汽调阀在指令为0%的情况下，反馈上升至29.07%。

17时48分39秒，高压主蒸汽调阀反馈开始在0%到70%之间上下波动。

（二）原因检查与分析

1. 原因检查

（1）热控回路检查。现场检查，传动汽轮机高压调阀，阀位指令与反馈正常，高压调阀全开状态下拔出伺服阀电缆时高压调阀开度反馈缓慢关闭，时间约为22s。多次开关高压调阀，均正常。

检查事故期间汽轮机高压调阀快关电磁阀无动作输出，扩大检查汽轮机高压调门快关电磁阀的电缆回路交流和直流均无感应电压情况，排除了快关电磁阀动作引起高压调阀油动机关闭的可能。

高压调阀全开状态下拔出伺服阀电缆时高压调阀开度反馈缓慢关闭，时间约为22s。而此次高压调门是迅速关闭，时间约10s，排除了伺服阀回路故障引起高压调阀油动机快速关闭的可能。

针对高压调阀反馈异常波动情况，咨询OVATION厂家，初步认为该伺服卡可能存在

故障，为避免因伺服卡故障造成反馈延迟或者波动，建议更换该伺服卡。

（2）油动机设备检查。查看 DCS 参数曲线，发现高压缸第一级进汽压力在调节阀关闭后迅速下降，约 10s 降到和高压缸排汽压力一样，确定高压调阀肯定是迅速关闭了，时间约 10s。结合高压调阀的结构型式，分析造成此次高压调门出现突然关闭只有两种可能情况：

1）阀芯脱落及阀杆断开。这需要解体高压调阀本体或者启动机组来检查确认，当前不具备检修条件，且工作量大、耗时长，3 号机组 6 月份刚刚投产，阀芯脱落或者阀杆断裂的可能非常小。

2）油动机泄压引起油缸关闭带动调门关闭。这需要全面检查油动机，逐个拆卸汽轮机高压调阀油动机上的快关电磁阀、卸荷阀、伺服阀，全面检查快关电磁阀、卸荷阀、伺服阀阀体及阀座管路均正常，这些阀体上的孔径都比较大，未发现明显异物。拆开快关电磁阀的 OPC 进油节流孔（直径 0.8mm），发现节流孔出口有一个金属碎屑堵塞，但还能透光，金属碎屑尺寸约为 0.95mm×0.75mm×0.35mm。节流孔位置如图 6-35 所示。

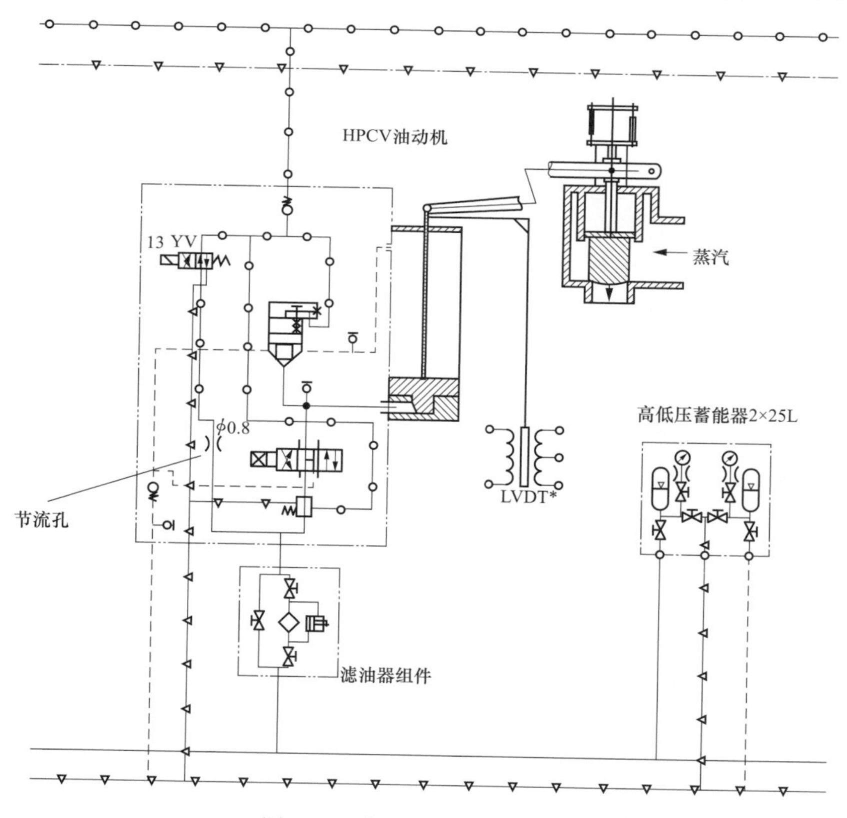

图 6-35 高压调阀控制油回路

分析判断该金属碎屑堵死该进油节流孔时，就会导致油动机内的 OPC 油压降低，低到一定值，卸荷阀自动打开，油缸活塞下移，高压调门关闭。

（3）油系统扩大检查。检查 3 号机组基建时《抗燃油系统冲洗前检查签证表》《抗燃油冲洗后油质化验检查签证表》记录正常但较为简单。9 月 26 日，机务专业检查汽轮机高压调阀油动机进口滤网，正常、无异物，怀疑设备安装后大流量冲洗不彻底，阀块内仍有安装残留物。

2. 原因分析

（1）汽轮机高压调门油动机上的快关电磁阀OPC进油节流孔（直径0.8mm），被金属碎屑（0.95mm×0.75mm×0.35mm）堵塞，导致油动机内的OPC油压降低，低到一定值，卸荷阀自动打开，油缸活塞下移，高压调门关闭。

（2）高压调门瞬间关闭引起汽轮机甩负荷，中压汽包水位波动大，汽包水位低Ⅲ值保护动作引起余热锅炉跳闸，联跳燃机、汽轮机。

3. 暴露问题

（1）基建调试阶段安装，过程质量、验收质量把控不到位。汽轮机EH油系统内虽然经过大流量循环冲洗仍有部分金属碎屑残留在系统内，容易堵塞节流孔、卡涩伺服阀等。

（2）汽轮机高压调门的模拟量反馈装置或者伺服卡存在异常，在高温或其他影响因素下，不能正常工作，不能及时准确反映调门的位置信息，影响事故分析判断。

（3）汽轮机、余热锅炉的部分控制逻辑、保护逻辑等存在不足，汽轮机出现甩负荷等事故情况下中压汽包水位控制、旁路阀门控制等未能及时、准确响应，需要进一步优化DCS控制功能以满足特殊工况。

（4）运行人员事故处理经验不足，对汽包虚假水位认识不足。

（三）改进/预防措施

（1）结合其他同类型机组电厂的保护设置情况，对余热锅炉汽包水位高、低保护动作的延时时间进行了调整：高压汽包水位高保护动作跳机延时由5s改为10s、高压汽包水位低保护动作跳机延时由10s改为180s；中压汽包水位高保护动作跳机延时由5s改为15s、中压汽包水位低保护动作跳机延时由10s改为300s；低压汽包水位高保护动作跳机延时由5s改为10s、低压汽包水位低保护动作跳机延时由10s改300s。

（2）机务专业组织对3号机组汽轮机EH油系统进行大流量冲洗。同时扩大检查其他油动机的进油滤网、节流孔、伺服阀、快关电磁阀阀、卸荷阀，检查是否存在异物，并全面清洗干净。利用停机检修机会，扩大检查清理其他机组的EH油系统。

（3）热工专业结合高压调门、中压调门等结构情况确定加装模拟量或者开关量反馈装置，冗余配置，确保调门的位置反馈信息准确可靠。

（4）组织热工、运行、锅炉、汽轮机/燃机专业人员核对DCS三联会逻辑设计说明，对燃机、汽轮机、余热锅炉的各种特殊工况所需控制逻辑进行补充优化，并到各投产电厂交流经验，提出优化措施，确保汽轮机甩负荷等特殊工况下余热锅炉和燃机能够稳定运行。

（5）运行人员加强事故操作培训，不断提升事故处理能力，机组发生故障时能够处理得当，不造成事故扩大。

二十五、电磁阀阀芯卡涩等原因引起集箱爆泄导致锅炉MFT

2019年5月19日16时00分，1号机组负荷678MW，磨煤机A、B、C、D运行，引、送风机，一次风机双侧运行。

（一）事件经过

15时30分1E磨煤机停运后，在热风隔绝门隔断情况下进口温度偏高，设备部交代运行部检查两路热一次风风道气动隔绝门（含暖风器进口热风气动隔绝门）严密性。

16时00分经巡检就地确认暖风器疏水器前、后隔离门为开启状态后，操作员执行1E磨煤机暖风器进口热风气动隔绝门开启命令后，该隔绝门开反馈显示异常，立即联系巡检就地检查，确认该隔绝门为开状态。

16时07分1E磨煤机出口风温、一次风量开始上升，暖风器进口热风气动隔绝门由于反馈信号异常无法关闭。

16时34分27秒D层燃烧器火检信号开始丢失，1D磨煤机跳闸。

现场暖风器和爆泄集箱位置如图6-36所示。

(a)

(b)

图6-36　现场暖风器和爆泄集箱位置

（a）现场暖风器位置；（b）爆泄集箱位置

16时34分30秒1B、1C磨煤机由于火检信号丢失跳闸，运行人员立即尝试投油。

16时34分42秒1A磨煤机火检丢失跳闸，锅炉MFT，汽轮机跳闸，发电机解列。MFT首出为“所有燃料量丧失”，汽轮机跳闸首出为“锅炉MFT”，发电机跳闸原因为“程序逆功率保护动作”。

16时37分当值值长通知公司领导、运行部领导、设备部、维护部相关人员到厂抢修。

5月20日05时30分1号炉微油点火成功。

10时18分1号机组并网成功。

（二）原因查找与分析

1. 原因查找

设备部、维护部值班人员和外包检修公司抢修人员到现场检查的同时，进行抢修准备工作。17分钟后现场开始搭架子、拆除保温准备工作。

经查1E磨煤机暖风器进口集箱爆泄，暖风器热一次风道保温板被气流掀开，保温棉破碎散开。爆泄气流振荡，导致二次风箱内部积灰扬尘，运行中的4台磨煤机火检信号丢失，丢失顺序见表6-2。火检及磨煤机跳闸过程曲线如图6-37所示。

表 6-2　火检信号丢失顺序

时间	火检丢失	磨煤机跳闸
16 时 34 分 27 秒	D4	
16 时 34 分 28 秒	D3、D8、C2、C4、C5、C7	
16 时 34 分 29 秒	C3、C8	
16 时 34 分 30 秒	D5、D6	D 磨煤机跳闸
16 时 34 分 29 秒	B4、B5、B6	
16 时 34 分 31 秒	D1、D2、D7、C2、B1、B2、B3、B7、B8	C、B 磨煤机跳闸
16 时 34 分 37 秒	A7、A8	
16 时 34 分 39 秒	A6	
16 时 34 分 40 秒	A5	
16 时 34 分 41 秒		A 磨煤机跳闸
16 时 34 分 42 秒	A1、A2、A3、A4	

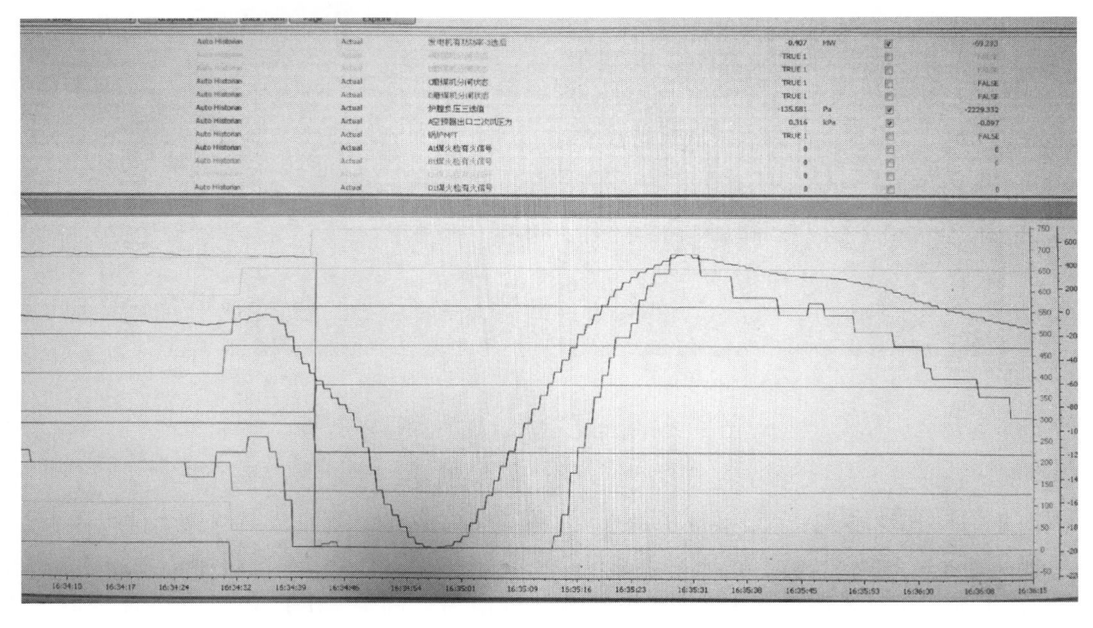

图 6-37　燃烧器火检及磨煤机跳闸过程曲线

17 时 50 分抢修人员到现场后对磨煤机暖风器附近相关设备外观进行检查，未发现损坏或异常。

20 时 22 分维护检修人员开始对暖风器疏水器进行解体检查，发现疏水器前法兰处有积水流出，疏水器内部有少量铁锈，疏水器疏水不畅，暖风器汽侧存在积水。

22 时 42 分启动密封风机对一次风道进行全面检查，未发现风道漏风。

23 时 40 分维护部对 1E 磨煤机暖风器进口热风气动隔绝门进行检查，发现电磁阀故障，造成气动隔绝门无法正常关闭。检查后发现电磁阀阀芯卡涩，手动操作无法动作，临时用交换电磁阀开、关气管路的方式关闭 1E 磨煤机暖风器进口热风气动隔绝门。

5 月 20 日 01 时 11 分检查并确认磨煤机暖风器汽侧隔离严密，一次风道无破损，支吊架完好，安排恢复保温。暖风器爆泄集箱材料尺寸均已确定并安排购买加工，计划停机后

处理。

05 时 23 分启动一次风机，设备部、运行部、维护部再次全面检查一次风机至燃烧器口的一次风风道，未发现漏风。

2. 原因分析

（1）直接原因：

1D、1C、1B、1A 磨煤机因火检信号丢失相继跳闸，所有燃料量丧失，锅炉 MFT。

（2）间接原因：

1E 磨煤机暖风器进口热风气动隔绝门开启后，隔绝门电磁阀阀芯卡涩无法关闭，同时因疏水器疏水不畅，热一次风反向加热暖风器汽侧积水，汽侧起压后进口侧第二集箱发生爆泄。

1E 磨煤机暖风器集箱爆泄引起强烈气流振荡，导致二次风箱内部积灰扬尘，运行中的 4 台磨煤机火检信号丢失。

1E 磨煤机暖风器进口热风气动隔绝门电磁阀阀芯卡涩，造成气动隔绝门无法正常关闭。

运行人员对 1E 磨煤机暖风器积水引起反向加热的危险性认识不足，停运后没有开启疏水旁路确保排空积水。

当气动隔绝门无法正常关闭存在反向加热时，没有考虑到疏水器可能存在疏水不畅而及时开启疏水旁路门进行排水。

3. 暴露问题

（1）设备管理人员风险把控不严，缺乏工作严谨性，危险源辨识不重视、不到位。运行人员对 1E 磨煤机暖风器进口热风气动隔绝门的开关操作必要性和风险认识不足，未能有效控制危险点防范措施执行过程。

（2）设备存在缺陷，1E 磨煤机暖风器疏水器疏水不畅；隔绝门电磁阀故障后风门不能及时关闭，导致暖风器汽侧超压爆泄。

（3）燃烧器火检设备在设计时未充分考虑二次风箱扬尘的影响，火检信号抗干扰能力差。

（三）防范措施

（1）提高风险源辨识，加强设备定检、维护，排查磨煤机暖风器系统相关隔绝阀、调节阀、疏水阀等设备缺陷情况。

（2）针对性进行安全教育培训和业务知识专项培训，培养认真、细致、严谨的工作习惯和作风，提高工作人员的业务能力。

（3）规范暖风器投、撤运行操作，加强疏水器工作情况检查，避免暖风器内积水。

（4）机组检修时，对二次风箱进行检查清灰，减少运行时扬尘对燃烧器火检影响。

（5）对煤火检类型和跳磨逻辑进行梳理，针对外置式火检采取必要措施减少二次风箱扬尘对火检检测的影响，可加装火检套筒、在二次风箱内加装防积灰吹扫装置等。

二十六、引风机失速导致机组 MFT

2019 年 10 月 1 日，机组 AGC 投入，负荷 630MW，五套制粉系统运行，送引风机、一次风机均双套运行，A/B 侧引风机进口烟温分别为 127℃/131℃，入炉煤综合硫分 0.8%，吸收塔再循环泵四台运行。

（一）事件经过

11时10分，脱硫运行人员发现净烟气 SO_2 浓度至30mg/m^3（标况下）并呈上升趋势，启动4A吸收塔再循环泵，吸收塔烟气阻力约增加300Pa。

11时10分，集控大屏“引风机B异常”报警，报警子栏目为“B引风机电流异常”（电流偏差＞20A），A/B引风机电流分别为510A、489A，动叶开度分别为69.5%、66.8%，3s后引风机电流自动调平。引风机第一次电流偏差曲线如图6-38所示。

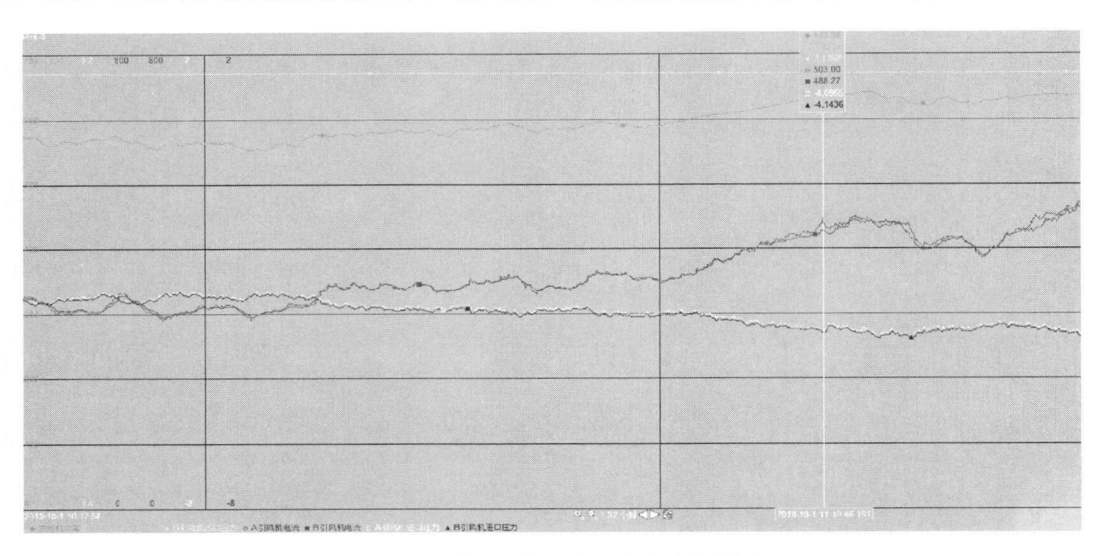

图6-38　引风机第一次电流偏差曲线图

11时25分，机组负荷635MW，集控大屏“引风机B异常”报警，报警子栏目为“B引风机电流异常”（电流偏差＞20A），A/B引风机电流分别为514A、490A，动叶开度分别为72.1%、69%，6s后引风机电流自动调平。引风机第一次电流偏差曲线如图6-39所示。

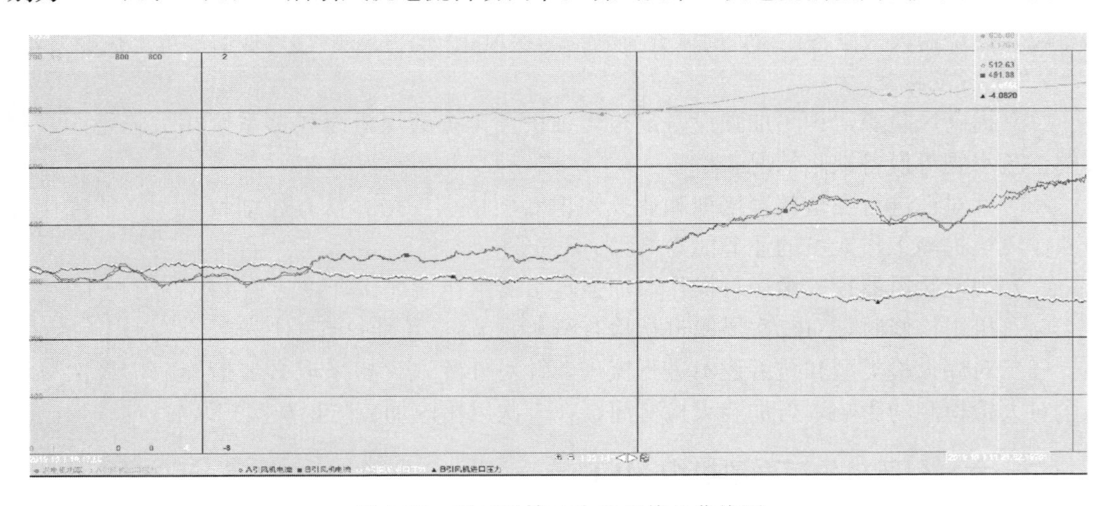

图6-39　引风机第二次电流偏差曲线图

11时33分32秒，机组负荷646MW，总煤量237t/h，炉膛负压－0.1kPa，A/B引风机电流分别为564A/549A，动叶开度均为77%。11时33分34秒，大屏“引风机B异常”

报警，报警子栏目为“B引风机电流异常”，A引风机动叶开度由77%上升至80%（高限），电流由558A上升至675A，B引风机动叶开度由77%上升至80%，电流由553A下降至341A，B引风机失速。炉膛负压（模拟量）由−0.1kPa上升至1.34kPa。B引风机失速时曲线如图6-40所示。

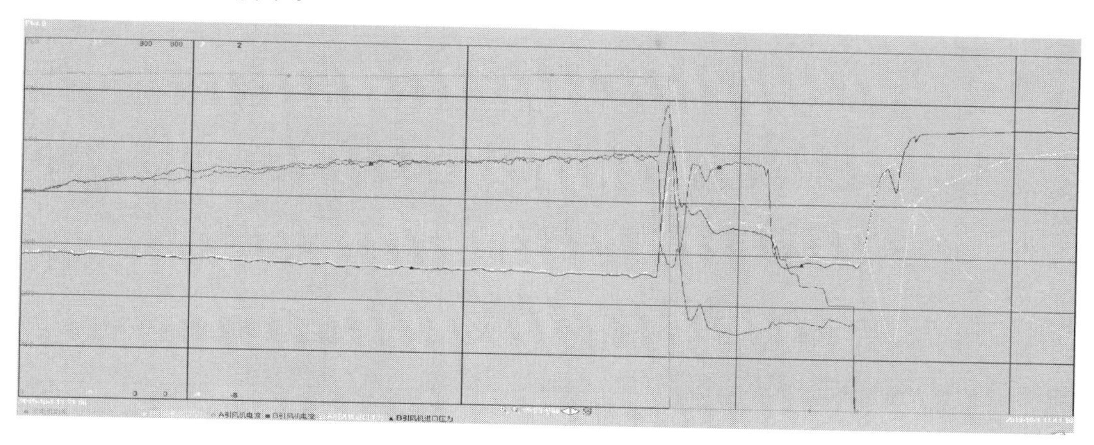

图6-40　B引风机失速时曲线图

11时34分38秒，炉膛压力高高开关量保护动作（PHH三取二，整定压力+1.52kPa），延时2s，锅炉MFT。

（二）原因查找与分析

1. 机组停运后进行以下检查

（1）检查引风机进出口挡板开关位置正常。检查湿电进口挡板、管式烟气加热器出口挡板均为全开位置。

（2）检查引风机后烟道内无异物、导流板无异常。

（3）检查管式烟气冷却器、管式烟气加热器清洁无堵塞现象。湿式电除尘器、烟道除雾器内部清洁无杂物。

（4）检查吸收塔内部除雾器、喷淋系统及托盘均正常。

（5）对二台引风机动叶开、关进行调试，两级叶片动作同步且全行程未发现卡顿现象；进行引风机油箱油质化验，油质合格。

2. 直接原因

超低排放改造时，引风机后烟道设计阻力BMCR工况时为4.708kPa，机组MFT前（负荷646MW）该烟道阻力达了5.1kPa，引风机的全压升9400Pa，均超过了设计值。烟道阻力主要来自吸收塔、管式烟气冷却器和管式烟气加热器。设计值与MFT前运行值对比，见表6-3。

表6-3　引风机后烟道各段阻力情况比对

项目		冷却器进口烟道阻力（Pa）	冷却器阻力（Pa）	吸收塔阻力（Pa）	湿式电除尘（含烟道）阻力（Pa）	烟道除雾器阻力（Pa）	加热器阻力（Pa）	合计值（Pa）
设计值	BMCR	300	400	2508	700	150	650	4708
	660MW	256	341	2143	598	139	555	4032

续表

项目	冷却器进口烟道阻力（Pa）	冷却器阻力（Pa）	吸收塔阻力（Pa）	湿式电除尘（含烟道）阻力（Pa）	烟道除雾器阻力（Pa）	加热器阻力（Pa）	合计值（Pa）
超低排放投运时	100	880	2219	95	70	945	4309
MFT 前运行值（646MW）	100	1200	2200	100（不含烟道）	50	1450	5100

引风机前烟道设计阻力 BMCR 工况时为 4.204kPa，机组 MFT 前（负荷 646MW）该烟道阻力达到 4.3kPa，超过设计值，比较超低排放改造后这几年同样工况下的烟道阻力，没有明显变化，引风机前烟道设计阻力存在设计偏小的现象，具体见表 6-4。

表 6-4　　引风机前烟道阻力情况比对

项目		引风机前烟道阻力（Pa）
设计值	BMCR	4204
	660MW	3720
超低排放投运时（2016 年 10 月）		4468
2017 年 10 月		4257
2018 年 10 月		4462
MFT 前运行值（646MW）		4300

对比 3、4 号机组 9 月 18 日 650MW 工况时，吸收塔、管式烟气冷却器和管式烟气加热器差压参数（3 号机组 9 月 30 日开始 C 级检修），见表 6-5。

表 6-5　　3、4 号炉烟道阻力情况比对

项目	吸收塔（Pa）	冷却器（Pa）	加热器（Pa）
3 号机组	2000	1200	1260
4 号机组	2100	1200	1330

图 6-41　3 号机组管式烟气加热器检查情况

对 3 号机组吸收塔、管式烟气冷却器和管式烟气加热器检查，吸收塔无异常，管式烟气冷却器清洁无堵塞，管式烟气加热器迎风面约 30%有堵塞（见图 6-41），堵塞物经分析主要成分为石膏（硫酸钙）。查阅运行操作记录和历史数据，发现为节能考虑，运行从 5 月 10 日开始停运 3、4 号机组湿电 3、4 号电场，6 月开始管式烟气加热器差压逐步上升，满负荷时的差压由 1.0kPa 上升至 1.4kPa 左右，两台机组趋势相同。由此情况分析，4 号机组管式烟气加热器应存在与 3 号机组类似的堵塞现象，当时停机检查，因检查不仔细未能发现有堵塞现象。

分析管式烟气加热器堵塞的原因为：湿电对不纯净的石膏细颗粒有去除作用，当湿电部

分电场停运后，去除作用减弱，部分残余石膏细颗粒穿透湿电水喷淋堵塞管式烟气加热器。

综合设备检查、历史数据分析：4号机组管式烟气冷却器和加热器实际运行（660MW）差压比设计值分别高了860Pa和450Pa（未停湿电前），而管式烟气加热器部分堵塞在此基础上又增加了差压400Pa。4号机组管式烟气加热器堵塞情况需在停机时再做进一步检查确认。

3. 间接原因

经核算，此次4B引风机失速前安全裕度情况见表6-6。

表6-6　　4B引风机失速安全裕度计算表

序号	名称	单位	工况1	备注
1	大气压力	Pa	101325.0	给定值
2	引风机进口静压	Pa	−4300.0	DCS取值
3	引风机进口温度	℃	131.0	DCS取值
4	引风机进口密度	kg/m³	0.8353	计算值
5	引风机进口质量流量	t/h	1290.0	计算值
6	引风机进口体积流量	m³/s	429.0	计算值
7	引风机出口静压	Pa	5100.0	DCS取值
8	引风机进出口全压（估算值）	Pa	9400.0	估算值
9	比压能	NM/kg	11253.2	估算值
10	对应失速工况点风压	Pa	11280.0	描点取值
11	对应失速工况点风量	m³/s	402.0	描点取值
12	引风机裕度	%	1.141	计算值

4B引风机失速前运行工况点如图6-42所示，失速前的理论失速裕度仅为1.141，已经低于电力行业标准《电站锅炉风机选型和使用导则》（DL/T 468—2019）中规定的风机最小失速安全裕度系数1.3的要求，失速安全裕度明显不足，存在着较大的失速风险。如按湿电电场停运前管式烟气加热器差压来核算，失速裕度为1.33，裕量也偏小。

综合分析，3、4号机组超低排放改造后，引风机失速安全裕度明显下降，叠加管式烟气加热器部分堵塞（需进一步确认），引起4B引风机失速。引风机失速后由于炉膛压力高高保护定值设置过低，6s后锅炉MFT。

4. 暴露问题

（1）隐患排查不到位。未能排查出引风机后烟道部分设备明显异于设计值的隐患，未能排查出引风机高负荷运行时风机失速安全裕度不足的隐患。

（2）运行人员业务素质有待提高。锅炉MFT前，二次电流偏差报警，虽然进行了分析，但没有引起足够重视，未采取任何措施。

（3）参数分析能力较差。6月后，管式烟气加热器差压逐渐上升、引风机出口风压和管式烟气冷却器进口风压在夏季高负荷显示超量程异常现象，设备管理部点检和运行人员简单认为测量有误，未作深入细致分析。

（4）对停运湿电3、4号电场这一节能措施未仔细论证，对其风险辨识不足，未能辨识出改变该运行方式后对后续设备带来的不利影响，以至于后期未能关注到管式烟气加热器差压的逐渐上升。

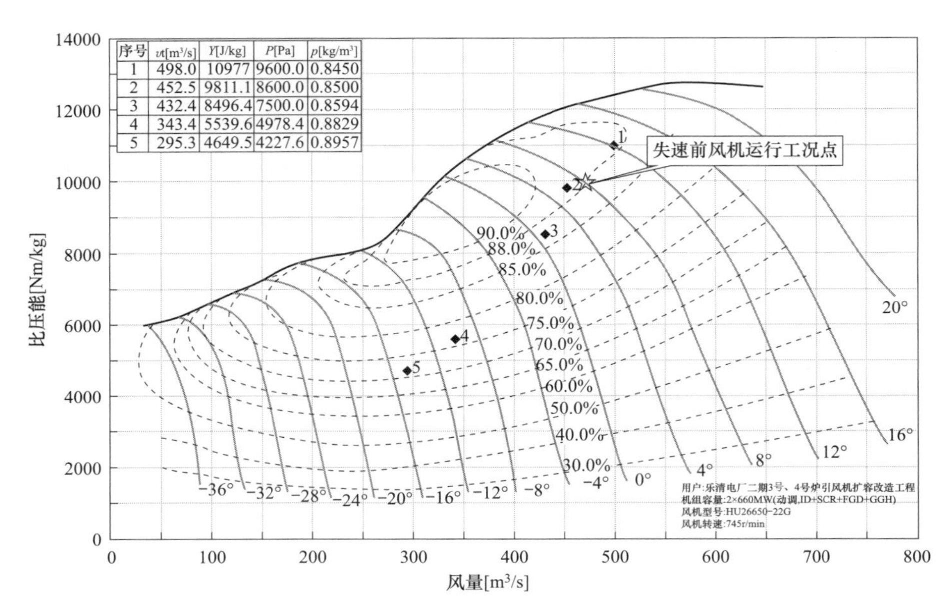

图 6-42　4B引风机失速前运行工况点

（5）炉膛压力高高保护定值设置过于保守。原定值按照锅炉厂的给定值设定，期间虽曾与锅炉厂多次协商提高保护定值事宜，但均以无明确书面答复而告终，并未去深究该定值的由来以及可否适当放开。

（6）报警点的设置不够完善。没有对管式烟气冷却器、加热器等易堵设备设置报警提示。

（7）定值管理不够严谨。超低排放改造时，引风机出口风压（量程为 0～3.0kPa）未作修改，管式烟气冷却器进口风压量程（0～4.5kPa）选用偏小，之后的定值梳理也未能发现，不利于后续的参数监测和分析。

（三）防范措施

（1）设备管理部组织生产部门制订类似事件的处理原则，下发班组学习。

（2）加强对运行人员的培训工作，运行部编制《引风机失速处置措施及运行注意事项》下发至班组学习，提高事故应急处置能力。

（3）机组停运时，若条件许可，对易堵设备进行检查，确保清洁无堵塞。

（4）安排试验，对超低排放烟道阻力进行重新核算，校核风机失速安全裕度，研究引风机后烟道降阻的可行方案。

（5）投入湿电 3、4 号电场运行，设备管理部和运行部每天对超低排放相关设备差压进行比对分析。下一步准备就湿电对烟气中携带的脱硫石膏雾滴的脱除能力（投用不同电厂组合的情况下）进行试验分析。

（6）运行部环保专业启动在吸收塔再循环泵等对系统有重大影响的设备前，需及时联系集控，注意系统参数的变化。

（7）参照同类型机组，适当放大炉膛压力保护定值，由原＋1.52kPa 及－1.78kPa，延时 2s 动作，修改为±3.0kPa，延时 5s 动作。

（8）增加引风机电流＞510A 闭锁负荷增逻辑。

（9）修改引风机出口压力、管式烟气冷却器进口压力量程。

（10）由设备管理部牵头，对DCS画面所有测点量程的匹配性进行排查。

（11）增加管式烟气冷却器、管式烟气加热器等易堵设备差压高报警。

第二节　运行过程操作不当故障分析处理与防范

本节收集了因运行操作不当引起的机组故障11起，分别为：一次风机失速处理不当引起机组主汽温度低MFT、运行人员干预热工保护动作过程导致锅炉MFT、集控室真空破坏门按钮误发导致机组非停、运行人员未能及时调整导致汽包水位升高高MFT、锅炉燃烧不稳导致炉膛负压保护动作、热工直流电源失电导致机组跳闸、汽动引风机小机并汽操作不当导致锅炉MFT、减负荷及过程中出现汽泵无出力导致给水流量低低保护动作、机组保养液沉积导致汽泵跳闸、供热抽汽压力低导致机组停运、PID整定不合理导致机组MFT。

运行操作是保障机组安全的主要部分，一方面安全可靠的热控系统为运行操作保驾护航，另一方面运行规范可靠的操作也能及时避免事故的扩大化。这些案例希望能提高机组运行的规范性和可靠性。

一、一次风机失速处理不当引起机组主蒸汽温度低MFT

2019年8月22日16时41分3号机组负荷656MW，AGC控制方式，A/B/C/D/E磨煤机运行，主蒸汽温度565℃，过热器减温水总量148t/h，A/B一次风机均投入自动运行，一次风母管压力9.2kPa。

（一）事件经过

16时41分06秒机组负荷656MW，3A号一次风机电流由132A突降至98A，动叶开度由68%开至91%；3B号一次风机电流由134A升至158A，动叶开度由69%开至80%。3A号一次风机进口压力由－2.43kPa升至－0.23kPa；3B号一次风机进口压力保持－0.88kPa不变。3A号一次风机风量由208t/h突降至0t/h；3B号一次风机风量由240t/h突升至327t/h。一次风母管压力由9.2kPa降至5.7kPa。机组负荷下降，在协控制方式下，锅炉主控增加，总煤量由263t/h升至296t/h。相关参数变化如图6-43所示。

16时41分07秒，大屏出现“FURN PRESS”报警，查看报警信息发现炉膛压力突降，炉膛压力最低降至－1.46kPa。查3A号引风机动叶开度从79%（开度上限80%）关至61%，电流由467A降至369A。3B号引风机动叶开度从66%关至49%，电流由467A降至341A。

16时42分，炉膛压力恢复至－0.06kPa。操作员撤出协调控制方式，并立即将锅炉主控由115.7%减至90%，总煤量由295t/h减至239t/h。

16时43分，操作员发现主蒸汽温快速降至530℃，且仍有下降趋势，随即关闭各级过热器减温水调节阀，减温水总量减至15.9t/h（二级减温水A侧调阀有10%的低限）。

16时44分16秒，3A号一次风机失速报警。11s后操作员将给水偏置由55t/h设至－200t/h。

16时45分10秒给水偏置设至－300t/h；33s时给水偏置设至－500t/h。给水流量从1802t/h减至1220t/h（跳机前）。操作员拉停3E号磨煤机，查冷热风门自动关闭，总煤量减至201t/h。35s时主蒸汽温度低至495℃。

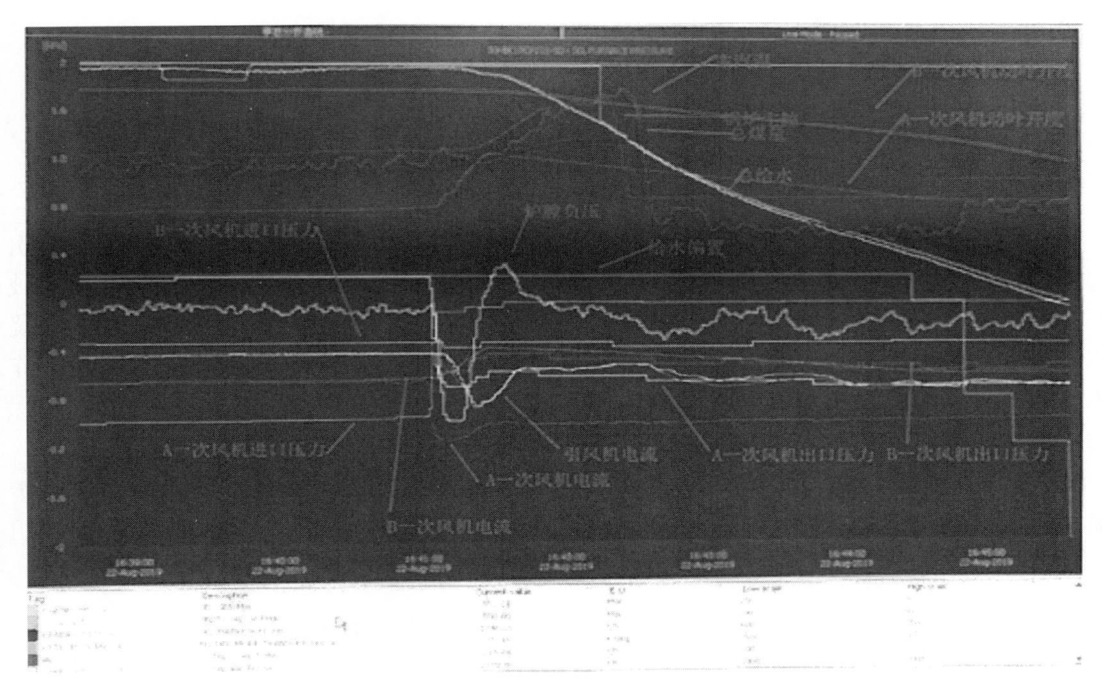

图 6-43　3A 号一次风机失速前后相关参数趋势图

16 时 46 分 12 秒，准备拉停 3D 号磨煤机时，主蒸汽温度低保护动作，汽轮机跳闸，锅炉 MFT。跳闸时，机组负荷 438MW。

停机后，一次风机进口消音器滤网清理积灰约 30kg，在 630MW 负荷时，3A 号一次风机进口压力由－2.4kPa 升高至－0.4kPa。

18 时 35 分，锅炉重新点火。22 时 57 分，发电机并网。

（二）原因分析

1. 直接原因

3A 号一次风机因进口消音器滤网积灰引起进口阻力增大，在特定情况下发生失速，导致磨煤机风量不足，出力下降，致使水煤比严重失调；3A 号一次风机失速后，运行人员未及时发现，所执行的操作未能及时遏制主汽温下降趋势。

2. 间接原因

未设定风机入口风压低报警，不利于掌握风机进口消音器滤网积灰情况；未设置并列风机电流偏差大报警，不利于及时发现一次风机失速情况。

3. 暴露问题

（1）设备管理经验不足，安装了一次风机进口风压测点，但未关注风机进口风压变化趋势，也未设置压力异常报警，未能掌握风机进口消音器滤网积灰情况。

（2）运行操作人员应急处置能力不足，风机失速应急处理措施不够细致，未能及时发现 3A 一次风机失速。

（3）并列运行风机未设置电流偏差大报警，不利于运行人员及时发现风机失速情况。

（三）防范措施

（1）清理 3A 号一次风机进口消音器积灰，排查其他风机进口压力变化趋势；

（2）联系相关单位在预警系统内增加送风机、一次风机进口压力异常变化预警，设定一次风机进口压力报警值为－1.5kPa，压力报警时安排检查清理；

（3）利用机组检修机会，对进口消音器顶部钢丝网进行改进，延长进口消音器清灰周期；

（4）利用机组停机机会，设置一次风机电流偏差大屏报警；

（5）细化运行规程中“轴流风机失速”应急处理措施，运行部组织学习培训，提高运行人员应急处置能力。

二、运行人员干预热工保护动作过程导致锅炉 MFT

（一）事件过程

12 月 31 日，某厂 1 号机组启动并网，机组负荷 171MW，厂用电切换过程中。1A 给水泵汽轮机运行，1B 给水泵汽轮机冲转后备用。1 号高压加热器水位：453mm、2 号高压加热器水位：457mm、3 号高压加热器水位 484.7mm，1 号高压加热器水位正常疏水开度 20%，危急疏水开度 0%，2 号高压加热器水位正常疏水开度 21%，危急疏水开度 0%，3 号高压加热器水位正常疏水开度 21%，危急疏水开度 21%，机侧其他设备运行正常。

08 时 57 分 2 号高压加热器水位从 400 左右逐渐上升。

09 时 01 分 55 秒 2 号高压加热器水位上升至 600，水位高 3 值保护（定值≥600mm）动作（三取二）。

09 时 01 分 58 秒 2 号高压加热器水位高三值发出联锁关闭高压加热器入口三通阀指令。

09 时 02 分 33 秒高压加热器入口三通阀关到位，供水切旁路运行。

09 时 02 分 33 秒高压加热器入口三通阀关到位且 2 号高压加热器水位高 3 值联锁关高压加热器出口电动门（09 时 02 分 39 秒高压加热器出口电动门开到位信号消失）。

09 时 02 分 35 秒运行人员手动打开高压加热器入口三通阀，如图 6-44 所示。

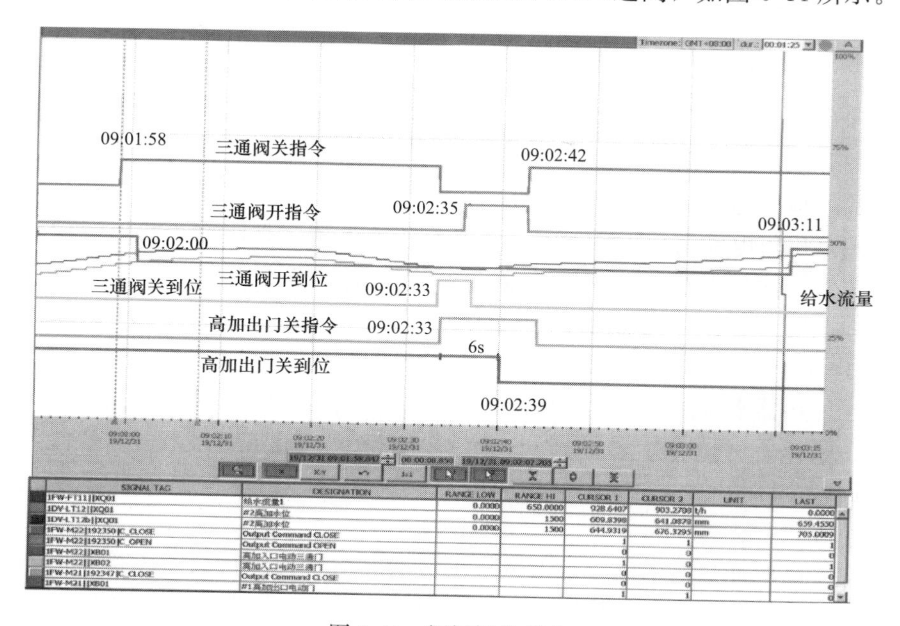

图 6-44　阀门操作指令

09 时 03 分 11 秒高压加热器入口三通阀开到位，给水流量降至 0t/h，如图 6-45 所示，锅炉断水。

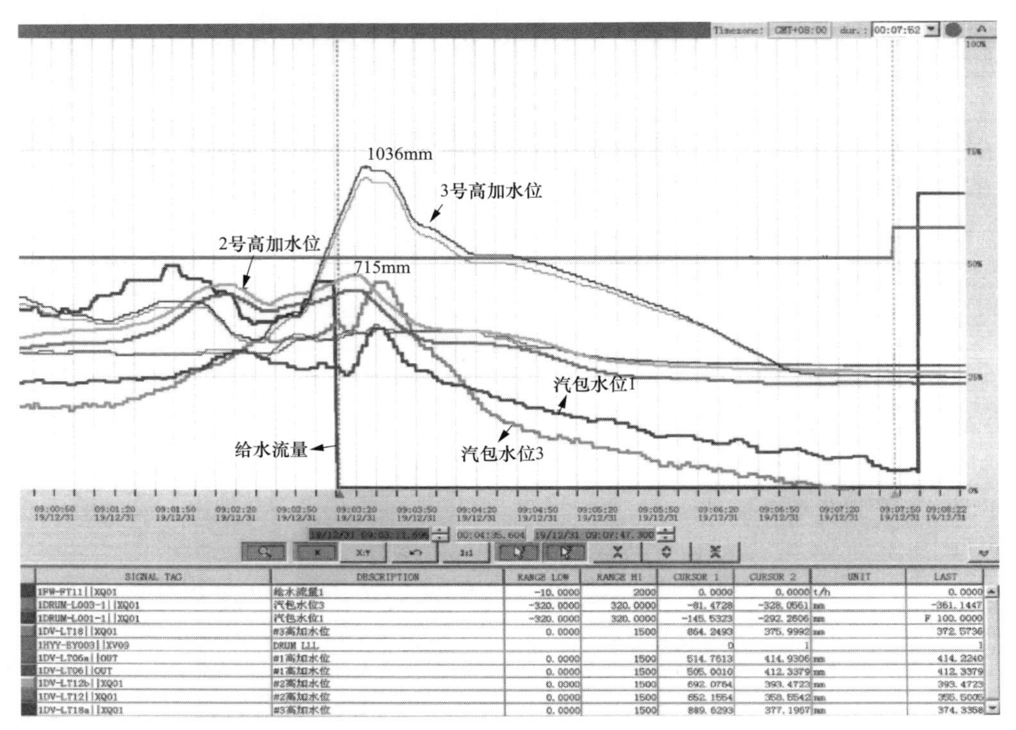

SIGNAL TAG	DESCRIPTION	RANGE LOW	RANGE HI	CURSOR 1	CURSOR 2	UNIT	LAST
1FW-FT11||XQ01	给水流量1	-10.0000	2000	0.0000	0.0000	t/h	0.0000
1DRUM-L003-1||XQ01	汽包水位3	-320.0000	320.0000	-81.4728	-328.0561	mm	-361.1447
1DRUM-L001-1||XQ01	汽包水位1	-320.0000	320.0000	-145.5323	-292.2606	mm	F 100.0000
1DV-LT18||XQ01	#3高加水位	0.0000	1500	864.2493	375.9992	mm	372.5736
1HYY-EY003||XV09	DRUM LLL			0	1		1
1DV-LT06a||OUT	#1高加水位	0.0000	1500	514.7613	414.9306	mm	414.2240
1DV-LT06||OUT	#1高加水位	0.0000	1500	505.0010	412.3379	mm	412.3379
1DV-LT12b||XQ01	#2高加水位	0.0000	1500	692.0764	393.4723	mm	393.4723
1DV-LT12||XQ01	#2高加水位	0.0000	1500	652.1554	358.5542	mm	355.5005
1DV-LT18a||XQ01	#3高加水位	0.0000	1500	889.6293	377.1967	mm	374.3358

图 6-45　给水流量及汽包水位曲线

09 时 07 分 46 秒汽包水位低 3 值触发 MFT。

（二）事件原因查找与分析

1. 事件原因检查

1 号机组 MFT 后，调取历史趋势查看，09 时 02 分 33 秒高压加热器入口三通阀关到位且 2 号高压加热器水位高 3 值联锁关高压加热器出口电动门（09 时 02 分 39 秒高压加热器出口电动门开到位信号消失）后，运行人员未核实高压加热器出口电动门状态，盲目打开高压加热器入口三通阀（切主路），09 时 03 分 11 秒高压加热器入口三通阀开到位时，此时高压加热器出口电动门实际已关闭（因给水压力作用，高压加热器出口三通阀过力矩保护动作，关到位信号未发），给水流量降至 0t/h，锅炉断水，09 时 07 分 46 秒汽包水位低 3 值触发 MFT。

2. 原因分析

（1）高压加热器水位高三值且高压加热器出口三通阀关闭联锁自动关闭高压加热器出口电动门，在联锁关闭初始过程中，运行人员手动打开高压加热器入口三通阀，当高压加热器入口三通阀全部打开时，因高压加热器出口电动门已关闭，导致锅炉断水是造成本次事件的直接原因。

（2）在 2 号高压加热器水位异常未恢复正常情况下，且运行人员未检查高压加热器出口电动门状态，盲目打开高压加热器入口三通阀是造成本次事件的间接原因。

（3）人员技能水平不足，逻辑保护不清楚，对参数系统性变化影响预控不足，发电部

技能培训工作开展不到位，是此次事件发生的管理原因。

3. 暴露问题

（1）高压加热器跳闸保护动作过程中，人为进行干预。

（2）人员技能水平不足，对参数系统性变化影响预控不足。

（3）运行人员逻辑保护认知不清，技能培训工作开展不到位。

（三）事件处理与防范

（1）加强监盘质量管理，参数大幅变化时，应综合考虑对其他参数及设备的影响，并及时做好调整。

（2）加强运行操作管理，保护动作严禁人为进行干预。

（3）机组启停阶段，合理分配操作人员，加强协同调整，确保参数稳定。

（4）运行人员对每一个操作都要系统性考虑，并做好相关预控措施，对关键参数的调整及时汇报主值或值长。

（5）加强技能培训，特别是针对机组启停过程中的注意事项及经常发生的问题开展专项培训，并制定相应技术措施，杜绝类似事件再次发生。

（6）组织运行人员对热控逻辑保护进行系统学习，开展专项考试及竞赛，并不定期开展现场逻辑保护知识考问。

三、集控室真空破坏门按钮误发导致机组非停

某厂3号机组锅炉为上海锅炉厂产的SG—1025/18.3—M838亚临界压力、中间一次再热、单炉膛Ⅱ型露天布置、四角同心反向切圆燃烧、平衡通风、固态排渣、全钢架悬吊结构、控制循环燃煤汽包炉，汽轮机是上海汽轮机厂制造的N320-16.7/538/538亚临界压力，一次中间再热，单轴双缸双排汽反动凝汽式汽轮机，分散控制系统为上海新华XDC800系统，该系统共安装18对DPU，1台历史站，1台工程师站，调节系统采用新华电站控制工程有限公司（引进美国西屋技术）的数字式电液调节系统DEH－ⅢA型，具有自动调节、程序控制、监视、保护等方面功能。该机组原设计为单独集控室控制，在2014年进行“两机一控”项目改造，原有集控室改造为仿真机培训室。

（一）事件过程

4月19日机组负荷260.8MW，机组处于协调方式，AGC投入、RB功能投入。风烟系统A/B送风机和A/B引风机运行，四层制粉系统运行，给水系统A/B汽泵运行。各项主参数为：主蒸汽温度548.3℃，再热蒸汽温度554.2℃，汽包水位－63mm，凝汽器真空－95.2kPa，炉膛负压－17.3Pa。

08时37分45秒，“真空低跳闸”信号触发，导致汽轮机跳闸，08时37分46秒锅炉MFT触发，机组解列。

机组跳闸后，对现场历史趋势和相关报警记录查询。

08时37分01秒凝汽器真空破坏阀“关反馈”信号消失，真空破坏门打开，之后凝汽器真空开始快速下降。

08时37分34秒真空下降至报警值（－90kPa）。

08时37分46秒真空下降至跳闸值（开关量定值大于－81kPa）触发“真空低跳闸”信号，汽轮机跳闸、机组解列。

（二）事件原因查找与分析

1. 事件原因检查

进一步检查真空破坏阀的控制方式分为DCS画面手操、二期新集控室硬手操和MCC开关柜按钮控制三种方式，控制指令均通过脉冲信号送至MCC柜的接触器来控制真空破坏阀的开关。为排查真空破坏阀异常打开的原因，机组停运后开展了以下几项工作：

（1）通过历史趋势和操作记录查询，真空破坏阀打开前无DCS指令发出，如图6-46所示，集控室硬手操和MCC开关柜按钮也未进行任何操作（监控视频查询）。

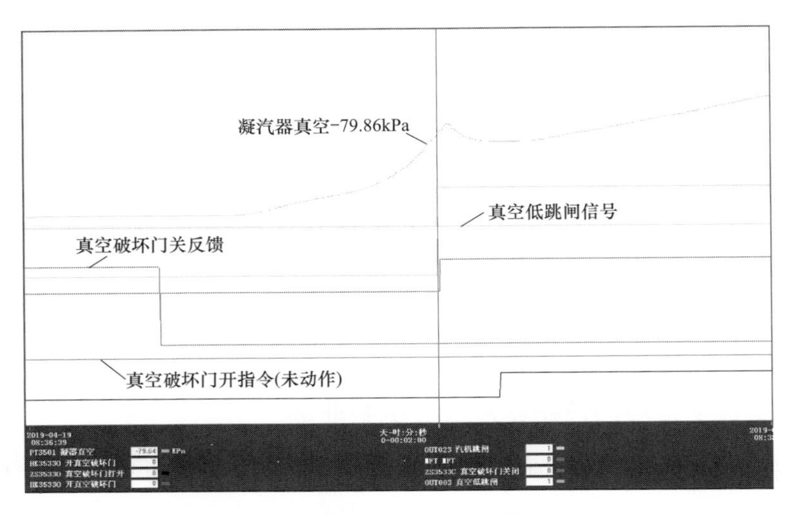

图6-46　3号机组跳闸前凝汽器真空下降趋势

（2）现场对DCS控制指令和集控室硬手操至MCC的电缆绝缘情况、DCS控制器电源和模件运行状态、DCS真空破坏阀指令继电器阻值、MCC柜接触器线圈和辅助接点阻值、就地电动门控制回路等均进行了检查，未发现任何异常。

（3）现场检查MCC柜的控制端子排，发现控制端子排处有3组指令线控制真空破坏阀的开关，而实际设计应为2组指令线。对指令线进行传动试验发现，多余一组指令线为现场仿真机培训室操作台上原3号机组控制室真空破坏阀硬手操按钮的接线，如图6-47所示。

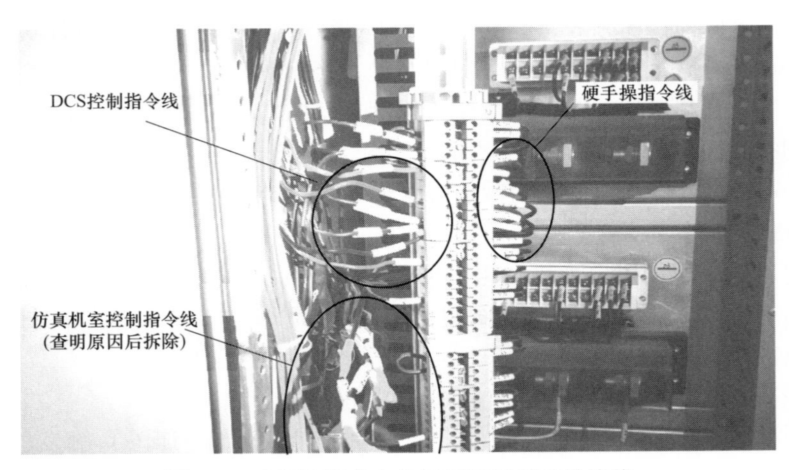

图6-47　MCC柜真空破坏阀控制端子排接线

现场仿真机培训室操作台上的真空破坏阀硬手操按钮是2014年“二期两机一控改造”项目后的遗留设备。为验证仿真机培训室操作台上真空破坏阀硬手操按钮是否可以控制3号机组真空破坏阀，现场开展了传动试验，试验结果证明该操作按钮可以控制打开3号机组真空破坏门。

3号机组跳闸前，仿真机培训室正在进行仿真机培训，通过对仿真机培训室的视频监控检查发现，真空破坏阀异常动作前，培训人员对操作台上的真空破坏阀硬手操按钮进行了操作。

2. 原因分析

(1) 直接原因。从机组跳闸后现场检查分析认为，造成本次非停的直接原因是真空破坏阀误开造成凝汽器真空快速下降，最终凝汽器真空下降至汽轮机跳闸值，汽轮机跳闸，机组解列。

(2) 间接原因。“二期两机一控改造”后，未将原3号机控制室操作台真空破坏阀硬手操按钮及控制回路接线进行拆除，造成原3号机组控制室改为现场仿真机培训室后，培训人员在仿真机培训过程中操作了该按钮，引起3号机组真空破坏阀误开。

3. 暴露问题

(1) 设备异动管理不到位。2014年“二期两机一控”项目改造期间，未将原3号机操作台上真空破坏门硬手操按钮至MCC控制柜控制电缆接线拆除，在改造验收阶段未及时发现该隐患，导致原3号机组控制室改为现场仿真机培训室后，造成运行人员操作该按钮后3号机真空破坏门误开。

(2) 热工专业管理提升专项活动开展不深入，隐患排查治理不彻底。专项活动中对重要保护以外的控制回路排查不全面，未检查到原3号机组控制室操作台真空破坏门硬手操控制回路接线未拆除的隐患。

(3) 专业技术基础管理不到位。设备改造检修后未及时对热工接线图纸进行更新，导致检修人员不能清楚掌握回路结构，无法及时发现该设备隐患。

(三) 事件处理与防范

(1) 对原3号机控制室操作台上所有按钮的接线情况再次进行梳理检查，确保电缆两端接线均拆除。

(2) 针对此次事件开展举一反三隐患排查治理，梳理并核查所有机组重要控制系统改造后是否存在遗留问题和安全隐患，立查立改，无法立即整改的制订相应整改计划，按期整改。

(3) 规范专业技术基础管理，按照设备异动管理有关规定，对系统改造后异动设备规程、系统图、图纸等资料进行检查，更新完善设备异动管理台账。

(4) 完善SOE系统，针对重要的硬手操信号设置SOE记录，便于事故追忆分析。

四、运行人员未能及时调整导致汽包水位升高高 MFT

某厂2号汽轮发电机组，锅炉为哈尔滨锅炉有限责任公司根据引进的美国ABB-CE燃烧工程公司技术设计制造的亚临界压力，一次中间再热，单炉膛，控制循环汽包锅炉；型号为HG—2070/17.5—HM8。脱硫采用石灰石-石膏湿法脱硫方式，并配有脱硝装置。汽轮机型号为NZK600—16.67/538/538，型式为亚临界、一次中间再热、单轴、三缸四排汽、直接空冷凝汽式汽轮机。发电机是东方电机股份有限公司引进日本日立公司技术制造的 DH-600-G 型，发电机为汽轮机直接拖动的隐极式、二极、三相同步发电机，采用水氢氢冷却方式，发电机采用密闭循环通风冷却。

（一）事件过程

2019 年 2 月 15 日，2 号机组负荷 343MW，AGC 投入，主蒸汽压力 13.1MPa，主蒸汽温度 541℃，锅炉双侧风烟系统运行，1、2、3、4、5、6 号制粉系统运行，7、8 号制粉系统备用；1 号汽动给水泵运行，汽包水位自动投入，2、3 号电动给水泵备用，机组运行正常。

7 时 48 分 00 秒 2 号锅炉 4、5、6 号制粉系统失去火检跳闸，汽包水位快速下降。

7 时 48 分 21 秒汽包水位下降至－197mm，给水自动切为手动，随后水位快速上升。

7 时 49 分 09 秒汽包水位上升至＋300mm，2 号锅炉“MFT”保护动作，首出为“汽包水位高高”。

7 时 52 分 13 秒将汽动给水泵手动打闸，2 号电动给水泵联启。

7 时 57 分 00 秒汽包水位持续上升，关闭 2 号给水泵出口门，开启水冷壁后墙放水。

8 时 01 分 06 秒汽包水位持续上升至 350mm，手动停运 2 号给水泵。

8 时 04 分 06 秒，2 号汽轮机保护动作跳闸，首出“锅炉 MFT”，发电机逆功率动作跳闸。汇报网调及公司生产指挥中心。

8 时 30 分，2 号锅炉重新点火，12 时 49 分申请网调 2 号机组并网。停机时间 4 小时 45 分钟。

（二）事件原因查找与分析

1. 事件原因检查与分析

（1）由于当时负荷低、煤质差，且因降雪原煤湿度较大，燃烧不稳，导致 4、5、6 号制粉系统相继失去火检跳闸，炉膛热负荷骤降，汽包水位随之快速下降。

（2）在汽包水位下降过程中，虽汽动给水泵指令已增加，但汽动给水泵自动调节品质差，汽泵转速调节响应速度慢，给水流量增加滞后，汽包水位持续下降。

（3）在水位与设定值偏差达到－150mm 时，给水自动切手动，虽此时汽泵指令及给水流量已增大，但运行人员未能及时发现并进行手动调整，导致汽包水位升高，锅炉 MFT 保护动作；汽包水位继续上升，锅炉 MFT 与上汽包水位＋350mm，最终导致汽轮机跳闸，记录曲线如图 6-48 所示。

2. 暴露问题

（1）2 号机组汽动给水泵在变工况下，自动调节品质差。

（2）运行人员在发生异常时，未能抓住事故处理要点，水位监视调整不到位，操作水平及应急处理能力差。

（3）配煤掺烧方案不够细化，对降雪导致的原煤湿度大可能造成的低负荷燃烧不稳考虑不周。

（三）事件处理与防范

（1）检修部热工专业进一步优化汽动给水泵调节参数和逻辑，提高变工况下的调节品质，确保机组在正常运行及变工况情况下，给水自动调节稳定可靠。

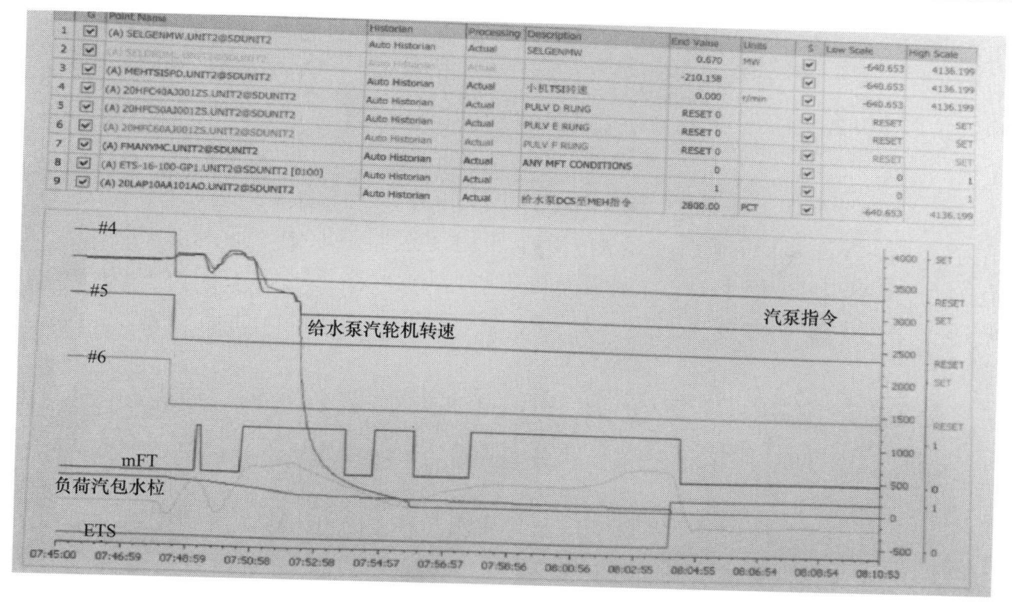

图 6-48　主要参数曲线

(2) 运行专业加强人员培训力度，提高人员操作技能。根据各台机组的不同特点，进一步细化相关反事故技术措施，下发运行值班人员组织学习，确保事故处理时，判断及时准确，处理有效得当，日常加强事故预想和反事故演习培训，以提高值班人员紧急情况下的事故处理能力。

(3) 运行专业加强管理，增强人员责任心，提高监盘质量，保证能及时发现异常，提前预控。

(4) 运行专业进一步优化配煤掺烧方案，保证机组在各种工况下锅炉燃烧稳定。

(5) 完善制粉系统跳闸后汽包水位调整的技术措施。

(6) 根据入炉煤质特性，确定机组在中低负荷下磨煤机运行台数，防止投运磨台数增多影响燃烧稳定性。

(7) 加强煤场管理，提前清理积雪及因雨雪造成的潮湿结冻的煤块。

五、锅炉燃烧不稳导致炉膛负压保护动作

某厂 2 号机组 1992 年 2 月投产，法国 ALSTOM 公司原装进口，额定容量 360MW，锅炉型式为亚临界、一次中间再热、强制循环、双拱炉膛、固态排渣、燃煤汽包炉，燃烧方式为“W”火焰，配置两套中间储仓式制粉系统，在炉膛 30.8M 前后墙共布置 18 台燃烧器。

2017 年进行超低排放改造，包括低氮燃烧器改造、WGGH 系统改造和脱硫系统改造。低氮改造厂家烟台龙源，将原 36 个直流缝隙式燃烧器更换为 18 个烟台龙源公司的旋流低氮燃烧器。设计煤种：70%无烟煤+30%烟煤。烟气系统配置一台动叶可调增压风机和两台带变频模式的静叶可调引风机。

在锅炉 22m 炉膛左右侧共四角，每角设置 2 点，共 8 点光电温度计测量炉膛燃烧温度。锅炉灭火保护设置为：①炉膛压力正常时，“每角光电温度计 2 取 2 低于 800℃为 1，

再四角四取三为1”延时5s锅炉MFT；②“每角光电温度计2取2低于800℃为1，再四角四取三为1”与上“炉膛压力超出+1.5kPa、−0.8kPa”锅炉无延时MFT。

在锅炉58m标高处，设置3个炉膛压力极高开关（定值为2.0kPa）、3个压力极低开关（定值为−1.2kPa）、3个压力变送器，压力极低开关A、压力极高开关B、压力极高开关C及压力变送器C布置于锅炉A侧，压力极高开关A、压力极低开关B、压力极低开关C及压力变送器A、B布置于锅炉B侧。3个压力变送器三取中，通过滤波得到炉膛压力计算值作为炉膛压力自动调节的被调量。机组炉膛压力保护设置为：3个压力极高开关3取2无延时作为炉膛压力极高保护；3个压力极低开关3取2无延时作为炉膛压力极低保护。

机组设置油枪热备用自动投入保护逻辑，自动投入触发条件为：“每角光电温度计2取2低于800℃为1，再四角四取二为1”时热备油枪（B15、B25，或H15、H25）自动投入。

（一）事件过程

2019年4月18日14时36分14秒，2号机组负荷219.1MW，协调控制投入，两侧制粉系统运行，送风手动控制，引风机变频运行，除E2外其他17台给粉机运行，火焰电视正常，各项参数稳定。主蒸汽压力11.588MPa，主蒸汽压力偏差0.1MPa，汽包水位−256.6mm，一次风压3.72kPa，燃料量108.465t/h，两侧送风机挡板开度38%、38%，总风量570.9kNm^3/h。炉膛负压测量值−0.042/−0.047/−0.034kPa，计算值−0.04kPa。两侧引风机变频指令58.2%、56.2%，变频转速585.4、571.2r/min（58.8%、57.4%），工频电流55.4A、55.66A。增压风机入口压力99.8Pa，动叶开度43.2%，电流211.7A。炉膛四角温度分别为1098.2/1206.9℃、1200/1419.8℃、1125.6/1244.3℃、1009.9/1049.9℃。

14时36分14秒2号机组负荷219.1MW，炉膛负压开始小幅波动。

14时36分18秒炉膛负压变送器测量值低至波谷−0.184/−0.202/−0.196kPa。

14时36分36秒炉膛负压变送器测量值高至波峰0.042/0.063/0.059kPa。

14时37分05秒炉膛负压变送器测量值低至波谷−0.220/−0.247/−0.247kPa。

14时37分30秒炉膛负压变送器测量值高至波峰0.118/0.147/0.145kPa，8s之后炉膛负压开始下降。

14时37分40秒炉膛负压变送器测量值0.072/0.086/0.087kPa。

14时37分46秒G2给粉机有垮粉迹象，G210/G230两根粉管风压测量1.73/1.6kPa（>1.5kPa报警），14时37分50秒值班员将G2给粉机转速由6.7r/min减至0转。

14时37分49秒炉膛负压变送器测量值−0.030/−0.035/−0.021kPa。

14时37分50秒炉膛负压变送器测量值−0.112/−0.131/−0.128kPa。

从14时37分50秒开始，炉膛负压开始急剧下降。

14时37分52秒炉膛负压变送器测量值−0.191/−0.219/−0.223kPa。

14时37分54秒炉膛负压变送器测量值−0.213/−0.248/−0.235kPa。

14时37分56秒炉膛负压变送器测量值−0.398/−0.460/−0.447kPa。

14时37分58秒炉膛负压变送器测量值−0.449/−0.496/−0.504kPa。

14时37分59秒炉膛负压变送器测量值−0.619/−0.727/−0.677kPa。

14时37分59秒炉膛负压极低三个压力开关信号反转，锅炉MFT动作，首出“炉膛

负压极低”，汽轮机、发电机联跳正常。

14 时 38 分 00 秒，炉膛负压变送器测量值－1.327/－1.316/－1.268kPa，计算值－0.33kPa。主蒸汽压力 11.639MPa，主蒸汽压力偏差 0.2MPa，汽包水位－304.1mm，一次风压 3.44kPa，燃料量 105.801t/h，两侧送风机挡板开度 38%/38%，总风量 581kNm³/h。两侧引风机变频指令 38.8%、36.8%，变频转速 618.1、604.5r/min（62.1%、60.7%），工频电流 61.77、64.58A，比炉膛负压开始波动前偏大 6.35、8.91A。增压风机入口压力 260Pa，动叶开度 45.7%，电流 217A。炉膛四角温度分别为 939.8/1106.9℃、1114.5/1116.1℃、930.5/1181℃、864.1/708.2℃，油枪自投条件未达到，灭火保护判据未达到。

17 时 03 分，按调度令 2 号锅炉点火，18 时 47 分，机组重新并网运行。

当班煤质：全水 8.1%、收到基挥发分 13.48%、干燥基灰分 36.1%、低位发热量 18.08MJ/kg；白班：全水 7.3%、收到基挥发分 13.88%、干燥基灰分 30.59%、低位发热量 20.57MJ/kg。

现场检查捞渣机内无垮焦。

检修人员对自动控制系统进行了检查，现场及工程师站无相关检修工作，现场检查测量仪表工作正常。

（二）事件原因查找与分析

1. 事件原因检查与分析

机组异常停运后，厂里立即组织了相关技术人员对负压保护动作原因进行分析，4 月 20 日热工研究院的两位技术专家到厂，厂里再次组织人员进行了分析，经与会人员对各项数据的认真、仔细的研究，事件原因分析如下：

（1）事件发生前锅炉各项参数稳定，炉膛压力短时从最后一个波峰迅速降低到极低保护动作，分析认为锅炉燃烧不稳，炉膛负压波动调节过程中出现局部燃烧恶化，导致炉膛负压保护动作是本次异常停运的直接原因。判断依据如下：

1）从 14 时 37 分 49 秒到 14 时 38 分 00 秒的 11 秒时间里，炉膛负压测量值从－0.030/－0.035/－0.021kPa 变化到－1.327/－1.316/－1.268kPa，变化量达到－1.297/－1.281/－1.247kPa，如图 6-49 所示。

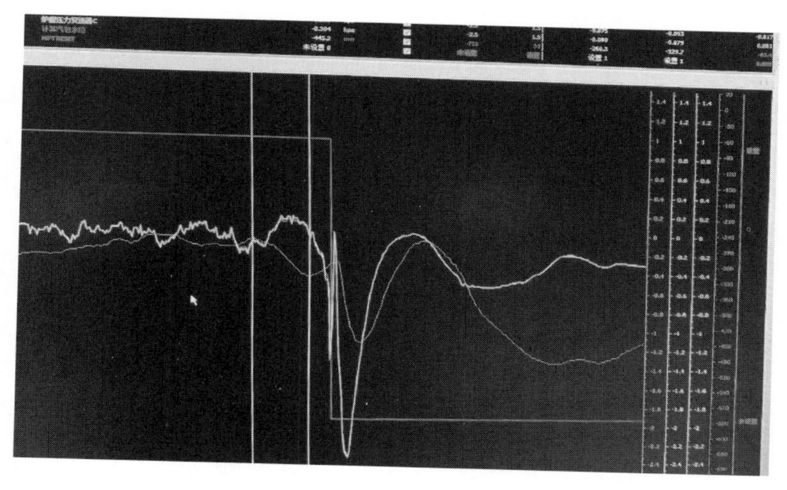

图 6-49　炉膛负压曲线

2）从 14 时 37 分 50 秒到 14 时 38 分 00 秒的 10s 钟时间里，所有炉膛 4 个角的 8 支炉膛温度计均在下降，其中四号角的两支温度计在 MFT 时降至 864.1℃/708.2℃，炉膛灭火保护动作设定值为 800℃。

3）汽包水位从 14 时 37 分 13 秒的－260.3mm 下降到 14 时 37 分 47 秒的－329.7mm。

（2）影响锅炉燃烧稳定，导致燃烧局部恶化的间接原因：

1）入炉煤热值偏低，掺配不均，造成个别燃烧器燃烧不稳定，引起燃烧局部恶化。

给粉机数量共 18 台，事发前运行 17 台，停运 1 台，在低负荷下火焰集中度较差，不利于机组的稳定燃烧。

2）G2 给粉机有垮粉迹象，停运 G2 给粉机对 4 号角燃烧有扰动。

3）炉膛负压自动调节系统适应能力不足。事发时及 4 月份 3 次炉膛负压波动时，引风自动调节系统动作正常。但因炉膛压力滤波、变频器速率限制、系统惯性迟延等原因，导致炉膛负压调节系统有一定的滞后性，且引风机与送风机、增压风机等的自动调节系统功能及参数也有可以优化的空间，自动控制系统应对异常工况的能力还有待提高。炉膛负压计算值滞后原始测量计算值跟不上测量值的变化，锅炉 MFT 时炉膛负压原始值－1.327/－1.316/－1.268kPa，已经达到跳闸值－1.2kPa，但计算值才到－0.33kPa。由于炉膛负压调节滞后，负压波动大增加了燃烧的扰动。两侧引风机变频器速率受限（实际变频升速率分别为 6.4、6.5r/s，降速率分别为 3.1、3.3r/s），导致引风机变频动作滞后（MFT 时两侧引风机变频指令为 38.8%、36.8%，但变频转速实际为 58.8%、57.4%）。

2. 暴露问题

（1）对锅炉低负荷燃烧恶化、炉膛灭火的风险辨识与隐患排查存在不足，锅炉防熄火措施有待完善。

（2）配煤掺烧工作有待提高。锅炉低负荷时段配煤质量下限应适当提高，同时当掺配煤中有煤质较差的煤种时，应提前给运行部通报信息。

（3）锅炉低负荷稳定燃烧、防止熄火的措施有待强化。对低负荷时停运给粉机对燃烧产生扰动的预想和防范措施准备不足，低负荷时燃烧器的投运方式有待试验优化。

（4）锅炉负压自动调节能力还有待提高，未针对变频器的相关性能进一步优化炉膛压力控制系统参数。

（三）事件处理与防范

（1）强化配煤掺烧工作。加强入厂煤煤质监管，完善入厂煤矿发煤质预报机制；提高入炉煤热值允许范围的下限（由原 18MJ/kg 提高至 18.5MJ/kg），完善并落实确保掺配均匀的措施，避免因煤质不均、劣质煤集中燃烧造成的燃烧波动、恶化；对掺配煤中单一煤种热值低于 18MJ/kg，及时向运行部通报。

（2）综合考虑给粉机转速和粉管风压的影响，保证燃烧稳定的前提下，进行低负荷停运给粉机的试验，尽量多停运给粉机，提高一次风压，提高燃烧器的稳定性。

（3）对给粉机垮粉进行分析检查，查找原因，消除缺陷，减少运行中对燃烧的扰动。

（4）制定给粉机停运的技术措施：停运给粉机时，应逐步降低转速再停运，并密切监视主蒸汽压力、汽包水位、炉膛负压、炉膛温度等参数及锅炉火焰电视。

（5）适当优化炉膛负压保护动作的控制策略。在满足规范、保证安全的前提下，适当放宽保护设定值，并增加延时。

（6）优化油枪热备用自动投入逻辑，准确判断燃烧异常、及时投入油枪，提高燃烧波动时的稳燃能力。

（7）两侧引风机变频模式运行时影响升降速率，降低了自动控制系统异常工况的响应能力。对变频器的性能的适应性重新评估，在评估前引风机变频切至工频运行。

（8）对协调控制方式下送风机、引风机、增压风机等自动调节控制系统进行优化，应根据变频器的相关性能进一步优化炉膛压力控制系统参数，提高自动调节系统适应复杂工况的能力。

（9）组织技术人员对低氮燃烧器改造后的燃烧稳定性进行分析，排查分析低氮燃烧器燃烧扰动的影响因素，针对性修改完善低负荷稳燃和防止熄火措施。

六、热工直流电源失电导致机组跳闸

某厂机组为两台200MW机组，发电机型号为QFSN2-200-2汽轮发电机，生产厂家：哈尔滨电机厂；汽轮机型号为C150/N200-12.75/535/535，生产厂家：哈尔滨汽轮机厂；锅炉型号为：DG670/13.7-20，生产厂家：东方锅炉厂。1号机组停运，C级检修，高压备用变压器20B带1号机组6kV厂用电系统运行。2号机组运行，2号高压厂用变压器21B带2号机组6kV厂用及脱硫厂用电运行，220kV双母线并列运行，升压站标准运行方式。

（一）事件过程

2019年5月3日某厂2号机组有功138MW，无功29Mvar，主蒸汽流量457t/h，主蒸汽压力10.91/10.91MPa，主蒸汽温度525/530℃，再热蒸汽压力1.39/1.38MPa，再热汽温529/524℃。汽轮机侧的1号给水泵、1号凝结泵、4号循环泵运行；锅炉侧的1、2号引风机、1、2号送风机、1、2号排粉机运行，1、2号磨煤机停运；脱硫、脱硝系统运行。

17时08分2号机事故音响报警，2号机主汽门关闭、2号发变组出口202开关断开，2号机组跳闸。2号机6kV厂用快切动作，高压备用变压器20B联投接带2号机组6kV厂用电系统运行正常。电气倒脱硫厂用由20B接带正常。查汽轮机侧保护无首出，2号发电机保护有“程序逆功率保护”动作。

17时09分2号炉灭火保护MFT动作，2号炉灭火，首出为“汽包水位低”。

17时19分2号炉调整水位正常，炉膛吹扫完毕，点火维持燃烧。

17时38分检查各系统正常，值长令2号汽轮机挂闸，升速。

17时41分2号机轴振大保护动作跳闸，主汽门、调速器门关闭，机组投盘车。值长令电气运行人员拉开2号发变组出口202开关上220kVⅡ母2022刀闸。

19时10分2号机组再次挂闸，开主汽门，因抗燃油压低跳闸，主汽门关闭。汽轮机人员检查原因。

20时53分因2号机中压缸上下缸温度差超50℃，超限令炉熄火，机组转备用。汇报中调和北方公司生产指挥中心。

（二）事件原因查找与分析

1. 事件原因检查与分析

（1）直接原因。

查DCS系统历史曲线：17时08分42秒，2号机主汽门、调速汽门关闭，17时08分45秒，2号发电机“程序逆功率保护”动作，2号发变组出口202开关断开，2号机组跳闸。同时17时08分42秒，热工DCS告警发“ETS柜220VDC电源报警”和“DEH220V电源报警”信号，热工2号机直流电源消失，热工AST-A和AST-B继电器失电，AST1、AST2、AST3、AST4电磁阀线圈失电，电磁阀打开，将AST油压泄掉，主汽门和调速汽门关闭，造成2号机组跳闸。

综上所述，热工2号机直流电源消失，AST1、AST2、AST3、AST4电磁阀线圈失电，电磁阀复位打开是造成2号机组跳闸的直接原因。

（2）间接原因。

1）热工2号机直流电源接线和2号机动力220V母线运行方式：①热工2号机直流电源开关电源侧从2号机直流动力屏引来。②当时1、2号机直流动力系统运行方式为：1号机动力直流充馈电母线联络刀闸1QK2在“馈线Ⅱ-馈线Ⅰ”位，1号机动力硅整流出口刀闸1QK1在断位，1号机动力直流馈电母线由2号机动力直流馈电母线接带。（因1号机组停机C级检修，进行1号机动力蓄电池充放电工作要求，于4月30日17时40分操作切换）

2）经查历史曲线（见图6-50）和进行模拟试验：

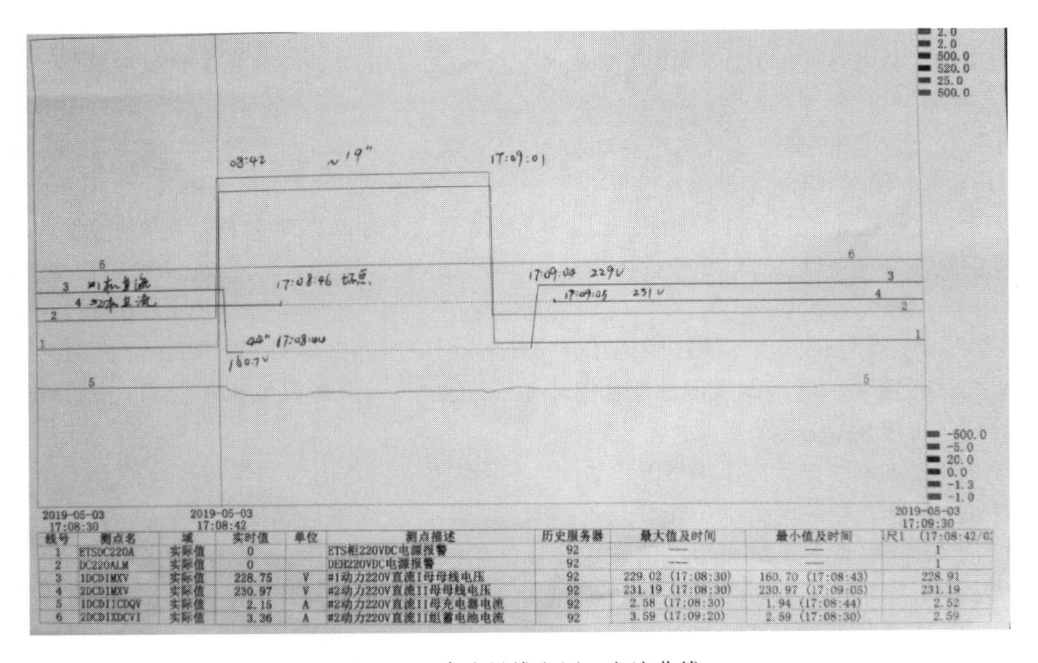

线号	测点名	域	实时值	单位	测点描述	历史服务器	最大值及时间	最小值及时间	尺1 (17:08:42/0
1	ETSDC220A	实际值	0		ETS柜220VDC电源报警	92	—	—	1
2	DC220ALM	实际值	0		DEH220VDC电源报警	92	—	—	1
3	1DCDIMXV	实际值	228.75	V	#1动力220V直流I母母线电压	92	229.02 (17:08:30)	160.70 (17:08:43)	228.91
4	2DCDIMXV	实际值	230.97	V	#2动力220V直流II母母线电压	92	231.19 (17:08:30)	230.97 (17:09:05)	231.19
5	1DCDIICDQV	实际值	2.15	A	#2动力220V直流II母充电器电流	92	2.58 (17:08:30)	1.94 (17:08:44)	2.52
6	2DCDIXDCVI	实际值	3.36	A	#2动力220V直流II组蓄电池电流	92	3.59 (17:09:20)	2.59 (17:08:30)	2.59

图6-50　直流母线电压、电流曲线

17时08分42分热工2号机直流电源消失，2号机组跳闸；

17时08分46分2号机动力220V直流Ⅱ母母线电压由231V变为坏点。此时，电气运行人员在直流配电室执行电气操作票：48353号，操作任务：“1号机直流动力馈电母线倒为自带”。在操作中，没有严格检查2号机动力硅整流出口刀闸1QK3的实际位置，没有发现1QK3实际在“充电Ⅱ-电池Ⅱ”位，当操作2号机动力直流充馈电母线联络刀闸1QK4由“电池Ⅱ-馈线Ⅱ”至“馈线Ⅰ-馈线Ⅱ”时，造成1、2号机动力直流馈电母线失电，继而造成2号机直流动力屏失电，热工2号机直流电源失电，最终热工的AST1、AST2、AST3、AST4电磁阀线圈失电，电磁阀复位打开，2号机组跳闸。

综上所述，电气运行人员进行“1号机直流动力馈电母线倒为自带”的操作中发生误操作是造成2号机组跳闸的间接原因，也是主要原因。

（3）扩大原因：

1）2号汽轮机挂闸不成功的原因：检查2号机OPC阀节流孔存在杂质堵塞现象，建立不起OPC油压，导致挂闸不成功。

2）2号炉灭火的原因：2号机组跳闸后，主汽门关闭，主蒸汽压力由10.91MPa升至13.5MPa，发生汽包压水现象，水位由136mm降至－335mm，灭火保护动作，2号炉灭火。

3）2号发电机程序逆功率保护动作原因。17时08分42秒2号机主汽门关闭后，2号发电机变为电动机运行，发生逆功率，17时08分45秒2号发电机程序逆功率保护动作，2号发变组跳闸。

2. 暴露问题

（1）电气运行人员操作不认真，发生误操作，暴露出责任心不强，技术业务水平低的问题。

（2）电气操作前没有进行模拟操作，暴露出运行部电气专业安全管理不到位，日常操作票管理不严格的问题。

（3）热工直流电源都引自2号机直流动力屏，单电源接带，存在安全隐患，需进行技术改造。

（三）事件处理与防范

（1）运行部加强电气人员技术培训，强化安全责任落实，确保安全操作。

（2）运行部加强电气操作票管理，规范操作票填写和操作管理，规范操作票危险点预控票管理，应具体到操作的具体步骤中，操作前必须进行模拟操作，提前发现问题，防范操作风险。

（3）生产部研究进行热工直流电源改造，确保直流电源安全，在目前2号机组仅有一路220VDC直流电源的情况下，自220VAC引一路电源，经AC/DC转换装置后的220VDC电源，给AST电磁阀1、3供电；直流动力屏的220VDC电源给AST电磁阀2、4供电。

（4）运行部加强2号汽轮机油质技术监督，加强滤油，保证油质合格。

（5）生产部利用2号机停机检修机会对2号汽轮机油系统进行清理。

七、汽动引风机小机并汽操作不当导致锅炉MFT

某厂四期发电有限公司7号机组容量为660MW，2018年9月16日首次并网，10月21日通过168h试运后转生产。发电机由上海电气制造，汽轮机由上海汽轮机有限公司制造，锅炉由哈尔滨锅炉制造有限公司制造。

锅炉配置一台100％容量汽动引风机，汽引小机由杭州汽轮机股份有限公司制造，为单缸、单流程、反动式、纯凝式、无切换凝汽式汽轮机，凝汽器及其余辅机均布置在引风机室零米层，汽引小机排汽向上经Π型排汽管排入凝汽器，经凝结后由水泵送回主机凝汽器。引风机为双级动叶可调轴流式，型号：HU28450-222，动叶调节范围－36％～＋16％。汽引小机油站配有两台主油泵，一运一备，供汽引小机齿轮箱，各轴承润滑冷却及调速保安用油，一台直流润滑油泵，事故备用。两套油系统各配有两台100%板式冷油器。

（一）事件过程

6月16日，某厂7号机组有功595MW，引风机、送风机、一次风机、空气预热器、A、B、C、D、E磨煤机运行，主蒸汽压力27.2MP、主蒸汽温度595℃、再热器压力4.93MP、再热汽温606℃。15时54分7号机组并网。

6月16日17时46分7号机组负荷322MW，投入AGC。

6月16日18时16分AGC指令630MW，机组真空66kPa。总煤量337t/h，总风量2531t/h，汽动引风机动叶全开，18时24分汽引小机进气调门全开，转速5265r/min，辅汽联箱压力0.98MPa。

6月16日18时30分锅炉MFT，首出"引风机跳闸MFT"，汽轮机跳闸，发电机解列。汽引小机跳闸首出"ETS超速停机"，汽引小机转速最高5410r/min（电超速跳闸值5406r/min），联跳送风机、一次风机、A、B、C、D、E磨煤机。18时37分汽动给水泵挂闸，19时15分锅炉上水，19时45分汽水分离器见水，恢复机组启动。

（二）事件原因查找与分析

1. 事件原因检查

热控逻辑设有汽动引风机小机高转速闭锁增，闭锁限值5380r/min。查看历史曲线，跳机前汽动引风机动叶全开，小机进汽调门全开，转速5265r/min，汽动引风机手动，18时30分00秒运行人员开启四抽至汽引小机电动门，使四抽供汽，18时30分20秒，该电动门已离开全关位尚未到全开位，汽动引风机小机转速高至5409.8r/min（保护值5406r/min），汽动引风机"超速保护"动作，造成引风机跳闸，锅炉MFT动作，汽轮机跳闸，发电机解列。

2. 原因分析

根据设计，7号机组夏季运行工况机组最大出力600MW。在机组启动加负荷至322MW时按调规要求投入AGC功能后，调度AGC指令在30min内由322MW升至630MW，机组加负荷速度过快过高，在自动调整的情况下大量风、煤短时间进入炉膛，炉膛烟气流量大幅度增加，导致引风机出力达最大，引风机出力短时间超限，在自动调整时转速瞬时超限导致"超速保护"动作跳闸。

结论：本次事件为高负荷段给水泵汽轮机进行四抽并汽所致，是运行操作原因。

3. 暴露问题

（1）机组汽动引风机出力增大，未及时分析原因，没有排查导致汽动引风机出力偏大的其他原因，如锅炉空气预热器及尾部烟道漏风情况、燃煤煤质及入炉总风量变化情况，脱硫岛吸收塔运行方式等因素。

（2）汽动引风机小机转速5200r/min时且调门全开，未设计联关调门逻辑。

（3）汽动引风机小机转速接近超速动作值未能及时报警，未设置报警信号。

（三）事件处理与防范

（1）排查导致汽动引风机出力偏大的其他原因，制定夏季运行曲线，根据机组真空及辅机出力能力向调度申报带负荷能力，危及机组运行安全时及时减负荷。

（2）增设引风机汽引小机转数超过5200r/min时联关进汽调门逻辑。

（3）增设引风机汽引小机转数超过 5200r/min 报警声光信号提醒运行人员注意。

（4）建议把汽引小机汽源切换纳入运行操作票，明确辅汽、四抽汽源切换的机组负荷、四段抽汽压力、给水泵汽轮机进汽调阀开度等参数值范围及操作步骤，保障安全并汽。

八、减负荷及过程中出现汽泵无出力导致给水流量低低保护动作

某厂 600MW 超临界凝汽式燃煤发电机组，1 号机组汽轮机型式：上海汽轮机有限公司（STC）与西门子西屋公司联合设计制造，超临界、一次中间再热、三缸四排汽、单轴、双背压、凝汽式、八级非调整回热抽汽；锅炉型号：哈尔滨锅炉厂，型号为 HG1913/25.4/571/569—YM3；发电机型号：美国西门子西屋公司生产的 THDF118/56 型三相同步汽轮发电机组；于 2007 年 1 月投产。

（一）事件过程

11 月 10 日 1 号机调频模式，12 时 55 分至 13 时 06 分机组负荷由 412MW 升至 452MW，机前压力由 23.42MPa 降至 18.48MPa，煤量由 165t/h 持续上涨，至 13 时 08 分 32 秒煤量最高涨至 230t/h。

13 时 06 分 41 秒给水量随煤量上升过程增加，由于煤燃烧的滞后性，过热度降低至 5℃以下，闭锁给水增加，发出“过热度低”光电报警，A/B 给水泵汽轮机转速保持，而给水指令目标值随锅炉主控指令持续升高。13 时 08 秒 32 秒煤量最高涨至 230t/h 后降低，给水指令随之降低，但仍大于 1636t/h 的实际给水量。

随着给水闭锁和煤的燃烧出力，至 13 时 09 分 51 秒过热度大于 5℃，给水泵汽轮机给水闭锁解除，此时给水指令与实际给水量偏差大，给水泵汽轮机转速指令跟随给水指令由 4600r/min 迅速升高，至 13 时 10 分 14 秒 A/B 给水泵汽轮机在 70s 内低压调阀由 64%至全开，给水泵汽轮机转速由 4600r/min 增加至 5000r/min 左右不再增加。由于给水流量达不到给水设定值，给水泵汽轮机转速指令仍在迅速提高，至 13 时 13 分 13 秒 A、B 给水泵汽轮机转速指令跟随给水指令上升至接近 6000r/min，与给水泵汽轮机实际转速偏差约 950r/min，此时实际给水流量 1466t/h，两台给水泵汽轮机实际转速 5005r/min 和 4995r/min。

13 时 13 分 32 秒，机组负荷 434MW，由于之前煤量过调，机前压力持续升高至最高值 25.4MPa，煤量降低至 175t/h，给水主控设定值随煤量迅速下降，给水流量由 1488t/h 降低，由于 A/B 给水泵汽轮机实际转速仍然小于指令转速，低压调阀保持全开。13 时 15 分 24 秒，A/B 给水泵汽轮机转速设定值降至低于转速实际值并持续下降，A/B 给水泵汽轮机调阀 1 分 40 秒内由全开关闭至 44%左右（至 13 时 17 分 01 秒，AB 给水泵汽轮机实际转速降低至 4752r/min 和 4775r/min，此时 AB 给水泵汽轮机指令下降至 4075r/min 和 4058r/min）。

13 时 16 分 51 秒，A/B 给水泵汽轮机转速分别为 4774r/min 和 4889r/min，A 汽泵入口流量 450t/h 并快速降低（至 13 时 17 分 29 秒 A 汽泵入口流量降至 200t/h），B 汽泵入口流量 650t/h 并保持稳定，两台汽泵流量偏差至 200t/h。13 时 17 分 01 秒值班员将给水指令切至“手动”增加给水，给水泵汽轮机指令转速回升至 4200r/min，此时总给水流量是 998t/h。13 时 17 分 29 秒 A 汽泵入口流量降至 200t/h，联锁打开最小流量阀，A 汽泵不出力，B 汽泵入口流量 563t/h。13 时 17 分 53 秒省煤器入口主给水流量达到 486t/h，1 号机

组跳闸，首出“给水流量低低”。

（二）事件原因查找与分析

1. 事件原因检查与分析

（1）直接原因：给水自动调整过程中1A汽泵突然不出力。

（2）间接原因：

1）R模式下锅炉主控及给水自动调节性能差，调节波动大；

2）运行人员在过热度低报警后，对一旦闭锁解除后造成机组调频模式下的大幅波动预估不足，没有提前采取调整措施；

3）运行人员处理过程不果断，在发现流量异常时未果断提前切除手动提高给水指令，未及时启动电泵。

2. 暴露问题

（1）运行人员对机组调频模式下，机组减负荷及给水流量降低过程中出现的汽泵突然不出力风险分析不足，对机组给水指令与实际偏差大风险分析不足。

（2）部门对运行人员在高负荷期间给水流量低及汽泵低负荷防止不出力方面培训出现缺失。

（三）事件处理与防范

（1）加强运行人员培训，制定AGC R模式方式下的风险预控措施，变更“任一给水泵汽轮机调门开度大于95%”报警，预控给水泵汽轮机指令及反馈偏差时过调引起的给水量大幅波动。

（2）办理“机组负荷大于200MW，省煤器入口流量低于540t/h联锁启动电动给水泵”逻辑及联锁保护变更单，预防汽泵突然不出力时汽泵流量低引起省煤器入口流量低。

（3）办理“给水泵汽轮机实际转速与指令转速偏差大于200r/min”报警，在给水泵汽轮机实际转速跟不上指令转速或偏差至200r/min时，及时调整给水泵汽轮机出力。

（4）优化AGC R模式下的协调控制。

（5）加强与集团内同类型机组的交流借鉴，交流分享运行管理经验。要开展跨专业的交流培训，让运行人员和机务人员了解联锁保护逻辑，让仪电人员和机务人员了解设备系统的运行方式，让运行人员和仪电人员了解设备结构原理，提升生产人员对系统设备的整体把握能力。

（6）进一步强化运行培训，利用仿真机深入开展实操培训，提高异常工况的判断、分析和处理能力，系统提升运行人员的技能水平。

九、机组保养液沉积导致汽泵跳闸

（一）事件过程

2019年11月06日某厂1号机组负荷55.6MW，1A汽泵、1B汽泵、电泵运行，1A汽泵转速1858r/min、1B转速3099r/min，1A、1B汽泵最小流量循环运行，电泵上水。

08时49分1B汽泵进口压力L（1FW-PS23）、LL（1FW-PS24）开关同时动作，1B汽泵跳闸。

（二）事件原因查找与分析

1. 事件原因检查

现场检查1B汽泵入口压力低、低低压力开关，在取样管进行排污时发现排污初期（15s）

排出乳白色污渍，完成排污后投入压力开关，通过DCS趋势观察压力开关工作正常。

2. 原因分析

（1）1B汽泵进口压力开关L（1FW-PS23）、LL（1FW-PS24）取样管内乳白色污渍较多引起开关误动（1A汽泵进口压力开关排污有相同现象）是本次事件的直接原因。

（2）机组保养液成膜氨沉积在压力开关取样管内，水系统热控测点排污未纳入机组启机前检查项是造成本次事件的次要原因。

（3）1B汽泵进口压力L从04：43分开始频繁报警，在长达4h的异常时间内，运行监盘人员对1B汽泵进口压力L异常报警未引起足够重视，是造成本次1B汽泵跳闸的次要原因。

3. 暴露问题

（1）运行人员对重要辅机设备参数关注不够，当1B汽泵进口压力L开关频繁报警没有及时关注并通知热控人员检查。

（2）设备风险评估不全面，存在管理漏洞。

（3）启机前检查项目不完善。

（三）事件处理与防范

（1）运行人员加强安全意识培训，提高对重要辅机设备参数关注程度，发现异常及时通知相关专业检查。

（2）组织对设备风险评估数据库进行补充和完善。

（3）优化启机前检查项目，梳理给水系统热工保护测点并列入启机前检查项目。

十、供热抽汽压力低导致机组停运

某厂机组容量150MW，锅炉为超高压燃煤、循环流化床方式。汽轮机为超高压、一次中间再热、单轴、双缸双排汽、双抽凝汽式汽轮机。

（一）事件过程

2019年10月16日，机组负荷127MW，主蒸汽温度538℃，主蒸汽压力13.49MPa，再热蒸汽温度540℃，再热蒸汽压力2.45MPa，主蒸汽流量444t/h，供热抽汽流量50t/h，供热压力0.2MPa。“打孔供热保护”动作（供热抽汽压力低Ⅱ），触发“DEH故障”保护动作，201开关跳闸，灭磁开关跳闸，发变组保护C柜“热工保护”动作报警，锅炉MFT动作，机组停运。

（二）事件原因查找与分析

调取机组报警信息发现，跳机前发出“打孔供热压力低”报警（供热抽汽压力低），运行人员手动确认，压力继续降低。查SOE记录，“DEH遮断”之前“打孔供热保护”动作（供热抽汽压力低Ⅱ），从而触发了“DEH故障”保护动作。

查供热改造说明书，机组在改造后增加了供热抽汽压力低低保护，动作值0.17MPa。因此测点没有历史趋势，通过供汽电动门后压力监视测点的变化趋势上能够真实地反映出供热蝶阀前的供热抽汽压力保护测点的变化趋势，所以该测点的压力逐渐升高达到最大，反映到供热蝶阀前的供热抽汽压力保护测点变化趋势即逐渐降低，最后达到保护动作值0.17MPa。

（三）事件处理与防范

（1）供热投运阶段，应随时与外网保持密切联系，对外网热负荷的需求提高预判性，保证供热压力在0.20～0.40MPa范围。

（2）保护信号冗余配置，要求至少有3个保护测点参与保护，冗余配置采用三取二保护逻辑。

（3）增加保护信号光字报警功能，要求至少设置二级报警功能，并做好冗余信号不匹配报警（偏差大报警）。

（4）吸取本次经验教训，组织人力及时梳理热工保护清册，并组织值班人员进行学习；利用停机机会，排查机组DCS系统报警、联锁信号。

十一、PID整定不合理导致机组MFT

（一）事件过程

10月11日18分15分，某厂汽动给水泵MEH调节速度较慢，热控人员在观察比较后，修改了比例作用参数，导致给水泵汽轮机调节指令变化而引起发散振荡，造成给水泵汽轮机出力不足。25s后给水流量低低触发MFT动作。

（二）事件原因查找与分析

该DCS系统有3种PID控制类型，每种控制类型的计算公式各不相同，具体如下。MEH与DEH采用了串级控制类型，而常规DCS控制默认是并行控制类型。当处于串级控制类型时，修改了比例作用，也同时加强了积分作用，造成调节发散，失去控制。

串级：$Out=K_p\times\left(t+\dfrac{1}{sTi}\right)\times(sTd+1)\times Error$

理想：$Out=K_p\times\left(t+\dfrac{1}{sTi}+sTd\right)\times Error$

并行：$Out=\left(K_p+\dfrac{1}{sTi}+sTd\right)\times Error$

（三）事件处理与防范

（1）热控人员对DCS的算法块认识不够深入，需要加强学习。

（2）在修改自动调节算法块参数时，最好将输出的上下限锁定在一个较小的范围，确定其无异常后，再将上下限范围放开。

第三节　试验操作不当引发机组故障案例分析

本节收集了因检修试验操作不当引起机组故障9起，分别为：强制点未及时恢复导致给水泵汽轮机跳闸、信号强制不当导致机组跳闸、试验过程中错入间隔导致机组MFT、热力性能试验测点安装过程中安全风险未辨识到位导致机组异常停运、逻辑修改有误导致机组跳闸、ETS通道配置错误造成汽轮机跳闸、电源切换试验导致脱硫仪表显示异常、逻辑不完善造成引风机RB试验失败、再热主汽门阀门活动试验操作不规范导致机组轴向位移大跳闸。

检修试验操作是机组正常运行过程中的定期操作，这些事件都是检修试验中操作不当引发机组故障的典型案例。希望通过对这些案例的分析进一步明确试验过程中的危险源，完善试验安全措施。

一、强制点未及时恢复导致给水泵汽轮机跳闸

某厂2号机组于1992年投入运行，额定功率为330MW，DCS系统于2004年升级为新华控制工程有限公司的XDPS-400e系统。其中DPU04控制A给水泵汽轮机运行，DPU05控制B给水泵汽轮机运行，A/B给水泵的相关顺控及保护逻辑位于DPU16中，A给水泵的保护跳闸信号通过硬接线和网上取点在DPU04中搭建跳闸回路，B给水泵类似。

（一）事件过程

2月9日23时29分，2号机组启动升负荷过程中，负荷69.3MW，主蒸汽压力6.33MPa，主蒸汽温度483℃，汽包水位181mm，B给水泵汽轮机转速给定值2155r/min，B给水泵汽轮机转速实际值1754r/min，B给水泵汽轮机润滑油压力0.25MPa，B给水泵汽轮机阀位指令22.15%，A给水泵汽轮机停运，电泵备用。

23时30分，B给水泵汽轮机跳闸，首出“遥控停机”，电泵联启正常。

（二）事件原因查找与分析

热工人员在工程师站检查情况如下：

（1）B给水泵汽轮机首出“遥控停机”因保护逻辑中B前置泵跳闸信号动作；

（2）B前置泵跳闸因B给水泵汽轮机主汽门关闭信号动作；

（3）查询B给水泵汽轮机相关报警历史“B给水泵汽轮机主汽门开”“B给水泵汽轮机主汽门关”“B给水泵汽轮机主汽门关闭SOE点”等信号时间标签靠前并相继翻转，表征给水泵汽轮机跳闸源于主汽门自动关闭；

（4）调取23时25分至23时29分历史数据如下：汽包水位由-142mm上升至181mm，B给水泵汽轮机转速给定值由4568r/min下降至2155r/min，B给水泵汽轮机转速实际值由4557r/min下降至1754r/min，B给水泵汽轮机阀位指令由48.82%下降至22.15%，润滑油压力由0.28MPa下降至0.25MPa。

从数据分析得出B给水泵汽轮机跳闸过程为：因汽包水位高，运行人员大幅度降低B给水泵汽轮机转速至1754r/min，给水泵汽轮机安全油压力下降，因交流油泵未联锁启动，给水泵汽轮机主汽门自动关闭，主汽门关反馈触发B前置泵跳闸指令，前置泵停运后通过给水泵汽轮机的“遥控停机”接口遮断给水泵汽轮机。因此B给水泵汽轮机跳闸首出为“遥控停机”。

交流油泵未联锁启动原因：2月9日16时00分因B给水泵汽轮机交流油泵运行，但压力开关“B给水泵汽轮机润滑油一次侧压力低联锁启交流油泵”未复位，该信号用于联锁启动B给水泵汽轮机交流油泵和作为B前置泵启动允许条件。当值值长令将“B给水泵汽轮机润滑油压力低B前置泵启动闭锁”信号强制，热控值班人员将“B给水泵汽轮机润滑油一次侧压力低压力开关”强制复位，导致给水泵汽轮机转速下降主油泵出力不足时交流油泵未联锁启动，因安全油压低，B给水泵汽轮机主汽门关闭，前置泵联跳，通过遥控接口联跳B给水泵汽轮机。

“B给水泵汽轮机润滑油一次侧压力低联锁启交流油泵”压力开关于2018年10月根据生产技术部下发工作联系单：将定值由下行常闭0.8MPa改为下行常闭0.88MPa。实际上仅B给水泵汽轮机交流油泵运行时出口压力不足以使该压力开关复位。

根据以上信息得出B给水泵汽轮机跳闸主要原因为：因润滑油压低B前置泵启动条件不满足时，只需在B前置泵DCS启动条件中强制该条件即可，但错误地将“B给水泵汽轮机润滑油一次侧压力低”压力开关信号强制，导致解除闭锁范围扩大，当给水泵汽轮机转速过低主油泵出力不足时交流油泵未联锁启动，安全油压力低主汽门自动关闭。且B前置泵、静态试验完毕后未及时恢复强制点。

（三）事件处理与防范

（1）运行人员在要求热工人员强制逻辑操作设备后及时联系热控人员解除信号强制。

（2）热控人员风险辨识能力不强，错误地强制润滑油一次侧压力低联启交流油泵信号，扩大了强制保护的范围，加强热控人员风险辨识能力。

（3）将机组“B给水泵汽轮机润滑油一次侧压力低联启交流油泵压力开关”定值由0.88MPa恢复为0.8MPa。

（4）将给水泵汽轮机润滑油压低前置泵禁止启动条件修改：当该润滑油压模拟量大于0.15MPa时，前置泵允许启动。防止给水泵组无润滑油时启动前置泵冲动给水泵转动磨损轴瓦。

二、信号强制不当导致机组跳闸

（一）事件过程

03月28日16时20分，某厂机组负荷608MW，吸收塔A、B、C、D、E五台浆液循环泵运行，入口SO_2浓度1636mg/m^3（标况下），出口SO_2浓度14.8mg/m^3（标况下），供浆量24m^3/h。pH值4.9，吸收塔液位显示11.2m。

16时36分，脱硫主值判断吸收塔液位为虚假液位，就地进行液位计排气，同时向吸收塔添加消泡剂3kg。

17时15分，因吸收塔液位波动频繁，液位闭锁造成吸收塔除雾器无法正常冲洗，脱硫运行主值汇报运行专工需要强制除雾器一、二、三、四、五、六层顺控冲洗条件。经过同意后联系脱硫热控值班人员履行许可手续后开始强制除雾器顺控冲洗条件的操作。

17时20分，脱硫热控维护人员分别对吸收塔一、二、三、四层除雾器顺控冲洗条件进行强制，吸收塔除雾器一、二、三、四层开始顺控冲洗。

17时49分31秒，热控维护人员在对吸收塔除雾器第六层顺控冲洗条件强制时，将常数点“zero11 drop11 constant0”强制为1。

17时49分35秒，锅炉MFT动作，FGD系统41硫A、41硫B跳闸，脱硫所有380V转机失电停运，DCS报“1号FGD预报警、1号FGD请求锅炉MFT”。

17时50分，脱硫运行主值汇报脱硫运行专工及环保公司副经理，环保公司各管理人员及区域副总经理立即到达脱硫集控室，询问脱硫运行及热电维护人员跳机原因，并向主机当值值长汇报情况。

18时50分，电厂热控人员查明引起机组MFT跳闸条件“zero11 drop11 constant0”常数点0点变为1点，强制时间为17时49分31秒，经过确认后将该逻辑点释放。立即按照“380V PC段电源中断”流程系统恢复。

19时44分，脱硫系统恢复后汇报值脱硫已恢复热备，具备点火条件。

20时15分，机组点火。

22时36分，机组重新并网。

（二）事件原因查找与分析

1. 事件原因检查与分析

（1）环保公司热控人员强制除雾器顺控冲洗测点时，将工程师站180号机“zero11 drop11 constant0”常数点0点强制为1点，该点被多处逻辑点引用，其中一处触发了1号FGD请求锅炉MFT信号，造成锅炉MFT动作。经查“zero11 drop11 constant0”该点为超低排放改造后调试期间，为调试方便而设置的临时逻辑点，在调试完毕后未及时按照逻辑说明书要求删除，导致执行其他操作时，引起机组MFT动作。

（2）FGD超低排放后逻辑长期未梳理，逻辑关系混乱，逻辑不清晰。

（3）环保公司未配置热控及电气专业技术管理人员，管理力量薄弱，热控维护人员技能水平不足，培训不到位，对系统逻辑不熟悉，未充分掌握系统逻辑关系。

2. 暴露问题

（1）环保公司脱硫工程师站管理制度不规范，逻辑保护修改审批流程不全，现场监护人员监护不到位。

（2）环保公司热控技术管理薄弱，无专职热工管理人员，热控维护人员技能不足，对控制逻辑图不熟悉，现场未配置热控逻辑保护图纸。

（3）脱硫DCS控制逻辑存在遗留逻辑不清晰，zero11点关联逻辑保护关系混乱，服务器长期未进行深度清理。

（三）事件处理与防范

（1）规范脱硫工程师站管理制度，制定热控联锁及保护逻辑修改制度，项目部审批后发电分公司备案，环保公司组织学习并严格按制度相关规定，规范工程师站和热控联锁及保护逻辑修改管理流程。

（2）环保公司项目部增派电气、热控专业技术管理人员，热工维护班组加强热控人员技能培训，调派热控及电气专业技术骨干力量，增加项目部管理力量。

（3）编制逻辑保护投退操作票，确认登记强制点详细信息，严格执行操作监护制度。

（4）定期核对、清理控制逻辑图，联系DCS厂家来现场排查DCS控制逻辑，查找设计缺陷并进行完善，利用机组停运机会全面梳理，工程师站配备相关热控技术图纸、规程。

（5）开展运行人员热电专项培训，持续提升全体人员的电气和热工水平。

（6）按照属地管理原则，加强对特许经营单位环保公司项目部技术指导和监督管理，组织公司专业技术人员开展工程师站隐患排查。

三、试验过程中错入间隔导致机组MFT

（一）事件过程

4月22日某厂2号机组负荷141MW，主蒸汽压力9.54MPa，主蒸汽温度538℃，再热蒸汽压力1.7MPa，再热汽温530℃，汽包水位−49mm，炉膛压力−65Pa，A、C、D磨煤机运行正常，B、E磨煤机备用，A、B引风机运行正常、A、B二次风机运行正常，A、B一次风机运行正常，A、B给水泵运行正常。

4月22日12时，接省调预通知，1号机组于4月24日晚高峰并网，电厂按此通知部署1号机组启动准备工作。运行部按照1号机组启动准备工作安排，计划4月22日中班进行 1 号锅炉主保护传动。

20 时 10 分值长通知热工值班人员 22 日中班进行 1 号锅炉主保护传动，需要进行配合。

22 时 30 分热工值班人员接运行人员通知，1 号炉相关设备开关已投入试验位，可以进行锅炉主保护传动试验。

23 时 12 分热工值班人员进行 1 号炉炉膛压力高保护传动试验，将就地将开关信号进行短接。

23 时 12 分 2 号机锅炉 MFT，机组跳闸。

4 月 23 日 00 时 54 分查明原因后 2 号机组点火启动。

4 月 23 日 4 时 21 分 2 号分机组并网正常运行。

（二）事件原因查找与分析

1. 事件原因检查与分析

原因为热工人员在进行 1 号锅炉炉膛压力高保护 MFT 试验过程中，错入 2 号机组，同时短接 2 号炉炉膛压力高 1、高 2 压力开关，造成 2 号锅炉炉膛压力高保护动作，锅炉 MFT，2 号机组跳闸。

2. 暴露问题

（1）各级管理人员责任制落实不到位。锅炉主保护传动值长直接通知热工值班人员，未按照到位管理制度通知相关管理人员，分管领导和值班带班领导对机组启动前的现场作业风险掌握不全面，没有就机组启动前的主保护试验工作予以安排，专业技术人员没有对保护传动过程存在的风险组织学习培训，未对保护传动过程中的风险进行辨识，安全生产责任制层层衰减。

（2）三票三制执行不到位。把习惯当标准，用热工联锁保护试验卡代替工作票，未执行“四点八步”风险管控卡，检修人员未严格执行风险预控票制度，未能就工作过程中存在风险进行辨识，未能对工作过程中存在的风险作出相应的告知，生技和维护专业管理人员在保护传动过程中没有按要求到岗到位并起到应有的监督和指导作用。

（3）安全意识淡薄，严重违反了“两不一无”“六不开工”的原则。未严格执行“不安全不开工”“无监护不作业”“危险源辨识不清不开工”“安全技术措施不交底不开工”“应到人员未到位不开工”要求，热工作业人员在接到值长进行 1 号锅炉主保护试验的通知后，未向班组、部门汇报，未执行作业监护制度，单人现场作业，最终造成工作人员走错间隔，造成正常运行的 2 号机组跳闸。

（4）检修标准化管理不到位，试验安排不合理。1 号机组停备期间，未能按照检修标准化要求在检修机组与运行机组设置防止人员穿越的硬隔离，未在运行机组出入口设置明显的警示标志，造成检修人员随意穿越运行机组工作。没有严格执行公司《关于加强夜间作业安全管理的通知》要求，锅炉主保护传动试验作为重要试验项目，安排在夜间进行，未能考虑到作业环境及人员精神状态因素，试验项目缺乏计划性，时间安排不合理；现场工作人员郝某 2017 年 7 月份入厂，工作经验不足，工作人员安排不合理。

（5）安全技术培训不到位。本次事件反映出电厂没有深刻吸取事故教训，未能吸取对上年及近期多起因为人员误操作引起的非停事件展开有针对性培训，没有认真开展安全警示教育和安全技术培训工作，未对保护传动开展针对性的危险源辨识，热控人员日常技术培训不到位，人员技术能力不足。

（6）保护传动不规范，质量验收流于形式。锅炉主保护试验9项试验中，5项试验的首出未能正确显示，空气预热器保护未做，4项试验未能启动给煤机，1项试验未能在测点源头强制，试验人员均签字正常，验收人员均按照正常进行验收，保护传动工作流于形式，各级验收人员责任心缺失。

（7）检修管理不到位。未严格执行定期工作制度，给煤机校验周期3个月，2号炉给煤机2018年9月至今未完成校验。2号机组仪表超过检验周期。炉膛压力吹扫周期15天，实际按30天执行，反映出技术管理人员电厂对制度的执行存在偏差，执行流于形式。

（8）保护管理不到位。检查两台机组均存在启停机过程中随意解除主保护的情况，2号机组汽包水位保护在点火直到并网的9个小时后投入，严重违反二十五项反事故措施要求。

（三）事件处理与防范

（1）各单位要针对电厂保护传动过程中存在的问题，重新修编保护传动操作卡，明确传动时间、传动内容、传动方法、试验操作人员、监护人员、验收人员，修编完成后报送电力生产部备案。

（2）各单位要严格“三票三制”管理。强化“三票三制”“四点八步”及“人身安全风险分析预控本”在现场的执行，加强事前预控管理，认真开展危险源辨识和风险分析，明确作业风险等级，针对保护传动编制标准工作票，组织专业人员学习，讨论。

（3）重新修订《到岗到位管理制度》，明确保护传动应该到岗到位的人员，明确岗位责任，规范人员到岗到位。

（4）加强作业风险辨识，针对主保护传动试验过程中的存在的风险开展风险分析，制定专项措施，落实执行。严格执行“两不一无”“六不开工”工作要求，认真开展作业前风险辨识、风险评估、开工前安全技术交底及作业监护，切实加强事前、事中、事后全过程管控，确保各项安全措施有效落地。

（5）加强生产技术管理和检修标准化管理。做好机组的检修策划，加强检修过程管控，做好检修现场人员与设备的管理，做好检修现场的隔离工作，合理安排检修、试验时间，按照标准开展检修、试验工作。

（6）加强安全教育和技术技能培训。认真吸取集团公司历次非停事件经验教训，举一反三；认真做好安全规程、制度及安全技能的培训；组织好检修班组成员保护传动技能培训，针对机组主要保护、辅机保护传动试验，开展试验方法、风险预控培训，明确传动方法，熟知传动过程中的危险点。

四、热力性能试验测点安装过程中安全风险未辨识到位导致机组异常停运

某厂1号机组锅炉为上海锅炉厂生产的SG－480/13.7－M569型超高压中间再热、单汽包自然循环、循环流化床锅炉；汽轮机为上海汽轮机厂生产的N150—13.24/0.9/535/535型，超高压、一次中间再热、双缸双排汽、单轴、抽汽凝汽式汽轮机；发电机为上海电气发电机有限公司生产的QFS—150—2型双水内冷同步汽轮发电机；DCS系统为鲁能控制工程有限公司生产的LN2000控制系统。

（一）事件过程

9月19日10时37分，因1号机组进行热力性能试验，热控班按照检修部编制的试验测点安装拆除安全技术措施办理1号机组热力试验测点安装热力工作票，工期至2019年9

月 26 日 16 时 30 分。

9 月 20 日下午，热控人员按照试验计划，准备安装给水流量试验测点变送器。15 时 10 分，热控人员执行测点强制单，强制给水流量测点输出为当前值。

15 时 11 分工作开始前，热控人员交待运行人员给水流量输出为当前值不变，现场检修人员开始安装 1 号锅炉给水流量试验变送器。

15 时 29 分 32 秒汽包水位高一值报警（+75mm）。

15 时 29 分 38 秒汽包水位报警（+100mm）强切汽包水位自动，A 汽泵遥控指令 74.1%。

15 时 29 分 59 秒汽包水位高二值报警（+150mm）联开汽包紧急放水门。

15 时 30 分 01 秒运行人员手动调整 A 汽泵指令至 58.6%。

15 时 30 分 32 秒汽包水位持续升高至+210mm，汽包水位高三值（+210mm）动作，锅炉 MFT，1 号机组跳闸，汽轮机 ETS 首出锅炉 MFT。

（二）事件原因查找与分析

1. 事件原因检查与分析

（1）1 号炉给水流量试验测点安装过程中，A 汽泵在自动状态，DCS 给水流量测点处于强制状态，机组负荷变化，给水自动出现扰动，导致汽包水位波动，升高至+210mm，达到汽包水位高三值保护动作（见图 6-51），锅炉 MFT，机组跳闸。

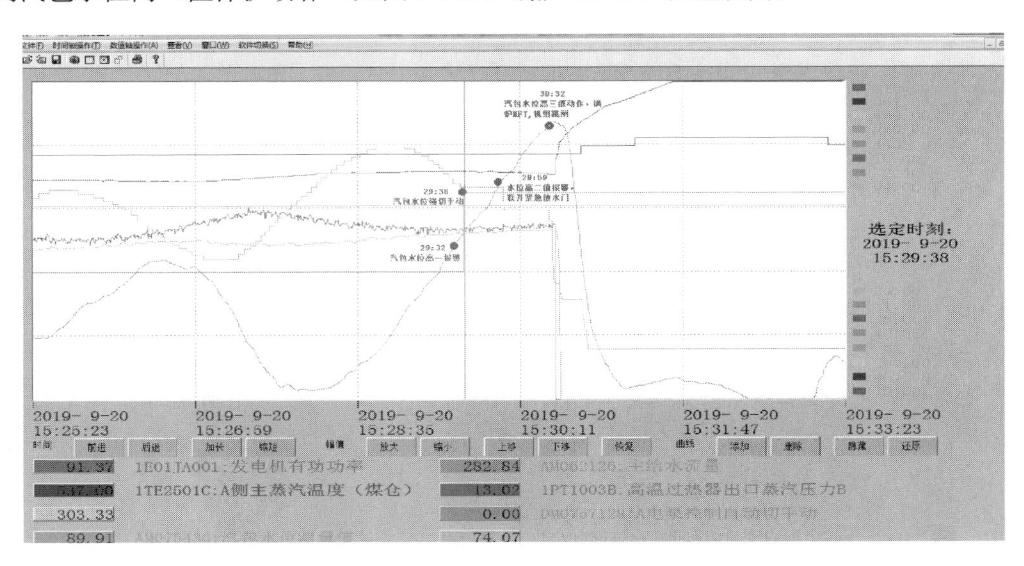

图 6-51　汽包水位曲线

（2）热力试验测点安装涉及给水自动，检修部编制的试验测点安装拆除安全技术措施未辨识出给水流量试验测点安装导致汽包水位波动的风险。

（3）工作票办理过程中未在试验测点安装拆除安全技术措施的基础上进一步分析测点安装带来的风险。工作票签发人、值长未能发现工作票所列的安全措施不全面。

（4）热工操作票中给水流量信号强制前，无检查强制信号影响的自动、保护逻辑工作步骤。

（5）汽包紧急放水门开启逻辑（见图 6-52）存在安全隐患，汽包水位高二值（+150mm）

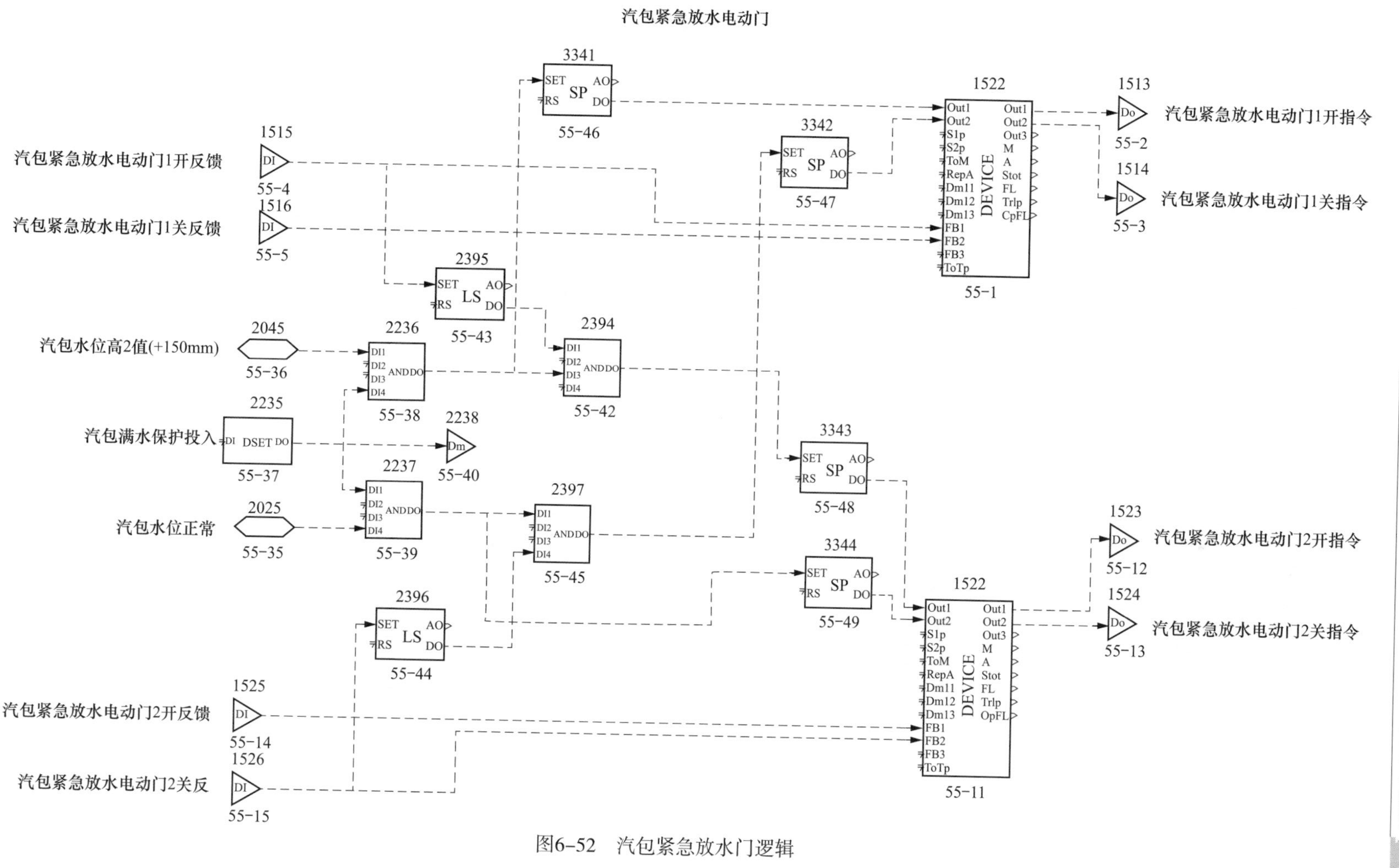

图6-52 汽包紧急放水门逻辑

时联开汽包紧急放水门 1，汽包紧急放水门 1 开行程到位后延时 3s 联开汽包紧急放水门 2，从汽包紧急放水门 1 开启到汽包紧急放水门 2 开启时间持续 38s，开启时间过长，没有达到紧急放水的目的。

2. 暴露问题

（1）风险预控不到位。检修部针对试验方案编制的试验测点安装拆除安全技术措施、工作票危险点预控，未能辨识出给水流量试验测点安装过程中导致汽包水位波动的风险。

（2）防非停工作重视不够，防非停工作落实不到位，导致非停的不安全因素管控不到位，控非停工作同日常各项管理工作结合不够紧密，在风险点预控等方面控非停工作落实不到位。

（3）人员安全责任意识欠缺。工作票办理过程中工作票签发人、值长未及时发现存在的安全隐患，操作票制定过程中未制定检查强制信号影响的自动、保护逻辑工作步骤。

（4）落实《庆祝中华人民共和国成立 70 周年保障工作方案》不到位，未能认真落实保障工作方案中确保生产安全的相关要求。

（5）技术培训不到位。检修人员对给水流量测点的重要性及其危害程度认识不足。

（6）逻辑梳理及隐患排查治理工作不到位，汽包紧急放水门联锁逻辑存在安全隐患，阀门开启时间过长。

（三）事件处理与防范

（1）加强风险预控工作，深刻吸取事故教训，举一反三，针对热力试验及检修维护工作中测点拆装可能发生的风险，制定典型工作票及操作票，将相关措施落实到日常工作中，提高设备运行维护水平。

（2）提高安全生产人员控非停意识，通过两票管理、运行管理、检修管理、技术监督等工作使控非停的要求落到实处，进一步夯实安全生产管理工作。

（3）认真落实集团公司《庆祝中华人民共和国成立 70 周年保障工作方案》和分公司各项决策部署，提升安全生产管理水平，严控一二类障碍及异常。

（4）严格按照集团公司要求深入开展逻辑梳理及隐患排查治理工作。加强生产人员业务培训，热控和运行人员要熟练掌握一次调频、RB、锅炉主控、汽轮机主控、给水控制、燃烧控制等主要调节回路的控制策略。

（5）优化汽包紧急放水门联锁逻辑，将汽包紧急放水门 2 联开条件设为汽包水位高二值与汽包紧急放水门 1 关信号消失 3s，缩短汽包紧急放水门开启时间。

（6）严格执行集团公司关于热工保护投退、逻辑修改、试验验收等相关规定，在涉及保护投退、逻辑修改、试验验收时应加强对控制系统逻辑组态的检查审核，严格完成联锁保护、自动调节回路的传动试验。

（7）按照“四不放过”的原则，认真吸取经验教训，防止类似事件再次发生，并对相关责任人进行考核。

五、逻辑修改有误导致机组跳闸

（一）事件过程

某厂 2 号机组运行，负荷 239MW，给水流量 539.98t/h，00 时 53 分 28 秒锅炉 MFT 动作，机组跳闸，首出为锅炉给水流量低低。

（二）事件原因查找与分析

2 号锅炉给水流量低 MFT 保护动作值为 495t/h、报警值为 540t/h。该电厂在逻辑隐

患排查工作时，将原给水流量低低保护由“三取中”逻辑修改为“三取二”的过程中，错将给水流量低报警值（540t/h）输出点连接到MFT跳闸中，将保护动作值（495t/h）输出点连接到报警中。因此，当锅炉低负荷运行时给水流量低于报警值时即触发了MFT动作。

在逻辑隐患排查及修改逻辑不符合项时，检修人员未能有效进行跟踪、监督并对修改情况进行确认验证，导致给水流量低报警和动作输出点接反而埋下隐患。在进行MFT主保护静态试验过程中，给水流量低低保护试验都需将给水流量强制为540t/h以上使其保护逻辑复位，然后再将给水流量强制为495t/h以下，实现MFT给水流量低低保护动作，在此过程中未进行给水流量低报警点试验，致使报警点连接错误长时间未能发现。

（三）事件处理与防范

（1）热工保护逻辑修改需要制定专门的实施方案，并经专业讨论。

（2）在进行逻辑修改时要有专业人员监护、验证，并逐一核对。

（3）规范机组逻辑保护试验程序及试验流程，对试验涉及的项目要逐一进行验证，并增加报警点试验，完善细化试验步骤，与运行人员逐项核实确认，试验项目不漏项。

（4）热工主要保护修改后，要进行动态试验。

六、ETS通道配置错误造成汽轮机跳闸

某厂一期工程2×645MW超超临界。三大主机：锅炉由北京巴布科克·威尔科克斯有限公司制造，汽轮机由东方汽轮机有限公司制造，发电机由东方电机股份有限公司制造。

DCS系统采用上海艾默生公司提供的OVATION系统，功能上主要包括DAS、SCS、MCS、FSSS等系统。汽轮机DEH控制系统采用日立公司的HIACS-5000M，该系统除了进行汽轮机的自启动、应力、转速控制以及在线试验等功能外，还实现与ETS的通信，并可以在DEH系统对ETS逻辑进行修改。

辅助系统包括脱硫系统、气力除灰系统、输煤系统、补给水处理系统、凝结水精处理系统、中水系统、废水系统、公用水系统。整个辅助系统及网络采用集中控制的方式，辅网分散控制系统采用国电智深公司最新生产的EDPF-NT系统。

（一）事件过程

1号机组2019年3月9日1时22分停机进入B级检修，检修结束，2019年4月23日21时51分首次并网，2019年4月24日9时33分（事件发生前），1号机组负荷协调控制在手动控制模式，机组负荷297.4MW，主蒸汽流量836.7t/h，主蒸汽压力16.2MPa，汽轮机调节级后蒸汽压力8.37MPa，主蒸汽温度576.4℃；汽轮机处于顺序阀模式下，其中1号和3号高调阀开度为75%，2号高调阀开度为23%，4号高调阀开度为8%，两个中调阀的开度均为100%，1A、1B和1E磨煤机运行，1C、1D磨煤机备用，各辅机运行正常。

2019年4月24日9时34分20秒，升负荷至300MW时，1号机组跳闸，锅炉MFT首出显示为汽轮机跳闸，ETS停机首出显示为旁路系统故障。

（二）事件原因查找与分析

1. 事件原因检查

事件发生后，核查ETS逻辑组态、调取DCS趋势如图6-53所示。发现：自2019年4月23日21时53分51秒起，1号机高压旁路气动阀与低压旁路气动阀反馈测点正常，均显示为0，排除高压旁路气动阀与低压旁路气动阀开度原因导致机组跳闸的可能。

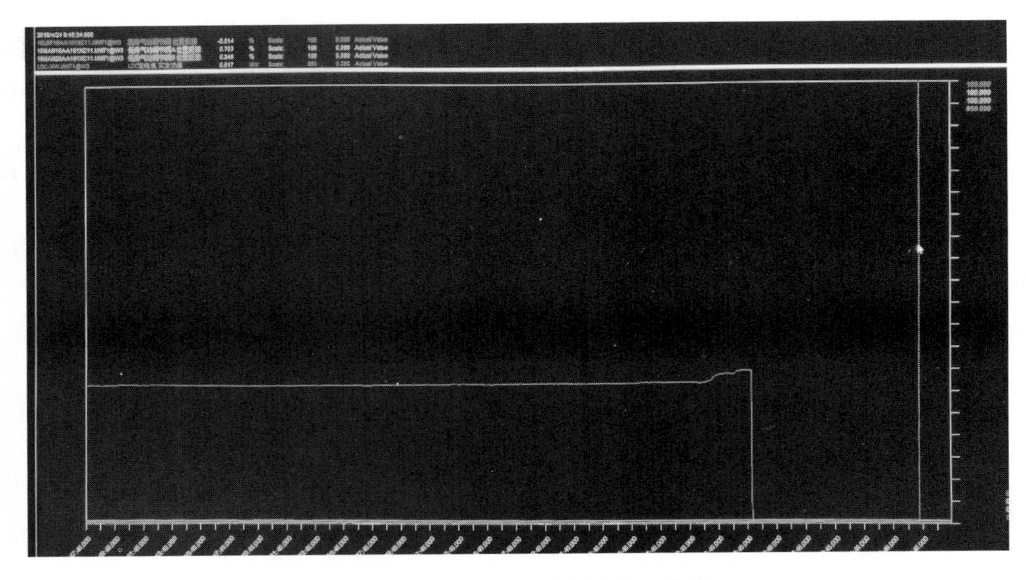

图 6-53　机组运行时高低旁位置曲线

热控人员随后检查 ETS 系统 PCM 控制器，三块互为冗余的 PCM 控制器状态指示灯均指示正常；互为冗余的两组通信模件的状态指示灯均指示正常。

继续核查 ETS 系统开关量输入端子，发现旁路系统严重故障（备用）接线端子 CXB4（35，15）上有接线，见图 6-54，并且属于系统内部配线。核查该内部配线为“发电机负荷＞50％”开关量信号，见图 6-55，热控人员比对两台机组 ETS 系统通道配置和组态逻辑，2 号机 ETS 系统 CXB4（35，15）为“负荷＞50％”信号，确定 1 号机组通道配置错误，拆除内部配线。

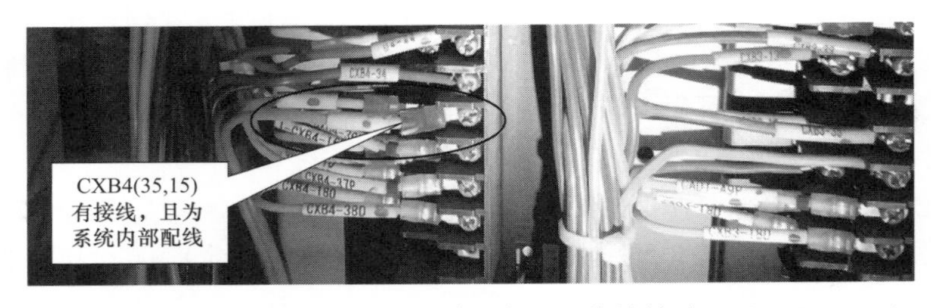

图 6-54　1 号机旁路系统严重故障（备用）接线端子 CXB4（35，15）

图 6-55　2 号机 ETS 柜 CXB4 模块通道配置

2. 原因分析

旁路系统故障触发汽轮机跳闸条件为（任一条件满足）：①在高压缸启动方式下，发电

机负荷<180MW时，高旁阀开启（全开信号消失）；②发电机负荷大于50%，高压旁路阀全关、低压旁路开启（开度>50%）；③旁路系统严重故障（备用）。

在1B检修期间，东汽自控技术人员到厂进行汽轮机本体改造逻辑组态。东汽自控厂家服务人员对DEH系统进行了逻辑修改，增加了供热跳机保护逻辑及相关测点。但是，在逻辑修改过程中，由于ETS控制单元备用通道少，厂家技术服务人员为满足保护信号三取二及卡件分散配置的原则，将该原系统测点及信号进行了调配，在此过程中误将备用保护“旁路系统严重故障（备用）”逻辑连接至内部接线“发电机负荷>50%”所在的通道上，即当机组负荷达到300MW时，直接触发旁路系统故障跳闸保护动作，是造成此次汽轮机跳闸的直接原因。

ETS保护试验卡中旁路故障描述为：“高压旁路全关且低压旁路开度大于50%且发电机负荷大于50%”，热控人员按此顺序进行模拟试验，先模拟高压旁路阀全关，再模拟低压旁路开度到50%以上，最后模拟发电机负荷到300MW以上，ETS保护动作，首出显示旁路系统故障，试验通过。ETS保护试验卡中条件内容描述顺序不合理，未能在ETS保护试验时发现通道配置错误，是造成此次汽轮机跳闸的次要原因。

最后，在机组启动前，热控专业进行了两次DEH仿真试验，第一次在机组负荷达到290MW时，因EH油蓄能器未投造成EH油压低跳闸，为保障试验顺利进行，第二次仿真试验在小于300MW负荷下完成，试验陆续发现遮断试验失败故障和直流110V电源接地等问题。在处理完EH油蓄能器、遮断试验失败故障及直流110V电源接地等问题后，因机组启动计划紧凑，为节约时间，热控专业联系运行人员仅进行了汽轮机挂闸条件下的EH油切换试验和EH油全停试验，未再次进行DEH全负荷仿真试验，未发现“旁路系统严重故障”通道配置错误是造成此次汽轮机跳闸的间接原因。

3. 暴露问题

（1）热控专业仅组织厂家与汽轮机专业和发电部汽轮机专工就汽轮机本体改造测点布置、逻辑、保护和试验卡进行讨论，但未正式发布会议纪要。

（2）热控未组织专业内部对厂家技术人员提供的逻辑、IO通道配置、试验卡等进行充分讨论。

（3）热控专业审核了厂家技术人员提供供热改造逻辑、IO通道配置及试验卡等文件，缺少禁止厂家扩大工作范围的文字材料。

（4）在DEH系统逻辑修改前未绘制出逻辑图及新增通道配置图，导致无法为修改逻辑提供有效参考。

（5）迷信厂家，专业监护不到位，未全程跟踪DEH逻辑修改，对厂家错误修改的内部配置未及时发现。

（6）未要求厂家技术人员出具服务报告和技术交底材料，未能及时发现厂家擅自修改通道配置。

（7）在设备缺陷消除后，未再次按要求进行DEH全负荷仿真试验，未发现旁路系统严重故障。

（8）专业人员对于DEH日立H5000M系统逻辑组态不熟练，过于依赖厂家。

（9）专业对热工保护管理不规范，对于主机厂预制但未采用的备用保护逻辑未进行彻底删除。

(10) 异动申请中异动方案不完善，仅对 DCS 系统通道进行设计，未对 ETS 系统通道进行设计。

(11) 在逻辑修改结束后，未及时更新相关图纸资料。

(12) 违反《火力发电厂热工技术监督标准》[6.6.2.12 机组检修后，应根据被保护设备的重要程度，按热工联锁保护传动试验卡进行控制系统基本性能与应用功能的全面检查、测试和调整，以确保各项指标达到规程要求。整个检查、试验和调整时间，A 级检修后机组整套启动前（期间）至少应保证 72h，C 级检修后机组整套前应保证 36h，为确保控制系统的可靠运行，该检查、试验和调整的总时间应列入机组检修计划，并予以充分保证] 要求，检修结束至机组启动前未按照技术监督要求预留热工试验时间。

(三) 事件处理与防范

(1) 涉及主辅机重大设备的保护变更，热控专业须组织相关部门专业参与讨论，形成统一意见和会议纪要后经公司分管领导同意后方可实施。

(2) 热控所有逻辑修改须经专业内部讨论后按公司规定报批后方可实施。

(3) 完善、优化自动保护装置管理标准，优化审批流程，完善记录表单，并印刷逻辑、参数修改记录本。

(4) 热控逻辑修改前绘制逻辑 SAMA 图、IO 清单、接线图等，修改完毕后需打印逻辑 SAMA 图、IO 清单、接线图等，前后对比无误后签字确认，并及时申请异动竣工验收。

(5) 拆除被错误定义为旁路系统严重故障（备用）的 ETS 内部配线，举一反三，对 ETS 控制柜通道接线对照 IO 表进行全面排查。

(6) DEH 系统逻辑组态过程中，热控专工全程跟踪，避免厂家技术人员私自修改逻辑。

(7) 厂家技术人员完成技术服务后必须出具详细服务报告和技术交底材料。

(8) 凡涉及 ETS 逻辑修改，机组启动前必须进行 DEH 仿真全负荷段试验，试验不合格及未处理完毕前，汇报值长，不具备启动条件。

(9) 贯彻学习集团《热控保护与自动装置技术指引》，对照指引重新梳理热控保护的合理配置。

(10) 对照保护投退记录进行详细检查，确保各项保护的软、硬开关投切状态同投退记录相符，能满足机组正常生产要求，特别对于标识为备用的保护，应仔细检查是否有源信号接入，是否具有组态逻辑，逻辑输出能否能够造成保护动作。

(11) 加强对热控控制柜的柜内图纸更新管理，应严格按照设备异动单等记录对机柜配线、装置更换情况进行更新，特别对于经历多次改造维护的机柜，应严格核实图纸资料与柜内配线与设备情况的一致性。如与实际情况不符，应立即审核两者的合理性，并通过设备或图纸变更保证两者完全相同。

(12) 机柜内接线备用芯必须捆扎牢固，并严格收束于接线槽盒内部，不能有接线部分露出，防止检修人员误接，同时加强接线标识的规范性。

(13) 加强机组主机及重要辅机保护的投退管理，保护投退需严格履行审批制度，填写热工保护投退申请单并经会签和批准后，方可在确保信号状态良好和控制回路正常的前提下执行。保护投退操作执行时，应提前联系运行人员做好准备，加强监视，密切注意相关参数的变化情况，操作完毕后，应及时通知运行人员。

(14) 机组检修期间重视逻辑组态检查，对垃圾组态进行清理，确保逻辑保护的正确性。

（15）编排检修节点计划时充分预留调试、试验时间，严格按照一级网络节点控制检修进度。

（16）合理组织调试、试运以及联锁试验工作，对发现的问题和缺陷及时向技术支持部反馈，主要试验不合格，机组不得启动。

七、电源切换试验导致脱硫仪表显示异常

某厂一期项目建设2×620MW中国产超临界机组，DCS采用艾默生过程控制有限公司Ovation控制系统。其配套的锅炉为东方锅炉厂生产的超临界参数、变压直流炉、W型火焰燃烧方式、固态排渣、单炉膛、一次再热、平衡通风、露天布置、全钢构架、全悬吊п型结构。汽轮机由东方汽轮机有限公司设计制造，超临界、一次中间再热、三缸四排汽、单轴、双背压、凝汽式汽轮机。

本锅炉采用带强制再循环泵的内置式启动循环系统。2号机组于2018年9月投入商运。

脱硫230V电源柜（00CBG11）双路电源分别由公用仪控UPS电源柜（00CSD01）电源1和电源2下级空气开关接入，公用仪控UPS电源柜电源1由1A UPS K09供入，电源2由2A UPS K09供入，脱硫230V电源柜（00CBG11）配置双路电源切换装置，型号ASCO D03ATSA20070FG，并配置显示及操作装置，脱硫230V电源柜包含负荷有1、2号机组A-F曝气风机仪表电源，1、2号机组A-D ASP泵仪表电源，1、2号机组GGH转速仪表电源，1、2号机组脱硫旁路挡板控制柜电源，1、2号机组高压冲洗水泵泄压阀电源。

电源切换装置设置默认电源1为常用电源，电源2为紧急电源，电源1发生中断时，自动切换至电源2供电，电源1恢复后，倒计时30min自动复位至电源1。

1、2号机组脱硫烟气旁路设置两个控制装置，单机组设置一个控制柜，气路上设置快开电磁阀，快开电磁阀为常带电电磁阀，当电磁阀失电时，控制挡板快速打开。

（一）事件过程

2019年9月26日下午，运行人员与热控人员进行1号机组UPS A/B段热控设备负荷核对，16时13分进行UPS1A段K09空气开关，对应负荷为热控公用仪控UPS电源柜（00CSD01）电源1，电源核对正常，核对人员随即去往海淡车间进行海淡DCS电源分配柜的电源核对。

16时18分，值长通知运行试验人员2号机组脱硫烟气旁路打开，试验人员随即赶往脱硫电子间核查脱硫230V电源柜（00CBG11）进行确认，就地指示电源已切换至紧急侧电源，装置显示倒计时中，怀疑因电源切换中扰动造成旁路挡板误动，与值长沟通反馈后，待电源切换装置自动复位至正常电源（1路进线时）观察旁路挡板状态，旁路挡板第二次动作打开，证明电源切换不能做到完全无扰，造成旁路挡板打开。运行人员随即对系统进行了恢复操作。

调阅曲线发现，GGH系统，脱硫仪表系统均发生了不同程度异常。

（二）事件原因查找与分析

（1）直接原因分析：脱硫230V电源柜（00CBG11）双路电源无法做到无扰切换是造成此次异常的直接原因。

电源自动复位时故障现象不一致原因，第一次为主路电源丢失所进行的硬切换，第二次为双路电源都正常时设备自动进行的软切换，二者对系统实际影响有区别。

（2）间接原因分析：

1）切换前未针对电源柜所涉及负荷进行针对性的预案措施，盲目进行切换，是造成此次异常的间接原因；

2）脱硫230V电源柜（00CBG11）内部设备全部为单机组设备，电源级联设置在公用UPS上，电源配置不合理也易引起异常及事故。

3）切换人员对就地设备工作原理及控制逻辑不熟悉，如对脱硫烟气挡板的快开电磁阀控制逻辑，GGH的联锁逻辑等，切换人员不清楚就进行切换。

4）重要操作时和运行人员缺乏沟通，只是在电源柜侧观察电源切换与否，未与集控室运行人员进行所属设备及系统切换前后的正常与否确认。

5）单元机组运行期间，涉及公用系统对其他机组设备的操作影响重视程度不够。

（三）事件处理与防范

（1）对同类型电源切换装置进行测试，分别测试软硬切换时间，即单路电源丢失，电源切换时间与双路电源正常时的切换时间，同时观察所涉负荷是否异常。

（2）脱硫230VAC电源切换前制定所涉及负荷的切实有效的措施，保证所涉及系统不发生异常。

（3）进行电源切换时尽量减少直接断开主路负荷的方式，可先进行电源柜的软切换，确认已从辅路供电后，再断开主路，降低系统风险。

八、逻辑不完善造成引风机RB试验失败

（一）事件过程

某厂在进行引风机RB试验过程中，引风机变频器停止未触发RB动作，造成炉膛负压出现大正压。11月10日12时13分，机组运行负荷95MW，主蒸汽压力8.5MPa。运行人员手动停止A引风机变频器，风机实际已经停止，但未触发RB动作，炉膛负压迅速增大，最大达+1512Pa，经运行人员手动干预调整正常。

（二）事件原因查找与分析

RB触发逻辑中，只是使用了电机6kV开关分合状态作为风机运行停止的判断，缺乏对风机变频器状态的识别。

（三）事件处理与防范

（1）加强对RB逻辑的完善检查，静态试验必须完整。

（2）增加变频工况下变频器停运作为风机停止的判断条件，将综合信号作为触发RB的条件。

九、再热主汽门阀门活动试验操作不规范导致机组轴向位移大跳闸

（一）事件经过

2019年3月14日03时26分，4号机组B级检修后点火，15时20分，4号发电机并网。3月16日21时00分，4号机组B级检修结束交系统调度。

3月21日12时25分，4号机组按定期工作安排做高中压主汽门活动试验，经中调批准退出PSS，转单阀，做高中压主汽门活动试验，测试TV1及TV2正常。

12时31分，运行人员进行Ⅳ1活动试验过程中，当Ⅳ1全关后，RSV1就地及CRT显

示不会关，复位后Ⅳ1全开，RSV1仍在全开状态，12：36，再次做Ⅳ1试验，RSV1仍然不会关，重新复位。

12时37分，运行值班人员进行Ⅳ2时，Ⅳ2全关后，RSV2就地及CRT显示不会关，复位后Ⅳ2全开，RSV2仍在全开状态，试验后，主操向当班值长汇报，当班值长通知热工主任安排处理。

12时44分，热控分部主任通知热控派人到现场检查处理。12：50，热控人员到达4号机组电子间，检查发现RSV1、RSV2不能关闭的原因是2UPS电源柜的A、B侧再热主汽门试验电磁阀没送电，随后热控人员先后合上51K（A侧再热主汽门）、和53K（B侧再热主汽门）电源开关，导致A、B侧再热主汽门关闭，机组负荷由225MW直降至53MW，机组轴向位移由－0.52mm、－0.61mm降至－1.53mm、－1.55mm（跳闸值为±1mm），轴向位移达跳机值，造成4号机组跳闸。

（二）原因分析

（1）直接原因。运行人员在进行A、B侧再热主汽门阀门活动试验时，发现A、B侧再热主汽门阀门不能关闭，运行人员在操作画面上取消了A、B侧再热主汽门阀门活动试验，但是DEH系统仍然保留阀门活动试验时发出的"关A、B侧再热主汽门"的指令，逻辑设计上存在缺陷，在送上A、B侧再热主汽门阀门试验电磁阀电源开关后，导致A、B侧再热主汽门关闭，机组负荷由225MW直降至53MW，机组轴向位移达跳机值，造成4号机组跳闸。

（2）间接原因。热控人员对机组检修的维护管理方式不完善。在机组检修时，重要设备的试验电源的恢复没有执行操作票或操作卡管理，导致发生A、B侧再热主汽门试验电磁阀电源未送的情况。

热控人员在处理此次设备缺陷时，只有单人操作；在处理缺陷前，没有与运行人员当面进行沟通，违反工作票管理制度。

运行人员在保电重要时期进行阀门活动试验，在发现RSV1不会关闭时，未按照操作票附带的工作安健环分析单的要求"发现异常情况时中止试验，恢复原运行方式"，再次进行RSV2的试验。

（三）事件处理与防范

（1）完善、验证试验操作票的正确性，试验时严格按照试验操作票程度进行。

（2）组织专业人员对逻辑进行讨论，加强机组启动前的全面试验，确保逻辑正确可靠。

（3）加强检修维护管理，试验前与运行人员充分沟通，试验中操作严格执行监护制。

第七章

发电厂热控系统可靠性管理与事故预控

发电厂热控系统的可靠性直接影响着整个机组的安全稳定运行，随着专业预控工作的不断深入，热控系统可靠性有了较大的提高。但受多因素影响，热控原因造成的机组异常或跳闸事件仍时有发生，如第二章～第六章的2019年故障案例很多都具有典型性，那些由于设计时硬件配置与控制逻辑上的不合理、基建施工与调试过程的不规范，检修与维护策划的不完善、管理执行与质量验收的把关不严、运行环境与日常巡检过程要求的不满足，规程要求的理解与执行不到位等原因，带来热控设备与系统中隐存的后天缺陷（设备自身故障定为先天缺陷），造成机组非停事件的案例，其中很多故障本都是可避免。因此深入发电机组热控系统隐患排查，尽早发现潜在隐患和并及时维护，实施可靠性预控是专业永恒的主题。

本章节总结了前述章节故障案例的统计分析结论，摘录了一些专业人员发表的论文中提出的经验与教训，结合专业跟踪研究和已出版的2016～2018年发电厂热控系统故障分析处理与预控措施Ⅰ～Ⅲ的基础上，进一步补充了减少发电厂因热控专业原因引起机组运行故障的措施，供检修维护中参考实施，提升机组热控系统的可靠性。

第一节　控制系统故障预防与对策

热控系统的可靠性提升，是一项综合性、系统性工作。不仅要关心考核事件案例，也应关注那些可能引起跳闸的设备异常、潜在隐患和有可能整体提高电厂的运行优化及可靠性的案例。需要进行改造升级的系统应果断的及时改造，不需要改造升级或近期计划无法安排升级改造的设备，应认真规划日常维护计划，参考往年其他同类型电厂的案例、经验，提前实施相应的预控防范措施，以减少热控系统故障发生的概率，保证机组的安全可靠运行。

一、电源系统可靠性预控

电源系统好比人体中的血液，为控制系统日夜不停地连续运行提供源泉，同时要经受环境条件变化，供电和负载冲击等考验。电源系统运行中往往不能检修，或只能从事简单的维护，这一切都使得电源系统的可靠性十分重要。

影响电源系统可靠性的因素来自多方面，如电源系统供电配置及切换装置性能、电源系统设计、电源装置硬件质量、电源系统连接和检修维护等，都可能引起电源系统工作异

常而导致控制系统运行故障。本节在《发电厂热控故障分析处理与预控措施（第三辑）》第七章第一节内容基础上，进一步提出以下预控措施。

1. 电源的配置

电源配置的可靠性需要人员继续关注。2018年某机组控制系统因失电导致机组跳闸，经查该机组电源设计为一路保安和一路UPS，但均来自同一段保安段电源，当该段保安电源故障时直接导致了DCS、DEH、ETS、TSI等系统失电。因此，除DCS、DEH控制系统外，独立配置的重要控制子系统［如ETS、TSI、给水泵汽轮机紧急跳闸系统（METS）、给水泵汽轮机控制系统（MEH）、火焰检测器、FSS、循环水泵等远程控制站及I/O站电源、循环水泵控制蝶阀等］电源，不但要保证来自两路互为冗余且不会对系统产生干扰的可靠电源（二路UPS电源或一路UPS一路保安段电源），而且要保证二路电源来自非同一段电源，防止因共用的保安段电源故障，UPS装置切换故障或二路电源间的切换开关故障时，导致热控控制系统两路电源失去。

应保证就地两个冗余的跳闸电磁阀电源直接来自相互独立的二路电源供电，就地远程柜电源直接来自DCS总电源柜的二路电源（二路UPS或保安段电源+UPS），否则存在误跳闸的隐患。如某厂METS设计2路220V交流电源经接触器切换后同时为2个跳闸电磁阀供电，2个跳闸电磁阀任一个带电给水泵汽轮机跳闸，此设计存在切换装置故障后两路电磁阀均失电的隐患；另一电厂循环水控制柜电源设计为UPS和MCC电源供电，运行中由于循环水控制柜UPS电源装置接地故障，同时造成MCC段失电，当从UPS切至MCC电源时两个控制器短时失电重新启动，导致循环水出力不足，真空低保护动作停机。

对于保护联锁回路失电控制的设备，如AST电磁阀、磨煤机出口闸阀、抽汽止回门、循环水泵出口蝶阀等，若采用交流电磁阀控制，应保证电源的切换时间满足快速电磁阀的切换要求。

此外，应在运行操作员站设置重要电源的监视画面和报警信息，以便问题能及时发现和处理。

2. UPS可靠性要求

UPS供电主要技术指标应满足厂家和《火力发电厂热工自动化系统检修运行维护要求》（DL/T 774）规程要求，并具有防雷击，过电流、过电压、输入浪涌保护功能和故障切换报警显示，且各电源电压宜进入故障录波装置和相邻机组的DCS系统以供监视。UPS的二次侧不经批准不得随意接入新的负载。

机组C级检修时应进行UPS电源切换试验，机组A级检修时应进行全部电源系统切换试验，并通过录波器记录，确认工作电源及备用电源的切换时间和直流维持时间满足要求。

自备UPS的蓄电池应定期进行充放电试验，自备UPS试验应满足DL/T 774要求。

3. UPS切换试验

目前UPS装置回路切换试验，二十五项反事故措施提出仅通过断电切换的方法进行，虽然基建机组和运行机组的实际切换试验过程大多数也是通过断开电源进行，但近几年已发生电源切换过程控制器重启的案例证明，这一修改不妥当。因为没有明确提出试验时电压的要求，运行中出现电源切换很可能发生在低电压时，正常电压下的断电切换成功，不等于电压低发生切换时控制系统能正常工作。DCS控制系统对供给的电源一般要求范围不超过±10%，实际上要求电源切换在电压不低过15%的情况，控制系统与设备仍能保持正常工作，因此检修期间需做好冗余电源的切换试验工作，规范电源切换试验方法、明确质量验收标准。

（1）UPS和热控各系统的电源切换试验，应按照DL/T 774或《火力发电厂热工自动化系统可靠性评估技术导则》（DL/T 261）规程要求进行，试验过程中用示波器记录切换时间应不大于5ms，并确保控制器不被初始化，系统切换时各项参数和状态应为无扰切换。

（2）在电源回路中接入调压器，调整输入主路电源电压，在允许的工作电压范围内，控制系统工作正常；当电压低至切换装置设置的低电压时，应能够自动切换至备用电源回路，然后再对备用电源回路进行调压，保证双向切换电压定值准确，切换过程动作可靠无扰。

（3）保证切换装置切换电压高于控制器正常工作电压一定范围，避免电压低时，控制器早于电源切换装置动作前重启或扰动。

4. UPS硬件劣化

UPS装置、双路电源切换装置和各控制系统电源模块均为电子硬件设备，这些部件可称之为发热部件，发热部件中的某些元器件的工作动态电流和工作温度要高于其他电子硬件设备。随着运行时间的延续所有电子硬件设备都将发生劣化情况，但发热部件的劣化会加速，整个硬件的可靠性取决于寿命最短的元器件，因此发热部件的寿命通常要短于其他电子硬件设备。控制系统硬件劣化情况检验，目前没有具体的方法和标准，都是通过硬件故障后更换，这给机组的安全稳定运行带来了不确定性，在此建议：

（1）应建立电源部件定期电压测试制度，确保热控控制系统电源满足硬件设备厂家的技术指标要求，并不低于《火力发电厂热工电源及气源系统设计技术规程》（DL/T 5455—2012）和《火力发电厂热工自动化系统检修运行维护规程》（DL/T 774—2015）要求。同时还应测试两路电源静电电压小于70V，防止电源切换过程中静电电压对网络交换机、控制器等造成损坏。

（2）建立电源记录台账，通过台账溯源比较数据的变化，提前发现电源设备的性能变化。

（3）建立电源故障统计台账，通过故障率逐年增加情况分析判断，同时结合电源记录台账溯源比较数据的变化，实施电源模件在故障发生前定期更换。

（4）已发生的电源案例由电容故障引起的占比较大，由于电容的失效很多时候还不能从电源技术特性中发现，但是会造成运行时抗干扰能力下降影响系统的稳定工作，因此对于涉及机组主保护控制系统的电源模块应记录电源的使用年限，建议在5～8年内定期更换。

（5）热控控制系统在上电前，应对两路冗余电源电压进行检查，保证电压在允许范围内。

5. 落实巡检、维护责任制

有些故障影响扩大，如巡检、维护到位本可避免。如6月23日4时10分27秒，某电厂9号机组跳闸，ETS保护动作、首出显示DEH故障、DEH报警画面显示DEH110%超速。SOE记录为DEH故障停机、ETS动作汽轮机跳闸。检查发现DEH系统双路24V直流电源模块故障，引起系统内所有24V模件、继电器均失电，3块SDP转速卡异常AST110%超速信号误发，导致DEH故障信号发出，ETS动作，汽轮机跳闸（后更换

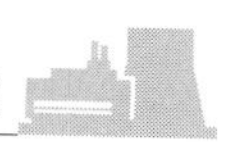

24VDC电源模块和背板电源连接插头后，恢复正常）。双路电源模块同时故障的概率较少，此案例反映了巡检或维护不到位或缺乏巡检或维护。

应建立电源测试数据台账，将电源系统巡检列入日常维护内容，巡检时关注电源的变化，机组停机时，测试电源数据进行溯源比较，发现数据有劣化趋势，及时更换模块。

二、采用PLC构成ETS系统安全隐患排查及预控

目前还有一部分保护系统采用PLC控制器，随着运行时间的延伸，其性能逐步劣化，故障率增加，加上设计不完善，系统中存在一些隐患威胁着运行可靠性，需要热控专业重视，以下某电厂案例值得电厂热控专业借鉴。

1. 问题及原因分析处理

某电厂ETS系统PLC采用施耐德Quantumn140系列，CPU模件采用53414B（已停产），编程平台为Concept。4月2日，10时50分，巡视检查发现1号机ETS系统2号PLC控制组件工作状态异常：电源模块工作指示灯正常长亮，CPU控制器电源指示灯正常长亮，通信指示灯正常闪烁，运行指示灯“RUN”不亮（正常应长亮），各输入、输出扩展模块工作状态指示灯“Active”不亮（正常应长亮）。

专业人员分析，确定1号机ETS系统2号PLC控制组件已退出运行。处理1号机ETS系统2号PLC，必须重新启动CPU控制器及相关输入、输出扩展模块，后续工作存在无法预知的风险，并且启动后要进行该控制组件各通道信号的校验测试，机组运行期间不具备测试条件，由于临近机组检修期，所以研究决定暂时维持现状不做处理，待机组停机后进行处理，同时专业制定危险点防范措施：

（1）热控专业加强设备巡视检查，若该PLC控制组件故障退出运行，会造成机组停机，并且在两套PLC系统没恢复前无法启机。

（2）热控专业根据现场实际情况制定1号机ETS系统1号PLC控制组件故障情况下的紧急处理方案。

（3）运行人员做好事故预想，如果1号PLC故障，热控人员已经准备好备件立即处理（处理时间2h），机组投入连续盘车4h以上。

2. 隐患排查及完善建议

ETS系统由两台相互独立的PLC控制组件冗余组成，当其中一台发生故障退出运行时，不会影响另一台正常工作，虽能保证机组继续运行，但ETS系统的可靠性已降低50%，同时两套独立的PLC控制组件没有远程监视功能，PLC组件故障不能及时发现，也存在安全隐患。因此，该电厂专业人员针对该事件，结合技术监督及二十五项反事故措施，对现有ETS系统进行隐患排查后，发现以下安全隐患：

（1）四个轴向位移保护信号均由同一块DI卡输入，当该模件故障后，将使该项保护失灵，产生拒动或误动。原则上应该分别进ETS系统不同的4块DI卡输入。

（2）ETS系统PLC装置中轴向位移保护采用“两或一与”方式（先或后于），其中进行“或”运算的两个信号均取自TSI中同一块测量模件中，当任一TSI卡测量模件故障后，将使保护产生拒动。原则上应该取自TSI不同的测量卡分别进ETS系统不同的4块DI卡输入。

（3）某厂润滑油压低信号1、3接入PLC的同一块DI卡中，2、4接入PLC的另外同

一块 DI 卡中，当任一块 DI 模件故障时，润滑油压低保护将失灵，产生拒动。同理，EH 油压低保护、真空低保护均如此。原则上应该分别进 ETS 系统不同的 4 块 DI 卡输入。

（4）ETS 试验电磁阀组取样为单一取样，以润滑油压为例，润滑油试验电磁阀组仅有一根取样管路，经试验电磁阀组后分出两路分别给润滑油压 1、3 和 2、4 压力开关，当该取样管路渗漏或取样阀门误关时将导致机组保护误动。同理，EH 油压低保护、真空低保护均如此。原则上两路压力开关应该分别取样。

（5）以润滑油压低保护在线试验控制逻辑为例：目前一通道在线试验控制逻辑中，没有润滑油压低压力开关 2 或压力开关 4 的闭锁控制，若该两个开关中有动作状态存在，此时，再对润滑油压低一通道在线试验（试验结果使压力开关 1 和压力开关 3 动作），则将使 ETS 保护动作命令发出，机组发生误跳闸。同理，EH 油压低保护、真空低保护均如此。

（6）由于 TSI 超速三取二逻辑输出由一个开关量点送至 ETS 的 PLC 输入卡中，当该开关量点故障或断开时或 PLC 输入模件故障时，将使 TSI 中的三取二和 ETS 中的全部失去冗余作用，致使保护出现拒动作。应取消 TSI 机柜内 TSI 超速三取二逻辑，将三路 TSI 超速信号分别送至 ETS 中不同的输入模件，在 PLC 中逻辑组态为三取二方式保护动作。

（7）由于 DEH 电超速保护信号三取二逻辑输出由一个开关量点送至 ETS 的 PLC 中，当该开关量点故障或断开时，将使 DEH 中的三取二和 ETS 中的全部失去冗余作用，致使保护出现拒动作。应取消 DEH 机柜内 DEH 超速三取二逻辑，将三路超速信号分别送至 ETS 中不同的输入模件，在 PLC 中逻辑组态为三取二方式保护动作。

（8）ETS 为双 PLC 系统，两个 PLC 装置同时扫描输入信号，程序执行后同时输出，当其中一个 PLC 装置发生死机时，AST 电磁阀在机组运行中不能失电，ETS 保护则进行了 100%的拒动状态，严重影响机组的安全。

（9）由于四个跳闸 DO 指令（用于控制 AST 电磁阀）均取自同一块 PLC DO 模件，当该 DO 模件故障时，该套 PLC 的 ETS 保护功能将失去，AST 电磁阀在机组运行中不能失电，ETS 保护则进行了 100%的拒动状态，严重影响机组的安全。

（10）ETS 为双 PLC 系统，两个 PLC 装置同时扫描输入信号，程序运行后同时输出，当某一 DI 模件故障时，由该模件引入的保护跳闸条件将失灵，当该跳闸条件满足时，在该套 PLC 中的该项保护则不会发出动作命令。即使另一套 PLC 中该项跳闸条件满足能够正确发出保护动作命令，但由于两套 PLC 输出的跳闸命令按并联方式作用于 AST 电磁，并且为反逻辑作用方式，只有当两个 PLC 输出的跳闸命令全部动作时，两个闭合的 DO 输出接点全部打开，AST 电磁阀才能失电动作停机。因此，只有一套 PLC 动作时，AST 电磁阀将不能失电，因此，保护将发生拒动。

（11）ETS 控制柜内用于保护输入信号投切的开关为微动拨动开关，固化在一分二输入信号端子板上，并通过插接预制电缆将一路输入信号分为两路分别送至两套 PLC 的 DI 卡，由于微动开关的拨动不受任何限制，也无明显的投入/退出指示，存在误拨动或人为拨动导致保护退出。另外，一分二输入信号端子板与 PLC 的连接采用插头和预制电缆的方式，由于长时间运行，插头焊点存在氧化接触不良的现象。应拆除原一分二输入信号端子板，更换为带有信号保护指示的板卡，板卡与 PLC 采用螺丝压接线方式连接。另外，在 ETS 柜内增加安装能提供向外传输保护投切状态干接点信号的钥匙型保护投切开关，一路输入信号分为两路分别送至两套 PLC 的 DI。投入状态信号由 PLC DO 模件输出后，通过

端子排输出到 DCS 机柜，在 DCS 系统中组态保护投切记录和画面上显示，可直观的知道每项保护的投退状态和投退时间。

（12）发电机故障联动汽轮机跳闸信号等重要动作信号（包括发电机故障信号、锅炉 MFT 信号），输入到 ETS 中只有一路。不满足《防止电力生产重大事故的二十五项重点要求》，对于重要保护的信号要采取三取二冗余控制方式，易造成保护拒动或误动。

（13）ETS 系统双路 220VAC 电源无快速切换装置，只是使用了继电器切换回路，存在切换时间长（实际测量切换时间＞50ms），回路不可靠等问题，在电源切换的过程中引起 PLC 的重新启动，存在误动的隐患。

建议各电厂也进行类似排查，及时将排查发现的相关安全隐患汇总并制订相应的改造计划，利用机组检修机会进行优化改造，以确保重要保护系统安全可靠运行。

三、DCS 系统软件和逻辑完善

1. 配置合理的冗余设备

发电机组在建设初期已经配置了大量的冗余设备，如电源、人机接口站、控制器、路由器、通信网络、部分参与保护的信号测点。但 2019 年的控制系统故障案例中，仍有机组在投入生产运行后，由于部分保护测点没有全程冗余配置，而因测点或信号电缆的问题造成了机组非停。

冗余测量、冗余转换、冗余判断、冗余控制等是提升热控设备可靠性的基本方法。因此，除了重视取源部件的分散安装、取压管路与信号电缆的独立布置，以避免测量源头的信号干扰外，应不断总结提炼内部和外部的控制系统运行经验与教训，深入核查控制系统逻辑，确保涉及机组运行安全的保护、联锁、重要测量指标及重要控制回路的测量与控制信号均为全程可靠冗余配置。对于采用越限判断、补偿计算的控制算法，应避免采用选择模块算法对信号进行处理，而应对模拟量信号分别进行独立运算，防止选择算法模块异常时，误发高、低越限报警信号。

DCS 控制系统中，控制器应按照热力系统进行分别配置，避免给水系统、风烟系统、制粉系统等控制对象集中布置于同一对控制器中，以防止由于控制器离线、死机造成系统失控，使机组失去有效控制。

2. 梳理优化 DCS 备用设备启动联锁逻辑设置

由于设计考虑不周，备用设备启动联锁逻辑不合理，也是 2019 年发生的事件中应值得重视的问题。如某机组 2A 引风机润滑油压力突降，压力低低 1、2、3 开关动作后延时 10s 跳闸 2A 引风机，之后 5s 后 2A 引风机 B 润滑油泵才联锁启动，逻辑设计不合理导致机组 RB 误动作。

某机组允许条件设置不合适导致空气预热器主辅电机联锁异常。A 空气预热器辅助电机跳闸，主电机未联启，空气预热器 RB 动作。检查发现 A 空气预热器辅助电机跳闸时，因空气预热器内温度到达报警值，造成空气预热器火灾与转子停转热电偶故障信号发出，主电机启允许条件并不满足，导致主电机联锁启指令未发出。又由于 DCS 系统无温度模拟量信号显示，只能通过曲线推测实际温度值偏高。

因此应利用空余时间，安排专业人员分析梳理、核对备用设备启动联锁逻辑，删除不必要的允许条件，在保证安全可靠的前提下尽可能简化逻辑，确保逻辑合理准确。

3. 逻辑时序及功能块设置应符合 DCS 组态规范要求

设计、优化逻辑时，如未考虑到逻辑的时序问题，也将会埋下机组保护误动的隐患。如某机组基建中 DCS 系统设计存在时序缺陷，当主油箱液位 3 测点信号发生跳变时，三取二逻辑 MSL3SEL2 封装块内部数据流计算顺序错误，误发信号导致机组跳闸。查找原因的试验过程，发现当信号从坏质量恢复到好点时，若同时触发保护动作对象，数据流异常会造成坏质量闭锁功能失效，从而导致保护误动。进一步检查分析，发现当 DCS 系统封装块中存在中间变量时，数据流排序功能并不能保证序号分配完全正确，需进行人工复查和试验确认。事后修改了汽轮机主油箱油位低保护逻辑，增加延时模块，防止出现时序问题或油位测点测量异常导致信号误发。同时对 MSL3SEL2 封装块及相关类型的封装块采取防误动措施，重新梳理内部数据流问题后，经试验可确保数据流排列正确。

因此设计、优化逻辑时，应分析这些逻辑的功能与时序的关系，合理组态，保证逻辑时序及功能块设置符合 DCS 组态规范要求。

4. 合理设置 MARK VIe 控制逻辑的三选中模块或三信号输入优选模块预置值

由于 MARK VIe 三选中模块对输入信号的品质，时刻进行质量可靠性评估计算，当其中或全部输入信号不可信时，将输出预先设置的计算方案或预先设置的数值，如果这个预先设置的不合理，将成为设备运行的一个隐患。某机组首次采用 MARK VIe 系统改造，对热井水位计算预先设定的参数值不合理，当热井水位跳变时，模块输出水位值为 0，造成 2B 凝泵跳泵，同时闭锁了 2A 凝泵启动。

因此，热控人员应对输入信号梳理，确认设置选择输出信号或根据预先设置的数值输出信号正确；同时优化逻辑，消除输入信号品质下降时输出错误信号。

5. 逻辑优化前充分论证，确保修改方案与试验验收周全

基建或改造项目的修改方案和质检点内容，都应事前充分讨论，如不能保证修改方案完善、质检点内容设置周全，会影响机组的安全运行。某机组日立公司 H5000M 系统的 DEH 和 ETS 改造后，全部功能纳入 OVATION DCS 一体化控制。由于 MFT 保护条件中的主蒸汽温度低保护设定值整定错误，主蒸汽温度低保护定值严重偏离了东汽厂提供的设计值，当调节级压力为 13.03MPa 时，主蒸汽温度保护设定值达到最大值 550℃，该动作值偏离原始设计值＋41.2℃。且在后续试验过程中也没能发现存在的隐患。在机组运行中，由于水煤比（过热度）调节品质差，主蒸汽温度大幅下降，触发主蒸汽温度低保护动作，机组跳闸。这个事件发生前，方案中虽也要求对软、硬联锁保护逻辑、回路及定值进行传动试验一环，但试验检查内容不周全，未明确折线函数的检查内容。在主保护试验中没有针对折线函数进行逐点检验，使组态中的错误未能通过试验发现。

因此逻辑优化时，应加强对优化修改方案和优化后试验内容的完整性检查研讨，完善并严格执行保护定值逻辑修改审批流程，明确执行人、监护人以及执行内容；完善热控联锁保护试验卡，规范试验步骤。

6. 深入单点保护信号可靠性排查与论证

单点信号作为保护联锁动作条件时，外部环境的干扰和系统内部的异常都会导致对应保护误动概率增加，除前述故障案例中发生的多起单点信号误发导致机组跳闸外，另有更多的是导致设备运行异常，如：

1 月 10 日 18 时 18 分，某机组因汽动给水泵前置泵入口流量瞬间到 0 后 15 秒后变坏

点，汽泵再循环在流量到 0 后 15 秒内开启到 41%但未达到 60%，导致最小流量阀保护动作，1 号汽动给水泵跳闸，负荷由 250MW 下降至 149MW，电动给水泵联启正常。检查原因是汽动给水泵前置泵入口流量变送器故障。

1 月 12 日 20 时 01 分某锅炉 1 号给煤机，因下插板执行器全关反馈信号导致跳闸，检查原因为执行器内部电缆由于振动导致与执行器壳体发生碰磨，绝缘层破损导致。

另据报道某岛电厂因供天然气管道上的总阀门问题，导致 6 部燃气机组全数跳闸，造成全岛无预警大规模停电事件，追究原因是供天然气管道上的总阀门及保护信号均为“单点”。

因此，单点信号作为重要设备与控制系统动作条件，一旦异常会导致十分严重的设备事故甚至是社会安全责任事故，由此可见单点保护的持续完善，对提高机组可靠性的重要性不言而喻。需要继续进行保护与重要控制系统中的单点信号排查，且加深对单点保护的认识深度，不仅仅排查直接参与保护逻辑的单点信号，还应查找热力系统中那些隐藏着的单一重要设备或逻辑，如循环水泵备用联启逻辑中采用的母管压力低联启逻辑中母管压力取点为单点。那些二点信号采取“或门”判断逻辑（如电气送过来的机组大联锁中的“电跳机”两个开关量保护信号采用“或门”逻辑），共用冗余设备采用一对控制器（如全厂公用 DCS 系统中六台空压机的控制逻辑集中在一对控制器中，控制器或对应机柜异常，可能导致所有空压机失去监控或全厂仪用气失去），也应列入“单点”且为重点管控范围。应组织可靠性论证，存在误发信号导致设备误动安全隐患的保护与控制系统，采取必要的防范措施。

7. 压缩空气系统可靠性问题预防

仪用压缩空气系统是现场重要的辅助系统，相关气动调整门、抽汽止回门、部分精密仪表等均需要仪用压缩空气方可正常工作，如压缩空气内含有水、油、尘等均会导致相关设备工作异常，甚至机组被迫停机。因此，专业管理上如疏忽对仪用压缩空气品质的监督，则将会对控制系统的安全运行构成严重安全隐患：如某电厂 2018 年 12 月 07 日 14 时 40 分，运行值班员监盘发现 2 号机 2、3 号高压加热器正常疏水门开关不动，两台阀门阀位反馈自动全关至 0%，远控失灵，现场检查发现气动阀整门实际全关，调节器液晶屏无显示并且内部进水严重，检查气源压缩空气过滤瓶内积水，且附近（2 号机 6.3m、12.6m 高压加热器附近）气动疏水门过滤减压阀过滤瓶内全是水，2 号机低压轴封母管减温水气动门也因调节器气源进水控制失灵，判断为仪用压缩空气内进水。进一步检查 2 号机仪用压缩空气为仪用压缩空气系统末端，2 号机 0m 压缩空气管道最低点排空阀（开启排水）及该排空阀附近凝结水精处理系统气动阀门电磁阀控制箱，气动门气缸均有漏水现象。人为断开相关阀门气源管路、过滤减压阀开始排水，放水过程中发现 2 号机 0m 精处理处仪用压缩空气母管内有大量积水，进一步检查发现精处理处有一根水管与仪用压缩空气管道相连接，检查该管道有一气动阀门内漏导致大量凝结水进入压缩空气管道内，从而导致压缩空气大量带水，手动关严该阀门，并对 2 号机进水的气动调整门、疏水门、2 号机仪用压缩空气储气罐及压缩空气管道进行放水，清理压缩空气管道、各进水气动门气缸内积水，并更换 2、3 号高压加热器正常疏水阀门定位器后，设备恢复正常。

该事件是由于精处理管道上的一气动阀门内漏导致大量凝结水进入仪用压缩空气系统，导致 2 台气动调整门定位器进水损坏引起，影响范围涉及 3 台气动调整门和 20 余台气动门，威胁着机组设备安全运行。但系统设计存在严重的安全隐患（系统管道接引错误，凝结水系统与压缩空气系统之间仅有一气动门及止回门，没有有效的手动截止门），机组维护检修中未发现，5月份专业针对厂用、仪用压缩空气系统开展过隐患排查过程也未发现，这说明了专业人员对系统设备间的相互影响了解不深入，分析排查不到位，需要专业管理上加强专业培训和对仪用压缩空气控制可靠性、气源品质的监督，消除类似隐患与缺陷，以保证相关设备和仪表安全稳定运行。

8. 及时进行设备改造

由于随着运行时间的延续，电子产品性能会下降，如不及时进行性能检测跟踪和更换，将会导致设备故障发生。如02月20日22时28分，运行人员停止1号炉2号引风机，在22时29分，运行人员发现1号炉上层给粉2、3号火检信号显示有火，其他层火检显示火检信号不稳定，但不具备炉内无火条件时，1号炉灭火保护装置（独立装置）中“全炉膛灭火”指示灯亮，同时MFT动作指示灯闪烁。热控人员检查DCS中已触发“全炉膛灭火”SOE信号，其他信号均未触发。经热控人员就地确认给粉机、排粉机未跳闸，燃油速断阀、DCS中MFT动作SOE和MFT光字牌声光报警未触发。据以上状况判断MFT动作信号实际未输出。22时35分经值长同意复位灭火保护装置。

事件发生后，热控专业检查火焰检测装置及回路均正常，确定在不具备MFT触发条件的情况下，MFT误发全炉膛火焰丧失SOE信号和MFT面板动作指示信号，而MFT实际未输出。分析原因为此灭火保护装置已使用16年，过于老旧，内部电路板卡设备运行不稳定，导致条件不满足时触发SOE输出。后经外委专业单位对该装置综合分析试验返回后，将两套装置整合为一套可靠的装置，试验合格后安装使用。同时计划2019年DCS技改时，将灭火保护装置逻辑及信号接线全部引入DCS系统。

电厂机组跳闸案例统计分析表明，设备寿命需引起关注。当测量与控制装置运行接近2个检修周期年后，应加强质量跟踪检测，如故障率升高，应及时与厂家一起讨论后续的升级改造方案，应鼓励专业人员开展DCS模件和设备劣化统计与分析工作。

第二节　环境与现场设备故障预防与对策

现场设备运行环境相当较差，现场设备的灵敏度、准确性以及可靠性直接决定了机组运行的质量和安全。2019年收集的63起现场设备故障（13起执行设备、12起测量仪表与部件、8起管路、18起线缆、12起独立装置）引起机组跳闸或降负荷的事件中，有一半以上可预防，不少故障是重复发生且大多故障具有相似性，应引起专业人员的重视，提出一些预控意见，供专业人员参考。

一、做好现场设备安全防护预控

1. 调速汽门LVDT支架断裂事件预防

调速汽门LVDT连杆断裂事件每年都有发生，如03月02日17时28分，某热电厂运行人员将1号机调门切至顺序阀控制，18时34分，1号调速汽门指令由56.5%降至52.5%、2号调速汽门35.6%降至33.3%，负荷由69.4MW降至39.3MW，18时35分05秒，运行人员手动增加综合指令，18时35分24秒负荷恢复至70.1MW。针对负荷下降原

因，经热控人员就地检查发现LVDT连杆断裂，热控人员逐渐强制关闭1号机1号调速汽门，进行在线更换。

LVDT连杆断裂原因，经分析是1号机1号调速汽门开度在20%以上时，由于汽流激荡引起阀体护套震荡，连接在该护套上的LVDT连杆长时间受应力导致强度降低而断裂。这事件暴露了热控人员日常巡视检查不到位，未考虑到护套震荡和LVDT连杆在受应力作用下易产生裂痕的重大隐患。为预防此类事件的发生，专业应从以下方面进行改进与防范措施：

（1）新设计LVDT连杆时适当考虑尺寸设计，选择更可靠的材质和外委加工，同时可增大连杆与门体固定支架之间的间隙，避免或减少动静摩擦，以此降低连杆断裂的危险。

（2）加强日常巡视检查，对重点部位制订隐患设备巡视检查卡，定期检查所有调速气门连杆，及时发现潜在隐患并处理。

（3）通过举一反三，对现场其他可能产生摩擦的重点部位进行全方面排查，以防止类似事件再次发生。

2. 规范仪表的检修校准、防止仪表报警失灵事件发生

检修工作中缺乏安全意识，不能按规程要求规范检修，不能严格执行操作票流程，检修工作结束后未能及时做好扫尾工作等，都将留下事故隐患。如8月12日凌晨3时15分，4号机组负荷211MW，给水流量506t/h，炉负压突升至+431Pa，给水流量和机组负荷均有不同程度波动，锅炉本体就地检查前墙48m处有漏泄声音。经检查，4号炉四管漏泄检测系统中第1、6、9、10、11、12点超过报警值，第4点将到报警值。检查历史曲线，第10点早在8月8日就有逐渐增大趋势，间歇的超过报警值，这6个监测点从11日凌晨2时之后持续增大超过报警值并达到最大值。按照报警系统最先报警的第10点的位置，漏泄位置大约在炉40m后墙附近。经锅炉专业判断，确认4号炉受热面漏泄，但全过程四管漏泄监测系统未能及时、正确的报警。经查原因是锅炉四管漏泄监测系统在机组运行过程中，上位机曾出现过死机、软件故障等，热控检修人员在处理类似缺陷过程中，为防止报警误发，通常拔掉系统报警输出插头，缺陷处理完后再恢复。但上一次缺陷处理过程中，报警插头恢复过程中未插牢固，接触不良，而设备专责人每日巡回检查也未能及时在上位机中发现漏泄报警异常情况（四管漏泄监测主机就在DCS系统工程师站处），导致信号未及时发出。类似的事件时有发生，反映了人员责任心不强，安全措施执行不力、检修不规范，同组工作人员未能有效核对。

要减少检修不规范造成的类似事件，应该做好以下防范工作：

（1）加强检修人员安全教育，提高责任心，严格两票制度管理，工作前应做好风险分析和防范措施，工作结束后及时恢复，并由工作负责人或工作组成员确认。

（2）严格落实对现场设备的巡视检查制度，发现设备异常及时联系，及时处理，不定期对现场各项检查记录进行抽查。

（3）定期组织对各台机组的四管漏泄装置进行检查，确保四管漏泄监测装置工作正常，报警可靠输出。

3. 执行机构故障预控措施

执行机构随着使用年限增加，电子元器件的老化导致电动执行机构故障率增加，主要的故障类型有：控制板卡故障、风机变频器故障、风机动叶拐臂脱落等，这些就地执行机

构、行程开关的异常，有些是执行机构本身的故障引起，有些则与设备安装检修维护不当有关，这些故障造成就地设备异常，严重的直接导致机组非停。如某厂一次风机设备由于厂家设计不合理，拉杆固定螺栓无防松装置，在设备安装时缺少必要的质量验收，运行中螺栓松动，脱落导致拉叉脱开，动叶在弹簧力的作用下自行全开至100%，最终导致炉膛负压低低跳闸。某厂因执行机构及与动调连接安全销未开口引起连杆脱落导致机组跳闸、油路油质变差引起调门卡涩导致机组跳闸，通过对相关案例的分析、探讨、研究，提出以下预防措施：

（1）把好设备选型关，重要部位选用高品质执行机构。目前市场上执行机构产品较多，质量参差不齐，如某厂控制电磁阀因存在质量问题，短时间运行后就出现线圈烧毁现象导致燃气机组跳闸，因此应对就地执行机构的电源板、控制板、电磁阀质量进行监督管理（包括备件），选用高品质与主设备相匹配的产品，备品更换后应现场进行功能测试验收，避免因制造质量差给设备带来安全隐患，降低因执行机构故障给机组安全经济运行带来的威胁。

（2）加强设备的维护管理，将执行机构拉杆固定螺栓和防松装置的可靠性检查，列入检修管理，杜绝此类故障的发生。同时将主重要电磁阀纳入定期检查工作，进行定期在线活动性试验以防止电磁阀卡涩，在控制回路中增加电磁阀回路电源监视，以便及时发现电源异常问题。定期检查、维护长期处于备用状态的设备（如旁路系统控制比例阀、给水泵汽轮机高调阀等）。

（3）进一步优化完善逻辑，提高设备可靠性。从本书所列的执行机构故障案例分析发现，除了执行机构自身存在的问题外，控制逻辑存在问题也是导致机组设备异常发生的一个重要诱因之一，因此需优化完善控制逻辑：

1）增加主重要阀门“指令与反馈偏差大”的报警信号，便于运行人员及时发现问题。增加“指令与反馈偏差大”切除CCS的逻辑，防止因调门卡涩造成负荷大幅度波动。

2）为提高风机运行的安全稳定性，增加风机变频切工频功能，实现在事故状态下的自动切换。

3）对一些采用单回路控制的电磁阀，除保证电磁阀质量外，建议整改为双回路双电磁阀控制。主汽门、调门等的跳闸电磁阀定期测量线圈电阻值，并做好记录，通过比对发现不合格的线圈应及时更换。

4）某厂未及时发现厂商提供的调门特性曲线及逻辑定值与机组实际运行工况的差异。DEH中主汽压调节回路中各参数之间不匹配，中调门关闭过快，导致给水泵汽轮机进汽压力迅速下降。

4. 测量设备（元件）故障预控措施

部分测量设备（元件）因安装环境条件复杂，易受高温、油污影响而造成元件损坏，为降低测量设备（元件）故障率，根据第五章故障处理的经验与教训总结，从以下几点防范：

（1）测量设备（元件）在选型过程中，应根据系统测量精度和现场情况选取合适量程，明确设备所需功能；安装在环境条件复杂的测量元件，应具有高抗干扰性和耐高温性能。

（2）严格按照设备厂家说明书进行安装调试，专业人员应足够了解设备结构与性能，避免将不匹配的信号送至保护系统引起保护误动，参与主机保护的测量设备投入运行后，

应按联锁保护试验方案进行保护试验。

（3）机组检修时由于测温元件较多，往往会忽视对测温元件的精度校验，尤其在更换备品时，想当然认为新的测温元件一定合格而未经校验即进行安装，导致不符合精度要求的测温元件在线运行，因此在机组检修时明确检修工艺质量标准，完善检修作业文件包，对测量元件按规定要求进行定期校验。

（4）继电器随着使用年限的增长故障率也将上升，建立DCS、ETS、MFT等重要控制系统继电器台账，应将主重要保护继电器的性能测试纳入机组等级检修项目中，对检查和测试情况记录归档，并根据溯源比较制定继电器定期更换方案。通过增加重要柜间信号状态监视画面，对重要继电器运行状态进行监控，并定期检查与柜间信号状态的一致性，以便及时发现继电器异常情况。

（5）运行期间应加强对执行机构控制电缆绝缘易磨损部位和控制部分与阀杆连接处的外观检查；检修期间做好执行机构等设备的预先分析、状态评估及定检工作，针对处于有振动位置的阀门，除全面检查外，还应对阀杆与阀芯连接部位采取切实可行的紧固措施，防止门杆与门芯发生松脱现象。

（6）加强老化测量元件（尤其是压力变送器、压力开关、液位开关等）日常维护，对于采用差压开关、压力开关、液位开关等作为保护联锁判据的保护信号，可考虑采用模拟量变送器测量信号代替。

5. TSI系统故障预控措施

因TSI系统模件故障、测量信号跳变、探头故障而引起的汽轮机轴振保护误动的事件时有发生。与汽轮机保护相关的振动、转速、位移传感器工作环境条件复杂，大多安装在环境温度高、振动大、油污重的环境中，易造成传感器损坏；另外保护信号的硬件配置不合理、电缆接地及检修维护不规范等，都会对TSI系统的安全运行带来了很大的隐患，也造成了多起机组跳闸事故和设备异常事件的发生。通过对本书相关案例的分析、归类，总结出以下防范措施：

（1）TSI系统一般在基建调试阶段对模件通道精度进行测试，大部分电厂在以后的机组检修中未将模件通道测试纳入检修项目，因此模件存在故障也不能及时被发现，建议在机组大修时除将传感器按规定送检之外，还因对模件的通道精度进行测试，并归档保存，对有问题的模件及时进行更换处理。

（2）对冗余信号布置在同一模件中、TSI、DEH信号电缆共用的，应按《防止电力生产事故的二十五项重点要求》第9.4.3条：所有重要的主、辅机保护都应采用“三取二”的逻辑判断方式，保护信号应遵循从取样点到输入模件全程相对独立的原则进行技术改造，将信号电缆独立分开，并将传感器信号的屏蔽层接入TSI、DEH系统机柜进行接地；必要时增加模件，保证同一项保护的冗余信号分布在不同模件中，以提高主机保护动作的可靠性。确因系统原因测点数量不够，应有防止保护误动措施的要求。

（3）传感器回路的安装，应在满足测量要求的前提下，尽量避开振动大、高温区域和轴封漏汽的区域；就地接线盒应采用金属材质并有效接地；前置器应安装在绝缘垫上与接线盒绝缘，保证测量回路单点接地。

（4）随着TSI系统使用年限增加，模件因老化而故障率上升，因此需加强TSI系统模件备品备件的管理，保证备品数量，且定期检测备品，使备品处于可用状态，一旦模件故障可以及时更换。

（5）将 TSI 系统模件报警信息（LED 指示灯状态）纳入 DCS 日常巡检范围，每次停机期间通过串口连接上位机读取和分析 TSI 系统模件内部报警信息，以消除存在的隐患。

（6）在机组停机备用或检修时，对现场的所有 TSI 传感器的安装情况进行检查，确保各轴承箱内的出线孔无渗油，紧固前置器与信号电缆的接线端子，信号电缆应尽可能绕开高温部位及电磁干扰源。应记录各 TSI 测点的间隙电压，作为日后的溯源比较和数据分析。

二、做好管路、线缆安全防护预控

1. 管路故障预控措施

测量管路异常也是热控系统中较常见的故障，本书所列举的故障主要表现在仪表管沉积物堵塞、管路裂缝、测量装置积灰、仪表管冰冻、变送器接头泄漏等，这些只是比较有代表性的案例，实际运行中发生的大多是相似案例，通过对这些案例的分析，提出以下几点反事故措施建议：

（1）针对沉积物堵塞，查找分析堵塞原因和风险，实施预防性措施，必要时对水质差、杂质较多（泥沙较多）的管路，更换增大仪表管路孔径（如将 $\phi14$ 的更换为 $\phi18$ 的不锈钢仪表管），同时加强重要设备滤网的定期检查和清理工作，减轻堵塞。

（2）机组检修时，对重要辅机不仅检查泵体表面，应将泵轴内部检查列入检修范围内，避免忽视内在缺陷。

（3）对燃机天然气温控阀等控制气源应控制含油含水量，定期对控制气源质量进行检测；定期对减压阀、闭锁阀等进行清洗去除油污；必要时可加装高效油气分离器来降低控制气源含油含水量。

（4）风量测量装置堵塞造成测量装置反应迟缓，不能快速响应，会导致自动调节系统出现超调、发散等，严重时造成总风量低保护动作。应加强风量测量装置吹扫，发现测量系统异常应缩短吹扫周期。为保证风量测量装置准确性，可增加自动吹扫设备或选用带自动吹扫的风量测量装置。

（5）二次风量自动控制宜取三个冗余参数的中值参与调节控制；被调量与设定值偏差大时自动切手动，偏差值设定值应根据实际工况和量程等因素进行合理设置，避免偏差值设定值不当而导致在异常工况下自动不能及时切除情况发生。

（6）力学测量仪表的接头垫片材质要求，应符合 DL 5190.4—2012《电力建设施工技术规范　第 4 部分：热工仪表及控制装置》垫片要求，重点应检查高温高压管道测点仪表回路上的接头垫片，不能采用聚四氟乙烯垫片，否则一旦管路接头上有漏点，耐温不满足会加剧泄露情况的发生。

（7）取样管与母管焊接处应防止管道剧烈振动导致取样管断裂，发现管道振动剧烈时应及时排查原因并消除，必要时可将取样管适当加粗，保证其强度满足要求。

（8）防止仪表管结冰，在进入冬季前，安排防冻检查工作。给水、蒸汽仪表管保温伴热应符合规范要求；给水、蒸汽管道穿墙处的缝隙应封堵，一次阀前后管道应按要求做好保温。

2. 降低控制电缆故障的预防措施

线缆回路异常是热控系统中最常见的异常，如电缆绝缘降低、变送器航空插头接线柱

处接线松动、电缆短路、金属温度信号接线端子接触不良等，针对电缆故障提出以下防范措施：

（1）加强控制电缆安装敷设的监督，信号及电源电缆的规范敷设及信号的可靠接地是最有效的抗干扰措施（尤其是FCS），应避免380VAC动力电缆与信号电缆同层、同向敷设，电缆铺设沿途除应避开潮湿、振动宜避开高温管路区域，确保与高温管道区域保持足够距离，避免长期运行导致电缆绝缘老化变脆降低绝缘效果，若现场实际情况无法避开高温管道设备区域，则应进行加强保温措施，并定期测温，以保证高温管道保温层外温度符合要求；电缆槽盒封闭应严实，电缆预留不宜过长，避免造成电缆突出电缆槽盒之外；定期对热控、电气电缆槽盒进行清理排查，发现松动积粉等问题及时清理封堵，保证排查无死角，设备安全可靠。

（2）对控制电缆定期进行检查，电缆损耗程度评估、绝缘检查列入定期工作当中。机组运行期间加强对控制电缆绝缘易磨损部位的外观检查；在检修期间对重要设备控制回路电缆绝缘情况开展进线测试，检查电缆桥架和槽盒的转角防护、防水封堵、防火封堵情况，提高设备控制回路电缆的可靠性。

（3）对于重要保护信号宜采用接线打圈或焊接接线卡子的接线方式，避免接线松动，并在停机检修时进行紧固；对重要阀门的调节信号应尽可能减少中间接线端子；对热控保护系统的电缆应尽可能远离热源，必要时进行整改或更换高温电缆。变送器航空插头内接线应进行焊接，防止虚焊等不规范安装引起接触不良导致的设备异常。

（4）定期对重要设备及类似场所进行排查，检查各控制设备和电缆外观，测量绝缘等指标，对有破损的及时处理，不合格的予以更换，对有外部误碰和伤害风险的设备做好安全防护措施。

（5）温度测量系统采用压接端子连接方式的易导致接触不良，因此应明确回路检查标准及检修工艺要求，避免隐患排查不全面、不深入而埋下安全隐患。

（6）一个接线端子接一根电缆，如需连接两根电缆时，应制作线鼻子，进行接线紧固。接线端有压片时应将电缆线芯完全压入弧型压片内，防止金属压片边缘挤压电缆线芯致其受损存在安全隐患。接线端子铜芯裸露不宜太长，防止接拆线时金属工具误碰接地造成回路故障。

（7）接线盒卡套外部边缘接触面应光滑，防止电缆在振动、碰撞等因素下造成线缆破损，线缆引出点处采取防护措施如热缩套保护等防止产生摩擦。

第三节　做好热控系统管理和防治工作

制度是基础，人是关键。从本书案例分析中，可体会到很多事件、设备异常的发生都与管理和“人”的因素息息相关，一些因对制度麻木不仁不重视、安全意识不强、技术措施不力而造成的教训让人惋惜，比如本书第六章统计的“组态与参数设置疏漏、维护操作不当、安装维护不到位、检修试验违规”等引起的事件，有些看上去是很低级的错误仍时有发生，反映了管理与“人”因素在执行制度时存在的消极面。因此应做好人的培养，加强与同行的技术交流，不断借鉴行业同仁经验，开拓视野，促使人员维护水平和安全理念的不断提升，同时注重制度在落实环节的适用性、有效性，避免陷入“记流水账式”落实制度的恶循环，切实有效做好热控系统与设备可靠管理和防治工作，服务于机组安全经济运行。

在《发电厂热控系统故障分析处理与预控措施（第二辑）》第七章第三节中提出的相关预控措施基础上，本节根据收集的故障案例和中国发电自动化技术论坛论文提炼的经验与教训，结合本书参编人员的实践，提出热控系统管理和防治工作的相关措施。

一、重视基础管理

由于热控保护系统的参数众多、回路繁杂，为使专业人员更全面、快速、直观地对重要保护系统熟悉，组织专业力量针对机组启停、检修和运行期间常见的问题进行总结提炼，编制“主重要保护联锁和控制信号回路表”（包括就地测点位置、接线端子图、DCS电子间模件通道、逻辑中引用位置等）、“机组启动前系统检查卡”、“日常巡检卡”（细化、明确巡检路线、巡检内容和巡检方法等）。编制过程可以促使专业人员全面而直观的认识控制系统，完成后不但在每次停机检修、日常巡检期间可利用该表做针对性的“从面到点”按照预定的步骤巡检、试验、隐患排查，不但可提高现场作业人员分析处理保护回路异常的效率，还可作为专业培训的教材，长期坚持下去，就能将事故消弭于无形，为机组安全稳定运行提供保障。如某电厂通过这样工作，产生很好的效果，发现了诸多隐患（如DCS继电器柜双路电源供电不正常、吹灰系统程控电源和动力电源不匹配、LVDT固定螺丝异常松动等）。

上述工作过程中，应集思广益，同时通过参加技术监督会、厂家技术论坛、兄弟电厂调研、学术论文学习等多种渠道，多学习同类型机组典型事故案例，不断搜集汲取适合自身机组特点的经验与教训，技术发展方向和先进做法，博采众长，为针对性排查和消除自身机组隐患，提高控制系统可靠性和机组运行稳定性。

二、加强热控逻辑异动管理

发生的逻辑优化事件或设备异常中，有一些与管理不完善相关，优化前对优化对象缺乏深入理解，没有制定详细的技术方案，导致优化后留下隐患。如某600MW超临界煤燃烧器有火判定逻辑功能块设置错误，导致全部火焰失去触发MFT保护动作。根本原因是工作人员对DCS系统中“AND”功能块的应用理解不够深入，逻辑优化时，机组炉膛调节闭锁增减逻辑设计时，将炉膛压力闭锁增条件只作用在引风机变频操作器，而没有同时闭锁增作用炉膛压力PID调节，当闭锁增条件出现和消失时引起指令突变，负压大幅波动而导致炉膛压力低低MFT。反映了逻辑优化人员对一些功能块和逻辑优化设计理解不深，在方案变更后，仅对原修改部分逻辑进行删除，未对功能块内部进行置位恢复，留下的隐患在满足一定条件时发生作用造成事件。

因此应加强逻辑异动管理，逻辑优化前，提前强化对优化逻辑的理解，制定详细技术方案，包括作业指导书、验收细则、规范事故预想与故障应急处理预案等，有条件时在虚拟机系统修改验证后实施。实施过程应严格执行技术管理相关流程、规定，按技术方案进行。

三、提高控制系统抗外界干扰能力

信号电缆外皮破损、现场接线端子排生锈、接线松动、静电积累、接地虚接、电缆屏

蔽问题等，都容易对测控信号造成干扰，导致控制指令和维护工作产生偏差。因此，需做好预防工作。

（1）为防止静电积累干扰，现场带保护与重要控制信号的接线盒应更换为金属材质并保证接地良好；机组检修时对电缆接线端子进行紧固，防止电缆接触电阻过大引起电荷累积导致温度测量信号偏差情况发生；为有效释放静电荷；也可将有静电累积现象的信号线通过一大电阻接地试验，观察效果。

（2）定期检查和测试控制柜端子排、重要保护与控制电缆的绝缘，将重要热控保护电缆更换为双绞双屏蔽型电缆，保护与重要控制信号分电缆布置，并保证冗余信号独立电缆间保持一定间距，以消除端子排、电缆等因绝缘问题引发的信号干扰隐患。

（3）在进行涉及机组热控保护与重要控制回路检查中，原则上禁止使用电阻档进行相关的测量和测试工作，防止造成保护与重要控制信号回路误动；现场敏感设备附近、电子间和重点区域，原则上禁止使用移动通信设备（除非经过反复测试证明，不会产生干扰影响）。

（4）增加提升抗干扰能力措施。优化机组保护逻辑，对单点信号保护增加测点或判据实现保护三取二判断逻辑、增加速率限制、延时模块，进行信号防抖，防止干扰造成机组非停。

四、加强检修运行维护与试验的规范性

热控保护系统误动作次数，与相关部门配合、人员对事故处理能力密切相关，类似故障会有不同结果。一些异常工况出现或辅机保护动作，若操作得当可以避免 MFT 动作，反之可能会导致故障范围扩大。试验中，除引起机组跳闸编入本书的案例外，另有多起引起设备运行异常案例，有的因故障处理前的处理方案制定考虑周全而转危为安；有的因故障处理前的处理方案考虑不全面导致故障影响扩大（甚至机组跳闸），分别为：

1. 制定处理方案时应考虑周全

某电厂 3 月 5 日下午，运行人员发现 1 号机组 DCS 系统报单网故障，热控人员检查后，发现 DAS2 主 DPU 故障引起网络异常，已自动切至从 DPU 运行。热控人员针对 DAS2 系统的故障情况和处理过程中可能遇到的问题，制定了三个故障消除方案：

（1）手动对 DPU 进行复位。观察故障报警是否存在，若恢复，则不再进行以下操作。如故障存在，则执行（2）。

（2）对主 DPU 热插拔。如故障消除则不进行以下操作，反之执行（3）。

（3）在线更换该 DPU。为了防止更换过程中，主、从 DPU 均初始化带来的风险，故障处理前采取防范措施：由于 DAS2 部分测点带联锁保护，为防止设备误启动，运行人员将两台顶轴油泵、汽轮机交流润滑油泵、汽轮机直流润滑油泵、氢密封油备用油泵在 CRT 操作端挂“禁操”牌；同时热控人员将 DAS2 的压力修正参数在其他控制器强置为当前值。

3 月 5 日 21：05，热控人员对 DAS2 主 DPU 按（1）进行操作，手动将 DAS2 主 DPU 面板上开关由 RUN 切换到 STOP 位置。3s 后将 DPU 面板上的开关由 STOP 切换到 RUN 位置。数秒钟后主 DPU 面板上的故障消除，状态恢复正常。大约 1min 左右，DCS 系统单网故障消失，系统状态恢复正常。

由上述的处理过程，结合 DPU 的错误信息、DAS2 主从 CPU 的网络状态（WRAPA、

WRAPB），和日立DCS厂家专业人员讨论，确认该主DPU网口故障导致了DPU网络异常。同时也提醒热控人员进行每日巡检中，应将主、从DPU状况列入检查，检修时应对DCS所有站点进行电源、网络、控制器冗余切换试验，以便提前发现异常及时进行处理。

2. 运行检修维护不当导致机组非停的建议

05月27日某机组负荷205MW时，运行人员发现A、B侧空气预热器出口烟温偏差大，决定对二次风门及风机动叶进行调整，通过减少同侧送风机风量的方式来提高空气预热器出口烟温，减少两侧空气预热器出口烟温偏差。从22时58分至23时15分进行B送风机动叶调整操作四次，B送风机动叶开度由12%逐渐关小至9%，锅炉总风量由537t/h减低至350t/h。23时12分，运行人员由9.79%降至8.89%，送风机电流由23.8A降至23.4A，锅炉总风量由352t/h降至315t/h时锅炉MFT保护动作，2号机组跳闸。原因是调整操作期间未监视风量参数变化，调整不到位，造成锅炉总风量低于保护动作值（低于350t/h延时180s），锅炉MFT保护动作，发电机解列。因此，要减少机组跳闸次数，除热控需在提高设备可靠性和自身因素方面努力外，还需要：

（1）加强热控和机务的协调配合和有效工作，达到对热控自动化设备的全方位管理。

（2）强化运行与检修维护专业人员的安全意识和专业技能的培训，增强人员的工作责任心和考虑问题的全面性，提高对热控规程和各项管理制度的熟悉程度与执行力度，相关热控设备的控制原理及控制逻辑的掌握深度；通过收集、统计非停事故并针对每项机组或设备跳闸案例原因的深入分析，扩展对设备异常问题的分析、判断、解决能力和设备隐患治理、防误预控能力。

（3）在进行设备故障处理与调整时，做好事故预想，完善相关事故操作指导，加强运行监视，保证处理与调整过程中参数在正常范围内。

（4）制定《热控保护定值及保护投退操作制度》，对热控逻辑、保护投切操作进行详细规定，明确操作人和监护人的具体职责，重要热控操作必须有监护人。

（5）在涉及DCS改造和逻辑修改时，应加强对控制系统的硬件验收和逻辑组态的检查审核。

五、热控设备相关的非计划停运事件预控

1. 控制系统硬件故障导致机组非停的预防

（1）热控设备老化日趋严重，异动频繁，近年来硬件故障一直是热控非停的主要原因。DCS控制系统受电子元器件寿命的限制，运行周期一般在十年到十二年左右，其性能指标将随时间的推移逐渐变差。多家电厂DCS系统运行时间超过十年，硬件老化问题日渐严重，未知原因故障明显上升。应加强对系统维护，每日巡检重点关注DCS系统故障报警、控制器状态、控制器负荷率、硬件故障等异常情况。完善控制系统故障应急处理预案，做好DCS模件的劣化统计分析、备品备件储备和应急预案的演练工作，发现问题及时正确处置。按照DL/T 261的要求，对运行时间久，抗干扰能力下降，模件异常现象频发、有不明原因的热控保护误动和控制信号误发的DCS、DEH设备，定期进行性能测试和评估，根据测试、评估结果和之前缺陷跟踪，按照重要程度适时更换部件或进行改造。

（2）建立详细DCS故障档案，定期对控制系统模件故障进行统计分析，评定模件可靠性变化趋势，从运行数据中挖掘出有实用价值的信息来指导DCS的维护、检修工作。

（3）通过控制系统电源、控制器和I/O模件状态等的系统诊断画面，及时掌握控制系统运行状态；严格控制电子间的温度和湿度。制定明确可行的巡检路线，热控人员每天至少巡检一次，并将巡检情况记录在热控设备巡检日志上。

（4）重视就地热控设备维护。TSI传感器、火检探头、调门伺服阀、两位式开关、执行器、电磁阀等故障多发，是设备检修和日常巡检维护的重点。压力测量宜采用模拟量变送器替代开关量检测装置，如：炉膛压力保护信号、凝汽器真空保护信号的检测可选用压力变送器，便于随时观察取样管路堵塞和泄漏情况；有条件的情况下，应在OPC和AST管路中增加油压变送器，实时监视油压，及时发现处理异常现象。

（5）加强热控检修管理，规范热控系统传动试验行为，确保试验方法正确、过程完整。加强运行设备信号的监视、巡检管理。应避免热工设备“应修未修”“坏了再修”的现象。

（6）设备和系统消缺要做好事故预想，严格执行《热控设备运行维护检修规程》和相关反事故措施，杜绝人为误操作。

2. 深入隐患排查

一些设备的异常情况未能得到及时发现，致使影响范围扩大，反映了点检、检修、运行人员日常巡检不到位，暴露出设备检修质量和设备巡检质量不高。应加强热工保护专项治理行动、规范热控检修及技术改造、巡检与点检过程的标准化操作、监督与管理工作（如控制系统改造和逻辑修改时，加强对控制系统逻辑组态的检查审核、严格完成保护系统和调节回路的试验及设备验收）。

深入开展热控逻辑梳理及隐患排查治理工作，为所有电源、现场设备、控制与保护联锁回路建立隐患排查卡片。从取源部件及取样管路、测量仪表（传感器）、热控电源、行程开关、传输电缆及接线端子、输入输出通道、控制器及通讯模件、组态逻辑、伺服机构、设备寿命管理、安装工艺、设备防护、设备质量、人员本质安全等所有环节进行全面排查。除班组自查管辖范围设备外，也可组织班组间工作互查，通过逻辑梳理和隐患排查，促进人员全面深入了解机组设备状况和运行控制过程，全面熟悉技术图纸资料，掌握主机、重要辅助设备的保护联锁、控制等逻辑条件和DCS软件组态。

3. 重视人员培训

（1）运行人员对设备熟悉程度不够，在事故处理过程中，不当操作会导致事故扩大化。应加强运行技术培训及事故预案管理，通过对运行人员“导师带徒”“以考促培”等培训方式，进行有针对性地事故预想、技术讲课、仿真机实操、事故案例剖析培训，强化仿真机事故操作演练，开展有针对性的事故演练，提升各岗位人员对DCS控制逻辑和控制功能的掌握、异常分析及事故处理的能力。强化责任意识，加强运行监盘管理，规范监盘巡查画面频率、确保监控无死角。

（2）提高监盘质量、加强异常报警监视、确认。机组正常运行期间，至少每两分钟查看并确认“软光字”及光字牌发出的每一项报警，通过DCS系统参数分析、就地检查、联系设备人员鉴定等方式确定报警原因并及时消除；异常处理期间，运行人员对各类报警重点监视，分析报警原因，避免遗漏重要报警信息。

（3）认真组织编写机组重要参数异常、重大辅机跳闸等事故处理脚本，下发至各岗位人员学习，确保运行人员掌握异常处理过程中的操作要点及参数的关联性，提高事故处理的准确性和及时性。

（4）认真统计、分析每一次热控保护动作发生的原因，举一反三，消除多发性和重复性故障。对重要设备元件，严格按规程要求进行周期性测试，完善设备故障、测试数据库、运行维护和损坏更换登记等台账。通过与规程规定值、出厂测试数据值、历次测试数据值、同类设备的测试数据值比较，从中了解设备的变化趋势，做出正确的综合分析、判断，为设备的改造、调整、维护提供科学依据。

4. 查找故障时应融合多专业原因

有些故障看起来似有干扰嫌疑，但实际上并一定是电磁干扰引起。同一故障现象，可能会由多种原因引起。在汽轮机阀门清理、整定后，应进行汽轮机行程实验，发现有波动情况时，除热控查找原因外，机务专业还应及时排查管路阻力是否发生变化。

5. 提高监督工作有效性

（1）加强日常监督管理，对原因深入分析，举一反三，务必采取相应的防范性措施，避免由于类似原因导致机组发生强迫停运事件。应加强落实学习《火电技术监督管理办法》《防止电力生产重大事故的二十五项重点要求》等相关文件、标准。

（2）对送、引、一次风机动叶执行机构拐臂的检查、紧固以及发现问题的处置要求等工作，设置质量见证点，严格设备检修质量过程管控及验收把关。对具有速率限制与品质判断功能的温度单点保护，在进行联锁保护试验时，除了试验断线工况，还应试验“温度波动并保持后仍然保持好点”的特殊情况，以便回路存在的隐患及时被发现。

（3）加强设备的巡检与点检工作，按规定的部位、时间、项目进行（尤其隐蔽部位设备），做好巡检记录以及巡检发现问题的汇报、联系及处置情况。加强设备防护及抗干扰治理工作，对于现场设备按规程要求做好防水、防冻措施，并纳入日常定期检查的工作里，避免因防护不到位导致局部设备故障引起机组跳闸；对于现场可能存在的干扰源，进行排查和治理，特别是控制电缆和动力电缆交叉布置的情况，做好清理和防护工作，避免因干扰导致信号误动引起机组跳闸。

（4）核对偏差参数定值与动作设置符合机组实际运行工况要求。考虑锅炉结焦、断煤等客观因素易导致水位波动异常，应根据运行实际设置水位偏差解除自动的设定值；梳理重要调节自动解除条件控制逻辑，排查类似隐患制定合理防范措施；RB保护动作时闭锁给水偏差大切除自动逻辑。

（5）加强技改项目实施中的质量验收。吸取兄弟电厂的经验与教训，在新设备出厂、到货、安装和验收时严格把关，深入系统内部去发现设备留存在的不合理设置问题。在技改项目实施过程中，要加强安装的验收工作，加强对设备投运后运行状态的跟踪；完善检修作业文件包，明确涉及风机动叶连接件的检修工艺为质检点。完善运行规程，明确风机动叶故障或电流异常时的具体操作要求。

（6）加强设备异动手续的管理工作，严格执行异动完成后的审核工作，主辅机保护逻辑修改后，应按规程要求对逻辑保护进行传动试验，验证逻辑的正确性。保护逻辑异动前，机组暂时不具备试验条件时，评估实施的可行性，不涉及机组重大安全隐患时，可等机组具备试验条件时再执行，执行后通过验证后方可投入该项保护。

（7）规范运行管理，严格执行各项规程和反事故措施要求，完成启机前的相关设备的逻辑保护传动试验。规范试验方法和试验项目，对主机保护试验保证真实全面。重视系统综合误差测试：新建机组、改造或逻辑修改后的控制系统，应加强I/O信号系统综合误差测试，

尤其应全面核查量程反向设置的现场变送器与控制系统侧数据一致性，避免设置不当导致事件的发生。

（8）加强设备台账基础管理工作，设备图纸、逻辑组态及程序备份等资料应有专人负责整理并保管，以便程序丢失或设备故障能及时恢复。

（9）热工技术监督工作应延伸到基建机组，开展基建机组全过程可靠性控制与评估工作，提高机组安装调试质量，减少基建过程生成的安全隐患。

后　记

本书收集、提炼、汇总了2019年电力行业热控设备原因导致机组非停的155起典型案例。通过这些案例的事件过程和原因查找分析、防范措施和治理经验，进一步佐证了提高热控自动化系统的可靠性，不仅涉及热控测量、信号取样、控制设备与逻辑的可靠性，还与热控系统设计、安装调试、检修运行维护质量密切相关。本书最后探讨了优化完善控制逻辑、规范制度和加强技术管理，提高热控系统可靠性、消除热控系统潜在隐患的预控措施，希望能为进一步改善热控系统的安全健康状况，遏制机组跳闸事件的发生提供参考。

热控设备和逻辑的可靠性，很难做到十全十美。但在热控人的不懈努力下，本着细致、严谨、科学的工作精神，不断总结经验和教训，举一反三，采取性针对性的反事故措施，可靠性控制效果一定会逐步提高。

在编写本书的过程中，各发电集团，电厂和电力研究院的专业人员提给予了大力支持，在此一并表示衷心感谢。

与此同时，各发电集团，一些电厂、研究院和专业人员提供的大量素材中，有相当部分未能提供人员的详细信息，因此书中也未列出素材来源，在此对那些关注热控专业发展、提供素材的幕后专业人员一并表示衷心感谢。